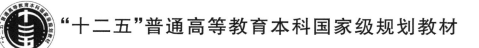
"十二五"普通高等教育本科国家级规划教材

仪器精度理

（第 3 版）

王春艳　石利霞　主编

北京航空航天大学出版社

内 容 简 介

本书分为上、下两篇,即"误差理论与数据处理"和"仪器精度分析"。其中,上篇"误差理论与数据处理"包括第1~9章,主要阐述误差和精度的基本概念、误差分布、随机误差、系统误差、粗大误差、误差传播与误差合成、测量结果的不确定度评定、最小二乘法以及回归分析与经验公式拟合;下篇"仪器精度分析"包括第10~16章,主要阐述仪器精度的基本概念及评定、仪器精度的估算、精密机械系统的精度、光学系统及其元件精度分析、仪器电子系统精度分析、仪器总体精度设计以及典型仪器的精度分析,给出了光电经纬仪、光电坐标测量仪和万能工具显微镜三种军民两用的精密仪器的精度分析实例。

本书可作为高等学校仪器科学与技术、机械工程、光学工程、电子类及其他直接为国防科技工业服务的学科专业的本科生和研究生教材,也可供有关科研及生产部门的工程技术人员参考。

图书在版编目(CIP)数据

仪器精度理论 / 王春艳,石利霞主编. -- 3 版. --
北京:北京航空航天大学出版社,2023.5
ISBN 978 - 7 - 5124 - 4016 - 6

Ⅰ. ①仪… Ⅱ. ①王… ②石… Ⅲ. ①仪器—精度
Ⅳ. ①TH701

中国国家版本馆 CIP 数据核字(2023)第 013283 号

仪器精度理论(第 3 版)
王春艳 石利霞 主编
策划编辑 陈守平   责任编辑 孙兴芳
*
北京航空航天大学出版社出版发行

北京市海淀区学院路 37 号(邮编 100191) http://www.buaapress.com.cn
发行部电话:(010)82317024 传真:(010)82328026
读者信箱:goodtextbook@126.com 邮购电话:(010)82316936
涿州市新华印刷有限公司印装 各地书店经销
*
开本:787×1 092 1/16 印张:26.5 字数:695 千字
2023 年 5 月第 3 版 2023 年 5 月第 1 次印刷 印数:2 000 册
ISBN 978 - 7 - 5124 - 4016 - 6 定价:79.00 元

若本书有倒页、脱页、缺页等印装质量问题,请与本社发行部联系调换。联系电话:(010)82317024

编 委 会

主　编　王春艳　石利霞

编　委　刘　红　孙小伟　闫钰锋
　　　　张　健　马　宏　王金波

前　言

随着现代科学技术的飞速发展，在世界各国，对误差和仪器精度理论的研究越来越受到人们的高度重视。这是由于当今世界处于信息时代，测试技术作为信息科学的源头和重要组成部分倍受青睐，信息提取的准确性、科学实验及工程实践中大量数据信息的合理处理和科学评价显得越来越重要，同时对仪器精度的要求也越来越高。作者所在院校根据科学技术发展的趋势和培养目标的要求，自1962年以来陆续在研究生中开设了"仪器精度理论"课，在本科生中开设了"误差理论与数据处理"和"仪器精度分析"两门课，并由毛英泰教授编写了《误差理论与精度分析》教材，这些均使毕业生在工作中深受裨益。本教材就是在此基础上，吸取兄弟院校教材的长处，经过长期的教学和科研实践而编写的。

本教材贯彻"十四五"国防特色学科专业精神，适应21世纪军工科技人才培养的需要，力求结构合理、内容准确、知识更新、理论与实践相结合，反映了课程体系改革的成果，引用了现代国防科研的新技术、新成果。本教材的特点是，系统阐述了误差理论和仪器精度设计的基本概念、基本理论和基本方法，以及它们在计量测试、兵器试验和仪器设计及精度评价等方面的应用，并将仪器精度理论同产品设计、装校、测试、鉴定等结合起来，成为一个体系。

全书共分为16章。其中，第1~9章属于上篇"误差理论与数据处理"，内容包括：误差和精度的基本概念、误差分布、随机误差、系统误差、粗大误差、误差传播与误差合成、测量结果的不确定度评定、最小二乘法以及回归分析与经验公式拟合；第10~16章属于下篇"仪器精度分析"，内容包括：仪器精度的基本概念及评定、仪器精度的估算、精密机械系统的精度、光学系统及其元件精度分析、仪器电子系统精度分析、仪器总体精度设计以及典型仪器的精度分析。通过本教材的学习，学生基本上可对各类光电检测仪器、精密仪器与设备中的光学、机械、电控系统精度和仪器总体精度进行分析与设计，也可对各种检测系统和测试法进行测量精度分析计算，为仪器的设计、制造、检测与鉴定提供依据。为落实贯彻党的二十大精神中"统筹职业教育、高等教育、继续教育协同创新"理念，此次修订的《仪器精度理论（第3版）》教材可作为高等学校仪器科学与技术、机械工程、光学工程、电子类及其他直接为国防科技工业服务的学科专业研究生及本科生教材，也可供有关科研及生产部门的工程技术人员参考。

本教材由长春理工大学王春艳教授和石利霞副教授担任主编，对原马宏、王金波教授编写的《仪器精度理论（第2版）》教材进行修订。负责各章修订的有：长春理工大学王春艳教授（第6～9章）、石利霞副教授（第2～5章）、刘红教授（12～14章）、孙小伟副教授（第10和11章）、闫钰锋教授（第15和16章）、张健讲师（第1章及全书图表核对）。

　　本教材在编写过程中得到了长春理工大学光电工程学院董科研、付跃刚、车英，以及教材科耿丽华等人的大力支持，在此一并表示感谢！

　　本书配有课件，请相关任课老师发邮件至 goodtextbook@126.com 申请索取。若遇其他问题，请拨打 010-82317738 联系我们。

　　鉴于编者水平有限，书中难免有错误和不妥之处，希望读者批评、指正。

编　者
2022 年 12 月

目　　录

上　篇　误差理论与数据处理

上　篇

误差理论与数据处理

第1章 误差和精度的基本概念

1.1 研究误差理论的意义

1.1.1 研究误差的重要意义

人们在生产生活和科学实验中,不断探索和揭示客观世界的规律。其方法有两种:一是理论分析的方法;二是实验测量的方法。另外常常需要极其精确的实验测定,以得到没有误差的测量结果,因为误差会在一定程度上歪曲客观事物的规律性。

实验测量的研究方法是极为重要的。著名科学家门捷列夫说:“科学始于测量。”实验研究不仅能定性地验证理论分析的正确性,而且能够定量地验证理论研究结果的正确性和可信度,并且能够极其精确地测定出许多理论公式中的待定常数。伟大的物理学家爱因斯坦的著名的相对论,直至 1919 年英国天文学家利用日食进行天文观测才得到证实。根据爱因斯坦的相对论,光速是宇宙间的最高速度。然而,有些科学家经过多年的精细观测,提出了可能存在超光速的所谓“快子”。为什么要花许多年的时间进行辛劳的测量呢?因为误差可能歪曲事实,导致错误的结论。因此,研究误差的来源及其规律性,减小并尽可能地消除误差,以得到精确的实验测量结果,对于科学技术的进步是非常重要的。

远在伽利略时代,伽利略就研究了提高物理实验精确性的问题。后来,法国数学家勒让德尔(A. M. Legendre,1752—1833)和德国数学家、测量学家、天文学家高斯(C. F. Gauss,1777—1855)在天体运行轨道的理论研究中,都提出了用最小二乘法来处理观测结果,奠定了误差理论的基础。

正是由于实验测量技术和误差处理方法的不断改进,对科学技术的发展和物理定律的发现起了很大的促进作用。例如,通过对天体质量及其距离的测定,形成了万有引力定律;我国科学家吴有训与美国科学家康普顿,通过对 X 射线散射角和波长改变的精密测定,形成了光量子的能量守恒定律和冲量守恒定律;吴剑雄教授的实验测定证实了杨振宁博士和李政道博士的宇宙不守恒定律,推翻了宇宙守恒定律,等等。在军事技术和工业技术中,这样的例子也有很多。例如火箭和导弹的发射,需要非常精确的装定发射角,工业计量则已达到 $0.001'\sim$ $0.000\ 5'$ 的精确度;又如制造光导纤维的材料,其杂质含量要求少于总量的 $1/10^9$。可以说,人们在生产生活和科学实验中所取得的进展和成就,都是通过对误差的正确判定和实验测量技术的改进而取得的。

1.1.2 误差理论的发展史

由于测量资源的不完善,测量环境的影响,加之测量人员的认识能力等因素限制,使得测得值与客观真值往往不一致,即存在误差。因此,测量误差自始至终存在于一切科学实验和各种测量活动中。

随着生产与科学技术的发展以及人类认识水平的不断提高,测量误差越来越受到人们的关注。许多科学家曾为此作出重要贡献,从而推动了误差理论的形成与发展。其发展历程大致可分为以下几个时期。

1. 经典误差理论的萌芽期

误差理论的起源最早可以追溯到18世纪。误差理论与其他学科一样,是由于生产的需要而产生的,并在生产实践过程中,随着科学技术的进步而发展。18世纪末,在测量学、天文测量学等实践中提出了如何消除由于测量误差引起的观测值之间矛盾的问题,即如何从带有误差的观测值中找出未知量的最佳估计值。1974年,17岁的德国数学家、测量学家和天文学家高斯首先提出了解决这个问题的方法——最小二乘法。他根据偶然误差的4个特性,以算术平均值为待求量的最或然值作为公理,导出了偶然误差的概率分布,给出了在最小二乘法原理下未知量最或然值的计算方法。当时高斯的这一理论并没有正式发表,19世纪初(1801年),意大利天文学家对刚发现的谷神星运行轨道的一段弧长做了一系列的观测,后来因故中止,这就需要根据这些带有误差的观测结果求出该星运行的实际轨道。高斯用自己提出的最小二乘法解决了当时这个很大的难题,对谷神星运行轨道进行了预报,使天文学家又及时找到了这颗彗星。

1809年,高斯在其著作《天体沿圆锥截面围绕太阳运动的理论》中正式发表了他的方法。他的方法奠定了测量数据处理的理论基础,被称为高斯最小二乘法。在此之前,1805年法国数学家勒让德尔在其著作《决定彗星轨道的新方法》中也独立地提出了用最小二乘法处理观察结果。因此,可以说误差理论的研究首先是从数学和天文学开始的,这两位数学大师采用的最小二乘法奠定了测量数据处理的理论基础,这个时期称为经典误差理论的萌芽期。

2. 经典误差理论的成熟期

在20世纪前后,苏联科学家对误差理论进行了大量的系统研究。如契比雪夫(Ⅱ. Л. Чебышев,1821—1894)、克雷洛夫(А. НКрылов,1863—1945)、马利科夫(М. Ф. Маликов)等发表了许多卓有成效的研究成果。其中最著名的是马利科夫在1949年出版的《计量学基础》一书,它是当时最全面、最系统地介绍误差理论的专著,也是经典误差理论的总结。实际上,该书也影响了我国20世纪50年代和60年代的计量测试的实践活动。初期的经典误差理论仅有误差的概念、误差的统计分布,后来发现对测量值产生影响的某些因素是可以分开处理的,所以又有了不同性质特征的三类误差,即随机误差、系统误差和粗大误差。例如,著名科学家牛顿在计算中使用的地球半径值就有较大误差,导致他测得的月球加速度值与理论值相差10%。由于这个较大系统误差的存在,导致牛顿推迟了20年才发表他的引力理论。随着科学实验活动的深入,误差理论逐渐从单一测量值的数据处理延伸到多个测量值的数据处理,从处理直接测量的数据问题发展到处理间接测量的问题,从对误差的单一因素分析发展到对误差多因素的合成评定等。

经典误差理论是以统计学理论为基础,以静态测量误差为研究对象,以服从正态分布为主的随机误差估计和数据处理方法为特征,最后也是用测量误差来表征测量结果的质量的。随着现代科学技术的发展,对测量结果评价的完备性和可靠性提出了更高的要求。用测量误差来表征测量结果,是相对真值而言的,但由于真值是相对的、理论的,导致完善确定该测量误差的困难,而且测量误差中包含的系统误差和随机误差这两类不同性质的误差也难以综合表征。随着国际贸易的不断扩大,测量数据的质量高低需要在各国之间得到一致公认的评价,并依此开展国际间的验证、比对试验、计量确认、实验室认可等活动。这就需要有一种统一的、广泛适用的、简明的评定测量质量的方法。显然,经典误差理论难以适应现代社会和科学技术发展的需求。

3. 现代误差理论的形成与发展期

随着科学技术和社会的发展,需要在更广泛的领域里进行越来越精密的定量活动,显然,也暴露了经典误差理论的不足。1973 年,J. E. Burns 在《误差与不确定度》一文中正式提出"不确定度(uncertainty)"一词。不确定度是对测量结果质量的定量表征,反映了测量结果的分散程度,决定了测量结果的可用性。不确定度越小,说明测量结果质量越高,使用越可靠,价值也越大。因此,测量结果必须附有不确定度说明才是完整并有意义的。这种更为科学、合理、实用的表征方法,成为现代误差理论的核心之一。1980 年,国际计量局(BIPM)在征求各国意见的基础上,提出《实验不确定度建议书 INC‐1》。1993 年,国际标准化组织(ISO)、国际理论化学与应用化学联合会(IUPAC)、国际理论物理与应用物理联合会(IUPAP)、国际计量局(BIPM)、国际电工委员会(IEC)、国际临床化学联合会(IFCC)和国际法制计量组织(OIML)联合颁布了《测量不确定度表示指南(*Guide to the Expression of Uncertainty in Measurement*)》,建立了在测量中评定和表达不确定度的一般规则,适用于不同准确度要求的测量领域。与此同一时期,误差分离与修正技术的研究与应用、动态测量误差的评定等均有了较大的发展,形成了较为完整的现代误差理论体系。因此,从 20 世纪 70 年代中期开始,进入了现代误差理论的形成与发展时期。

现代误差理论拓宽了误差理论的研究和使用范畴,弥补了经典误差理论的不足,将静态测量误差与动态测量误差,系统误差与随机误差,测量数据与测量系统,不同误差分布等融为一体,以常见误差源的误差性质及其分布为研究基础,以测量不确定度的原理及应用、动态测量不确定度的分析与评定等为主要研究内容,以紧密结合工程测量与仪器制造技术的误差修正与补偿技术为研究热点;在理论上突破了以统计学理论为基础的传统研究方法,在实践上力求统一、实用、可靠的评定准则和方法,在应用上实现了误差理论与计算机应用技术、近代数学物理方法、测量和计量实践,以及与标准化等紧密结合,朝着现代化、科学化、实用化和高准确度的目标推进。

1.1.3　误差理论的基本任务

(1) 研究误差的来源和特性,对误差作出科学的分类。

(2) 研究误差的评定和估计的合理方法,研究误差的传递、转化和相互作用的规律性,以及误差的合成和分配的法则。

(3) 研究在各种测量方式及测量条件下,减小误差、提高精度的途径,以最经济、简便的方法得到最优的测量结果。

1.1.4　误差理论的实际应用

误差理论可应用于以下几方面:

(1) 对测量数据进行判断和统计处理,如对测量数据的合理性、可靠性、相关性及其分布规律的判断和估计,通过一系列的计算处理,得到测量结果的数学表示及精度评定。

(2) 综合评定某实验方法或测量仪器的精确性和可靠性。

(3) 产品设计时进行误差的综合,预估产品的精度。

(4) 确定最有利的实验条件。

（5）根据被测参数或被检仪器的精度，合理选择测量仪器或检定仪器的精度。

（6）根据测量精度，合理选择测量方法、测量方程式及必要的测量次数。

（7）判断旧产品的精度是否降低，或者技术革新和改进后的效果。

1.2 误 差

1.2.1 误差的定义

研究误差是以测量误差为研究对象，因为它具有普遍性和代表性。测量误差可定量地表示为

$$测量误差值＝测得值－真值$$

用符号表示为

$$\Delta_i = x_i - x_0, \quad i = 1, 2, 3, \cdots, n \tag{1-1}$$

式中：Δ_i——真误差，其值表示每一次测得值对真值的不符合程度；

i——测量序数。

此外，应从以下几方面更好地理解误差的含义：

（1）真误差 Δ_i 恒不等于零，即误差的必然性原理。不管主观愿望如何，以及在测量时怎样努力，实际上误差总是要产生的，而且就其理论极限来说，也不可能等于零。例如测量电量时，误差不可能小于一个电子所带的电量；测量块规的长度时，误差绝不可能小于块规材料的分子尺寸。

（2）真误差 Δ_i 之间，或测得值 x_i 之间，一般是不相等的，即误差具有不确定性；否则，可能是因为测量仪器的分辨力太低。

（3）一般来说，真误差 Δ_i 是未知的，因为通常真值是未知的。有以下几种情况可以预知真值：

① 理论真值：如平面三角形三内角的和恒为 $180°$。理论真值亦称绝对真值。

② 约定真值：世界各国公认的一些几何量和物理量的最高基准量值。如米基准的长度约定为 $1\ m＝1\ 650\ 763.73\lambda$，$\lambda$ 为氪（$2P_{10}-5d_5$）跃迁在真空中的辐射波长。

③ 相对真值：如果标准仪器的误差比一般仪器的误差小一个数量级，则标准仪器的测定值可视为真值，称为相对真值。两者误差的比值，根据使用要求可适当放宽到 1/3 或 1/5。

（4）由于真误差 Δ_i 在大多数情况下是未知的，所以研究误差通常是从残余误差 v_i 入手。残余误差（简称残差）定义为

$$v_i = x_i - \bar{x} \tag{1-2}$$

式中：$\bar{x}$——测得值的算术平均值。

以后将要证明 $\bar{x}$ 为测得值的最佳估计值（最或是值）。

（5）由于误差的不确定性，或测试数据的不确定性，所以可以把误差看成随机变量，借助于概率论和数理统计学来研究误差。

1.2.2 误差的来源

由于误差的必然存在，测得值与真值总不能相符。那么，误差从何而来呢？对于测量误差而言，其来源有 4 个方面：仪器误差、方法误差、条件误差和人为误差。

1. 仪器误差

仪器误差是由于仪器（测量工具）的设计、制造和装配校正等方面的缺陷所引起的测量误差。例如，仪器设计时违反阿贝原理，采用简化机构所产生的设计误差、刻尺的刻度误差、度盘的装配偏心，以及仪器调整校正后的残留误差；又如电工仪表的额定值与实际值不符，等等。

2. 方法误差

方法误差又称理论误差，是指由于使用的测量方法不完善，或采用近似的计算公式等原因所引起的误差。如用均值电压表测量交流电压时，其读数是按正弦波的有效值进行刻度的。

由于计算公式 $\alpha = K_{\mathrm{F}}\overline{U} = \dfrac{\pi \overline{U}}{2\sqrt{2}}$ 中出现无理数 π 和 $\sqrt{2}$，故取近似公式 $\alpha \approx 1.11\overline{U}$，由此产生的误差即为理论误差。

3. 条件误差

条件误差是指由于测量过程中测量条件的变动所引起的测量误差，如工作室温度变化，气流及振动的影响。对于野外作业的经纬仪和测距仪，更是受到大气扰动及阳光照射角度改变等的影响。

4. 人为误差

人为误差是由测量者造成的，如测量者的估读误差、瞄准误差，以及测量者的感官生理变化和精神状态所引起的测量误差。

前 3 种误差亦称客观误差，后一种误差则称主观误差。为了减小主观误差，目前许多测量仪器的读数都采用数字显示或电子计算机处理、判读，以及采用光电瞄准等所谓客观读数方法。

在分析测量过程中产生的误差时，就是从上述 4 个方面去寻找各种误差因素的。但有时误差因素也产生于测量过程结束之后，如摄影测量后，感光片在显影、定影过程中所产生的变形及乳剂漂移也会引起测量误差。

1.2.3　误差的表示方法

1. 绝对误差

用被测量 L 的误差 ΔL 来表示的误差，称为绝对误差。注意，不要把误差的绝对值和绝对误差混为一谈。

2. 相对误差

用绝对误差 ΔL 与被测量真值（或约定真值）的比值来表示的误差，称为相对误差。绝对误差有时很难衡量精度的高低。只有当被测量的数值彼此相等或近似相等时，绝对误差才可以评定测量精度的高低，否则应采用相对误差来评定。例如测量两段直线距离，测得值及其绝对误差为

$$L_1 = 100\text{ m}, \qquad \Delta L_1 = 0.2\text{ m}$$
$$L_2 = 5\,000\text{ m}, \qquad \Delta L_2 = 1.0\text{ m}$$

若按绝对误差评定测量精度，则认为 L_1 的测量精度比 L_2 的高，这是错误的。若按相对误差计算，则分别为

$$\frac{\Delta L_1}{L_1} = \frac{1}{500}, \qquad \frac{\Delta L_2}{L_2} = \frac{1}{5\,000}$$

可见，L_2 的测量精度较高。

注意，绝对误差为一有量纲的数值；相对误差是无量纲的真分数，在测量学中常表示为分子为 1 的分数，如上述的 1/500 或 1/5 000 等，而在电工仪表中则常用百分比来表示。例如，电工仪表的准确度等级分为：0.1,0.2,0.5,1.0,1.5,2.5 和 5.0 七级。如果某一仪表为 5.0 级，则表示该仪表的最大相对误差不大于 5%。电工仪表的最大相对误差定义为

$$最大相对误差 = 最大示值误差 / 仪表的最大刻度值$$

例如，检定一个最大刻度值为 100 V 的电压表，发现 50 V 的刻度点的示值误差为 2.5 V，100 V 的刻度点的示值误差为 2 V，则其最大相对误差为 2.5%。

在精密仪器中，对多挡量仪也常用相对误差来表示仪器的测量精度。如中原量仪厂生产的电感测微仪具有四挡示值范围，分别为 ±100 μm、±30 μm、±10 μm 和 ±3 μm，其示值的绝对误差相应为 ±2 μm、±0.6 μm、±0.2 μm 和 ±0.06 μm，故其示值的相对误差均为 ±2%。

3. 引用误差

引用误差定义为测量器具的最大绝对误差与该标称范围上限（或量程）之比。可见，引用误差是一种相对误差，而且该相对误差是引用了特定值，即标称范围上限（或量程）得到的，故该误差又称为引用相对误差或满度误差，即

$$r_m = \frac{\Delta x_m}{x_m} \tag{1-3}$$

式中：Δx_m —— 仪器某标称范围（或量程）内的最大绝对误差；

$\qquad x_m$ —— 该标称范围（或量程）上限。

根据国家标准 GB 7676.9—2017 的规定，我国电压表和电流表的准确度等级就是按照引用误差进行分级的。电工仪表一般分为：0.05,0.1,0.2,0.3,0.5,1.0,1.5,2.0,2.5,3.0 和 5.0 十一级，弹簧式精密压力表则分为 0.06,0.1,0.16,0.25,0.4 和 0.6 六级，它们分别表示其引用误差不超过的百分数。

当一个仪表的等级 s 选定后，用此表测量某一被测量所产生的最大绝对误差和最大相对误差分别为

$$\Delta x_m = \pm x_m \times s\% \tag{1-4}$$

$$r_x = \frac{\Delta x_m}{x} = \pm \frac{x_m}{x} \times s\% \tag{1-5}$$

由式（1-4）和式（1-5）可知：

① 绝对误差的最大值与该仪表的标称范围（或量程）上限 x_m 成正比。

② 选定仪表后，被测量的值越接近于标称范围（或量程）上限，测量的相对误差就越小，测量就越准确。

因此，在仪表准确度等级及其测量标称范围（或量程）选择方面应注意掌握如下原则：

① 不应简单认为测量仪表准确度越高越好，而应根据被测量的大小，兼顾仪表的级别和标称范围（或量程）的上限，合理地进行选择。

② 选择被测量的值应大于均匀刻度测量仪表量程上限的 2/3，即

$$x > \frac{2}{3}x_m \tag{1-6}$$

此时,测量的最大相对误差不超过

$$r_x = \pm \frac{x_\mathrm{m}}{\frac{2}{3}x_\mathrm{m}} \cdot s\% = \pm 1.5s\% \tag{1-7}$$

即测量误差不超过测量仪表等级的 1.5 倍。

【例 1 - 1】　某被测电压为 100 V 左右,现有 0.5 级、量程为 300 V 和 1.0 级、量程为 150 V 两块电压表,问选用哪一块合适?

解:根据式(1 - 5),当用 0.5 级、量程为 300 V 的电压表测量时,有

$$r_1 = \pm \frac{x_\mathrm{m1}}{x}s_1\% = \pm \frac{300\ \mathrm{V}}{100\ \mathrm{V}} \times 0.5\% = \pm 1.5\%$$

当用 1.0 级、量程为 150 V 的电压表测量时,有

$$r_2 = \pm \frac{x_\mathrm{m2}}{x}s_2\% = \pm \frac{150\ \mathrm{V}}{100\ \mathrm{V}} \times 1.0\% = \pm 1.5\%$$

可见,如果量程选择适当,用 1.0 级电压表进行测量与用 0.5 级电压表一样准确。考虑到仪表等级越高,成本越高,故应选择 1.0 级电压表进行测量。

【例 1 - 2】　检定一只 2.5 级、量程为 100 V 的电压表,发现在 50 V 处误差最大,其值为 2 V,而其他刻度处的误差均小于 2 V,问这只电压表是否合格?

解:根据式(1 - 3),该电压表的引用误差为

$$r_\mathrm{m} = \frac{\Delta U_\mathrm{m}}{U_\mathrm{m}} = \frac{2\ \mathrm{V}}{100\ \mathrm{V}} = 2\%$$

由于 2%<2.5%,所以该电压表合格。

4. 分贝误差

在无线电及声学测量中,常用分贝(dB)来表示误差。设两个电压的比值为

$$\alpha = U_2/U_1 \tag{1-8}$$

则分贝的表达式为

$$A = 20\lg \alpha \tag{1-9}$$

若 α 产生了误差 $\delta\alpha$,则相应地 A 亦产生一个误差 δA,故有

$$A + \delta A = 20\lg \alpha\left(1 + \frac{\delta\alpha}{\alpha}\right) = 20\lg \alpha + 20\lg\left(1 + \frac{\delta\alpha}{\alpha}\right) \tag{1-10}$$

将 $A = 20\lg \alpha$ 代入上式,得

$$\delta A = 20\lg\left(1 + \frac{\delta\alpha}{\alpha}\right) \tag{1-11}$$

由于

$$\lg\left(1 + \frac{\delta\alpha}{\alpha}\right) = 0.434\ 3\ln\left(1 + \frac{\delta\alpha}{\alpha}\right) \tag{1-12}$$

而

$$\ln\left(1 + \frac{\delta\alpha}{\alpha}\right) \approx \frac{\delta\alpha}{\alpha}, \quad 当\frac{\delta\alpha}{\alpha} < 1\ 时$$

所以

$$\delta A \approx 8.69 \cdot \frac{\delta\alpha}{\alpha} \tag{1-13}$$

【例 1 - 3】 某一电压表测出某电压为 125 V,标准表测出为 127 V,试求其误差。

解：
$$绝对误差 = (125 - 127) \text{ V} = -2 \text{ V}$$
$$相对误差 = -2 \text{ V}/127 \text{ V} = -1.6\%$$
$$分贝误差 \approx 8.69 \times (-1.6\%) = -0.14 \text{ dB}$$

以上误差表示方法,特别是绝对误差和相对误差表示方法,不仅适用于测量误差,而且适用于其他各种误差,例如设计误差、制造误差和温度误差等。

1.2.4 误差的分类

为了便于对各种误差进行分析计算和统计处理,应将误差进行分类。

1. 按误差的性质分类

1) 随机误差

误差的单独出现,其符号和大小没有一定的规律性,但就误差的整体来说,服从统计规律,这种误差称为随机误差。随机误差的产生是许多独立因素微量变化的综合作用的结果。例如在测量过程中,温度的微小变化、空气的扰动、地面的微振、机构间隙和摩擦力的变化等。随机误差不能用实验方法加以修正,只能估计出它对测量结果的影响并尽可能使其减小。

2) 系统误差

误差的大小及符号在测量过程中不变,或按一定的规律变化,这种误差称为系统误差。在重复条件下,对同一被测量进行多次测量所得结果的平均值与真值之差即为系统误差。例如某一误差曲线为正弦曲线,误差的大小和符号都作周期性变化,循环重复,有确定的规律,则其属于系统误差,称为周期性误差。系统误差可以用理论计算和实验方法求得,并可用加修正值的方法消除它对测量结果的影响。例如在万能工具显微镜上测量工件长度,因玻璃刻尺的刻度误差所产生的测量误差是系统误差,所以如果对玻璃刻尺进行精密检定,则可用加修正值的方法对测量结果进行修正,以提高测量精度。

3) 粗大误差

粗大误差又称疏忽误差,如仪器操作不正确、读数错误、记录错误、计算错误等。疏忽误差的数值远远大于随机误差或系统误差,事实上已不属于误差的范畴,其是一种不应发生但由于粗心大意而产生的错误。

2. 按单个误差之间是否独立分类

1) 独立误差

各原始误差之间是独立的,互不相关的。在计算总误差时,可应用误差独立作用原理,不必考虑相关系数,因为相关系数为零。

2) 非独立误差

各原始误差之间不独立,相关系数不为零,介于 -1 和 $+1$ 之间。在计算总误差时,要考虑相关系数的影响。

3. 按被测量参数的时间特性分类

1) 静态参数误差

被测参数不随时间变化的称为静态参数。静态参数的观测误差(静态精度)可以看作是随机变量。

2）动态参数误差

被测参数随时间变化的称为动态参数。如对人造卫星、导弹的跟踪观测，其观测距离是时间的函数。动态参数的观测误差（动态精度）应看作是一个随机过程。通常要用随机过程的理论来解决。

1.2.5　系统误差和修正值

由误差的定义（误差＝测得值－真值）可知被测量的测得值含有误差，即

$$测得值＝真值＋误差$$

而误差又恒不等于零，所以，欲得真值，只有对误差进行修正。因为，

$$真值＝测得值－误差＝测得值＋修正值$$

由此可知：

$$修正值＝－误差$$

这就是修正值的定义。在大地测量的平差计算中，所谓的改正数即为修正值。

在实际测量中，常常采用加修正值的方法来提高测量精度。例如块规，可用绝对光波干涉法精确测量尺寸偏差，并载入检定证书中。当我们使用块规进行尺寸测量时，即可在测量结果中加修正值，以消除块规的实际尺寸与名义尺寸不符的影响。又如在折射率的高精度测量中，要对温度波动和气压波动进行修正。修正值可通过实验测定或理论计算得到。

1.3　精　　度

1.3.1　精度的一般含义

精度表征了测量结果与真值相符合的程度，精度的高低是用误差来衡量的，误差大，则精度低；误差小，则精度高。显然，误差大就不准确，准确一词已经使用得很普遍了。例如，钟表走时很准确，炮弹准确地命中目标等。因此，精度的高低意味着准确的程度，即所谓的准确度。

1.3.2　精度的具体含义

精度的一般含义比较笼统，通常用绝对误差或相对误差来表示。如测量某一角度，测量精度为 1 弧秒；测量某一长度，测量精度为 10^{-4} 等。既然精度是用误差来衡量的，而误差按其性质又可分为系统误差和随机误差，因此精度也要相应地区分，如下：

（1）正确度。由系统误差引起的测得值与真值的偏离程度，偏离越小，正确度越高。系统误差越小，测量结果越正确。

（2）精密度。由随机误差引起的测得值与真值的偏离程度，偏离越小，精密度越高。随机误差越小，测量结果越精密。

（3）准确度。由系统误差和随机误差共同引起的测得值与真值的偏离程度，偏离越小，准确度越高。综合误差越小，测量结果越准确。

以射击为例，此时靶心相当于测量中的真值，弹痕相当于测得值，准确的射击相当于准确的测量。在图 1-1 中可以看到，图（a）中系统误差大，正确度低，但随机误差小，精密度较高；图（b）则相反，可见正确度和精密度是相互独立的，正确度高，精密度不一定高，反之亦然；但正确度和精密度都高却是可能的，如图（c）所示，这也是我们所希望的，即射击很准确。

| (a) 弹着点位置较差 | (b) 弹着点位置分散 | (c) 弹着点位置较好 |

图1-1　射击时弹着点的位置图

只有精密度高或只有正确度高，不能说准确度就高。对于精密度和正确度，分别取其"精"字和"确"字，又可称为精确度，但使用准确度一词较为习惯和广泛。也有把系统误差的大小定义为准确度的，显然不妥，因为随机误差亦使测得值偏离真值而使测量结果不准确。

1.3.3　精度的其他含义

1. 测量的重复性

同一观测者，用同一测量方法、同一测量仪器，在同一实验室内，用很短的时间间隔对同一量作连续测量，其测量结果间相一致的接近程度即为测量的重复性。

2. 测量的复现性

不同的观测者，用不同的测量方法、不同的测量仪器，在不同的实验室内，用较长的时间间隔对同一量作多次测量，其测量结果间相一致的接近程度即为测量的复现性。

对于某一量的测量，若其重复精度和复现精度很高，即测量结果的一致性好，则测量结果是准确的；否则，就必须找出不一致的原因。重复性和复现性是两个重要的精度概念，尤其是复现性，常常用来确定和验证测量结果的准确性和可靠性。

1.3.4　分辨力与精密度和准确度的关系

分辨力与精密度和准确度具有如下关系：

（1）要提高仪器的测量精密度，就必须相应地提高仪器的分辨力。若分辨力很低，而测得值的一致性很好，则很可能是一种假象。例如，若数字式测角仪的分辨力为 0.5 弧秒，则对于小于 0.5 弧秒的变化量，仪器是无法分辨的。

（2）分辨力和准确度有时是紧密联系的，提高仪器的分辨力能提高测量的准确度，但有时又是完全独立的。例如，我们要测量放射性"衰减"试验中的损耗，可以采用放射性示踪技术和天平来测定。其中，放射性示踪技术具有很好的分辨力，它能检测出小到 10^{-10} g 的微量损耗，但却不是很准确，即使是损耗量非常大的时候，比如质量为 1 g，其准确度也不高于 3×10^{-2}；而天平测定则相反，其分辨力为 10^{-4} g，当质量为 1 g 时，其测量准确度为 10^{-4}。

思考与练习题

1-1　在同一测量条件下对某量进行多次测量，若误差的绝对值和符号始终保持不变，则该误差属于（　　　）。

　　A. 随机误差　　　　B. 系统误差　　　　C. 粗大误差　　　　D. 绝对误差

1-2　用多种方法对不同被测量进行测量，常用（　　　）表征各种测量方法精度的高低。

A. 绝对误差   B. 引用误差   C. 相对误差   D. 残余误差

1-3 由随机误差和系统误差共同引起的测得值和真值的偏离程度常用( )来进行表征。

A. 正确度   B. 精密度   C. 准确度   D. 修正值

1-4 通过测量与被测量有函数关系的量,通过函数关系求得被测量值的测量方法属于( )。

A. 等权测量   B. 直接测量   C. 间接测量   D. 动态测量

1-5 测量器具的最大绝对误差与该标称范围上限之比被定义为( )。

A. 随机误差   B. 引用误差   C. 绝对误差   D. 相对误差

1-6 测量过程中( )引起的误差不属于环境误差。

A. 重力加速度   B. 电磁场   C. 湿度   D. 标准砝码

1-7 测量误差来源主要包括仪器误差、方法误差、条件误差及( )4 个方面。

A. 温度变化   B. 人为误差   C. 空气对流   D. 仪器振动

1-8 测量条件发生剧烈改变时容易引入( )。

A. 随机误差   B. 系统误差   C. 粗大误差   D. 残余误差

1-9 测量时,根据测量条件是否发生变化,可以把对某测量对象进行的多次测量分为( )。

A. 直接测量和间接测量   B. 静态测量和动态测量

C. 等权测量和不等权测量   D. 在线测量和离线测量

1-10 对测量设备的灵敏度和准确度要求较低的测量通常被称为( )。

A. 单项测量   B. 工程测量   C. 综合测量   D. 精密测量

1-11 测得某三角块的三个角度之和为 $180°00'02''$,试求测量的绝对误差和相对误差。

1-12 在万能测长仪上,测量某一被测件的长度为 50 mm。已知其最大绝对误差为 1 μm,试问该被测件的真实长度为多少?

1-13 用二等标准活塞压力计测量某压力得 100.2 Pa,该压力用更准确的办法测得为 100.5 Pa,试问二等标准活塞压力计测得值的误差为多少?

1-14 在测量某一长度时,读数值为 2.31 m,其最大绝对误差为 20 μm,试求其最大相对误差。

1-15 使用凯特摆时,g 由公式 $g = \dfrac{4\pi^2(h_1 + h_2)}{T^2}$ 给定。今测出长度 $h_1 + h_2$ 为 $(1.042\ 30 \pm 0.000\ 05)$ m,振动时间 T 为 $(2.048\ 0 \pm 0.000\ 5)$ s,试求 g 及最大相对误差。

1-16 用两种方法测量 L_1 和 L_2,分别测得 $L_1 = 50$ mm,$L_2 = 80$ mm 和 $L_1 = 50.004$ mm,$L_2 = 80.006$ mm。试评定两种方法测量精度的高低。

1-17 多级导弹火箭的射程为 10 000 km 时,其射击偏离预定点不超过 0.1 km,优秀射手能在距离 50 m 远处准确地射中直径为 2 cm 的靶心。试评述哪一个射击精度高。

1-18 若用两种测量方法测某零件长度 $L_1 = 110$ mm,其测量误差分别为 ± 11 μm 和 ± 9 μm;而用第三种测量方法测量另一零件的长度 $L_2 = 150$ mm,其测量误差为 ± 12 μm。试比较三种测量方法精度的高低。

1-19 用标准测力机检定材料试验机,若材料试验机的示值为 5.000 mN,标准测力仪输出力值为 4.980 mN。试问材料机在 5.000 mN 检定点的示值误差、示值的相对误差各为多少?

1-20 经检定,0.1 级 10 A 电流表的最大示值误差出现在 3 A 处,且为 8 mA,问此电流表合格与否?

1-21 车间计量室温度为 (20 ± 3) ℃,相对湿度为 $(60\pm5)\%$,某检验员用一把游标卡尺测量某轴形工件直径,重复测量 3 次的数据分别为 15.125 mm,15.124 mm,15.127 mm。试分析该测量问题的测量要素。若另一检验员用另一把游标卡尺测量同一轴形工件直径,重复测量 3 次的测量数据分别为 15.125 mm,15.137 mm,15.115 mm。测量结果产生变化的主要因素可能是什么?试回答该工件直径的测量结果应如何表示。

1-22 将标准电压源输出的 2.000 0 V 标准电压加到标称范围上限为 3.000 0 V 的被检电压表上,该电压表的示值为 2.000 9 V。问该电压表在 2.000 0 V 校准点上的引用误差为多少?

1-23 某待测的电压约为 86 V,现有 0.5 级 0~300 V 和 1.0 级 0~100 V 两个电压表,问用哪一个电压表测量较好?

1-24 某光学读数装置的机构,因刻线尺与指标线不在同一平面内,所以会产生目视读数误差,将其记为视差 Δ。现刻线尺与指标线纵向间距为 s,人眼偏离垂直位置的距离 $z\leqslant$ 30 mm,人眼到指标线的距离 $l=250$ mm。试写出视差公式。

1-25 用钢球形测量头接触测量钢平面件,由测量力 p 引起的测量头与被测件之间的压陷量 Δ(接触变形)有如下计算公式:

$$\Delta=0.02\times\sqrt[3]{p^2/d}$$

式中:d 的单位为 mm,p 的单位为 gf,Δ 的单位为 μm。现测量头直径 $d=3.6$ mm,为使压陷量控制在 0.1 μm 以内,试问测量仪的测量力应控制在多少 gf 以内?

1-26 某光学玻璃材料在折射率温度系数 $\beta_\lambda=4.6\times10^{-6}$/℃时,有如下测折射率的修正公式:

$$n_{20}=n_t-\beta_\lambda(t-20)$$

现在 $t=0$ ℃时测得折射率 $n_t=1.516\ 300$。试问在标准温度 20 ℃时的折射率 n_{20} 为多少?

1-27 检定一只 5 mA、2.5 级电流表的满度值误差。按规定,引入修正值后使所用的标准仪器产生的误差不大于受检仪器容许误差的 1/3。现有下列几只标准电流表,问选用哪一只最合适,为什么?

(1) 10 mA,0.5 级　(2)10 mA,0.2 级　(3) 15 mA,0.2 级　(4) 5 mA,0.5 级

1-28 将一辅助信号源同时送入被检仪表和标准仪表,得到的示值分别为 $f_0=100$ Hz 和 $f_a=99.8$ Hz。问被检仪表的示值误差为多大?若用该被检仪表的示值 $f_0=100$ Hz 去检验某网络的信号输出为 $f_x=99.7$ Hz,求该网络的示值误差为多少?

1-29 有 A、B 两台测长仪器,对长度为 20 mm 的标准量块分别重复测量,测得如下两组数据:

A:20.05,19.94,20.08,20.06,19.95,20.07,单位为 mm。

B:20.49,20.51,20.50,20.50,20.51,20.50,单位为 mm。

试问哪台仪器正确度高?哪台仪器精密度高?

1-30 用量程为 250 V 的 2.5 级电压表测量电压,问能否保证测量的绝对误差不超过 ±5 V?为什么?

第 2 章　误差分布

不论是随机误差还是系统误差,都存在概率分布问题。若误差是随机误差,则可视其为一个随机变量,知道其概率分布也就清楚该误差分布的特点及其表示方法。系统误差按掌握的程度可分为已定系统误差和未定系统误差。对于未定系统误差,常可估计出其可能的变动范围 $\pm e$,因此可认为它在区间 $(-e,+e)$ 内有某种概率分布,在进行误差合成时,也必须依据各个分量的概率分布处理再进行合成。因此,研究测量误差源及误差的分布是现代误差理论研究的一个重要基础问题。

本章以概率统计学为基础,介绍误差分布的基本概念、一般统计特性、常见的误差分布及其数字特征量、误差分布的统计检验方法。

2.1　测量误差的统计特性

2.1.1　测量值点列图

在相同测量条件下,对某钢球工件的直径测量 150 次,得到一个测量样本 $(x_1,x_2,\cdots,x_{150})$,以测量序数 i 为横坐标,以测得值 x_i 或其误差 $\delta_i = x_i - x_0 \approx x_i - \bar{x}$ 为纵坐标,画出测量点列图(measurement point plot),如图 2-1 所示。由该图可见,x_i 出现后,不能预见 x_{i+1} 出现的大小和方向,但就样本数据的分布规律而言,具有如下特征:

(1)数据集中在算术平均值 7.335 附近,如不存在系统误差,则它接近约定真值;

(2)数据分布在 7.085～7.585 之间,即可确定测得值及其误差分布的大致范围;

(3)正负误差的数目大致相同;

(4)误差的总和大致趋于零。

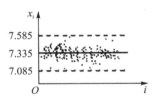

图 2-1　测量点列图

上述 4 个统计特征分别称为单峰性、有界性、对称性和抵偿性。这些特征都反映了随机误差的统计规律,其中误差的抵偿性是最本质的统计特征,它常作为判定误差是否具有随机性的标志。

由测量数据的测量点列图可以粗略地看出测量误差的统计特性。如果利用测量数据作出统计直方图,就会更形象地看出其概率特征。

2.1.2　统计直方图和概率密度分布图

将上述测量样本按数据的大小划分为 10 组,间距 $\Delta x = 0.05$ mm,用每组出现的数据个数(称为频数 m_i)除以样本数 n,得频率 $f_i = \dfrac{m_i}{n}$,再除以间距 Δx,得频率密度 $\dfrac{f_i}{\Delta x}$。表 2-1 列出了子区间的极限值 x_i 及其频数 m_i 和频率 f_i。

表 2-1   测量钢球工件直径的统计数据

子区间号	子区间极限值		频数 m_i/(个·组$^{-1}$)	频率 f_i/%	累积频率 F_i/%
	区间下限/mm	区间上限/mm			
1	7.085	7.135	3	2.00	2.00
2	7.135	7.185	7	4.67	6.67
3	7.185	7.235	15	10.00	16.67
4	7.235	7.285	18	12.0	28.67
5	7.285	7.335	28	18.66	47.33
6	7.335	7.385	29	19.33	66.66
7	7.385	7.435	24	16.00	82.66
8	7.435	7.485	12	8.00	90.66
9	7.485	7.535	10	6.67	97.33
10	7.535	7.585	4	2.67	100.00

根据表 2-1 中的数据，可按下列步骤作出统计直方图（statistical histogram），如图 2-2 所示。

（1）以 x_i 为横坐标，f_i 或 $f_i/\Delta x$ 为纵坐标，建立坐标系。

（2）在横坐标上画出等分的子区间。本例的子区间数目为 10，各子区间的极限值为 x_i，各子区间的间距 $\Delta x = 0.05$ mm。

（3）画出各子区间的直方柱。如观测值落入 2 号子区间（7.135 mm，7.185 mm）的频数为 7 个/组，则频率为 7/150＝4.67%。

（4）把各直方柱顶部中点用直线连接起来，便得到一条由许多折线连接起来的曲线。

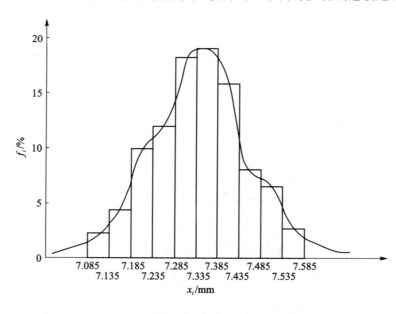

图 2-2   统计直方图

当测量样本数 n 无限增加,间距 Δx 趋于零时,图 2 - 2 中的直方图折线就变成一条光滑的曲线,即测量总体的概率(分布)密度曲线,记为 $f(x)$。这就是用实验方法由子样得到的概率密度分布图(probability density distribution plot)。

概率密度曲线 $f(x)$ 完好地描述了该被测量(值)总体分布及其误差分布的统计规律。由概率论易知,$f(x)$ 有下列两个性质:

$$\int_{-\infty}^{\infty} f(x)\mathrm{d}x = 1$$

$$p(a \leqslant x \leqslant b) = \int_a^b f(x)\mathrm{d}x = 1 - \alpha$$

式中:$a \leqslant x \leqslant b$——置信区间;

　　　$p(a \leqslant x \leqslant b)$——$x$ 出现在 $[a,b]$ 上的概率,也称为置信概率(或置信水平),简记为符号 p;

　　　α——显著水平(又称显著度或危险率)。

上述各量的几何意义如图 2 - 3 所示。

对于不同的被测量,其概率密度函数的形式可能是不同的。在测量不确定度的评定中,经常提到的分布有两点分布、反正弦分布、均匀分布、三角分布、梯形分布、正态分布以及投影分布等。上述对测量总体及其分布的实验统计方法,在实际工作中经常使用。在对精密仪器的误差分析与计量检定工作中,为了使实验统计方法具有足够的可信度,在绘制统计直方图时应注意以下几个问题:

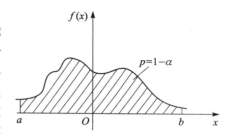

图 2 - 3　概率密度函数的几何意义

(1) 样本大小,即重复测量次数 n。虽然 n 越大,样本呈现的分布规律越稳定,但 n 太大,不仅资源浪费过大,而且难以保证那么多次测量都满足相同的测量条件。实践表明,当仅要确定误差的分布范围时,可取 $n = 50 \sim 200$;若要确定误差分布规律,则可取 $n = 200 \sim 1\,000$。

(2) 子区间的间距 Δx。子区间间距下限应大于仪器分辨力,并使子区间有适当的数目。子区间数目随 n 的增大而增加。一般,子区间的个数大致如下:

当 $n = 50 \sim 100$ 时,子区间的个数是 $6 \sim 10$;

当 $n = 100 \sim 200$ 时,子区间的个数是 $9 \sim 12$;

当 $n = 200 \sim 500$ 时,子区间的个数是 $12 \sim 17$;

当 $n > 500$ 时,子区间的个数是 20。

也可用下列两个公式之一来计算分组数 m 或间距 Δx,即

$$m = 2n^{\frac{2}{5}} \quad 或 \quad m = 1.87(n-1)^{\frac{2}{5}} \tag{2-1}$$

$$\Delta x = \frac{x_{\max} - x_{\min}}{1 + 3.31\lg n} \tag{2-2}$$

2.1.3　测量误差统计分布的特征值

由于大多数测量误差(随机误差和未定系统误差)可以视作随机变量,因此可以用随机变量的统计特征值来描述测量误差的分布特征。

已知概率密度函数就可以完全确定一个随机变量。虽然从原则上说,概率密度函数可以通过大量的重复性实验得到,但实际上往往既没有必要,也没有可能进行大量的重复性实验。在许多情况下,只要知道该随机变量的若干特征值(也称为随机变量的数字特征)就可以了。在测量不确定度评定中经常要用到的随机变量特征值是数学期望、方差、标准偏差、协方差和相关系数等。

在测量总体的分布规律已经掌握、概率密度函数已经确定之后,从概率密度函数 $f(x)$ 中抽取如下一些数字特征值,这些特征值表征了测量总体分布的一些重要特征。

1. 随机变量的数学期望

随机变量的数学期望表示对该随机变量进行无限多次测量所得结果的平均值,简称为数学期望,也称为总体均值。数学期望的重要性在于,实际上它就是我们通过测量想要得到的测量结果。对于对称分布来说(大部分的被测量都满足对称分布),数学期望即是随机变量概率密度函数的中心位置。某随机变量 X 的数学期望通常用 $E(X)$ 或 μ 来表示。本书中,在不会引起混淆的情况下,一般用符号 μ 表示;若必须指出是某一随机变量 X 的数学期望,则采用符号 $E(X)$ 或 μ_x。

对于离散型随机变量,若对某量 X 进行 n 次测量,则会得到一组测量结果 $x_1, x_2, \cdots, x_n$。根据定义,数学期望 μ 可表示为

$$\mu = \lim_{n \to \infty} \frac{\sum\limits_{k=1}^{n} x_k}{n} \tag{2-3}$$

并不是任何随机变量均存在数学期望。存在数学期望的条件是式(2-3)必须收敛,即当随机变量取无穷多个值时应存在该极限值。

对于连续型随机变量,若概率密度函数为 $f(x)$,则其数学期望可表示为

$$\mu = \int_{-\infty}^{+\infty} x f(x) \mathrm{d}x \tag{2-4}$$

同样,这时要求上述积分是收敛的,否则该随机变量不存在数学期望。图 2-4 表示了数学期望的意义,其所示 3 条测得值分布曲线的精密度相同,但正确度不同。数学期望代表了测量的最佳估计值,或相对真值的系统误差大小。

上述随机变量特征值都是对应于无限多次测量结果的,而在实际工作中只可能进行有限次测量,因此通常只能根据有限次测量的结果,即根据样本的一些参数指标来估计总体的特征值,如总体平均值 μ、总体方差 σ^2 等。而用来作为估计依据的样本参数指标,如样本平均值 $\bar{x}$、样本方差 s^2 等则称为估计量。被估计的总体特征值称为总体参数。

估计量本身也是一个随机变量,它有许多可能值。从一个具体的样本只能得到该估计量的一个可能值。当样本改变时,所得到的估计量的值也会改变,因而不能期望估计量的取值正好等于它所估计的总体参数。但一个好的估计量至少平均地看来应该等于它所估计的总体参数。也就是说,我们所选择的估计量的数学期望应该等于被估计的总体参数。符合这一要求的估计量称为无偏估计量。样本平均值 $\bar{x}$ 就是总体均值 μ 的无偏估计量。

2. 随机变量的方差

仅用数学期望还不足以充分地描述一个随机变量的特征。例如用两种不同的方法对同一个被测量进行测量,分别得到两组测量结果,也就是说,有两个随机变量,如图 2-5 中的曲线 a 和 b 所示,它们的数学期望 μ 可能是相同的,但是表示测量结果质量好坏的各测得值相对于

数学期望的分散程度却是不一样的,即精密度不同。显然,曲线 b 相对于数学期望的分散程度较大,即测得值的分散程度大,精密度较差。随机变量的方差就是表示测量结果相对于数学期望 μ 的平均离散程度,或者说表示随机变量的可能值与其数学期望之间的分散程度。

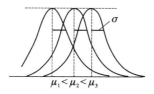

图 2-4　数学期望的意义

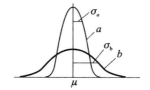

图 2-5　两个数学期望值相同但分散
程度不同的随机变量

对于离散型随机变量,第 k 个测量结果 x_k 相对于数学期望 μ 的偏离为 $x_k - \mu$。由于 μ 是无限多次测量结果的平均值,当 x_k 处于平均值两侧时,$x_k - \mu$ 的符号相反。在对称分布的情况下,无限多次测量结果的平均离散为零(正负相消),即

$$\lim_{n \to \infty} \frac{\sum_{k=1}^{n}(x_k - \mu)}{n} = 0$$

因此将方差定义为偏离值平方的平均值,即方差 $D(x)$ 为

$$D(x) = \lim_{n \to \infty} \frac{\sum_{k=1}^{n}(x_k - \mu)^2}{n} \qquad (2-5)$$

对于连续型随机变量,其方差为

$$D(x) = \int_{-\infty}^{+\infty} (x - \mu)^2 f(x)\mathrm{d}x \qquad (2-6)$$

由于 $D(x)$ 的平方根称为标准偏差,因此将 $D(x)$ 称为"方差",意为标准偏差的平方。上式中测量次数应为无限大,故 $D(x)$ 也称为总体方差。它是概率密度分布的二阶中心距。

对于方差的无偏估计量,有以下推导过程。若 $E(x)$ 表示随机变量 x 的期望,则方差的期望为

$$E\left[\frac{1}{n}\sum_{k=1}^{n}(x_k - \bar{x})^2\right] = E\left\{\frac{1}{n}\sum_{k=1}^{n}\left[(x_k - \mu) - (\bar{x} - \mu)\right]^2\right\}$$

$$= E\left[\frac{1}{n}\sum_{k=1}^{n}(x_k - \mu)^2 - \frac{2}{n}\sum_{k=1}^{n}(x_k - \mu)(\bar{x} - \mu) + \frac{1}{n}\sum_{k=1}^{n}(\bar{x} - \mu)^2\right]$$

$$= E\left[\frac{1}{n}\sum_{k=1}^{n}(x_k - \mu)^2 - (\bar{x} - \mu)^2\right]$$

$$= \frac{1}{n}E\left[\sum_{k=1}^{n}(x_k - \mu)^2\right] - \frac{1}{n}\sum_{k=1}^{n}E(\bar{x} - \mu)^2$$

$$= \frac{1}{n} \cdot n \cdot D(x) - D(\bar{x})$$

$$= \frac{n-1}{n} \cdot \sigma^2 \neq \sigma^2$$

于是,

$$E\left[\frac{1}{n-1}\sum_{k=1}^{n}(x_k-\bar{x})^2\right]=\frac{n}{n-1}E\left[\frac{1}{n}\sum_{k=1}^{n}(x_k-\bar{x})^2\right]$$

$$=\frac{n}{n-1}\cdot\frac{n-1}{n}\sigma^2$$

$$=\sigma^2$$

即 $\dfrac{\sum\limits_{k=1}^{n}(x_k-\bar{x})^2}{n}$ 不是总体方差 $\sigma^2(x)=\lim\limits_{n\to\infty}\dfrac{\sum\limits_{k=1}^{n}(x_k-\mu)^2}{n}$ 的无偏估计量,而方差 $s^2(x)=$

$\dfrac{\sum\limits_{k=1}^{n}(x_k-\bar{x})^2}{n-1}$ 才是总体方差 σ^2 的无偏估计量。

3. 随机变量的标准偏差

由于方差的量纲与被测量不同,为被测量量纲的平方,因此常用方差 $D(X)$ 的正平方根 $\sigma(X)$ 来表示其平均离散性,称为标准偏差(或标准差),也称为分布的标准偏差。标准偏差 $\sigma(X)$ 所对应的测量次数也应为无限大,故也称为总体标准差。其大小表征了随机误差的分散程度,即大部分误差分布在 $\mu\pm\sigma$ 范围内,可作为随机误差的评定尺度。

对于离散型随机变量,标准偏差为

$$\sigma(x)=\sqrt{D(x)}=\sqrt{\lim_{n\to\infty}\frac{\sum\limits_{k=1}^{n}(x_k-\mu)^2}{n}} \tag{2-7}$$

而连续型随机变量的标准偏差则为

$$\sigma(x)=\sqrt{D(x)}=\sqrt{\int_{-\infty}^{+\infty}(x-\mu)^2f(x)\mathrm{d}x} \tag{2-8}$$

样本方差 $s^2(x)=\dfrac{\sum\limits_{k=1}^{n}(x_k-\bar{x})^2}{n-1}$ 的平方根 $s(x)$ 称为实验标准差,它是标准偏差 $\sigma(x)$ 的

样本估计量,而且是无偏估计量。因此,实验标准差 $s(x)$ 可表示为

$$s(x)=\sqrt{\frac{\sum\limits_{k=1}^{n}(x_k-\bar{x})^2}{n-1}} \tag{2-9}$$

4. 协方差 $\sigma(x,y)$

表示两随机变量 x 和 y 之间关联程度的量称为协方差,表示为

$$\sigma(x,y)=\lim_{n\to\infty}\frac{\sum\limits_{k=1}^{n}(x_k-\mu_x)(y_k-\mu_y)}{n}$$

$$=\int_{-\infty}^{+\infty}\int_{-\infty}^{+\infty}(x-\mu_x)(y-\mu_y)f(x,y)\mathrm{d}x\mathrm{d}y \tag{2-10}$$

式中:$\mu_x=\displaystyle\int_{-\infty}^{+\infty}\int_{-\infty}^{+\infty}xf(x,y)\mathrm{d}x\mathrm{d}y$,$\mu_y=\displaystyle\int_{-\infty}^{+\infty}\int_{-\infty}^{+\infty}yf(x,y)\mathrm{d}x\mathrm{d}y$,分别为随机变量 x、y 的数学期望。

将式(2-10)与方差表示式(2-5)相比较可以发现,当随机变量 x 等于 y 时,协方差就成

为方差,即

$$\sigma(x,y)=\sigma(x,x)=D(x)$$

当随机变量 x 和 y 的变化方向趋于相同时,统计地说,$x_k-\mu_x$ 和 $y_k-\mu_y$ 趋于同号,此时 $\sigma(x,y)>0$;

当随机变量 x 和 y 的变化方向趋于相反时,统计地说,$x_k-\mu_x$ 和 $y_k-\mu_y$ 趋于异号,此时 $\sigma(x,y)<0$;

当随机变量 x 和 y 的变化相互独立时,$\sigma(x,y)=0$。

因此,协方差函数 $\sigma(x,y)$ 可以表示两随机变量 x 和 y 之间的线性关联程度。

5. 相关系数 $\rho(x,y)$

协方差函数 $\sigma(x,y)$ 虽然可以表示两随机变量 x 和 y 之间的相关性,但由于其量纲为两随机变量的乘积,因此通常用相关系数表示更为方便。相关系数 $\rho(x,y)$ 定义为

$$\rho(x,y)=\frac{\sigma(x,y)}{\sigma(x)\sigma(y)}$$

相关系数 $\rho(x,y)$ 为一纯数,可以证明,其取值范围在 $[-1,+1]$ 区间上,即 $-1\leqslant\rho\leqslant1$。当 $0<\rho<1$ 时,x 与 y 正相关;当 $-1<\rho<0$ 时,x 与 y 负相关。图 2-6 表示了 4 种特殊实验统计的情形,它们分别是线性相关($\rho=1$)、正相关($\rho=0.5$)、负相关($\rho=-0.5$)和不相关($\rho=0$)。

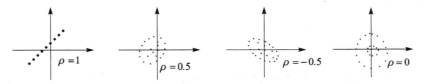

图 2-6　相关系数的意义

协方差 $\sigma(x,y)$ 和相关系数 $\rho(x,y)$ 的样本估计量 $s(x,y)$ 和 $r(x,y)$ 分别为

$$s(x,y)=\frac{\sum_{k=1}^{n}(x_k-\bar{x})(y_k-\bar{y})}{n-1} \tag{2-11}$$

$$r(x,y)=\frac{s(x,y)}{s(x)s(y)} \tag{2-12}$$

而 n 次测量结果的平均值 $\bar{x}$ 和 $\bar{y}$ 之间的协方差 $s(\bar{x},\bar{y})$ 和相关系数 $r(\bar{x},\bar{y})$ 则为

$$s(\bar{x},\bar{y})=\frac{\sum_{k=1}^{n}(x_k-\bar{x})(y_k-\bar{y})}{n(n-1)} \tag{2-13}$$

$$r(\bar{x},\bar{y})=\frac{s(\bar{x},\bar{y})}{s(\bar{x})s(\bar{y})} \tag{2-14}$$

如果有必要,在测量不确定度评定中可以利用式(2-11)和式(2-12)或式(2-13)和式(2-14)通过试验测量来得到相关系数。

表 2-2 给出了协方差函数 $\sigma(x,y)$ 和相关系数 $\rho(x,y)$ 的样本估计量。

表 2－2 协方差函数 $\sigma(x,y)$ 和相关系数 $\rho(x,y)$ 的样本估计量

总体特征值（无限次测量）		样本估计量（有限次测量）	
协方差 $\sigma(x,y)$	$\sigma(x,y) = \lim\limits_{n \to \infty} \dfrac{\sum\limits_{k=1}^{n}(x_k-\mu_x)(y_k-\mu_y)}{n}$	协方差 $s(x,y)$	$s(x,y) = \dfrac{\sum\limits_{k=1}^{n}(x_k-\bar{x})(y_k-\bar{y})}{n-1}$
相关系数 $\rho(x,y)$	$\rho(x,y) = \dfrac{\sigma(x,y)}{\sigma(x)\sigma(y)}$	相关系数 $r(x,y)$	$r(x,y) = \dfrac{s(x,y)}{s(x)s(y)}$
期望（总体均值） μ	$\mu = \lim\limits_{n \to \infty} \dfrac{\sum\limits_{k=1}^{n}x_k}{n}$	样本平均值 $\bar{x}$	$\bar{x} = \dfrac{\sum\limits_{k=1}^{n}x_k}{n}$
方差（总体方差） $\sigma^2(x)$	$D(x) = \lim\limits_{n \to \infty} \dfrac{\sum\limits_{k=1}^{n}(x_k-\mu)^2}{n}$	样本方差 $s^2(x)$	$s^2(x) = \dfrac{\sum\limits_{k=1}^{n}(x_k-\bar{x})^2}{n-1}$
样准差（总体标准差） $\sigma(x)$	$\sigma(x) = \sqrt{D(x)} = \sqrt{\lim\limits_{n \to \infty} \dfrac{\sum\limits_{k=1}^{n}(x_k-\mu)^2}{n}}$	实验标准差（样本标准差） $s(x)$	$s(x) = \sqrt{\dfrac{\sum\limits_{k=1}^{n}(x_k-\bar{x})^2}{n-1}}$

6. 偏态系数（skewness）

测量总体 X 的 3 阶中心距为

$$\mu_3 = \int_{-\infty}^{+\infty}(x-\mu)^3 f(x)\,\mathrm{d}x \qquad (2-15)$$

它描述了测量总体及其误差分布的非对称程度。偏态系数 γ_3 是将 μ_3 无量纲化，其公式为

$$\gamma_3 = \frac{\mu_3}{\sigma^3} \qquad (2-16)$$

如图 2－7 所示，曲线 Ⅱ 具有正偏态（$\gamma_3 > 0$），曲线 Ⅰ 具有负偏态（$\gamma_3 < 0$）。

7. 超越系数（kurtosis）

测量总体 X 的 4 阶中心距为

$$\mu_4 = \int_{-\infty}^{+\infty}(x-\mu)^4 f(x)\,\mathrm{d}x \qquad (2-17)$$

超越系数 γ_4 是将 μ_4 无量纲化，其公式为

$$\gamma_4 = \frac{\mu_4}{\sigma^4} - 3 \qquad (2-18)$$

μ_4，μ_4/σ^4 及 γ_4 表征了测量总体及其分布的峰凸程度。μ_4/σ^4 是将 μ_4 无量纲化，也称峰度；而 γ_4 则是按标准正态分布归零的结果，即对于正态分布，超越系数 γ_4 视为 0。与正态分布比较，较尖峭的分布有 $\gamma_4 > 0$（如 $f(x) = \dfrac{1}{2}\mathrm{e}^{-|x|}$ 的 $\gamma_4 = 3$），较平坦的分布有 $\gamma_4 < 0$（如三角分布的 $\gamma_4 = -0.6$，均匀分布的 $\gamma_4 = -1.2$，两点分布的 $\gamma_4 = -2.0$）。如图 2－8 所示，曲线 Ⅰ 的 $\gamma_4 = 0$，曲线 Ⅱ 的 $\gamma_4 > 0$，曲线 Ⅲ 的 $\gamma_4 < 0$。

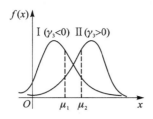

图 2-7　偏态系数的意义

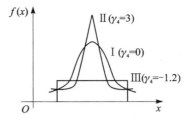

图 2-8　超越系数的意义

2.2　常见误差分布

2.2.1　正态分布

在实践中,最典型的测量总体及其误差分布是正态分布(normal distribution)。这是因为产生误差的因素很多,彼此相互独立,其误差根据中心极限定理接近于正态分布。正态分布便于理论分析,又具有很多优良的统计特性,所以实践中最常用。

正态分布的概率密度函数为

$$f(x) = \frac{1}{\sigma\sqrt{2\pi}}\exp\left[-\frac{(x-\mu)^2}{2\sigma^2}\right] \tag{2-19}$$

式中: μ ——测量总体 X 分布的数学期望,如不计系统误差,则 $\delta = x - \mu$ 即为随机误差;

σ ——测量总体 X 分布的标准差,也是 $\delta = x - \mu$ 随机误差分布的标准差。

误差在分布区间 $[\mu - k\sigma, \mu + k\sigma]$ 的置信概率为

$$p = \int_{\mu-k\sigma}^{\mu+k\sigma} \frac{1}{\sigma\sqrt{2\pi}}\exp\left[-\frac{(x-\mu)^2}{2\sigma^2}\right]dx$$

$$= \int_{-k\sigma}^{k\sigma} \frac{1}{\sqrt{2\pi}}\exp\left(-\frac{\delta^2}{2\sigma^2}\right)d\delta = \Phi(k)$$

对上式作变换,令 $t = \dfrac{\delta}{\sigma}$, $\delta = t\sigma$,则

$$p = \Phi(k) = \frac{2}{\sqrt{2\pi}}\int_0^k \exp\left(-\frac{t^2}{2}\right)dt \tag{2-20}$$

式(2-20)称为正态分布函数,已制成正态分布表(见附表 2)。图 2-9 所示为 3 种不同分布区间的置信概率。一些常用的置信概率 p 与其对应的置信因子 k 如表 2-3 所列。

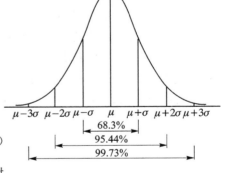

图 2-9　正态分布的置信概率 p

表 2-3　正态分布的某些 k 值的置信概率 $p(|x-\mu|\leqslant k\sigma) = 1 - \alpha$

k	3.30	3.0	2.58	2.0	1.96	1.645	1.0	0.674 5
p	0.999	0.997 3	0.99	0.954 4	0.95	0.90	0.683	0.5
α	0.001	0.002 7	0.01	0.045 6	0.05	0.10	0.317	0.5

一般认为,当影响测量的因素在 15 个以上,且相互独立时,其影响程度相当,可以认为测得值服从正态分布;若要求不高,则影响因素应在 5 个(至少 3 个)以上,也可视为正态分布。

自高斯 1795 年系统研究正态分布以后，正态分布得到了广泛应用，并成为经典误差理论的基础。

2.2.2 其他常见误差分布

1. 均匀分布（uniform distribution）

若误差在某一范围中出现的概率相等，则称其服从均匀分布，也称为等概率分布，如图 2-10 所示。均匀分布的概率密度函数为

$$f(\delta) = \begin{cases} \dfrac{1}{2a}, & |\delta| \leqslant a \\ 0, & |\delta| > a \end{cases} \qquad (2-21)$$

其数学期望为

$$E(\delta) = \int_{-a}^{a} \frac{\delta}{2a} \mathrm{d}\delta = 0 \qquad (2-22)$$

方差和标准差分别为

$$\sigma^2 = \frac{a^2}{3}, \quad \sigma = \frac{a}{\sqrt{3}} \qquad (2-23)$$

置信因子为

$$k = \frac{a}{\sigma} = \sqrt{3} \qquad (2-24)$$

服从均匀分布的可能情形有以下几种：
（1）数据切尾引起的舍入误差；
（2）数字显示末位的截断误差；
（3）瞄准误差；
（4）数字仪器的量化误差；
（5）齿轮回程所产生的误差以及基线尺滑轮摩擦引起的误差；
（6）多中心值不同的正态误差总和接近均匀分布。

2. 三角分布（triangular distribution）

若测量总体分布的概率密度函数为

$$f(x) = \begin{cases} \dfrac{a+x}{a^2}, & -a \leqslant x \leqslant 0 \\ \dfrac{a-x}{a^2}, & 0 \leqslant x \leqslant a \end{cases} \qquad (2-25)$$

则称其服从三角分布，如图 2-11 所示。其数学期望与标准差分别为

$$\mu = 0, \quad \sigma = a/\sqrt{6} \qquad (2-26)$$

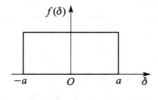

图 2-10 均匀分布

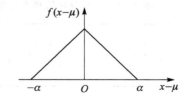

图 2-11 三角分布

对于两个分布范围相等的均匀分布,其合成误差就是三角分布。

3. 反正弦分布(arcsine distribution)

若测量总体分布的概率密度函数为

$$f(x)=\begin{cases}\dfrac{1}{\pi\sqrt{a^2-x^2}}, & -a\leqslant x\leqslant a\\ 0, & 其他\end{cases} \tag{2-27}$$

则称其在$(-a,a)$内服从反正弦分布,如图 2-12 所示。其数学期望和标准差分别为

$$\mu=0, \quad \sigma=a/\sqrt{2} \tag{2-28}$$

根据实际经验,服从反正弦分布的可能情形有以下几种:

(1) 度盘偏心引起的测角误差;

(2) 正弦(或余弦)振动引起的位移误差;

(3) 无线电中失配引起的误差。

4. 瑞利分布(Rayleigh distribution)

瑞利分布又称为偏心分布,其概率密度函数为

$$f(x)=\frac{x}{a^2}\mathrm{e}^{\frac{-x^2}{2a^2}}, \quad 0\leqslant x<\infty \tag{2-29}$$

如图 2-13 所示,其数学期望和标准差分别为

$$\mu=\sqrt{\frac{\pi}{2}}a, \quad \sigma=\sqrt{\frac{4-\pi}{2}}a \tag{2-30}$$

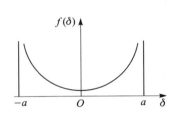

图 2-12　反正弦分布

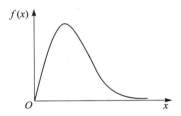

图 2-13　瑞利分布

服从瑞利分布的可能情形有以下几种:

(1) 偏心值;

(2) 在非负值的单向误差中,由偏心因素所引起的轴的径向跳动;

(3) 齿轮和分度盘的最大齿距累积误差;

(4) 刻度盘、圆光栅盘的最大分度误差。

5. 投影分布(projection distribution)

测量时安装调整的不完备会给测量结果带来误差 δ。比如,在长度测量中,常需要用激光或标准尺测量被测件,激光光线或标准尺长度总会偏离测量线长度 l 一个 β 角,如图 2-14 所示,造成测量误差 δ 有如下投影关系:

$$\delta=l-l'=l-l\cos\beta=l(1-\cos\beta) \tag{2-31}$$

在实际研究中,在较小的范围$[-A,A]$上常服从均匀分布 $U[-A,A]$。图 2-15 所示的投影分布的概率密度函数为

$$f(\delta) = \begin{cases} \dfrac{1}{A\sqrt{1-(1-\delta)^2}}, & \delta \in [0, 1-\cos A] \\ 0, & \text{其他} \end{cases} \qquad (2-32)$$

其期望和标准差分别为

$$\mu = A^2/6 = \Delta/3 (\Delta = A^2/2), \quad \sigma = \frac{3}{10}\Delta \qquad (2-33)$$

在仪器的安装调整中广泛存在投影分布误差,它是关于偏角的二阶小量。

6. β 分布(Beta distribution)

β 分布(贝塔分布)的概率密度函数为

$$f(\delta) = \frac{1}{(b-a)B(a,b)} \left(\frac{\delta-a}{b-a}\right)^{g-1} \left(1 - \frac{\delta-a}{b-a}\right)^{h-1}, \quad a \leqslant \delta \leqslant b \qquad (2-34)$$

式中:$B(a,b)$——β 函数,$B(a,b) = \int_0^1 u^{a-1}(1-u)^{b-1}\mathrm{d}u$,如图 2-16 所示。

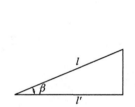

图 2-14 基线偏离 β 角造成的测长误差 l'

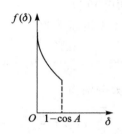

图 2-15 投影分布

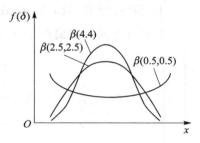

图 2-16 β 分布

β 分布的期望和标准差分别为

$$\mu = \frac{bg + ah}{g+h}, \quad \sigma = \frac{(b-a)\sqrt{gh}}{(g+h)\sqrt{g+h+1}} \qquad (2-35)$$

在给定分布界限 $[a,b]$ 下通过取不同的参数值 (g,h),$\beta(g,h)$ 可呈对称分布、非对称分布、单峰分布、递增或递减分布等,可逼近常见的正态分布、三角分布、均匀分布、反正弦分布、瑞利分布等各种典型分布。可见,β 分布具有可逼近各种实际误差分布的多态性。

尤其,β 分布在理论上就是有界的,且可通过其参数 (g,h) 求得 $[a,b]$。不像正态分布、瑞利分布等呈拖尾型分布,完全符合误差的基本特性,即有界性。

在实际工作中,常要用到以上几种常见分布的数字特征量,特别是不同分布的区间半宽度与标准差的倍数关系,现归纳如表 2-4 所列。

表 2-4 常见分布的数字特征量

名 称	区间半宽度	标准差	期望值	等 价
正态分布	$\Delta = 3\sigma$ ($p = 0.9973$)	$\Delta/\sqrt{9}$	μ	$\beta(4,4)$
三角分布	a	$a/\sqrt{6}$	0	$\beta(2.5, 2.5)$
均匀分布	a	$a/\sqrt{3}$	0	$\beta(1,1)$

名　　称	区间半宽度	标准差	期望值	等　价
反正弦分布	a	$a/\sqrt{2}$	0	$\beta(0.5,0.5)$
瑞利分布	$\Delta = A^2/2$	$\sigma = \sqrt{\dfrac{(4-\pi)}{2}}a$	$E = \sqrt{\dfrac{\pi}{2}}a$	$\beta(2,3.4)$

2.2.3　常用的统计量分布

1. t 分布(t - distribution)

若随机误差 $\xi \sim N(0,1)$,随机误差 $\eta \sim \chi^2(\nu)$,且 ξ 和 η 相互独立,则

$$t = \frac{\xi}{\sqrt{\eta/\nu}}$$

服从的分布称为自由度为 ν 的分布。其概率密度函数为

$$f(x) = \frac{\Gamma\left(\dfrac{\nu+1}{2}\right)}{\Gamma\left(\dfrac{\nu}{2}\right)\sqrt{\nu\pi}}\left(1 + \frac{x^2}{\nu}\right)^{-\frac{\nu+1}{2}} \qquad (2-36)$$

式中:$\Gamma(a)$—— 伽马函数,$\Gamma(a) = \displaystyle\int_0^\infty u^{a-1}e^{-u}du$,$a > 0$。

伽马函数与 B 函数有如下关系:

$$B(a,b) = \frac{\Gamma(a)\Gamma(b)}{\Gamma(a+b)}$$

图 2 - 17 给出了 t 分布的图形。当它为对称分布时,该分布趋于正态分布。其数学期望为

$$E(x) = \frac{\Gamma\left(\dfrac{\nu+1}{2}\right)}{\Gamma\left(\dfrac{\nu}{2}\right)\sqrt{\nu\pi}}\int_{-\infty}^{\infty} x\left(1 + \frac{x^2}{\nu}\right)^{-\frac{\nu+1}{2}}dx = 0 \qquad (2-37)$$

标准差为

$$\sigma = \frac{\nu}{\nu-2}, \quad \nu > 2 \qquad (2-38)$$

t 分布的临界值 $t_\alpha(\nu)$ 满足:

$$P\left[|t| \leqslant t_\alpha(\nu)\right] = 1 - \alpha = p \qquad (2-39)$$

其临界值 $t_\alpha(\nu)$ 见附表 3。

若有一个独立的正态测量样本 $x_1, x_2, \cdots, x_n$,由该样本算得测量总体的最佳估计量 $\bar{x}$ 和 s,则统计量

$$t = \frac{\bar{x} - \mu}{\dfrac{s}{\sqrt{n}}}$$

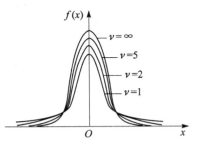

图 2 - 17　t 分布

是服从自由度为 ν 的 t 分布,其测量算术平均值满足:

$$P\left[|\bar{x} - \mu| \leqslant t_\alpha(\nu) \cdot \frac{s}{\sqrt{n}}\right] = 1 - \alpha = p$$

因此，在研究小样本（测量次数较少）的算术平均值时，t 分布是一个严密而有效的理论分布。

2. χ^2 分布（Chi-squared distribution）

若 $\xi_1, \xi_2, \cdots, \xi_\nu$ 为独立且服从相同分布 $N(0,1)$ 的随机误差变量，则

$$\chi^2 = \xi_1^2 + \xi_2^2 + \cdots + \xi_\nu^2$$

称其为服从自由度为 ν 的 χ^2 分布。

χ^2 分布的概率密度函数为

$$f_{\chi^2}(x) = \frac{1}{2^{\frac{n}{2}} \Gamma\left(\frac{n}{2}\right)} x^{\frac{n}{2}-1} e^{-\frac{x}{2}} \tag{2-40}$$

如图 2-18 所示，其期望和标准差分别为

$$\mu = \nu, \quad \sigma = \sqrt{2\nu} \tag{2-41}$$

若有一个独立的正态测量样本 $x_1, x_2, \cdots, x_n, x_i \sim N(\mu, \sigma^2)$，则

$$\frac{1}{\sigma^2} \sum_{i=1}^{n} (x_i - \bar{x})^2 \sim \chi^2(n-1) \tag{2-42}$$

χ^2 分布的临界值 $\chi_\alpha^2(\nu)$ 满足：

$$P\left[\chi^2(\nu) \geqslant \chi_n^2(\nu)\right] = \alpha \tag{2-43}$$

其值见附表 4。

3. F 分布（F - distribution）

若 $\xi_1 \sim \chi^2(\nu_1), \xi_2 \sim \chi^2(\nu_2)$，则

$$F = \frac{\xi_1}{\xi_2}$$

称为服从自由度为 ν_1、ν_2 的 F 分布 $F(\nu_1, \nu_2)$。

F 分布的概率密度函数为

$$f_F(x) = \frac{\Gamma\left(\frac{\nu_1 + \nu_2}{2}\right)}{\Gamma(\nu_1/2)\Gamma(\nu_2/2)} \times \nu_1^{\frac{\nu_1}{2}} \times \nu_2^{\frac{\nu_2}{2}} \times x^{\frac{\nu_1}{2}-1} \times (\nu_2 + \nu_1 x)^{\frac{\nu_2 + \nu_1}{2}} \tag{2-44}$$

如图 2-19 所示，其期望和标准差分别为

$$\mu = \frac{\nu_2}{\nu_2 - 2}, \quad \nu_2 \geqslant 2 \tag{2-45}$$

$$\sigma = \sqrt{\frac{2\nu_2^2(\nu_1 + \nu_2 - 2)}{\nu_1(\nu_2 - 2)^2(\nu_2 - 4)}}, \quad \nu_2 > 4 \tag{2-46}$$

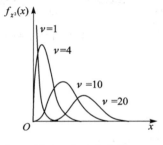

图 2-18　χ^2 分布

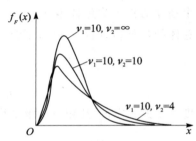

图 2-19　F 分布

对某量作两组相互独立的测量,得

$$A\ 组:\quad x_{a1}, x_{a2}, \cdots, x_{an_a}$$

$$B\ 组:\quad x_{\beta1}, x_{\beta2}, \cdots, x_{\beta n_\beta}$$

计算出每组的均值和方差,即 $\bar{x}_a$、s_a 和 $\bar{x}_\beta$、s_β,则

$$\frac{s_a^2}{s_\beta^2} \sim F(n_a - 1, n_\beta - 1) \tag{2-47}$$

F 分布的临界值 $F_P(\nu_1, \nu_2)$ 满足:

$$P(F \geqslant F_a) = \alpha \tag{2-48}$$

$$P = 1 - \alpha$$

其值见附表 5。

2.3　误差分布的分析与检验

2.3.1　误差分布的分析判断

在测量中,要具体确定各种误差分布的规律,是一件比较复杂的事情。一种比较简单的方法是,结合实际经验和理论分析,对所关心的几种常见测量分布类型作出分析判断。以下简要介绍几种分析判断某些常见误差分布的方法。

1. 物理来源判断法

根据测量误差产生的来源,可以判断其属于何种类型。如其测量受到至少有 3 个以上独立的、微小而相近的因素的影响,则可认为它服从或接近正态分布;又如测得值在某范围内各处出现的机会相等,则可认为它服从均匀分布。

2. 函数关系判断法

利用随机变量的如下函数关系,判断误差属于何种分布:

(1) 如果 ξ 与 η 都在 $[-a, a]$ 上服从均匀分布,那么 $(\xi + \eta)/2$ 服从三角分布;

(2) 如果 ξ 服从均匀分布,那么 $\sin(\xi + \xi_0)$ 服从反正弦分布;

(3) 如果 ξ 与 η 都服从正态分布 $N(0, \sigma)$,那么 $\sqrt{\xi^2 + \eta^2}$ 服从瑞利(偏心)分布;

(4) 如果 $\xi_1, \xi_2, \cdots, \xi_n$ 相互独立,且服从相同的正态分布 $N(0, 1)$,那么 $\sqrt{\xi_1^2 + \xi_2^2 + \cdots + \xi_n^2}$ 服从 χ 分布,而 $\xi_1^2 + \xi_2^2 + \cdots + \xi_n^2$ 服从 χ^2 分布;

(5) 如果 ξ 与 η 服从 χ^2 分布,且相互独立,那么 $\dfrac{\xi}{\eta}$ 服从 F 分布;

(6) 如果 ξ 服从正态分布 $N(0, 1)$,η 服从 χ 分布,ξ 与 η 相互独立,那么 $\dfrac{\xi}{\eta}$ 服从 t 分布。

3. 图形判断法

对重复测量获得的样本数据,如 2.1.2 小节所述绘出其概率密度分布图,并与各种常见的概率密度分布曲线比较,判断它与何种分布接近。

2.3.2　误差分布的统计检验

基于概率与数理统计的假设检验的思想,应对上述的测量分布判断是否成立作出假设检

验。这种对总体分布形式的假设检验,也称为分布的拟合检验,它是一种非参数检验。非参数的分布假设检验一般分为一般分布检验(皮尔逊 χ^2 检验(Chi-squared test))和正态分布统计检验(夏皮罗-威尔克检验(Shapiro-Wilk test)、偏态系数检验(skewness test)和峰态系数检验(kurtosis test))。

1. χ^2 检验

χ^2 检验仅适于大样本情形。

设总体 X 的分布函数 $F(x)$ 为未知,$F_0(x)$ 为某个已知的分布函数。检验假设 $H_0: F(x) = F_0(x)$。

从总体中抽取出一个容量为 n 的样本 $x_1, x_2, \cdots, x_n$,把整个数轴分成 m 个区间 $(-\infty, a_1], (a_1, a_2], \cdots, (a_{m-1}, +\infty)$。用 $f_i(i=1,2,3,\cdots,m)$ 表示样本的观测值落在第 i 个区间的个数(称为频数)。

如果 H_0 成立,则总体分布函数应为 $F_0(x)$。由此可计算出总体 X 在各区间内取值的概率,分别为

$$\begin{cases} p_1 = F_0(\alpha_1) \\ \quad\vdots \\ p_i = F_0(\alpha_i) - F_0(\alpha_{i-1}), \quad i=2,3,\cdots,m-1 \\ \quad\vdots \\ p_m = 1 - F_0(\alpha_{m-1}) \end{cases} \tag{2-49}$$

则理论频数为 np_i。

由于频率是概率的反映,所以当 H_0 成立,且 n 充分大时,频率 $\dfrac{f_i}{n}$ 和 p_i 应该不会相差太大,即 $\displaystyle\sum_{i=1}^m \left(\dfrac{f_i}{n} - p_i\right)^2$ 应当较小。考虑到 $\dfrac{f_i}{n}$ 及概率 p_i 本身较小,$\left(\dfrac{f_i}{n} - p_i\right)^2$ 很小,故为计算方便再乘以 $\dfrac{n}{p_i}$,选取统计量

$$\chi^2 = \sum_{i=1}^m \left(\frac{f_i}{n} - p_i\right)^2 \frac{n}{p_i} = \sum_{i=1}^m \frac{(f_i - np_i)^2}{np_i} \tag{2-50}$$

显然,上述统计量越小,越能说明总体分布为 $F_0(x)$。皮尔逊定理证明了在假设 H_0 条件下,当 n 充分大时,统计量 χ^2 渐进服从自由度为 $m-1$ 的 χ^2 分布,且与总体的分布类型无关。对给定的显著水平 H_0,考虑单侧检验,若当 $\chi^2 \geqslant \chi_0^2(m-1)$ 时发生了小概率事件,则可否定原假设 H_0,认为 $F(x) \neq F_0(x)$。

χ^2 检验法一般要求 $n \geqslant 50$,而且要求所分的每个区间内含有的实际频数不能太小,使得每个区间的实际频数不小于 5。

若在 H_0 的假设中,$F_0(x)$ 含有未知参数,即原假设为 $H_0: F(x) = F_0(x, \theta_1, \theta_2, \cdots, \theta_k)$,$p_i$ 也为未知参数 $\theta_1, \theta_2, \cdots, \theta_k$ 的函数,即 $p_i = p_i(\theta_1, \theta_2, \cdots, \theta_k)(i=1,2,\cdots,m)$,这时首先在 H_0 下利用样本给出 θ_i 的极大似然估计,记为 $\hat{\theta}_j(1 \leqslant j \leqslant k)$,然后计算出 $\hat{p}_i = p_i(\hat{\theta}_1, \hat{\theta}_2, \cdots, \hat{\theta}_k)$,构造相应的皮尔逊统计量:

$$\chi^2 = \sum_{i=1}^m \frac{(F_i - n\hat{p}_i)^2}{np_i} \tag{2-51}$$

可以证明，当 n 充分大时，统计量 χ^2 渐近服从自由度为 $m-k-1$ 的 χ^2 分布。

对给定的显著水平 α，考虑单侧检验，若当 $\chi^2 \geqslant \chi_\alpha^2(m-k-1)$ 时发生了小概率事件，则可否定原假设 H_0，认为 $F(x) \neq F_0(x)$。

【例 2-1】　用阿贝比较仪测量某轴承直径 l 100 次，依次测得 $l_i = 299\ 950 + \Delta l_i$。$\Delta l_i$ 的数据如下：

0	−5	11	−10	17	−3	−13	6	4	7
1	−5	−6	−3	13	−1	−1	5	9	7
−3	9	−8	3	−2	−24	−30	−2	1	−2
4	2	−5	−13	1	−7	−1	0	−4	−7
0	7	17	5	10	0	−2	6	3	8
6	−3	−3	−10	0	5	2	−8	0	4
2	2	6	−11	5	2	7	−1	12	0
−19	10	−1	7	9	2	−5	14	−6	−5
8	3	8	−9	4	−5	−8	8	−8	4
−13	−9	−10	−10	2	13	2	4	6	−7

Δl_i 的单位为 $0.1\ \mu m$。试检验 l 是否服从正态分布。

解：检验 $H_0: l \sim N(\mu, \sigma^2)$。

由于 H_0 中含有未知参数，故需先进行参数估计。在正态分布下，μ 和 σ^2 的极大似然估计为

$$\hat{\mu} = \bar{l} = \frac{\sum\limits_{i=1}^{100} l_i}{100} = 299\ 950$$

$$\hat{\sigma}^2 = \frac{1}{n-1} \sum (l_i - \bar{l})^2 = 8.06^2$$

将 l 值分成 8 组，然后计算概率 $\hat{p}_i$，即

$$\hat{p}_1 = p(l < -10 + 299\ 950) = \Phi\left(\frac{-10 + 299\ 950 - \hat{\mu}}{\hat{\sigma}}\right)$$

$$\hat{p}_i = p(x_{i-1} \leqslant l < x_i) = \Phi\left(\frac{x_i - \hat{\mu}}{\hat{\sigma}}\right) - \Phi\left(\frac{x_{i-1} - \hat{\mu}}{\hat{\sigma}}\right), \quad i = 2, \cdots, 7$$

$$\hat{p}_s = p(10 + 299\ 950 \leqslant l < \infty) = 1 - \Phi\left(\frac{10 + 299\ 950 - \hat{\mu}}{\hat{\sigma}}\right)$$

算得的结果如表 2-5 所列。

表 2-5　例 2-1 的计算结果

分点（单位：$0.1\ \mu m$） $l = 299\ 950 + \Delta l_i$	频数 f_i	$\hat{p}_i$	$n\hat{p}_i$	$f_i - n\hat{p}_i$	$\dfrac{(f_i - n\hat{p}_i)^2}{n\hat{p}_i}$
$l < -10$	7	0.107	10.75	−3.75	1.31
$-10 \leqslant l < -5$	15	0.160	16.01	−1.01	0.06
$-5 \leqslant l < -2$	13	0.133	13.37	−0.37	0.01
$-2 \leqslant l < 0$	9	0.098	9.87	−0.87	0.08
$0 \leqslant l < 2$	10	0.098	9.87	0.13	0

分点(单位：$0.1~\mu m$) $l = 299\,950 + \Delta l_i$	频数 f_i	$\hat{p}_i$	$n\hat{p}_i$	$f_i - n\hat{p}_i$	$\dfrac{(f_i - n\hat{p}_i)^2}{n\hat{p}_i}$
$2 \leqslant l < 5$	16	0.133	13.37	2.63	0.52
$5 \leqslant l < 10$	21	0.160	16.01	4.99	1.56
$10 \leqslant l < +\infty$	9	0.107	10.75	-1.75	0.28
$\sum$	—	—	—	—	3.82

按显著水平 $\alpha = 0.05$，自由度为 $8-2-1=5$，查 χ^2 分布表(见附表4)知

$$\chi^2_{0.05}(5) = 11.07 > 3.82$$

所以，接受 H_0，故可认为这些测量值服从正态分布。

2. 夏皮罗-威尔克检验

夏皮罗-威尔克检验又可称为 W 检验，其对样本容量虽没有要求，但主要适于小样本，当 $3 \leqslant n \leqslant 50$ 时检验效果最佳，并且计算简便。W 检验只能用于正态性检验。所谓正态性检验，是检验一批观测值或检验对其进行函数变换后的数据是否来自正态分布。下面给出 W 检验的实施步骤：

从总体中抽取出容量为 n 的一个样本 $x_1, x_2, \cdots, x_n$。

（1）将样本的观测值按照由小到大的顺序排列，即

$$x_{(1)} \leqslant x_{(2)} \leqslant \cdots \leqslant x_{(n)}$$

（2）计算检验统计量，即

$$W = \frac{\left\{\sum_{i=1}^{[n/2]} \alpha_{in} \left[x_{(n-i+1)} - x_{(i)} \right]\right\}^2}{\sum_{i=1}^{n} (x_i - \bar{x})^2} \tag{2-52}$$

式中：$\bar{x} = \dfrac{1}{n} \sum_{i=1}^{n} x_i$；$\alpha_{in}$ 由"夏皮罗-威尔克 α_{in} 系数"查出，见附表6。

（3）查表。由"夏皮罗-威尔克 $W(n, \alpha)$ 值"查出 $W(n, \alpha)$，见附表7。α 为给定的显著水平。

（4）判断。若 $W < W(n, \alpha)$，则拒绝正态性假设；若 $W > W(n, \alpha)$，则接受正态性假设。

【例 2-2】 将某量独立测得的结果从小到大排列成 $108, 109, 110, 110, 110, 112, 112, 116, 119, 124 (n=10)$，试用夏皮罗-威尔克检验法检验该组数据是否来自正态分布。

解：首先查夏皮罗-威尔克 α_{in} 系数表，得出

$$\alpha_{1,10} = 0.573\,9, \quad \alpha_{2,10} = 0.329\,1$$
$$\alpha_{3,10} = 0.214\,1, \quad \alpha_{4,10} = 0.122\,4, \quad \alpha_{5,10} = 0.039\,9$$

计算

$$\begin{aligned}
\sum_{i=1}^{5} \alpha_{in}(x_{(n-i+1)} - x_{(i)}) = {} & 0.573\,9(x_{(10)} - x_{(1)}) + 0.329\,1(x_{(9)} - x_{(2)}) + \\
& 0.214\,1(x_{(8)} - x_{(3)}) + 0.122\,4(x_{(7)} - x_{(4)}) + \\
& 0.039\,9(x_{(6)} - x_{(5)}) \\
= {} & 14.082\,6
\end{aligned}$$

$$\sum_{i=1}^{10}(x_i-\bar{x})^2=236,\quad W=\frac{14.082\ 6^2}{236}=0.840$$

给定显著水平 $\alpha=0.05$,查附表 7 得出 $W(10,0.05)=0.842$。

因为 $W=0.840<W(10,0.05)$,故拒绝正态性假设。

3. 偏态系数检验

偏态系数检验用于正态性检验,其不仅是人们常用的检验方法,而且被认为是一种有效的小样本方法。

偏态系数检验的实施步骤如下:

(1) 给出备择假设 $H_1:\beta_s>0$(正偏)或 $H_1:\beta_s<0$(负偏)。

(2) 计算统计量

$$b_s=\frac{m_3}{(\sqrt{m_2})^3}\qquad\qquad(2-53)$$

式中:m_2、m_3 分别是样本的 2 阶和 3 阶中心距,且有

$$m_2=\frac{1}{n}\sum_{i=1}^{n}(x_i-\bar{x})^2,\quad m_3=\frac{1}{n}\sum_{i=1}^{n}(x_i-\bar{x})^3\qquad(2-54)$$

(3) 根据显著水平 α 和样本容量 n,由“偏态统计量 p 分位数 Z_p 表”(见附表 8)查出 $Z_{1-\alpha}$。

(4) 作出判断。当备择假设为 $H_1:\beta_s>0$ 时,若 $b_s>Z_{1-\alpha}$,则拒绝正态性假设,否则不拒绝;当备择假设为 $H_1:\beta_s<0$ 时,若 $b_s<Z_{1-\alpha}$,则拒绝正态性假设,否则不拒绝。

【例 2-3】　下面有一组测量数据,试确定这批数据是否来自正态分布。

-0.40	-1.80	-2.14	0.40	-1.40	0.67	-1.40	-1.51	1.40	-1.40
-1.38	-1.40	1.20	-2.14	-0.60	-2.33	1.24	-0.40	-0.32	-0.22
-1.60	-1.40	-0.51	-0.20	-1.40	-1.72	-1.60	-1.20	-1.80	1.20
-1.40	-0.80	-1.70	-0.71	-1.40	-1.20	-1.91	-0.69	-1.60	-1.39
-2.20	-1.40	-0.40	0.40	-1.80	-1.80	-1.60	0	-1.95	1.20

解:计算统计量 b_s。

由

$$m_2=\frac{1}{50}\sum_{i=1}^{50}(x_i-\bar{x})^2=1.046\ 505$$

$$m_3=\frac{1}{50}\sum_{i=1}^{50}(x_i-\bar{x})^3=0.993\ 655\ 312$$

得

$$b_s=\frac{m_3}{(\sqrt{m_2})^3}=0.928\ 2>0$$

因此,选择备择假设 $H_1:\beta_s>0$。

给定显著水平 $\alpha=0.05$,查附表 8,得 $n=50$ 时,$Z_{1-0.05}=0.53$。

由于 $0.928\ 2>0.53$,因此拒绝正态性假设。

4. 峰态系数检验

峰态系数检验与偏态系数检验一样,都是用于正态性检验,它们不仅是人们常用的检验方

法,而且被认为是一种有效的小样本方法。

峰态系数检验的实施步骤如下:

(1) 给出备择假设 $H_1:\beta_k>3$ 或 $H_1:\beta_k<3$。

(2) 计算统计量,即

$$b_k=\frac{m_4}{m_2^2} \tag{2-55}$$

式中:m_2、m_4 分别为样本的 2 阶和 4 阶中心距,且有

$$m_2=\frac{1}{n}\sum_{i=1}^{n}(x_i-\bar{x})^2, \quad m_4=\frac{1}{n}\sum_{i=1}^{n}(x_i-\bar{x})^4 \tag{2-56}$$

(3) 根据显著水平 α 和样本容量 n,由"峰态统计量 p 分位数 Z_p 表"(见附表 9)查出 $Z_{1-\alpha}$ 或 Z_α。

(4) 作出判断。当备择假设为 $H_1:\beta_k>3$ 时,若 $\beta_k>Z_{1-\alpha}$,则拒绝正态性假设,否则不拒绝;当备择假设为 $H_1:\beta_k<3$ 时,若 $\beta_k>Z_\alpha$,则拒绝正态性假设,否则不拒绝。

【例 2-4】 利用某测量仪器进行 40 次测量,测得值与理论值的一系列偏差数据如下:

0.038	0.240	0.124	0.054	−0.061	−0.004	−0.004	−0.006	0.007	0.001
0.061	0.043	0.035	0.163	−0.008	−0.10	0.006	−0.008	−0.024	0.007
0.028	0.108	0.155	−0.159	−0.032	0.003	−0.007	−0.018	−0.008	−0.011
0.060	0.067	−0.025	−0.096	−0.223	0.004	−0.007	−0.010	0.014	0.5

试确定这批数据是否来自正态分布。

解:

(1) 计算统计量,由

$$m_2=\frac{1}{40}\sum_{i=1}^{40}(x_i-\bar{x})^2=0.005\ 707\ 76$$

$$m_4=\frac{1}{40}\sum_{i=1}^{40}(x_i-\bar{x})^4=0.000\ 161\ 705\ 5$$

得

$$b_k=\frac{m_4}{m_2^2}=4.963\ 56>3$$

因此,选择备择假设 $H_1:\beta_k>3$。

(2) 给定显著水平 $\alpha=0.05$,查附表 9,得 $n=40$ 时,$Z_{1-0.05}=4.05$。

(3) 由于 $4.963\ 56>4.05$,因而拒绝正态性假设。

思考与练习题

2-1 测量误差统计分布常用到的特征值有 _____、_____、_____、_____、_____。

①数学期望(算术平均值);②方差;③标准偏差;④协方差;⑤相关系数

2-2 试说明数学期望对于误差统计分布的重要性(文字描述或图形表达)。

2-3 试说明方差(标准偏差)对于误差统计分布的重要性(文字描述或图形表达)。

2-4 常见误差分布形式有_____、_____、_____、_____、_____、_____。

①正态分布;②均匀分布;③三角分布;④反正弦分布;⑤瑞利分布;⑥投影分布

2-5　当置信概率 $p=0.95$ 时,正态分布的置信系数的值为_____;当置信概率 $p=0.997\,3$ 时,正态分布的置信系数的值为_____。

①1.96(或者 2);②3

2-6　当置信概率 $p=1$ 时,均匀分布的置信系数的值为_____,三角分布的置信系数的值为_____。

①$\sqrt{3}$;②$\sqrt{6}$

2-7　请描述服从正态分布的条件。

2-8　请描述服从均匀分布的可能情形。

2-9　结合工程实践和理论分析,可以采用几种分析判断的方法来判断某些常见的误差分布?

2-10　基于假设检验的思想,可以采用哪些方法对误差分布进行假设检验?

2-11　试讨论总体标准差 σ、样本标准差 s 的含义及其在测量中的作用。

2-12　在立式测长仪上,对某尺寸 L 重复测量 100 次,测得其对准尺寸的偏差值 ΔL_i,经整理后如表 2-6 所列。

表 2-6　立式测长仪对准尺寸的偏差值

$\Delta L_i/\mu m$	-1.5	-1	-0.5	0	0.5	1	1.5	2	2.5
$n/$ 次	1	2	8	14	49	15	9	1	1

(1) 绘出统计直方图;

(2) 计算各阶统计特征量。

2-13　样本 $n=120$ 的一组实验数据如下:

0.85	0.83	0.77	0.805	0.81	0.80	0.785	0.82	0.815	0.81
0.8	0.87	0.82	0.78	0.795	0.805	0.87	0.81	0.77	0.775
0.77	0.78	0.77	0.77	0.77	0.71	0.95	0.78	0.81	0.79
0.795	0.77	0.76	0.815	0.80	0.815	0.835	0.79	0.90	0.82
0.79	0.815	0.79	0.855	0.76	0.78	0.825	0.75	0.82	0.775
0.725	0.81	0.805	0.825	0.89	0.805	0.86	0.82	0.825	0.82
0.775	0.84	0.84	0.81	0.81	0.74	0.775	0.78	0.81	0.84
0.74	0.775	0.75	0.79	0.85	0.75	0.74	0.71	0.88	0.82
0.76	0.85	0.73	0.78	0.81	0.79	0.77	0.78	0.81	0.87
0.83	0.65	0.64	0.78	0.75	0.82	0.80	0.80	0.77	0.81
0.75	0.83	0.90	0.80	0.85	0.81	0.77	0.78	0.82	0.84
0.85	0.84	0.82	0.85	0.84	0.82	0.85	0.84	0.78	0.78

(1) 计算它的统计特征量(期望值、标准差、偏态系数和超越系数);

(2) 画出统计直方图;

(3) 分别用 χ^2 检验法和夏皮罗-威尔克检验法检验该实验分布是否服从正态分布。

2-14　对某材料的相对密度测量 8 次,数据分别为 11.49,11.51,11.52,11.53,11.47,11.46,11.55,11.50。试用夏皮罗-威尔克检验法检验该测量结果是否服从正态分布(显著水平 $\alpha=0.05$)。

第 3 章　随机误差

3.1　概　述

3.1.1　随机误差产生的原因

对同一量值进行多次等精度重复测量时,得到一系列不同的测得值,称其为一个重复测量列。该测量列中每个测得值都含有误差,若这些误差的出现没有确定的规律,即前一个误差出现后,不能预测下一个误差的大小和符号,但就误差总体而言,却具有某种统计规律,这样的误差就是随机误差。

随机误差是由很多暂时未能掌握或不便掌握的随机因素的影响造成的。其主要来源有以下几方面:

(1) 测量装置方面的因素,如零部件配合的间隙、零部件的变形、零部件表面面形的不均匀和零部件的摩擦等。

(2) 工作环境方面的因素,如温度的微小变化、温度与气压的微量变化、电磁场的变化和灰尘及振动等。

(3) 操作人员方面的因素,如瞄准和读数的不稳定等。

【例 3-1】　在对某台激光数字波面干涉仪进行准确度考核中,选择某标准平晶作为测量对象。在短时间内对其表面面形进行 50 次重复测量,相隔 10 天进行同样的测量,共 3 组,所得的 150 个面形峰谷值数据列于表 3-1。然后作出这些数据的统计直方图,如图 3-1 所示。该数据列表明,各次测得值不尽相同,说明测量中含有误差,而误差的出现没有确定的规律;但统计直方图大体呈现出正态分布的特征,因此测量中有随机误差存在。

通过对仪器的测量原理、仪器零部件的制造装配和工作环境以及人员操作情况进行细致而全面的分析,了解到测量中产生随机误差的主要因素有以下几方面:

(1) 测量装置方面。氦氖激光源辐射激光束的频率不稳定造成激光波长的漂移,光电探测器 CCD 采集信号及其电信号处理电路造成干涉图像信号的随机噪声,以及离散化采样误差,各次装夹定位不一致等。

(2) 测量环境方面。放置测量主机和被测试样的隔振台不能很好地清除外界的低频振动,仪器所在实验室气流和温度的波动,空气尘埃的漂浮,稳压电源供电电压的微小波动等。

(3) 操作人员方面。尽管是由仪器自动采集和处理数据,但因操作人员装夹调整不当,引起被采集的测量干涉图像质量低,条纹疏密不当,以及采集干涉图像的摄像头变焦倍数过小,造成较大的离散化采样误差;另外,操作人员作为热源,会引起测量光路中气流和温度的扰动等。

表 3 - 1 例 3 - 1 的测量数据

组 别	测量数据
1	0.124　0.120　0.118　0.119　0.121　0.125　0.121　0.123　0.120　0.118 0.119　0.117　0.118　0.121　0.119　0.118　0.119　0.119　0.115　0.120 0.119　0.119　0.119　0.116　0.116　0.118　0.121　0.120　0.122　0.122 0.119　0.121　0.121　0.124　0.121　0.118　0.118　0.119　0.120　0.118 0.119　0.122　0.118　0.119　0.119　0.117　0.118　0.118　0.118　0.120
	$n_1 = 50, \bar{x}_1 = 0.119\ 5, s_1 = 0.002\ 1$
2	0.119　0.118　0.120　0.124　0.120　0.118　0.118　0.119　0.121　0.123 0.124　0.123　0.118　0.119　0.119　0.120　0.120　0.119　0.119　0.118 0.123　0.121　0.119　0.118　0.120　0.120　0.120　0.119　0.120　0.123 0.118　0.121　0.119　0.121　0.123　0.123　0.121　0.118　0.119 0.120　0.121　0.122　0.119　0.121　0.122　0.119　0.120　0.117　0.125
	$n_2 = 50, \bar{x}_2 = 0.120\ 2, s_2 = 0.001\ 9$
3	0.119　0.127　0.120　0.124　0.123　0.123　0.118　0.119　0.124　0.122 0.123　0.124　0.121　0.123　0.123　0.121　0.120　0.121　0.123　0.127 0.125　0.121　0.120　0.124　0.123　0.123　0.124　0.123　0.119　0.121 0.123　0.129　0.121　0.124　0.123　0.124　0.123　0.121　0.125　0.119 0.122　0.127　0.121　0.120　0.122　0.121　0.122　0.123　0.124　0.121
	$n_3 = 50, \bar{x}_3 = 0.122\ 3, s_3 = 0.002\ 3$
	$n = 150, \bar{x} = 0.120\ 7, s = 0.002\ 4$

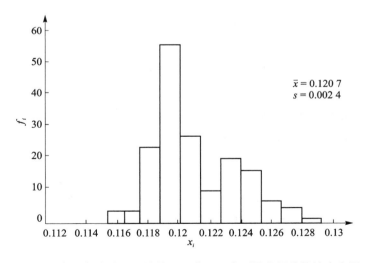

图 3 - 1 激光数字波面干涉仪 3 组共 150 次测量数据的统计直方图

总之,分析寻找随机误差来源的方法应该是,通过对具体测量问题所涉及的设备、人员、测量方法与程序等测量资源、不完全受控的测量环境等测量要素的分析,设法寻找随机误差的主要来源。其中,对于设法寻找的手段,有时需要特别耐心细致的实验,加上先进的统计方法,以及对此问题相关信息的广泛而深入的收集与分析。另外,为了追求高质量的测量,分析寻找随机误差来源的活动应贯穿于测量的全过程。具体操作的步骤大致是:在进行测量前,先找出并设法消除或减少随机误差产生的物理源;在测量进行中,设法采用适当措施进一步消除或减少随机误差产生的物理源;在测量结束后,仍可考虑通过对测量数据的合理处理,达到进一步抑制和减少随机误差的目的。这也是测量过程中减少随机误差的 3 个技术途径。

3.1.2 随机误差的基本特性

1. 正态分布的随机误差

随机误差是一种随机变量,它具有随机变量所固有的统计分布规律,但在实践中,最常见、最典型的误差分布为正态分布。

正态分布的概率密度函数为

$$f(\delta) = \frac{1}{\sigma\sqrt{2\pi}}\exp\left(\frac{-\delta^2}{2\sigma^2}\right)$$

从正态分布的概率密度函数出发,随机误差的基本特性如下:

(1) 随机误差的对称性——绝对值相等,正、负误差出现的概率相等,即 $f(\delta)$ 为偶函数,$f(+\delta) = f(-\delta)$。

(2) 随机误差的单峰性——绝对值小的误差比绝对值大的误差出现的概率大,即当 $\delta = 0$ 时,$f(\delta)$ 有最大值。

(3) 随机误差的抵偿性——当 $n \rightarrow \infty$ 时,随机误差的算术平均值趋于零,即当 $\sum\limits_{i=1}^{n}\delta_i \rightarrow 0$ 时,

$$\lim_{n\rightarrow\infty}\frac{\sum\limits_{i=1}^{n}\delta_i}{n} = 0$$

这是随机误差最本质的特性。因此,增加测量次数 n,可以降低随机误差的影响,提高测量精度。

(4) 随机误差的有界性——虽然函数 $f(\delta)$ 的无限区间是 $(-\infty, +\infty)$,但实际上,随机误差 δ 只出现在一个有限的区间内。

2. 非正态分布的随机误差

随机误差除正态分布之外,还有其他非正态分布,通常非正态分布的随机误差有均匀分布、三角分布、反正弦分布和瑞利分布等。实际所遇到的分布是各种各样的,有时很复杂,有时则是上述几种典型分布的组合。

对于非正态分布的随机误差,对其特性的分析方法与正态分布的类同。如均匀分布和反正弦分布不具有单峰性,而瑞利分布和三角形分布不具有对称性,但都分别具有正态分布的其他 3 种特性。

3.2 算术平均值

3.2.1 算术平均值原理

对某一量进行一系列等精度测量,得到的测得值 $x_1, x_2, \cdots, x_n$ 应以全部测得值的算术平均值作为测量结果的最佳估计,即

$$\bar{x} = \frac{\sum\limits_{i=1}^{n} x_i}{n} \qquad (3-1)$$

若被测量值 x 是具有正态分布 $N(\mu, \sigma)$ 的随机变量，则通过测量可得 n 个测得值，即容量大小为 n 的子样本数据：

$$x_1, x_2, \cdots, x_n$$

若测量设备的最大测量单位为 Δx，x 的测得值为 x_i，则意味着 x 落在中心为 x_i、区间为 $(-\Delta x, +\Delta x)$ 的范围中，其概率为

$$P\left[\left(x_i - \frac{\Delta x}{2}\right) < x < \left(x_i + \frac{\Delta x}{2}\right)\right] = f(x_i)\Delta x \qquad (3-2)$$

因为 x 服从正态分布，其密度函数为

$$f(x) = \frac{1}{\sigma\sqrt{2\pi}} \exp\left[\frac{-(x-\mu)^2}{2\sigma^2}\right] \qquad (3-3)$$

所以，根据概率乘法定理，出现式（3-2）的概率，即全部测得值落在区间 $(-\Delta x, +\Delta x)$ 内的概率应为

$$\prod_{i=1}^{n}\left[f(x_i)\Delta x\right] = \left(\frac{1}{\sqrt{2\pi}\,\sigma}\right)^n \exp\left[\frac{-1}{2\sigma^2}\sum_{i=1}^{n}(x_i-\mu)^2\right](\Delta x)^n$$

这个概率值，对于不同的 μ 和 σ^2 值，对应有不同的数值。根据最大似然性方法，使此概率值达到最大的一组参数值 (u, σ^2) 可用求极值的方法解出，即使

$$L(\mu, \sigma^2) = \left(\frac{1}{\sigma\sqrt{2\pi}}\right)^n \exp\left[\frac{-1}{2\sigma^2}\sum_{i=1}^{n}(x_i-\mu)^2\right]$$

达到最大，也就是使 $\ln L(\mu, \sigma^2)$ 达到最大，即

$$\frac{\partial \ln L(\mu, \sigma^2)}{\partial \mu} = \frac{\partial\left[\frac{-1}{2\sigma^2}\sum\limits_{i=1}^{n}(x_i-\mu)^2 - n\ln\sigma + c\right]}{\mu}$$

$$= \frac{1}{\sigma^2}\sum_{i=1}^{n}(x-\mu) = \frac{n}{\sigma^2}(\bar{x}-\mu) = 0$$

解上述方程得

$$\mu = \bar{x}$$

因为

$$E(\mu) = E(\bar{x}) = E\left(\frac{1}{n}\sum_{i=1}^{n}x_i\right) = \frac{1}{n}E\left(\sum_{i=1}^{n}x_i\right) = \frac{1}{n}n\mu = \mu$$

故 μ 是 $\bar{x}$ 的无偏估计量。

这就是用被测量的算术平均值作为测量结果最佳估计的理由，其被称为算术平均值原理。

3.2.2　算术平均值的标准差

在处理一组等精度重复测量数据时，常取算术平均值作为该测量结果的最佳估计，但是这个估计量依赖于所取的测量样本。选取不同的样本，求得的算术平均值也会有所不同。也就是说，样本的算术平均值本身也是随机变量，用它作为测量总体的一个估计仍有一定程度的分散，但是，这种分散比单一测量值的分散要小。尽管算数平均值是围绕在被测量的真值附近，

但也说明将它作为被测得真值的估计仍有一定程度的不可靠性。因此,有必要进一步对样本算术平均值的标准差作出估计。

根据概率论中方差的性质和估算规则,有

$$\sigma^2 = D(x)$$

$$\sigma_{\bar{x}}^2 = D(\bar{x}) = D\left(\frac{1}{n}\sum x_i\right) = \frac{1}{n^2}D\left(\sum x_i\right)$$

$$= \frac{1}{n^2}\sum \sigma_i^2 = \frac{1}{n^2}n\sigma^2 = \frac{\sigma^2}{n}$$

$$\sigma_{\bar{x}} = \frac{\sigma}{\sqrt{n}} \qquad (3-4)$$

式(3-4)表明,对 n 次独立重复测量到的数据取算术平均值后,其标准差为单次测量标准差的 $1/\sqrt{n}$,测量次数 n 越大,$\sigma_{\bar{x}}$ 越小,即其越接近真值。可见,增加测量次数是减小随机误差的一种途径,但不能靠增加测量次数 n 无限地提高算术平均值的精度。由图 3-2 可知,当 $n>10$ 且当 σ 一定时,$\sigma_{\bar{x}}$ 已减小得较缓慢。此外,测量次数越多,越难以保证测量条件的稳定,从而带来新的误差。因此,一般情况下,取 $10 \leqslant n \leqslant 15$ 较为适宜。测量次数的具体取值应根据实验目的和测量精度的要求而定。例如,为确定随机误差的分布规律,取 $n \gg 20$。

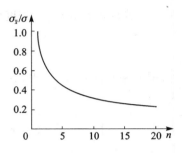

图 3-2　$\sigma_{\bar{x}}/\sigma$ 与测量次数 n 的关系

3.3　标准差的计算方法

对于一组测量数据,常常用其标准差来表述这组数据的分散性。如果这组数据是来自于某测量总体的一个样本,则该组数据的标准差是对总体标准差的一个估计,称其为样本标准差,亦称为实验标准差。由于随机误差的真值通常无法求得,故计算标准差时,应以残余误差 υ 来代替。

3.3.1　贝塞尔公式

设 x_i 为等精度测量的测得值,测量次数为 n,此量的真值为 x_z,算术平均值为 $\bar{x}$。根据误差的意义,有

$$\delta_i = x_i - x_z$$

$$\upsilon_i = x_i - \bar{x}$$

$$\Delta_0 = \bar{x} - x_z$$

式中:δ_i——随机误差的真值;

　　　υ_i——残余误差;

　　　Δ_0——算术平均值的真误差。

$$\delta_i - \upsilon_i = (x_i - x_z) - (x_i - \bar{x}) = \bar{x} - x_z = \Delta_0$$

那么

$$\sum_{i=1}^{n} \delta_i^2 = \sum_{i=1}^{n} (\upsilon_i + \Delta_0)^2 = \sum_{i=1}^{n} \upsilon_i^2 + 2\Delta_0 \sum_{i=1}^{n} \upsilon_i + \sum_{i=1}^{n} \Delta_0^2$$

因为 $\sum_{i=1}^{n} \upsilon_i = 0$，所以

$$\sum_{i=1}^{n} \delta_i^2 = \sum_{i=1}^{n} \upsilon_i^2 + n\Delta_0^2 \qquad\qquad (3-5)$$

因为

$$\Delta_0 = \frac{\sum_{i=1}^{n} \delta_i}{n}$$

$$\Delta_0^2 = \left(\frac{\sum_{i=1}^{n} \delta_i}{n} \right)^2 = \frac{\sum_{i=1}^{n} \delta_i^2}{n^2} + \frac{2 \sum_{1 \leqslant i < j}^{n} \delta_i \delta_j}{n^2}$$

当 n 足够大时，上式右边的第二项趋于零。将 Δ_0^2 代入式 (3-5) 中，并将等式除以 n，得

$$\frac{\sum_{i=1}^{n} \delta_i^2}{n} = \frac{\sum_{i=1}^{n} \upsilon_i^2}{n} + \frac{\sum_{i=1}^{n} \delta_i^2}{n^2}$$

$$\sigma^2 = \frac{\sum_{i=1}^{n} \upsilon_i^2}{n} + \frac{\sigma^2}{n}$$

整理得

$$\sigma = s = \sqrt{\frac{\sum_{i=1}^{n} \upsilon_i^2}{n-1}} = \sqrt{\frac{\sum_{i=1}^{n} (x_i - \bar{x})^2}{n-1}} \qquad\qquad (3-6)$$

式 (3-6) 为贝塞尔 (Bessel) 公式的另一种表达形式。根据此式，可由残余误差求得单次测量的标准差的估计量。

3.3.2　极差法

若等精度多次测量的测得值 $x_1, x_2, \cdots, x_n$ 服从正态分布，其中最大值为 $x_{\max}$，最小值为 $x_{\min}$，则它们的差值称为极差 ω_n，即

$$\omega_n = x_{\max} - x_{\min}$$

当测量误差服从正态分布时，标准差的计算公式为

$$s = \frac{\omega_n}{d_n}$$

式中：d_n 为极差法系数，其值如表 3-2 所列。

表 3-2　极差法系数

n	2	3	4	5	6	7	8	9	10	11
d_n	1.13	1.69	2.06	2.33	2.53	2.70	2.85	2.97	3.08	3.17
n	12	13	14	15	16	17	18	19	20	—
d_n	3.26	3.34	3.41	3.47	3.53	3.59	3.64	3.69	3.74	—

极差法计算方便,并具有一定精度,一般 $n < 10$ 时可采用,适用于正态分布总体,可在一些测量领域中采用。

3.3.3　最大误差法

在有些情况下,被测量的真值是已知的,如对同一量进行两次观测。就两次观测而言,已知其理论真误差值为零;又如在精密计量中,可将约定真值视为真值等。这样就能得到真误差及其绝对值最大值 $|\delta_i|_{\max}$。当测量误差服从正态分布时,可按下式估算标准差:

$$s = \frac{1}{k_n} |\delta_i|_{\max} \tag{3-7}$$

式中:$\frac{1}{k_n}$ 为真值已知时的最大误差法系数,其值如表 3-3 所列。

表 3-3　最大误差法系数(真值已知)

n	1	2	3	4	5	6	7	8	9	10
$1/k_n$	1.25	0.88	0.75	0.68	0.64	0.61	0.58	0.56	0.55	0.53
n	11	12	13	14	15	16	17	18	19	20
$1/k_n$	0.52	0.51	0.50	0.50	0.49	0.48	0.48	0.47	0.47	0.46
n	21	22	23	24	25	26	27	28	29	30
$1/k_n$	0.46	0.45	0.45	0.45	0.44	0.44	0.44	0.44	0.43	0.43

式(3-7)是 δ 的无偏估计量,当 $n < 10$ 时有一定的准确度,特别是在一次性实验中,是唯一可用的方法。

一般情况下,被测量的真值是未知的,可按最大残余误差 $|v_i|_{\max}$ 进行计算。计算公式为

$$s = \frac{1}{k'_n} |v_i|_{\max} \tag{3-8}$$

式中:$\frac{1}{k'_n}$ 为真值未知时的最大误差法系数,其值如表 3-4 所列。

表 3-4　最大误差法系数(真值未知)

n	2	3	4	5	6	7	8	9	10	—
$1/k'_n$	1.77	1.02	0.83	0.74	0.68	0.64	0.61	0.59	0.57	—
n	15	20	25	30	—	—	—	—	—	—
$1/k'_n$	0.51	0.48	0.46	0.44	—	—	—	—	—	—

【例 3-2】　用某仪器对某一尺寸测量 10 次,假定已排除系统误差和粗大误差,得到数据如下:75.01,75.04,75.07,75.00,75.03,75.09,75.06,75.02,75.05,75.08,单位为 mm。试分别利用贝塞尔公式、极差法、最大误差法来估计其测量标准差。

解:将测得值 x_i 及其对应的残余误差 v_i 和残余误差的平方 v_i^2 列于表 3-5 中。

表 3 - 5　例 3 - 2 的测量数据

序　号	l_i / mm	v_i / mm	v_i^2 / mm^2
1	75.01	−0.035	0.001 225
2	75.04	−0.005	0.000 025
3	75.07	0.025	0.000 625
4	75.00	−0.045	0.002 025
5	75.03	−0.015	0.000 225
6	75.09	0.045	0.002 025
7	75.06	0.015	0.000 225
8	75.02	−0.025	0.000 625
9	75.05	0.005	0.000 025
10	75.08	0.035	0.001 225
	$\bar{x} = 75.045$	$\sum\limits_{i=1}^{10} v_i = 0$	$\sum\limits_{i=1}^{10} v_i^2 = 0.008\ 25$

（1）用贝塞尔公式估算：

$$\bar{x} = \frac{1}{n} \sum_{i=1}^{n} x_i = \frac{1}{10}(75.01 + 75.04 + 75.07 + 75.00 +$$

$$75.03 + 75.09 + 75.06 + 75.02 + 75.05 + 75.08)\ \text{mm}$$

$$= 75.045\ \text{mm}$$

$$s = \sqrt{\frac{\sum\limits_{i=1}^{10} v_i^2}{n-1}} = \sqrt{\frac{0.008\ 25\ \text{mm}^2}{10-1}} = 0.030\ 3\ \text{mm}$$

（2）用极差法估算：

$$x_{\max} = 75.09\ \text{mm}$$

$$x_{\min} = 75.00\ \text{mm}$$

$$\omega_n = x_{\max} - x_{\min} = 0.09\ \text{mm}$$

$$n = 10$$

$$d_n = 3.08$$

$$s = \frac{\omega_n}{d_n} = 0.029\ 2\ \text{mm}$$

（3）用最大误差法估算：

$$|v_i|_{\max} = 0.045\ \text{mm}$$

$$\frac{1}{k_n'} = 0.57$$

$$s = \frac{|v_i|_{\max}}{k_n'} = 0.57 \times 0.045\ \text{mm} = 0.025\ 6\ \text{mm}$$

　　比较上述 3 种估算标准差的方法，贝塞尔公式应用普遍；极差法和最大误差法虽然公式简单，但需要查表计算。另外，极差法和最大误差法公式中的系数都是在假定正态分布条件下计算出来的，如果偏离正态分布较大，则会影响估计的信赖程度。

3.4　置信区间

标准差估计,只是找到了比较相同误差分布的分散性大小的方法。在很多情况下,希望给出表征误差分布的一个区间性指标,即用于表述误差界限的置信区间,使误差出现在该区间外的可能性几乎为零。这个区间性指标就是用于表述误差界限的置信区间。

由于测量不可避免地存在误差,测得值 x 并非被测量的真值 x_z,因此就测量而言,只有确切地知道 Δ_z,才能求得 x_z。然而,由于存在随机误差和随机的系统误差,不可能得到误差的真值 Δ_z,而只能求出以一定概率出现在某一指定区间的误差。已知测量总体的概率密度为 $f(x)$,测量结果分布在以测量真值的期望值 μ 为中心、概率分布为 p 的一个区间 $[\mu-\Delta_1,\mu+\Delta_2]$ 上,如图 3-3 所示,即

$$p[\mu-\Delta_1<x<\mu+\Delta_2]=\int_{\mu-\Delta_1}^{\mu+\Delta_2}f(x)\mathrm{d}x \qquad (3-9)$$

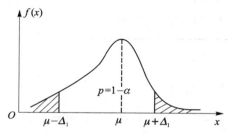

图 3-3　误差分布的置信区间、置信概率

区间 $[\mu-\Delta_1,\mu+\Delta_2]$ 称为置信区间,Δ_1、Δ_2 分别为上半置信区间宽度和下半置信区间宽度。当概率密度 $f(x)$ 呈对称分布时,$\Delta_1=\Delta_2=\Delta$(以下除特别指示外,均讨论该情形)。概率 p 称为置信概率,又称为置信水平。$\alpha=1-p$ 称为显著水平,高置信概率下的置信区间的半宽度称为极限误差。置信区间的半宽度常用表征分散性的共同指标——标准差乘以一个倍数因子来表示,即

$$\Delta=k\sigma \qquad 或 \qquad \Delta_p=k_p\sigma \qquad (3-10)$$

式中:k(或 k_p)——置信因子。

3.4.1　正态分布的置信区间

当误差服从正态分布或测量次数较多(为大样本)时,通常用正态分布确定置信区间。测得值 x 在以 μ 为中心、σ 为标准差的置信区间 $[\mu-k\sigma,\mu+k\sigma]$ 内的置信概率为

$$p[\,|x-\mu|\leqslant k\sigma]=\int_{\mu-k\sigma}^{\mu+k\sigma}\frac{1}{\sqrt{2\pi}\,\sigma}\exp\left[-\frac{(x-\mu)^2}{2\sigma^2}\right]\mathrm{d}x$$

$$=\frac{2}{\sqrt{2\pi}}\int_0^k\mathrm{e}^{-\frac{t^2}{2}}\mathrm{d}t=2\Phi(k)$$

式中正态分布函数 $\Phi(k)$ 的值可查正态分布表(见附表 2)。其置信区间的半宽度为

$$\Delta(x)=k\sigma \qquad (单次测量) \qquad (3-11)$$

$$\Delta(\bar{x})=k\sigma_{\bar{x}}=k\frac{\sigma}{\sqrt{n}} \qquad (n\ 次测量) \qquad (3-12)$$

式中:k——置信因子,其值可通过查附表 2 得到。

一些常用的置信因子 k 与置信概率 p 的对应值如表 3-6 所列。

在实验测量中,很少遇到测量总体的标准差 σ 已知的情况。一般都用大样本标准差 s 代表总体标准差 σ,即 $s=\sigma$。

表 3-6 正态分布的某些 k 值的置信概率 $p[|x-\mu| \leqslant k\sigma]=1-\alpha$

k	3.30	3.00	2.58	2.00	1.96	1.645	1.00	0.6745
p	0.999	0.997 3	0.990	0.954	0.950	0.900	0.683	0.500
α	0.001	0.002 7	0.010	0.046 5	0.050	0.100	0.317	0.500

在物理学和大地测量中,常取 $p=0.682\ 7$,此时 $\Delta=\sigma$。在精密测量和检定仪器中,常取 $p=0.997\ 3$,此时置信区间的半宽度为 $\Delta=3\sigma$,或取 $p=0.99$,此时 $\Delta=2.58\sigma$。在没有特别约定的情况下,取 $p=0.95$,$\Delta=2\sigma$。

3.4.2 t 分布的置信区间

对被测量进行 n 次等精度测量,由子样观测值求得 x_z 和 σ 的估计量 $\bar{x}$ 和 s(或 $s_{\bar{x}}=s/\sqrt{n}$)。如果令

$$t=\frac{\bar{x}-x_z}{s_{\bar{x}}}=\sqrt{n}\ \frac{\bar{x}-x_z}{s}$$

则 t 服从自由度为 $\nu=n-1$ 的 t 分布。

利用现成的 t 分布表,不难求得概率值为

$$p[\ |\ t\ |\leqslant k]=p\left[-k\leqslant\frac{\bar{x}-x_z}{s_{\bar{x}}}\leqslant k\right]=p\left[\bar{x}-ks_{\bar{x}}<x_z<\bar{x}+k\sigma_s\right]\quad(3-13)$$

由式(3-13)可知,给定置信概率 p(通常取为 0.99,0.95 或 0.90),自由度 $\nu=n-1$,查 t 分布表(见附表 3)可得 k 值。根据 $k=t_a(\nu)$ 和 $\alpha=1-p$,就得到了置信概率为 p 的置信区间。置信区间的半宽度为

$$\Delta(\bar{x})=ks_{\bar{x}}=t_a(\nu)s_{\bar{x}}=t_a(\nu)\frac{s}{\sqrt{n}}\quad(3-14)$$

当测量样本足够大时,s 和 $s_{\bar{x}}$ 分别趋向于 σ 与 $\sigma_{\bar{x}}$,此时 t 统计量趋于正态分布。可以说,正态分布是 t 分布的极限情形。

所以,对于测量次数多的大样本,估计置信区间的置信因子采用正态分布,对于小样本情形,则采用 t 分布。如果只是进行了单次测量,又没有样本数据,则只能设法通过其他非统计的途径,来获得估计其单次测量标准差或极限误差的信息。

【例 3-3】 对某量进行 6 次等精度测量,测量数据如下:802.40,802.50,802.38,802.48,802.42,802.46。求算术平均值及其极限误差($p=0.99$)。

解:

$$\bar{x}=\frac{\sum\limits_{i=1}^{n}x_i}{n}=802.44$$

$$s=\sqrt{\frac{\sum v_i^2}{n-1}}=\sqrt{\frac{\sum(x_i-\bar{x})^2}{6-1}}=0.047$$

$$s_{\bar{x}}=\frac{s}{\sqrt{n}}=\frac{0.047}{\sqrt{6}}=0.019$$

因测量次数较少,按 t 分布计算极限误差,有

$$v = n - 1 = 6 - 1 = 5, \quad \alpha = 0.01$$

由附表 3 查得

$$t_{0.01}(5) = 4.03$$

$$\delta_{\lim} = \pm t_\alpha(v)s_{\bar{x}} = \pm 4.03 \times 0.019 = \pm 0.076$$

若按正态分布,则有

$$p = 0.99, \quad k = 2.60$$

$$\delta_{\lim} = \pm k s_{\bar{x}} = \pm 2.60 \times 0.019 = \pm 0.049$$

由此可见,当测量次数较少时,按两种分布计算的结果有明显差别。

3.4.3 其他分布的置信区间

对于非正态分布的随机误差,可视其处理置信区间的方式不同,将其分为对称性分布与非对称性分布。处理对称性分布的置信区间与处理正态分布置信区间的方法相似,可以由概率密度函数直接计算该区间概率的方式得到。对于非对称分布,其上极限误差与下极限误差不相等,用将非对称分布折算为对称分布的方法来处理。

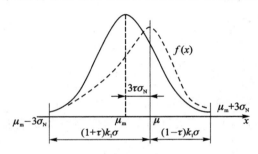

图 3 - 4 非对称的概率密度曲线 $f(x)$

如图 3 - 4 所示,一条非对称的概率密度曲线 $f(x)$,其期望值为 μ,中点值为 μ_m,标准差为 σ。由于该分布的非对称性,故该分布的中点值 μ_m 偏离该分布的期望值 μ。现以 μ 为中心,按

$$\int_{\mu-\Delta}^{\mu+\Delta} f(x)\,dx \approx 1$$

确定该误差分布区间的半宽度 Δ,以此折算得到的正态分布(尤其对于无界分布)如图 3 - 4 中的虚线所示。其估计范围分别依据均值和中点值折算到正态分布,为

$$\mu \pm \Delta = \mu \pm 3\sigma_N = \mu_m \pm k_1\sigma$$

式中:σ_N 为对称正态分布标准差。

引入如下的不对称系数:

$$\tau = \frac{\mu - \mu_m}{3\sigma_N} \tag{3-15}$$

当 $\mu > \mu_m$ 时,τ 为正值,如图 3 - 4 所示,$f(x)$ 是右偏状态;当 $\mu < \mu_m$ 时,τ 为负值,$f(x)$ 曲线左偏;当对称分布时,τ 为零。

按正态分布极限误差 $3\sigma_N$ 折算 $f(x)$ 的置信因子,这里称为分布系数,记为

$$k_1 = \frac{3\sigma_N}{\sigma} \tag{3-16}$$

$$\mu_m \pm 3\sigma_N = \mu - (\tau \mp 1)k_1\sigma = \mu_{-(1+\tau)k_1\sigma}^{+(1-\tau)k_1\sigma} \tag{3-17}$$

可见,对于非正态分布的置信区间是以期望值 μ 为中心分布的。它分为不对称的两部分,其中 $\pm k_1\sigma$ 即 $\pm 3\sigma_N$,为该分布范围中点值 μ_m 的对称分布范围,$-\tau k_1\sigma$ 表示分布偏差的对称量。就期望值 μ 而言,上极限差为 $(1-\tau)k_1\sigma$,下极限差为 $-(1+\tau)k_1\sigma$。附表 1 中列出了常见非对称分布的随机误差,并给出了 τ 和 k_1 值。这些 τ 值均是按正态分布区间 $\mu \pm 3\sigma_N$ 的

高概率折算的。

【例 3 - 4】 为检定机床弹簧夹头的定心精度,用精密千分尺重复测量该定心轴共 15 次。该定心轴的径向跳动量分别为:4,6,5,4,5,6,4,5,7,5,4,8,5,4,4,单位为 μm。若不存在系统误差和粗大误差,试求该弹簧夹头所造成的平均径向跳动量及最小、最大径向跳动量。

解:因该测量误差服从偏心分布,查附表 1:

偏心分布为

$$k_1 = 2.63, \quad \tau = -0.28$$

计算得

$$\bar{x} = \frac{\sum_{i=1}^{n} x_i}{n} = 5.1 \ \mu\text{m}$$

$$s = \sqrt{\frac{\sum_{i=1}^{n} v_1^2}{n-1}} = 1.2 \ \mu\text{m}$$

$$\mu_\text{m} \pm 3\sigma_\text{N} = \mu - (\tau \mp 1)k_1\sigma$$

$$x = 5.1 \ \mu\text{m} + (0.28 \pm 1) \times 2.63 \times 1.2 \ \mu\text{m}$$

$$= 5.1 \ \mu\text{m} + (0.9 \pm 3.2) \ \mu\text{m}$$

$$= 5.1^{+4.2}_{-2.3} \ \mu\text{m} = 5^{+4}_{-2} \ \mu\text{m}$$

因此,该弹簧夹头造成的径向跳动的平均值为 5 μm,最小径向跳动为 3 μm,最大径向跳动为 9 μm。

3.5 不等精度测量时随机误差的估计

到目前为止,只讨论了等精度测量的随机误差,即测量列的标准偏差为一常数的情况,但是不等精度测量在测量实践中却是常见的。

在实验测量过程中,由于客观条件的限制,测量条件是变动的,所以存在不等精度测量。

就精密科学实验而言,为了得到极其准确的测量结果,需要在不同的实验室,采用不同的测量方法和测量仪器,由不同的人进行测量。如果这些测量结果是相互一致的,那么测量结果就是真正可以信赖的。这是人为地改变测量条件而进行的不等精度测量。

对于某一未知量,历史上或近年来有许多人进行过精心研究和精密测量,得到了不同的测量结果。人们需要将这些测量结果进行分析研究和综合,以便得到一个更为满意的、准确的测量结果。这也是不等精度测量。

3.5.1 权的概念及权的确定方法

对于不等精度测量,各个测得值(或不同测量结果)的标准差是不同的。σ 小,则精度高,可靠性高;σ 大,则精度低,可靠性低。因此,不能以简单的算术平均值作为被测量的最佳估计量,而应让测量结果中可靠性高的在最后测量结果中占的比重大一些,可信度低的占的比重小一些。因此,引入"权"的概念,用它来反映各测量结果的可信赖程度。可信赖程度高,权大;反之,权小。

由于 σ 不同,所以权不同,这里引入系数 $\omega_i(i=1,2,\cdots,n)$。该系数称为权数,简称权。

下面介绍权的一般确定方法。

1. 已知标准偏差求权

若已知不等精度测量中各测得值 x_i 的标准偏差为 σ_i，则

$$\omega_i = \frac{k}{\sigma_i^2} \qquad (3-18)$$

式中：k——比例等数，因权是相对的，故 k 值可任意选取。通常 k 值的选取以计算方便为好。

【例 3-5】 对某量进行 3 组不等精度测量，其各组的标准偏差为

$$s_{\bar{x}_1} = 2 \ \mu\text{m}, \quad s_{\bar{x}_2} = 5 \ \mu\text{m}, \quad s_{\bar{x}_3} = 10 \ \mu\text{m}$$

求各测量结果的权。

解：

$$\omega_1 = \frac{k}{s_{\bar{x}_1}^2} = \frac{k}{2^2} = \frac{k}{4}, \quad \omega_2 = \frac{k}{25}, \quad \omega_3 = \frac{k}{100}$$

取

$$k = 100$$

则

$$\omega_1 = 25, \quad \omega_2 = 4, \quad \omega_3 = 1$$

2. 已知测量次数 n_i 求权

若同一被测量有 m 组不等精度的测量结果，则这 m 组测量结果是由单次测量精度相同而测量次数不同的一系列测得值求得的算术平均值。因为单次测量精度相同，其标准偏差均为 s，所以各组算术平均值的标准偏差为

$$s_{\bar{x}} = \frac{s}{\sqrt{n_i}}, \quad i = 1, 2, 3, \cdots, m$$

故

$$\omega_1 : \omega_2 : \omega_m = n_1 : n_2 : n_m \qquad (3-19)$$

即权之比等于测量次数之比。

【例 3-6】 用精密测角仪对棱镜的某一角度做了两组测量，第 1 组测量次数 $n_1 = 6$，第 2 组测量次数 $n_1 = 8$。设单次测量的标准偏差均为 s_0，试求每一组测量的权 ω_1 和 ω_2。

解：

$$\omega_1 : \omega_2 = n_1 : n_2 = 6 : 8 = 3 : 4$$

故

$$\omega_1 = 3, \quad \omega_2 = 4$$

3.5.2 加权算术平均值

下面来求不等精度测量时，被测量的最佳估计量。由最大似然原理可知，观测数据的似然函数为

$$L(x_i, \sigma_i, \mu) = \prod_{i=1}^{n} f(x_i, \sigma_i, \mu)$$

而

$$f(x_i, \sigma_i, \mu) = \frac{1}{\sqrt{2\pi}\,\sigma_i} \exp\left[\frac{-(x_i - \mu)^2}{2\sigma_i^2}\right]$$

于是有

$$L(x_i,\sigma_i,\mu)=(2\pi)^{-\frac{n}{2}}\Big(\prod_{i=1}^{n}\sigma_i^{-1}\Big)\exp\Big[-\sum_{i=1}^{n}\frac{(x_i-\mu)^2}{2\sigma_i^2}\Big]=\max$$

故需使

$$\sum_{i=1}^{n}\frac{(x_i-\mu)^2}{2\sigma_i^2}=\min\quad\text{或}\quad\sum_{i=1}^{n}\frac{(x_i-\mu)^2}{2\sigma_i^2}=0$$

由此得

$$\mu=\frac{\displaystyle\sum_{i=1}^{n}\frac{x_i}{\sigma_i^2}}{\displaystyle\sum_{i=1}^{n}\frac{1}{\sigma_i^2}}$$

将上式分子、分母同乘以 k，则

$$\mu=\frac{\displaystyle\sum_{i=1}^{n}\omega_i x_i}{\displaystyle\sum_{i=1}^{n}\omega_i}$$

式中：μ 记为 $\bar{x}$，称为加权算术平均值，是被测量的最佳估计量。在 m 组测量条件下，每组的均值为 $\bar{x}_i$，则加权算术平均值 $\bar{x}$ 为

$$\bar{x}=\frac{\displaystyle\sum_{i=1}^{m}\omega_i\bar{x}_i}{\displaystyle\sum_{i=1}^{m}\omega_i}\tag{3-20}$$

3.5.3　加权算术平均值的标准差

加权算术平均值的方差为

$$D(\bar{x})=D\Big(\frac{\displaystyle\sum_{i=1}^{n}\omega_i x_i}{\displaystyle\sum_{i=1}^{n}\omega_i}\Big)=\frac{1}{\Big(\displaystyle\sum_{i=1}^{n}\omega_i\Big)^2}D\Big(\sum_{i=1}^{n}\omega_i x_i^2\Big)=\frac{1}{\Big(\displaystyle\sum_{i=1}^{n}\omega_i\Big)^2}\Big[\sum_{i=1}^{n}\omega_i^2 D(x_i)\Big]$$

$$\sigma_{\bar{x}}^2=\frac{1}{\Big(\displaystyle\sum_{i=1}^{n}\omega_i\Big)^2}\sum_{i=1}^{n}\omega_i^2\sigma_i^2=\frac{1}{\Big(\displaystyle\sum_{i=1}^{n}\omega_i\Big)^2}\sum_{i=1}^{n}\omega_i\sigma^2=\frac{\sigma^2}{\Big(\displaystyle\sum_{i=1}^{n}\omega_i\Big)^2}\sum_{i=1}^{n}\omega_i=\frac{\sigma^2}{\displaystyle\sum_{i=1}^{n}\omega_i}$$

即

$$\sigma_{\bar{x}}=\frac{\sigma}{\sqrt{\displaystyle\sum_{i=1}^{n}\omega_i}}\tag{3-21}$$

式(3-21)表明，可用各组测量的总权数 $\displaystyle\sum_{i=1}^{n}\omega_i$ 和单位权的标准差 σ 求得算术平均值的标准差。

设一不等精度测量列 $x_1,x_2,\cdots,x_n$，其标准偏差分别为 $\sigma_1,\sigma_2,\cdots,\sigma_n$，将其化为等精度测量列

$$x_i'=x_i\sqrt{\omega_i}$$

因为

$$D(x_i') = D(x_i \sqrt{\omega_i}) = \omega_i \sigma_i^2 = \sigma^2$$

可见

$$x_1' = x_1 \sqrt{\omega_1}, \quad x_2' = x_2 \sqrt{\omega_2}, \quad \cdots, \quad x_n' = x_n \sqrt{\omega_n}$$

因为是等精度测量列,且权等于 1,故残余误差为

$$\upsilon_i' = \sqrt{\omega_i} \upsilon_i$$

$$s = \sqrt{\frac{\sum_{i=1}^{n} \upsilon_i'^2}{n-1}} = \sqrt{\frac{\sum_{i=1}^{n} \omega_i \upsilon_i^2}{n-1}} = \sqrt{\frac{\sum_{i=1}^{n} \omega_i (x_i - \bar{x})^2}{n-1}}$$

$$s_{\bar{x}} = \sqrt{\frac{\sum_{i=1}^{n} \omega_i (\bar{x}_i - \bar{x})^2}{(n-1) \sum_{i=1}^{n} \omega_i}} = \sqrt{\frac{\sum_{i=1}^{n} \omega_i \upsilon_i^2}{(n-1) \sum_{i=1}^{n} \omega_i}} \tag{3-22}$$

又因

$$D(\bar{X}) = \frac{\sigma^2}{\sum_{i=1}^{n} \omega} = \frac{\sigma^2}{\sum \frac{\sigma^2}{\sigma_i^2}} = \frac{\sigma^2}{\sigma^2 \sum \frac{1}{\sigma_i^2}} = \frac{1}{\sum \frac{1}{\sigma_i^2}}$$

故

$$\sigma_{\bar{x}} = \sqrt{\frac{1}{\sum_{i=1}^{n} \frac{1}{\sigma_i^2}}} \qquad 即 \qquad s_{\bar{x}} = \sqrt{\frac{1}{\sum_{i=1}^{n} \frac{1}{s_i^2}}} \tag{3-23}$$

【例 3-7】 在温度 20 ℃以下,用国家基准和工作基准比较,得到下列三组结果:

第一组,$n_1 = 3$,$\bar{x}_1 = 999.942\ 5$ mm;

第二组,$n_2 = 2$,$\bar{x}_2 = 999.941\ 6$ mm;

第三组,$n_3 = 5$,$\bar{x}_3 = 999.941\ 9$ mm。

试求工作基准的长度 $\bar{x}$ 及其标准偏差。

解:

$$\omega_1 : \omega_2 : \omega_3 = n_1 : n_2 : n_3 = 3 : 2 : 5$$
$$\omega_1 = 3, \quad \omega_2 = 2, \quad \omega_3 = 5$$

$$\bar{x} = \frac{\sum \omega x}{\sum \omega} = 999.94 \text{ mm} + \frac{(3 \times 0.002\ 5 + 2 \times 0.001\ 6 + 5 \times 0.001\ 9) \text{ mm}}{3+2+5}$$

$$= 999.942\ 0 \text{ mm}$$

$$\upsilon_1 = (0.002\ 5 - 0.002\ 0) \text{ mm} = 0.000\ 5 \text{ mm}$$

$$\upsilon_2 = (0.001\ 6 - 0.002\ 0) \text{ mm} = -0.000\ 4 \text{ mm}$$

$$\upsilon_3 = (0.001\ 9 - 0.002\ 0) \text{ mm} = -0.000\ 1 \text{ mm}$$

$$s_{\bar{x}} = \sqrt{\frac{\sum_{i=1}^{3} \omega_i \upsilon_i^2}{(3-1) \sum_{i=1}^{3} \omega_i}} = \sqrt{0.056} \ \mu\text{m} = 0.23 \ \mu\text{m}$$

【例 3 - 8】　两名工人用正弦尺测量某一锥体角 α，其测量结果分别为

$$\alpha_1 = 43°55'12'', \quad s_i = 5''$$
$$\alpha_2 = 43°55'2'', \quad s_i = 10''$$

试求某最后测量结果 $\bar{\alpha}$ 及其标准偏差 $s_{\bar{\alpha}}$。

解：

$$\omega_1 = \frac{k}{\sigma_1^2} = \frac{k}{25}, \quad \omega_2 = \frac{k}{100}$$
$$k = 100, \quad \omega_1 = 4, \quad \omega_2 = 1$$

$$\bar{\alpha} = \frac{\sum_{i=1}^{2} \omega_i \alpha_i}{\sum_{i=1}^{2} \omega_i} = 43°55' + \frac{4 \times 12'' + 1 \times 2''}{5} = 43°55'10''$$

$$s_{\bar{\alpha}} = \frac{1}{\sqrt{\dfrac{1}{s_1^2} + \dfrac{1}{s_2^2}}} = \left(\frac{1}{\sqrt{\dfrac{1}{5^2} + \dfrac{1}{10^2}}} \right)'' = 4.5''$$

思考与练习题

3 - 1　什么是残余误差？常用什么符号表示？它与误差的定义有何不同？试验证如下两条性质：

（1）残余误差之和等于零；

（2）残余误差的平方和满足最小二乘法原理，即有 $L(\bar{x}) = \sum_{i=1}^{n} (x_i - \bar{x}) = \min$。

3 - 2　若已知 $\sigma = 0.05$，要求 $\sigma_{\bar{x}} \leq 0.01$，问至少需测量几次？

3 - 3　以下是甲、乙两人用同一台仪器重复测同一个试样 3 次所得的数据：

$$甲：56.1, 57.2, 57.9 \quad 乙：56.8, 56.7, 56.5$$

试问甲需要测量多少次取平均，所得结果的分散性指标才能赶上乙测量一次的分散性指标？

3 - 4　测量小轴直径共 10 次，假定已消除系统误差和粗大误差，得到数据：25.036 0，25.036 5，25.036 2，25.036 4，25.036 7，25.036 3，25.036 6，25.036 3，25.036 6 和 25.036 4，单位为 mm。试求其算术平均值及其标准差。

3 - 5　测量某个电阻值 9 次，得 $\bar{x} = 1.70 \ \Omega$，$s = 0.11 \ \Omega$。分别假设其误差分布为正态、均匀两种情形，试求置信概率分别为 0.997 3，0.95 时的电阻值置信区间。

3 - 6　对某量重复测量 5 次，测得值为 22.31，22.41，22.29，22.23 和 22.36。如可不计其他影响测量结果的来源，试求：

（1）最可信赖值及其标准差；

（2）若要求置信概率 $p = 0.95$ 和 $p = 0.99$，分别写出测量结果。

3 - 7　对某量重复测量 8 次，测得数据分别为 802.40，802.50，802.38，802.48，802.42，802.46，802.45 和 802.43，试求其算术平均值及标准差（分别用贝赛尔公式、极差法、最大误差法）。在 $p = 0.95$ 时，再求极限误差，如不计其他影响测量结果的因素，试写出测量结果。

3-8 试分别求出服从正态分布、反正弦分布、均匀分布误差落在 $(-\sqrt{2}\sigma, +\sqrt{2}\sigma)$ 中的概率。

3-9 测量某物体质量共 8 次,测得数据为 236.45,236.37,236.51,236.34,236.39,236.48,236.47 和 236.40,单位为 g。试求其算术平均值及标准差。

3-10 在立式测长仪上测量某校对量具,重复测量 5 次,测得数据为 20.001 5,20.001 6,20.001 8,20.001 5 和 20.001 1,单位为 mm。若测得值服从正态分布,试以 99% 的置信概率确定测量结果。

3-11 对某工件进行 5 次测量,在排除系统误差的条件下,求得标准差 $\sigma=0.005$ mm。若要求测量结果的置信概率为 95%,试求其置信限。

3-12 当把 t 分布视作正态分布时,估计极限误差会偏大还是偏小?说明理由。

3-13 用某仪器测量工件尺寸的标准差为 0.004 mm,若给定 $p=0.99$ 时的极限误差不大于 0.005 mm,则至少应测量多少次?在该测量次数的情况下,给定极限误差为 0.003 mm,试问置信概率是变大还是变小?

3-14 用精度高的电位差计测量 10 次,所得数据分别为 1.468 782,1.468 814,1.468 743,1.468 764,1.468 803,1.468 774,1.468 793,1.468 809,1.468 755 和 1.468 847,单位为 V。试按正态分布 $p=0.683$ 估计其标准差。

3-15 用一光功率计对激光器的输出功率进行重复性测量 15 次,测得结果如下:200.7,200.6,200.5,201.0,200.8,200.9,200.6,201.9,200.7,200.8,200.6,200.7,200.5,200.6 和 200.8。已知该功率计的系统误差为 0.2 mW,试求当置信概率为 99.73% 时,激光器的输出功率及其极限误差。

3-16 对某量进行 10 次测量,测得数据和其对应的权值如下:

i	1	2	3	4	5	6	7	8	9	10
x_i	14.7	15.0	15.2	14.8	15.0	14.6	14.8	14.8	14.9	15.0
p_i	1	3	3	2	3	1	2	2	3	3

试求加权算术平均值和加权算术平均值的标准差。

第 4 章　系统误差

4.1　系统误差概述

4.1.1　研究系统误差的重要意义

任一误差均为随机误差与系统误差之和,因此减小误差、提高精度,也必须减小系统误差,并尽可能地消除系统误差对测量结果的影响。

对随机误差的处理方法,是以测量数据中不含系统误差为前提的,因此研究系统误差的规律性,消除系统误差的影响就极为重要;否则,对随机误差的估计就会丧失精确性而变得毫无意义。

系统误差虽然有确定的规律性,但其规律常常不易被人们所认识。因为系统误差隐藏在测量数据之中,不易被发现,而多次重复测量又不能降低它对测量精度的影响,因此系统误差的潜伏性使得它比随机误差更具危险性。所以研究系统误差的规律性,采用一定的方法及时发现系统误差的存在并加以消除,就显得十分重要。

在某些测量中,系统误差的数值相当大,甚至比随机误差还大得多。例如在高精度测量中,由基准件(如量块)误差所产生的系统误差可占测量总误差的一半以上,因此消除系统误差往往成为提高测量精度的关键。

研究系统误差,寻找系统误差产生的原因,可以发现新事物,并判断测量的正确性和准确性。例如雷莱使用不同的方法制取氮气,并测得氮气的密度。他用化学方法制取氮气,测得其密度为 $\bar{x}_1 = 2.299\ 71$,$\sigma_1 = 0.000\ 41$;他从大气中提取氮气可测得其密度为 $\bar{x}_1 = 2.310\ 22$,$\sigma_1 = 0.000\ 19$。两平均值之差理论上应为零,但实际却超出其标准差的 20 倍以上,可见两种方法之间存在系统误差。雷莱对这两种方法进行深入研究,寻找系统误差产生的原因,后来发现了空气中的惰性气体。

对系统误差的认识、限制和消除,目前还缺少普遍适用的法则和方法;另外,这还依赖于所研究问题的特殊规律,以及测量者的学识、经验、技巧和测量技术的发展,因此研究系统误差更具有迫切性和现实性。

4.1.2　系统误差产生的原因

系统误差是由固定不变的或按特定规律变化的因素造成的,这些误差因素是可以掌握的。主要应从以下几个方面寻找系统误差的来源:

(1)测量装置方面的因素。由仪器设计原理引起的误差,如游标卡尺违背阿贝原则;仪器零件的制造误差和安装误差,如标尺的制造误差,指示性仪表指针安装的偏心;测量装置中标准器的误差等。

(2)测量环境方面的因素。测量时实际温度对标准温度的偏差,以及测量过程中温度、湿度等按一定规律变化的误差。

（3）测量方法方面的因素。采用近似的测量方法或近似的计算公式所引起的误差。

（4）测量人员方面的因素。由于测量者固有的特点，习惯于偏向某一方向读数，或记录动态测量数据时总有一个滞后的倾向。

例如，对于第 3 章提到的激光数字波面干涉仪，其测量系统误差的来源是：

（1）测量装置方面的因素。氦氖激光源辐射的激光束波长的漂移，参考镜提供的标准波面的面形误差，CCD 个别像元的盲点，光电响应的不一致性和非线性，波差多项式模型的不完善。

（2）测量环境方面的因素。标准镜面和试样等表面落有灰尘，脏点引起的固定电信号噪声，试样温度与实验室温度不一致等。

（3）操作人员方面的因素。操作人员手持装夹试样，造成试样温度梯度变化，操作人员光路调整不当，以及使用的波差多项式模型阶数有限。

4.1.3 系统误差的分类

根据系统误差在测量过程中的不同变化特性，系统误差可分为恒定系统误差和可变系统误差两大类。

1. 恒定系统误差

在整个测量过程中，误差大小和符号固定不变的系统误差称为恒定系统误差，又称为定值系统误差。例如，名义尺寸为 100 mm 的块规，若其实际尺寸为 100.001 mm，则用此块规进行测量，将产生 -0.001 mm 的系统误差。精密等臂天平和惠斯通电桥，其两臂的比值应为 1。若其比值不等于 1，则产生定值系统误差。

2. 可变系统误差

在测量过程中，误差大小和符号随着测量位置或时间发生有规律的变化的系统误差称为可变系统误差，又称为变值系统误差。根据其变化规律，又分为以下几种：

1）线性变化的系统误差

在整个测量过程中，随着测量位置或时间的变化，误差值成比例地增大或缩小的误差称为线性变化系统误差。

在大地测量中，用锻钢尺测量距离 L。若锻钢尺的长度为 l，尺长误差为 Δl，则距离的测量误差 ΔL 为

$$\Delta L = \frac{L}{l} \Delta l = \frac{\Delta l}{l} L$$

由上式可知，$\frac{\Delta l}{l}$ 为常数，故 ΔL 与 L 呈线性关系。

当测量金属棒的长度为 L 时，由温度偏差 Δt 引起的长度误差 ΔL 为线性系统误差，即

$$\Delta L = L \alpha \Delta t$$

式中：α 为线膨胀系数，$\Delta t = t - 20$。

用电位器测量电动势时，在电位器工作电流回路中，蓄电池电压随着放电时间的延长而降低所引起的测量误差也是线性系统误差。千分尺测微螺杆的螺距累积误差和长刻度尺的刻度累积误差都具有线性系统误差的性质。

2）周期性变化的系统误差

在整个测量过程中，随着测量位置或时间的变化，误差按周期性的变化规律而变化，这种

误差称为周期性变化的系统误差。

如仪表指针安装偏心,即指针的回转中心与刻度盘刻度中心有一个偏心量 e ,则指针在任一转角 φ 处引起的读数误差 $\Delta L = e \cdot \sin \varphi$,此误差的变化规律符合正弦规律。又如齿轮,光学分度头中分度盘等安装偏心所引起的齿轮齿距误差以及分度误差,都属于按正弦规律变化的系统误差。

3）多项式变化的系统误差

非线性的系统误差可用多项式来描述其非线性关系。例如:

（1）电阻与温度的关系为

$$R_t = R_{20} + \alpha(t - 20) + \beta(t - 20)^2$$

式中:R_t——温度为 t 时的电阻;

　　　R_{20}——温度为 20 ℃时的电阻;

　　　α,β——电阻的一次及二次温度系数。

若以 R_{20} 来代替 R_t ,则所产生的电阻误差 ΔR 为

$$\Delta R = \alpha(t - 20) + \beta(t - 20)^2$$

所以 ΔR 的误差曲线为一抛物线（是随温度变化的）。

（2）铂-铱米尺基准器在不同温度下的长度修正值可表示为

$$L_t = L_0 + \alpha t + \beta t^2$$

式中:L_t——米尺基准器在温为 t 时的长度修正值;

　　　L_0——米尺基准器在 0 ℃时的长度修正值;

　　　α,β——一次及二次温度系数。

4）复杂规律变化的系统误差

在整个测量过程中,随着测量位置和时间的变化,误差按确定的复杂规律变化,这种误差称为复杂规律变化的系统误差。如当微安表的指针偏转角与偏转力矩不能保持线性关系时,表盘仍采用均匀刻度所产生的误差;又如度盘、光栅盘的刻度误差等。对这些复杂规律变化的误差,一般用经验公式或实验曲线来表示其变化规律。

图 4-1 中各条曲线表示了各种不同类型的系统误差。

另外,根据对系统误差的掌握程度,又可分为已定系统误差和未定系统误差。前者指误差大小和符号已确切掌握,是属于可修正的系统误差;后者是指误差大小和符号不能确切掌握,但可估计其出现的范围,是不可修正的系统误差。

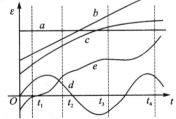

a—恒定系统误差;b—线性变化的系统误差;
c—多项式变化的系统误差;d—周期性变化的系统误差;e—复杂规律变化的系统误差

图 4-1　各种不同类型的系统误差

4.1.4　系统误差对测量结果的影响

根据系统误差的特征可知,它必然会影响测量结果。因为测量结果通过 $\bar{x}$ 和 $s_{\bar{x}}$ 体现,所以主要分析系统误差对 $\bar{x}$ 及 $s_{\bar{x}}$ 的影响。

1. 对 $\bar{x}$ 的影响

若一等精度测量列 $x_1, x_2, \cdots, x_n$,设其含有系统误差 $\varepsilon_1, \varepsilon_2, \cdots, \varepsilon_n$ 和随机误差 $\delta_1, \delta_2, \cdots,$ δ_n,真值为 x_0,则有

$$x_1 = x_0 + \varepsilon_1 + \delta_1$$
$$x_2 = x_0 + \varepsilon_2 + \delta_2$$
$$\vdots$$
$$x_n = x_0 + \varepsilon_n + \delta_n$$

$$\bar{x} = \frac{1}{n}\sum_{i=1}^{n} x_i = x_0 + \frac{1}{n}\sum_{i=1}^{n}\delta_i + \sum_{i=1}^{n}\varepsilon_i = x_0 + \bar{\varepsilon}$$

上式表明,当子样容量 n 足够大时,随机误差对 $\bar{x}$ 的影响可忽略不计;而系统误差则以算术平均值 $\bar{\varepsilon}$ 反映在 $\bar{x}$ 中,$\bar{\varepsilon}$ 的符号使 $\bar{x}$ 有所增减。

2. 对 $s_{\bar{x}}$ 的影响

计算上一组测量数据的残余误差:

$$\upsilon_i = x_i - \bar{x} = (x_0 + \delta_i + \varepsilon_i) - (x_0 + \bar{\varepsilon}) = \delta_i + (\varepsilon_i - \bar{\varepsilon}) \tag{4-1}$$

对于恒定系统误差,$(\varepsilon_i - \bar{\varepsilon})$ 为零,说明恒定系统误差不影响 $s_{\bar{x}}$;但对于变值系统误差,因为 $\varepsilon_i - \bar{\varepsilon} \neq 0$,故对 $s_{\bar{x}}$ 有影响。

由于系统误差影响测量结果的 $\bar{x}$ 和 $s_{\bar{x}}$,故在对测量数据进行随机误差处理前,必须首先判断测量数据是否存在系统误差,并将系统误差消除。

对于恒定系统误差,由于它在数据处理中只影响算术平均值,不影响其标准差,所以只需确定该恒定系统误差的大小和符号,即可对算术平均值加以修正。

4.2　系统误差的发现

要消除系统误差的影响,首先要发现系统误差的存在。要发现系统误差就必须根据具体测量过程和测量仪器进行全面、仔细的分析,这是一项困难而又复杂的工作,目前还没有找到发现各种系统误差的普遍方法。下面只介绍适用于发现某些系统误差的常用方法。

4.2.1　残余误差观察法

通过观察残余误差可以发现系统误差,并了解系统误差的类型,下面介绍具体方法。

1. 等精度测量

在等精度测量中,将测得值及其残余误差按测量先后顺序排列,观察残余误差数值和符号的变化规律。若残余误差大小朝着一个方向递增或递减,且符号始末相反,则测量列中含有线性系统误差。若残余误差符号作有规律的交替变化,则测量列中含有周期性系统误差,如图 4-2 所示。

由式(4-1)得

$$\upsilon_i = \delta_i + (\varepsilon_i - \bar{\varepsilon})$$

假设随机误差 δ_i 很小,可以忽略,则有

$$\upsilon_i \approx \varepsilon_i - \bar{\varepsilon} \tag{4-2}$$

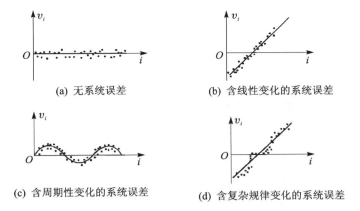

(a) 无系统误差　　　　　　(b) 含线性变化的系统误差

(c) 含周期性变化的系统误差　　(d) 含复杂规律变化的系统误差

图 4-2　残余误差观察法

式(4-2)表明,当存在显著的系统误差时,残余误差大小及符号的变化,确实是由变值系统误差决定的,这就是残余误差观察法的原理。

【例 4-1】　对恒温箱的温度进行 10 次测量,测量结果如表 4-1 所列,试判断有无系统误差存在。

表 4-1　恒温箱的温度测量数值

测量序号	测得值/℃	残余误差/℃	数值变化	符号变化
1	20.06	−0.06	小	−
2	20.07	−0.05		−
3	20.06	−0.06		−
4	20.08	−0.04		−
5	20.10	−0.02		−
6	20.12	0		0
7	20.14	+0.02		+
8	20.18	+0.06		+
9	20.18	+0.06	大	+
10	20.21	+0.09		+

解:由表 4-1 可以看出,测量中显然存在线性系统误差。

2. 不等精度测量

在不等精度测量中(例如改变测量条件),若全部残余误差的符号随测量条件的改变而改变,则测量列中含有由随测量条件改变而产生的恒定系统误差。这一原理证明如下:

若在某一定值系统误差为 ε_1 的条件下,测得几个值 $x_1, x_2, \cdots, x_n$,改变测量条件后,在另一恒定系统误差 ε_2 条件下又测得了 $N-n$ 个值 $x_{n+1}, x_{n+2}, \cdots, x_N$,设测得值 x_i 不含系统误差的值为 X'_i,则有

$$x_1 = X'_1 + \varepsilon_1$$
$$x_2 = X'_2 + \varepsilon_1$$
$$\vdots$$
$$x_n = X' + \varepsilon_2$$

$$x_{n+1} = X'_{n+1} + \varepsilon_2$$
$$\vdots$$
$$\bar{x} = \overline{X'} + \frac{1}{N}[n\varepsilon_1 + (N-n)\varepsilon_2]$$

测得值的残余误差计算如下：

假设随机误差很小，可忽略不计，则有

$$\upsilon_i = \left(1 - \frac{n}{N}\right)(\varepsilon_1 - \varepsilon_2), \quad i = 1, 2, \cdots, n$$

$$\upsilon_j = -\frac{n}{N}(\varepsilon_1 - \varepsilon_2), \quad j = (n+1), (n+2), \cdots, N$$

由于 $n < N$，所以改变测量条件后，υ_i 全部变号。

【例 4-2】 测电感时，前4次用一个标准电感，后6次用另一个标准电感，测量结果如表 4-2 所列。试判断有无系统误差存在。

表 4-2 电感测量数据

测量序号	测得值/mH	残余误差/mH	符号特征	残余误差之和
1	50.82	0.00	均为正号	$\sum\limits_{i=1}^{4} \upsilon_i = +0.13 \text{ mH}$
2	50.83	+0.01		
3	50.87	+0.05		
4	50.89	+0.07		
5	50.78	−0.04	大多数为负号	$\sum\limits_{i=5}^{10} \upsilon_i = -0.13 \text{ mH}$
6	50.78	−0.04		
7	50.75	−0.07		
8	50.85	+0.03		
9	50.82	0		
10	50.81	−0.01		
$\bar{x} = 50.82 \text{ mH}$			$\sum\limits_{i=1}^{4} \upsilon_i - \sum\limits_{i=5}^{10} \upsilon_i = +0.26 \text{ mH}$	

解：由表 4-2 可以看出，测量中含有恒定系统误差。

4.2.2 马利科夫判据(残余误差校核法)

这是用残余误差计算判断系统误差是否存在的方法。马利科夫判据比残余误差观察法灵敏，因为当随机误差比较大时，用残余误差观察法往往检查不出系统误差的存在。马利科夫判据的原理如下：

由式(4-1)可知：

$$\upsilon_i = \delta_i + (\varepsilon_i - \bar{\varepsilon})$$

设测量列有 n 个残余误差，将其分为前半组 k 个，后半组 $n-k$ 个。当 n 为偶数时，$k = \frac{n}{2}$；当 n 为奇数时，$k = \frac{n+1}{2}$。将两个半组的残余误差求和后相减，得

$$\Delta = \sum_{i=1}^{k} \upsilon_i - \sum_{i=k+1}^{n} \upsilon_i$$

$$= \sum_{i=1}^{k} \delta_i + \sum_{i=1}^{k} (\varepsilon_i - \bar{\varepsilon}) - \sum_{i=k+1}^{n} \delta_i - \sum_{i=k+1}^{n} (\varepsilon_i - \bar{\varepsilon}) \tag{4-3}$$

由随机误差的性质可知：

$$\sum_{i=1}^{k} \delta_i = \sum_{i=k+1}^{n} \delta_i = 0$$

$$\Delta = \sum_{i=1}^{k} (\varepsilon_i - \bar{\varepsilon}) - \sum_{i=k+1}^{n} (\varepsilon_i - \bar{\varepsilon}) \tag{4-4}$$

从式(4-4)可知，由于线性系统误差前后两半组符号相反，因此 Δ 值显著不为零，说明测量列中有系统误差存在。若无系统误差存在，则必有 Δ 值趋于零。这就是马利科夫判据的基本依据。若由于测量条件改变而使 Δ 显著不为零(一般 $\Delta \geqslant \sqrt{n}s$)，则说明测量中含有由于测量条件改变而产生的恒定系统误差。

【例 4-3】 对恒温箱的温度进行 10 次测量，测量结果如表 4-1 所列。试用马利科夫判据判断有无线性变化的系统误差存在。

解：由表 4-1 可知：

$$n = 10, \quad k = 5$$
$$\Delta = (-0.06 - 0.05 - 0.06 - 0.04 - 0.02)℃ -$$
$$(0 + 0.02 + 0.06 + 0.06 + 0.09)℃ = -0.46℃$$

故测量列中含有线性变化的系统误差。

【例 4-4】 测电感时，前 4 次用一个标准电感，后 6 次用另一个标准电感，测量结果如表 4-2 所列。试用马利科夫判据判断有无恒定系统误差存在。

解：由表 4-2 可知：

$$\sum_{i=1}^{4} v_i - \sum_{i=5}^{10} v_i = +0.26 \text{ mH} \gg 0$$

故测量中含有由于测量条件改变而引起的恒定系统误差。

4.2.3　阿贝判据

阿贝判据一般用于发现周期性系统误差。

若有一等精度测量列，按测量先后顺序将残差排列为 $v_1, v_2, \cdots, v_n$，如果存在按此顺序呈周期性变化的系统误差，则相邻两个残差的差值 $(v_i - v_{i+1})$ 符号也将出现周期性的正负号变化，因此由差值 $(v_i - v_{i+1})$ 可以半段测量列是否存在周期性变化的系统误差。但是这种方法只有当周期性系统误差是整个测量误差的主要成分时，才采用实用效果；否则，差值 $(v_i - v_{i+1})$ 符号变化将主要取决于随机误差，以致不能判断出周期性系统误差。在此情况下，可用统计准则进行判断，令

$$u = \left| \sum_{i=1}^{n-1} v_i v_{i+1} \right| = |v_1 v_2 + v_2 v_3 + \cdots + v_{n-1} v_n| \tag{4-5}$$

若

$$u > \sqrt{n-1}\sigma^2 \tag{4-6}$$

则认为该测量列中含有周期性系统误差。这种校核法又叫阿贝-赫梅尼准则，能有效地发现周期性系统误差。

【例 4-5】 测量电感 10 次，测量数据如表 4-3 所列，试判断有无系统误差。

表 4-3　电感测量数据

测量序号	测得值/mH	残余误差/mH
1	50.74	−0.06
2	50.76	−0.04
3	50.82	+0.02
4	50.85	+0.05
5	50.83	+0.03
6	50.74	−0.06
7	50.75	−0.05
8	50.81	+0.01
9	50.85	+0.05
10	50.85	+0.05
平均值和标准差	$\bar{x}=50.80$	$\sigma=0.048$

解：用阿贝判据，有

$$n\mid C\mid=0.004\,8<\sqrt{10}\,\sigma^2=0.007\,2$$

检查不出系统误差。

若用阿贝-赫梅尼准则，则有

$$n\mid C'\mid=0.0078>\sqrt{9}\,\sigma^2=0.006\,8$$

由此，可以判断测量中含有周期性变化的系统误差。

4.2.4　其他判别准则

以下判别准则均假定误差为正态分布的随机误差。若求出一个统计量，则此统计量不应超过限差，限差取为标准差的 2 倍(即置信概率为 0.95)；若统计量超过限差，则怀疑有系统误差或非正态分布的随机误差存在。

以下各准则是对独立真误差的检验，对残余误差亦可近似地使用这些准则。

准则一　误差正负号个数检验。

令

$$s_i=\begin{cases}+1, & \Delta_i \text{ 为正}\\ -1, & \Delta_i \text{ 为负}\\ 0, & \Delta_i \text{ 为零}\end{cases} \tag{4-7}$$

记 $s=\sum\limits_{i=1}^{n}s_i$，则有

若

$$\mid s\mid>2\sqrt{N}$$

则可以判断测量列中含有系统误差。

证明：由于假定 Δ_i 为随机误差，故 Δ_i 取正号与负号的概率相等，故有

$$E(s_i)=0$$

$$E(s) = E\left(\sum s_i\right) = 0$$

实际上 s 不为零, 它与零的差即为 s 的误差, 故 s 值即为 s 的误差, 因 s 的方差为

$$D(s) = D(s_1) + D(s_2) + \cdots + D(s_n)$$

但

$$D(s_i) = \frac{1}{2}(+1-0)^2 + \frac{1}{2}(-1-0)^2 = 1$$

故

$$\sigma_{(s)} = \sqrt{D_{(s)}} = \sqrt{N}$$

最后得

$$2\sigma_{(s)} = 2\sqrt{N}$$

若前半组误差符号为正, 后半组误差符号为负, 则准则一不能发现系统误差, 此时可采用准则二。

准则二 误差正负号分配检验。

令

$$W = \sum_{i=1}^{N-1} s_i s_{i+1}$$

若有

$$|W| > 2\sqrt{N-1} \tag{4-8}$$

则可判断测量列中含有系统误差。

证明: 因两误差同号 ($s_i s_{i+1} = +1$) 与两误差异号 ($s_i s_{i+1} = -1$) 的概率相等, 故与准则一相类似, 可得

$$E(W) = 0$$

$$\sigma(W) = \sqrt{N-1}$$

最后得

$$2\sigma_{(\omega)} = 2\sqrt{N-1}$$

【例 4-6】 试用准则一及准则二判断表 4-1 中的测量数据有无系统误差。

解: 采用准则一。因误差正号 4 个, 负号 5 个, 故 $s = -1, 2\sqrt{N} = 6.6$。由于 $s < |s|$, 所以无系统误差存在。显然这个判断是错误的, 此时不能用准则一。

采用准则二。相邻误差同号的有 7 个, 无异号者, 故 $W = 7$; 限差为 $2\sqrt{N-1} = 6$, 由于 $W > 2\sqrt{N-1}$, 故测量中含有系统误差。

准则三 组间标准差检验。

若对某量独立测量得到多组结果如下:

$$\bar{x}_1 \pm \sigma_1, \quad \bar{x}_2 \pm \sigma_2, \quad \cdots, \quad \bar{x}_N \pm \sigma_N$$

则任意两组测量结果 $\bar{x}_i$ 与 $\bar{x}_j$ 之间不存在系统误差, 判据为

$$|\bar{x}_i - \bar{x}_j| < 2\sqrt{\sigma_i^2 + \sigma_j^2} \tag{4-9}$$

证明: $\bar{x}_i - \bar{x}_j$ 的标准偏差为 $\sqrt{\sigma_i^2 + \sigma_j^2}$, 取限差为标准偏差的 2 倍得证。

【例 4 - 7】 雷莱用不同的方法制取氮气,测得氮气密度的平均值及其极限误差如下:

化学法制氮:

$$\bar{x}_1 \pm \delta_1 = 2.299\ 71 \pm 0.000\ 41$$

大气中提取氮:

$$\bar{x}_2 \pm \delta_2 = 2.310\ 22 \pm 0.000\ 19$$

试判断两种结果之间有无系统误差存在。

解:因为

$$|\bar{x}_i - \bar{x}_j| = 0.010\ 51$$

$$2\sqrt{\sigma_i^2 + \sigma_j^2} = 2\sqrt{0.000\ 41^2 + 0.000\ 19^2} = 0.000\ 90$$

$$|\bar{x}_i - \bar{x}_j| \gg 2\sqrt{\sigma_i^2 + \sigma_j^2}$$

故两组间有系统误差。

4.2.5 t 检验法

设某量的测得值服从正态分布。若独立测得该量的两组数据如下:

$$x_i, \quad i = 1, 2, \cdots, n_x$$

$$y_j, \quad j = 1, 2, \cdots, n_y$$

令变量

$$t = (\bar{x} - \bar{y})\sqrt{\frac{n_x n_y (n_x + n_y - 2)}{(n_x + n_y)(n_x s_x^2 + n_y s_y^2)}} \tag{4-10}$$

则此变量服从自由度 $\nu = n_x + n_y - 2$ 的 t 分布。

式中:

$$\bar{x} = \frac{1}{n_x} \sum_{i=1}^{n_x} x_i$$

$$\bar{y} = \frac{1}{n_y} \sum_{j=1}^{n_y} x_j$$

$$s_x^2 = \frac{1}{n_x} \sum_{i=1}^{n_x} (x_i - \bar{x})^2$$

$$s_y^2 = \frac{1}{n_y} \sum_{j=1}^{n_y} (y_j - \bar{y})^2$$

选取显著水平 α 后,由 t 分布表(见附表 3)查得 $P(|t| > t_\alpha)$ 中的 t_α 值,将由式(4-10)中算得的 $|t|$ 值与 t_α 比较。若 $|t| < t_\alpha$,则可判断两组数据间不含有系统误差。

【例 4 - 8】 对某量测得两组数据如下:

$$x_i: 1.9, 0.8, 1.1, 0.1, -0.1, 4.4, 5.5, 1.6, 4.6, 3.4$$

$$y_i: 0.7, -1.6, -0.2, -1.2, -0.1, 3.4, 3.7, 0.8, 0.0, 2.0$$

试用 t 检验法判断两组数据间是否有系统误差存在。

解:

$$\bar{x} = \frac{1}{10} \sum_{i=1}^{10} x_i = 2.33$$

$$\bar{y} = \frac{1}{10} \sum_{j=1}^{10} y_j = 0.75$$

$$s_x^2 = \frac{1}{10} \sum_{i=1}^{10} (x_i - \bar{x})^2 = 3.61$$

$$s_y^2 = \frac{1}{10} \sum_{j=1}^{10} (y_j - \bar{y})^2 = 2.89$$

$$t = (2.33 - 0.75) \sqrt{\frac{10 \times 10 \times (10 + 10 - 2)}{(10 + 10) \times (10 \times 3.61 + 10 \times 2.89)}} = 1.86$$

由 $\nu = 10 + 10 - 2 = 18$ 及取 $\alpha = 0.05$，查 t 分布表得 $t_\alpha = 2.10$。因 $|t| = 1.86 < t_\alpha = 2.10$，故可判断两组数据间不含有系统误差。

4.2.6　组间 F 检验法

方差分析法的原理如下：

设对某量共进行等精度独立测量 n 次，得到 m 组测量数据，如表 4-4 所列。

表 4-4　等精度独立测量数据

组别 测量次数	第 1 组	第 2 组	…	第 m 组	总组数
第 1 次	x_{11}	x_{21}	…	x_{m1}	
第 2 次	x_{12}	x_{22}	…	x_{m2}	
⋮	⋮	⋮	⋮	⋮	—
第 n 次	x_{1n}	x_{2n}	…	x_{mn}	
总和	T_1	T_2	…	T_m	T
算术平均值	$\bar{x}_1$	$\bar{x}_2$	…	$\bar{x}_m$	$\bar{x}$

为简单起见，假定 $n_1 = n_2 = \cdots = n_m = n$，则表 4-4 中共有 $N = m \times n$ 个数据，每个数据可以表示为 $x_{ij} (i = 1 \sim n, j = 1 \sim m)$。由表 4-4 可知：

$$T_i = \sum_{i=1}^{n} x_{ij}$$

$$\bar{x}_i = \frac{T_i}{n} = \frac{1}{n} \sum_{i=1}^{n} x_{ij}$$

$$T = \sum_{i=1}^{n} \sum_{j=1}^{m} x_{ij} = \sum_{i=1}^{n} T_i$$

$$\bar{x} = \frac{T}{N} = \frac{T}{mn} = \frac{1}{mn} \sum_{j=1}^{m} \sum_{i=1}^{n} x_{ij}$$

假设所有 N 个数据 x_{ij} 都来自同一正态总体。组间 F 检验法从一定的显著水平推断这个假设是否可信。若此假设可信，则证明组间无系统误差；若此假设不可信，则说明组间存在由某一因素的显著影响而产生的系统误差。

令

$$Q = \sum_{j=1}^{m} \sum_{i=1}^{n} (x_{ij} - \bar{x})^2$$

则 Q 为 N 个测得值 x_{ij} 的离差平方和，它可分解为两个离差平方和，即

$$\sum_{j=1}^{m}\sum_{i=1}^{n}(x_{ij}-\bar{x})^2 = \sum_{j=1}^{m}n_j(\bar{x}_j-\bar{x})^2 + \sum_{j=1}^{m}\sum_{i=1}^{n}(x_{ij}-\bar{x}_j)^2$$

$$Q = Q_1 + Q_2$$

上式中 Q_1 为组间离差平方和，Q_2 为组内离差平方和，令

$$\frac{Q}{\sigma^2}=x^2, \qquad \frac{Q_1}{\sigma^2}=x_1^2, \qquad \frac{Q_2}{\sigma^2}=x_2^2$$

当每组的测量次数均为 n 时，变量 x^2, x_1^2, x_2^2 的自由度分别为

$$\nu=mn-1, \quad \nu_1=m-1, \quad \nu_2=m(n-1)$$

当每组的测量次数不相等时，

$$\nu_2 = \sum_{j=1}^{m'} n_j - m$$

根据 F 分布的定义，有

$$F = \frac{Q_1/\nu_1}{Q_2/\nu_2} \qquad (4-11)$$

选取显著水平 α 后，按自由度 ν_1 和 ν_2 可查出 $P(F>F_\alpha)=\alpha$ 的 F_α 值。将计算得到的 F 值与查得的 F_α 比较，若

$$F \geqslant F_\alpha$$

则可怀疑各组间有系统误差。

【**例 4-9**】 对某量测得 4 组数据，如表 4-5 所列。试用方差分析法判断有无系统误差。

表 4-5　测得某量数据

次数　＼　组别	组 1	组 2	组 3	组 4
1	1 600	1 580	1 460	1 510
2	1 610	1 640	1 550	1 520
3	1 650	1 640	1 600	1 530
4	1 680	1 700	1 620	1 570
5	1 700	1 750	1 640	1 600
6	1 720	—	1 660	1 680
7	1 800	—	1 740	—
8	—	—	1 820	—

解：经过计算可得到如表 4-6 所列的方差分析表。

表 4-6　方差分析

项　目	Q	ν	Q/ν
组间	$Q_1=44\,374.6$	$\nu_1=3$	$Q_1/\nu_1=14\,791.5$
组内	$Q_2=149\,970.8$	$\nu_2=22$	$Q_2/\nu_2=6\,816.8$
总和	$Q=194\,345.4$	$\nu=25$	—

由表 4-6 可得

$$F = \frac{Q_1/\nu_1}{Q_2/\nu_2} = \frac{14\ 791.5}{6816.8} = 2.17$$

查 F 分布表,取 $\alpha = 0.05$,$\nu_1 = 3$,$\nu_2 = 22$,查得 $F_\alpha = 3.05$。因为 $F < F_\alpha$,故可认为组间无系统误差。

上面介绍的几种系统误差的发现方法中,前几种方法用于发现测量列组内的系统误差,准则三及以后的两种方法用于发现各组测量之间的系统误差。这些方法各有特点,使用时必须根据具体的测量仪器和测量过程来选用。

4.3　系统误差的减少与消除

在测量过程中,发现有系统误差存在,应尽量采取适当措施将其减少或消除。由于减少和消除系统误差的方法与具体的测量对象、测量方法以及测量人员的经验有关,因此要找出普遍有效的方法比较困难。下面介绍其中最基本的方法以及适应各种系统误差的特殊方法。

4.3.1　消除误差源法

从产生误差的根源上消除系统误差是最根本的方法,因此,必须对所研究的问题进行深入分析,找出可能产生系统误差的因素,也就减少和消除了由此而产生的系统误差。例如度盘的刻制误差一般都属于复杂规律的误差,其产生的原因可能是温度的变化、振动、轴承的晃动以及刻度机的传动链误差等多种因素综合而成的,因此采取措施控制和减少这些因素,可使其影响降至最低。

在测量前,检查所用基准件、标准件(如量块、刻尺、光波波长等)是否准确可靠,测量仪器的调整、测件的安装定位和支承装夹是否正确、合理,仪器的零位是否正常;检查采用的测量方法和计算方法是否正确,有无理论误差;检查测量环境条件是否符合规定要求,同时还应避免测量人员带入的主观误差,如视差、视力疲劳及精力不集中等。这样就避免了由上述因素产生的系统误差。

4.3.2　加修正值法

这种方法是预先将测量器具的系统误差检定出来或计算出来,然后取与误差数值大小相同而符号相反的值作为修正值,将实际测得值加上相应的修正值,即可得到不包含该系统误差的测量结果。如量块的实际尺寸不等于公称尺寸,因此在测量时将产生系统误差。这时,测量前先用极其精密的测量仪器将各个块规的误差鉴定出来,作出修正表,然后在测量时按照修正表将误差从测量结果中消去。

修正值可以直接测得,也可以用回归分析法建立修正公式求得。若某一因素是产生系统误差的根源,则可变动该因素。可通过实验取得多组测量数据,从这些实验数据出发建立方程,从而建立该误差因素与误差间的数学表达式,即修正方程式。这是目前求修正值应用的一种很有效的方法。

由于修正值本身也含有误差,因此用加修正值法不可能将全部系统误差消除,而总要残留少量系统误差,将这种残留的系统误差统归成随机误差进行处理。

4.3.3　改进测量方法

在测量过程中,根据具体的测量条件和系统误差的性质,选择适当的测量方法,使测量中的系统误差在测量过程中相互抵消或补偿而不代入测量结果之中,从而达到减少或消除系统误差的目的。

1. 恒定系统误差

拟定适当的测量方法,使恒定系统误差在测量过程中予以消除。常用的方法有以下几种:

1）代替法

代替法的实质是用一个已知量（相对真值或约定真值）来代替未知量,以消除恒定系统误差,即在测量装置上测量被测量后不改变测量条件,立即用相应标准量代替被测量,放到测量装置上再进行测量。

图 4-3 所示为测量工件高度的测量装置。显然,因杠杆两臂不等（$L_1 \neq L_2$）而产生恒定系统误差,如工件高度变化 ΔL,则仪表的示值 ΔL 为

$$\Delta L \cdot L_2 = \Delta h \cdot L_1$$

$$\Delta L = \frac{L_1}{L_2} \cdot \Delta h \neq \Delta h$$

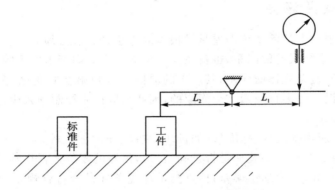

图 4-3 测量工件高度的测量装置

仪表的示值 ΔL 中含有系统误差。将工件取出,用组合块规代替工件使其仪表指针指示出 ΔL 值,则有

$$\Delta L_2 = \frac{L_1}{L_2} \Delta L$$

即

$$\Delta h = \Delta L_2$$

此时的量块组合尺寸即为工件高度,而且不再含有由杠杆臂不等而引起的恒定系统误差。代替法也可用于天平、电桥等测量中。

2）相消法

某些恒定系统误差对测量结果的影响带有方向性。此时可先在对称的两个位置上测量和读数,然后取两次读数的平均值作为测量结果。由于误差相互抵消,因此测量中不包含系统误差。

如图 4-4 所示,在工具显微镜下测量螺纹的螺距。由于有安装误差存在,使得工作台的移动方向与螺纹轴线成夹角 α,故按螺纹截面的右边和左边测量时所出现的误差大小相等,符号相反,有

$$t_右 = t - \Delta t$$

$$t_左 = t + \Delta t$$

取其算术平均值,得

$$\frac{t_右 + t_左}{2} = t$$

显然,t 值中已不含由 α 引起的恒定系统误差。

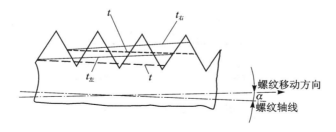

图 4-4　在工具显微镜下测量螺纹的螺距

3) 交换法

根据误差产生的原因,交换某些条件,以消除系统误差。

如图 4-5 所示,用等臂天平称量重物 X。先将重物 X 放在左边,砝码 P 放在右边,使天平处于平衡,则有

$$X = \frac{L_2}{L_1} P$$

然后交换位置,重物 X 放在右边,砝码 P 放在左边,使天平处于平衡时,砝码的质量为 P',则

$$P' = \frac{L_2}{L_1} X$$

$$X = \sqrt{P \cdot P'} \approx \frac{P + P'}{2}$$

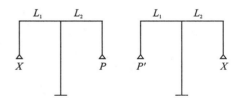

图 4-5　等臂天平称量重物 X

这样交换之后即可消除由天平两臂不等而产生的恒定系统误差。

2. 线性变化的系统误差

线性变化的系统误差的特点是,测量时所产生的系统误差与测量时间或其他因素呈线性关系,利用这一特点,可将测量对称安排,取各对称点两次读数的算术平均值作为测得值,即可消除线性变化的系统误差。

例如,在测量量块平面的平行性时,如图 4-6 所示,先以标准量块的中心点 O 对零,然后按照某一顺序对被检量块的四角厚度逐一测量,接着再按相反的顺序进行测量,取两次测量读数的平均值作为各测量点的测得值,就可以消除待检量块随温度变化产生的线性变化的系统误差。

在精密测量中,应尽可能地采用对称测量法,因为在测量中,很多误差都是线性误差。例如,许多仪器设备的误差都是由环境变化引起的,电学测量中电流和电压都随时间而变化,其变化规律一般都是线性的;而其他规律的误差,其一次近似亦为线性误差,因此对称测量法得到了广泛的应用。

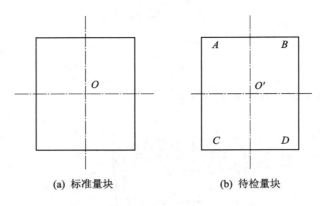

(a) 标准量块　　　　　　(b) 待检量块

图 4 - 6　量块平行性测量

3. 周期性变化的系统误差

对于周期性系统误差,可以先测量一次,然后相隔半个周期再测量一次,测量次数为偶数,取其平均值作为测量结果,即可消除周期性误差。此法称为半周期偶数观测法。

例如,当光学分度采用单面读数(单个读数头)时,由于轴系晃动或度盘安装偏心等原因,不可避免地将给仪器带来读数误差。度盘安装偏心如图 4 - 7 所示。

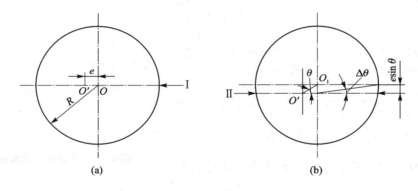

图 4 - 7　度盘安装偏心示意图

图 4 - 7(a)中,设 O 为度盘几何中心,O' 为主轴回转中心,即度盘有安装偏心,Ⅱ为读数头瞄准位置,则当主轴转过 θ 角时,度盘几何中心转至 O_1 点(见图 4 - 7(b)),此时,相对读数瞄准位置 Ⅰ,产生读数误差为

$$\Delta\theta = \frac{e}{R}\sin\theta$$

式中:e——安装偏心;

　　　R——度盘刻划半径。

如仪器主轴转动时轴系有晃动,其产生的读数误差与上面分析类似。

如果在度盘的对径方向上安装两个读数头,并取两个读数头的读数值的平均值作为度盘在这一转角位置上的读数值,那么如果度盘安装偏心或轴系晃动带来的读数误差为正,则对读数头Ⅱ,其读数误差必为负,且两者的绝对值相等。因此,当存在度盘安装偏心或轴系晃动误差时,对径读数取它们的平均值,可自动消除读数误差。

4. 复杂规律变化的系统误差

对于一些按复杂规律变化的系统误差,常常采用组合测量法来消除,使系统误差以尽可能多的组合方式出现于被测量中,将系统误差随机化,以减弱其对测量结果的影响。

例如,长度计量中用于检定线纹尺的"组合定标法"、度盘测量中的"定角组合测量法"及力学计量中检定砝码的"组合测量法",都是这种方法的具体应用。

思考与练习题

4-1 下列误差产生因素中会带来系统误差的是(　　)。
A. 装置因素　　　　　B. 环境因素　　　　　C. 人为因素　　　　　D. 方法因素

4-2 天平 10 g 砝码的检定证书上标有 10 g±0.4 mg,此砝码参与测量会带来的误差是(　　)。
A. 随机误差　　　　　B. 未定系统误差　　　　　C. 恒定系统误差　　　　　D 已定系统误差

4-3 测量过程中,误差随着测量位置或时间的变化,增大或减小属于(　　)。
A. 线性变化的系统误差　　　　　　　　B. 周期性变化的系统误差
C. 多项式变化的系统误差　　　　　　　D. 未定系统误差

4-4 下列误差中不能够进行修正的是(　　)。
A. 随机误差　　　　　　　　　　　　　B. 未定系统误差
C. 恒定系统误差　　　　　　　　　　　D. 复杂规律变化的系统误差

4-5 下列误差中不影响测量结果标准差的是(　　)。
A. 周期性变化的系统误差　　　　　　　B. 恒定系统误差
C. 线性变化的系统误差　　　　　　　　D. 随机误差

4-6 在测量次数足够多的情况下,下列误差中影响测量结果最佳估计值的是(　　)。
A. 周期性变化的系统误差　　　　　　　B. 恒定系统误差
C. 线性变化的系统误差　　　　　　　　D. 随机误差

4-7 下列系统误差判别准则中,能够判别出周期性变化的系统误差的是(　　)。
A. 残余误差校核法　　B. 残余误差观察法　　C. 阿贝判据　　　　　D. t 检验法

4-8 下列判别准则可用于不等精度条件下判断系统误差的是(　　)。
A. 残余误差校核法　　B. 残余误差观察法　　C. 阿贝判据　　　　　D. t 检验法

4-9 下列系统误差的消除和减小不能消除恒定系统误差的是(　　)。
A. 代替法　　　　B. 对称测量法　　　　C. 半周期观察法　　　　D. 相消法

4-10 下列方法中不能减小与消除系统误差的是(　　)。
A. 消除误差源法　　　　　　　　　　　B. 加修正值法
C. 多次测量法　　　　　　　　　　　　D. 改进测量方法

4-11 等精度测量某一电压 10 次,测得结果为 25.94,25.97,25.98,26.03,26.04,26.02,26.04,25.98,25.96,26.07,单位为 V。测量完毕后,发现装置有接触松动现象。为判明是否因接触不良而引入系统误差,将接触改善后又重新做了 10 次等精度测量,测得结果为 25.93,25.94,26.02,25.98,26.01,25.90,25.93,26.04,25.94,26.02,单位为 V。试用 t 检验法($\alpha=0.05$)判断两组测得值之间是否有系统误差。

4-12 对温度的 10 次测量结果依次为 20.05,20.08,20.06,20.09,20.10,20.12,

20.14,20.18,20.16,20.20,试分别用各种残差统计法判别有无系统误差。

4－13 用残差统计法检验下列测量数据中是否有可变的系统误差：

5.63,5.57,5.61,5.60,5.61,5.58.5.60,5.64,5.59,5.60

4－14 某实验装置重复测量15次，所得数据依次为54,55,56,55,56,57,56,53,54,54,55,55,54,54,53。试判断有无周期性变化的系统误差。

4－15 对某量进行两组等精度测量，其数据如下：

甲组：25.94,25.97,26.03,25.98,26.04,26.02,26.04,25.98,25.96,26.07

乙组：25.93,25.94,26.02,25.98,26.01,25.90,25.93,26.04,25.94,26.02

（1）试用残差统计法判断各组中是否有系统误差；

（2）假设各组无系统误差，试用 t 检验法判断两组之间是否有系统误差（$\alpha=0.05$）。

4－16 为检验某种测量锌含量的过程是否存在系统误差，用锌含量 25.04% 的标准物质做样品，重复测 30 次，得平均测值为 25.22%，标准差为 0.46%。试判断有无系统误差（$\alpha=0.05$）。现用此法测得某试样的平均值为 27.19%，试修正该试样的分析结果。

4－17 估计系统误差的方法与估计随机误差的方法有何异同？

4－18 试分别总结发现和消除系统误差有哪些可行的方法。

4－19 对一线圈电感测量 10 次，前 4 次是和一个标准线圈比较得到的，后 6 次是和另一个标准线圈比较得到的，测得结果（单位为 mH）如下：

50.82	50.83	50.87	50.89	—	—
50.78	50.78	50.75	50.85	50.86	50.81

试判断前 4 次与后 6 次测量中是否存在系统误差。若第二组数据中后 3 个数据改为 50.75，50.76，50.71，再判断两组数据间是否存在系统误差。

4－20 对某量作 4 组测量，数据如表 4－7 所列。试用 F 分布判别组间是否存在系统误差。

表 4－7　对某量的测量数据

组　别　测量次数	1	2	3	4	5	6	7	8
1	1 600	1 610	1 650	1 680	1 700	1 720	1 800	—
2	1 580	1 640	1 700	1 750	—	—	—	—
3	1 460	1 550	1 600	1 620	1 640	1 660	1 740	1 820
4	1 510	1 520	1 530	1 570	1 600	1 680	—	—

第 5 章　粗大误差

5.1　粗大误差概述

5.1.1　粗大误差产生的原因

粗大误差的数值比较大,它会歪曲测量结果,因此对测量数据中含粗大误差的异常值作出正确判断与处理,是准确获得测量结果的一个必不可少的数据处理手段。

产生粗大误差的原因是多方面的,大致可归纳为

(1) 测量条件的原因。由于测量条件意外改变,如机械冲击、外界振动、电网供电电压突变和电磁干扰等原因,引起仪器示值或被测对象位置的改变而产生粗大误差。

(2) 测量人员的原因。由于测量者责任心不强、工作过度疲劳、对仪器熟悉与掌握程度不够等原因,引起操作不当,或在测量过程中错误读数或错误记录而产生粗大误差。

(3) 测量仪器内部的突然故障。若不能确定粗大误差是由上述两种原因产生的,则可认为是由测量仪器内部的突然故障引起的。

5.1.2　防止与消除粗大误差的方法

对于粗大误差,应设法从测量数据中鉴别出含有粗大误差的异常值,并将其剔除。更重要的是要加强测量工作者的责任心以及使其具有严格的科学态度,此外还要保证测量条件的稳定,以防止测量过程中粗大误差的产生。

在某些情况下,为了及时发现和防止测量中含有粗大误差,可以采取不等精度测量和互相之间进行校核的方法。例如,对某一被测值,可由两位测量者进行测量、读数和记录,或用两种不同仪器,或两种不同方法进行测量。

5.2　粗大误差的判别准则

粗大误差的判别方法有两种:第一种是直观判别法,即对于特别明显的粗大误差,可能是由于测量者的疏忽或是测量设备故障以及测量环境条件突变造成的,在这种情况下,应查明原因,予以剔除;第二种是统计判别法,即给定一个显著水平,按一定分布确定一个临界值,凡超出该界限的误差,就认为它不属于随机误差的范畴,而是粗大误差,该数据应予以剔除。

以下介绍几种常用的统计判别方法。

5.2.1　莱伊达准则($n\leqslant10$ 不成立)

莱伊达准则又称为 3σ 准则,它是以测量次数充分大为前提的。

根据随机误差有界性的特性,对于某一测量列,若服从正态分布,其对应残余误差的绝对值大于 3 倍的标准差的可能性很小,这种数据出现的概率大约为 0.27%,故认为是不可能事

件。故若

$$|x_i - \bar{x}| > 3\sigma \qquad (5-1)$$

则认为 x_i 含有粗大误差,应将其剔除。其中,σ 常用贝塞尔公式算得的 s 值代替,即

$$|v_i| > 3s$$

【例 5-1】 对某量进行 15 次测量,测得值如表 5-1 所列。设这些测得值已排除了系统误差,试判断该测量列中是否含有粗大误差的测得值。

表 5-1 例 5-1 的测量数据

℃

序 号	测得值 x_i	残余误差 v_i	残余误差 v_i'
1	20.42	+0.016	+0.009
2	20.43	+0.026	+0.019
3	20.40	−0.004	−0.011
4	20.43	+0.026	+0.019
5	20.42	+0.016	+0.009
6	20.43	+0.026	+0.019
7	20.39	−0.014	−0.021
8	20.30	−0.104	—
9	20.40	−0.004	−0.001
10	20.43	+0.026	+0.019
11	20.42	+0.016	+0.009
12	20.41	+0.006	−0.001
13	20.39	−0.014	−0.021
14	20.39	−0.014	−0.021
15	20.40	−0.004	−0.011

解:由表 5-1 可得

$$\bar{x} = 20.404$$

$$s = \sqrt{\frac{\sum_{i=1}^{n} v_i^2}{n-1}} = \sqrt{\frac{0.014\ 96}{15-1}} = 0.033$$

$$|v_8| = |-0.104| > 3s = 0.099$$

因此 x_8 含有粗大误差,故将其剔除。再将剩下的 14 个测得值重新检验,得

$$\overline{x'} = 20.411$$

$$s' = \sqrt{\frac{\sum_{i=1}^{n} v_i'^2}{n-1}} = \sqrt{\frac{0.003\ 374}{14-1}} = 0.016$$

$$3s' = 3 \times 0.016 = 0.048$$

$$|v_i'| < 3s'$$

故剩下的 14 个测得值中不再含粗大误差。

5.2.2　格拉布斯准则

莱伊达准则虽然使用方便,但它是建立在测量次数充分大的前提下的,且必须在测量次数 n 远大于 10 时才适用。格拉布斯根据顺序统计量的某种分布规律提出一种判别粗大误差的准则,对样本中仅混入一个异常值的情况,检验的可靠性较高。

对某量进行 n 次重复测量,得 $x_1, x_2, \cdots, x_n$,设测量误差服从正态分布,若某数据 x_k 满足下式,则认为 x_k 含有粗大误差,应予以剔除:

$$g_{(k)} = \frac{|v_k|}{s} = \frac{|x_k - \bar{x}|}{s} \geqslant g_0(n, \alpha) \tag{5-2}$$

式中:$g_{(k)}$——数据 x_k 的统计量,$g_{(k)} = \dfrac{|v_k|}{s}$,$k = 1, 2, \cdots, n$;

$\quad\quad g_0(n, \alpha)$——统计量 $g_{(k)}$ 的临界值,根据测量次数 n 及显著水平 α 决定,见表 5-2;

$\quad\quad \alpha$——显著水平,为判断出现错误的概率,可由具体问题选择,即当 x_k 满足式(5-2)时,不含粗大误差的概率为

$$\alpha = P\left[\frac{|x_k - \bar{x}|}{s} \geqslant g_0(n, \alpha)\right]$$

这就是格拉布斯准则。

表 5-2　临界值 $g_0(n, \alpha)$

n	$g_0(n, \alpha)$		n	$g_0(n, \alpha)$	
	$\alpha = 0.05$	$\alpha = 0.01$		$\alpha = 0.05$	$\alpha = 0.01$
3	1.15	1.16	17	2.48	2.78
4	1.46	1.49	18	2.50	2.82
5	1.67	1.75	19	2.53	2.85
6	1.82	2.94	20	2.56	2.88
7	1.94	2.10	21	2.58	2.91
8	2.03	2.22	22	2.60	2.94
9	2.11	2.32	23	2.62	2.96
10	2.18	2.41	24	2.64	2.99
11	2.23	2.48	25	2.66	3.01
12	2.28	2.55	30	2.74	3.10
13	2.33	2.61	35	2.81	3.18
14	2.37	2.66	40	2.87	3.24
15	2.41	2.70	50	2.96	3.34
16	2.44	2.75	100	3.17	3.59

【例 5-2】　试用例 5-1 的测量数据,判别测量列中的测得值是否含有粗大误差。

解:显然,最可疑的数据为残差绝对值最大的数据 x_8。对 x_8 作统计量

$$g_{(8)} = \frac{|v_8|}{s} = \frac{0.104}{0.033} = 3.15$$

选取 $\alpha = 0.05$,查表 5-2 得临界值 $g_0(15, 0.05) = 2.41$,因

$$g_{(8)} = 3.15 > g_0(15, 0.05) = 2.41$$

故 $x_8 = 20.30$ 含有粗大误差,应予以剔除。

剩下 14 个数据,重复上述步骤可以发现,已无含粗大误差的测得值。

5.2.3 狄克逊准则

1950 年,狄克逊提出了一种根据测量数据按大小排列后的顺序差来判断粗大误差的方法,这种方法无需计算样本标准差 s,对于判断样本数据中多个异常值效果较好。

设对某量作等精度测量,得

$$x_1, x_2, \cdots, x_n$$

按数据大小排列为

$$x_{(1)} \leqslant x_{(2)} \leqslant \cdots \leqslant x_{(n)}$$

当 x_i 服从正态分布时,得到 $x_{(1)}$ 和 $x_{(n)}$ 的统计量,分为以下几种情形:

$$\gamma_{10} = \frac{x_{(n)} - x_{(n-1)}}{x_{(n)} - x_{(1)}}, \quad \gamma_{11} = \frac{x_{(n)} - x_{(n-1)}}{x_{(n)} - x_{(2)}}$$

$$\gamma_{21} = \frac{x_{(n)} - x_{(n-2)}}{x_{(n)} - x_{(2)}}, \quad \gamma_{22} = \frac{x_{(n)} - x_{(n-2)}}{x_{(n)} - x_{(3)}}$$

对于最小值 $x_{(1)}$,同样有

$$\gamma'_{10} = \frac{x_{(1)} - x_{(2)}}{x_{(1)} - x_{(n)}}, \quad \gamma'_{11} = \frac{x_{(1)} - x_{(2)}}{x_{(1)} - x_{(n-1)}}$$

$$\gamma'_{21} = \frac{x_{(1)} - x_{(3)}}{x_{(1)} - x_{(n-1)}}, \quad \gamma'_{22} = \frac{x_{(1)} - x_{(3)}}{x_{(1)} - x_{(n-2)}}$$

选定显著水平 α,得到各统计量的临界值 $\gamma_0(n, \alpha)$,如表 5-3 所列。当测得值的 γ_{ij} 大于临界值 $\gamma_0(n, \alpha)$ 时,认为 $x_{(n)}$ 或 $x_{(1)}$ 存在粗大误差,即

$$\gamma_{ij} > \gamma_0(n, \alpha) \tag{5-3}$$

表 5-3 临界值 $\gamma_0(n, \alpha)$

统计量	n	$\gamma_0(n,\alpha)$		统计量	n	$\gamma_0(n,\alpha)$	
		$\alpha = 0.01$	$\alpha = 0.05$			$\alpha = 0.01$	$\alpha = 0.05$
$\gamma_{10} = \frac{x_{(n)} - x_{(n-1)}}{x_{(n)} - x_{(1)}}$ $\gamma'_{10} = \frac{x_{(1)} - x_{(2)}}{x_{(1)} - x_{(n)}}$	3	0.988	0.341	$\gamma_{22} = \frac{x_{(n)} - x_{(n-2)}}{x_{(n)} - x_{(3)}}$	14	0.641	0.546
	4	0.889	0.765		15	0.616	0.525
	5	0.780	0.642		16	0.595	0.507
	6	0.698	0.560		17	0.577	0.490
	7	0.637	0.507		18	0.561	0.475
					19	0.547	0.462
					20	0.535	0.450
$\gamma_{11} = \frac{x_{(n)} - x_{(n-1)}}{x_{(n)} - x_{(2)}}$ $\gamma'_{11} = \frac{x_{(1)} - x_{(2)}}{x_{(1)} - x_{(n-1)}}$	8	0.683	0.554	$\gamma'_{22} = \frac{x_{(1)} - x_{(3)}}{x_{(1)} - x_{(n-2)}}$	21	0.524	0.440
	9	0.635	0.512		22	0.514	0.430
	10	0.597	0.477		23	0.505	0.421
					24	0.497	0.413
					25	0.489	0.406
$\gamma_{21} = \frac{x_{(n)} - x_{(n-2)}}{x_{(n)} - x_{(2)}}$ $\gamma'_{21} = \frac{x_{(1)} - x_{(3)}}{x_{(1)} - x_{(n-1)}}$	11	0.679	0.576		—	—	—
	12	0.642	0.546				
	13	0.615	0.521				

对于 γ_{ij} 的选用,狄克逊认为:当 $n\leqslant 7$ 时,使用 γ_{10} 效果好;当 $8\leqslant n\leqslant 10$ 时,使用 γ_{11} 效果好;当 $11\leqslant n\leqslant 13$ 时,使用 γ_{21} 效果好;当 $n\geqslant 14$ 时,使用 γ_{22} 效果好。

【例 5-3】　试用例 5-1 的测量数据,判断有无粗大误差。

解:将 x_i 排成表 5-4 的顺序。

表 5-4　例 5-1 的测量数据从小到大排列

x_i	顺序号 $x_{(i)}$	顺序号 $x'_{(i)}$	x_i	顺序号 $x_{(i)}$	顺序号 $x'_{(i)}$
20.30	1	—	20.42	9	8
20.39	2	1	20.42	10	9
20.39	3	2	20.42	11	10
20.39	4	3	20.43	12	11
20.40	5	4	20.43	13	12
20.40	6	5	20.43	14	13
20.40	7	6	20.43	15	14
20.41	8	7	—	—	—

首先判断最大值 $x_{(15)}$。因 $n=15$,计算 γ_{22},有

$$\gamma_{22} = \frac{x_{(15)} - x_{(13)}}{x_{(15)} - x_{(3)}} = \frac{20.43 - 20.43}{20.43 - 20.39} = 0$$

选取 $\alpha=0.05$,查附表 3 得

$$\gamma_0(15,0.05) = 0.525$$

因为 $\gamma_{22} < \gamma_0$,故 $x_{(15)}$ 不含有粗大误差。

再判断最小值 $x_{(1)}$。计算 γ'_{22},有

$$\gamma'_{22} = \frac{x_{(1)} - x_{(3)}}{x_{(1)} - x_{(13)}} = \frac{20.30 - 20.39}{20.30 - 20.43} = 0.692$$

因 $\gamma'_{22} > \gamma_0 = 0.525$,故 $x_{(1)}$ 含粗大误差,应予以剔除。

对剩下的 14 个数据,再重复上述步骤进行检验,已无含粗大误差的测得值。

以上介绍的粗大误差的判别准则中,3σ 准则适用于测量次数较多的测量列,简单方便(当测量次数较少时,该方法可靠性不高)。当测量次数较少时,用格拉布斯准则可靠性较高,测量次数 $20 < n < 50$ 时,判别效果较好。狄克逊准则适用于剔除多个异常值,对粗大误差的判别速度快。在实际应用中,较为精密的测量可选用二到三种准则综合判断,若一致认为含有粗大误差,则可放心剔除;若判定结果有矛盾,则应慎重考虑。

5.2.4　测量数据的稳健处理

在偏离正态分布严重的情形下,目前还没有好的判断粗大误差的准则。这里,建议直接采用稳健估计(robust estimation)的算法来进行数据处理,其中一种常用的方法是求截尾系数 $\alpha_截$ 的截尾均值。如果有可疑数据,则 $\alpha_截$ 常取 0.1;如果确认无可疑数据,则截尾系数 $\alpha_截$ 取 0。截尾均值就是常用的算术平均值。采用稳健估计算法容易实现对测量数据的自动处理。

假设一组测量数据无显著系统误差,大致服从对称分布,则可按以下步骤处理:

(1)将测量数据 $x_1, x_2, \cdots, x_n$ 按大小顺序排列为

$$x'_1 \leqslant x'_2 \leqslant \cdots \leqslant x'_n$$

（2）计算数据的标准差 s、算术平均值 $\bar{x}$。

（3）判别可疑数据，有

$$| v'_i | = | x'_i - \bar{x} | \geqslant k_0 \cdot k \cdot s \tag{5-4}$$

式中：当 $n \geqslant 10$ 时，$k_0 = 0.6$，$k = 3$；

当 $n < 10$ 时，$k_0 = 0.7$，$k = \sqrt{n-1}$。

（4）求 $\alpha_{截}$ 的截尾均值。当有可疑数据时，常取 $\alpha_{截} = 0.1$，截尾均值为

$$\overline{x_{0.1}} = \frac{\sum_{[\alpha_{截} n]+1}^{n-[\alpha_{截} n]} x'_i}{(n - 2[\alpha_{截}\ n])} \tag{5-5}$$

当无可疑数据时，$[\alpha_{截} n]$ 表示取 $\alpha_{截} \cdot n$ 的整数部分，取 $\alpha_{截} = 0$，不截尾，截尾均值即常规的算术平均值。

（5）标准差估计。

有可疑数据时，

$$s(\overline{x_{\alpha_{截}}}) = \sqrt{\frac{\sum_{i=[\alpha_{截} n]+1}^{n-[\alpha_{截} n]} (v'_i)^2}{n(n - 2[\alpha_{截}\ n])}} \tag{5-6}$$

无可疑数据时，

$$s(\bar{x}) = \frac{s}{\sqrt{n}} = \sqrt{\frac{\sum_{i=1}^{n} (x_i - \bar{x})^2}{n(n-1)}}$$

【例 5-4】 重复测量某电阻共 10 次，其数据（单位为 Ω）如下：

10.000 5，10.000 7，10.000 4，10.000 5，10.000 3

10.000 6，10.000 5，10.000 6，10.001 2，10.000 4

试用稳健算法处理测量结果。

解：采用稳健估计算法来处理数据。$n = 10$，取 $k_0 = 0.6$，$k = 3$，因

$$| v'_{10} | = 0.000 63 > 0.6 \times 3 \times s = 0.000 45$$

故 $x'_{10} = 10.001\ 2$ 可疑。

取截尾系数 $\alpha_{截} = 0.1$，显著水平 $\alpha = 0.05$，计算截尾均值与标准差分别为

$$\overline{x_{0.1}} = \frac{\sum_{i=2}^{9} x'_i}{10 - 2 \times (0.1 \times 10)} = 10.000\ 54$$

$$s(\overline{x_{0.1}}) = \sqrt{\frac{\sum_{i=2}^{9} (v'_i)^2}{10 \times [10 - 2 \times (0.1 \times 10)]}} = 0.000\ 03$$

5.3 测量结果的数据处理实例

在对测量结果进行处理分析时，根据测量条件的不同，将遇到等精度和不等精度测量的问题，为了得到不同情况下合理的测量结果，应按前述误差理论对各种误差进行分析处理。现以

实例分别说明等精度直接测量和不等精度直接测量时测量结果的数据处理方法与步骤。

5.3.1　等精度直接测量列测量结果的数据处理

【例 5-5】　对某一轴径等精度测量 9 次,得到如表 5-5 中 l_i 列所列的数据,求测量结果。

表 5-5　例 5-5 的测量数据

序　号	l_i/mm	v_i/mm	v_i^2/mm^2
1	24.774	-0.001	0.000 001
2	24.778	$+0.003$	0.000 009
3	24.771	-0.004	0.000 016
4	24.780	$+0.005$	0.000 025
5	24.772	-0.003	0.000 009
6	24.777	$+0.002$	0.000 004
7	24.773	-0.002	0.000 004
8	24.775	0	0
9	24.774	-0.001	0.000 001
平均值和总和	$\sum\limits_{i=1}^{9} l_i = 222.974$ $\bar{x} = 24.775$	$\sum\limits_{i=1}^{9} v_i = -0.001$	$\sum\limits_{i=1}^{9} v_i^2 = 0.000\ 069$

假定该测量列不存在固定的系统误差,则可按下列步骤求测量结果。

1) 求算术平均值

根据式(3-1)求得测量列的算术平均值 $\bar{x}$ 为

$$\bar{x} = \frac{\sum\limits_{i=1}^{n} l_i}{n} = \frac{222.974}{9}\ \text{mm} = 24.774\ 9\ \text{mm} \approx 24.775\ \text{mm}$$

2) 求残余误差

求各测得值的残余误差 $v_i = l_i - \bar{x}$,并列入表 5-5 中。

3) 判别粗大误差

根据 3σ 判别准则的适用特点,本实例测量轴径的次数较少,因而不采用 3σ 准则来判别粗大误差。

若按格拉布斯判别准则,将测得值按大小顺序排列后,则有

$$x_{(1)} = 24.771\ \text{mm}, \quad x_{(9)} = 24.780\ \text{mm}$$

$$\bar{x} - x_{(1)} = 24.775\ \text{mm} - 24.771\ \text{mm} = 0.004\ \text{mm}$$

$$x_{(9)} - \bar{x} = 24.780\ \text{mm} - 24.775\ \text{mm} = 0.005\ \text{mm}$$

$$s = \sqrt{\frac{\sum\limits_{i=1}^{9} v_i^2}{n-1}} = \sqrt{\frac{0.000\ 069}{8}}\ \text{mm} = 0.002\ 9\ \text{mm}$$

首先判别 $x_{(9)}$ 是否含有粗大误差：

$$g_{(9)} = \frac{(24.780 - 24.775)\ \text{mm}}{0.002\ 9\ \text{mm}} = 1.72$$

查表 5-2 得

$$g_0(9, 0.05) = 2.11$$

因 $g_{(9)} = 1.72 < g_0 = 2.11$，且 $g_{(1)} < g_{(9)}$，故可判别测量列不存在粗大误差。

若发现测量列存在粗大误差，则应将粗大误差的测得值剔除，然后再按上述步骤重新计算，直至所有测得值皆不包含粗大误差时为止。

4）判断系统误差

根据残余误差观察法，由表 5-5 可以看出，误差符号大体上正负相同，且无显著变化规律，因此可判断该测量列不存在线性变化的系统误差。

若按马利科夫判据，因 $n = 9$，则

$$k = \frac{n+1}{2} = 5$$

$$\Delta = \sum_{i=1}^{5} \upsilon_i - \sum_{i=6}^{9} \upsilon_i = [0 - (-0.001)]\ \text{mm} = 0.001\ \text{mm}$$

因差值 Δ 较小，故也可判断该测量列无线性系统误差存在。

5）求算术平均值的标准差

算术平均值的标准差为

$$s_{\bar{x}} = \frac{s}{\sqrt{n}} = \frac{0.002\ 9}{\sqrt{9}}\ \text{mm} \approx 0.001\ \text{mm}$$

6）求算术平均值的极限误差

因为测量列的测量次数较少，所以算术平均值的极限误差按 t 分布计算。

已知 $\nu = n - 1 = 8$，取 $\alpha = 0.05$，查附表 3 得

$$t_\alpha = 2.31$$

根据式（3-14）求得算术平均值的极限误差 $\delta_{\lim \bar{x}}$ 为

$$\delta_{\lim \bar{x}} = \pm t_\alpha s_{\bar{x}} = \pm 2.31 \times 0.001\ \text{mm} = \pm 0.002\ 3\ \text{mm}$$

7）写出最后测量结果

轴颈的最终测量结果为

$$l_i = \bar{x} \pm \delta_{\lim \bar{x}} = (24.755 \pm 0.002\ 3)\ \text{mm}$$

5.3.2　不等精度直接测量列测量结果的数据处理

【例 5-6】 对某一角度进行 6 组不等精度测量，各组测量结果如下：

测 6 次得 $\alpha_1 = 75°18'06''$，　　测 30 次得 $\alpha_2 = 75°18'10''$

测 24 次得 $\alpha_3 = 75°18'08''$，　　测 12 次得 $\alpha_4 = 75°18'16''$

测 12 次得 $\alpha_5 = 75°18'13''$，　　测 36 次得 $\alpha_6 = 75°18'09''$

求最后的测量结果。

解：假定各组测量结果不存在系统误差和粗大误差，则可按下列步骤求最后的测量结果。

（1）首先根据测量次数确定各组的权，有

$$\omega_1 : \omega_2 : \omega_3 : \omega_4 : \omega_5 : \omega_6 = 1 : 5 : 4 : 2 : 2 : 6$$

取

$$\omega_1 = 1, \quad \omega_2 = 5, \quad \omega_3 = 4, \quad \omega_4 = 2, \quad \omega_5 = 2, \quad \omega_6 = 6$$

则

$$\sum_{i=1}^{6} \omega_i = 20$$

再求加权算术平均值 $\bar{\alpha}$，选取参考值 $\alpha_0 = 75°18'06''$，则可得

$$
\begin{aligned}
\bar{\alpha} &= \alpha_0 + \frac{\displaystyle\sum_{i=1}^{6} \omega_i(\alpha_i - \alpha_0)}{\displaystyle\sum_{i=1}^{6} \omega_i} \\
&= 75°18'06'' + \frac{1 \times 0'' + 5 \times 4'' + 4 \times 2'' + 2 \times 10'' + 2 \times 7'' + 6 \times 3''}{20} \\
&= 75°18'06'' + 4'' = 75°18'10''
\end{aligned}
$$

（2）求加权算术平均值的标准差。根据式（3-22）求得加权算术平均值的标准差为

$$
\begin{aligned}
s_{\bar{\alpha}} &= \sqrt{\frac{\displaystyle\sum_{i=1}^{m} \omega_i \upsilon_i^2}{(m-1)\displaystyle\sum_{i=1}^{m} \omega_i}} \\
&= \sqrt{\frac{1 \times (4'')^2 + 5 \times 0'' + 4 \times (2'')^2 + 2 \times (6'')^2 + 2 \times (3'')^2 + 6 \times (1'')^2}{(6-1) \times 20}} \\
&= \sqrt{\frac{(128'')^2}{5 \times 20}} = 1.1''
\end{aligned}
$$

（3）求加权算术平均值的极限误差。因为该角度进行 6 组测量共有 120 个直接测得值，所以可认为该测量列服从正态分布。取置信系数 $t = 3$，则最后结果的极限误差为

$$\delta_{\lim \bar{\alpha}} = \pm 3 s_{\bar{\alpha}} = \pm 3 \times 1.1'' = \pm 3.3''$$

（4）写出最后测量结果：

$$\alpha = \bar{\alpha} \pm \delta_{\lim \bar{\alpha}} = 75°18'10'' \pm 3.3''$$

思考与练习题

5-1　对某量进行 15 次测量，测得数据为 28.53，28.52，28.50，28.52，28.53，28.53，28.50，28.49，28.49，28.51，28.53，28.52，28.49，28.4，28.50。若这些测得值已消除系统误差，试用莱伊达准则、格拉布斯准则和狄克逊准则分别判别该测量列中是否含有粗大误差的测得值。

5-2　用格拉布斯准则判别数据 7.7，7.7，7.5，7.7，7.7，7.7，7.9，7.6，7.7，7.8，7.9，8.0，7.6，7.9，7.8 是否含粗大误差？（$\alpha = 0.01$）

5-3　以下是异常值问题早期研究中的一个著名实例（1883 年）。有观测金星垂直半径的 15 个数据（单位为 s）的残余误差：-1.40，-0.44，-0.30，-0.24，-0.22，-0.13，-0.05，0.06，0.10，0.18，0.20，0.39，0.48，0.63，1.01。判断 -1.40 和 1.01 是否异常。（$\alpha = 0.05$）

5－4 试总结发现和消除粗大误差有哪些可行的方法。

5－5 用格拉布斯准则判别题 5－3 的 15 个数据中是否含粗大误差。($\alpha = 0.01$)

5－6 用狄克逊准则判别题 5－3 的 15 个数据中是否含粗大误差。($\alpha = 0.01$)

5－7 测某一温度 15 次，得 x_i 值(单位为℃)如下：20.42，20.43，20.40，20.43，20.42，20.43，20.39，20.30，20.40，20.43，20.42，20.41，20.39，20.39，20.40。试用莱依达准则判别有无粗大误差。

第6章　误差传播与误差合成

6.1　函数误差

在科学实验和生产实践中,除了直接测量法外,间接测量法也被广泛采用。这是因为一方面某些量不宜通过直接测量得到,例如,天体的大小、物质的密度和透镜的球面半径等;另一方面,为了提高测量精度和测量效率,一般都采用间接测量。

间接测量是通过直接测量与被测量之间有一定函数关系的其他量,根据已知的函数关系式计算出被测量的量。因此,间接测量的量是直接测量所得到的各个测得值的函数,而间接测得的被测量误差也应是直接测量所得到的各个测得值及其误差的函数,故称这种间接测量的误差为函数误差。研究函数误差,其实质就是研究误差的传播问题。下面分别介绍函数系统误差和函数随机误差的计算问题。

6.1.1　函数系统误差的计算

设间接测量函数关系用多元显函数表示为

$$y = f(x_1, x_2, \cdots, x_n)$$

式中:$x_1, x_2, \cdots, x_n$——各个直接测得值;

y——间接测得值。

由多元函数全微分公式可得

$$dy = \frac{\partial f}{\partial x_1} dx_1 + \frac{\partial f}{\partial x_2} dx_2 + \cdots + \frac{\partial f}{\partial x_n} dx_n$$

若已知各个直接测得值的系统误差 $\Delta x_1, \Delta x_2, \cdots, \Delta x_n$,用有限增量代替无穷小量,则上式变为

$$\Delta y = \frac{\partial f}{\partial x_1} \Delta x_1 + \frac{\partial f}{\partial x_2} \Delta x_2 + \cdots + \frac{\partial f}{\partial x_n} \Delta x_n \qquad (6-1)$$

式(6-1)称为函数系统误差公式,式中 $\frac{\partial f}{\partial x_i}$ 为各个直接测得值的误差传递系数。

有些情况下的函数公式较简单,可直接求得函数的系统误差。

【例6-1】　求线性函数的系统误差公式。

解:因线性函数公式为

$$y = a_1 x_1 + a_2 x_2 + \cdots + a_n x_n$$

则由式(6-1)可知,线性函数的系统误差公式为

$$\Delta y = a_1 \Delta x_1 + a_2 \Delta x_2 + \cdots + a_n \Delta x_n$$

其中,当 $a_i = 1$ 时,有

$$\Delta y = \Delta x_1 + \Delta x_2 + \cdots + \Delta x_n \qquad (6-2)$$

式(6-2)为当传递系数等于1时的函数系统误差公式。

【例 6 - 2】 求三角函数的系统误差公式。

解：在角度测量中,其函数关系为三角函数式,常以 $\sin\varphi$、$\cos\varphi$、$\tan\varphi$ 和 $\cot\varphi$ 等形式出现。

若三角函数形式为

$$\sin\varphi = f(x_1, x_2, \cdots, x_n)$$

由式(6-1)可得其系统误差为

$$\Delta\sin\varphi = \frac{\partial f}{\partial x_1}\Delta x_1 + \frac{\partial f}{\partial x_2}\Delta x_2 + \cdots + \frac{\partial f}{\partial x_n}\Delta x_n \tag{6-3}$$

在角度测量中,需要求得的误差不是三角函数误差,而是所求角度的误差。

对正弦函数微分得

$$d\sin\varphi = \cos\varphi\, d\varphi$$

用有限增量代替无穷小量,有

$$\Delta\varphi = \frac{\Delta\sin\varphi}{\cos\varphi}$$

代入式(6-3),得

$$\Delta\varphi = \frac{1}{\cos\varphi}\sum_{i=1}^{n}\frac{\partial f}{\partial x_i}\Delta x_i$$

即为正弦函数角度系统误差公式。

同理,其他几个三角函数的角度系统误差公式为

$$\Delta\varphi = \frac{1}{-\sin\varphi}\sum_{i=1}^{n}\frac{\partial f}{\partial x_i}\Delta x_i$$

$$\Delta\varphi = \cos^2\varphi\sum_{i=1}^{n}\frac{\partial f}{\partial x_i}\Delta x_i$$

$$\Delta\varphi = -\sin^2\varphi\sum_{i=1}^{n}\frac{\partial f}{\partial x_i}\Delta x_i$$

【例 6 - 3】 用弓高弦长法测量大工件直径,如图 6-1 所示。车间工人用一把卡尺测得弓高 $h = 50$ mm,弦长 $l = 500$ mm;工厂检验部门又用高准确度的卡尺量得弓高 $h = 50.1$ mm,弦长 $l = 499$ mm。试问车间工人测量该工件直径的系统误差,并求修正后的测量结果。

解：由图 6-1 建立间接测量大工件直径 D 的函数关系式为

$$D = \frac{l^2}{4h} + h$$

若不考虑测得值的系统误差,则直径 D 为

$$D = \frac{l^2}{4h} + h = \left(\frac{500^2}{4\times 50} + 50\right)\text{ mm} = 1\,300\text{ mm}$$

车间工人测量的高 h 和弦长 l 的单位误差分别为

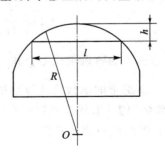

图 6 - 1 弓高弦长法测量大工件直径

$$\Delta h = (50 - 50.1)\text{ mm} = -0.1\text{ mm}$$

$$\Delta l = (500 - 499)\text{mm} = 1\text{ mm}$$

由式(6-1)得直径的系统误差为

$$\Delta D = \frac{\partial f}{\partial l}\Delta l + \frac{\partial f}{\partial h}\Delta h$$

式中：

$$\frac{\partial f}{\partial l} = \frac{l}{2h} = \frac{500}{2 \times 50} = 5$$

$$\frac{\partial f}{\partial h} = 1 - \frac{l^2}{4h^2} = 1 - \frac{500^2}{4 \times 50^2} = -24$$

$$\Delta D = [5 \times 1 - 24 \times (-0.1)]\ \mathrm{mm} = 7.4\ \mathrm{mm}$$

修正后的结果 $D_c = D - \Delta D = (1\ 300 - 7.4)\ \mathrm{mm} = 1\ 292.6\ \mathrm{mm}$

6.1.2　函数随机误差的计算

1. 误差传播定律

随机误差常用表征取值分散程度的标准差来评定；对于函数随机误差，则用函数标准差来评定。因此，函数随机误差的一个基本问题就是研究函数 y 的标准差与各测得值 $x_1, x_2, \cdots, x_n$ 的标准差之间的关系。

函数的一般形式为

$$y = f(x_1, x_2, \cdots, x_n)$$

设各个直接测得值 $x_1, x_2, \cdots, x_n$ 的随机误差分别为 $\delta_{x_1}, \delta_{x_2}, \cdots, \delta_{x_n}$，则

$$y + \Delta y = f(x_1 + \delta_{x_1}, x_2 + \delta_{x_2}, \cdots, x_n + \delta_{x_n})$$

假设 y 随 x_i 连续变化，且各个误差 δ_{x_i} 很小，可以将函数展成泰勒级数收敛，并取其一阶项作为近似值，可得

$$y + \Delta y = f(x_1, x_2, \cdots, x_n) + \frac{\partial f}{\partial x_1}\delta_{x_1} + \frac{\partial f}{\partial x_2}\delta_{x_2} + \cdots + \frac{\partial f}{\partial x_n}\delta_{x_n}$$

因而

$$\Delta y = \frac{\partial f}{\partial x_1}\delta_{x_1} + \frac{\partial f}{\partial x_2}\delta_{x_2} + \cdots + \frac{\partial f}{\partial x_n}\delta_{x_n}$$

若已知 $x_1, x_2, \cdots, x_n$ 的标准差分别为 $\sigma_{x_1}, \sigma_{x_2}, \cdots, \sigma_{x_n}$，则它们之间的协方差为

$$D_{ij} = \rho_{ij}\sigma_i\sigma_j, \quad i, j = 1, 2, \cdots, n$$

由上式，根据随机变量函数的方差计算公式，可得 y 的标准差的平方为

$$\sigma_y^2 = \left(\frac{\partial f}{\partial x_1}\right)^2\sigma_{x_1}^2 + \left(\frac{\partial f}{\partial x_2}\right)^2\sigma_{x_2}^2 + \cdots + \left(\frac{\partial f}{\partial x_n}\right)^2\sigma_{x_n}^2 + 2\sum_{1 \leqslant i < j}^{n}\left(\frac{\partial f}{\partial x_i}\frac{\partial f}{\partial x_j}\right)D_{ij}$$

或

$$\sigma_y^2 = \left(\frac{\partial f}{\partial x_1}\right)^2\sigma_{x_1}^2 + \left(\frac{\partial f}{\partial x_2}\right)^2\sigma_{x_2}^2 + \cdots + \left(\frac{\partial f}{\partial x_n}\right)^2\sigma_{x_n}^2 + 2\sum_{1 \leqslant i < j}^{n}\left(\frac{\partial f}{\partial x_i}\frac{\partial f}{\partial x_j}\rho_{ij}\sigma_{x_i}\sigma_{x_j}\right)$$

$$(6-4)$$

式中：σ_{x_i}——第 i 个直接测得值的标准差；

ρ_{ij}——第 i 个直接测得值与第 j 个直接测得值之间的相关系数；

$\dfrac{\partial f}{\partial x_i}$——第 i 个直接测得值的误差传递系数。

根据式(6-4)，可由各个直接测得值的标准差计算出函数的标准差，故称该式为间接测量的误差传播定律。

若各测得值的误差相互独立,即 $\rho_{ij}=0$,则式(6-4)可简化为

$$\sigma_y^2 = \left(\frac{\partial f}{\partial x_1}\right)^2 \sigma_{x_1}^2 + \left(\frac{\partial f}{\partial x_2}\right)^2 \sigma_{x_2}^2 + \cdots + \left(\frac{\partial f}{\partial x_n}\right)^2 \sigma_{x_n}^2$$

或

$$\sigma_y = \sqrt{\sum_{i=1}^{n} \left(\frac{\partial f}{\partial x_i}\right)^2 \sigma_{x_i}^2} \tag{6-5}$$

令 $\frac{\partial f}{\partial x_i}=a_i$,则式(6-5)可写成:

$$\sigma_y = \sqrt{a_1^2 \sigma_{x_1}^2 + a_2^2 \sigma_{x_2}^2 + \cdots + a_n^2 \sigma_{x_n}^2}$$

若 $a_i=1$,则

$$\sigma_y = \sqrt{\sigma_{x_1}^2 + \sigma_{x_2}^2 + \cdots + \sigma_{x_n}^2}$$

对于函数形式为 $\sin \varphi = f(x_1, x_2, \cdots, x_n)$ 的情形,根据式(6-5),有

$$\sigma_y = \frac{1}{\cos \varphi} \sqrt{\left(\frac{\partial f}{\partial x_1}\right)^2 \sigma_{x_1}^2 + \left(\frac{\partial f}{\partial x_2}\right)^2 \sigma_{x_2}^2 + \cdots + \left(\frac{\partial f}{\partial x_n}\right)^2 \sigma_{x_n}^2}$$

各测得值的随机误差相互独立的情况较为常见,且当各相关系数很小时,也可近似地做不相关处理。因此,式(6-5)是较常用的函数随机误差公式。

【例 6-4】 用弓高弦长法间接测量大工件直径,如图 6-1 所示。车间工人测得 $h=50$ mm,$\sigma_h=0.005$ mm,$l=500$ mm,$\sigma_l=0.01$ mm。求测量该工件直径的标准差。

解:根据式(6-5),计算

$$\sigma_D^2 = \left(\frac{\partial f}{\partial l}\right)^2 \sigma_l^2 + \left(\frac{\partial f}{\partial h}\right)^2 \sigma_h^2$$

由例 6-3 计算得

$$\frac{\partial f}{\partial l}=5, \quad \frac{\partial f}{\partial h}=-24$$

$$\sigma_D^2 = [5^2 \times 0.01^2 + (-24)^2 \times 0.005^2] \text{ mm}^2 = 169 \times 10^{-4} \text{ mm}^2$$

$$\sigma_D = 0.13 \text{ mm}$$

2. 相关系数估计

在进行函数误差及误差合成的计算时,各误差间的相关性对计算结果有着直接的影响。式(6-4)中最后一项(相关项)反映了各随机误差分量相互间的相关关系对函数总误差的影响。

误差间的相关关系,即它们之间的依赖关系,有强有弱。当一个误差的取值决定另一个误差的取值时,两个误差间存在确定的相关关系;当一个误差的取值与另一个误差的取值无关时,两个误差间无相关关系。

通常所遇到的测量实践多属误差间不相关或近似不相关,但线性相关也不少见。当各误差因相关或相关性不能忽略时,必须先求出各误差间的相关系数,才能进行函数误差计算。

若两误差 x_i 和 x_j 之间的相关系数为 ρ_{ij},根据相关系数的定义,有

$$\rho_{ij} = \frac{D_{ij}}{\sigma_i \sigma_j}$$

式中:D_{ij}——误差 x_i 和 x_j 之间的协方差。

计算和确定相关系数是比较复杂的,通常可以采用以下几种方法。

1) 直接判断法

通过两误差之间关系的分析,直接确定相关系数 $\rho_{ij}=0$ 和 $\rho_{ij}=1$ 或 $\rho_{ij}=-1$ 两种情形。

若两误差不可能有联系或联系微弱,则可判断 $\rho_{ij}=0$。如指示性仪表中,指针安装偏心引起的示值误差和刻线不准确引起的示值误差间是不相关的。

如果一个误差增大,而另一个误差成比例地增大,则两误差呈正线性相关关系,故 $\rho_{ij}=1$;如果一个误差增大,而另一个误差成比例地减小,则两者呈负线性相关关系,故 $\rho_{ij}=-1$。

2) 统计计算法

由相关系数的定义,有

$$\rho_{ij}=\frac{D_{ij}}{\sigma_i\sigma_j}=\frac{\sum \delta_i \delta_j}{\sqrt{\sum \delta_i^2 \sum \delta_j^2}}$$

用残余误差代替真误差,得

$$\rho_{ij}=\frac{\sum (x_i-\bar{x}_i)(x_j-\bar{x}_j)}{\sqrt{\sum (x_i-\bar{x}_i)^2 \sum (x_j-\bar{x}_j)^2}} \tag{6-6}$$

式中:$\bar{x}_i,\bar{x}_j$——x_i 和 x_j 的算术平均值。

故可直接测得 (x_i,x_j) 的多组对应值,按式(6-6)直接计算。

3. 权倒数传递定律

现在讨论间接测量中权的传递问题。设间接测得值 y 为一任意函数,即 $y=f(x_1,x_2,\cdots,x_n)$,各直接测得值的权为 $\omega_1,\omega_2,\cdots,\omega_n$,求 ω_y。

由误差传递定律得

$$\sigma_y^2=\left(\frac{\partial f}{\partial x_1}\right)^2 \sigma_{x_1}^2+\left(\frac{\partial f}{\partial x_2}\right)^2 \sigma_{x_2}^2+\cdots+\left(\frac{\partial f}{\partial x_n}\right)^2 \sigma_{x_n}^2$$

由于权与方差成反比,即

$$\omega_y \sigma_y^2=\omega_1 \sigma_{x_1}^2=\omega_2 \sigma_{x_2}^2=\cdots=\omega_n \sigma_{x_n}^2=\sigma^2$$

故有

$$\frac{\sigma^2}{\omega_y}=\left(\frac{\partial f}{\partial x_1}\right)^2 \frac{\sigma^2}{\omega_1}+\left(\frac{\partial f}{\partial x_2}\right)^2 \frac{\sigma^2}{\omega_2}+\cdots+\left(\frac{\partial f}{\partial x_n}\right)^2 \frac{\sigma^2}{\omega_n}$$

等号两边消去 σ^2,得

$$\frac{1}{\omega_y}=\sum_{i=1}^{n}\left(\frac{\partial f}{\partial x_i}\right)^2 \frac{1}{\omega_i} \tag{6-7}$$

式(6-7)即为权倒数传递定律。

【例 6-5】 试求简单算术平均值 $\bar{x}$ 的权 $\omega_{\bar{x}}$。

解:已知

$$\bar{x}=\frac{x_1}{n}+\frac{x_2}{n}+\cdots+\frac{x_n}{n},\quad \omega_1=\omega_2=\cdots=\omega_n$$

因为

$$\frac{\partial}{\partial x_i}\left(\frac{x_i}{n}\right)=\frac{1}{n},\quad i=1,2,\cdots,n$$

故得

$$\frac{1}{\omega_{\bar{x}}} = \sum_{i=1}^{n} \left(\frac{\partial f}{\partial x_i}\right)^2 \frac{1}{\omega_i} = \frac{1}{n^2}\left(\frac{1}{\omega_1} + \frac{1}{\omega_2} + \cdots + \frac{1}{\omega_n}\right) = \frac{1}{n^2} \times \frac{n}{\omega} = \frac{1}{n\omega}$$

所以

$$\omega_{\bar{x}} = \sum_{i=1}^{n} \omega_i$$

若令 $\omega = 1$，则 $\omega_{\bar{x}} = n$，即算术平均值的权等于单个观测值的权的 n 倍。

【例 6-6】 试求加权算术平均值的权 $\omega_{\bar{x}}$。

解：已知

$$\bar{x} = \frac{(\omega_1 x_1 + \omega_2 x_2 + \cdots + \omega_n x_n)}{\sum\limits_{i=1}^{n} \omega}$$

由式（6-7）得

$$\frac{1}{\omega_{\bar{x}}} = \frac{1}{\left(\sum\limits_{i=1}^{n} \omega_i\right)^2}\left(\omega_1^2 \frac{1}{\omega_1} + \omega_2^2 \frac{1}{\omega_2} + \cdots + \omega_n^2 \frac{1}{\omega_n}\right) = \frac{\sum\limits_{i=1}^{n} \omega_i}{\left(\sum\limits_{i=1}^{n} \omega_i^2\right)^2} = \frac{1}{\sum\limits_{i=1}^{n} \omega_i}$$

所以

$$\omega_{\bar{x}} = \sum_{i=1}^{n} \omega_i$$

【例 6-7】 测量某三棱镜的 3 个角 α、β 和 γ，若 α 及 β 用直接测量法测量，γ 用间接测量法测量，即 $\gamma = 180° - \alpha - \beta$。设 $\omega_\alpha = \omega_\beta = 1$，问 ω_γ 是否等于 1。

解：由于 $\gamma = 180° - \alpha - \beta$，根据式（6-7）可得

$$\frac{1}{\omega_\gamma} = \frac{1}{\omega_{180°}} + \frac{1}{\omega_\alpha} + \frac{1}{\omega_\beta}$$

显然，真值的权 $\omega_{180°} = \infty$，故有

$$\omega_\gamma = \frac{1}{2}$$

可见，在该情况下，间接测得值 γ 的权要比直接测得值的权小。

6.1.3 传播定律的应用

1. 正确选择测量方程式的函数形式

【例 6-8】 求某一正方形的面积 S_1 及 σ_{S_1}。设正方形的两个相邻边已测得，分别为 x_1 和 x_2，且 $x_1 = x_2 \approx x$，$\sigma_{x_1} = \sigma_{x_2} = \sigma$。

解 1：

$$S_1 = x_1^2 \quad \text{或} \quad S_1 = x_2^2$$

$$\sigma_{S_1}^2 = 4x_1^2 \sigma_{x_1}^2 = 4x_2^2 \sigma_{x_2}^2 \approx 4x^2 \sigma_x^2 \approx 4x^2 \sigma^2$$

解 2：

$$S_1 = x_1 x_2$$

$$\sigma_{S_1}^2 = x_1^2 \sigma_{x_2}^2 + x_2^2 \sigma_{x_1}^2 \approx 2x^2 \sigma^2$$

解 3：

$$S_1 = \left(\frac{x_1 + x_2}{2}\right)^2$$

$$\sigma_{S_1}^2 = x^2 \sigma_{x_1}^2 + x^2 \sigma_{x_2}^2 \approx 2x^2 \sigma^2$$

解 4：

$$S_1 = \frac{x_1^2 + x_2^2}{2}$$

$$\sigma_{S_1}^2 = x_1^2 \sigma_{x_1}^2 + x_2^2 \sigma_{x_2}^2 \approx 2x^2 \sigma^2$$

由此可以看出，第 1 种解法 σ_{S_1} 最大，精度最低。其他 3 种解法，σ_{S_1} 相同，但以第 2 种解法最为简便。因此，在间接测量中，测量方程式的函数形式对测量精度有很大影响，应予以注意。

【例 6 - 9】 如图 6 - 2 所示，要确定箱体上两轴心距离 L。已知现有测量手段所能达到的精度分别为：$\sigma_{d_1} = 0.5\ \mu m$，$\sigma_{d_2} = 0.7\ \mu m$，$\sigma_{L_1} = 0.8\ \mu m$，$\sigma_{L_2} = 1\ \mu m$，试问怎样测量才能使 L 的误差最小？

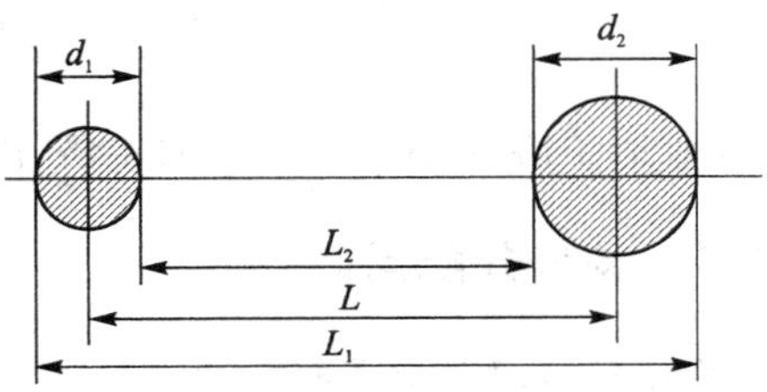

解：可用 3 种间接测量法求得 L，其测量方程式如下：

图 6 - 2　箱体上两轴心距离 L 测试图

(1) $L = L_1 - \left(\dfrac{d_1}{2} + \dfrac{d_2}{2}\right)$；

(2) $L = L_2 + \dfrac{d_1}{2} + \dfrac{d_2}{2}$；

(3) $L = \dfrac{L_1 + L_2}{2}$。

现求出 3 种测量方法的标准偏差分别为

$$\sigma_1 = \left(\sigma_{L_1}^2 + \frac{1}{4}\sigma_{d_1}^2 + \frac{1}{4}\sigma_{d_2}^2\right)^{\frac{1}{2}} \mu m = 0.9\ \mu m$$

$$\sigma_2 = \left(\sigma_{L_2}^2 + \frac{1}{4}\sigma_{d_1}^2 + \frac{1}{4}\sigma_{d_2}^2\right)^{\frac{1}{2}} \mu m = 1.1\ \mu m$$

$$\sigma_3 = \left(\frac{1}{4}\sigma_{L_1}^2 + \frac{1}{4}\sigma_{L_2}^2\right)^{\frac{1}{2}} \mu m = 0.64\ \mu m$$

上述计算表明，第 3 种测量方法精度最高，且不必测量 d_1 和 d_2；其余两种测量方法精度较低。但必须注意，若 σ_{d_1}、σ_{d_2} 及 σ_{L_1}、σ_{L_2} 的数值变化了（由于测量手段改变），则上述结论也要发生变化，必须重新计算。

2. 最佳实验条件确定

【例 6 - 10】 在电工实验中，常用下面的关系式来测定金属导线的电导率 Q，即

$$Q = \frac{4l}{\pi d^2 R}$$

式中：l——金属导线的长度（cm）；

　　　R——金属导线的电阻（Ω）；

　　　d——金属导线的截面直径（cm）。

试问在怎样的测定条件下，才能保证 Q 有较小的误差？同时，测定值 l、d 和 R 中哪个需

要测得更准确？

解：

$$\sigma_Q = \sqrt{\left(\frac{\partial Q}{\partial l}\right)^2 \sigma_l^2 + \left(\frac{\partial Q}{\partial d}\right)^2 \sigma_d^2 + \left(\frac{\partial Q}{\partial R}\right)^2 \sigma_R^2}$$

$$= \sqrt{\left(\frac{4}{\pi d^2 R}\right)^2 \sigma_l^2 + \left(\frac{8l}{\pi d^3 R}\right)^2 \sigma_d^2 + \left(\frac{4l}{\pi d^2 R^2}\right)^2 \sigma_R^2}$$

将上式等号两边除以 Q，得到

$$\frac{\sigma_Q}{Q} = \sqrt{\frac{\sigma_l^2}{l^2} + \frac{4\sigma_d^2}{d^2} + \frac{\sigma_R^2}{R^2}}$$

由上式可知，欲使 $\frac{\sigma_Q}{Q}$ 的数值小，就要选择长而粗且电阻高的金属导线。若 $\frac{\sigma_l}{l} = \frac{\sigma_d}{d} = \frac{\sigma_R}{R}$，则 σ_d 的影响比 σ_l 和 σ_R 大 4 倍，因此直径 d 应测得更准确才好。

3．误差分配问题

【例 6-11】 由欧姆定律 $I = \dfrac{U}{R}$ 可间接测量电流 I。今直接测得 $R = 4\ \Omega, U = 16\ V$，现在要求 $\sigma_I \leqslant 0.02\ A$，问 σ_U 及 σ_R 应为何值？

解：由 $I = \dfrac{U}{R}$，有

$$\sigma_I = \left(\frac{\sigma_U^2}{R^2} + U^2\frac{\sigma_R^2}{R^4}\right)^{\frac{1}{2}} \leqslant 0.02$$

上式中有两个未知数 σ_U 及 σ_R，故需增加一个方程式才有确定解。根据误差的等作用原理，得

$$\frac{\sigma_U^2}{R^2} = U^2\frac{\sigma_R^2}{R^4}$$

故有

$$\left(2\frac{\sigma_U^2}{R^2}\right)^{\frac{1}{2}} \leqslant 0.02$$

或

$$\left(2U^2\frac{\sigma_R^2}{R^4}\right)^{\frac{1}{2}} \leqslant 0.02$$

将 $R = 4\ \Omega, U = 16\ V$ 代入上列式中，解得

$$\sigma_U \leqslant (0.02 \times \sqrt{8})\ V \approx 0.057\ V$$

$$\sigma_R \leqslant (0.02 \times 0.707)\Omega \approx 0.014\ \Omega$$

上面得到的解是根据误差等作用原理求得的，因而是初步的，可以根据实际情况适当调整。例如，测量电阻的精度若达不到 $\sigma_R \leqslant 0.014\ \Omega$ 的要求，可将 σ_R 放大，并相应地使 σ_U 减小，但必须根据实际数据重新计算，以满足 σ_I 的要求。

【例 6-12】 要测量如图 6-3 所示的样板，其尺寸的精度要求为

$$s_2 = 10_0^{+0.003}\ mm, \quad \alpha = 13°36'35'' \pm 20''$$

试确定测量方法。

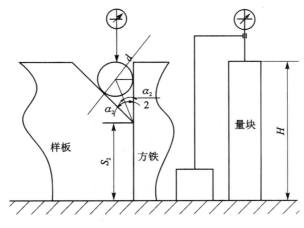

图 6 - 3 样板测量图

解：这样高的精度，显然在万能工具显微镜上用影像法直接测量是达不到的。但是，采用间接测量法，只要考虑到误差传播情况，并恰当地进行误差分配，就能得到直接测量所达不到的测量精度。这是间接测量法的一个显著优点。

现将被测样板的两个直角边紧密地贴靠在方铁和精密平台上，再将直径为 d 的精密圆柱（或测螺纹中径用的测针）放在如图 6 - 3 所示的位置上，然后测量圆柱上方母线至平台的距离 H。由几何关系可知：

$$H = s_2 + \frac{d}{2}\cot\frac{\alpha_2}{2} + \frac{d}{2}$$

由此可以得到测量方程式和误差方程式分别为

$$s_2 = H - \frac{d}{2}\left(\cot\frac{\alpha_2}{2} + 1\right)$$

$$\Delta s_2 = \pm\left\{\left(\frac{\partial s_2}{\partial H}\Delta H\right)^2 + \left(\frac{\partial s_2}{\partial d}\Delta d\right)^2 + \left[\frac{\partial s_2}{\partial\left(\frac{\alpha_2}{2}\right)}\Delta\left(\frac{\alpha_2}{2}\right)\right]^2\right\}^{\frac{1}{2}}$$

$$= \pm\left[\Delta H^2 + \frac{1}{4}\left(1 + \cot\frac{\alpha_2}{2}\right)^2\Delta d^2 + \left(\frac{d}{4\sin^2\frac{\alpha_2}{2}}\right)^2\Delta\alpha_2^2\right]^{\frac{1}{2}}$$

角 α_2 已给定，若选用直径为 $d = 3.177$ mm 的测针，则有

$$\frac{\partial s_2}{\partial H} = 1, \qquad \frac{\partial s_2}{\partial d} = -\frac{1}{2}\left[1 + \cot(6°48'18'')\right] = -4.7$$

$$\frac{\partial s_2}{\partial\alpha_2} = \frac{-3.177}{4\sin^2(6°48'18'')} \approx 55\,000$$

只要再确定 ΔH、Δd 和 $\Delta\alpha_2$，就可求得 Δs_2。

H 是这样测量得到的。按 H 的公称尺寸组合量块，将示值稳定性为 ± 0.5 μm 的千分表按量块对零，然后再测出圆柱上方母线对量块的偏差，即可求得 H 的精确值。H 的测量极限误差 ΔH 取决于千分表的示值稳定性（± 0.5 μm）和组合量块的尺寸误差（± 0.5 μm），它们都是随机误差，故有

$$\Delta H = \pm\sqrt{0.5^2 + 0.5^2}\ \mu m = \pm 0.7\ \mu m$$

角 α_2 用正弦尺测量,其极限误差 $\Delta\alpha_2 = 7''$,测针直径的制造误差为 $\Delta d = \pm 0.5\ \mu m$。

由于上述各原始误差均为随机误差,并假定都服从正态分布,故总误差为

$$\Delta s_2 = \pm\left[\left(\frac{\partial s_2}{\partial H}\right)^2 \Delta H^2 + \left(\frac{\partial s_2}{\partial d}\right)^2 \Delta d^2 + \left(\frac{\partial s_2}{\partial \alpha_2}\right)^2 \Delta\alpha_2^2\right]^{\frac{1}{2}}$$

$$= \pm\left[1^2 \times 0.7^2 + (-4.7)^2 (0.5)^2 + (55\,000)^2 (0.000\,035)^2\right]^{\frac{1}{2}}\ \mu m \approx \pm 3.1\ \mu m$$

由计算可知,测量误差的分布范围已超出尺寸的公差带($3\ \mu m$),未能达到尺寸的精度要求。为此,应考虑各个误差的传动比,重新进行误差分配。

由上述数字运算可知:

$$\left(\frac{\partial s_2}{\partial H}\right)\Delta H < \left(\frac{\partial s_2}{\partial \alpha_2}\right)\Delta\alpha_2 < \left(\frac{\partial s_2}{\partial d}\right)\Delta d$$

本例中,各误差的传播系数不能改变,故应使 $\Delta\alpha_2$ 和 Δd 减小。若 $\Delta\alpha_2 \leqslant 3''$,$\Delta d \leqslant 0.2\ \mu m$,则有

$$\Delta s_2 \leqslant \pm 1.5\ \mu m$$

即可满足样板尺寸的测量要求。

为达到上述目的,应提高 α_2 和 d 的测量精度。例如,可用接触式干涉仪或高精度电感测微仪,并以三等量块调零来测量测针直径 d。

6.2 误差的合成

6.2.1 误差合成概述

误差合成有两个基本目的:一是在设计产品时,需要预估计产品总精度,因此要进行误差的分析和综合,对产品的总精度进行所谓的理论估计,直至满足设计要求;同时对产品各主要零部件进行误差分配,以确定其制造加工的工艺条件和技术要求。二是在对新产品进行技术鉴定,以及对旧产品或设备进行精度复测时,需要对该产品的总精度或主要零部件的精度作出精确的实验估计,以便进行误差合成。

要进行误差合成,必须先进行误差分析,找出误差来源(原始误差),并计算各个原始误差所造成的部分误差(部分误差亦称误差分量),再将各误差分量按一定的合成方法合成为总误差。

1. 影响误差合成方法的因素

误差合成方法与下列因素有关:

(1)误差的性质。不同性质的误差,合成的方法也不同。一般而言,系统误差取代数和,随机误差应按概率法(几何和)合成。

(2)误差的相关性。对有相关关系的误差,误差合成时要考虑相关系数。

(3)误差的分布规律。在同一置信概率下,误差的分布规律不同,置信因子也不同。

(4)置信概率。误差分布规律相同时,如果置信概率不同,则置信因子也不同。

此外,实验误差合成的总误差还与实验次数(测量次数)有关。

2. 未知分布的合理假设

在误差合成中常常会遇到这样的情况,某些随机误差或系统误差中的未定系统误差,其概

率分布规律未知。此时,只能对其概率分布作出比较合理的假设,以便误差合成结果最接近于真实情况。

为此,假定有 m 个误差分量,且有 $e_1 = e_2 = \cdots = e_m = e$(即各个误差分量的大小差异不大)。为计算方便,可令 $e = 1$,并按不同的分布以及不同的合成方法计算总误差,其计算结果列于表 6 – 1 中。

表 6 – 1　按不同的分布以及不同的合成方法计算总误差

项数 m	绝对和 $\sum \lvert e \rvert$	几何和 $\sqrt{\sum e^2}$	两点分布	均匀分布	三角形分布	正态分布 $e = 2\sigma$	正态分布 $e = 3\sigma$
1	1	1	1	0.99	0.90	1.28	0.86
2	2	1.41	2	1.80	1.42	1.82	1.22
3	3	1.73	3	2.38	1.76	2.24	1.48
4	4	2.00	4	2.82	2.06	2.58	1.72
5	5	2.24	5	3.20	2.30	2.88	1.92
6	6	2.45	6	3.52	2.58	3.16	2.10
7	7	2.65	7	3.82	2.78	3.40	2.28
8	8	2.85	6	4.10	2.98	3.64	2.42
9	9	3.00	7	4.36	3.16	3.86	2.58
10	10	3.16	8	4.62	3.32	4.08	2.72
15	15	3.87	9	5.76	4.08	4.98	3.38
20	20	4.47	12	6.66	4.70	5.76	3.84

经对 m 个误差分量、按不同的分布规律进行合成后的计算数据分析比较,从表 6 – 1 的计算数据可以看出,若未知分布为两点分布,则合成的总误差太大;若为正态分布,则合成的总误差比三角形分布的更小;若按均匀分布和正态分布($\Delta = 2\sigma$)进行误差合成,则总误差居中间值,但按均匀分布合成的总误差比按正态分布($\Delta = 2\sigma$)合成的总误差大。故未知分布的误差应假设为均匀分布较为合理,也较保险。

6.2.2　随机误差的合成

随机误差具有随机性,其取值是不可预知的,可用被测量的标准差或极限误差来表征其取值的分散程度。随机误差的合成方法常采用方和根法。

1. 标准差合成

全面分析测量过程中影响测量结果的各个误差因素。若有 q 个单项随机误差 $\sigma_1, \sigma_2, \cdots, \sigma_q$,其相应的误差传递函数为 $a_1, a_2, \cdots, a_q$,则这些误差传递函数是由测量的具体情况来确定的。

根据对随机变量函数方差的运算法则,合成后的总标准差为

$$\sigma = \sqrt{\sum_{i=1}^{q} (a_i \sigma_i)^2 + 2 \sum_{1 \le i < j}^{q} \rho_{ij} a_i a_j \sigma_i \sigma_j} \tag{6 – 8}$$

一般情况下,各误差相互独立,相关系数 $\rho_{ij} = 0$,则有

$$\sigma = \sqrt{\sum_{i=1}^{q} (a_i \sigma_i)^2} \tag{6 – 9}$$

误差传播系数 a_i 可由间接测量的函数模型求出，即 $a_i = \dfrac{\partial f}{\partial x}$。在有些情况下，可根据实际经验给出，特别是当误差传递系数 $a_i = 1$ 时，式（6 - 9）变为

$$\sigma = \sqrt{\sum_{i=1}^{q} \sigma_i^2} \qquad\qquad (6 - 10)$$

这是误差合成问题经常遇到的情形。特别是在仪器精度分析中，给出的误差分量都是经传递后由原始误差所引起的局部误差，所以一般认为 $a_i = 1$。

2. 极限误差合成

在测量实践中，各个单项随机误差和测量结果的总误差也常以极限误差的形式表示，因此极限误差合成也较常见。

因为极限误差可通过标准差来表示，设各单项极限误差为

$$\delta_i = k_i \sigma_i$$

式中：σ_i——各单项随机误差的标准差；

$\quad\; k_i$——各单项极限误差的置信因子。

所以，合成后总的极限误差为

$$\delta = k\sigma$$

式中：σ——合成后总标准差；

$\quad\; k$——合成后总误差的置信因子。

于是得

$$\delta = \pm k \sqrt{\sum_{i=1}^{q} \left(\frac{a_i \delta_i}{k_i}\right)^2 + 2 \sum_{1 \leqslant i \leqslant j}^{q} \rho_{ij} a_i a_j \frac{\delta_i}{k_i} \frac{\delta_j}{k_j}} \qquad\qquad (6 - 11)$$

根据已知的各单项极限误差和所选取的各个置信因子，即可按式（6 - 11）进行极限误差的合成。式（6 - 11）中的各个置信因子 k_i、k_j 不仅与置信概率有关，而且与随机误差的分布有关。对于不同分布的误差，选定相同的置信概率，其相应的各个置信因子也不相同，因此 k_1，k_2，$\cdots$，k_q 和 k 一般不会相同。仅当各个单项随机误差服从正态分布，而且各单项误差数目较多，各项误差大小相近且不相关时，根据中心极限定理，合成后的总误差才接近于正态分布，可以视 $k_1 = k_2 = \cdots = k_q = k$，或者式（6 - 11）可简化为

$$\delta = \pm \sqrt{\sum_{i=1}^{q} (a_i \delta_i)^2 + 2 \sum_{1 \leqslant i < j}^{q} \rho_{ij} a_i a_j \delta_i \delta_j} \qquad\qquad (6 - 12)$$

如果各误差相互独立，即 $\rho_{ij} = 0$ 且 $a_i = 1$，则式（6 - 11）可简化为

$$\delta = \pm \sqrt{\sum_{i=1}^{q} \delta_i^2} \qquad\qquad (6 - 13)$$

由于各单项误差大多服从正态分布或近似服从正态分布，而且它们之间常是不相关或近似不相关的，因此式（6 - 13）是广泛使用的极限误差的合成公式。

6.2.3　系统误差的合成

系统误差具有确定的变化规律，不论其变化规律如何，根据对系统误差的掌握程度，可分为已确知的系统误差，即已定系统误差，以及未确知的系统误差，即未定系统误差。由于两种系统误差的特征不同，其合成方法也不相同。

1．已定系统误差的合成

已定系统误差是指误差大小和符号均已掌握的系统误差。在测量过程中,若有 γ 个单项已定系统误差,其误差值分别为 $\Delta_1, \Delta_2, \cdots, \Delta_\gamma$,相应的误差传递系数为 $a_1, a_2, \cdots, a_\gamma$,则按代数和法进行合成,合成后总的已定系统误差为

$$\Delta = \sum_{i=1}^{\gamma} a_i \Delta_i \tag{6-14}$$

当 $a_i = 1$ 时,

$$\Delta = \sum_{i=1}^{\gamma} \Delta_i \tag{6-15}$$

在实际测量中,大部分已定系统误差在测量过程中均已消除。由于某些原因未予消除的也只是有限的少数几项,它们按代数和法合成后,还可以从测量结果中修正,故最后的测量结果中不再含有已定系统误差。

2．未定系统误差的合成

未定系统误差是指误差大小和方向未能确切掌握,或不必花费过多精力去掌握,而只能或只需统计出其不超过某一极限范围 $\pm e$ 的系统误差。

如在质量计量中,砝码的质量误差将直接代入测量结果。为了减小这项误差的影响,应对砝码质量进行检定,以便给出修正值。由于砝码质量检定误差的存在不可避免,所以经修正后的砝码质量误差虽已大为减小,但仍有一定误差(即检定误差)影响质量的计量结果。对某个砝码,一经检定完成,其修正值即已确定下来,其值为检定方法极限范围内的一个随机取值。使用这个砝码进行多次重复测量时,由检定方法引入的误差则为恒定值而不具有低偿性,但这一误差的具体数值又未掌握,只知其极限范围,因此属未定系统误差。对于同一质量的多个不同砝码,相应的各个修正值的误差为某一极限范围内的随机取值,其分布规律直接反映了检定方法误差的分布;反之,检定方法误差的分布也反映了各个砝码修正值的误差分布规律。若检定方法误差服从正态分布,则砝码修正值的误差也应服从正态分布,而且两者具有相同的标准差 s_i。若用极限误差来评定砝码修正值的未定误差,则有 $[-k_i s_i, +k_i s_i]$。

从上述实例分析可以看出,这种未定系统误差较为普遍。一般来说,对一批量具、仪器和设备等的加工、装调或检定带来的误差具有确定性,实际误差为一恒定值。若尚未掌握这种误差的具体数值,则这种误差属未定系统误差。

由于未定系统误差的取值在某一极限范围内具有随机性,并且服从一定的概率分布,且这些特征均与随机误差相同,因此未定系统误差的合成完全可以采用随机误差的合成方法。

1) 标准差的合成

若测量过程中有 S 个单项未定系统误差,它们的标准差分别为 $s_1, s_2, \cdots, s_S$,其相应的误差传递系数为 $a_1, a_2, \cdots, a_S$,则合成后未定系统误差的标准差为

$$s = \sqrt{\sum_{i=1}^{S} (a_i s_i)^2 + 2 \sum_{1 \leqslant i \leqslant j} \rho_{ij} a_i a_j s_i s_j} \tag{6-16}$$

当 $\rho_{ij} = 0$ 且 $a_i = 1$ 时,有

$$s = \sqrt{\sum_{i=1}^{S} s_i^2} \tag{6-17}$$

2) 极限误差的合成

若有 S 个单项未定系统误差,它们的极限误差分别为 $e_1, e_2, \cdots, e_S$,则合成后总的未定系

统误差的极限误差为

$$e = \pm k \sqrt{\sum_{i=1}^{S} \left(\frac{a_i e_i}{k_i} \right)^2 + 2 \sum_{1 \leqslant i < j}^{S} \rho_{ij} a_i a_j \frac{e_i e_j}{k_i k_j}} \qquad (6-18)$$

当各个单项未定系统误差服从正态分布,且 $\rho_{ij} = 0$,$a_i = 1$ 时,式(6-18)简化为

$$e = \sqrt{\sum_{i=1}^{S} e_i^2} \qquad (6-19)$$

6.2.4　系统误差和随机误差的合成

当测量中存在各种不同性质的多项系统误差与随机误差时,应将其综合,以求得总误差,并常用极限误差来表示,也可用标准差表示。

1. 按标准差合成

若测量中有 r 个已定系统误差,S 个单项未定系统误差,q 个随机误差,则它们的误差值和标准差分别为

$$\Delta_1, \Delta_2, \cdots, \Delta_r$$
$$s_1, s_2, \cdots, s_S$$
$$\sigma_1, \sigma_2, \cdots, \sigma_q$$

为计算方便,设各误差传递系数均为 1,则总误差的标准差为

$$\sigma = \sqrt{\sum_{i=1}^{q} \sigma_i^2 + \sum_{j=1}^{S} s_j^2 + R} \qquad (6-20)$$

式中：R——各误差间协方差之和。

当各个误差之间互不相关时,式(6-20)可简化为

$$\sigma = \sqrt{\sum_{i=1}^{q} \sigma_i^2 + \sum_{j=1}^{S} s_j^2} \qquad (6-21)$$

对于 n 次重复测量,测量结果平均值的总标准差为

$$\sigma_{\bar{x}} = \sqrt{\frac{1}{n} \sum_{i=1}^{q} \sigma_i^2 + \sum_{j=1}^{S} s_j^2} \qquad (6-22)$$

$$\Delta_{\text{总}\bar{x}} = \sum_{i=1}^{r} \Delta_i \pm \sqrt{\frac{1}{n} \sum_{i=1}^{q} \sigma_i^2 + \sum_{j=1}^{S} s_j^2} \qquad (6-23)$$

2. 按极限误差合成

若测量中有 r 个单项已定系统误差,S 个单项未定系统误差,q 个单项随机误差,则它们的误差值或极限误差分别为

$$\Delta_1, \Delta_2, \cdots, \Delta_r$$
$$e_1, e_2, \cdots, e_S$$
$$\delta_1, \delta_2, \cdots, \delta_q$$

为计算方便,设各个误差传递系数均为 1,则测量结果总的极限误差为

$$\Delta_{\text{总}} = \sum_{i=1}^{r} \Delta_i \pm k \sqrt{\sum_{i=1}^{q} \left(\frac{\delta_i}{k_i} \right)^2 + \sum_{j=1}^{S} \left(\frac{e_j}{k_j} \right)^2 + R} \qquad (6-24)$$

式中：R——各个误差间协方差之和。

当各个误差服从正态分布,且各个误差互不相关时,式(6-24)可简化为

$$\Delta_{\text{总}} = \sum_{i=1}^{r} \Delta_i \pm \sqrt{\sum_{i=1}^{q} \delta_i^2 + \sum_{j=1}^{S} e_j^2} \qquad (6-25)$$

一般,对于 n 次重复测量,测量结果平均值的总极限误差为

$$\Delta_{\text{总}} = \sum_{i=1}^{r} \Delta_i \pm \sqrt{\frac{1}{n}\sum_{i=1}^{q} \delta_i^2 + \sum_{j=1}^{S} e_j^2} \qquad (6-26)$$

一般情况下,已定系统误差经修正后,测量结果总的极限误差为

$$\Delta_{\text{总}} = \pm \sqrt{\frac{1}{n}\sum_{i=1}^{q} \delta_i^2 + \sum_{j=1}^{S} e_j^2} \qquad (6-27)$$

【例 6-13】　在万能工具显微镜上用影像法测量某一平面工件的长度共两次,测量结果分别为 $l_1 = 50.026\ 0$ mm, $l_2 = 50.025\ 0$ mm。根据工具显微镜的工作原理及结构,其主要误差分析计算如表 6-2 所列,已知万能工具显微镜的系统误差为 $\Delta = 0.000\ 8$ mm,求测量结果及其极限误差。

解:两次测量结果的平均值为

$$l_0 = \frac{1}{2}(l_1 + l_2) = \frac{1}{2}(50.026\ 0 + 50.025\ 0)\ \text{mm} = 50.025\ 5\ \text{mm}$$

根据表 6-2,修正后的测量结果为

$$l = l_0 - \Delta = (50.025\ 5 - 0.000\ 8)\ \text{mm} = 50.024\ 7\ \text{mm}$$

表 6-2　测量误差来源及其误差值

序　号	误差因素	极限误差/μm		备　注
		随机误差	未定系统误差	
1	阿贝误差	—	1	—
2	光学刻尺刻度误差	—	1.25	未修正时,计入总误差
3	温度误差	—	0.35	—
4	读数误差	0.8	—	—
5	瞄准误差	1	—	—
6	光学刻尺检定误差	—	0.5	修正时,计入总误差

设表中各误差都服从正态分布且互不相关,则测量结果(两次测量的平均值)的极限误差如下:

(1)未修正光学刻尺刻度误差时的极限误差为

$$\Delta = \pm \sqrt{\frac{1}{2}\sum_{i=1}^{2} \delta_i^2 + \sum_{j=1}^{3} e_j^2}$$
$$= \pm \sqrt{\frac{1}{2}(1^2 + 0.8^2) + (1^2 + 1.25^2 + 0.35^2)}\ \mu\text{m}$$
$$= \pm 1.87\ \mu\text{m}$$

因此测量结果可表示为

$$l_0 = 50.026\ \text{mm} \pm 0.002\ \text{mm}$$

(2)已修正光学刻尺刻度误差时的极限误差为

$$\Delta = \pm \sqrt{\frac{1}{2}\sum_{i=1}^{2} \delta_i^2 + \sum_{j=1}^{3} e_j^2}$$

$$= \pm \sqrt{\frac{1}{2}(1^2 + 0.8^2) + (1^2 + 0.5^2 + 0.35^2)} \ \mu\text{m}$$

$$= \pm 1.48 \ \mu\text{m}$$

因此测量结果可表示为

$$l = 50.025 \ \text{mm} \pm 0.001 \ \text{mm}$$

6.2.5 微小误差取舍准则

测量过程中往往会产生许多误差，按对测量结果影响的大小，如果该误差的影响可以忽略不计，则该误差称为微小误差（micro error）。为了确定误差数值小到何种程度才可作为微小误差予以舍去，就需要给出一个微小误差的取舍原则。

若已知测量结果的标准差为

$$\sigma_y = \sqrt{\sigma_{y1}^2 + \sigma_{y2}^2 + \cdots + \sigma_{y(k-1)}^2 + \sigma_{yk}^2 + \sigma_{y(k+1)}^2 + \cdots + \sigma_{yn}^2}$$

将其中的误差 σ_{yk} 取出后，得

$$\sigma_y' = \sqrt{\sigma_{y1}^2 + \sigma_{y2}^2 + \cdots + \sigma_{y(k-1)}^2 + \sigma_{y(k+1)}^2 + \cdots + \sigma_{yn}^2}$$

若有

$$\sigma_y \approx \sigma_y'$$

则称 σ_{yk} 为微小误差。

根据有效数字运算规则，对一般准确度的测量，测量误差的有效数字只取 1 位。在此情况下，若将某项误差舍去后满足：

$$\sigma_y - \sigma_y' \leqslant (0.1 \sim 0.05)\sigma_y \tag{6-28}$$

则不会对测量结果的误差计算产生影响。

将式（6-28）写成下列形式：

$$\sqrt{\sigma_{y1}^2 + \sigma_{y2}^2 + \cdots + \sigma_{y(k-1)}^2 + \sigma_{yk}^2 + \sigma_{y(k+1)}^2 + \cdots + \sigma_{yn}^2} -$$
$$\sqrt{\sigma_{y1}^2 + \sigma_{y2}^2 + \cdots + \sigma_{y(k-1)}^2 + \sigma_{y(k+1)}^2 + \cdots + \sigma_{yn}^2} \leqslant$$
$$(0.1 \sim 0.05)\sqrt{\sigma_{y1}^2 + \sigma_{y2}^2 + \cdots + \sigma_{y(k-1)}^2 + \sigma_{yk}^2 + \sigma_{y(k+1)}^2 + \cdots + \sigma_{yn}^2}$$

解上式得

$$\sigma_{yk} \leqslant (0.4 \sim 0.3)\sigma_y$$

因此满足此条件只需取

$$\sigma_{yk} \leqslant \frac{1}{3}\sigma_y$$

对比较精密的测量，测量误差的有效数字取 2 位，则有

$$\sigma_y - \sigma_y' \leqslant (0.01 \sim 0.005)\sigma_y$$

由此可得到

$$\sigma_{yk} \leqslant (0.14 \sim 0.1)\sigma_y$$

满足此条件需取

$$\sigma_{yk} \leqslant \frac{1}{10}\sigma_y$$

对于随机误差和未定系统误差，微小误差取舍准则是：被舍去的误差必须小于或等于测量结果的 $1/3 \sim 1/10$。这也就是检定设备的 $1/3 \sim 1/10$ 法则：当检定设备的误差为产品误差

的 1/3～1/10 时,检定设备的误差可忽略不计。

实际工作中,当用标准压力表检定工业用弹簧式压力表时,检定规程规定,标准表基本误差绝对值小于被检仪表基本误差的 1/3;当检定 5×10^{-5} 精度的波长表时,规定用 5×10^{-6} 准确度等级的波长表。

6.3　综合实例分析与计算

复杂工程问题的误差来源分析过程

在实际工作中,将仪器的实际非线性特性近似视为线性,而采用线性技术处理非线性的仪器特性会引起原理误差,那如何消除由于线性化技术带来的原理误差呢? 举例阐述如下:

图 6-4 所示为激光扫描测径仪光学原理图。当激光器发出的光束通过多面体扫描棱镜和扫描用光学系统后,形成与光轴平行的连续高速扫描光束,对被置于测量区域的工件进行高速扫描,并由放在工件对面的光电管接收,投射到光电管上的光线在光束扫描工件时被遮断。所以,通过分析光电接收器输出的信号,可获得与工件直径有关的数据(光电接收器输出的脉冲宽度与被测工件的尺寸成正比)。分析该方法的原理误差步骤如下:

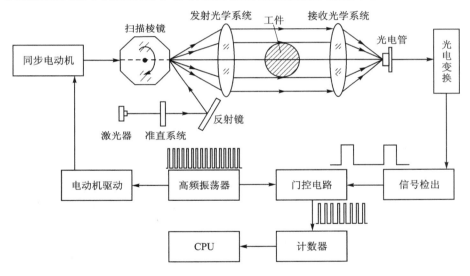

图 6-4　激光扫描测径仪光学原理图

激光扫描光束在距透镜光轴为 $\pm y$ 的位置与多面棱镜旋转角度之间的关系为

$$y = f' \tan(2\omega t) = f' \tan(4\pi n t) \tag{6-29}$$

在与光轴垂直方向上扫描的线速度为

$$v_0 = \frac{\mathrm{d}y}{\mathrm{d}t} = 4\pi n f' \sec^2(4\pi n t)$$

$$= 4\pi n f' [1 + \tan^2(4\pi n t)] = 4\pi n f' \left[1 + \left(\frac{y}{f}\right)^2\right] \tag{6-30}$$

设计中近似地认为在与光轴垂直方向上激光光束的扫描线速度是均匀的,故线速度为

$$v = 2\omega f' = 4\pi n f' \tag{6-31}$$

令 $f' = 150.2$ mm, $n = 50$ rad/s, $v = 94.373$ m/s;式(6-31)中 f' 为光学系统焦距, n 为

棱镜电机转数;填充脉冲频率为 $M = 2.5\ \mathrm{MHz}$,则脉冲当量为

$$q = \frac{v}{M} = \frac{94.373 \times 10^3}{2.5 \times 10^6} = 0.037\ 75\ (\mathrm{mm/\ 脉冲}) \tag{6-32}$$

设钢丝直径的理论值为 d_0,所用时间为

$$T = 2\int_0^{d_0/2} \frac{1}{v_0}\mathrm{d}y = 2\int_0^{d_0/2} \frac{1}{4n\pi f\left[1 + (y/f')^2\right]}\mathrm{d}y$$

$$= \frac{1}{2n\pi}\arctan\left(\frac{d_0}{2f'}\right) \tag{6-33}$$

在 T 时间段内所计脉冲数为

$$N = T \times M = T \times 2.5 \times 10^6 \tag{6-34}$$

仪器指示的被测直径为

$$d = N \times q = T \times M \times q = T \times 4n\pi f'$$

$$= 2f'\arctan\left(\frac{d_0}{2f'}\right) \tag{6-35}$$

引起的原理误差 Δd 为

$$\Delta d = d - d_0 = 2f'\arctan\left(\frac{d_0}{2f'}\right)$$

$$= 2f' \times \left[\frac{d_0}{2f'} - \frac{1}{3} \times \left(\frac{d_0}{2f'}\right)^3 \cdots\right] - d_0 \approx -\frac{2f'}{3} \times \left(\frac{d_0}{2f'}\right)^3 \tag{6-36}$$

可见,将测量空间中非线性的扫描速度视为线性,采用均匀的(线性的、固定的)填充脉冲频率,造成线性信号处理方式与非线性扫描特性之间的矛盾,是产生原理误差的根本原因。一旦设计完成,此误差也就确定了。

思考与练习题

6-1 某一量 u 是由 x 和 y 之和求得的。x 由 16 次测量的算求平均值得出,其单个测量值标准差为 0.2(单位略);y 由 25 次测量之算求平均值得出,其单个测量值标准差为 0.3,试求 u 的标准差。

6-2 应用交流电桥同时测量线路电阻 R 和电容 C,然后计算阻抗 Z:

$$Z = \sqrt{R^2 + \left(\frac{1}{\omega C}\right)}$$

重复测量 15 次的数据如表 6-3 所列,频率 $\omega = 10^6\ \mathrm{Hz}$,试求阻抗 Z。(提示:需考虑测量 R 和 C 之间的相关性。)

表 6-3　电阻 R 和电容 C 测量数据

i	1	2	3	4	5	6	7	8
R_i/Ω	2 129.6	2 130.9	2 131.8	2 128.2	2 133.0	2 131.1	2 132.7	2 127.5
C_i/pF	689.0	687.0	687.0	687.8	683.0	684.0	686.0	687.3
i	9	10	11	12	13	14	15	—
R_i/Ω	2 130.8	2 129.7	2 130.0	2 131.5	2 131.8	2 131.9	2 132.5	—
C_i/pF	686.3	685.6	683.6	684.6	682.3	685.9	684.6	—

6 - 3　望远镜的放大率 $\Gamma = f_1 / f_2$，已测得物镜焦距 $f_1 = 19.8$（2）cm，目镜焦距 $f_2 = 0.800$（5）cm，求放大率的标准差。

6 - 4　独立测得平面三角形的 3 个内角 A、B、C，其对应的标准差为 $\sigma_A = \sigma_B = \sigma_C = \sigma$。设闭合差 $\omega = A + B + C - 180°$，求 ω 的标准差及修正后的角值的标准差。

6 - 5　按公式 $V = \pi r^2 h$ 求圆柱体积。若已知 r 约为 2 cm，h 约为 20 cm，要使体积的相对误差等于 1%，试问 r 和 h 测量时误差应为多少？

6 - 6　对某一质量进行 4 次重复测量，测得数据（单位：g）为 428.6，429.2，426.5，430.8。已知测量的已定系统误差 $\Delta = -2.6$ g，测量的各极限误差分量及其相应的传播系数如表 6 - 4 所列。若各误差均服从正态分布，试求该质量的最可靠信赖值及其极限误差。

表 6 - 4　极限误差分量及其传播系数

序　号	极限误差		系统传播系数
	随机误差	未定系统误差	
1	2.1	—	1
2	—	1.5	1
3	—	1.0	1
4	0.8	—	1.2
5	—	0.5	1.4
6	—	2.2	1.4
7	1.0	—	2.2
8	—	1.8	1

6 - 7　对于 $\cos \varphi = f(x_1, x_2, \cdots, x_n)$，$\tan \varphi = f(x_1, x_2, \cdots, x_n)$，$\cot \varphi = f(x_1, x_2, \cdots, x_n)$，试分别求其角度系统误差公式。

6 - 8　相对测量时需用 54.255 mm 的量块组做标准件。量块组由 4 块量块研合而成，其基本尺寸为 $l_1 = 40$ mm，$l_2 = 12$ mm，$l_3 = 1.25$ mm，$l_4 = 1.005$ mm。经测量，其尺寸偏差及其测量极限误差分别为 $\Delta l_1 = -0.7$ μm，$\Delta l_2 = +0.5$ μm，$\Delta l_3 = -0.3$ μm，$\Delta l_4 = +0.1$ μm；$\delta_1 = 0.35$ μm，$\delta_2 = 0.25$ μm，$\delta_3 = 0.20$ μm，$\delta_4 = 0.20$ μm。试求量块组按基本尺寸使用时的修正值及其给相对测量带来的测量误差。

第7章 测量结果的不确定度评定

7.1 研究不确定度的意义

由于测量误差的存在,外加被测量自身定义及误差修正不完善等因素,使得测量结果带有不确定性。长期以来,人们不断追求以最佳方式估计被测量的值,并科学、合理地评价测量结果的质量高低。本章介绍用测量不确定度来评定和表示测量结果的概念和方法,要求正确掌握测量不确定度的基本术语,会分析不确定度的来源,掌握不确定度的两类评定方法、合成标准不确定度和扩展不确定度的求取方法,以及用不确定度知识正确表示测量结果。

7.1.1 研究不确定度的必要性

测量是在科学技术、工农业生产、国内外贸易、工程项目乃至日常生活各个领域中是不可缺少的一项工作。测量的目的是确定被测量的量值。测量的质量会直接影响到国家和企业的经营活动,例如出口货物,若称重不准,多了就会白送给外商,少了就要赔款,两者都会造成很大的损失;测量的质量也是关乎科学实验成败的重要因素,例如对卫星的质量测量偏低,就可能导致卫星发射因推力不足而失败;测量的质量还会影响人身的健康和安全,例如在用激光治疗时,若对剂量测量不准,则剂量太小达不到治病的目的,剂量太大会造成对人体的伤害。因此,测量结果及由测量结果得出的结论都可能成为决策的重要依据。当报告测量结果时,必须对测量结果的质量给出定量说明,以确定测量结果的可信程度。

测量不确定度就是对测量结果质量的定量评定。

测量结果是否有用,在很大程度上取决于其不确定度的大小,所以测量结果必须有不确定度说明时才是完整和有意义的。

7.1.2 不确定度名词的由来

《测量不确定度表示导则》(*Guide to the Expression of Uncertainty in Measurement*,简称为 GUM)由来已久,20 世纪 60 年代提出了用测量不确定度来表示测量结果可信程度的建议。

1927 年,德国物理学家海森堡提出"测不准关系",也称为"不确定度关系"。1963 年,美国国家标准局 NBS 的 Eisenhart 建议采用"测量不确定度"。

1953 年,Y. Beers 在《误差理论导引》一书中给出了实验不确定度。

1970 年,C. F. Dietrich 出版了《不确定度、校准和概率》一书。

1973 年,英国国家物理实验室的 J. E. Burns 等人指出,当讨论测量准确度时,宜用不确定度。

1978 年,国际计量局发出不确定度征求意见书,征求各国和国际组织的意见。

1980 年,国际计量局提出了实验不确定度建议书 INC - 1(1980)。

1981 年 10 月,国际计量委员会提出了建议书(CI—1981),同意 INC - 1。

1986 年，组成国际不确定度工作组，负责制定用于计量、生产和科学研究中的不确定度指南。

1993 年，中国计量出版社出版了《测量不确定度表示导则》。

1999 年，中国国家质量技术监督局批准发布了 JJF 1059—1999《测量不确定度评定与表示》，该规范原则上等同于采用了 GUM 的基本内容。

1999 年，中国人民解放军总装备部批准发布了 GJB 3756—99《测量不确定度的表示及评定》。

2017 年，国家质量监督检验检疫总局和国家标准化管理委员会发布了"测量不确定度评定和表示"国家标准。该标准于 2017 年 12 月 29 日发布，于 2018 年 7 月 1 日实施。

该标准按照 GB/T 1.1—2009 给出的规则起草。

该标准使用重新起草法修改采用 ISO/IEC 指南 98-3:2008《测量不确定度　第 3 部分：测量不确定度表示指南》。

该标准与 ISO/IEC 指南 98-3:2008 相比没有技术差异，但在结构上有部分调整，附录 H 中列出了该标准与 ISO/IEC 指南 98-3:2008 的章、条编号对照一览表。

该标准还做了下列编辑性修改：

（1）标准名称改为"测量不确定度评定和表示"；

（2）删除了国际标准中部分关于 2008 版文件变化的脚注；

（3）删除了国际标准中引用的发文内容；

（4）将国际标准第 4 章的第 1 段"关于评定不确定度分量的实用指南可参见附录 F"调整为该章的最后一段；

（5）对国际标准中部分示例中的数值做了修约；

（6）该标准用"包含区间"和"包含概率"替代国际标准中的"置信区间"和"置信水平"；

（7）修改了国际标准"B.2.1.1　被测量"的内容，增加了术语"被测量"在 VIM 第 3 版和 VIM 第 2 版中差异的说明。

7.1.3　不确定度的应用领域

测量不确定度不仅可应用于各类几何量和物理量的测量，而且可应用于从基础研究到商业活动的许多领域。例如：

（1）一些产品生产过程中的质量检测和质量保证与控制，以及商品流通领域中的与商品检验等有关的质量监督、质量控制和建立质量保证体系的质量认证活动；

（2）建立、保存、比较溯源于国家标准的各级标准、仪器和测量系统的校准、检定、封缄和标记等计量确认活动；

（3）基础科学和应用领域中的研究、开发和试验，以及实验室认证活动；

（4）科学研究和工程领域内的测量，以及与贸易结算、医疗卫生、安全防护、环境与资源监测等有关的其他测量活动；

（5）用于对可以用单值和非单值表征被测量的测量结果的评定，以及测量和测量器具的设计和合格评定。

在上述场合，凡是在需要给出测量结果、编制技术文件、出具报告和证书、发表技术论文、撰写技术书籍时，均应按照指南的要求，正确、完整地表述测量不确定度。

在某些情况下，测量不确定度的概念可能不完全适用。比如为研究某种测量方法的重复性和再现性所做的精密度试验,或一些对准确度的等级没有要求的测量等,这时需要根据实际情况另作处理。

7.2　不确定度的基本概念

7.2.1　不确定度的定义

测量不确定度(uncertainty of measurement)是测量结果带有的一个参数。测量不确定度意味着对测量结果可信任性、有效性的怀疑程度或不肯定程度。对这个定义作以下5点说明:

(1)此参数可以是标准差或其倍数,或者是说明了置信概率的区间半宽度。

(2)此参数一般由多个分量组成,其中,一些分量可用于测量结果的统计分布评定,以实验标准差表征;另一些分量由基于经验或其他信息假定的概率分布评定,也可用估计标准差表征。

(3)所有的不确定度分量,包括由系统误差影响产生的分量,均对分散性有贡献。

(4)仪器的测量不确定度与给定测量条件下所得的测量结果密切相关,因此应指明测量条件,也可以泛指需用测量条件下所得的测量结果的不确定度。

(5)完整的测量结果应包含被测量值的估计及其分散性参数两部分。

如果做到以上5点,即可以说该参数是合理赋予被测量值的分散性参数。但在测量实践中,如何才能对不确定度进行合理评定呢?原则上,凡是对测量结果有影响的因素,即所有的测量不确定度来源均应加以考虑。

"导则"强调,首先,要建立被测量的数学模型关系,从寻找输入量、影响量和输出量之间的数量关系入手进行分析;其次,为了简化处理,在搞清主要不确定度来源的前提下,可以丢弃次要的不确定度分量,力争做到合理而有效地进行测量不确定度的评定。

7.2.2　不确定度的来源

测量结果是测量的要素之一,而其他测量要素,如测量对象、测量资源、测量环境等均会在测量过程中对测量结果产生不同程度的影响。凡是对测量结果产生影响的因素,均是测量不确定度的来源。它们可能来自以下几个方面:

(1)对被测量的定义不完整或不完善。如定义被测量是一根标称值为1 m的钢棒的长度,如果要求测准至μm量级,则被测量的定义就不完整。由于定义的不完整会使测量结果中引入温度和大气压力等,从而影响测量的不确定度。如果定义被测量是标称值为1 m的钢棒在25.0 ℃和101 325 Pa时的长度,则为完整定义,这样可避免由此引起的测量不确定度。

(2)复现被测量定义的方法不理想。如对上例所述的完整定义进行测量,由于温度和压力实际上达不到定义的要求(包括温度和压力的测量本身存在不确定度),使得测量结果仍然引入不确定度。

(3)被测量的样本不能完全代表定义的被测量。如被测量为某种介质材料在给定频率时的相对介电常数,由于测量方法和测量设备的限制,只能取这种材料的一部分做成样块进行测量。如果该样块在材料的成分或均匀性方面不能完全代表定义的被测量,则样块就会引入测量不确定度。

(4)对环境条件的影响认识不足或对环境条件的测量与控制不完善。同样,以上述钢棒测量为例,不仅温度和压力会影响其长度,实际上,湿度和钢棒的支撑方式也会对其产生影响。由于认识不足,没有注意采取措施,也会引入测量不确定度。另外,测量温度和压力的温度计及压力表的不确定度也是测量不确定度的来源之一。

(5) 对模拟式仪器的读数存在人为偏差。模拟式仪器在读取其示值时,一般是估读到最小分度值的 1/10。由于观测者的观测视线和个人习惯等原因,可能对同一状态下的显示值会有不同的估读值,这种差异将产生测量不确定度。

(6) 仪器计量性能上的局限性。测量仪器的灵敏度、鉴别阈、分辨力、死区和稳定性等计量性能的限制,都可能是产生测量不确定度的来源。例如,一台数字式称重仪器,其指示装置的最低位数字是 1 g,即其分辨力为 1 g。如果示值为 X,则可认为该值以等概率落在 $[X-0.5\ \text{g}$, $X+0.5\ \text{g}]$ 的区间上。此时,由于该仪器的分辨力限制,造成的扩展不确定度就是 0.5 g。

(7) 赋予测量标准和标准物质的标准值的不准确度。通常的测量都是将被测量与测量标准的给定值进行比较来实现的,因此,标准量的不确定度将直接引入测量结果。如用天平测量时,测得质量的不确定度中包括标准砝码的不确定度;用卡尺测长时,测得长度量的不确定度中包括对该卡尺校准时所用标准量的不确定度。

(8) 引用常数或其他参量的不准确度。如在精密测量黄铜工件的长度时,要用到黄铜材料的线热膨胀系数。由有关的数据手册可以查到该数值,该值的不确定度同时由手册给出,它同样是造成测量结果不确定度的一个来源。

(9) 与测量方法和测量程序有关的近似性或假定性。如被测量表达式的某种近似,自动测试程序的迭代程度,以及电测量中由于测量系统不完善而引起的绝缘漏电、热电势、引线上的电阻压降等,均会引起不确定度。

(10) 在相同的测量条件下,被测量重复观测值的随机变化。这是在测量中不可避免的一种由综合因素造成的随机影响,它必然也贡献于测量结果的不确定度。

(11) 修正系统误差的不完善。在有系统误差影响的情形下,应当尽量设法找出其影响的大小,并对测量结果予以修正,对于修正后剩余的影响应当把它当作随机影响,在评定测量结果的不确定度中予以考虑。然而,当无法考虑对该系统误差的影响进行修正时,这部分对结果的影响原则上也应贡献于测量结果的不确定度。

(12) 测量列中的粗大误差因不明显而未被剔除。

(13) 在有些情况下,需要对某种测量条件的变化,或者是在一个较长的规定时间内,对测量结果的变化作出评定。此时,也应把该相应变化所赋予测量值的分散性大小作为该测量结果的不确定度。

以上各种不确定度的来源可以分别归为设备、方法、环境和人员等带来的不确定因素,以及各种随机影响和修正各种系统影响的不完善,特别地还包括被测量定义、复现和抽样的不确定性,等等。总的来说,所有的不确定度源对测量结果都有贡献,原则上都不应轻易忽略;但如果在对各个不确定度来源的大小都比较清楚的前提下,为了简化对测量结果的评定,就应力求"抓主舍次"。

7.2.3　不确定度的分类

测量结果的不确定度一般包含若干个分量。根据其数值评定方法的不同分为两类:A 类评定(type A evaluation of uncertainty)和 B 类评定(type B evaluation of uncertainty)。

A 类评定:由一系列测量数据的统计分布获得的不确定度,用实验标准偏差表征。

B 类评定:基于经验或资料及假设的概率分布,用估计的标准偏差表征。

将不确定度分为 A、B 两类评定方法的目的,仅仅在于说明计算不确定度的两种不同途径,并非它们在本质上有什么区别。它们都基于某种概率分布,都能够用方差或标准差定量地表达,因此,不能将它们混淆为"随机误差"和"系统误差",简单地将 A 类不确定度对应于随机误差导致的不确定度,把 B 类不确定度对应于系统误差导致的不确定度的做法是错误的。目前国际上为了避免误解与混淆,已经不再使用"随机不确定度"和"系统不确定度"这两个术语。A 类与 B 类评定分别表示不确定度的两种不同的评定方法。A 类和 B 类不确定度在合成时均采用标准不确定度,这也是不确定度理论的进步之一。

7.3 标准不确定度的两类评定

标准不确定度(standard uncertainty)是指以标准差表示的不确定度,一般用符号 u 来表示。对于不确定度分量,通常用加脚标的方法进行表示,如 $u_1, u_2, \cdots, u_n$ 等。

在实际工作中,为了便于对测量标准不确定度进行具体的评定,国际上把该评定方法归为如下的 A 类评定方法和 B 类评定方法。

7.3.1 A 类评定方法

标准不确定度(standard uncertainty)是指以标准差表示的不确定度。当用单次测量值作为被测量的估计值时,标准不确定度为单次测量的实验标准差 $s(x)$,即

$$u(x) = s(x) \tag{7-1}$$

一般情况下,对同一被测量 x 独立重复观测 n 次。当用算术平均值 $\bar{x} = \dfrac{1}{n} \sum\limits_{i=1}^{n} x_i$ 作为测量结果时,测量结果的 A 类评定的标准不确定度为

$$u_A(x) = s(\bar{x}) = s(x)/\sqrt{n} \tag{7-2}$$

式中:$s(x) = \sqrt{\dfrac{\sum\limits_{i=1}^{n}(x_i - \bar{x})^2}{n-1}}$,其中,$n-1$ 为自由度。

【例 7-1】 对某量测量 8 次,测得数据 x_i 为:1 225,1 258,1 258,1 253,1 252,1 256,1 189,1 240,单位为 mm。求其 A 类标准不确定度。

解:

$$\bar{x} = \frac{1}{n} \sum_{i=1}^{n} x_i = \frac{1}{8} \sum_{i=1}^{n} x_i = 1\,241.4 \text{ mm}$$

$$s(x) = \sqrt{\frac{\sum\limits_{i=1}^{n}(x_i - \bar{x})^2}{n-1}} = \sqrt{\frac{\sum\limits_{i=1}^{8}(x_i - \bar{x})^2}{8-1}} = 24 \text{ mm}$$

$$u_A(x) = s(\bar{x}) = s(x)/\sqrt{n} = 24 \text{ mm}/\sqrt{8} = 8.5 \text{ mm}$$

所以测量结果为 1 241.4 mm,$u_A = 8.5$ mm。

计算实验标准差最基本的方法是使用贝塞尔公式。除此之外,还有其他一些常用的方法。一般推荐,当样本数 $n \geqslant 6$ 时,采用贝塞尔公式进行计算;当 $2 \leqslant n \leqslant 5$ 时,采用极差法。

7.3.2 B 类评定方法

标准不确定度的 B 类评定(type B evaluation of standard uncertainty):用不同于测量不

确定度 A 类评定的方法对测量不确定度分量进行的评定。在许多情况下,并非都能做到用上述的统计方法来评定标准不确定度,故产生了有别于统计分析的 B 类评定方法。既然 B 类评定方法获得的不确定度不依赖于对样本数据的统计,它必然要设法利用与被测量有关的其他先验信息来进行估计。因此,如何获取有用的先验信息十分重要,而且如何利用好这些先验信息也很重要。

B 类评定方法用非统计的方法进行评定,用估计的标准差表征。一般,根据经验或有关信息和资料,分析判断被测量可能值的区间半宽度(a, $-a$)。假设被测量的值落在该区间内,由要求的置信概率和选取的 k 因子估计标准偏差。

B 类评定的标准不确定度为

$$u_B(x) = a/k$$

【例 7 - 2】　膨胀系数 α 为 16.52×10^{-6} ℃$^{-1}$,由相关手册查到此值的误差不超过$\pm 0.40 \times 10^{-6}$ ℃$^{-1}$。求膨胀系数 α 值不准引入的标准不确定度。

解:

(1)由相关手册给的信息已知,α 值不超过的区间为

$$a = \pm 0.40 \times 10^{-6} \text{ ℃}^{-1}$$

(2)根据经验,α 值在区间内设为均匀分布,取

$$k = \sqrt{3}$$

(3)$u_B = \dfrac{0.4 \times 10^{-6} \text{ ℃}^{-1}}{\sqrt{3}} = 0.23 \times 10^{-6} \text{ ℃}^{-1}$ 即为不准引入的标准不确定度。

说明:在不确定度的 B 类评定方法中,按以下几种情况假设其概率分布:

第一,只要测量次数足够多,其算术平均值的概率分布就假设为近似正态分布。

第二,若被测量既受随机影响,又受系统影响,而对影响量在缺乏任何其他信息的情况下,一般假设为均匀分布。

第三,有些情况下,可采用同行业的共识,如微波测量中的失配误差就假设为反正弦分布等。

1.B 类评定的信息来源

(1)权威机构发布的量值;

(2)有证参考物质的量值;

(3)校准证书;

(4)仪器的漂移;

(5)经检定的测量仪器的准确度等级;

(6)根据人员经验推断的极限值等。

2.B 类评定的方法

根据先验信息的不同,B 类评定的方法也不同,主要有以下几种:

(1)若由先验信息中给出测量结果的概率分布及其"置信区间"和"置信概率",则不确定度为给定置信区间的半宽度与对应置信概率的包含因子的比值,即

$$u(x) = \frac{a}{k_p} \tag{7-3}$$

式中:a——置信区间的半宽度;

k_p——对应于置信概率的包含因子。

(2) 若由先验信息给出测量不确定度 U 为标准差的 k 倍,则标准不确定度 u 为该测量不确定度 U 与倍数 k 的比值,即

$$u(x) = \frac{U}{k} \tag{7-4}$$

(3) 若由先验信息给出测量结果的"置信区间"及其概率分布,则标准不确定度为该置信区间半宽度与该概率分布置信概率接近于 1 的包含因子的比值,即

$$u_B(x) = \frac{a}{k} \tag{7-5}$$

式中：a——置信区间的半宽度;

k——置信概率接近于 1 的包含因子。

B 类评定方法的置信概率并未确定。一般从保守的角度考虑,对于无限扩展的正态分布,包含因子 k 可取 3(置信概率为 0.997 3);对于其余有限扩展的概率分布,则取置信概率为 1 的包含因子。具体数值可查常见的误差概率分布表。

B 类评定方法还包括：若测量分布类型没有明确,则可从前人经验中总结出来的一些常见分布情况去衡量选定接近的分布类型,也可倾向于按保守估计的原则选定分布类型及其包含因子。

以上 B 类评定标准不确定度的方法关键在于合理确定其测量分布及其在该分布置信概率下的包含因子。3.4 节已讨论过如何根据给定误差分布求取置信因子的方法。这里,方法完全类似,只是将置信概率改称为置信水平,置信因子改称为包含因子而已。为方便起见,这里列出常用的正态分布与非正态分布情况下置信概率与包含因子的对应表,分别如表 7-1 和表 7-2 所列。

表 7-1　正态分布置信概率与包含因子对应表

置信概率 p	包含因子 k_p	置信概率 p	包含因子 k_p	置信概率 p	包含因子 k_p
0.500 0	0.666 7	0.950 0	1.96 0	0.995 0	2.807
0.682 7	1.000	0.954 5	2.000	0.997 3	3.000
0.900 0	1.645	0.990 0	2.576	0.999 0	3.291

表 7-2　非正态分布置信概率与包含因子对应表

分布类型	$p=1$	$p=0.997\ 3$	$p=0.99$	$p=0.95$
均匀分布	$\sqrt{3}$	1.73	1.71	1.65
三角分布	$\sqrt{6}$	2.32	2.20	1.90
反正弦分布	$\sqrt{2}$	1.41	1.41	1.41
两点分布	1.00	1.00	1.00	1.00

几种常见误差的分布情形及其标准不确定度估计如下：

(1) 舍入误差。舍入误差的最大误差界限为 0.5(末)。若按均匀分布考虑,则标准不确定度为

$$u_B(x) = \frac{0.5(末)}{\sqrt{3}} \approx 0.3(末) \tag{7-6}$$

（2）引用误差。测量上限为 x_m 的 s 级电表，其最大引用误差限（即最大允许不确定度）为

$$U(x) = \pm x_m \cdot s\% \tag{7-7}$$

若按均匀分布考虑，则标准不确定度为

$$u_B(x) = \frac{x_m \cdot s\%}{\sqrt{3}} \tag{7-8}$$

（3）示值误差。某些测量仪器是符合"最大允许误差"要求制造的，并经检验合格，其最大允许误差为 a。若按均匀分布考虑，则标准不确定度为

$$u_B(x) = \frac{a}{\sqrt{3}} = 0.6a \tag{7-9}$$

（4）仪器基本误差。设某仪器在指定条件下对某一被测量进行测量时，可能达到的最大误差限为 a。假设按均匀分布考虑，则标准不确定度为

$$u_B(x) = \frac{a}{\sqrt{3}} = 0.6a \tag{7-10}$$

若分布为已知的其他分布，则按实际分布进行计算。

（5）仪器分辨力。设仪器的分辨力为 δ，则其区间半宽度为 $a = \frac{\delta}{2}$。若按均匀分布考虑，则标准不确定度为

$$u_B(x) = \frac{a}{\sqrt{3}} = \frac{\delta}{2\sqrt{3}} = 0.3\delta \tag{7-11}$$

（6）仪器的滞后。在滞后使得仪器示值连续上升和连续下降时，对标准仪器同一示值的读数会相差一个大致固定的值 δ，而实际值与在最后到达的方向有关。故该示值的实际值的可读范围宽度为 δ，于是滞后引起的标准不确定度为

$$u_B(x) = \frac{\delta}{2\sqrt{3}} = 0.3\delta \tag{7-12}$$

式（7-12）由 ISO 给出，它是基于均匀分布考虑的。在实际中，也可按反正弦分布或两点分布进行计算，即

反正弦分布：

$$u_B(x) = \frac{\delta}{2\sqrt{2}} = 0.35\delta \tag{7-13}$$

两点分布：

$$u_B(x) = \frac{\delta}{2} = 0.5\delta \tag{7-14}$$

【例 7-3】　设校准证书给出名义值为 10 Ω 的标准电阻器的电阻 $R_s = 10.000\ 742\ \Omega \pm 129\ \mu\Omega$，测量结果服从正态分布，置信概率为 99%。求其标准不确定度。

解：根据题意，该标准电阻器的置信区间半宽度 $a = 129\ \mu\Omega$。由表 7-1 查得当 $p = 99\%$ 时，$k_{99} = 2.576$，按式（7-3）计算：

$$u(R_s) = \frac{129\ \mu\Omega}{2.576} = 50.078\ \mu\Omega$$

【例 7-4】　某手册给出 20 ℃ 时的纯铜热膨胀系数为 $\alpha_{20} = 16.52 \times 10^{-6}\ ℃^{-1}$，该值的误差不会超过 $\pm 0.40 \times 10^{-6}\ ℃^{-1}$，求其标准不确定度。

解:为保守起见,按均匀分布和置信概率为 1 进行考虑,$k=\sqrt{3}$,得不确定度为

$$u(\alpha) = \frac{0.40 \times 10^{-6} \ ℃^{-1}}{\sqrt{3}} = 0.23 \times 10^{-6} \ ℃^{-1}$$

由本题可知,当实际问题没有明确概率分布和置信概率时,一般的保守方法是,假设按均匀分布和高置信概率 1 考虑,取 $k=\sqrt{3}$。

【例 7-5】 生产厂家说明书中指出,某数字电压表的准确度 $a=(14 \times 10^{-6} \times$ 读数$)+(2 \times 10^{-6} \times$ 量程$)$,其中读数值为 0.928 571 V,量程为 1 V。试求其标准不确定度(服从均匀分布)。

解:根据均匀分布得 $k=\sqrt{3}$,按式(7-5)计算标准不确定度为

$$u_B = \frac{14 \times 10^{-6} \times 0.928 \ 751 \ V + 2 \times 10^{-6} \times 1 \ V}{\sqrt{3}} \approx 8.7 \ \mu V$$

【例 7-6】 某校准证书说明,标准值为 1 kg 的标准砝码的质量为 1 000.000 325 g。该值的测量不确定度按 3 倍标准差计算为 240 μg,求该砝码质量的标准不确定度。

解:已知 $U(x)=240 \ \mu g$,$k=3$,按式(7-5)计算该标准不确定度为

$$u_B(x) = \frac{U(x)}{k} = \frac{240 \ \mu g}{3} = 80 \ \mu g$$

7.3.3 自由度

1. 研究自由度的意义

由于不确定度是用标准差来表征的,因此,不确定度的评定质量取决于标准差的可信赖程度。而标准差的可信赖程度与自由度(degrees of freedom)密切相关,自由度越大,标准差越可信赖。所以,自由度的大小直接反映了不确定度的评定质量。

2. 自由度的概念

自由度定义为计算总和中独立项的个数,即总项数减去其中受约束的项数。

为了估计所评定的测量不确定度的自由度,常遇到以下几种情况:

情况 1 对某量 X 进行一次测量得 X_1,其本可以作为量 X 的估计,但为了提高估计的准确度,还对其独立测量了 $n-1$ 次得 $X_2, X_3, \cdots, X_n$。这后 $n-1$ 个测值似乎多余,此时称该 n 个独立样本数据的自由度为 $n-1$。这种情况说明了获取自由度的一个方法:对于一个测量样本,自由度等于该样本数据中 n 个独立测量个数减去待求量个数 1。

情况 2 对某量 X 进行 n 次独立重复测量,在用贝塞尔公式计算实验标准差时,需要计算残差平方和 $\sum (x_i - \bar{x})^2$ 中的 n 个残差 $(x_i - \bar{x})$。因 n 个残差满足一个约束条件 $\sum (x_i - \bar{x}) = 0$,故独立残差个数为 $n-1$,即用贝塞尔公式估计实验标准差的自由度为 $n-1$。

情况 3 按估计相对标准差来定义的自由度称为有效自由度(effective degrees of freedom),记为 ν_{eff},有时不加区别地记为 ν。根据式(3-6),并注意使用上面情况 1 和情况 2,即用 ν 代替 $n-1$ 后,可得到自由度的另一种估计公式:

$$\nu = \frac{1}{2} \frac{1}{\left[\frac{\sigma(s)}{s} \right]^2} \tag{7-15}$$

进一步将上述公式推广到评定 A 类和 B 类标准不确定度的情形,即有

$$\nu = \frac{1}{2} \frac{1}{\left[\dfrac{\sigma(\mu)}{\mu}\right]^2} \qquad (7-16)$$

以上给出的自由度 ν、有效自由度 ν_{eff} 都是用来衡量两类评定和合成标准不确定度的可信度的依据,有时也可不加区别都记为 ν。自由度也是计算扩展不确定度的依据。为便于估计自由度和有效自由度,以下进一步介绍几种常见情形的自由度的计算方法。

3．A 类评定不确定度的自由度

对于 A 类评定的不确定度,其自由度按统计标准差的方法不同而稍有不同,具体数值如表 7-3 所列。其中,最常用的是按贝塞尔公式计算标准差的自由度公式:

$$\nu = n - 1 \qquad (7-17)$$

表 7-3　几种 A 类评定不确定度的自由度

测量次数	1	2	3	4	5	6	7	8	9	10	15	20
贝塞尔公式	—	1	2	3	4	5	6	7	8	9	14	19
最大误差法	0.9	1.9	2.6	3.3	3.9	4.6	5.2	5.8	6.4	6.9	8.3	9.5
极差法	—	0.9	1.8	2.7	3.6	4.5	5.3	6.0	6.8	7.5	10.5	13.1

4．B 类评定不确定度的自由度

对于 B 类评定的不确定度,其自由度一般通过不确定度的相对标准差来折算,具体见式(7-16)。常用的几个换算数值如表 7-4 所列。

表 7-4　相对标准差与自由度的关系

相对标准差	0	0.10	0.20	0.25	0.30	0.40	0.50
自由度	∞	50	12	8	6	3	2

7.3.4　应用举例

【例 7-7】　用游标卡尺对某一试样的尺寸重复测量 10 次,得到的测量列如下:75.01,75.04,75.07,75.00,75.03,75.09,75.06,75.02,75.05,75.08,单位为 mm。求该重复测量中随机变化引起的标准不确定度分量 μ 及其自由度。

解:本例估计的是重复测量中随机变化引起的标准不确定度分量,该量可根据已知样本数据进行 A 类评定,有

$$u = s = \sqrt{\frac{\sum_{i=1}^{n} v_i^2}{n-1}} = \sqrt{\frac{0.008\,25}{10-1}}\ \text{mm} = 0.030\,3\ \text{mm}$$

其自由度 $\nu = 10 - 1 = 9$。

如按极差法求取,极差 $\omega_n = x_{max} - x_{min} = 0.09\ \text{mm}$。

查表 3-2,得 $d_{10} = 3.08$,则标准差为

$$u = \sigma = \frac{\omega_n}{d_n} = 0.029\,2\ \text{mm}$$

查表 7-3,得其自由度 $\nu = 7.5$。

用两种方法估计得到的标准差很接近,但自由度有所不同。可见,用自由度大的贝塞尔公

式求标准不确定度更好一些。

【例 7-8】 某激光器发出的激光波长,经检定为 $\lambda = 0.632\ 991\ 30\ \mu m$,由于某些原因未对此检定波长作误差分析,但后来用更精确的方法测得该激光管的波长为 $\lambda = 0.632\ 991\ 44\ \mu m$。试估计原检定波长的标准不确定度及其自由度。

解: 由于用了更精确的方法测量激光管的波长,故可认为该测得值为约定真值,则原检定波长的误差为

$$\delta = (0.632\ 991\ 30 - 0.632\ 991\ 44)\ \mu m = -14 \times 10^{-8}\ \mu m$$

根据 3.3 节,可用最大误差法进行 A 类评定。因 $n=1$,查表 3-3 得 $1/k_1 = 1.25$,则标准差为

$$s = \frac{1}{k_1}\ |\ \delta\ | = 1.25 \times 14 \times 10^{-8}\ \mu m = 1.75 \times 10^{-7}\ \mu m$$

即原检定波长的标准不确定度 $u = 1.75 \times 10^{-7}\ \mu m$,查表 7-3,其自由度为 $\nu = 0.9$。

7.4 合成标准不确定度

合成标准不确定度(combined standard uncertainty):由在一个测量模型中各输入量的标准不确定度获得的输出量的标准测量不确定度。注:如果测量模型中的输入量相关,则当计算合成标准不确定度时应考虑协方差。当测量结果由若干个其他量的值求得时,测量结果的合成标准不确定度等于这些量的方差和与协方差加权和的正平方根,其中的权系数视测量结果随这些量变化的情况而定。合成标准不确定度用符号 u_c 表示。

7.4.1 合成公式

当测量结果受多个因素影响而形成若干个不确定度分量时,测量结果的标准不确定度可用各标准不确定度分量合成,称为合成标准不确定度,一般用下式来表示:

$$u_c = \sqrt{u_1^2 + u_2^3 + \cdots + u_m^2 + 2\sum_{1 \leqslant i < j}^{m} \rho_{ij} u_i u_j} \qquad (7-18)$$

式中:u_i , u_j——第 i 个和第 j 个标准不确定度分量之间的相关系数;

$\quad \rho_{ij}$——第 i 个和第 j 个标准不确定度分量之间的相关系数;

$\quad m$——不确定度分量的个数。

对于间接测量的情形,有如下合成标准不确定度公式:

$$u_c(y) = \sqrt{\sum_{i=1}^{m}\left(\frac{\partial F}{\partial x_i}\right)^2 u^2(x_i) + 2\sum_{1 \leqslant i < j}^{m} \rho_{ij} \frac{\partial F}{\partial x_i} \frac{\partial F}{\partial x_j} u(x_i) u(x_j)}$$

$$= \sqrt{\sum_{i=1}^{m} a_i^2 u^2(x_i) + 2\sum_{1 \leqslant i < j}^{m} \rho_{ij} a_i a_j u(x_i) u(x_j)} \qquad (7-19)$$

式中:$u_c(y)$——输出量估计值 y 的标准不确定度。它表征合理赋予被测量 y 值的分散程度。

$\quad u(x_i), u(x_j)$——输入量估计值 x_i 和 x_j 的标准不确定度。

$\quad a_i = \dfrac{\partial F}{\partial x_i}$——函数 $F(x_1, x_2, \cdots, x_n)$ 在 $(x_1, x_2, \cdots, x_n)$ 处对第 i 项求的偏导数,称为灵敏系数,在误差合成公式中称其为传播系数。它表示输出量估计值 y 随输入量估计值 $x_1, x_2, \cdots, x_n$ 的变化而变化的程度。

$$a_j = \frac{\partial F}{\partial x_j}$$ ——函数 $F(x_1, x_2, \cdots, x_n)$ 在 $(x_1, x_2, \cdots, x_n)$ 处对第 j 项求的偏导数，称为灵

敏系数，在误差合成公式中称其为传播系数。它表示输出量估计值 y 随
输入量估计值 $x_1, x_2, \cdots, x_n$ 的变化而变化的程度。

ρ_{ij} —— x_i 和 x_j 在 (x_i, x_j) 处的相关系数。

式（7-19）也称为标准不确定度传播公式。

x_i, x_j 的相关程度可按估计相关系数 $\rho(x_i, x_j)$ 表示为

$$\rho(x_i, x_j) = \frac{u(x_i, x_j)}{u(x_i) u(x_j)}$$

且 $-1 \leqslant r(x_i, x_j) \leqslant 1$。如估计 x_i, x_j 独立，则 $r(x_i, x_j) = 0$，即一个变化不会使另一个变化。

当记

$$u(y_i) = \sqrt{\left(\frac{\partial F}{\partial x_i}\right)^2 u^2(x_i)} = \left| \frac{\partial F}{\partial x_i} \right| u(x_i)$$

时，间接测量的合成公式就转化为 m 个直接测量的不确定度分量 $u(y_i)$ 的合成公式：

$$u_c(y) = \sqrt{\sum_{i=1}^{m} u^2(y_i) + 2 \sum_{1 \leqslant i < j}^{m} \rho_{ij} u(y_i) u(y_j)} \qquad (7-20)$$

当 x_i 和 x_j 相互独立时，$\rho_{ij} = 0$，不确定度合成公式简化为

$$u_c(y) = \sqrt{\sum_{i=1}^{m} \left(\frac{\partial F}{\partial x_i}\right)^2 u^2(x_i)} \qquad (7-21)$$

以下是两种常见的间接测量函数模型合成不确定度公式：

（1）设 $y = \sum_i a_i x_i$，各 x_i 之间互不相关，则有

$$u_c(y) = \sqrt{\sum_i a_i^2 u^2(x_i)} \qquad (7-22)$$

（2）设 $y = a_i \prod x_i^{p_i}$，各 x_i 之间互不相关，则有

$$\frac{u_c(y)}{y} = \sqrt{\sum_i \left(\frac{p_i u(x_i)}{x_i}\right)^2} \qquad (7-23)$$

式中：$u_c(y)/y$ 是一种相对标准不确定度的表示形式。

在合成不确定度公式中，计算和确定相关系数是比较复杂的事情。为了简化合成标准不确定度的计算，有些情形还可设法合并诸相关量，以避开相关系数的计算。

7.4.2　有效自由度

合成标准不确定度的自由度称为有效自由度，一般用 ν_{eff} 来表示。

设被测量有 m 个影响测量结果的分量，记为 $y = y_1 + y_2 + \cdots + y_m$，当各分量 y_i 均服从正态分布且相互独立时，可根据韦尔奇-萨特思韦特（Welch-Satterthwaite）公式来计算其合成标准不确定度的有效自由度，即

$$\frac{u_c^4(y)}{\nu_{\text{eff}}} = \sum_{i=1}^{m} \frac{u^4(y_i)}{\nu_i} \qquad (7-24)$$

即有

$$\nu_{\text{eff}} = \frac{u_c^4(y)}{\sum_{i=1}^{m} \frac{u^4(y_i)}{\nu_i}} \qquad (7-25)$$

7.4.3 应用举例

【例7-9】 某测量结果含5个不确定度分量,每个分量的大小及自由度如表7-5所列。它们之间的协方差均为零,求其合成标准不确定度和有效自由度。

表7-5 某测量结果的不确定度合成

序 号	来 源	不确定度		自由度	
		符 号	数 值	符 号	数 值
1	基准尺	u_1	1.0	ν_1	5
2	读 数	u_2	1.0	ν_2	10
3	电压表	u_3	1.4	ν_3	4
4	电阻表	u_4	2.0	ν_4	16
5	温 度	u_5	2.0	ν_5	1
合成结果		u_c	3.5	ν_{eff}	7.8

解:根据题意,按式(7-18)计算,得

$$u_c = \sqrt{1.0^2 + 1.0^2 + 1.4^2 + 2.0^2 + 2.0^2} = 3.5$$

按式(7-25)计算,得

$$\nu_{eff} = \frac{3.5^4}{\dfrac{1.0^4}{5} + \dfrac{1.0^4}{10} + \dfrac{1.4^4}{4} + \dfrac{2.0^4}{16} + \dfrac{2.0^4}{1}} = 7.8$$

将计算结果列于表7-5中。

【例7-10】 被测电压的已修正结果为$V = \bar{V} + \Delta V$,其中重复测量6次的算术平均值$\bar{V} = 0.928\ 571$ V,A类标准不确定度为$u(\bar{V}) = 12\ \mu V$。修正值$\Delta V = 0.01$ V,修正值的标准不确定度由B类评定方法得到,即$u(\Delta V) = 8.7\ \mu V$,估计$u(\Delta V)$的相对误差为25%。试求V的合成标准不确定度、相对标准不确定度及其自由度。

解:根据题意可知$V = \bar{V} + \Delta V$,由合成标准不确定度的计算公式得

$$u_c(V) = \sqrt{\left[\frac{\partial V}{\partial \bar{V}} u(\bar{V})\right]^2 + \left[\frac{\partial V}{\partial \Delta V} u(\Delta V)\right]^2}$$
$$= \sqrt{12^2 + 8.7^2}\ \mu V = 15\ \mu V$$

相对标准不确定度为

$$\frac{u_c(V)}{V} = \frac{15 \times 10^{-6}\ V}{(0.928\ 571 + 0.01)\ V} = 16 \times 10^{-6}$$

根据题意,按式(7-17)计算自由度$\nu(\bar{V}) = 6 - 1 = 5$。根据估计$u(\Delta V)$的相对误差为25%,查表7-4的自由度$\nu(\Delta V) = 8$,再按式(7-25)计算:

$$\nu_{eff}(V) = \frac{u_c^4(V)}{\dfrac{u^4(\bar{V})}{\nu(\bar{V})} + \dfrac{u^4(\Delta V)}{\nu(\Delta V)}} = \frac{15^4\ \mu V}{\left(\dfrac{12^4}{5} + \dfrac{8.7^4}{8}\right)\ \mu V} = 10.4$$

【例7-11】 测量环路正弦交变电位差幅值V,电流幅值I,各重复测量5次,得到如表7-6

所列的数据,相关系数 $\rho = -0.36$。试根据测量值,求电阻 R 的最佳值及其合成标准不确定度。

表 7-6　电位差幅值和电流幅值的测量结果

次　数	电位差幅值/V	电流幅值/mA
1	5.007	19.663
2	4.994	19.639
3	5.005	19.640
4	4.990	19.685
5	4.999	19.675

解:根据算术平均值和标准差的计算公式得

$$\bar{V} = \frac{1}{n}\sum_{i=1}^{n}V_i = 4.999\ 0\ \text{V}$$

$$\bar{I} = \frac{1}{n}\sum_{i=1}^{n}I_i = 19.660\ 4\ \text{mA}$$

$$\sigma(V) = \sqrt{\frac{1}{n-1}\sum_{i=1}^{n}(V_i - \bar{V})^2} = 0.007\ 2\ \text{V}$$

$$u(\bar{V}) = \sigma(\bar{V}) = \frac{\sigma(V)}{\sqrt{n}} = 0.003\ 2\ \text{V}$$

$$\sigma(I) = \sqrt{\frac{1}{n-1}\sum_{i=1}^{n}(I_i - \bar{I})^2} = 0.020\ 6\ \text{mA}$$

$$u(\bar{I}) = \sigma(\bar{I}) = \frac{\sigma(I)}{\sqrt{n}} = 0.009\ 2\ \text{mA}$$

电阻的最佳值为

$$R = \frac{\bar{V}}{\bar{I}} = \frac{4.999\ 0\ \text{V}}{19.660\ 4\ \text{mA}} = 254.267\ \Omega$$

根据合成标准不确定度的计算公式得

$$
\begin{aligned}
u_c(R) &= \sqrt{\left(\frac{\partial R}{\partial \bar{V}}\right)^2 u^2(\bar{V}) + \left(\frac{\partial R}{\partial \bar{I}}\right)^2 u^2(\bar{I}) + 2\frac{\partial R}{\partial \bar{V}}\frac{\partial R}{\partial \bar{I}}\rho u(\bar{V})u(\bar{I})} \\
&= \sqrt{\left(\frac{1}{\bar{I}}\right)^2 u^2(\bar{V}) + \left(-\frac{\bar{V}}{\bar{I}^2}\right)^2 u^2(\bar{I}) - 0.72\left(-\frac{\bar{V}}{\bar{I}^3}\right)u(\bar{V})u(\bar{I})} \\
&= 0.234\ \Omega
\end{aligned}
$$

相对标准不确定度为

$$\frac{u_c(R)}{R} = \sqrt{\left(\frac{u(\bar{V})}{\bar{V}}\right)^2 + \left(-\frac{u(\bar{I})}{\bar{I}}\right)^2 + 0.72\left(\frac{u(\bar{V})}{\bar{V}}\right)\left(\frac{u(\bar{I})}{\bar{I}}\right)} = 9.2 \times 10^{-4}$$

7.5 扩展不确定度

7.5.1 概 述

尽管合成标准不确定度可广泛用于表示测量结果的不确定度,然而在很多商业和工业规范应用中,以及涉及健康和安全问题时,常希望提供的不确定度是给出一个测量结果的区间,并使合理赋予被测量值的分布的大部分含于其中,因此,在有关建议中规定了扩展不确定度(expanded uncertainty)的表示方法。扩展不确定度有如下定义:

扩展不确定度有时也称为展伸不确定度或范围不确定度,是合成标准不确定度与一个大于1的数字因子的乘积。它是为了提高置信概率,用包含因子 k 乘以合成标准不确定度得到的一个区间来表示的测量不确定度。这种表示方法规定了测量结果取值区间的半宽度。扩展不确定度用符号 U 或 U_p 表示。

注1:该因子取决于测量模型中输出量的概率分布类型及所选取的包含概率。

注2:本定义中术语"因子"是指包含因子。

注3:扩展测量不确定度在 INC-1(1980)建议书中的第5段中被称为"总不确定度",扩展不确定度中,合成标准不确定度所乘的倍数因子称为包含因子(coverage factor)。包含因子常用符号 k 或 k_p 来表示。在国内,有的也称为覆盖因子,其值一般为 2~3。

扩展不确定度可以用两种不同的方法来表示。一种是采用标准差的倍数,即用合成标准不确定度乘以包含因子得到,即

$$U = ku_c \tag{7-26}$$

另一种是根据给定的置信概率 p 来确定扩展不确定度,即

$$U_p = k_p u_c \tag{7-27}$$

包含因子(coverage factor):为获得扩展不确定度,对合成标准不确定度所乘的大于1的数。

在上述公式中,关键是确定包含因子,其方法主要有自由度法(degree of freedom method)、超越系数法(kurtosis coefficient method)和简易法(simplified method)三种。

7.5.2 自由度法

根据中心极限定理,被测量在许多情况下服从正态分布或接近正态分布,故可以视统计量 $(y-\bar{y})/u(y)$ 服从 t 分布。此时,包含因子可取:

$$k_p = t_p(\nu_{eff}) \tag{7-28}$$

式中:ν_{eff}——有效自由度,可按式(7-25)计算;

p——置信概率,常取 95% 或 99%。当 ν_{eff} 足够大时,包含因子可近似为 $k_{95}=2$ 或 $k_{99}=3$。故在有些场合,扩展不确定度近似按以下两式表示:

$$U_{95} = 2u_c, \quad U_{99} = 3u_c \tag{7-29}$$

【例7-12】 设 $Y = f(X_1, X_2, X_3) = bX_1 X_2 X_3$,输入量 X_1, X_2, X_3 服从正态分布,分别将独立重复测量了 $n_1=10, n_2=5$ 和 $n_3=15$ 次的算术平均值 x_1, x_2 和 x_3 作为它们的估计值,相对标准不确定度分别为 $u(x_1)/x_1=0.25\%, u(x_2)/x_2=0.57\%, u(x_3)/x_3=0.82\%$。试计算相对合成标准不确定度、有效自由度和扩展不确定度(置信概率为95%)。

解：根据合成标准不确定度的计算公式，得

$$\frac{u_c(y)}{y} = \sqrt{\sum_{i=1}^{3}\left(\frac{u(x_i)}{x_i}\right)^2} = \sqrt{(0.25\%)^2 + (0.57\%)^2 + (0.82\%)^2} = 1.03\%$$

由于 $\dfrac{\partial f}{\partial x_i}u(x_i) = \dfrac{y}{x_i}u(x_i)$，则根据有效自由度计算：

$$\nu_{\text{eff}} = \frac{\left[\dfrac{u_c(y)}{y}\right]^4}{\displaystyle\sum_{i=1}^{3}\frac{[u(x_i)/x_i]^4}{\nu_i}}$$

$$= \frac{1.03^4}{\dfrac{0.25^4}{10-1} + \dfrac{0.57^4}{5-1} + \dfrac{0.82^4}{15-1}} = 19.0$$

根据给定的置信概率 $p=95\%$ 和有效自由度 $\nu_{\text{eff}}=19$，查 t 分布表得 $t_{95}(19)=2.09$，最后得相对扩展不确定度为

$$\frac{U_{95}}{y} = 2.09 \times 1.03\% = 2.15\%$$

7.5.3　超越系数法

当无法获得自由度信息，而大致知道测量分布且知其为对称分布时，可以根据分布的四阶矩（即超越系数）来确定其包含因子，这种方法称为超越系数法。

设有若干个不确定度分量 u_i，每个分量对应的分布均对称，其超越系数分别记作 $\gamma_4^{(i)}$，合成标准不确定度为 u_c，则其合成分布的超越系数为

$$\gamma_4 = \frac{\sum \gamma_4^{(i)} u_i^4}{u_c^4} \tag{7-30}$$

各种常见概率分布对应不同置信概率的超越系数 $\gamma_4^{(i)}$ 如表 $7-7$ 所列。由式（$7-30$）算得 γ_4 后，再查表 $7-7$，即可得合成分布的包含因子 k_p。

表 $7-7$　常见概率分布的包含因子 k_p 与超越系数 $\gamma_4^{(i)}$

分　布	超越系数 $\gamma_4^{(i)}$	包含因子 k_p			
		$p=1.0$	$p=0.997\,3$	$p=0.99$	$p=0.95$
正　态	0	∞	3.00	2.58	1.96
正　态	-0.1	—	2.89	2.52	1.95
正　态	-0.2	—	2.77	2.45	1.94
正　态	-0.3	—	2.66	2.39	1.93
正　态	-0.4	—	2.55	2.38	1.92
正　态	-0.5	—	2.43	2.26	1.91
三　角	-0.6	2.45	2.32	2.20	1.90
三　角	-0.7	2.34	2.24	2.14	1.86
三　角	-0.8	2.22	2.15	2.08	1.83
三　角	-0.9	2.11	2.00	2.01	1.80

分 布	超越系数 $\gamma_4^{(i)}$	包含因子 k_p			
		$p=1.0$	$p=0.9973$	$p=0.99$	$p=0.95$
椭 圆	−1.0	2.00	1.98	1.95	1.76
椭 圆	−1.1	1.86	1.86	1.83	1.70
均 匀	−1.2	1.73	1.73	1.71	1.65
均 匀	−1.3	1.62	1.62	1.61	1.57
均 匀	−1.4	1.52	1.52	1.51	1.49
反正弦	−1.5	1.41	1.41	1.41	1.41
反正弦	−1.6	1.33	1.33	1.33	1.33
双直角	−1.7	1.25	1.25	1.25	1.25
双直角	−1.8	1.16	1.16	1.16	1.16
双直角	−1.9	1.08	1.08	1.08	1.08
两 点	−2.0	1.00	1.00	1.00	1.00
$e^{-|x|}/2$	+3.0	—	—	—	—

【例 7 - 13】 已知影响某测量结果的主要的不确定度源有 6 个,其分布及大小如表 7 - 8 所列。假设它们之间相互独立,试按置信概率 $p=0.99$ 估计其扩展不确定度。

表 7 - 8 例 7 - 13 的不确定度源

序 号	分 布	区间半宽度	分布因子	标准差	超越系数
1	均 匀	0.06	1.71	0.0351	−1.2
2	均 匀	0.32	1.71	0.187	−1.2
3	均 匀	0.50	1.71	0.292	−1.2
4	反正弦	0.63	1.41	0.447	−1.5
5	反正弦	0.56	1.41	0.397	−1.5
6	正 态	—	—	0.10	0
合成结果	—	1.6	2.32	0.699	−0.45

解:根据各自所服从的分布和给定的区间半宽度,获得分布因子和标准差以及超越系数,分别列于表 7 - 8 中。

计算合成标准不确定度:

$$u_c = \sqrt{0.0351^2 + 0.187^2 + 0.292^2 + 0.447^2 + 0.397^2 + 0.10^2}$$
$$= \sqrt{0.489} = 0.699$$

按式(7 - 30)计算超越系数:

$$\gamma_4 = \frac{-0.1074}{0.489^2} = -0.45$$

根据 $p=99\%$,查超越系数表 7 - 7 后插值计算得 $k_{99}=2.32$,最后得扩展不确定度:

$$U_{99} = k_{99}u_c = 1.6$$

7.5.4　简易法

在不少场合，因没有关于被测量的标准不确定度的自由度和有关合成分布的信息，所以很难确定被测量值的估计区间及其置信概率。在这种情形下，国际 ISO1993 指南规定取 $k = 2 \sim 3$，称为简易法。

事实上，在估计的合成标准不确定度的可信度较高的情况下，假设测量近似服从正态分布，则取 $k = 2$，此时估计的扩展不确定度约有 95% 的置信概率；取 $k = 3$，估计的扩展不确定度约有 99% 的置信概率。

【例 7-14】用卡尺对某工件直径重复测量了 3 次，结果为 15.125 mm，15.124 mm 和 15.127 mm。试写出其测量的最佳估计值和测量重复性。已知该卡尺的产品合格证书上标明其最大允许误差为 0.025 mm，假设被测量服从三角分布（置信因子取 $\sqrt{6}$），估计其不可靠性为 25%。试表示其测量结果。

解：（1）计算算术平均值和测量重复性。算术平均值为

$$\bar{d} = \frac{1}{3}\sum_{i=1}^{3} d_i = \frac{1}{3}(15.125 + 15.124 + 15.127)\ \mathrm{mm} = 15.125\ 3\ \mathrm{mm}$$

因 $n = 3$，用极差法估计 s 比用贝塞尔公式更可靠，所以测量标准差为

$$s = \frac{(15.127 - 15.124)\ \mathrm{mm}}{1.69} = 0.001\ 8\ \mathrm{mm}$$

（2）用 A 类评定方法估计测量不确定度分量之一。计算算术平均值的标准差，即多次测量的重复性，有

$$u_1 = \frac{0.001\ 8\ \mathrm{mm}}{\sqrt{3}} = 0.001\ \mathrm{mm}$$

（3）用 B 类评定方法估计测量不确定度分量之二，有

$$u_2 = \frac{0.025\ \mathrm{mm}}{\sqrt{6}} = 0.015\ \mathrm{mm}$$

（4）求合成标准不确定度：

$$u_c = \sqrt{0.001^2 + 0.015^2}\ \mathrm{mm} = 0.015\ \mathrm{mm}$$

（5）求扩展不确定度。

① 自由度法：设卡尺允许误差极限分量的自由度为 $\nu_2 = 8$（估计其不可靠性为 25%），而重复测量分量的自由度近似为 $\nu_1 = 3 - 1 = 2$，则有效自由度为

$$\nu_{\mathrm{eff}} = \frac{0.015^4}{\dfrac{0.001^4}{2} + \dfrac{0.015^4}{8}} \approx 8$$

按 $p = 99\%$，查 t 分布表得 $t_{99}(8) = 3.355$，最后得扩展不确定度为

$$U_{99} = t_{99}(8) u_c = 0.059$$

② 超越系数法：设重复测量分量服从正态分布，有 $\gamma_4^{(1)} = 0$，卡尺允许误差极限分量服从三角分布，查表 7-7，有 $\gamma_4^{(2)} = -0.6$，则其超越系数为

$$r_4 = \frac{-0.6 \times 0.015^4}{0.015^4} = -0.6$$

按 $p = 99\%$，查表 7-7 可知 $k_{99} = 2.20$，最后得扩展不确定度为

$$U_{99} = k_{99} u_c = 0.033$$

③ 简易法：取 $k=3$，有

$$U = k u_c = 0.045$$

（6）测量结果的表示。

① 自由度法：(15.125 ± 0.049) mm $(k=3.355, p=0.99, \nu=8)$。

② 超越系数法：(15.125 ± 0.033) mm $(k=2.20, p=0.99)$。

③ 简易法：(15.125 ± 0.045) mm $(k=3)$。

7.6 测量结果的表示方法

一个完整的测量结果一般应包括两部分：一部分是被测量的最佳估计值，一般由算术平均值给出；另一部分是有关测量不确定度的信息。

对于测量不确定度，在进行分析和评定完毕后，应给出测量不确定度的最后报告。报告应尽可能详细，以便使用者可以正确地利用测量结果。同时，为了便于国内和国际间的交流，应尽可能按照国内和国际统一的规定来描述。

7.6.1 测量结果报告的基本内容

当测量不确定度用合成标准不确定度表示时，应给出合成标准不确定度 u_c 及其自由度 ν；当测量不确定度用扩展不确定度表示时，除给出扩展不确定度 U 外，还应说明它计算时所依据的合成标准不确定度 u_c、自由度 ν、包含因子 k 和置信概率 p。

为了提高测量结果的使用价值，在不确定度报告中，应尽可能提供更详细的信息，如：明确说明被测量的定义；原始观测数据；描述被测量估计值及其不确定度评定方法；列出所有的不确定度的分量、自由度及相关系数，并说明它们是如何获得的，给出用于分析的全部常数、修正值及其来源；提供数据分析的方法，使其每个重要步骤易于效仿。总之，对上述信息要逐条检查是否清楚和充分，如果需要进行数据分析与验算，应能复现所报告的计算结果；如果增加新的信息或数据，则要考虑是否会得到新的结果，等等。

测量不确定度一般有两种表示方法：一种是合成标准不确定度，另一种是扩展不确定度。使用合成标准不确定度表示的场合主要有基础计量学研究、基本物理常量、复现国际单位制的国际比对等。其报告的基本内容是：明确说明被测量的定义；给出被测量的估计值、合成不确定度及其单位，必要时还要给出其自由度；需要时还给出相对不确定度。使用扩展不确定度表示的范围主要是：除上述三种情况及一些特殊场合外，一般均采用扩展不确定度。其报告的基本内容是：明确说明被测量的定义；给出被测量的估计值、扩展不确定度及其单位；必要时也可给出相对扩展不确定度，对 U 应给出 k 值，对 U_p 应明确置信概率、有效自由度和包含因子等。

7.6.2 测量结果的表示方式

测量结果也有两种表示方式，即合成标准不确定度表示方式和扩展不确定度表示方式。

1. 合成标准不确定度表示方式

当测量不确定度用合成标准不确定度表示时，可用下列 3 种方式之一表示测量结果。

如某标准砝码的质量为 m，其测量结果为 100.021 47 g，合成标准不确定度 $u_c(m)$ 为 0.35 mg，自由度为 9，则测量结果可用下列 3 种方式之一来表示：

（1）$m = 100.021\ 47$ g，$u_c(m) = 0.35$ mg，或 $u_c(m) = 0.000\ 35$ g。最好再给出自由度 $\nu = 9$。

（2）$m = 100.021\ 47(35)$ g。括号内的数值按标准差给出，其末位与测量结果的最低位对齐。最好再给出自由度 $\nu = 9$。

（3）$m = 100.021\ 47(0.000\ 35)$ g。括号内的数值按标准差给出，单位同测量结果一样。最好再给出自由度 $\nu = 9$。

以上 3 种表示方式中，最为简捷而又明确的是形式（2），在公布常数、常量时常采用这种方式，并且给出自由度的大小，以便于将不确定度传播到下一级，但这种表示方式在有些场合操作起来比较困难。这是因为，它不仅要做到标准差部分末位数与前面结果的末位数对齐，还要保证非零数字一至二位，这样可能会造成测量结果增加虚假的有效数字。如测量结果 100.021 g，$u_c(m) = 0.35$ mg，则表示为 $m = 100.021(0.000\ 35)$ g 为宜，不能表示为 $m = 100.021\ 00(35)$ g。

2. 扩展不确定度表示方式

当测量不确定度用扩展不确定度表示时，可用下列两种方式之一表示测量结果。

（1）类似上例情形，某标准砝码的质量为 M，其测量估计值为 $m = 100.021\ 47$ g，合成标准不确定度 $u_c(m) = 0.35$ mg，自由度 $\nu = 9$，取包含因子 $k = 2$。由此可得，扩展不确定度 $U(m) = ku_c(m) = 0.000\ 70$ g，则测量结果可用下面 4 种情形之一来表示：

$$M = m \pm U(m) = (100.021\ 47 \pm 0.000\ 70)\ \text{g}, \quad k = 2, \quad \nu = 9$$
$$m = 100.021\ 47\ \text{g}, \quad U(m) = 0.000\ 70\ \text{g}, \quad k = 2, \quad \nu = 9$$
$$M = m \pm U(m) = (100.021\ 47 \pm 0.000\ 70)\ \text{g}, \quad k = 2$$
$$m = 100.021\ 47\ \text{g}, \quad U(m) = 0.000\ 70\ \text{g}, \quad k = 2$$

（2）类似上例情形，某标准砝码的质量为 M，其测量估计值为 $m = 100.021\ 47$ g，合成标准不确定度 $u_c(m) = 0.35$ mg，自由度 $\nu = 9$，取包含因子 $k_p = t_p(9) = 2.26$，$p = 0.95$。由此可得，扩展不确定度 $U_p(m) = k_p u_c(m) = 0.000\ 79$ g，则测量结果可用下面 3 种方式之一来表示：

$$M = m \pm U_{95}(m) = (100.021\ 47 \pm 0.000\ 79)\ \text{g}, \quad k_{95} = t_{95}(9) = 2.26$$
$$m = 100.021\ 47\ \text{g}, \quad U_{95} = 0.000\ 79\ \text{g}, \quad k_{95} = t_{95}(9) = 2.26$$
$$M = m \pm U(m) = (100.021\ 47 \pm 0.000\ 79)\ \text{g}, \quad k = 2.26, \quad p = 0.95, \quad \nu = 9$$

以上都是基本的测量结果表示方式。基于上述表示方式，还有相对不确定度的表示形式。例如，某标准砝码的质量为 M，其测量估计值为 $m = 100.021\ 47$ g，合成标准不确定度 $u_c(m) = 0.35$ mg，则测量结果表示为

$$m = 100.021\ 47\ \text{g}, \quad u_c(m_s)/m = 0.000\ 35\%$$

或

$$m = 100.021\ 47\ \text{g}, \quad u_c(m_s) = 0.000\ 35\%$$

又如某标准砝码的质量为 M，其测量结果为 100.021 47 g，扩展不确定度 $U_p(m) = 0.000\ 79$ g，则测量结果可表示为

$$m = 100.021\ 47(1 \pm 7.9 \times 10^{-6})\ \text{g}, \quad p = 0.95, \quad \nu = 9$$

或

$$m = 100.021\ 47\ \text{g}, \quad U_c = 7.9 \times 10^{-6}$$

7.6.3　评定测量不确定度的步骤

测量不确定度的评定过程一般如图 7-1 所示。

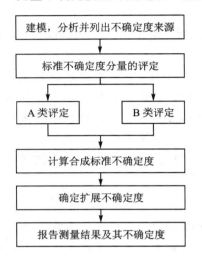

图 7-1　测量不确定度评定的过程

【例 7-15】　今建成一个 50 m 的游泳池，要求确定中间泳道的长度。

解：（1）建模。用高质量的钢带尺测量长度，钢带尺用恒定张力拉紧，作用于钢带尺上的温度效应和弹性效应很小，可忽略不计。用钢带尺测量中间泳道 6 次，仅知钢带尺的分划刻度误差不大于 ± 3 mm，用 6 次测量长度平均值 $\bar{x}$ 作为泳道长度 $y = \bar{x}$。

（2）A 类评定。设测量分散性的标准不确定度为 u_1，中间泳道的 6 次测量值 x_i 为

50.005，49.999，50.003，49.998，50.004，50.001

则算术平均值为

$$\bar{x} = \frac{1}{n} \sum_{i=1}^{n} x_i = 50.001\ 7\ \text{m}$$

标准偏差为

$$s_1 = s(\bar{x}) = \sqrt{\frac{\sum\limits_{i=1}^{n}(x_i - \bar{x})^2}{(n-1)n}} = 1.15\ \text{mm}$$

故测量结果 $y = 50.001\ 7$ m，且 $u_1 = s_1 = 1.15$ mm，自由度 $\nu = n - 1 = 5$，u_1 由观测列统计分析获得，故为 A 类评定，记为：$u_A = u_1$。

（3）B 类评定。设钢带尺刻度不准的标准不确定度为 u_2，钢带尺刻度不准的变化范围的一半 $a = 3$ mm，这里的 a 习惯上称为钢带尺的刻度误差。在此范围内刻度不准都有可能出现，且机会相同，故取均匀分布，则 $u_2 = \dfrac{a}{k} = 3/\sqrt{3}$ mm $= 1.73$ mm。此为 B 类不确定度，记为 $u_B = u_2$。

（4）计算合成标准不确定度 u_c。测量中间泳道长度的不确定度汇总如表 7-9 所列。

表 7-9　泳道长度的标准不确定度

来　源	符　号	标准不确定度数值
测量分散性	u_1	1.15
钢带尺刻度	u_2	1.73

u_1 与 u_2 无关，则合成标准不确定度为

$$u_c = \sqrt{u_1^2 + u_2^2} = 2.08\ \text{mm}$$

（5）确定扩展不确定度 U。取包含因子 $k = 2$，则扩展不确定度为 $U = k u_c = 4.2$ mm。

（6）测量结果及其不确定度报告。测量结果 $y = 50.001\ 7$ m，测量结果的扩展不确定度 $U = 4.2$ mm，U 由合成标准不确定度 $u_c = 2.08$ mm 及包含因子 $k = 2$ 得到。

7.6.4　数字位数与数据修约规则

1. 确定有效数字的存疑数字(或存疑位)的基本原则

测量结果的存疑位取决于测量不确定度发生位,即结果的有效数字位数的末位数与其不确定度的末位数对齐。换句话说,测量不确定度的大小决定了有效数字的位数。例如,测量某物体的体积,测量不确定度的大小为 0.006 m³,而计算所得物体的体积为 2.853 24 m³。由于测量不确定度发生在体积的千分之一位上,所以体积的千分之一这一位及以后的数位都是存疑位,最终结果应表示为(2.853±0.006) m³。

2. 测量不确定度的有效位数

根据有关规范,测量不确定度的数值不应给出过多的位数。在计算测量结果不确定度的过程中,中间结果的有效位数可以多保留几位;在报告最终结果时,测量不确定度的有效位数最多为 2。

1) 测量不确定度有效位数的选择

根据规范,测量结果的不确定度的有效位数可以是 1~2 位。但是,在保留 1 位时,有些情况下会产生较大的修约误差,特别是保留下的这位数值较小时更是如此。

例如,经计算某个被测量的测量结果不确定度为 0.13 m,若将其修约成 0.1 m,则因修约引起的误差为 −0.03 m,是测量结果不确定度的 30%,对评价测量质量影响很大。因此本教材规定,在修约前当测量不确定度的第 1 位非零数字小于或等于 3 时,有效位数应取 2 位;第 1 位非零数字大于或等于 4 时,有效位数取 1 位、2 位均可。

2) 测量不确定度有效位数的修约

在保留测量不确定度的有效位数时,需要对数值进行进位或舍位处理。为了避免因舍位而过多地降低测量不确定度的可靠性且便于操作,可采取 3 舍 4 进的处理方式,即需要截掉的首位小于或等于 3 时作舍位处理,大于或等于 4 时作进位处理。

例如,计算得 $U_p=10.45$ Ω,应修约成 $U_p=11$ Ω;计算得 $U_p=10.32$ Ω,应修约成 $U_p=10$ Ω;计算得 $U_p=7.45$ Ω,应修约成 $U_p=8$ Ω;计算得 $U_p=7.32$ Ω,应修约成 $U_p=7$ Ω。

3. 测量结果的修约

1) 测量结果表示的书写方式

根据确定有效数字的存疑数字的基本原则,也为了使测量结果表示规整,测量结果的末位应与修约后的测量不确定度的末位对齐。例如,$R=(2.035±0.011)×10^3$ Ω,$R=(1.206±0.008)×10^3$ Ω 等均是正确的表示方法;而 $R=(2.04±0.011)×10^3$ Ω,$R=(1.206\ 3±0.008)×10^3$ Ω 等则是错误的表示方法。

2) 测量结果有效数字的修约

根据测量不确定度的大小,在对测量结果进行截断时,有效数字的末位需要作进、舍位处理。处理办法应遵守数值修约规则(GB8 170—87)的进舍规则。

(1) 进舍规则。进舍规则包括:

① 拟舍弃数字的最左一位数字小于 5 时,舍去,即保留的各位数字不变。

例如:若根据测量不确定度的大小需要将 12.149 8 修约到 1 位小数,则得 12.1。

又如:若根据测量不确定度的大小需要将 12.149 8 修约成 2 位有效位数,则得 12。

② 拟舍弃数字的最左一位数字大于 5 或者是 5,而其后跟有并非全部为 0 的数字时,进

1，即保留的末位数字加 1。

例如：若根据测量不确定度的大小需要将 1 268 修约到"百"数位，则可得到 13×10^2（特定时可写为 1 300）。

又如：若根据测量不确定度的大小需要将 1 268 修约成 3 位有效位数，则可得到 127×10（特定时可写为 1 270）。

再如：若根据测量不确定度的大小需要将 10.502 修约到个数位，则可得 11。

③ 拟舍弃数字的最左一位数字为 5，而右边无数字或皆为 0 时，若所保留的末位数字为奇数（1，3，5，7，9）则进 1，为偶数（2，4，6，8，0）则舍弃。

例如：若根据测量不确定度的大小需要将 1.050 修约到 1 位小数，则得 1.0。

又如：若根据测量不确定度的大小需要将 0.350 修约到 1 位小数，则得 0.4。

（2）不允许连续修约。拟修约数字应在确定修约位数后一次修约获得结果，而不得多次按前述规则连续修约。

例如：将 15.454 6 修约到个位。正确的做法：15.454 6→15；不正确的做法：15.454 6→15.455→15.46→15.5→16。

4. 未评定测量不确定度时的有效数字的取位方法

如果在实验中没有进行测量不确定度的估算，则最后结果的有效数字位数的取法如下：

（1）在乘、除运算时，结果的有效数字位数与参与运算的各量中有效数字位数最少的相同。

（2）乘方、开方、对数、指数等运算结果的有效数字位数不变。

（3）在代数和的情况下，以参与加、减的各量的末位数中量级最大的那一位为结果的末位。

【例 7－16】 用卡尺对某工件直径重复测量 3 次，得数据 15.125 mm，15.124 mm，15.127 mm。试写出其测量的最佳估计值和测量重复性。已知该卡尺的产品合格证书上标明其最大允许误差为 0.025 mm，假设测量服从三角分布（置信因子取 $\sqrt{6}$），试表示其测量结果。

解：（1）计算算术平均值：$\bar{x} = 15.125\ 3$ mm，用极差法统计得测量重复性：$\sigma = 0.001\ 8$ mm。

（2）用 A 类评定方法估计测量不确定度分量，有

$$u_1 = 0.001\ 8\ \text{mm}/\sqrt{3} \approx 0.001\ \text{mm}$$

（3）用 B 类评定方法估计测量不确定度分量，有

$$u_2 = 0.025\ \text{mm}/\sqrt{6} \approx 0.010\ \text{mm}$$

（4）求合成测量不确定度，有

$$u_c = \sqrt{0.001^2 + 0.010^2}\ \text{mm} = 0.010\ \text{mm}$$

（5）表示测量结果为

$$15.125(10)\text{mm} \ \text{或} \ (15.125 \pm 0.010)\text{mm}$$

【例 7－17】 用数字电压表在标准条件下对 10 V 直流电压进行了 10 次测量，得到 10 个数据，如表 7－10 所列。由该数字电压表的检定证书给出，其示值误差按 3 倍标准差计算为 $3.5 \times 10^{-6} \times U$（电压表示值）。同时，在进行电压测量前，对数字电压表进行了 24 h 的校准，在 10 V 点测量时，24 h 的示值稳定度不超过 $\pm 15\ \mu\text{V}$。试分析评定该 10 V 直流电压量的测量结果。

表 7-10　电压测量数据

i	V_i	i	V_i	i	V_i	i	V_i
1	10.000 107	4	10.000 111	7	10.000 121	10	10.000 094
2	10.000 103	5	10.000 091	8	10.000 101	—	—
3	10.000 097	6	10.000 108	9	10.000 110	—	—

解：（1）计算最佳估计值。10 次电压测量的算术平均值：

$$\bar{V} = \frac{1}{n}\sum_{i=1}^{n}V_i = 10.000\ 104\ \text{V}$$

（2）测量不确定度来源分析。由测量方法知，该电压测量不确定度影响的主要因素有以下几点：

① 数字电压表示值稳定度引起的不确定度 u_1；

② 数字电压表示值误差引起的不确定度 u_2；

③ 数字电压表测量重复性引起的不确定度 u_3。

此外，由于测量条件是标准条件，故温度等环境因素的影响可忽略不计。

（3）不确定度评定。根据不确定度来源的分析可知，不确定度 u_1、u_2 应采用 B 类评定方法，u_3 应采用 A 类评定方法。

① 数字电压表示值稳定度引起的不确定度 u_1。由题意知，24 小时的示值稳定度不超过 $\pm 15\ \mu\text{V}$。按均匀分布考虑，其置信因子为 $\sqrt{3}$，则得标准不确定度 u_1 为

$$u_1 = \frac{15}{\sqrt{3}}\ \mu\text{V} \approx 8.7\ \mu\text{V}$$

由于给出示值稳定度的数据可靠，按不可靠性 10% 考虑，取其自由度 $\nu_1 = 50$。

② 数字电压表示值误差引起的不确定度 u_2。由题意知，示值误差按 3 倍标准差计算为 $3.5 \times 10^{-6} \times U$（电压表示值），故在 10 V 点测量时，由其引起的标准不确定度 u_2 为

$$u_2 = \frac{3.5 \times 10^{-6} \times 10\ \text{V}}{3} = 11.7\ \mu\text{V}$$

因由检定证书给出的示值误差数据可靠，也取其自由度 $\nu_1 = 50$。

③ 电压测量重复性引起的不确定度 u_3。用贝塞尔公式计算标准差得

$$s(V) = \sqrt{\frac{1}{n-1}\sum_{i=1}^{n}(\nu_i - \bar{V})^2} = 9\ \mu\text{V}$$

算术平均值的标准差为

$$\sigma(\bar{V}) = \frac{\sigma(V)}{\sqrt{n}} = \frac{9\ \mu\text{V}}{\sqrt{10}} = 2.8\ \mu\text{V}$$

即取算术平均值为测量结果重复性引起的不确定度分量 u_3 为

$$u_3 = s(\bar{V}) = 2.8\ \mu\text{V}$$

其自由度为

$$\nu_3 = n - 1 = 9$$

（4）合成标准不确定度的计算。由于不确定度 u_1、u_2、u_3 相互独立，它们之间的相关系数为 0。根据合成标准不确定度的计算公式得

$$u_c = \sqrt{u_1^2 + u_2^2 + u_3^2} = \sqrt{8.7^2 + 11.7^2 + 2.8^2} \ \mu V \approx 15 \ \mu V$$

根据韦尔奇-萨特思韦特公式,其有效自由度为

$$\nu_{\text{eff}} = \frac{u_c^4}{\sum\limits_{i=1}^{m} \dfrac{u_i^4}{\nu_i}} = \frac{u_c^4}{\dfrac{u_1^4}{\nu_1} + \dfrac{u_2^4}{\nu_2} + \dfrac{u_3^4}{\nu_3}} = \frac{15^4}{\dfrac{8.7^4}{50} + \dfrac{11.7^4}{50} + \dfrac{2.8^4}{9}} = 97$$

(5) 扩展不确定度的计算。取置信概率为 99%,查 t 分布表得 $t_{99}(97) = 2.626$,得包含因子 $k_{99} = t_{99}(97) = 2.626$,故该电压测量结果的扩展不确定度为

$$U_{99} = k_{99} u_c = 2.626 \times 15 \ \mu V \approx 40 \ \mu V$$

(6) 测量结果报告。用数字电压表测量该直流电压的结果为

$$V = (10.000\ 104 \pm 0.000\ 040) \ V, \quad k = 2.626, \quad \nu = 97$$

思考与练习题

7-1 重复测量某小轴工件直径 10 次,得到的测量数据为 25.031, 25.037, 25.034, 25.036, 25.038, 25.037, 25.036, 25.033, 25.039, 25.034,单位为 mm。不计其他不确定度来源,试估计最佳值及其标准不确定度。

7-2 假定题 7-1 的测量问题中,还不能忽略测量用千分尺标注的最大允许误差,已知其值为 0.005 mm。如果对该误差分布的情形一无所知,则可保守地按均匀分布考虑。试估计该测量结果的标准不确定度。

7-3 将题 7-2 再改为对该小轴的直径只测 1 次,结果为 25.036 3 mm,其余条件不变,试问该测量结果的标准不确定度为多少?

7-4 在约定真值 30 t 处用检衡车检定轨道 10 次,读数为 30 t−2 kg, 30 t−5 kg, 30 t+0 kg, 30 t+0 kg, 30 t+0 kg, 30 t+10 kg, 30 t+5 kg, 30 t−15 kg, 30 t−10 kg, 30 t+15 kg。如不计其他不确定度来源,试分别用最大误差法和贝赛尔公式估计该轨道检衡车的测量标准不确定度及其自由度。

7-5 已知 $y = x_1 + x_2$,且 x_1 和 x_2 互不相关,$u(x_1) = 1.73$ mm,$u(x_2) = 1.15$ mm,试求 $u(y)$ 为多少?

7-6 已知某量含 4 个不相关的不确定度分量,其值与自由度分别如下:

$$u_1 = 10.0 \quad \nu_1 = 5, \qquad u_2 = 10.0 \quad \nu_2 = 5$$
$$u_3 = 10.0 \quad \nu_3 = 5, \qquad u_4 = 10.0 \quad \nu_4 = 5$$

求合成标准不确定度及其有效自由度。

7-7 z 是由量 x 和量 y 之和求得的,其中 x 是通过 16 次测量取算术平均值得出,y 是通过 25 次测量取算术平均值得出,它们单次处理的标准差分别为 0.2 和 0.3(单位略),试求 z 的标准不确定度及有效自由度。

7-8 测量某电路电阻 R 两端的电压 $U = 16.50(5)$ V,已知电阻 $R = 4.26(2)$ Ω,相关系数 $\rho = -0.36$,试求流经该电阻电路的电流 I 及其标准不确定度。

7-9 某校准证书说明,标称值 10 Ω 的标注电阻器的电阻 R 在 20 ℃时为 10.000 742 Ω ± 129 μΩ($p = 99\%$)。求该电阻器的标准不确定度,并说明属于哪一类评定的不确定度。

7-10　已知重复测量某圆球直径 10 次，得其最佳估计值 $d=(313.2\pm0.5)$mm。试求该圆球的面积。要求先建立测量的数学模型，分析影响测量结果的主要不确定度来源，求出不确定度分量的大小；说明评定方法的类别，求出测量结果的合成标准不确定度及其自由度，并按置信概率为 0.95 估计其扩展不确定度，最后要求正确表示测量结果。

7-11　测量某电路电阻及两端电压 U，由公式 $I=U/R$ 算出电路的电流 I。若测得 $U\pm\sigma_U=(16.50\pm0.05)$ V，$R\pm\sigma_R=(4.26\pm0.02)\Omega$，相关系数 $\rho_{UR}=-0.36$，试求电流 I 的标准不确定度。

第8章 最小二乘法

最小二乘法是一种在数据处理和误差估计中广泛应用的数学方法,是因为天文测量和大地测量的需要而产生的。200 多年来,尤其是随着现代数学和计算机技术的发展,最小二乘法已成为参数估计、数据处理、回归分析和经验公式拟合中必不可少的手段,并已形成统计推断的一种准则。本章介绍最小二乘法的基本原理、线性与非线性参数估计的最小二乘法,以及在组合测量问题及回归分析和经验公式拟合中的数据处理中的应用。

8.1 最小二乘法原理

最小二乘法的产生是为了解决从一组测量值中寻找最可信赖值的问题。对某量 x 进行测量,得到一组数据 $x_1, x_2, \cdots, x_n$。假设数据中不存在系统误差和粗大误差,且相互独立,并服从正态分布,则其标准差为 $\sigma_1, \sigma_2, \cdots, \sigma_n$。记最可信赖值为 $\bar{x}$,相应的残差为 $\upsilon_i = x_i - \bar{x}$,则测得值落入 $(x_i, x_i + \mathrm{d}x)$ 的概率为

$$p_i = \frac{1}{\sigma_i \sqrt{2\pi}} \exp\left(-\frac{\upsilon_i^2}{2\sigma_i^2}\right) \mathrm{d}x$$

根据概率乘法定理,测得值 $x_1, x_2, \cdots, x_n$ 同时出现的概率为

$$P = \prod_i p_i = \frac{1}{\prod \sigma_i (\sqrt{2\pi})^n} \exp\left[-\frac{1}{2} \sum_{i=1}^{n} \left(\frac{\upsilon_i}{\sigma_i}\right)^2\right] (\mathrm{d}x)^n$$

显然,最可信赖值应使出现的概率 P 为最大,也就是使上式中指数中的因子达到最小,即

$$\sum_{i=1}^{n} \frac{\upsilon_i^2}{\sigma_i^2} = \min$$

引入权因子 $\omega_i \propto \dfrac{1}{\sigma_i^2}$,有

$$\sum_{i=1}^{n} \omega_i \upsilon_i^2 = \min \tag{8-1}$$

特别是在相同测量条件下,即 $\omega_i \propto \dfrac{1}{\sigma_i^2} = 1$,有

$$\sum_{i=1}^{n} \upsilon_i^2 = \sum_{i=1}^{n} (x_i - \bar{x})^2 = \min \tag{8-2}$$

式(8-2)表明,测量结果的最可信赖值应在残差平方和或加权残差平方和为最小的意义下求得,其被称为最小二乘法原理,它以"最小二乘方"而得名。以上虽然是在正态分布下导出的最小二乘法,但实际上,按误差或残差平方和为最小进行统计推断已形成一种准则。

由上可见,对于正态分布,最小二乘法原理与概率论中的最大似然原理是一致的。一般地,最小二乘估计并不是参数的最大似然估计。用最大似然法作参数估计与具体的概率分布有关,大多数情况下,很难导出显式估计,且其计算量繁重,因此,常用最小二乘法来估计。

8.2　线性参数的最小二乘估计

为了获得更可靠的结果,测量次数 n 总要多于未知参数的数目 t,以使第 7 章所述的自由度 $\nu = n - t$ 尽量大些,即所得残差方程式的数目总是多于未知数的数目。因而,直接用一般解代数方程的方法是无法求解这些未知参数的。最小二乘法则可以将残差方程转化为有确定解的代数方程组(其方程数目恰好等于未知数的个数),从而可解出这些未知参数。这个有确定解的代数方程组称为最小二乘法估计的正规方程(组)。

先举一个实际测量问题的例子:

为了精密测定 1 号、2 号和 3 号电容器的电容量 x_1, x_2, x_3,进行了等权、独立、无系统误差的测量(单位略)。测得 1 号电容值 $y_1 = 0.3$,2 号电容值 $y_2 = -0.4$,1 号和 3 号并联电容值 $y_3 = 0.5$,2 号和 3 号并联电容值 $y_4 = -0.3$。y_1, y_2, y_3, y_4 是直接测得的结果,而 x_1, x_2, x_3 待求。

列出待解的数学模型:

$$x_1 = 0.3$$
$$x_2 = -0.4$$
$$x_1 + x_3 = 0.5$$
$$x_2 + x_3 = -0.3$$

这是一个超定方程组,即方程个数多于待求量个数,不存在唯一的确定解。

下面讨论线性方程组采用最小二乘法原理的求解方法。

8.2.1　正规方程组

线性测量方程组的一般形式为

$$y_i = a_{i1}x_1 + a_{i2}x_2 + \cdots + a_{it}x_t = \sum_{j=1}^{t} a_{ij}x_j, \quad i = 1, 2, \cdots, n \tag{8-3}$$

其中有 n 个直接测得量 $y_1, y_2, \cdots, y_n$,t 个待求量 $x_1, x_2, \cdots, x_t$,且 $n > t$,各 y_i 是在相同测量条件下获得的(称 y_i 是等权测量数据),无系统误差和粗大误差。

因 y_i 含有随机误差,每个测量方程并非严格成立,故有相应的测量残差方程组:

$$y_i - \sum_{j=1}^{t} a_{ij}x_j = v_i, \quad i = 1, 2, \cdots, n \tag{8-4}$$

按最小二乘法原理式(8-2),待求的 x_j 应满足:

$$\sum_{i=1}^{n} v_i^2 = \sum_{i=1}^{n} \left(y_i - \sum_{j=1}^{t} a_{ij}x_j \right)^2 = \min \tag{8-5}$$

将式(8-5)分别对 x_j 求偏导数,且令其等于 0,得到

$$\begin{cases} \sum_{i=1}^{n} a_{i1} l_i = \sum_{i=1}^{n} a_{i1} a_{i1} x_1 + \sum_{i=1}^{n} a_{i1} a_{i2} x_2 + \cdots + \sum_{i=1}^{n} a_{i1} a_{it} x_t \\[2mm] \sum_{i=1}^{n} a_{i2} l_i = \sum_{i=1}^{n} a_{i2} a_{i1} x_1 + \sum_{i=1}^{n} a_{i2} a_{i2} x_2 + \cdots + \sum_{i=1}^{n} a_{i2} a_{it} x_t \\[2mm] \qquad\qquad\qquad\qquad\qquad \vdots \\[2mm] \sum_{i=1}^{n} a_{it} l_i = \sum_{i=1}^{n} a_{it} a_{i1} x_1 + \sum_{i=1}^{n} a_{it} a_{i2} x_2 + \cdots + \sum_{i=1}^{n} a_{it} a_{it} x_t \end{cases} \tag{8-6}$$

式(8-6)即为等精度测量的线性参数最小二乘估计的正规方程组,其有如下特点:

(1) 主对角线系数是测量方程组各系数的平方和,且全部为正值;

(2) 以主对角线为对称线,其他系数关于主对角线对称,如 $\sum\limits_{i=1}^{n} a_{i1}a_{i2}x_2$ 与 $\sum\limits_{i=1}^{n} a_{i2}a_{i1}x_1$,

$\sum\limits_{i=1}^{n} a_{i2}a_{it}x_t$ 与 $\sum\limits_{i=1}^{n} a_{it}a_{i2}x_2$,等等;

(3) 方程个数等于待求量个数,有唯一解。

为便于讨论,下面借助矩阵工具给出正规方程组的矩阵形式。

记列向量:

$$\boldsymbol{y} = \begin{bmatrix} y_1 \\ y_2 \\ \vdots \\ y_n \end{bmatrix}, \quad \boldsymbol{x} = \begin{bmatrix} x_1 \\ x_2 \\ \vdots \\ x_t \end{bmatrix}, \quad \boldsymbol{v} = \begin{bmatrix} v_1 \\ v_2 \\ \vdots \\ v_n \end{bmatrix}$$

和 $n \times t$ 阶矩阵:

$$\boldsymbol{A} = \begin{bmatrix} a_{11} & a_{12} & \cdots & a_{1t} \\ a_{21} & a_{22} & \cdots & a_{2t} \\ \vdots & \vdots & & \vdots \\ a_{n1} & a_{n2} & \cdots & a_{nt} \end{bmatrix}$$

则测量方程式(8-3)可记为

$$\boldsymbol{A}\boldsymbol{x} = \boldsymbol{y} \tag{8-7}$$

测量残差方程式(8-4)记为

$$\boldsymbol{y} - \boldsymbol{A}\boldsymbol{x} = \boldsymbol{v} \tag{8-8}$$

最小二乘法原理式(8-5)记为

$$(\boldsymbol{y} - \boldsymbol{A}\boldsymbol{x})^{\mathrm{T}}(\boldsymbol{y} - \boldsymbol{A}\boldsymbol{x}) = \min \tag{8-9}$$

利用矩阵的导数及其性质,有

$$\frac{\partial}{\partial \boldsymbol{x}}(\boldsymbol{v}^{\mathrm{T}}\boldsymbol{v}) = 2\boldsymbol{A}^{\mathrm{T}}\boldsymbol{y} - 2\boldsymbol{A}^{\mathrm{T}}\boldsymbol{A}\boldsymbol{x}$$

令 $\dfrac{\partial}{\partial \boldsymbol{x}}(\boldsymbol{v}^{\mathrm{T}}\boldsymbol{v}) = 0$,有正规方程组的矩阵形式:

$$\boldsymbol{A}^{\mathrm{T}}\boldsymbol{A}\boldsymbol{x} = \boldsymbol{A}^{\mathrm{T}}\boldsymbol{y} \tag{8-10}$$

令 $\boldsymbol{A}^{\mathrm{T}}\boldsymbol{A} = \boldsymbol{C}$,得 $\boldsymbol{C}\boldsymbol{x} = \boldsymbol{A}^{\mathrm{T}}\boldsymbol{y}$,进而有正规方程组解的矩阵表达式:

$$\hat{\boldsymbol{x}} = \boldsymbol{C}^{-1}\boldsymbol{A}^{\mathrm{T}}\boldsymbol{y} \tag{8-11}$$

【例8-1】 在不同温度 t 下测量铜棒的长度 l,测量数据如表8-1所列。测量铜棒 l 值随 t 的变化呈线性关系 $l = a + bt$,试给出系数 a 和 b 的最小二乘估计。

表8-1 在不同温度下测量的铜棒长度 l 的数据

i	1	2	3	4	5	6
t_i/℃	10	20	25	30	40	45
l_i/mm	2 000.36	2 000.72	2 000.80	2 001.07	2 001.48	2 001.60

解:列出测量残差方程:

$$v_i = l_i - (a + bt_i)$$

按式（8-8），残差方程的矩阵形式为

$$v = L - Ax$$

式中：

$$v = \begin{bmatrix} v_1 \\ v_2 \\ v_3 \\ v_4 \\ v_5 \\ v_6 \end{bmatrix}, \quad L = \begin{bmatrix} l_1 \\ l_2 \\ l_3 \\ l_4 \\ l_5 \\ l_6 \end{bmatrix} = \begin{bmatrix} 2\,000.36 \\ 2\,000.72 \\ 2\,000.80 \\ 2\,001.07 \\ 2\,001.48 \\ 2\,001.60 \end{bmatrix}, \quad A = \begin{bmatrix} 1 & t_1 \\ 1 & t_2 \\ 1 & t_3 \\ 1 & t_4 \\ 1 & t_5 \\ 1 & t_6 \end{bmatrix} = \begin{bmatrix} 1 & 10 \\ 1 & 20 \\ 1 & 25 \\ 1 & 30 \\ 1 & 40 \\ 1 & 45 \end{bmatrix}, \quad x = \begin{bmatrix} a \\ b \end{bmatrix}$$

按式（8-10），得到正规方程组：

$$A^{\mathrm{T}}Ax = A^{\mathrm{T}}L$$

式中：

$$C = A^{\mathrm{T}}A = \begin{bmatrix} n & \sum_{i=1}^{6} t_i \\ \sum_{i=1}^{6} t_1 & \sum_{i=1}^{6} t_i^2 \end{bmatrix} = \begin{bmatrix} 6 & 170 \\ 170 & 5\,650 \end{bmatrix}$$

$$A^{\mathrm{T}}L = \begin{bmatrix} \sum_{i=1}^{6} l_i \\ \sum_{i=1}^{6} l_i t_i \end{bmatrix} = \begin{bmatrix} 12\,006.03 \\ 340\,201.3 \end{bmatrix}$$

即正规方程组为

$$\begin{bmatrix} 6 & 170 \\ 170 & 5\,650 \end{bmatrix} \begin{bmatrix} a \\ b \end{bmatrix} = \begin{bmatrix} 12\,006.03 \\ 340\,201.3 \end{bmatrix}$$

因此可得到

$$\hat{x} = \begin{bmatrix} a \\ b \end{bmatrix} = C^{-1}A^{\mathrm{T}}L$$

式中：

$$C^{-1} = (A^{\mathrm{T}}A)^{-1} = \begin{bmatrix} 1.13 & -0.034 \\ -0.034 & 0.001\,2 \end{bmatrix}$$

因此，

$$\begin{bmatrix} a \\ b \end{bmatrix} = \begin{bmatrix} 1.13 & -0.034 \\ -0.034 & 0.001\,2 \end{bmatrix} \begin{bmatrix} 12\,006.03 \\ 340\,201.3 \end{bmatrix} = \begin{bmatrix} 1\,999.97 \\ 0.036\,54 \end{bmatrix}$$

即得系数 a 和 b 的最小二乘估计为

$$a = 1\,999.97 \text{ mm}, \quad b = 0.036\,54 \text{ mm/℃}$$

8.2.2　不等权的正规方程组

不等权测量时，线性参数的残差方程仍与式（8-4）或式（8-8）一样，但在进行最小二乘法

处理时,要取加权残差平方和为最小,即式(8-1),其矩阵形式为

$$\boldsymbol{v}^{\mathrm{T}}\boldsymbol{\omega}\boldsymbol{v} = \min \tag{8-12}$$

或

$$(\boldsymbol{y} - \boldsymbol{A}\boldsymbol{x})^{\mathrm{T}}\boldsymbol{\omega}(\boldsymbol{y} - \boldsymbol{A}\boldsymbol{x}) = \min \tag{8-13}$$

利用矩阵的导数及其性质,得到正规方程组的矩阵形式:

$$\boldsymbol{A}^{\mathrm{T}}\boldsymbol{\omega}\boldsymbol{A}\boldsymbol{x} = \boldsymbol{A}^{\mathrm{T}}\boldsymbol{\omega}\boldsymbol{y} \tag{8-14}$$

该方程的解,即参数的最小二乘估计为

$$\hat{\boldsymbol{x}} = (\boldsymbol{A}^{\mathrm{T}}\boldsymbol{\omega}\boldsymbol{A})^{-1}\boldsymbol{A}^{\mathrm{T}}\boldsymbol{\omega}\boldsymbol{y} \tag{8-15}$$

$$\boldsymbol{\omega} = \begin{bmatrix} \omega_1 & & & \\ & \omega_2 & & \\ & & \cdots & \\ & & & \omega_n \end{bmatrix}$$

8.2.3 标准差的估计

对测量数据的最小二乘法处理,其最终结果不仅要给出待求量的最可信赖值,而且还要估计其标准差。具体内容包含两方面:一方面是估计直接测量结果 $y_1, y_2, \cdots, y_n$ 的标准差,另一方面是估计待求量 $x_1, x_2, \cdots, x_t$ 的标准差。

1. 直接测量结果的标准差估计

t 个未知量的线性测量方程组(8-3),表示以不同的线性组合方式对未知量进行测量,每一种组合方式进行 1 次独立等权测量,这样得到 n 个直接测得值 $y_1, y_2, \cdots, y_n$,视每个 y_i 的标准偏差为 σ。需对 σ 作出估计。

由式(8-4)或式(8-8)可知,直接测量值的残差为 $v_1, v_2, \cdots, v_n$。如果 v_i 服从正态分布,则 $\dfrac{\sum\limits_{i=1}^{n} v_i^2}{\sigma^2}$ 服从 $\chi^2(n-t)$ 分布,其自由度为 $n-t$。可知,该数学期望 $E\left\{\dfrac{\sum\limits_{i=1}^{n} v_i^2}{n-t}\right\} = \dfrac{(n-t)\sigma^2}{\sigma^2} = n-t$,以 s 代 σ,即有标准差为

$$s = \sqrt{\frac{\sum\limits_{i=1}^{n} v_i^2}{n-t}} \tag{8-16}$$

当 $t=1$ 时,式(8-16)变为贝塞尔公式。

不等权测量数据的标准差与等权测量数据的标准差相似,只是公式中的残余误差平方和变为加权残差平方和,故测量数据的单位权标准差为

$$s = \sqrt{\frac{\sum\limits_{i=1}^{n} \omega_i v_i^2}{n-t}} \tag{8-17}$$

【例 8-2】 试求例 8-1 中铜棒长度的测量标准差。

解:根据残差方程 $v_i = l_i - (1\,999.97 + 0.036\,54t_i)$,可求得不同温度下的残差为

$$v_1 = [2\,000.36 - (1\,999.97 + 0.036\,54 \times 10)]\,\text{mm} = 0.03\,\text{mm}$$

$$v_2 = [2\,000.72 - (1\,999.97 + 0.036\,54 \times 20)]\,\text{mm} = 0.02\,\text{mm}$$

$$v_3 = [2\,000.80 - (1\,999.97 + 0.036\,54 \times 25)]\,\text{mm} = -0.83\,\text{mm}$$

$$v_4 = [2\,001.07 - (1\,999.97 + 0.036\,54 \times 30)]\,\text{mm} = 0\,\text{mm}$$

$$v_5 = [2\,001.48 - (1\,999.97 + 0.036\,54 \times 40)]\,\text{mm} = 0.05\,\text{mm}$$

$$v_6 = [2\,001.60 - (1\,999.97 + 0.036\,54 \times 45)]\,\text{mm} = -0.02\,\text{mm}$$

根据式(8-16)可求得标准差为

$$s = \sqrt{\frac{\sum\limits_{i=1}^{6} v_i^2}{n-t}} = \sqrt{\frac{0.010\,6}{6-2}}\,\text{mm} = 0.051\,\text{mm}$$

2. 待求量的标准差估计

按照误差传播理论,估计量 $x_1, x_2, \cdots, x_t$ 的标准差取决于直接测量数据 $y_1, y_2, \cdots, y_n$ 的标准差以及建立它们之间联系的测量方程组。利用矩阵工具可以导出如下结论。

假设 $y_1, y_2, \cdots, y_n$ 为等权、独立测量数据,由式(8-11)可推导出待求量 x 的协方差为

$$DY = \begin{bmatrix} Dy_{11} & Dy_{12} & \cdots & Dy_{1n} \\ Dy_{21} & Dx_{22} & \cdots & Dy_{2n} \\ \vdots & \vdots & & \vdots \\ Dy_{n1} & Dy_{n2} & \cdots & Dy_{nn} \end{bmatrix} = E(Y - EY)(Y - EY)^{\mathrm{T}}$$

式中:Dy_{ii}——y_i 的方差,其中,$Dy_{ii} = E(y_i - Ey_i)(y_i - Ey_i) = \sigma_i^2, i = 1, 2, \cdots, n$。

Dy_{ij}——y_i 和 y_j 的协方差,其中,$Dy_{ij} = E(y_i - Ey_i)(y_j - Ey_j) = \rho_{ij}\sigma_i\sigma_j, i = 1, 2, \cdots, n; j = 1, 2, \cdots, n; i \neq j$。

若 $y_1, y_2, \cdots, y_n$ 为等精度测量结果且相互独立,即 $\sigma_1 = \sigma_2 = \cdots = \sigma_n = \sigma$,相关系数 $\rho_{ij} = 0$ 则有

$$DY = \begin{bmatrix} \sigma^2 & 0 & \cdots & 0 \\ 0 & \sigma^2 & \cdots & 0 \\ \vdots & \vdots & & \vdots \\ 0 & 0 & \cdots & \sigma^2 \end{bmatrix}$$

求得的估计量 $\hat{X} = (A^{\mathrm{T}}A)^{-1}A^{\mathrm{T}}Y$ 的协方差为

$$\begin{aligned} D\hat{X} &= E(\hat{X} - E\hat{X})(\hat{X} - E\hat{X})^{\mathrm{T}} \\ &= (A^{\mathrm{T}}A)^{-1}A^{\mathrm{T}}E(Y - EY)(Y - EY)^{\mathrm{T}}[(A^{\mathrm{T}}A)^{-1}A^{\mathrm{T}}]^{\mathrm{T}} \\ &= (A^{\mathrm{T}}A)^{-1}A^{\mathrm{T}}DYA(A^{\mathrm{T}}A)^{-1} \\ &= (A^{\mathrm{T}}A)^{-1}A^{\mathrm{T}}\sigma^2 IA(A^{\mathrm{T}}A)^{-1} \\ &= (A^{\mathrm{T}}A)^{-1}\sigma^2 \\ &= C^{-1}\sigma^2 \end{aligned}$$

式中:

$$C^{-1} = (A^{\mathrm{T}}A)^{-1} = \begin{bmatrix} d_{11} & d_{12} & \cdots & d_{1t} \\ d_{21} & d_{22} & \cdots & d_{2t} \\ \vdots & \vdots & & \vdots \\ d_{t1} & d_{t2} & \cdots & d_{tt} \end{bmatrix} \qquad (8-19)$$

待求量 x_j 的标准差为

$$\sigma_{xj} = \sigma \sqrt{d_{jj}}, \quad j = 1, 2, \cdots, t \qquad (8-20)$$

矩阵 $(\boldsymbol{A}^{\mathrm{T}}\boldsymbol{A})^{-1}$ 中对角元素 d_{jj} 就是误差传播系数,乘以 s 或 σ 后即为待求量 x_j 的标准差。

待求量 x_i 与 x_j 的相关系数:

$$\rho_{ij} = \frac{d_{ij}}{\sqrt{d_{ii}d_{jj}}}, \quad i, j = 1, 2, \cdots, t \qquad (8-21)$$

综上所述,可按式(8-11)求得测量方程组的最小二乘解,再用式(8-19)和式(8-20)求出解的标准差。

【例 8-3】 试求例 8-1 中估计量 a 和 b 的标准差。

解:由例 8-2 已求得测量数据 l_i 的标准差为

$$s = \sigma = 0.051 \text{ mm}$$

并由例 8-1 求得 $(\boldsymbol{A}^{\mathrm{T}}\boldsymbol{A})^{-1}$ 的对角系数:

$$d_{11} = 1.13, \quad d_{22} = 0.001\,2$$

则按式(8-20)可得估计量 a 和 b 的标准差分别为

$$\sigma_a = \sigma \sqrt{d_{11}} = 0.051 \sqrt{1.13} \text{ mm} = 0.054 \text{ mm}$$

$$\sigma_b = \sigma \sqrt{d_{22}} = 0.051 \sqrt{0.001\,2} \text{ mm/℃} = 0.001\,8 \text{ mm/℃}$$

由式(8-21)还可求得估计量 a 和 b 之间的相关系数:

$$\rho = \frac{d_{12}}{\sqrt{d_{11}d_{22}}} = \frac{-0.034}{\sqrt{1.13}\sqrt{0.001\,2}} = -0.923\,3$$

可见,a 和 b 是高度线性相关的。

【例 8-4】 为了精密测定 1 号、2 号和 3 号电容器的电容量 x_1, x_2, x_3,进行了等权、独立、无系统误差的测量。测得 1 号电容值 $y_1 = 0.3$,2 号电容值 $y_2 = -0.4$,1 号和 3 号并联电容值 $y_3 = 0.5$,2 号和 3 号并联电容值 $y_4 = -0.3$。试用最小二乘法求 x_1, x_2, x_3 及其标准偏差。(单位略)

解:列出测量残差方程组:

$$v_1 = 0.3 - x_1$$
$$v_2 = -0.4 - x_2$$
$$v_3 = 0.5 - (x_1 + x_3)$$
$$v_4 = -0.3 - (x_2 + x_3)$$

按式(8-8),上式可写成以下矩阵形式:

$$\boldsymbol{y} - \boldsymbol{A}\boldsymbol{x} = \boldsymbol{v}$$

式中:

$$\boldsymbol{y} = \begin{bmatrix} 0.3 \\ -0.4 \\ 0.5 \\ -0.3 \end{bmatrix}, \quad \boldsymbol{A} = \begin{bmatrix} 1 & 0 & 0 \\ 0 & 1 & 0 \\ 1 & 0 & 1 \\ 0 & 1 & 1 \end{bmatrix}, \quad \boldsymbol{v} = \begin{bmatrix} v_1 \\ v_2 \\ v_3 \\ v_4 \end{bmatrix}$$

其正规方程组为

$$A^{\mathrm{T}}Ax = A^{\mathrm{T}}y$$

式中：

$$C = A^{\mathrm{T}}A = \begin{bmatrix} 1 & 0 & 1 & 0 \\ 0 & 1 & 0 & 1 \\ 0 & 0 & 1 & 1 \end{bmatrix}\begin{bmatrix} 1 & 0 & 0 \\ 0 & 1 & 0 \\ 1 & 0 & 1 \\ 0 & 1 & 1 \end{bmatrix} = \begin{bmatrix} 2 & 0 & 1 \\ 0 & 2 & 1 \\ 1 & 1 & 2 \end{bmatrix}$$

$$A^{\mathrm{T}}y = \begin{bmatrix} 1 & 0 & 1 & 0 \\ 0 & 1 & 0 & 1 \\ 0 & 0 & 1 & 1 \end{bmatrix}\begin{bmatrix} 0.3 \\ -0.4 \\ 0.5 \\ -0.3 \end{bmatrix} = \begin{bmatrix} 0.8 \\ -0.7 \\ 0.2 \end{bmatrix}$$

则正规方程组为

$$\begin{bmatrix} 2 & 0 & 1 \\ 0 & 2 & 1 \\ 1 & 1 & 2 \end{bmatrix}\begin{bmatrix} x_1 \\ x_2 \\ x_3 \end{bmatrix} = \begin{bmatrix} 0.8 \\ -0.7 \\ 0.2 \end{bmatrix}$$

从而解出

$$\hat{x} = C^{-1}A^{\mathrm{T}}y$$

式中：

$$C^{-1} = \begin{bmatrix} 0.750 & 0.250 & -0.500 \\ 0.250 & 0.750 & -0.500 \\ -0.500 & -0.500 & 1.000 \end{bmatrix}$$

因此，

$$\hat{x} = \begin{bmatrix} 0.750 & 0.250 & -0.500 \\ 0.250 & 0.750 & -0.500 \\ -0.500 & -0.500 & 1.000 \end{bmatrix}\begin{bmatrix} 0.8 \\ -0.7 \\ 0.2 \end{bmatrix} = \begin{bmatrix} 0.325 \\ -0.425 \\ 0.150 \end{bmatrix}$$

即

$$\hat{x}_1 = 0.325, \quad \hat{x}_2 = -0.425, \quad \hat{x}_3 = 0.150$$

代入残差方程组，计算

$$v_1 = -v_2 = -v_3 = v_4 = -0.025$$

$$v_1^2 + v_2^2 + v_3^2 + v_4^2 = 0.002\,5$$

按式（8 - 16），求出

$$s = \sqrt{\frac{0.002\,5}{4-3}} = 0.05$$

$(A^{\mathrm{T}}A)^{-1}$ 的对角线系数为

$$d_{11} = 0.75, \quad d_{22} = 0.75, \quad d_{33} = 1$$

按式（8 - 20），求出

$$\sigma_{x1} = 0.043\,3, \quad \sigma_{x2} = 0.043\,3, \quad \sigma_{x3} = 0.050$$

最后，得 1 号、2 号和 3 号电容器的精密电容值分别为

$$x_1 = 0.325(043), \quad x_2 = -0.425(043), \quad x_3 = 0.150(050)$$

8.3 用最小二乘法解决组合测量问题

所谓组合测量（combined measurement），是指直接测量一组被测量的不同组合值，并从它们相互依赖的若干函数关系中，确定出各被测量的最佳估计值。组合测量的问题常采用最小二乘法解决，8.2 节所举精密测量电容值的问题就是一例。本节再介绍几个实例，以进一步说明组合测量方法的特点。

【例 8-5】 已知用组合测量法测得如图 8-1 所示刻线间隙的各种组合量为

$$L_1 = 1.015, \quad L_2 = 0.985, \quad L_3 = 1.020$$
$$L_4 = 2.016, \quad L_5 = 1.981, \quad L_6 = 3.032$$

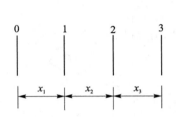
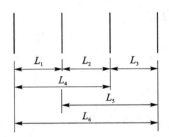

图 8-1　组合法测量丝纹尺间距

要求检定丝纹尺 0,1,2,3 刻线间的距离 x_1, x_2, x_3。

解：按式（8-4）列出残差方差组：

$$v_1 = L_1 - x_1$$
$$v_2 = L_2 - x_2$$
$$v_3 = L_3 - x_3$$
$$v_4 = L_4 - (x_1 + x_2)$$
$$v_5 = L_5 - (x_2 + x_3)$$
$$v_6 = L_6 - (x_1 + x_2 + x_3)$$

根据矩阵形式（8-8），上式可以表示为

$$\boldsymbol{v} = \boldsymbol{L} - \boldsymbol{A}\boldsymbol{x}$$

式中：

$$\boldsymbol{v} = \begin{bmatrix} v_1 \\ v_2 \\ v_3 \\ v_4 \\ v_5 \\ v_6 \end{bmatrix}, \quad \boldsymbol{L} = \begin{bmatrix} L_1 \\ L_2 \\ L_3 \\ L_4 \\ L_5 \\ L_6 \end{bmatrix} = \begin{bmatrix} 1.015 \\ 0.985 \\ 1.020 \\ 2.016 \\ 1.981 \\ 3.032 \end{bmatrix}, \quad \boldsymbol{A} = \begin{bmatrix} 1 & 0 & 0 \\ 0 & 1 & 0 \\ 0 & 0 & 1 \\ 1 & 1 & 0 \\ 0 & 1 & 1 \\ 1 & 1 & 1 \end{bmatrix}, \quad \boldsymbol{x} = \begin{bmatrix} x_1 \\ x_2 \\ x_3 \end{bmatrix}$$

由式（8-11）可得

$$\hat{\boldsymbol{x}} = \boldsymbol{C}^{-1}\boldsymbol{A}^{\mathrm{T}}\boldsymbol{L} = (\boldsymbol{A}^{\mathrm{T}}\boldsymbol{A})^{-1}\boldsymbol{A}^{\mathrm{T}}\boldsymbol{L}$$

式中：

$$\boldsymbol{C} = \begin{bmatrix} 1 & 0 & 0 & 1 & 0 & 1 \\ 0 & 1 & 0 & 1 & 1 & 1 \\ 0 & 0 & 1 & 0 & 1 & 1 \end{bmatrix} \begin{bmatrix} 1 & 0 & 0 \\ 0 & 1 & 0 \\ 0 & 0 & 1 \\ 1 & 1 & 0 \\ 0 & 1 & 1 \\ 1 & 1 & 1 \end{bmatrix} = \begin{bmatrix} 3 & 2 & 1 \\ 2 & 4 & 2 \\ 1 & 2 & 3 \end{bmatrix}$$

$$\boldsymbol{C}^{-1} = \begin{bmatrix} 0.500 & -0.250 & 0 \\ -0.250 & 0.500 & -0.250 \\ 0 & -0.250 & 0.500 \end{bmatrix}$$

$$\boldsymbol{A}^{\mathrm{T}}\boldsymbol{L} = \begin{bmatrix} 1 & 0 & 0 & 1 & 0 & 1 \\ 0 & 1 & 0 & 1 & 1 & 1 \\ 0 & 0 & 1 & 0 & 1 & 1 \end{bmatrix} \begin{bmatrix} 1.015 \\ 0.985 \\ 1.020 \\ 2.016 \\ 1.981 \\ 3.032 \end{bmatrix} = \begin{bmatrix} 6.063 \\ 8.014 \\ 6.033 \end{bmatrix}$$

因此，

$$\hat{\boldsymbol{x}} = \begin{bmatrix} 0.500 & -0.250 & 0 \\ -0.250 & 0.500 & -0.250 \\ 0 & -0.250 & 0.500 \end{bmatrix} \begin{bmatrix} 6.063 \\ 8.014 \\ 6.033 \end{bmatrix} = \begin{bmatrix} 1.028 \\ 0.983 \\ 1.013 \end{bmatrix}$$

即有解

$$x_1 = 1.028, \quad x_2 = 0.983, \quad x_3 = 1.013$$

现在求出上述估计的标准差，代入残差方程组可得

$$v_1 = L_1 - x_1 = 1.015 - 1.028 = -0.013$$

$$v_2 = L_2 - x_2 = 0.985 - 0.983 = 0.002$$

$$v_3 = L_3 - x_3 = 1.020 - 1.013 = 0.007$$

$$v_4 = L_4 - (x_1 + x_2) = 2.016 - (1.028 + 0.983) = 0.005$$

$$v_5 = L_5 - (x_2 + x_3) = 1.981 - (0.983 + 1.013) = -0.015$$

$$v_6 = L_6 - (x_1 + x_2 + x_3) = 3.032 - (1.028 + 0.983 + 1.013) = 0.008$$

$$[v^2] = v_1^2 + v_2^2 + v_3^2 + v_4^2 + v_5^2 + v_6^2 = 0.000\ 536$$

按式(8-16)求出

$$s = \sqrt{\frac{0.000\ 536}{6 - 3}} = 0.013$$

上面已求出 $\boldsymbol{C}^{-1} = (\boldsymbol{A}^{\mathrm{T}}\boldsymbol{A})^{-1}$ 的对角线系数：

$$d_{11} = 0.5, \quad d_{22} = 0.5, \quad d_{33} = 0.5$$

按式(8-20)求出

$$\sigma_{x1} = 0.010, \quad \sigma_{x2} = 0.010, \quad \sigma_{x3} = 0.010$$

最后得

$$x_1 = 1.028, \quad x_2 = 0.983, \quad x_3 = 1.013$$

下面着重说明组合测量方法的优点。

本例对刻度间隔 x_1,x_2 和 x_3 采用组合测量法(见图 8-1 右图),总共测量 6 次。若不采用组合测量,按每刻度间隔重复测量 3 次计,共需进行 9 次测量,比组合测量法多测 3 次。如果待检定的刻度间隔远多于 3 次,那么可以类似分析得出,采用组合测量法可以大大减少测量次数,从而提高测量的工作效率。

本例测量方程的个数是 6,待求量的个数是 3。假设 $v_1=v_2=\cdots=v_6=v$,按式(8-16)有 $s^2\approx2v^2$。如果测量方程减少为 4 个,那么有 $s^2\approx4v^2$。如果两种情形的误差传播系数 d_{jj} 相近,那么,按式(8-20)估计 σ^2_{xj},前者比后者小一半。这说明,增加组合测量的个数,往往可以提高测量结果的准确度。这与增加重复测量次数、提高测量准确度的结论是一致的。

【例 8-6】 测量平面三角形的 3 个角,得 $A=48°5'36''$,$B=60°25'24''$,$C=70°42'7''$。假设各测量值的权分别为 $1,2,3$,求 A,B,C 的最佳估计值。

解:本例有一个约束条件:

$$A+B+C=180°$$

这类约束条件容易消去,只要将 $C=180°-A-B$ 代入即可。

另外,在计算过程中将(°)、(′)、(″)统一化成(°)来计算(计算过程中单位略),列出不等权的测量方程组:

$$A=48.093\,3, \qquad \boldsymbol{\omega}_1=1$$
$$B=60.423\,3, \qquad \boldsymbol{\omega}_2=2$$
$$A+B=109.298, \qquad \boldsymbol{\omega}_3=3$$

其残差方程的矩阵形式为

$$\boldsymbol{y}-\boldsymbol{Q}\boldsymbol{x}=\boldsymbol{v}$$

式中:

$$\boldsymbol{Q}=\begin{bmatrix}1&0\\0&1\\1&1\end{bmatrix}, \quad \boldsymbol{y}=\begin{bmatrix}48.093\,3\\60.423\,3\\109.298\end{bmatrix}, \quad \boldsymbol{x}=\begin{bmatrix}A\\B\end{bmatrix}$$

按式(8-14),不等权的正规方程组为

$$\boldsymbol{Q}^{\mathrm{T}}\boldsymbol{\omega}\boldsymbol{Q}\boldsymbol{x}=\boldsymbol{Q}^{\mathrm{T}}\boldsymbol{\omega}\boldsymbol{y}$$

式中:

$$\boldsymbol{\omega}=\begin{bmatrix}\omega_1&&\\&\omega_2&\\&&\omega_3\end{bmatrix}=\begin{bmatrix}1&&\\&2&\\&&3\end{bmatrix}$$

$$\boldsymbol{Q}^{\mathrm{T}}\boldsymbol{\omega}\boldsymbol{Q}=\begin{bmatrix}1&0&1\\0&1&1\end{bmatrix}\begin{bmatrix}1&&\\&2&\\&&3\end{bmatrix}\begin{bmatrix}1&0\\0&1\\1&1\end{bmatrix}=\begin{bmatrix}4&3\\3&5\end{bmatrix}$$

$$\boldsymbol{Q}^{\mathrm{T}}\boldsymbol{\omega}\boldsymbol{y}=\begin{bmatrix}375.987\,3\\448.740\,6\end{bmatrix}$$

得到正规方程组

$$\begin{bmatrix}4&3\\3&5\end{bmatrix}\begin{bmatrix}A\\B\end{bmatrix}=\begin{bmatrix}375.987\,3\\448.740\,6\end{bmatrix}$$

因此,

$$\hat{x} = (Q^T \omega Q)^{-1} Q^T \omega y$$

$$= \begin{bmatrix} 0.454\ 5 & -0.272\ 7 \\ -0.272\ 7 & 0.363\ 6 \end{bmatrix} \begin{bmatrix} 375.987\ 3 \\ 448.740\ 6 \end{bmatrix} = \begin{bmatrix} 48.519\ 5 \\ 60.636\ 4 \end{bmatrix}$$

即

$$A = 48.519\ 5, \quad B = 60.636\ 4$$

代入残差方程组，计算得

$$v_1 = 48.093\ 3 - 48.519\ 5 = -0.426\ 2$$

$$v_2 = 60.423\ 3 - 60.636\ 4 = -0.213\ 1$$

$$v_3 = 109.298 - (48.519\ 5 + 60.636\ 4) = 0.142\ 1$$

$$\omega_1 v_1^2 + \omega_2 v_2^2 + \omega_3 v_3^2 = 0.333\ 0$$

由式(8-17)，得到测量数据的单位权标准差为

$$s = \sqrt{\frac{[\omega v^2]}{n-t}} = \sqrt{\frac{0.333\ 0}{3-2}} = 0.577\ 1$$

上面已求出 $(Q^T w Q)^{-1}$ 的对角线系数为

$$d_{11} = 0.454\ 5, \quad d_{22} = 0.363\ 6$$

由式(8-20)得

$$\sigma_A = \sqrt{d_{11}}\, s = 0.262\ 3, \quad \sigma_B = \sqrt{d_{22}}\, s = 0.209\ 8, \quad \sigma_C = \sqrt{\sigma_A^2 + \sigma_B^2} = 0.335\ 9$$

最后得

$$A = 48.519\ 5(0.262\ 3), \quad B = 60.636\ 4(0.209\ 8), \quad C = 70.844\ 1(0.335\ 9)$$

即

$$A = 48°31'10''(15'44''), \quad B = 60.°38'11''(12'35''), \quad C = 70°50'39''(20'9'')$$

【例 8-7】　在例 8-6 中，若假设为等权测量，求 A, B, C 的最佳估计值。

解：残差方程组与例 8-6 相同，即

$$y - Qx = v$$

按式(8-10)，其正规方程组与例 8-6 不同，即

$$Q^T Q x = Q^T y$$

式中：

$$Q^T Q = \begin{bmatrix} 1 & 0 & 1 \\ 0 & 1 & 1 \end{bmatrix} \begin{bmatrix} 1 & 0 \\ 0 & 1 \\ 1 & 1 \end{bmatrix} = \begin{bmatrix} 2 & 1 \\ 1 & 2 \end{bmatrix}$$

$$Q^T y = \begin{bmatrix} 157.391\ 3 \\ 169.721\ 3 \end{bmatrix}$$

得到正规方程组

$$\begin{bmatrix} 2 & 1 \\ 1 & 2 \end{bmatrix} \begin{bmatrix} A \\ B \end{bmatrix} = \begin{bmatrix} 157.391\ 3 \\ 169.721\ 3 \end{bmatrix}$$

因此，

$$\hat{x} = (Q^T Q)^{-1} Q^T y$$

$$= \frac{1}{3} \begin{bmatrix} 2 & -1 \\ -1 & 2 \end{bmatrix} \begin{bmatrix} 157.391\ 3 \\ 169.721\ 3 \end{bmatrix} = \begin{bmatrix} 48.353\ 8 \\ 60.683\ 8 \end{bmatrix}$$

即
$$A = 48.353\ 8, \quad B = 60.683\ 8$$

代入残差方程组,计算得
$$\upsilon_1 = 48.093\ 3 - 48.353\ 8 = -0.260\ 5$$
$$\upsilon_2 = 60.423\ 3 - 60.683\ 8 = -0.260\ 5$$
$$\upsilon_3 = 109.298 - (48.353\ 8 + 60.683\ 8) = 0.206\ 5$$
$$\upsilon_1^2 + \upsilon_2^2 + \upsilon_3^2 = 0.203\ 5$$

由式(8-17),得到测量数据的单位权标准差为
$$s = \sqrt{\frac{[\upsilon^2]}{n-t}} = \sqrt{\frac{0.203\ 5}{3-2}} = 0.451\ 1$$

上面已求出 $(\mathbf{Q}^{\mathrm{T}}\mathbf{Q})^{-1}$ 的对角线系数为
$$d_{11} = \frac{2}{3}, \quad d_{22} = \frac{2}{3}$$

由式(8-20)得
$$\sigma_A = \sigma_B = \sqrt{d_{11}}\, s = 0.300\ 8, \quad \sigma_c = \sqrt{\sigma_A^2 + \sigma_B^2} = 0.425\ 3$$

最后得
$$A = 48.353\ 8(0.300\ 8), \quad B = 60.683\ 8(0.300\ 8), \quad C = 70.962\ 4(0.452\ 3)$$

即
$$A = 48°21'13''(18'2''), \quad B = 60°41'1''(18'2''), \quad C = 70°57'44''(27'8'')$$

8.4 非线性参数的最小二乘估计

在例 8-4 中,如果除了进行 4 次测量外,又对 1 号和 2 号电容器的串联电容 $x_1 x_2/(x_1 + x_2)$ 进行测量,测得 y_5,方差仍为 σ^2,那么如何处理呢?简单的办法是把它线性化。所谓线性化,就是在未知量的附近,按泰勒级数展开取一次项,然后按线性参数最小二乘法进行迭代求解。线性化的具体步骤如下:

设测量残差方程组为
$$y_i = \varphi_i(x_1, x_2, \cdots, x_t) + \upsilon_i \tag{8-22}$$

取 x_j 的初始近似值 $x_j^{(0)}$,记
$$\varepsilon_j = x_j - x_j^{(0)} \tag{8-23}$$

则有
$$y_i = \varphi_i(x_1, x_2, \cdots, x_t) + \upsilon_i = \varphi_i(x_1^{(0)}, x_2^{(0)}, \cdots, x_t^{(0)}) + \left.\frac{\partial \varphi_i}{\partial x_1}\right|_c \varepsilon_1 + \cdots + \left.\frac{\partial \varphi_i}{\partial x_t}\right|_c \varepsilon_t + \upsilon_i$$

令
$$y_i' = y_i - \varphi_i(x_1^{(0)}, x_2^{(0)}, \cdots, x_t^{(0)}) \tag{8-24}$$

$$a_{i1} = \left.\frac{\partial \varphi_i}{\partial x_1}\right|_{x_1^{(0)}}, \quad a_{i2} = \left.\frac{\partial \varphi_i}{\partial x_2}\right|_{x_2^{(0)}}, \quad \cdots, a_{it} = \left.\frac{\partial \varphi_i}{\partial x_t}\right|_{x_t^{(0)}} \tag{8-25}$$

于是,得线性化残差方程组
$$y_i' = a_{i1}\varepsilon_1 + a_{i2}\varepsilon_2 + \cdots + a_{it}\varepsilon_t + \upsilon_i \tag{8-26}$$

按线性参数最小二乘法解得 ε_j，代入式$(8-23)$得 $x_j^{(1)}$，按式$(8-23)$～式$(8-26)$进行反复迭代求解，直至 ε_j 符合精度要求为止。

　　【例 8 - 8】　在例 $8-4$ 的基础上，再增加一次测量串联电容 $x_1 x_2/(x_1+x_2)$，测得 $y_5 = 0.14$。试用最小二乘法求 x_1,x_2,x_3 及其标准偏差。

　　解：先列出测量方程组：

$$x_1 = 0.3$$
$$x_2 = -0.4$$
$$x_1 + x_3 = 0.5$$
$$x_2 + x_3 = -0.3$$
$$\frac{x_1 x_2}{x_1 + x_2} = 0.14$$

这里

$$\varphi_1(x_1,x_2,x_3) = x_1, \quad \varphi_2(x_1,x_2,x_3) = x_2, \quad \varphi_3(x_1,x_2,x_3) = x_2 + x_3,$$
$$\varphi_4(x_1,x_2,x_3) = x_2 + x_3, \quad \varphi_5(x_1,x_2,x_3) = \frac{x_1 x_2}{(x_1 + x_2)}$$

对前 4 个线性测量方程组按例 $8-5$ 求出解，作为初次近似解，有

$$x_1^{(0)} = 0.325, \quad x_2^{(0)} = -0.425, \quad x_3^{(0)} = 0.150$$

在 $(0.325, -0.425, 0.150)$ 附近，取泰勒级数展开的一阶近似，有

$$y_1' = y_1 - \varphi_1(x_1^{(0)}, x_2^{(0)}, x_3^{(0)}) = 0.3 - 0.325 = -0.025$$
$$a_{11} = \frac{\partial \varphi_1}{\partial x_1} = 1, \quad a_{12} = \frac{\partial \varphi_1}{\partial x_2} = 0, \quad a_{13} = \frac{\partial \varphi_1}{\partial x_3} = 0$$
$$y_2' = y_2 - \varphi_2(x_1^{(0)}, x_2^{(0)}, x_3^{(0)}) = -0.4 - (-0.425) = 0.025$$
$$a_{21} = \frac{\partial \varphi_2}{\partial x_1} = 0, \quad a_{22} = \frac{\partial \varphi_2}{\partial x_2} = 1, \quad a_{23} = \frac{\partial \varphi_2}{\partial x_3} = 0$$
$$y_3' = y_3 - \varphi_3(x_1^{(0)}, x_2^{(0)}, x_3^{(0)}) = 0.5 - (0.325 + 0.150) = 0.025$$
$$a_{31} = \frac{\partial \varphi_3}{\partial x_1} = 1, \quad a_{32} = \frac{\partial \varphi_3}{\partial x_2} = 0, \quad a_{33} = \frac{\partial \varphi_3}{\partial x_3} = 1$$
$$y_4' = y_4 - \varphi_4(x_1^{(0)}, x_2^{(0)}, x_3^{(0)}) = -0.3 - (-0.425 + 0.150) = -0.025$$
$$a_{41} = \frac{\partial \varphi_4}{\partial x_1} = 0, \quad a_{42} = \frac{\partial \varphi_4}{\partial x_2} = 1, \quad a_{43} = \frac{\partial \varphi_4}{\partial x_3} = 1$$
$$y_5' = y_5 - \varphi_5(x_1^{(0)}, x_2^{(0)}, x_3^{(0)}) = 0.14 - \left(\frac{-0.325 \times 0.425}{0.325 - 0.100} \right) = -1.241\,25$$
$$a_{51} = \frac{\partial \varphi_5}{\partial x_1} = \frac{x_2^2}{(x_1 + x_2)^2} = 18.062\,5, \quad a_{52} = \frac{\partial \varphi_5}{\partial x_2} = \frac{x_1^2}{(x_1 + x_2)^2} = 10.562\,5$$
$$a_{53} = \frac{\partial \varphi_5}{\partial x_3} = 0$$

写出线性化残差方程组：

$$\begin{bmatrix} 1 & 0 & 0 \\ 0 & 1 & 0 \\ 1 & 0 & 1 \\ 0 & 1 & 1 \\ 18.062\,5 & 10.562\,5 & 0 \end{bmatrix} \begin{bmatrix} \varepsilon_1 \\ \varepsilon_2 \\ \varepsilon_3 \end{bmatrix} = \begin{bmatrix} -0.025 - \upsilon_1 \\ +0.025 - \upsilon_2 \\ +0.025 - \upsilon_3 \\ -0.025 - \upsilon_4 \\ -1.241\,25 - \upsilon_5 \end{bmatrix}$$

按式(8-10),整理得正规方程组:

$$\begin{bmatrix} 328.254 & 190.785 & 1 \\ 190.785 & 113.566 & 1 \\ 1 & 1 & 2 \end{bmatrix} \begin{bmatrix} \varepsilon_1 \\ \varepsilon_2 \\ \varepsilon_3 \end{bmatrix} = \begin{bmatrix} -22.420\,1 \\ -13.117 \\ 0 \end{bmatrix}$$

解出

$$\varepsilon_1 = -0.047\,3, \quad \varepsilon_2 = -0.036\,3, \quad \varepsilon_3 = 0.041\,8$$

取 x_j 的二次近似值:

$$x_1^{(1)} = x_1^{(0)} + \varepsilon_1 = 0.277\,7, \quad x_2^{(1)} = -0.461\,3, \quad x_3^{(1)} = 0.191\,8$$

重复上述过程再求出 $\varepsilon_1, \varepsilon_2$ 和 ε_3。

依次迭代结果如表8-2所列。由表可见,经过6次迭代,精度已达 10^{-3},满足要求后即可结束迭代。

表 8-2 依次迭代结果

迭代次数	ε_1	ε_2	ε_3	x_1	x_2	x_3
0	0	0	0	0.325	−0.425	0.150
1	−0.047 3	−0.036 3	0.041 8	0.278	−0.461	0.192
2	−0.071 3	−0.037 3	0.054 3	0.206	−0.499	0.246
3	−0.047 2	−0.055 5	0.026 4	0.159	−0.504	0.273
4	0.001 98	0.001 05	0.006 28	0.161	−0.494	0.266
5	−0.001 13	−0.001 42	−0.001 27	0.160	−0.495	0.268
6	0.000 315	0.000 419	0.000 367	0.160	−0.495	0.267

思考与练习题

8-1 已知测量方程如下:

$$y_1 = x_1$$
$$y_2 = x_2$$
$$y_3 = x_1 + x_2$$

y_1, y_2, y_3 的测量结果分别为 $l_1 = 5.26$ mm, $l_2 = 4.94$ mm, $l_3 = 10.14$ mm。试给出 x_1, x_2 的最小二乘估计及标准偏差。

8-2 已知残差方程如下:

$$10.013 - x_1 = \upsilon_1$$
$$10.010 - x_2 = \upsilon_2$$

$$10.002 - x_3 = v_3$$
$$0.004 - (x_1 - x_2) = v_4$$
$$0.008 - (x_1 - x_3) = v_5$$
$$0.006 - (x_2 - x_3) = v_6$$

求解未知量 x_1, x_2, x_3,并给出标准偏差。

8-3 共有 4 块水晶,其平面度偏差为 x_1, x_2, x_3, x_4,今对 $x_1 + x_2, x_1 + x_3, x_1 + x_4,$ $x_2 + x_3, x_2 + x_4, x_3 + x_4$ 各个组合量进行测量,得对应的值为 $l_{12} = 0.12, l_{13} = 0.35, l_{14} = 0.15, l_{23} = -0.15, l_{24} = -0.13, l_{34} = 0.13$,单位略。求平面度偏差及其误差。

8-4 试用 $x - 3y = -5.6, 4x + y = 8.1, 2x - y = 0.5$ 的 3 个测量方程求 x, y 的最小二乘法处理结果及其精度。

8-5 不等权测量的方程组如下:
$$x - 3y = -5.6, \quad \omega_1 = 1; \quad 4x + y = 8.1, \omega_2 = 2; \quad 2x - y = 0.5, \quad \omega_3 = 3$$
试求 x, y 的最小二乘解及相应的标准差。

8-6 将下面的非线性误差方程组化为线性形式,并给出未知参数的最小二乘解及其相应的标准差。
$$V_1 = 5.13 - X_1, \quad V_3 = 13.21 - (X_1 - X_2)$$
$$V_2 = 5.13 - X_2, \quad V_4 = 3.01 - \frac{X_1 X_2}{X_1 + X_2}$$

8-7 已知不等精度测量的单位权标准差为 $\sigma = 0.004$,正规方程为
$$33x_1 + 32x_2 = 70.184$$
$$23x_1 + 117x_2 = 111.994$$
试求出 x_1 和 x_2 的最小二乘法处理及其相应精度。

8-8 测得电容 $C_1 = 2.105 \ \mu\text{F}, C_2 = 1.008 \ \mu\text{F}$ 以及二电容并联值 $C_1 + C_2 = 3.121 \ \mu\text{F}$,求电容 C_1 和 C_2 的最小二乘估计及其标准差。

8-9 测得电容(单位略)$C_1 = 0.207\ 1, C_2 = 0.205\ 6$ 以及二电容并联和串联值 $C_1 + C_2 = 0.411\ 1, \frac{C_1 C_2}{C_1 + C_2} = 0.103\ 5$,求电容 C_1 和 C_2 的最小二乘估计及其标准差。

8-10 测得 3 个电阻的组合值(单位略)如下:
$$R_1 = 10.0, \quad R_2 = 20.2, \quad R_3 = 30.4$$
$$R_1 + R_2 = 30.2, \quad R_1 + R_3 = 40.2, \quad R_2 + R_3 = 50.6$$
$$\frac{R_1 R_2}{R_1 + R_2} = 6.8, \quad \frac{R_1 R_3}{R_1 + R_3} = 77, \quad \frac{R_2 R_3}{R_2 + R_3} = 12.1$$
$$\frac{R_1 R_2 R_3}{R_1 R_2 + R_1 R_3 + R_2 R_3} = 5.5$$
试列出线性化测量方程组。

8-11 对 4 个砝码之差 $x_1 - x_2, x_1 - x_3, x_1 - x_4, x_2 - x_3, x_2 - x_4, x_3 - x_4$ 进行等权、独立地测量,得值分别为 $l_{12} = 69.5, l_{13} = 4.4, l_{14} = 28.3, l_{23} = -64.4, l_{24} = -42.1, l_{34} = 21.9$。已知 1 号砝码值 $x_1 = 35.3 \ \mu\text{g}$,求 2,3,4 号砝码的值及其误差。

8-12 论述最小二乘法原理,并用其解决下列问题。某种合成纤维的强度与拉伸倍数有直接关系,表 8-3 所列为实际测定的 24 个纤维样品的强度与相应拉伸倍数的记录。若将拉

伸倍数记作 x,拉伸强度记作 y,在坐标纸上标出各点,可以发现什么规律? 给出这种合成纤维的强度与拉伸倍数的函数关系式。

表 8 - 3 实际测定的 24 个纤维样品的强度与相应拉伸倍数的记录

编　号	拉伸倍数	强度/(kg·mm^{-2})	编　号	拉伸倍数	强度/(kg·mm^{-2})
1	1.9	1.4	13	5.0	5.5
2	2.0	1.3	14	5.2	5.0
3	2.1	1.8	15	6.0	5.5
4	2.5	2.5	16	6.3	6.4
5	2.7	2.8	17	6.5	6.0
6	2.7	2.5	18	7.1	5.3
7	3.5	3.0	19	8.0	6.5
8	3.5	2.7	20	8.0	7.0
9	4.0	4.0	21	8.9	8.5
10	4.0	3.5	22	9.0	8.0
11	4.5	4.2	23	9.5	8.1
12	4.6	3.5	24	10.0	8.1

第9章　回归分析与经验公式拟合

9.1　回归分析的基本概念

前几章所讨论的内容,其目的在于寻求被测量的最佳值及其精度。在生产和科学实验中,测量与数据处理的目的有时并不在于获得被测量的估计值,而是为了寻求两个或多个变量之间的内在关系。

表达变量之间关系的方法有散点图、表格、曲线、数学表达式等,其中数学表达式能较好地反映事物的内在规律性,且便于从理论上作进一步分析研究,对认识自然界变量与变量之间的关系具有重要意义。数学表达式的获得可通过多种数据处理方法实现。回归分析是处理变量之间相关关系的一种数理统计方法,也是广泛用于获得数学表达式的较好方法。本章将介绍测量中常用的一元与多元线性回归的基本方法。

9.1.1　函数关系与相关关系

在科学实验和生产实践中,人们经常需要研究变量之间的关系,这些变量之间是相互关联、相互依存的,它们之间存在着一定的关系。这种关系一般来说可分为以下两种类型。

1. 函数关系(确定性关系)

函数关系(functional relation)指的是变量之间可以用确定的函数来描述。数学分析和物理学中大多数公式都属于这种类型。如以速度 v 做匀速运动的物体,走过的距离 s 与时间 t 之间有如下函数关系:

$$s = vt$$

若上式中的变量有两个已知,则另一个就可借函数关系精确地求出。实际上,这种确定性的函数关系只在理论分析中存在。

2. 相关关系(correlation relation)

在实际问题中,绝大多数情况下,变量之间的关系都不那么简单。例如,在等间隔时刻 $t_1, t_2, \cdots, t_n$ 测得运动物体的位移为 $s_1, s_2, \cdots, s_n$,若已知其为匀速运动,但又存在一些影响准确测量位移的因素,该如何确定速度 v 呢? 或者事先未知运动规律,需要分析时间与速度之间的关系。这种变量之间既存在密切关系,又不能由一个(或几个)变量(自变量)的数值精确地求出另一个变量(因变量)的数值,而是要通过实验和调查研究才能确定它们之间的关系,称这类随机性变量之间的关系为相关关系。例如,人的身高与体重之间有联系,但身高与体重之间并不存在确定的函数关系,即由身高不能确切地知道其体重,但能经过统计大致知道其体重按一定的概率落在一个范围内。

应指出,虽然函数和相关是两种不同类型的变量关系,但实际上它们之间并无清晰的界限。一方面,由于测量误差等原因,确定性关系在实际中往往通过相关关系表现出来。例如,尽管从理论上物体运动速度、时间和运动的距离之间存在函数关系,但如果作多次反复的实测,则由于存在许多影响因素,每次测得的数值并不一定满足 $s=vt$ 的关系。在实践中,为确定某种函数关系中的常数,往往也是通过实验来实现的。另一方面,当对事物内部的规律了解得更加深刻时,经过排除某些主要影响因素后,相关关系又能转化为确定性关系。事实上,试验科学(包括物理学)中的许多确定性的定理正是通过对大量实验数据的分析和处理,经过总结和提高,从感性到理性,最后才能得到更能深刻地反映变量之间关系的客观规律。

9.1.2 回归分析的定义

在计量校准等实际工作中,常需要根据获知的反映两个变量之间关系的一系列测量数据点,来寻求这两个变量间的函数关系或相关关系。对于确定函数关系的情形,由于测量数据存在误差,寻求反映该函数关系的曲线显然不会全部通过这些测量数据点,而是需要使待求的函数关系曲线与这些数据点的某种残余误差之和最小。对于已知相关关系的情形,寻求反映该相关关系的曲线更是不会全部通过这些测量数据点,而是需要使待求的相关关系曲线与这些数据点的某种残余误差之和最小。尽管这两种问题的对象不同,但处理问题的方法是类似的,而且可以将处理函数关系的问题视为一种相关关系问题的一种特殊情形。

回归分析(regression analysis)是英国生物学家兼统计学家高尔顿(Galton)在 1889 年出版的《自然遗传》一书中首先提出的,是一种处理变量间相关关系的数理统计方法。它主要解决以下几个问题:

(1) 从一组数据出发,确定变量之间的数学表达式——回归方程或经验公式。

(2) 对回归方程的可信程度进行统计检验。

(3) 根据一个或几个变量的值,预测或控制另一个变量的值,并要知道这种预测或控制可达到的精密度。

9.2 一元线性回归分析

一元回归是处理两个变量之间关系的方法,即两个变量 x 和 y 之间若存在一定的关系,则可通过实验分析所得数据,找出两者之间关系的经验公式。假如两个变量之间的关系是线性的,就称为一元线性回归,这就是工程和科研中遇到的直线拟合问题。

9.2.1 一元线性回归方程

回归方程的求法

由实验获得两个变量 x 和 y 的一组样本数据 $(x_1,y_1),(x_2,y_2),\cdots,(x_n,y_n)$,构造如下的一元线性回归模型:

$$y_i = a + bx_i + \varepsilon_i, \quad i=1,2,3,\cdots,n \qquad (9-1)$$

式中:a 和 b——待定的估计量,可按最小二乘准则来确定;

ε_i——独立、等权的正态随机误差,即 $\varepsilon_i \sim N(0,\sigma^2)$。

设 $\hat{a}$ 和 $\hat{b}$ 分别是 a 和 b 的最小二乘估计,于是得到一元线性回归方程(one dimensional linear regression equation)为

$$\hat{y} = \hat{a} + \hat{b}x \qquad (9-2)$$

式中:$\hat{a}$、$\hat{b}$——回归方程的回归系数。

对每个 x_t，由式(9-2)可以确定一个回归值 $\hat{y}_t = \hat{a} + \hat{b}x_t$。实际测得值 y_t 与这个回归值 $\hat{y}_t$ 之差即为残余误差 v_t，即

$$v_t = y_t - \hat{y}_t = y_t - \hat{a} - \hat{b}x_t, \quad t = 1, 2, 3, \cdots, n \qquad (9-3)$$

应用最小二乘法求解回归系数，即是在残差平方和最小的条件下求得回归系数 $\hat{a}$ 和 $\hat{b}$。这种方法即为第 8 章介绍的最小二乘法原理。

令

$$\boldsymbol{Y} = \begin{bmatrix} y_1 \\ y_2 \\ \vdots \\ y_n \end{bmatrix}, \quad \boldsymbol{A} = \begin{bmatrix} 1 & x_1 \\ 1 & x_2 \\ \vdots & \vdots \\ 1 & x_n \end{bmatrix}, \quad \boldsymbol{\beta} = \begin{bmatrix} \hat{a} \\ \hat{b} \end{bmatrix}, \quad \boldsymbol{v} = \begin{bmatrix} v_1 \\ v_2 \\ \vdots \\ v_n \end{bmatrix}$$

则式(9-3)的矩阵形式为

$$\boldsymbol{Y} - \boldsymbol{A}\boldsymbol{\beta} = \boldsymbol{v}$$

按第 8 章中的最小二乘法可得到正规方程组：

$$(\boldsymbol{A}^{\mathrm{T}}\boldsymbol{A})\boldsymbol{\beta} = \boldsymbol{A}^{\mathrm{T}}\boldsymbol{Y}$$

式中：

$$\boldsymbol{C} = \boldsymbol{A}^{\mathrm{T}}\boldsymbol{A} = \begin{bmatrix} n & \sum\limits_{t=1}^{n} x_t \\ \sum\limits_{t=1}^{n} x_t & \sum\limits_{t=1}^{n} x_t^{\,2} \end{bmatrix} \qquad (9-4)$$

$$\boldsymbol{C}^{-1} = (\boldsymbol{A}^{\mathrm{T}}\boldsymbol{A})^{-1} = \frac{1}{n\sum\limits_{t=1}^{n} x_t^{\,2} - \left(\sum\limits_{t=1}^{n} x_t\right)^2} \begin{bmatrix} \sum\limits_{t=1}^{n} x_t^{\,2} & -\sum\limits_{t=1}^{n} x_t \\ -\sum\limits_{t=1}^{n} x_t & n \end{bmatrix} \qquad (9-5)$$

$$\boldsymbol{A}^{\mathrm{T}}\boldsymbol{Y} = \begin{bmatrix} \sum\limits_{t=1}^{n} y_t \\ \sum\limits_{t=1}^{n} x_t y_t \end{bmatrix}$$

由此化简可得正规方程组，即

$$\begin{cases} n\hat{a} + \left(\sum\limits_{t=1}^{n} x_t\right)\hat{b} = \sum\limits_{t=1}^{n} y_t \\ \left(\sum\limits_{t=1}^{n} x_t\right)\hat{a} + \left(\sum\limits_{t=1}^{n} x_t^{\,2}\right)\hat{b} = \sum\limits_{t=1}^{n} x_t y_t \end{cases}$$

也可写成：

$$\begin{cases} \hat{a} + \bar{x} \cdot \hat{b} = \bar{y} \\ \bar{x} \cdot \hat{a} + \overline{x^2} \cdot \hat{b} = \overline{xy} \end{cases} \qquad (9-6)$$

解线性方程组(9-6)得

$$\begin{cases} \hat{b} = \dfrac{n \sum\limits_{t=1}^{n} x_t y_t - \left(\sum\limits_{t=1}^{n} x_t \right)\left(\sum\limits_{t=1}^{n} y_t \right)}{n \sum\limits_{t=1}^{n} x_t^2 - \left(\sum\limits_{t=1}^{n} x_t \right)^2} = \dfrac{l_{xy}}{l_{xx}} \\ \hat{a} = \bar{y} - b\bar{x} \end{cases} \qquad (9-7)$$

式中：

$$\begin{cases} \bar{x} = \dfrac{1}{n} \sum\limits_{t=1}^{n} x_t, \quad \bar{y} = \dfrac{1}{n} \sum\limits_{t=1}^{n} y_t, \quad \overline{x^2} = \dfrac{1}{n} \sum\limits_{t=1}^{n} x_t^2, \quad \overline{xy} = \dfrac{1}{n} \sum\limits_{t=1}^{n} x_t y_t \\ l_{xx} = \sum\limits_{t=1}^{n} (x_t - \bar{x})^2 = \sum\limits_{t=1}^{n} x_t^2 - \dfrac{1}{n} \left(\sum\limits_{t=1}^{n} x_t \right)^2 \\ l_{xy} = \sum\limits_{t=1}^{n} (x_t - \bar{x})(y_t - \bar{y}) = \sum\limits_{t=1}^{n} x_t y_t - \dfrac{1}{n} \left(\sum\limits_{t=1}^{n} x_t \right)\left(\sum\limits_{t=1}^{n} y_t \right) \\ l_{yy} = \sum\limits_{t=1}^{n} (y_t - \bar{y})^2 = \sum\limits_{t=1}^{n} y_t^2 - \dfrac{1}{n} \left(\sum\limits_{t=1}^{n} y_t \right)^2 \end{cases} \qquad (9-8)$$

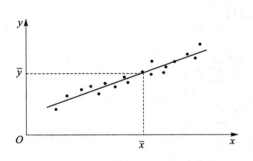

图 9-1　回归直线

将式(9-7)代入式(9-2)，可得一元线性回归方程的另一种形式：

$$\hat{y} - \bar{y} = \hat{b}(x - \bar{x}) \qquad (9-9)$$

由此可见，一元线性回归方程(9-2)表示图 9-1 中的一条通过重心$(\bar{x}, \bar{y})$的回归直线。再令 x 取某 x_0，代入一元线性回归方程(9-9)，求出相应的 y_0，连接$(\bar{x}, \bar{y})$和(x_0, y_0)就是回归直线。当 $\hat{b} > 0$ 时，表明 y 随 x 有线性增大的趋势；当 $\hat{b} < 0$ 时，表明 y 随 x 有线性减小的趋势。

9.2.2　一元线性回归方程的稳定性

一元线性回归方程的稳定性是指回归值 $\hat{y}$ 的波动大小，波动越小，一元线性回归方程的稳定性就越好。与对待一般的估计值一样，$\hat{y}$ 的波动大小用 $\hat{y}$ 的标准差 $\sigma_{\hat{y}}$ 来表示。根据随机误差传递公式及一元线性回归方程(9-2)有：

$$\sigma_{\hat{y}}^2 = \sigma_{\hat{a}}^2 + x^2 \sigma_{\hat{b}}^2 + 2x\sigma_{\hat{a}\hat{b}} \qquad (9-10)$$

式中：$\sigma_{\hat{a}}, \sigma_{\hat{b}}$——$\hat{a}$、$\hat{b}$ 的标准差；

$\sigma_{\hat{a}\hat{b}}$——$\hat{a}$ 和 $\hat{b}$ 的协方差。

设 σ 为测量数据 y 的标准差，由相关矩阵式(9-5)可得

$$\sigma_{\hat{a}}^2 = \frac{\sum\limits_{t=1}^{n} x_t^2}{n \sum\limits_{t=1}^{n} x_t^2 - \left(\sum\limits_{t=1}^{n} x_t \right)^2} \sigma^2 = \left(\frac{1}{n} + \frac{\bar{x}^2}{l_{xx}} \right) \sigma^2 \qquad (9-11)$$

$$\sigma_{\hat{b}}^2 = \frac{n}{n\sum_{t=1}^{n} x_t^2 - \left(\sum_{t=1}^{n} x_t\right)^2}\sigma^2 = \frac{1}{l_{xx}}\sigma^2 \qquad (9-12)$$

$$\sigma_{\hat{a}\hat{b}} = \frac{-\sum_{t=1}^{n} x_t}{n\sum_{t=1}^{n} x_t^2 - \left(\sum_{t=1}^{n} x_t\right)^2}\sigma^2 = -\frac{\bar{x}}{l_{xx}}\sigma^2 \qquad (9-13)$$

将式(9-11)、式(9-13)代入式(9-10)得

$$\sigma_{\hat{y}}^2 = \left(\frac{1}{n} + \frac{\bar{x}^2}{l_{xx}}\right)\sigma^2 + x^2\frac{\sigma^2}{l_{xx}} - 2x\frac{\bar{x}}{l_{xx}}\sigma^2 = \left[\frac{1}{n} + \frac{(x-\bar{x})^2}{l_{xx}}\right]\sigma^2 \qquad (9-14)$$

即

$$\sigma_{\hat{y}} = \sigma\sqrt{\frac{1}{n} + \frac{(x-\bar{x})^2}{l_{xx}}} \qquad (9-15)$$

由式(9-15)可见,回归值的波动大小不仅与残余标准差 σ 有关,而且取决于实验次数 n 及自变量 x 的取值范围。n 越大,x 的取值范围越小,回归值 $\hat{y}$ 的精度越高。

9.2.3　一元线性回归方程的显著性检验

对于一组数据,根据最小二乘法可以拟合出一元线性回归方程,但是,如果散点图中的数据点分散,不呈线性关系,则此时的线性回归方程是没有意义的。因此,提出了所得到的直线是否有显著意义,即所得的一元线性回归方程与两个变量之间的实际关系是否相符合,需对回归的效果做显著性检验。

回归显著性检验(regression significant test)方法有:相关系数 R 检验法、t 检验法和 F 检验法。下面将讨论 F 检验法。

测得值 $y_1, y_2, \cdots, y_n$ 之间的差异是由两方面的原因引起的:一方面是自变量 x 取值的不同;另一方面是测量误差等其他因素的影响。为了对 (x_i, y_i) 线性回归效果进行检验,必须将上述两个原因造成的结果分离出来。

如图 9-2 所示,将变量 y 的 n 个测得值 y_i 与其平均值 $\bar{y}$ 的偏差 $(y_i - \bar{y})$ 分解为由变量 x 的不同取值引起的回归偏差 $(\hat{y}_i - \bar{y})$ 和由测量误差等其他因素造成的残余误差 $(y_i - \hat{y}_i)$,并进一步用 n 个取值的偏离平方和来描述它们,分别记为 $\Sigma_{\text{总}}$、$\Sigma_{\text{回}}$ 和 $\Sigma_{\text{残}}$,则

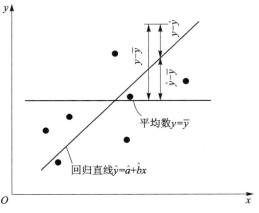

图 9-2　回归直线的方差分析

$$\Sigma_{\text{总}} = \sum_{i=1}^{n} (y_i - \bar{y})^2 = l_{yy} \qquad (9-16)$$

称为总偏差平方和(total square sum)。因为,

$$\Sigma_{\text{总}} = \sum_{i=1}^{n} (y_i - \bar{y})^2 = \sum_{i=1}^{n} \left[(y_i - \hat{y}_i) + (\hat{y}_i - \bar{y})\right]^2$$

$$= \sum_{i=1}^{n} (y_i - \hat{y}_i)^2 + \sum_{i=1}^{n} (\hat{y}_i - \bar{y})^2 + 2\sum_{i=1}^{n} (y_i - \hat{y}_i)(\hat{y}_i - \bar{y})$$

可以证明,以上交叉项为零。

因此有

$$\Sigma_总 = \Sigma_回 + \Sigma_残$$

式中:$\Sigma_回$——回归平方和(regression square sum),$\Sigma_回 = \Sigma(\hat{y}_i - \bar{y})^2$;

$\Sigma_残$——残差平方和(residual square sum),$\Sigma_残 = \Sigma(y_i - \hat{y}_i)^2$。

这样就把总偏差平方和 $\Sigma_总$ 分解为回归平方和 $\Sigma_回$ 及残差平方和 $\Sigma_残$ 两部分。回归平方和 $\Sigma_回$ 反映了在 y 总的偏差中因 x 和 y 的线性关系而引起的 y 的变化的大小。残余平方和 $\Sigma_残$ 反映了在 y 总的偏离中除了 x 对 y 线性影响之外其他因素所引起的 y 变化的大小。这些因素包括测量误差、x 和 y 不能用直线关系描述的因素以及其他未加控制的因素等。回归分析的要求就是使残差平方和最小,即 $\Sigma_残$ 越小,回归效果越好。

因为

$$\Sigma_回 = \sum_{i=1}^{n}(\hat{y}_i - \bar{y})^2 \qquad (9-17)$$

而

$$\Sigma_残 = \Sigma_总 - \Sigma_回$$

由回归平方和及残余平方和的意义可知,线性回归方程是否显著取决于 $\Sigma_回$ 和 $\Sigma_残$ 的大小。若 $\Sigma_回$ 越大而 $\Sigma_残$ 越小,则说明 y 和 x 的线性回归的关系越密切。回归方程显著性检验通常采用如下检验法,因此构造统计量 F,即

$$F = \frac{\Sigma_回 / \nu_回}{\Sigma_残 / \nu_残} \qquad (9-18)$$

式中:$\nu_回$——回归平方和的自由度;

$\nu_残$——残差平方和的自由度。

假定式(9-1)中的 ε_i 服从独立、等权正态随机误差分布,F 服从 $F(\nu_回, \nu_残)$ 分布。

自由度是指独立观测值的个数,因 $\Sigma_总$ 中 n 个观测值 y_i 受平均值 $\bar{y}$ 的约束,这就等于有一个观测值不是独立的,即失去了一个自由度,余下的自由度 $\nu_总 = n-1$。一元线性回归平方和 $\Sigma_回$ 的自由度 $\nu_回 = 1$。因此,自由度 $\nu_残 = \nu_总 - \nu_回 = n-2$。

将自由度代入式(9-18)有

$$F = \frac{\Sigma_回 / 1}{\Sigma_残 / (n-2)} \qquad (9-19)$$

在给定显著水平 α 下,由 F 分布表(见附表5)查得临界值 $F_\alpha(1, n-2)$。将计算值 F 与 $F_\alpha(1, n-2)$ 比较,若 $F > F_\alpha(1, n-2)$,则认为该回归效果显著,α 越小显著水平越高;反之,若 $F < F_\alpha(1, n-2)$,则认为一元线性回归关系不显著。

式(9-19)中的分母

$$\frac{\Sigma_残}{n-2} = \frac{1}{n-2}\sum_{i=1}^{n}(y_i - \hat{y}_i)^2$$

为残余平方和,得残余标准差(residual standard deviation),即

$$s = \sqrt{\frac{\Sigma_残}{n-2}} \qquad (9-20)$$

其用于表征除了 x 与 y 线性关系之外的其他因素影响 y 值偏离线性的程度。

通过以上结论,可以归纳出如下方差分析(见表9-1)。

表 9-1 方差分析表

偏 离	平方和	自由度	标准偏差	统计量 F	置信限 $F_a(1, n-2)$		
					0.1	0.05	0.01
回归	$\Sigma_{回} = \hat{b}l_{xy}$	1	$s = \sqrt{\dfrac{\Sigma_{残}}{n-2}}$	$\dfrac{\Sigma_{回}}{s^2}$	—	—	—
残差	$\Sigma_{残} = \Sigma_{总} - \Sigma_{回}$	$n-2$			—	—	—
总偏差	$\Sigma_{总} = l_{yy}$	$n-1$	—	—	—	—	—

利用回归方程,可以在一定显著水平 α 上,确定与 x 相对应的 y 的取值范围;反之,若要求观测值 y 在一定的范围内取值,则可利用回归方程确定自变量 x 的控制范围。

根据表 9-1,可按如下步骤进行检验:

(1) 依序计算统计量:

$$\Sigma_{总} = l_{yy}, \quad \Sigma_{回} = \hat{b}l_{xy}, \quad \Sigma_{残} = \Sigma_{总} - \Sigma_{回}$$
$$s^2 = \Sigma_{残}/(n-2), \quad F = \Sigma_{回}/s^2$$

(2) 按一定显著水平 α,自由度 $\nu = n-2$ 查 F 分布表得 $F_\alpha(1, n-2)$ 值,比较 F 值与 $F_\alpha(1, n-2)$,作出判断结论。

9.2.4 回归系数及回归预测值的不确定度

1. 回归系数的不确定度

回归系数的不确定度可以描述回归系数的分散性,由式(9-7)和式(9-8)可求得 $\hat{a}$ 和 $\hat{b}$ 的标准不确定度 $u(\hat{a})$ 和 $u(\hat{b})$ 以及 $\hat{a}$ 和 $\hat{b}$ 的协方差 $s_{\hat{a}\hat{b}}$,如下:

$$u(\hat{a}) = s\sqrt{\frac{1}{n} + \frac{\bar{x}^2}{l_{xx}}}, \quad u(\hat{b}) = s\sqrt{\frac{1}{l_{xx}}}, \quad s_{\hat{a}\hat{b}} = -\frac{\bar{x}}{l_{xx}}s^2 \qquad (9-21)$$

一元线性回归方程的稳定性就是指回归值 $\hat{y}$ 的波动大小,波动越小,一元线性回归方程的稳定性越好。与对待一般的估计值一样,$\hat{y}$ 的波动大小用 $\hat{y}$ 的标准不确定度 $u(\hat{y})$ 来表示。

根据不确定度传播公式和一元线性回归方程(9-2)有

$$u(\hat{y})^2 = u(\hat{a})^2 + x^2 u(\hat{b})^2 + 2xs_{\hat{a}\hat{b}} \qquad (9-22)$$

将式(9-21)代入式(9-22)得

$$u(\hat{y}) = s\sqrt{\frac{1}{n} + \frac{(x-\bar{x})^2}{l_{xx}}} \qquad (9-23)$$

可见,回归值的波动大小不仅与残余标准差 s 有关,而且取决于实验次数 n 及自变量 x 的取值范围。n 越大,x 取值范围越小,回归值 $\hat{y}$ 的不确定度越小。

另外,如果 x_i 也有测量误差 d_i,它也会对回归系数 b 产生影响,有

$$b^* = b\frac{l_{xx}}{l_{xx} + \sum_{i=1}^{n} d_i^2} \qquad (9-24)$$

可见,为了提高回归方程中各估计量的稳定性,应当注意:

(1) 提高观察数据本身的准确度;

(2) 尽可能增大观测数据中自变量的取值范围;

（3）增加观测次数；

（4）减小残余误差，即拟定合适的回归方程使其尽可能合乎实际数据的变化规律。

2. 回归预测值及其不确定度

在某个实验点 x 处，按回归方程 $\hat{y}=\hat{a}+\hat{b}x$ 求得回归值 $\hat{y}$，需要预报 $\hat{y}$ 偏离实际 y 值有多大，这就是回归预测（regression prediction）问题。根据《测量不确定度表示指南》，可用两种方式来完整表达回归预测值。

用 $\hat{y}$ 的标准不确定度来表述，为

$$\hat{y}=\hat{a}+\hat{b}x, \quad u(\hat{y})=s\sqrt{\frac{1}{n}+\frac{(x-\bar{x})^2}{l_{xx}}}, \quad \nu=n-2 \tag{9-25}$$

用 $\hat{y}$ 的扩展不确定度来表述，为

$$\hat{y}=\hat{a}+\hat{b}x\pm U_p, \quad p=1-\alpha, \quad \nu=n-2 \tag{9-26}$$

式中：扩展不确定度 $U_p=t_\alpha(\nu)u(\hat{y})$。

【例 9-1】 试对表 9-2 所列实验数据做直线拟合，并进行方差分析和预测。

表 9-2 实验数据

x_i	y_i	x_i	y_i	x_i	y_i
180	200	116	100	151	180
123	110	134	135	204	235
141	125	110	130	158	130
108	110	150	170	151	135
121	125	107	115	127	135
180	240	147	155	141	135
145	165	115	120	190	220
191	205	144	160	190	210
190	190	153	145	177	185
155	160	161	145	154	150
165	195	177	205		
143	160	104	100		

解：

（1）直线拟合计算

$$\bar{x}=\frac{1}{34}\sum_{i=1}^{34}x_i=150.09, \quad \bar{y}=\frac{1}{34}\sum_{i=1}^{34}y_i=158.24$$

$$l_{xx}=\sum_{i=1}^{34}(x_i-\bar{x})^2=25\,453, \quad l_{xy}=\sum_{i=1}^{34}(x_i-\bar{x})(y_i-\bar{y})=32\,325$$

$$l_{yy}=\sum_{i=1}^{34}(y_i-\bar{y})^2=50\,094, \quad \hat{b}=\frac{l_{xy}}{l_{xx}}=1.27$$

$$\hat{a}=\bar{y}-\hat{b}\bar{x}=-32.3$$

故有

$$\hat{y} = -32.3 + 1.270x$$

（2）方差分析

计算：

$$\Sigma_{总} = l_{yy} = 50\ 094, \quad \Sigma_{回} = l_{xy}^2 / l_{xx} = 41\ 037$$

$$\Sigma_{残} = \Sigma_{总} - \Sigma_{回} = 9\ 057, \quad s = \sqrt{\frac{\Sigma_{残}}{n-2}} = \sqrt{282.5} = 16.8$$

$$F = \frac{\Sigma_{回}}{s^2} = 145.0$$

查 $F_\alpha(1, 32)$ 值，填入表 9-1，得表 9-3。

表 9-3　方差分析（1）

偏　离	平方和	自由度	标准偏差	F	$F_{0.01}(1, n-2)$
回归	41 037	1	——	——	7.50
残差	9 057	32	16.8	145.0	——
总偏差	50 094	33	——	——	高度显著

（3）预　测

对于 $n-2 = 32$，查 t 分布表得

$$t_{0.01}(32) = 2.74, \quad t_{0.05}(32) = 2.04, \quad t_{0.10}(32) = 1.69$$

$$u(\hat{y}) = s\sqrt{\frac{1}{n} + \frac{(x-\bar{x})^2}{l_{xx}}} \approx \frac{s}{\sqrt{n}} = 2.88$$

故有

$$\hat{y} = -32.30 + 1.270x \pm 7.9 \ (p = 0.99, \nu = 32)$$
$$\hat{y} = -32.30 + 1.270x \pm 5.9 \ (p = 0.95, \nu = 32)$$
$$\hat{y} = -32.30 + 1.270x \pm 4.9 \ (p = 0.90, \nu = 32)$$

作出回归直线与 $p = 0.95$ 的预测区间，如图 9-3 所示。

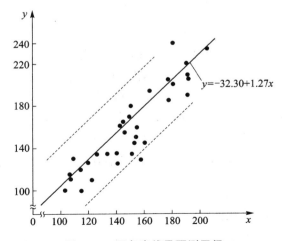

图 9-3　回归直线及预测区间

9.3 多元线性回归分析

9.3.1 多元线性回归方程

假如因变量 y 与另外 M 个自变量 $x_1, x_2, \cdots, x_M$ 的内在关系是线性的，通过试验得到 N 组测量数据，即

$$(x_{t1}, x_{t2}, \cdots, x_{tM}; y_t), \quad t = 1, 2, \cdots, N \tag{9-27}$$

那么这批数据可以有如下结构形式：

$$\begin{cases} y_1 = \beta_0 + \beta_1 x_{11} + \beta_2 x_{12} + \cdots + \beta_M x_{1M} + \varepsilon_1 \\ y_2 = \beta_0 + \beta_1 x_{21} + \beta_2 x_{22} + \cdots + \beta_M x_{2M} + \varepsilon_2 \\ \qquad\qquad\qquad\vdots \\ y_N = \beta_0 + \beta_1 x_{N1} + \beta_2 x_{N2} + \cdots + \beta_M x_{NM} + \varepsilon_N \end{cases}$$

式中：$\beta_0, \beta_1, \beta_2 \cdots, \beta_M$——$M+1$ 个待估计参数；

$x_1, x_2, \cdots, x_M$——M 个可以精确测量的变量；

$\varepsilon_1, \varepsilon_2, \cdots, \varepsilon_N$——$N$ 个相互独立且服从同一正态分布 $N(0, \sigma)$ 的随机变量。

这就是多元回归的数学模型。

用矩阵来研究多元线性回归：

$$\boldsymbol{Y} = \begin{bmatrix} y_1 \\ y_2 \\ \vdots \\ y_N \end{bmatrix}, \quad \boldsymbol{X} = \begin{bmatrix} 1 & x_{11} & x_{12} & \cdots & x_{1M} \\ 1 & x_{21} & x_{22} & \cdots & x_{2M} \\ \vdots & \vdots & \vdots & & \vdots \\ 1 & x_{N1} & x_{N2} & \cdots & x_{NM} \end{bmatrix}$$

令

$$\boldsymbol{\beta} = \begin{bmatrix} \beta_1 \\ \beta_2 \\ \vdots \\ \beta_N \end{bmatrix}, \quad \boldsymbol{\varepsilon} = \begin{bmatrix} \varepsilon_1 \\ \varepsilon_2 \\ \vdots \\ \varepsilon_N \end{bmatrix}$$

其多元线性回归的数学模型式（9-27）可以写成矩阵形式即

$$\boldsymbol{Y} = \boldsymbol{X}\boldsymbol{\beta} + \boldsymbol{\varepsilon} \tag{9-28}$$

式中：$\boldsymbol{\varepsilon}$ 为 N 维随机变量，它的分量是相互独立的。我们仍使用最小二乘估计参数 $\boldsymbol{\beta}$，设 b_0，$b_1, b_2, \cdots, b_M$ 分别为参数 $\beta_0, \beta_1, \beta_2, \cdots, \beta_M$ 的最小二乘估计，则回归方程为

$$\hat{y} = b_0 + b_1 x_1 + b_2 x_2 + \cdots + b_M x_M \tag{9-29}$$

由最小二乘法可知，$b_0, b_1, b_2, \cdots, b_M$ 应使得全部观测值 y_t 与回归值 $\hat{y}_t$ 的残差平方和达到最小，即

$$Q = \sum_{t=1}^{N} (y_t - \hat{y}_t)^2 = \sum_{t=1}^{N} (y_t - b_0 - b_1 x_{t1} - b_2 x_{t2} - \cdots - b_M x_{tM})^2 = \min$$

根据微分学中的极限值定理，$\beta_0, \beta_1, \beta_2, \cdots, \beta_M$ 应是下列方程组的解：

$$\begin{cases}\dfrac{\partial Q}{\partial b_0}=-2\sum_{t=1}^{N}(y_t-b_0-b_1x_{t1}-b_2x_{t2}-\cdots-b_Mx_{tM})=0\\[2mm]\dfrac{\partial Q}{\partial b_1}=-2\sum_{t=1}^{N}(y_t-b_0-b_1x_{t1}-b_2x_{t2}-\cdots-b_Mx_{tM})x_{t1}=0\\[2mm]\dfrac{\partial Q}{\partial b_2}=-2\sum_{t=1}^{N}(y_t-b_0-b_1x_{t1}-b_2x_{t2}-\cdots-b_Mx_{tM})x_{t2}=0\\[2mm]\vdots\\[1mm]\dfrac{\partial Q}{\partial b_M}=-2\sum_{t=1}^{N}(y_t-b_0-b_1x_{t1}-b_2x_{t2}-\cdots-b_Mx_{tM})x_{tM}=0\end{cases}$$

此方程组为多元线性回归的正规方程组,它可以进一步简化为

$$\begin{cases}Nb_0+\sum_{t=1}^{N}x_{t1}b_1+\sum_{t=1}^{N}x_{t2}b_2+\cdots+\sum_{t=1}^{N}x_{tM}b_M=\sum_{t=1}^{N}y_t\\[2mm]\sum_{t=1}^{N}x_{t1}b_1+\sum_{t=1}^{N}x_{t1}^2b_1+\sum_{t=1}^{N}x_{t1}x_{t2}b_2+\cdots+\sum_{t=1}^{N}x_{t1}x_{tM}b_M=\sum_{t=1}^{N}x_{t1}y_t\\[2mm]\sum_{t=1}^{N}x_{t2}b_1+\sum_{t=1}^{N}x_{t2}x_{t1}b_1+\sum_{t=1}^{N}x_{t2}^2b_2+\cdots+\sum_{t=1}^{N}x_{t2}x_{tM}b_M=\sum_{t=1}^{N}x_{t2}y_t\\[2mm]\sum_{t=1}^{N}x_{t3}b_1+\sum_{t=1}^{N}x_{t3}x_{t1}b_1+\sum_{t=1}^{N}x_{t3}x_{t2}b_2+\cdots+\sum_{t=1}^{N}x_{t3}x_{tM}b_M=\sum_{t=1}^{N}x_{t3}y_t\\[2mm]\vdots\\[1mm]\sum_{t=1}^{N}x_{tM}b_1+\sum_{t=1}^{N}x_{tM1}b_1+\sum_{t=1}^{N}x_{tM}x_{t2}b_2+\cdots+\sum_{t=1}^{N}x_{tM}^2b_M=\sum_{t=1}^{N}x_{tM}y_t\end{cases}\tag{9-30}$$

显然,正规方程组(9-30)的系数矩阵是对称矩阵。若用 $\boldsymbol{A}$ 表示,则 $\boldsymbol{A}=\boldsymbol{X}^{\mathrm{T}}\boldsymbol{X}$。因为,

$$\boldsymbol{A}=\begin{bmatrix}N&\sum_{t=1}^{N}x_{t1}&\sum_{t=1}^{N}x_{t2}&\cdots&\sum_{t=1}^{N}x_{tM}\\[2mm]\sum_{t=1}^{N}x_{t1}&\sum_{t=1}^{N}x_{t1}^2&\sum_{t=1}^{N}x_{t1}x_{t2}&\cdots&\sum_{t=1}^{N}x_{t1}x_{tM}\\[2mm]\sum_{t=1}^{N}x_{t2}&\sum_{t=1}^{N}x_{t2}x_{t1}&\sum_{t=1}^{N}x_{t2}^2&\cdots&\sum_{t=1}^{N}x_{t2}x_{tM}\\[2mm]\vdots&\vdots&\vdots&&\vdots\\[1mm]\sum_{t=1}^{N}x_{tM}&\sum_{t=1}^{N}x_{tM}x_{t1}&\sum_{t=1}^{N}x_{tM}x_{t2}&\cdots&\sum_{t=1}^{N}x_{tM}^2\end{bmatrix}$$

$$=\begin{bmatrix}1&1&1&\cdots&1\\x_{11}&x_{21}&x_{31}&\cdots&x_{N1}\\x_{12}&x_{22}&x_{32}&\cdots&x_{N2}\\\vdots&\vdots&\vdots&&\vdots\\x_{1M}&x_{2M}&x_{3M}&\cdots&x_{NM}\end{bmatrix}\times\begin{bmatrix}1&x_{11}&x_{12}&\cdots&x_{1M}\\1&x_{21}&x_{22}&\cdots&x_{2M}\\1&x_{31}&x_{32}&\cdots&x_{3M}\\\vdots&\vdots&\vdots&&\vdots\\1&x_{N1}&x_{N2}&\cdots&x_{NM}\end{bmatrix}=\boldsymbol{X}^{\mathrm{T}}\boldsymbol{X}\tag{9-31}$$

正规方程组(9-30)右端的常数项矩阵可用矩阵 $\boldsymbol{X}$ 和 $\boldsymbol{Y}$ 表示:

$$B = X^{\mathrm{T}} Y = \begin{bmatrix} B_0 \\ B_1 \\ B_2 \\ \vdots \\ B_M \end{bmatrix} = \begin{bmatrix} \sum_{t=1}^{N} y_t \\ \sum_{t=1}^{N} x_{t1} y_t \\ \sum_{t=1}^{N} x_{t2} y_t \\ \vdots \\ \sum_{t=1}^{N} x_{tM} y_t \end{bmatrix} = \begin{bmatrix} 1 & 1 & \cdots & 1 \\ x_{11} & x_{21} & \cdots & x_{N1} \\ x_{12} & x_{22} & \cdots & x_{N2} \\ \vdots & \vdots & & \vdots \\ x_{1M} & x_{2M} & \cdots & x_{NM} \end{bmatrix} \begin{bmatrix} y_1 \\ y_2 \\ y_3 \\ \vdots \\ y_N \end{bmatrix} \tag{9-32}$$

由此,正规方程组(9-30)的矩阵形式为

$$(X^{\mathrm{T}} X) b = X^{\mathrm{T}} Y \tag{9-33}$$

或

$$Ab = B \tag{9-34}$$

设 $C = A^{-1}$ 为 A 的逆矩阵,得正规方程组(9-30)的矩阵解为

$$b = CB = A^{-1} B = (X^{\mathrm{T}} X)^{-1} X^{\mathrm{T}} Y \tag{9-35}$$

即

$$b = \begin{bmatrix} b_0 \\ b_1 \\ b_2 \\ \vdots \\ b_M \end{bmatrix} = \begin{bmatrix} C_{00} & C_{01} & C_{02} & \cdots & C_{0M} \\ C_{10} & C_{11} & C_{12} & \cdots & C_{1M} \\ C_{20} & C_{21} & C_{22} & \cdots & C_{2M} \\ \vdots & \vdots & \vdots & & \vdots \\ C_{M0} & C_{M1} & C_{M2} & \cdots & C_{MM} \end{bmatrix} \begin{bmatrix} B_1 \\ B_2 \\ B_3 \\ \vdots \\ B_M \end{bmatrix} \tag{9-36}$$

式中:$b_0, b_1, b_2, \cdots, b_M$——所求回归方程(9-29)的回归系数。

在多元线性回归模型中,常用另一种数据结构形式表示,即

$$y_t = \mu + \beta_1 (x_{t1} - \bar{x}_1) + \beta_2 (x_{t2} - \bar{x}_2) + \beta_3 (x_{t3} - \bar{x}_3) + \cdots + \beta_M (x_{tM} - \bar{x}_M) + \varepsilon_t \tag{9-37}$$

式中:$t = 1, 2, \cdots, N$。

相应的回归方程为

$$\hat{y} = \mu_0 + b_1 (x_1 - \bar{x}_1) + b_2 (x_2 - \bar{x}_2) + b_3 (x_3 - \bar{x}_3) + \cdots + b_M (x_M - \bar{x}_M)_t \tag{9-38}$$

式中:$\bar{x}_j = \dfrac{1}{N} \left(\sum_{t=1}^{N} x_{tj} \right), j = 1, 2, 3, \cdots, M$,它的结构矩阵 X、常数矩阵 B 和系数矩阵 A 分别为

$$X = \begin{bmatrix} 1 & x_{11} - \bar{x}_1 & x_{12} - \bar{x}_2 & \cdots & x_{1M} - \bar{x}_M \\ 1 & x_{21} - \bar{x}_1 & x_{22} - \bar{x}_2 & \cdots & x_{2M} - \bar{x}_M \\ 1 & x_{31} - \bar{x}_1 & x_{32} - \bar{x}_2 & \cdots & x_{3M} - \bar{x}_M \\ \vdots & \vdots & \vdots & & \vdots \\ 1 & x_{N1} - \bar{x}_1 & x_{N2} - \bar{x}_2 & \cdots & x_{NM} - \bar{x}_M \end{bmatrix}$$

$$B = \begin{bmatrix} \sum_{t=1}^{N} y_t \\ \sum_{t=1}^{N} (x_{t1} - \bar{x}_1) y_t \\ \sum_{t=1}^{N} (x_{t2} - \bar{x}_2) y_t \\ \vdots \\ \sum_{t=1}^{N} (x_{tM} - \bar{x}_M) y_t \end{bmatrix}$$

$A = X^{\mathrm{T}} X$

$$= \begin{bmatrix} N & 0 & 0 & \cdots & 0 \\ 0 & \sum_{t=1}^{N} (x_{t1} - \bar{x}_1)^2 & \sum_{t=1}^{N} (x_{t1} - \bar{x})(x_{t2} - \bar{x}_2) & \cdots & \sum_{t=1}^{N} (x_{t1} - \bar{x}_1)(x_{tM} - \bar{x}_M) \\ 0 & \sum_{t=1}^{N} (x_{t2} - \bar{x}_2)(x_{t1} - \bar{x}_1) & \sum_{t=1}^{N} (x_{t2} - \bar{x}_2)^2 & \cdots & \sum_{t=1}^{N} (x_{t2} - \bar{x}_2)(x_{tM} - \bar{x}_M) \\ \vdots & \vdots & \vdots & & \vdots \\ 0 & \sum_{t=1}^{N} (x_{tM} - \bar{x}_M)(x_{t1} - \bar{x}_1) & \sum_{t=1}^{N} (x_{tM} - \bar{x}_M)(x_{t2} - \bar{x}_2) & \cdots & \sum_{t=1}^{N} (x_{tM} - \bar{x}_M)^2 \end{bmatrix}$$

9.3.2　多元线性回归效果检验

一个多元线性回归方程是否反映客观规律,效果如何,主要靠实验来检验,从数学角度看,与一元线性回归类似,它可以用数理统计检验的方法来检验。为此,要对多元线性回归进行方差分析。

构造统计量 F:

$$F = \frac{\Sigma_{\text{回}} / M}{\Sigma_{\text{残}} / (N - M - 1)} \tag{9-39}$$

式中:

$$\Sigma_{\text{残}} = \sum_{t=1}^{N} (y_t - \hat{y}_t)^2 \tag{9-40}$$

$$\Sigma_{\text{总}} = \sum_{t=1}^{N} (y_t - \bar{y})^2 \tag{9-41}$$

$$\Sigma_{\text{回}} = \sum_{t=1}^{N} (\hat{y}_t - \bar{y})^2 \tag{9-42}$$

查附表 5 得到置信限,两者相比较,判断线性回归效果是否显著。

方差分析表如表 9-4 所列。

【例 9-2】　测得一组小学生的身高 x_1、年龄 x_2 和体重 y 的数据见表 9-5,试求身高、体重和年龄的回归关系并进行统计检验。

表 9-4　方差分析(2)

来源	平方和	自由度	标准差	统计量	显著性
回归	$\Sigma_{回}=\sum\limits_{t=1}^{N}(\hat{y}_t-\bar{y})^2$	M	$S=\sqrt{\dfrac{\Sigma_{回}}{M}}$	$F=\dfrac{\Sigma_{回}/M}{\Sigma_{残}/(N-M-1)}$	$F_\alpha(M,N-M-1)$
残差	$\Sigma_{残}=\sum\limits_{t=1}^{N}(y_t-\hat{y}_t)^2$	$N-M-1$	$S=\sqrt{\dfrac{\Sigma_{残}}{N-M-1}}$		
总偏差	$\Sigma_{总}=\sum\limits_{t=1}^{N}(y_t-\bar{y})^2$	$N-1$	—	—	—

表 9-5　小学生身高、年龄和体重实测数据

x_1/cm	147	149	139	152	141	140	145	138	142	132	151	147
$x_2/\text{岁}$	9	11	7	12	9	8	11	10	11	7	13	10
y/kg	34	41	23	37	25	28	47	27	26	21	46	38

解：设欲求的回归方程形式为

$$\hat{y}=\mu_0+b_1(x_1-\bar{x}_1)+b_2(x_2-\bar{x}_2)$$

列数据分析表如表 9-6 和表 9-7 所列。

表 9-6　数据分析表(1)

序 号	x_1	x_2	y	x_1^2	x_1x_2	x_2^2	x_1y	x_2y	y^2
1	147	9	34	21 609	1 323	81	4 998	306	1 156
2	149	11	41	22 201	1 639	121	6 109	451	1 681
3	139	7	23	19 321	973	49	3 197	161	529
4	152	12	37	23 104	1 824	144	5 624	444	1 369
5	141	9	25	19 881	1 269	81	3 525	225	625
6	140	8	28	19 600	1 120	64	3 920	224	784
7	145	11	47	21 025	1 595	121	6 815	517	2 209
8	138	10	27	19 044	1 380	100	3 726	270	729
9	142	11	26	20 164	1 562	121	3 692	286	676
10	132	7	21	17 424	924	49	2 772	147	441
11	151	13	46	22 801	1 963	169	6 946	598	2 116
12	147	10	38	21 609	1 470	100	5 586	380	1 444
Σ	1 723	118	393	247 783	17 042	1 200	56 910	4 009	13 759

表 9-7　数据分析表(2)

序 号	$N=12$	计算 1	计算 2
1	$\sum\limits_{t=1}^{N}x_{t1}=1\ 723$	$\sum\limits_{t=1}^{N}x_{t2}=118$	$\sum\limits_{t=1}^{N}y_t=393$
2	$\bar{x}_1=143.58$	$\bar{x}_2=9.83$	$\bar{y}=32.75$

续表 9 - 7

序 号	$N = 12$	计算 1	计算 2
3	$\sum_{t=1}^{N} x_{t1}^2 = 247\ 783$	$l_{11} = \sum_{t=1}^{N} x_{t1}^2 - \frac{1}{N}\left(\sum_{t=1}^{N} x_{t1}\right)^2 = 388.92$	—
4	$\sum_{t=1}^{N} x_{t1} x_{t2} = 17\ 042$	$l_{12} = \sum_{t=1}^{N} x_{t1} x_{t2} - \frac{1}{N}\left(\sum_{t=1}^{N} x_{t1}\right)\left(\sum_{t=1}^{N} x_{t2}\right) = 99.17$	—
5	$\sum_{t=1}^{N} x_{t2}^2 = 1\ 200$	$l_{22} = \sum_{t=1}^{N} x_{t2}^2 - \frac{1}{N}\left(\sum_{t=1}^{N} x_{t2}\right)^2 = 39.67$	—
6	$\sum_{t=1}^{N} x_{t1} y_t = 56\ 910$	$l_{1y} = \sum_{t=1}^{N} x_{t1} y_t - \frac{1}{N}\left(\sum_{t=1}^{N} x_{t1}\right)\left(\sum_{t=1}^{N} y_t\right) = 481.75$	—
7	$\sum_{t=1}^{N} x_{t2} y_t = 4\ 009$	$l_{2y} = \sum_{t=1}^{N} x_{t2} y_t - \frac{1}{N}\left(\sum_{t=1}^{N} x_{t2}\right)\left(\sum_{t=1}^{N} y_t\right) = 144.5$	—
8	$\sum_{t=1}^{N} y_t^2 = 13\ 759$	$l_{yy} = \sum_{t=1}^{N} y_t^2 - \frac{1}{N}\left(\sum_{t=1}^{N} y_t\right)^2 = 888.25$	—

由表 9 - 7 得

$$b = \begin{bmatrix} \mu_0 \\ b_1 \\ b_2 \end{bmatrix} = CB = A^{-1}B = \begin{bmatrix} 32.75 \\ 0.85 \\ 1.51 \end{bmatrix}$$

回归方程：

$$\hat{y} = \mu_0 + b_1(x_1 - \bar{x}_1) + b_2(x_2 - \bar{x}_2) = 32.75 + 0.85(x_1 - 143.58) + 1.51(x_2 - 9.83)$$

即

$$\hat{y} = 0.85 x_1 + 1.51 x_2 - 104.14$$

显著水平分析表如表 9 - 8 所列。

表 9 - 8 显著水平分析表

来 源	平方和	自由度	方 差	统计量	显著性
回归	$\Sigma_{回} = \sum_{t=1}^{N} (\hat{y}_t - \bar{y})^2 = 627.682\ 5$	2	$s^2 = 313.841\ 3$	$F = 10.84$	$F_{0.01}(2,9) = 8.02$
残差	$\Sigma_{残} = \sum_{t=1}^{N} (y_t - \hat{y}_t)^2 = 260.567\ 5$	9	$\sigma^2 = 28.951\ 9$	—	—
总偏差	$\Sigma_{总} = \sum_{t=1}^{N} (y_t - \bar{y})^2 = 888.25$	11	—	—	高度显著

思考与练习题

9 - 1 材料的抗剪强度与材料承受的正应力有关。对某种材料试验的数据如表 9 - 9 所列。

表 9 - 9 题 9 - 1 数据

正应力 x/Pa	26.8	25.4	28.9	23.6	27.7	23.9	24.7	28.1	26.9	27.4	22.6	25.6
抗剪强度 y/Pa	26.5	27.3	24.2	27.1	23.6	25.9	26.3	22.5	21.7	21.4	25.8	24.9

假设正应力的数值是精确的,求:

(1) 抗剪强度与正应力之间的线性回归方程;

(2) 当正应力为 24.5 Pa 时,抗剪强度的估计值是多少?

9 - 2 表 9 - 10 给出在不同质量下弹簧长度的观测值(设质量的观测值无误差)。

表 9 - 10 题 9 - 2 数据

质量/g	5	10	15	20	25	30
长度/cm	7.25	8.12	8.95	9.90	10.9	11.8

(1) 作散点图,观察质量与长度之间是否呈线性关系;

(2) 求弹簧的刚性系数和自由状态下的长度。

9 - 3 某含锡合金的熔点温度与含锡量有关,实验获得数据如表 9 - 11 所列。

表 9 - 11 题 9 - 3 数据

含锡量 ω_{sn}/%	20.3	28.1	35.5	42.0	50.7	58.6	65.9	74.9	80.3	86.4
熔点温度/℃	416	386	368	337	305	282	258	224	201	183

设锡含量的数据无误差,求:

(1) 熔点温度与含锡量之间的关系;

(2) 当预测含锡量为 60% 时,合金的熔点温度(置信概率 95%);

(3) 如果要求熔点温度在 310~325 ℃之间,合金的含锡量应控制在什么范围内(置信概率 95%)?

9 - 4 在 4 种不同温度下,观测某化学反应生成物含量的百分数,每种在同一温度下重复观测 3 次,数据如表 9 - 12 所列。

表 9 - 12 题 9 - 4 数据

温度 x/℃	150			200			250			300		
生成物含量的百分数 y	77.4	76.7	78.2	84.1	84.5	83.7	88.9	89.2	89.7	94.8	94.7	95.9

求 y 对 x 的线性回归方程,并进行方差分析和显著性检验。

下　篇

仪器精度分析

第 10 章 仪器精度的基本概念及评定

从计量规范角度介绍仪器精度的概念,理解测量仪器的设计、评定、使用应符合相应的依据、检定规程、校准规范、技术标准等内容。

10.1 测量仪器的计量定义及其特性

10.1.1 测量仪器的计量定义

依据计量技术规范 JJF 1001—2011《通用计量术语及定义》,测量仪器是指单独或与一个或多个辅助设备组合,用于进行测量的装置。而测量是通过实验获得并可合理赋予某量一个或多个量值的过程,包括与被测量的比较和实体的计数两种方式。除实体计数以外,测量是与特定的同类量进行比较,得出被测量的过程。特定量可以是具有测量单位的量,测量结果用该量单位的倍数表示,如长度、质量、电压等;特定量的另一种情况是序量,序量是由约定测量程序定义的量,该量与同类的其他量可按大小排序,但这些量之间无代数运算关系,例如布氏硬度、石油燃料辛烷值、里氏震级地震强度。序量不具有测量单位或量纲,其差或比值没有物理意义。序量通常不被认为是量制的一部分,因为其仅通过经验关系与其他量相关联,如布氏硬度的测定原理是用一定大小的试验力,把硬质合金球压入被测金属的表面,保持规定时间后卸除试验力,其中布氏硬度值以试验力和压痕表面积之比表示。布氏硬度单位不能用 Pa 或 N/mm^2 表示,只能用布氏硬度符号 HBW 表示,同时还要说明硬度标尺,即试验力大小和硬质合金球直径。所以测量仪器就是提供与被测量进行比较的装置,包括具有测量单位的量和序量;测量就是通过规定的测量程序来确定被测对象量值的过程。对同类型的被测对象,测量仪器可以有不同种类,但其特征必须与量值有关。

测量系统是一套组装的并适用于特定量在规定区间内给出测得值信息的一台或多台测量仪器,通常还包括其他装置,诸如试剂和电源。如果一个测量系统由一台测量仪器组成,则测量系统对应于该仪器测量特定量的测量范围。测量系统可以由多台性质相同、测量范围不同的仪器组成,从而得到一个较大的测量范围。如由测量范围分别为 0.04~0.6 MPa、0.1~6 MPa 和 1~60 MPa 的 3 套活塞压力计组成的测量系统的测量范围为 0.04~60 MPa。组成测量系统的不同仪器中有的配件是可以共用的,如数字压力校验仪可以配置一系列不同测量范围的压力模块。测量系统可以由性质不同的仪器组成,例如,由标准量块和比较仪组成的测量系统,是通过比较仪测量具有相同标称值的被校准量块和已知准确度等级量块的长度差,确定被校准量块的偏差值。测量系统还可以包含介质和其他装置,如采用标准表法校准流量计,需要稳定流量的流体介质,还需要温度计、压力变送器和密度计。相对于测量仪器和测量系统,测量设备是一个更为广义的概念。测量设备是"为实现测量过程所必需的测量仪器、软件、测量标准、标准物质、辅助设备或其组合。"测量设备不仅指测量仪器本身,还扩大到辅助设备,因为有关的辅助设备将直接影响测量的准确可靠性。这里主要指本身不能给出量值而没有它又不能进行测量的设备,也包括作为检验手段用的工具、工装、定位器、模具等试验硬件或软件。软件包括计算机接收处理数据软件和一些测量仪器本身所属的测量软件,没有这些软件也不能给出准确可靠的数据,同样应视为测量设备的组成部分。

10.1.2 测量仪器的特性与结构

依据测量仪器的定义,测量意味着量的比较并包括实体的计数。仪器的计量定义主要解决仪器测量结果在认知上的统一。但从仪器发展与科学探索的角度看,特别是随着现代传感与测量技术的进步,仪器测量过程的比对更注重测量仪器与测量对象相互作用的过程。物理学家朗道在其《量子力学》著作中做了如下描述:"如果一个物体同另一个物体相互作用,那么后者的状态就发生变化(其实前者也是如此),根据第二种物体状态的变化,我们可以判断第一种物体的特性和状态。在这种情况下,第二种物体就起到了仪器的作用,而这种物体相互作用的过程就是测量的过程。"已有的仪器计量标准是在这种相互作用产生量化认知的基础上逐渐发展形成的,现代科学仪器的发展在注重探测性能的同时,应兼容认知规范的内容,对已有规范的量的探测应尽量符合现行标准。测量技术的发展推动标准规范的进步,比如2019年5月20日,国际计量大会根据物理学常量修订了质量单位"千克"、电流单位"安培"、温度单位"开尔文"、物质的量单位"摩尔"4个SI基本单位。仪器的组成结构具备以下特性:

(1)结果量化,仪器必须对测量对象有确实的量化输出。

(2)内建量化基准,仪器本身具备一定精度的量化基准,具有对响应结果进行量化分辨的能力,能进行量化比对,而且该基准可以溯源到对应的计量标准。

(3)能量作用,仪器测量过程的实质是载有被测目标信息的能量信号在仪器中传输与作用的过程,测量过程通过能量作用实现。比如线纹尺测长必须有人参与读数,并有可见光辐射;物理天平测量质量必须在有惯性加速度场的环境里实现。

(4)相互作用,仪器测量过程是仪器与被测量相互作用的进行能量交互的过程,该过程改变了被测系统的实际状态,测量结果是有偏的。例如在长度测量中,大部分接触式测量都有附加应力;在高精度的测温系统中,要考虑温度传感器热容与有源系统的自热问题;在电压采样电路中,要考虑仪器的负载特性。

典型的测量仪器的测量框图如图10-1所示,被测目标的能量信号经能量变换与传输部件后至传感器转换,经信号变换系统后计算分析并输出结果。对于主动测量系统,还需配置外部主动能量源。被动式测量系统中,能量来自目标自身,仪器无需配置主动能量源,通常主动式测量系统可对主动能量源进行放大或调制,信号能量较强,工作谱段较窄,有利于提高信噪比,一般主动式测量仪器性能比较好。

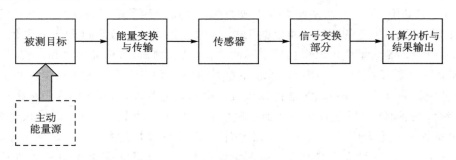

图 10-1 典型的测量仪器的测量框图

例如：在激光测距系统中，主动能量源为调制激光源，能量变换与传输部件为接收镜头，传感器为 APD 雪崩二极管，信号变换部分为调理电路与数字处理电路，计算分析与结果输出环节为智能化微机处理单元。

10.2　测量仪器的参数与特性

测量仪器的基本参数和特性是设计、制造、选择和使用仪器的主要依据。设计一台测量仪器，需根据仪器的使用要求，把仪器要求的基本参数作为设计的依据，最后也是根据这些基本参数来验证测量仪器是否满足使用要求。因此，这些基本参数既是仪器设计的依据，又是仪器设计的目标。

10.2.1　测量仪器的基本参数

测量仪器的基本参数包括：示值、示值范围、标称量值、标称量值区间、标称示值区间、量程、测量区间。

示值是由测量仪器或测量系统给出的量值。示值可用可视形式或声响形式表示，也可传输到其他装置。示值通常由模拟输出显示器上指示的位置、数字输出所显示或打印的数字、编码输出的码形图、实物量具的赋值给出。示值与被测量值不必是同类量值。

示值概念具有广义性，既适用于测量仪器，也适用于实物量具。测量仪器指示装置上指针所指示或数字显示的量值，或该值乘以测量仪器常数所得到的值都是示值。对于带指示装置的量具，其给出示值的方式与测量仪器相似，诸如可变电容器、信号发生器等；对于无指示装置的量具，诸如量块、砝码、标准电阻器等，其标出的值或标称值就是示值。对于模拟式测量仪器，示值的概念也适用于相邻标尺标记间的内插估计值；对于数字式测量仪器，其显示的数码就是示值。示值也适用于记录仪器，记录装置上的记录元件位置所对应的被测量值就是示值。总之，示值可以是实物量具的标称值、仪器的指示值或通过换算得到的被测量的值。

示值区间是极限示值界限内的一组量值。示值区间可以用标在显示装置上的单位来表示，例如：91～201 V，在某些领域内也称"示值范围"。

标称量值简称标称值，指测量仪器或测量系统经化整的值或近似值，以便为使用时提供指导。例如：

（1）标在标准电阻器上的标称量值：100 Ω；

（2）标在单刻度量杯上的量值：1 000 mL；

（3）盐酸溶液 HCl 物质量的浓度：0.1 mol/L；

（4）恒温箱的温度：−20 ℃。

标称示值区间也称标称区间，指当测量仪器或测量系统调节到特定位置时获得并用于指明该位置的、可化整的或近似的极限示值所界定的一组量值。标称示值区间通常以它的最小和最大量值表示，例如 100～200 V。测量仪器的标称示值区间在 JJF 1001—1998《通用计量术语及定义》中称为"标称范围"，现在某些领域的标称示值区间仍称为标称范围。

标称示值区间的量程是指标称示值区间两极限量值之差的绝对值，也就是标称范围两极限之差的模，也可简称为量程。例如，对于从 −10～+10 V 的标称示值区间，其标称示值区间的量程为 20 V。

测量仪器的测量区间又称工作区间,指在规定条件下,由具有一定的仪器不确定度的测量仪器或测量系统能够测量出的一组同类量的量值。此术语对应于 JJF 1001—1998 中的"测量范围",其定义为"测量仪器的误差处在规定极限内的一组被测量的值"。现在在某些领域,测量仪器的测量区间也称为"测量范围"或"工作范围"。

必须注意区分标称示值区间、标称示值区间的量程和测量区间 3 个概念。测量仪器在标称示值区间并不一定能保证准确度,在测量区间才能保证。例如,一个标称示值区间为 0~10 MN 的 0.1 级标准测力仪,能达到准确度为 0.1 级的区间是 0.5~10 MN,这就是测量仪器的测量区间。也有的测量仪器标称示值区间和测量区间相同,例如标称示值区间为 1~60 MPa,0.02 级活塞压力计的测量区间也是 1~60 MPa,在整个标称示值区间的最大允许误差是 ±0.02%。测量仪器的测量区间、标称示值区间、标称示值区间的量程 3 个特性在日常使用中非常容易混淆。例如,0.1 级标准测力仪的测量区间为 0.5~10 MN,误认为测量区间为 0~10 MN 或 10 MN。另外,测量区间的下限不应与检测限相混淆,检测限一般应用于化学分析仪器。

10.2.2　示值误差与最大允许测量误差

示值误差:测量仪器示值与对应输入量的参考量值之差,是指用作与同类量的值进行比较的基础的量值。参考量值指用作与同类量的值进行比较的基础的量值。参考量值可以是被测量的真值,这种情况下它是未知的;也可以是约定真值,这种情况下它是已知的。带有不确定度的参考量值通常由以下参考对象提供:

(1) 一种物质,如有证标准物质;

(2) 一个装置,如稳态激光器;

(3) 一个程序,如参考测量程序;

(4) 一个比较值,如与测量标准比较的值。

示值误差是测量仪器最主要的计量特性之一,其反映测量仪器准确度,是测量仪器准确度定量表述的主要形式。示值误差大,则其准确度低;示值误差小,则其准确度高。

示值误差是对真值而言的,因为真值是不能确定的,实际上使用的都是约定真值或实际值。为确定测量仪器的示值误差,当其接受高等级的测量标准器检定或校准时,标准器所复现的量值即为约定真值,通常称为实际值或标准值,即满足规定准确度的,用来代替真值使用的量值。量具的示值误差为量具的标称值与其真值之差。例如:量块的真值为其中心长度的实际值;玻璃量器的真值为其标尺标记下的实际容积;标准电阻的真值为该电阻在标准工作条件下的实际电阻。以上所谓的真值,均只能用约定真值代替,即对于给定目的,被认为充分接近真值(其不确定度可忽略不计的量值),可用于代替真值的量值。

【例 10-1】　量块的标称值为 20 mm,其中心长度的约定真值为 19.994 5 mm,则其示值误差为

$$20 \text{ mm} - 19.994\ 5 \text{ mm} = 0.005\ 5 \text{ mm}$$

【例 10-2】　实际长度为 20.545 mm 的四等量块,用千分尺测得其值(千分尺的示值)为 20.555 mm,则该千分尺在该测量值处的示值误差(千分尺不同量值处往往有不同的示值误差)为

$$20.555 \text{ mm} - 20.545 \text{ mm} = 0.010 \text{ mm}$$

最大允许测量误差简称最大允许误差,指对给定的测量、测量仪器或测量系统,由规范或

规程所允许的,相对于已知参考值的测量误差的极限值。

10.2.3 工作条件

测量仪器的工作条件包括参考工作条件、稳态工作条件、额定工作条件和极限工作条件。

参考工作条件,简称参考条件,是为测量仪器或测量系统的性能评价或测量结果的相互比较而规定的工作条件。如量块长度参考温度为 20 ℃,标准洛氏硬度块参考温度为 23 ℃。

稳态工作条件是为使由校准所建立的关系保持有效,测量仪器或测量系统的工作条件,即使被测量随时间变化。如采用百分表式标准测力仪检定材料试验机时,除了要求温度为 10～35 ℃ 以外,还要求试验力检定过程的温度变化不大于 2 ℃。这是因为百分表式标准测力仪的使用温度与检定温度不同时,由于弹性体的弹性系数受温度影响,需要对示值进行温度修正,而只有满足稳态工作条件才能满足修正条件。

额定工作条件是为使测量仪器或测量系统按设计性能工作,在测量时必须满足的工作条件。额定工作条件通常要规定被测量和影响量的量值区间,如通常需要规定仪器使用环境的温湿度条件。如使用 0.02 级活塞压力计的要求环境温度为(20±2)℃,使用标准洛氏硬度块时要求环境温度为(23±5)℃,才能保证其准确度。

极限工作条件是使测量仪器或测量系统所规定的计量特性不受损害也不降低,其后仍可在额定工作条件下工作所能承受的极端条件。测量仪器型式评价时通常需要进行极限工作条件试验,如户外安装式电能表型式评价要求在非工作状态下分别在 70 ℃、−40 ℃ 停放 72 h,试验后,仪表应无损坏或信息改变,并能正常工作。注意,在试验过程中电能表是处于断电状态的,只是要求通过极限工作条件试验后能保证准确度等计量特性。储存、运输和运行的极限条件可以不同,如户外安装式电能表储存、运输的极限工作条件为 −40～70 ℃,运行的极限条件为 −25～55 ℃,储存、运输的极限工作条件范围比运行的极限条件范围宽。极限条件可包括被测量和影响量的极限值,如计量器具型式评价进行的抗电磁场辐射试验,力传感器出场检定要求能承受 110% 的额定负荷。

10.2.4 测量仪器的稳定性与仪器漂移

测量仪器的稳定性简称稳定性,是测量仪器保持其计量特性随时间恒定的能力。稳定性是测量仪器的系统变化,通常需要通过多个周期的测试才能够确定。

稳定性量化方法之一:用计量特性变化到某个规定的量所经过的时间间隔表示。通过测量标准或稳定被测对象观测被评定测量仪器计量特性的变化,当变化达到某规定值时,其变化量与所经过的时间间隔之比即被评定测量仪器的稳定性。例如,在规定的贮存条件下,用测量标准观测某标准物质的量值,当其变化达到规定的 ±1.0% 时所经过的时间间隔为 6 个月,则该标准物质特性量值的稳定性为 ±1.0%/6 个月。

稳定性量化方法之二:用计量特性在规定时间间隔内发生的变化表示。通过测量标准定期观测被评定测量仪器计量特性随时间的变化,用所记录的被评定测量仪器的计量特性在观测期间的变化幅度除以其变化所经过的时间间隔,即为该被评定测量仪器的稳定性。

测量仪器的稳定性,对于以等划分准确度等级的仪器,在使用时加上修正值或使用校准曲线尤为重要。如 JJG 144—2017《标准测力仪检定规程》规定,新的标准测力仪检定后,必须经过半年或一年时间重新检定,稳定性指标合格后方能使用。标准物质的稳定性是一个重要指标,研制者在研制标准物质过程中必须进行稳定性考察。

仪器漂移是由测量仪器计量特性变化引起的示值在一段时间内的连续或增量式变化。考察仪器漂移的时间段一般比较长，所以一般用重复测量示值的平均值的变化衡量漂移的大小。漂移是示值随时间的慢变化，通过记录前后的变化值或画出观测值随时间变化的漂移曲线得出。仪器漂移一般指在正常使用和保存条件下形成的，既与被测量的变化无关，也与任何已经认识到的影响量的变化无关。

漂移的定义有多种，如量程漂移、零点漂移、基线漂移和相位漂移等。例如氧化锆氧分析仪的检定，规定分别通入量程 5% 和 85% 的氧标准气体，每间隔 1 h 测量 1 次，仪器连续运行 4 h，5% 点示值的最大变化称为零点漂移，85% 点示值减去 5% 点示值的最大变化称为量程漂移。

当测量仪器计量特性随时间呈线性变化时，漂移曲线为直线，该直线的斜率即为漂移率。在测得随时间变化的一系列观测值后，可以用最小二乘法拟合得到最佳直线，并计算出漂移率。

仪器漂移与测量仪器稳定性一样，都是针对时间而言的，前者着重说明计量器具在一次开机使用期间计量特性变化的大小和规律；后者着重说明计量器具长期、多次使用，在相同工作状态下持续保持其计量性能的能力。如汽车排放气体测试仪，规定零位漂移和示值漂移是在 1 h 之内不超出仪器的示值允许误差。在计量标准考核中，要求新建计量标准，每隔一段时间（长于 1 个月），用被考核计量标准对核查标准进行重复测量，然后取平均值作为测量结果。共观测 4 组以上，取各组平均值的最大值和最小值之差作为稳定性。可以看出，在这里稳定性考核时间至少需要几个月。

10.2.5　阶跃响应时间

阶跃响应时间是测量仪器或测量系统输入量值在两个规定常量值之间发生突然变化的瞬间，到与相应示值达到其最终稳定值的规定极限内时的瞬间，这两者间的持续时间。以前称为响应时间。

阶跃响应时间是反映测量仪器对阶跃激励响应特性的参数之一。对被评定测量仪器输入瞬间突变的激励，记录输出响应随时间变化的曲线，计算输出响应达到最终稳定值时的某一个规定极限内（如 ±5% 或 ±2%），与输入激励瞬间的时间间隔，为测量仪器相应于规定极限的阶跃响应时间。影响阶跃响应时间的两个主要因素是传感器和信号处理，并主要取决于传感器的结构原理及测量条件。

例如，在力学、无线电脉冲响应等应用中，输入为单次突变量（冲击脉冲），而输出响应随时间有一个稳定过程（见图 10-2）。从开始激励输入到输出响应稳定，再到规定的 $\pm\Delta$ 范围内的时间间隔 $(t_2 - t_1)$，即为响应时间。

10.2.6　测量系统的灵敏度

测量系统的灵敏度，简称灵敏度，是测量系统示值变化除以相应的被测量值变化所得的商。对被评定测量系统，在规定的某激励值上通过改变一个小的激励变化 Δx，得到相应的示值变化 Δy，则比值 $S = \Delta y / \Delta x$，即为测量仪器在该激励值时的灵敏度。

例如，将热电偶插入 20 ℃ 的控温箱，当温度改变 ΔT 时，记下数字电压表上读得的输出电压的变化量 ΔV，则热电偶在 20 ℃ 时的灵敏度为 $\Delta V / \Delta T$。

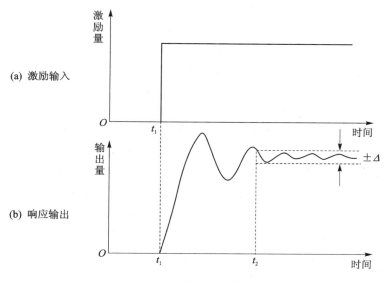

图 10-2　阶跃响应时间测量

10.2.7　鉴别阈、分辨力、死区与检出限

鉴别阈是引起相应示值不可检测到变化的被测量值的最大变化。对被评定测量仪器,在一定的激励输入和输出响应下,通过单方向地逐步改变激励输入,观察测量仪器的输出响应,测量仪器输出响应产生的未察觉的响应变化的最大激励变化就是测量仪器的鉴别阈。

鉴别阈可能与诸如(内部或外部的)噪声或摩擦有关,例如检定活塞压力计时,当标准压力计和被检活塞压力计在上限压力下平衡后,在被检活塞压力计上加放不至于破坏两活塞平衡的砝码,其质量最大值即为该被检活塞压力计鉴别力阈(实际检定中以使活塞压力计平衡状态破坏的最小质量值代替)。活塞压力计鉴别阈是活塞和活塞筒之间摩擦力的反映。使用活塞压力计时,活塞转动就是为了减小活塞和活塞筒之间的摩擦力。

鉴别阈可能与被测量的值有关,也就是说,在测量仪器测量区间的不同测量点,鉴别阈可以是不同的。鉴别阈也可能与被测量如何施加有关,通常采用缓慢单方向逐步改变激励输入,观察其输出响应的方式。

分辨力是引起相应示值产生可觉察的变化的被测量的最小变化。鉴别阈定义的是测量仪器示值不可检测到变化的被测量值的最大变化,而实际工作中,评定鉴别阈的方法通常是:通过观测测量仪器产生可检的被测量的最小变化值,如活塞压力计平衡状态下,可改变平衡状态的最小压力增量即为该压力计的鉴别阈值。

显示装置的分辨力是能有效辨别的显示示值间的最小差值。对测量仪器分辨力的评定,可以通过测量仪器的显示装置或读数装置能有效辨别的最小示值差来评定。对于数字式显示装置,分辨力就是当变化一个末位有效数字时其示值的变化。例如,数字电压表最低位数字显示变化一个数字的示值差为 $1~\mu V$,其分辨力即为 $1~\mu V$。用标尺作为读数装置(包括带有光学机构的读数装置)的测量仪器的分辨力,为标尺上任何两个相邻标记之间即最小分度值的 $1/2\sim 1/10$,具体为多少分之一,取决于标尺间距、指针宽度等因素。例如,分度值为 $0.02~mm$ 的带标卡尺,可取其分辨力为 $0.01~mm$;对于度盘较大的试验机,分辨力可取分度值的 $1/10$。

数字显示测量仪器的分辨力,为最末位数字显示变化一个步进量时的示值差。虽然通常为最末位变化一个数字,但有的仪器最末位数字显示变化一个步进量时可以是多个数字变化。比如 4 位半数字电压表的分辨力为最末位 5 个数字。分辨力通常为最末位的 1 个数字、2 个数字、5 个数字,但不局限于这 3 种。同一量程也可能出现不同的分辨力。

注意:不要把显示装置的分辨力和测量仪器的分辨力等同起来。前者由测量仪器的显示装置决定,后者由测量仪器的整体结构决定。所以,后者总是大于或等于前者。当分辨力取决于显示装置时,两者可以是相同的。

测量仪器的死区是当被测量值双向变化时,相应示值不产生可检测到的变化的最大区间。相对于鉴别阈与分辨力,死区对应的是双向变化,指示值不变的输入量的最大变化量,该变化量可正可负,该变化范围称为死区。以检定活塞压力计为例,如果把鉴别阈指标改为死区,则死区是当标准压力计和被检活塞压力计在上限压力下平衡后,在被检活塞压力计上分别加、减放不至于破坏两活塞平衡的最大砝码,两个砝码质量之和为该活塞压力计的死区。显然,死区大于或等于鉴别阈。特定情况下,死区的大小是鉴别阈的两倍。同样的,死区可能与变化速率有关。

一般来说,鉴别阈、分辨力、显示装置的分辨力和死区这些特性指标越小,测量仪器的性能就越好,但还要综合考虑测量仪器的准确度、测量的重复性以及环境条件的影响。鉴别阈这些特性指标大些,有利于防止激励的微小变化和干扰所引起的示值变化;但这些特性指标大了,可能会使测量仪器的准确度降低。

检出限是化学分析仪器特有且非常重要的计量特性。检出限是由给定测量程序获得的测量值,其声称的物质成分不存在的误判概率为 β,声称物质成分存在的误判概率为 α。国际理论和应用化学联合会(IUPAC)推荐 α 和 β 的默认值为 0.05。

检出限与检测限不同,检测限可理解为检测下限,即测量仪器由某一分析方法在给定的可信程度内可以从样品中检测待测物质的最小浓度或最小量。

10.2.8　测量系统的选择性

测量系统的选择性,简称选择性,是指测量系统按规定的测量程序使用并提供一个或多个被测量的测得值时,使每个被测量的值与其他被测量或所研究的现象、物体或物质中的其他量无关的特性。

在物理学计量中,选择性是指只有一个被测量,其他量是被测量的同类量,并且它们是测量系统的输入量。如无线电计量中,测量系统测量给定频率下某信号分量的功率,不会受到诸多其他信号分量或其他频率信号干扰的能力;选择性表征测量装置将所需频率的信号与其他频率信号相区别的能力,对接收机而言,选择性是表征接收机将所需信号从许多不同频率的信号中挑选出来的能力。

10.2.9　仪器的测量不确定度

仪器的测量不确定度是由所用测量仪器或测量系统引起的测量不确定度的分量。注意:这里强调的是不确定度分量,而不是不考虑被测对象等因素的不确定度。

(1) 除原级制盐标准采用其他方法外,仪器的不确定度通过对测量仪器或测量系统校准得到;

(2) 仪器的不确定度通常按 B 类测量不确定度评定;

(3) 对仪器的测量不确定度的有关信息可在仪器说明书中给出。

仪器的测量不确定度是由所用测量仪器或测量系统引起的测量不确定度的分量,经评定得出示值误差后对测量仪器的示值进行修正,引入的不确定度对应于由上一级检定/校准的测量不确定度。修正后使用的情况,需要考虑曲线拟合引入的不确定度、仪器长期稳定性引入的不确定度,以及使用时环境条件和校准环境条件不同引入的不确定度。相应地,不修正使用测量仪器引入的不确定度,只有在有效的检定周期内,在额定工作条件下,一般可以不考虑长期稳定性等因素的影响。这就是对工作计量器具一般不主张采用修正使用的原因。

10.2.10　基值测量误差、零值误差、固有误差

基值测量误差:简称基值误差,在规定的测得值上测量仪器或测量系统的测量误差。

零值误差:测得值为零时的基值测量误差。

固有误差:又称基本误差,是指在参考条件下确定的测量仪器或测量系统的误差。

10.3　测量仪器的准确度及准确度等级

10.3.1　测量仪器的准确度

测量仪器的准确度是表征测量仪器品质和特性的最主要的性能,因为使用测量仪器的目的就是为了得到准确可靠的测量结果,实质就是要求示值(或示值经过修正后)更接近于真值。依据计量技术规范 JJF 1094—2002《测量仪器特性评定》,给出测量仪器准确度的定性定义,如下:

测量仪器的准确度是指测量仪器给出接近于真值的响应的能力,它是仪器系统误差和随机误差两者综合的反映。由于存在各种测量误差,任何测量是不可能完善的,所以真值是不可知的,"接近于真值的能力"也是不确定的。虽然测量仪器准确度是一种定性的概念,但在实际应用中人们需要对准确度进行定量表述。

10.3.2　准确度等级

准确度等级是指在规定工作条件下,符合规定的计量要求、使测量误差或仪器不确定度保持在规定极限内的测量仪器或测量系统的等别或级别。

测量仪器的使用一般可归纳为两种形式:第一种,经评定合格后直接使用示值,这时测量仪器存在示值误差,但实际误差不超出最大允许误差的要求;第二种,经评定得出示值误差后对测量仪器的示值进行修正或者定值,这时虽然部分消除了测量仪器的偏移误差,但测量仪器的示值误差或实际值仍然存在不确定度。对于第一种情况,测量仪器的准确度评定根据最大允许误差进行;对于第二种情况,以实际值的测量不确定度评定测量仪器的准确度。

采用第一种形式使用的测量仪器,需依据有关技术规范对测量仪器进行评定,当测量仪器示值误差不超出某一档次的最大允许误差的要求,其他相关特性也符合规定要求时,判定测量仪器符合某准确度级别。这类仪器使用时不需要修正,指示式仪器直接使用其指示值代表,量具则使用标称值。这样做方便使用,但相对于修正使用,测量仪器引起的不确定度有所增大。所以,采用这种方式评定准确度一般应用于工作测量仪器。

采用第二种形式使用的测量仪器,需依据计量检定规程对测量仪器进行检定,得出测量仪器的修正值或实际值。根据测量仪器实际值的扩展不确定度,满足某一档次的要求,以及其他

相关特性符合规定的要求,测量仪器符合该准确度等别。这表明测量仪器实际值的扩展不确定度不超出某个给定的极限。采用这种评定方法的测量仪器在使用时,必须加上修正值,或使用校准曲线的给出值。相对于直接使用示值,测量仪器引起的不确定度有所减少,但也引入不少问题,所以采用这种方式评定准确度一般应用于标准计量器具。

将测量仪器的多个相关计量特性要求进行合理组合,规定为特定的准确度等级,目的是有利于量值传递或溯源,有利于测量仪器的组织生产和合理选用。

等别,是指计量器具、特别是标准计量器具实际值的扩展不确定度档次。以等别划分的仪器按实际值或依据示值误差评定结果对示值修正后使用。

级别,根据计量器具最大示值允许误差大小的档次划分。以级别划分的仪器直接使用示值,不需要修正。

当测量仪器没有划分准确度等别,或者考虑给准确度等别予以量化时,直接给出实际值的扩展不确定度,即上级对其检定/校准的测量结果不确定度;当测量仪器没有划分准确度级别,或者考虑给准确度级别予以量化时,直接给出其示值最大允许误差。

有些计量器具只按级划分,如:

① 测量范围至 500 mm 的千分尺,分为 0 级与 1 级。

② 弹簧式精密压力表,分为 0.25 级、0.4 级与 0.6 级。

③ 工作用铜-康铜热电偶,分为 Ⅰ 级、Ⅱ 级和 Ⅲ 级。

有些计量器具只按等划分,如:

① 标准活塞压力计,分为 1 等、2 等和 3 等。

② 标准水银温度计,分为 1 等和 2 等。

③ 200 mm 的标准玻璃线纹尺,分为 1 等和 2 等。

有些计量器具既按级又按等划分,如:

① 量块分为 0～4 级,1～6 等。

② 标准电池分为 1 等和 2 等,0.000 2 级、0.000 5 级、0.001 级、0.002 级、0.005 级、0.01 级和 0.02 级。

③ 砝码分为 E_1、E_2、F_1、F_2、M_1、M_2、M_{11} 及 M_{22} 级和等。

计量器具的等和级的划分并不只按一种计量学指标,其往往涉及一系列的指标。例如标准电池,等与级共同的计量学指标就有:20 ℃下电动势实际值的允许范围,检定周期内电动势的变化极限值、内阻。而且,同属某一级,饱和与不饱和型的也还不同。既分等又分级的计量器具,在其检定证书上,往往会同时指明为何等何级。例如,量块的检定证书上,可以有三等一级、三等二级、五等三级和五等四级等。

有时测量标准器分为等,工作计量器具分为级。通常,准确度等级用约定数字或符号表示,如 0.2 级电压表、0 级量块、一等标准电阻、E_2 级砝码等。通常,测量仪器准确度等级在相应的技术标准、计量检定规程或有关规范等文件中作出规定,具体规定出各准确度等级的各项有关计量性能的要求及其允许误差范围或评定示值误差的测量不确定度。

国际上除极个别测量仪器之外,准确度基本上只有以级划分的而没有以等划分的,但仪器使用时,依然是两种形式:第一种,经评定合格后直接使用示值;第二种,经评定得出示值误差后对测量仪器的示值进行修正。两种形式分别对应于准确度的级和等。在《测量不确定度表示指南》(GUM)中,多次提到经验证(verified)测量仪器和经校准(calibrated)测量仪器,就是分别对应于不修正使用和修正使用。"验证"和"检定"对应的英语都是 verification,《国际通用计量学基本术语》(VIM)中给出的"验证"的定义是"提供客观证据证明测量仪器满足规定的要求";测量仪器的法制检定则是"查明和确认测量仪器符合法定要求的活动,它包括检查、加标记和/或出具检定证书"。实际使用中需要注意区分。

我国拥有全国统一的量传体系、数量庞大的检定规程和检定系统,因此,执行相同的检定规程就有了统一的测量方法、测量标准和环境要求,测量不确定度就不会超出某一极限值的要求,这使我们可以以一系列的不确定度给出一系列的准确度等级,这对量传工作的管理非常有利。

10.3.3　测量仪器的准确度与测量的准确度的区别

要注意区分测量仪器的准确度和测量的准确度。准确度等级只是确定了测量仪器本身的计量特性,它并不等于用该测量仪器进行测量所得测量结果的准确度。准确度等级是针对仪器而言的,测量过程中还有许多其他的因素对测量结果的不确定度产生影响,测量仪器的准确度只是不确定度的来源之一。等别与级别的给出,能反映计量器具计量学性能总的水平,但不能用它直接表示使用该计量器具进行测量的准确度。因为测量结果的不确定度中,其不确定度分量不止这一项,还有其他误差分量要与之合成。

10.4　测量仪器的示值误差评定

10.4.1　单次测量的示值误差

单次测量的示值误差为偏移误差和重复性的综合。所谓偏移误差,是指测量仪器误差中的系统误差分量;所谓重复性,是指测量仪器的随机误差分量,通常用实验标准差表示。

测量仪器单次测量的示值误差等于该次测量中随机误差与仪器的系统误差之和,测量仪器随机误差和系统误差的合成是代数和。在重复性条件下,取足够多次测量的平均值,可以消除随机误差的影响,得到仪器的偏移误差,用以表示仪器的示值误差。

测量仪器的示值误差与使用条件有关,如没有特别说明,一般是指在标准工作条件下的示值误差。在标准条件中,一般给出影响量的标准值或标准范围。影响量不属于被测的量,是影响被测量值或影响测量仪器示值的量,如长度测量中的被测对象的温度和环境的温度、交流电压测量中的频率、质量测量中的空气密度。在测量仪器检定规程中规定的检定条件也属于标准条件。给出的标准范围一般是正负对称的,例如(20 ± 2)℃、(60 ± 1)Hz、$(101\ 325 \pm 101)$Pa。

测量仪器的准确度指测量仪器给出接近于被测量真值的示值的能力。而示值误差是测量仪器示值与真值之差,可以表示测量仪器的准确度。但是,由上面的讨论我们知道,测量仪器的示值误差是随条件不断变化的。但这个变化范围,在规定的条件下,不会超过最大允许示值误差。因此,有时定量地用测量仪器的最大允许示值误差表示测量仪器的准确度。

10.4.2　测量仪器示值误差的评定方法

测量仪器示值误差的评定方法有比较法、分部法和组合法。比较法以前又称直接法,是最基本和常用的方法。但国际上有的文献把分部法的分部指标测量称为直接测量,分部法的综合指标即示值误差的测量称为间接测量。比较法、分部法和组合法只是按照测量原理进行划分的,并不能截然区分,分部法的每个参量和组合法具体的每次测量还是离不开比较法。

1. 比较法

比较法就是在规定的条件下,由提供约定真值的测量标准对被评定的测量仪器进行一定次数的测量或比较,有的情况下则是被评定测量仪器对给定的测量标准进行一定次数的测量,被评定测量仪器示值与测量标准提供的约定真值之差为示值误差。

测量仪器示值误差用比较法评定的方法有三种,如下:

第一种,保持被评定测量仪器的示值不变,用测量标准对被评定的测量仪器进行一定次数的测量,测量标准在每个评定点测得值的算术平均值减去被评定测量仪器的示值,得到被评定测量仪器的示值误差。

如用标准测力仪检定材料试验机,在材料试验机每度盘均匀分布的 5 个点(通常是整数点),保持材料试验机定点示值不变,每点检定 3 次,然后用材料试验机示值减去标准测力仪测得值的平均值,即可得到材料试验机的示值误差。

第二种,保持测量标准的示值不变,用被评定测量仪器对测量标准进行一定次数的测量,被评定测量仪器在每个评定点测得值的算术平均值减去测量标准的示值,即可得到被评定测量仪器的示值误差。例如,用标准砝码检定电子衡。

一般情况下,以上两种方法都是可行的,实际评定工作可选取其中一种。例如,用标准测力仪检定材料试验机,可以是保持标准测力仪的示值不变读取材料试验机的示值,也可以是保持材料试验机的示值不变读取标准测力仪的示值,两种方法对材料试验机示值误差检定所得的结果是相同的,但前者便于数据处理,而后者则可以减少材料试验机读数的估读误差。

第三种,被评定测量仪器和测量标准通过第三者进行比较,这种方法的内容比较广泛,可细分为直接比较测量法、零位测量法、替代测量法和微差测量法等。

(1)直接比较测量法:将被评定测量仪器与已知值的同种量相比较的测量方法称为直接比较测量法。例如,用高准确度等级砝码在等臂天平上检定砝码。

(2)零位测量法:调整已知值的一个或几个与被测量有已知平衡关系的量,通过平衡确定被测量值的方法称为零位测量法,也称指零法。由于作为比较基础的已知量具有比较高的准确度,指零仪表又具有很高的灵敏度,所以这种测量方法具有较高的准确度。用电桥和检流计测量电阻就是这种方法的典型例子。

(3)替代测量法:用量值已知且与被测量同种的量代替被测量,使在指示装置上得到相同效应以确定被测量值的测量方法。替代测量法又分为完全替代测量法和不完全替代测量法两种。由于替代测量法可将测量装置本身的误差完全消除或大部分消除,所以当替代物的准确度很高时,测量的准确度也很高。

(4)微差测量法:将被测量与同它只有微小差别的已知同样量相比较,通过测量这两个量值间的差值以确定被测量值的测量方法称为微差法,也称为差值法。因为被测量值的主要部分被具有高准确度的已知同类量所平衡,包括环境条件的影响也可以通过大部分相平衡而抵消,差值仅占被测量的很小一部分,所以测量差值时出现的不确定度已是误差部分的不确定度。因此,这种测量方法也可以达到很高的准确度。

设被测量为 x,与它相近的标准量为 B,被测量与标准量之微差为 A,A 的数值可通过指示仪表读出,则 $x = B + A$,因为

$$\frac{\Delta x}{x} = \frac{\Delta B + A}{x} = \frac{\Delta B}{x} + \frac{\Delta A}{x} = \frac{\Delta B}{A + B} + \frac{A}{x} \cdot \frac{\Delta A}{A}$$

又因为 $A \ll B$，所以 $A + B \approx B$。这也是微差法的条件，从而可得测量误差为

$$\frac{\Delta x}{x} = \frac{\Delta B}{B} + \frac{A}{x} \cdot \frac{\Delta A}{A} \qquad (10-1)$$

从式（10-1）可见，微差法测量的误差由两部分组成：第一部分为标准量的相对误差，很小；第二部分为指示仪表的相对误差 $\Delta A / A$ 与系数 A/x 的乘积，其中系数 A/x 是微差与被测量的比，叫相对微差。由于相对微差远小于 1，因此指示仪表误差对测量的影响大大削弱。从原理上来看，微差法虽然大大提高了测量精度，但被测量的范围却是很窄的，它主要用于被测量和标准量很接近的情况下的高精度测量。而这样的要求恰好符合各种量的标准器之间的比对，因此广泛用于标准器具的检定。典型的例子是通过比较仪测量具有相同标称值的被评定和已知准确等级量块的高度差来确定被评定量块的偏差值。

（5）异号测量法：将带有正负极的被测量仪器与同它只有微小差别值的已知的同样量反向连接，通过测量这两个量值间互相抵消后的差值来确定被测量值。同样的，这种方法具有很高的准确度。典型的例子是将标准电池与被测标准电池反向连接，还有将被检热电偶与标准热电偶反向连接，然后测量其电势差值的检定方法。

2. 分部法

分部法就是根据被评定测量仪器的测量原理、结构，通过分析和试验得出影响测量仪器示值误差的参量，然后对各个参量进行评定并加以综合，得出被评定测量仪器示值误差的控制范围。

通常在不具备上级计量标准的情况下采用分部法。由于认识的局限性，对被测量仪器影响参量的分析可能不全面和不彻底。

采用比较法评定测量仪器的示值误差是直接通过同类量的上级计量标准进行溯源。但对于某些量，并不存在上级标准，或者直接用上级标准进行传递难以实现，这时，只能根据测量仪器的测量原理、结构，找出对示值误差有影响的因素并进行综合，实现仪器示值误差的评定。

在对基准计量仪器进行评定时，通常无法提供可用作为约定真值的标准。例如对基准测力机的评定，只能根据当地的重力加速度、加荷所用的各个砝码、有关构件的质量、有关机件变形对测力的影响，如果还有杠杆作用，还要考虑杠杆比及其受力变化等，对一切可能产生示值误差的因素进行测量、分析与计算，得出基准测力示值误差的极限值。静重式基准测力机，是通过对加荷的各个砝码和吊挂部分质量的测量，来分析当地的重力加速度和空气浮力等因素，得出基准测力机示值误差的范围。

采用分部法对测量仪器示值误差进行评定时，被测量可分为物理量和非物理量。

1）分部法评定物理量测量仪器示值误差

对于物理量，一般可以建立测量仪器示值和各个影响因素之间的函数关系，得到数学模型，从各个因素引起的不确定度合成得到被评定测量仪器示值的不确定度。例如，压力（压强）是物理量，是单位面积所承受的力（$1\ \mathrm{Pa} = 1\ \mathrm{N/m^2}$）。对于一等标准活塞压力计的检定，依据规程的有关规定如下：

（1）基本误差 $\pm 0.02\%$。

（2）压力值为测量上限的 10% 以下，其基本误差为 $\pm 0.05\%$。

（3）压力值为测量上限的 10%～100%，其基本误差为 $\pm 0.02\%$。

（4）检定时使用的主要标准测量仪器：工作基准活塞压力计、天平和标准砝码。

（5）活塞转动持续时间的要求。

（6）活塞下降速度的允许极大值要求。

（7）活塞有效面积按不同测量上限分别要求其允许范围、有效面积不确定度。

（8）对于不同的测量上限，按不同结构提出的灵敏限。

（9）专用砝码的示值允差及其实际值的最大不确定度。

上面要求一等活塞压力计的基本误差不超出 ±0.02%，但实际上并没有对其示值误差进行直接检定。以上条件中要保证准确度的中心环节是活塞的有效面积，要求其相对扩展不确定度不超出 1×10^{-4}。例如：

（1）1 cm^2 活塞的扩展不确定度为 1×10^{-4} cm^2；

（2）0.5 cm^2 活塞的扩展不确定度为 0.5×10^{-4} cm^2；

（3）0.1 cm^2 活塞的扩展不确定度为 0.1×10^{-4} cm^2。

因为在检定规程中除规定要保证的设备条件和工作条件以外，还规定了检定的全部程序（包括数据处理），在检定一等活塞压力计的其他要求合格的情况下，可以保证活塞有效面积的相对扩展不确定度不超出 1×10^{-4} cm^2。

活塞压力计给出的压力（输出量）p 与活塞有效面积 A_0、所加砝码的质量 m、当地重力加速度 g、温度 t、空气密度 ρ 有关，其数学模型为

$$p = \frac{mg(1 - \rho_0/\rho)}{A_0[1 + (a_0 + a_p)(t - t_0)]} \qquad (10-2)$$

通过计算 A_0、m、g、t 和 ρ 等各个参量的不确定度或允许误差对 p 的综合影响，得出一等活塞压力计输出压力值 p 的可能误差极限，在满足规程要求的条件下，可以保证一等活塞压力计的基本误差不超出 ±0.02%。

2）分部法评定非物理量测量仪器示值误差

对于非物理量，通常不能以精确的公式来描述测量仪器示值和各个影响参量之间的函数关系或建立明确的数学模型，从而不能据此推导出各个参量的影响。采用分部法评定非物理量测量仪的示值误差，必须通过大量实验得出各个参量的影响。

必须把可测量和非物理量区分开，可测量代表现象或对象可以定性描述和定量决定的一些特性，虽然非物理量也是可测量，但不是 SI 单位给出的物理量，而是依据参考值标尺的给出量。按照国际计量学名词和通用术语（VIM），参考值标尺为"由定义方式和采用协定而得出的给定值或特有的一些量的量值"，例如材料硬度、实用温度标尺、粘度、国际糖标尺、酒精含量的各种标尺、光密度膜片、风力标尺、地震强度及其他。这些标尺对计量工作是必不可少的，因而不能认为是"次级计量"的一部分。

物理量具有以下特性：

（1）可进行相互比较（两个测得量相等，或者其中一个大于另一个）；

（2）相加（通过将两个同种量相加，得到该量的新值）；

（3）相乘（通过将一测得量乘以一个正数，得到该量的新值）。

例如：硬度是非物理量，分析洛氏硬度计的示值误差必须考虑以下几个因素：

（1）压痕深度，包括测量机构的误差和硬度计机架变形等。

（2）试验力，其包括对零和测量时初试验力、总试验力、试验力对试样表面的垂直度、初试验力保持时间、总试验力保持时间、初试验力施加速度及主试验力施加速度等。

（3）压头，以 A、C 标尺的金刚石压头为例，包括压头顶端球面半径、压头圆锥角、圆锥角轴线同轴度、压头表面粗糙度等。

以上对硬度计示值产生影响的因素,除了压痕深度与硬度值有明确的数学关系以外,其他因素必须通过对不同硬度的试样进行试验得出这些因素在一定允差范围内对硬度计示值的影响。各个参量对高低硬度的影响不一样,如压头顶端球面半径对高硬度影响大,而压头圆锥角对低硬度影响大。——得出各个参数的影响后,在不同的硬度范围进行综合,得出硬度计示值误差的极限范围。

必须指出,实际工作中,以上各个因素的影响结果已有比较成熟的试验结果,标准和规程对各个参数的允差已有要求。对于工作硬度计,可以采用比较法用标准硬度块对示值进行评定。

3）分部法评定示值误差的特点

分部法在计量工作中是必不可少的。相对于比较法,分部法确定误差工作繁复,但分部法不需要高一级的测量标准,同时分部法能够了解各个影响量对误差影响的大小而加以控制,被评定仪器不合格时可以指出原因。

通常在不具备上级计量标准的情况下采用分部法,包括以下几种情况:

（1）国家基准,除了少数基本量之外,大部分国家计量基准必须采用分部法进行评定。

（2）未建立国家基准和量传体系,如邵氏橡胶硬度计的检定。

（3）虽然已有上级标准,但采用或结合分部法更加有效,如活塞压力计的检定,我国在目前条件下采用分部法,而国外也有采用比较法进行检定的。

（4）分部法与比较法相结合对示值误差进行评定,可以收到很好的效果。

金属洛氏硬度计采用标准硬度块进行比较法检定,当示值误差超出允差要求时,采用分部法对压头、测深装置、试验力——进行检定,可以找出超差的原因;反过来,在用标准硬度块检定示值误差前,采用分部法对压头、测深装置、试验力进行检定和调整,再用标准硬度块检定示值,一般可以保证整个量程的示值误差都符合要求,还可以降低硬度块的消耗。

对于橡胶国际硬度计的检定,标准橡胶硬度块的准确度与橡胶国际硬度计差不多,不能用硬度块进行示值检定。但定负荷橡胶国际硬度计以分部法检定后,再用标准橡胶硬度块进行示值比对,是十分必要的。

3. 组合法

把被评定的一台或多台测量仪器的多个示值,用不同方式组合起来,得到被测量之间以及被测量与给定的约定真值之间的函数关系,并列成若干方程式,然后用最小二乘法求出仪器示值的实际值或示值误差的方法称为组合法。

在这里,约定真值是高等级或同等级测量标准器复现的量值,也可以是物理常量。例如,正多面棱体和多齿分度台的检定,采用全组合常角法,即利用圆周角准确地等于 2π rad 的原理,得出正多面棱体和多齿分度台的误差。

1）组合法和最小二乘法

【例 10-3】　先举一个简单实例予以介绍。设用某种方法对串联电阻 R_1 和 R_2 进行测量,测量结果如下:

$$R_1 = 10 \ \Omega, \quad R_2 = 4.9 \ \Omega, \quad R_3 = R_1 + R_2 = 15 \ \Omega$$

显然,这 3 个数字出现了矛盾。因为这里 $R_3 \neq R_1 + R_3$。实际上,出现这种情况是难免的,因为任何测量结果都有测量不确定度。那么,应该如何估计电阻 R_1 和 R_2 的值呢? 也就是说,电阻 R_1 和 R_2 的最佳估计值是什么呢?

为了解决这个问题，可以列出残差方程，如下：

$$\begin{cases} 10 - r_1 = \upsilon_1 \\ 4.9 - r_2 = \upsilon_2 \\ 15 - r_1 - r_2 = \upsilon_3 \end{cases} \tag{10-3}$$

式中：r_1，r_2——电阻 R_1 和 R_2 的估计值；

υ_1，υ_2 和 υ_3——电阻 R_1，R_2 和 $R_1 + R_2$ 的残余误差。依据最小二乘法，当残余误差的平方和最小时，为最佳估计：

$$\sum_{i=1}^{3} \upsilon_i^2 = \min \tag{10-4}$$

$$Q = \sum_{i=1}^{3} \upsilon_i^2 = (10 - r_1)^2 + (4.9 - r_2)^2 + (15 - r_1 - r_2)^2 = \min$$

根据函数极小值处，一阶偏导数为零，可由

$$\frac{\partial Q}{\partial r_1} = 2\left[(10 - r_1) + (15 - r_1 - r_2)\right](-1) = 0$$

$$\frac{\partial Q}{\partial r_2} = 2\left[(4.9 - r_2) + (15 - r_1 - r_2)\right](-1) = 0$$

得出方程组，称为正规方程，即

$$\begin{cases} 2r_1 + r_2 = 25 \\ r_1 + 2r_2 = 19.9 \end{cases} \tag{10-5}$$

解正规方程组可得

$$\begin{cases} r_1 = 10.03 \ \Omega \\ r_2 = 4.93 \ \Omega \end{cases}$$

在重复性或者复现性条件下，多次测量结果的算术平均值为最佳估计值，也是符合最小二乘法原理的。在这里，可以把最小二乘法原理看成算术平均值原理的推广。

严格来说，最小二乘法仅在正态分布的情况下才成立。但是，在与正态分布差异不太大的影响量分布中，以及在各影响量都相当小的任意分布中，也常采用最小二乘法来处理数据。

最小二乘法用于组合测量，其特点是方程的数目一般大于被测量，可以减少随机误差的影响，对于被测对象非常稳定的情况，组合测量的方程的数目可以和被测量的数目相等，以减少测量次数和时间，如砝码的检定。

2) 全组合测量法

全组合测量法是把 n 个待测量之间两两全组合，共得到 $n(n-1)/2$ 个量，直接测量这 $n(n-1)/2$ 个量以决定待测量。有些情况下为了消除系统误差，采用两个方向的组合，称为双全组合。全组合有差值、比值、和以及积多种形式，最常见的是差值形式。如 4 个砝码 x_1，x_2，x_3 和 x_4 差的全组合有 $x_1 - x_2$，$x_1 - x_3$，$x_1 - x_4$，$x_2 - x_3$，$x_2 - x_4$，$x_3 - x_4$ 六种组合，如果加上另一个方向的组合 $x_2 - x_1$，$x_3 - x_1$，$x_4 - x_1$，$x_3 - x_2$，$x_4 - x_2$，$x_4 - x_3$，则共有 12 种组合。

组合法的另外一种形式是两组全组合法，即把待求量分为两组，组内之间不进行组合，而只进行组间的组合。这种方法是目前精密测量圆分度误差的一种主要方法，比如，多齿分度台与多齿分度台的互检、多齿分度台与正多面棱体的互检。

【例 10-4】 如图 10-3 所示，把 T、B 两个多齿分度台同轴上下叠放，上分度台中心固定一反射镜,镜面与分度台轴线平行,在两分度台刻度重合（0°与 0°重合）的条件下,用自准直仪垂直对准镜面,并调整自准直仪接近零,设为 θ_1。

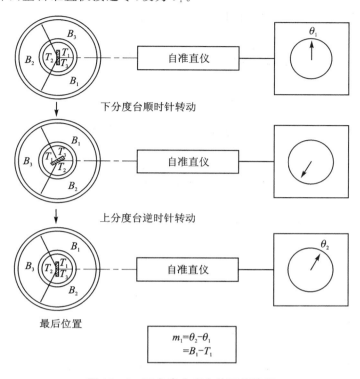

图 10 - 3　两多齿分度台的互相检定

把 T 分度台 0°～360°分为 $n=3$ 个间隔,每个间隔 120°,假设其偏差值分别为 T_1、T_2 和 T_3;B 分度台从 0°～360°分为 $n=3$ 个间隔,每个间隔 120°,假设其偏差值分别为 B_1、B_2 和 B_3。

然后,顺时针转动下分度台 120°,接着逆时针转动上分度台 120°,用自准直仪测得下、上分度台 0°～120°之差 $\theta_2-\theta_1=m_1$,等于偏差值 B_1 和 T_1 之差,即

$$B_1 - T_1 = m_1$$

继续顺时针转动下分度台 120°,接着逆时针转动上分度台 120°,可测量到另两个角度偏差值之差,$B_2 - T_2 = m_2$,$B_3 - T_3 = m_3$。分别以上分度台的 120°、240°与下分度台的 0°重合为起点,重复上面的测量,总共得到 3×3 一共 9 个方程:

$$\begin{cases} B_1 - T_1 = m_1 \\ B_2 - T_2 = m_2 \\ B_3 - T_3 = m_3 \\ B_1 - T_2 = m_4 \\ B_2 - T_3 = m_5 \\ B_3 - T_1 = m_6 \\ B_1 - T_3 = m_7 \\ B_2 - T_1 = m_8 \\ B_3 - T_2 = m_9 \end{cases} \qquad (10-6)$$

再加上 2 个非常重要的约束条件:因为分度台转一圈为 360°,同一分度台各个分度段的角度实际值(等于标称值加偏差值)之和为 360°,又由于各个分度段的实际角度标称值之和为 360°,故分度台各分度间隔偏差的代数和为零,即

$$\begin{cases} \sum_{i=1}^{3} B_i = B_1 + B_2 + B_3 = 0 \\ \sum_{i=1}^{3} T_i = T_1 + T_2 + T_3 = 0 \end{cases} \tag{10-7}$$

由此得出 11 个方程,由最小二乘法解正规方程组,设 B_i 的期望为 b_i,T_i 的期望为 t_i,可得

$$\begin{cases} b_1 = \dfrac{1}{27}\left[7(m_1 + m_4 + m_7) - 2(m_2 + m_3 + m_5 + m_6 + m_8 + m_9)\right] \\ b_2 = \dfrac{1}{27}\left[7(m_2 + m_5 + m_8) - 2(m_1 + m_3 + m_4 + m_6 + m_7 + m_9)\right] \\ b_3 = \dfrac{1}{27}\left[7(m_3 + m_6 + m_9) - 2(m_1 + m_2 + m_4 + m_5 + m_7 + m_8)\right] \end{cases} \tag{10-8}$$

$$\begin{cases} t_1 = \dfrac{1}{27}\left[-7(m_1 + m_6 + m_8) + 2(m_2 + m_3 + m_4 + m_5 + m_7 + m_9)\right] \\ t_2 = \dfrac{1}{27}\left[-7(m_2 + m_4 + m_9) + 2(m_1 + m_3 + m_5 + m_6 + m_7 + m_8)\right] \\ t_3 = \dfrac{1}{27}\left[-7(m_3 + m_5 + m_7) + 2(m_1 + m_2 + m_4 + m_6 + m_8 + m_9)\right] \end{cases} \tag{10-9}$$

实际检定工作中,为了提高测量准确度,必须增大分度台的互比间隔数 n,总共有 n^2 个 m_i,可推得

$$b = \dfrac{1}{3n}\big[(3n-2)(m_1 + m_{n+1} + m_{2n+1} + \cdots + m_{n(n-1)+1}) -$$
$$2(m_2 + m_3 + \cdots + m_n + m_{n+2} + m_{n+3} + m_{2n} + m_{2n+2} + \cdots + m_{n^2})\big] \tag{10-10}$$

必须注意的是,上面例子中,两个分度台没有一个是标准,两个都是被检对象,而自准直仪只起比较作用,实质溯源到的是圆周角准确地等于 2π rad 的自然基准。

10.5　测量仪器的重复性

10.5.1　测量重复性的相关概念

依据计量规范 JJF 1059.1—2012《测量不确定度评定与表示》,给出相关定义如下:

(1)测量重复性简称重复性,指在一组重复性测量条件下的测量精密度。

(2)测量精密度简称精密度,指规定条件下,对同一或相类似被测对象重复测量所得示值或测得值间的一致程度。测量精密度通常用不精密度以数字形式表示,如在规定测量条件下的标准偏差、方差或变差系数。

(3)重复性测量条件简称重复性条件,指相同测量程序、相同操作者、相同测量系统、相同操作条件和相同地点,并在短时间内对同一或相类似被测对象重复测量的一组测量条件。与

复现性、复现性测量条件应有所区别。

（4）测量复现性简称复现性，指复现性测量条件下的测量精密度。

（5）复现性测量条件简称复现性条件，指在不同地点、不同操作者、不同测量系统，对同一或相类似被测对象重复测量的一组测量条件。

（6）仪器偏移是重复测量示值的平均值减去参考量值，是测量仪器示值的系统误差。仪器偏移通常用适当次数重复测量的示值误差的平均值来估计。

10.5.2　重复性条件

重复性大小与测量仪器的状态、被测量的大小和环境条件有关。为了使测量值反映的是仪器的重复性，而不是外界条件变化的影响，故需要这些外界条件在一定的范围内保持稳定，这就是重复性条件。给出测量仪器重复性时，应指明重复性条件。有些计量仪器，根据其结构和测量原理，规定在其测量范围中的某些点进行重复性测量。当重复性条件中如不包括量值大小时，所给出的重复性应是指测量范围中的最大者。

下面就重复性条件的几个主要方面进行探讨。

1. 人　员

观测者带来的误差称为人员误差，包括测量人员主观因素和操作技术所引起的误差，如观测误差和读数误差。观测误差指使用测量仪器的过程中，由观测者主观判断所引起的误差。例如：利用读数显微镜时，对目镜中成像对称性的判断；光学高温计中对视野中光亮度是否均匀的判断；在响度级的测试中，对被测声与 1 kHz 纯音是否等响的判断。读数误差针对模拟仪器而言，指由于观测者对测量仪器示值读数不准确所引起的误差，包括视差和估读误差。

视差为指示器与标尺表面（或它们在光学系统中的成像面）不在同一平面时，观测者偏离正确观察方向（或位置）进行读数或瞄准时所引起的误差。

估读误差指观测者估读指示器位于两相邻标尺标记间的相对位置而引起的误差，也可称为内插误差。

评价仪器的重复性，应使这些由观测者所带来的变化减至最小，以达到可忽略的程度。

减小人员误差的方法是对同一示值由若干比较有经验的、操作比较熟练的观测人员各自独立观测，取他们的算术平均值作为测量仪器的示值。人数的多少取决于人员误差与示值误差的比例。人员误差相对于示值误差越小越好，而参与实验的观测人员往往不可能太多，也未必需要。一般来说，人员误差小于示值误差的 0.2 倍就可以了。在有困难的情况下，也可以采用从带有人员误差的结果中减去人员误差的方法，即由观测人员通过若干次重复条件下的试验，按贝塞尔公式计算出其一次操作的人员误差的实验标准差 s_1，然后在重复性条件下，对计量仪器进行若干次重复测量，根据其示值读数，计算出既含有计量仪器重复性，又含有人员误差的实验标准差 s_2，最后按标准差合成原则可以求出只含有仪器重复性的实验标准差 s：

$$s^2 = s_2^2 + s_1^2 \tag{10-11}$$

例如，利用螺旋读数显微镜对阿贝线纹比较仪（阿贝测长仪）的示值进行瞄准和读数时，可以首先对固定不变的示值，由观测者进行 21 次的"读数"操作，通过这 21 次的读数，按贝塞尔公式可以计算出单次瞄准读数的实验标准差 s_1。然后令该仪器对某一量值，在重复条件下，独立地进行 21 次测量，对每个示值均进行一次瞄准读数，给出 21 个示值，按贝塞尔公式计算出既有重复性又含有瞄准读数误差的实验标准差 s_2，则重复性标准差 s 为

$$s = \sqrt{s_2^2 + s_1^2} \qquad\qquad (10-12)$$

有的情况下,人员误差是测量重复性的最主要影响因素。如检定游标卡尺时,测量重复性就是由人员对卡尺对线估读误差引起的,这时,如果计算检定游标卡尺示值误差的测量不确定度,那么测量重复性与对线估读误差的影响只能二选一。顺便说明,人员误差是针对模拟式仪器,不适合于数字显示仪器。对于数字显示仪器,必须考虑测量仪器数字显示的量化误差的影响。

2．测量次数

在技术规范中提出求重复性的实验标准差时,重复的次数应足够多,而未规定多到什么程度。其含义是 n 越大越好,具体取值由实验标准差的标准不确定度参数来定,请参见式(10-14)。一般认为,当测量次数达到 21 次时,自由度 $v=20$,实验标准差 s 的相对标准不确定度小于 1/6,可认为其已相当可靠了。重复的次数与测量过程的复杂程度有关,有时限于重复条件,达不到 21 次,甚至达不到 10 次,当测量次数为 6 次时,实验标准差 s 的标准不确定度的相对不确定度小于 1/3,此时可信度已是比较低了。如果测量次数达不到 6 次,则应采用一定的方法提高实验标准差的自由度,比如在复现性条件下合并样本标准差的方法。

3．量具与标准物质的重复性

对于实物量具,其重复性往往可以忽略不计。因为实物量具的标称值一般是固定的,其真值在较短时间间隔内,按经验也是恒定的(其变化往往远小于其他误差因素造成的误差)。至于量具的真值随时间的变化,可称之为稳定性。

对于其他量具,如标准信号发生器、标准转速装置、标准硬度块,则存在重复性。量具的重复性可能受其他因素的影响,如量杯、钢直尺,其测量重复性主要来源于前面已经提及的人员读数误差。

对于可以重复使用的标准物质,其特性和实物量具一样。而每次使用消耗的标准物质,严格来说不存在重复性,因为每次测量的所用的标准物质实际上不相同,但如果标准物质的均匀性好,使不同次测量中标准物质的差异可以忽略,则仍可以当成满足重复性条件。

4．测量时间

重复性条件是指测量程序、人员、仪器和环境等条件相同,但时间是永远不能静止的。因此,必须在尽量短的时间内完成重复性测量,时间尽量短的目的是为了尽量保证其他重复性条件不变,即试验期间如人员、仪器、环境和被测对象等不产生变化。

5．测量对象

评定测量仪器的重复性时,要求被评定测量仪器与给定的约定真值或稳定的被测量进行测量或比较,即采用比较法。在这里,提供约定真值的测量仪器一般是指上级标准仪器,上级标准仪器的随机误差和系统误差都相当小;稳定的被测量除了是上级标准仪器以外,也可以是虽然有一定的系统误差,但随机误差相当小的测量仪器,如实物量具。给定约定真值的测量仪器或稳定的被测量的共同特点是对重复性实验标准差的贡献可以忽略。

当被测对象对实验标准差的影响不可忽略时,其影响应从实验标准差中扣除。例如:用标准硬度块检定硬度计,硬度块的均匀性对重复性测量的实验标准差的影响不可忽略。多次测量数据得出实验标准偏差为 s_2,假设硬度块均匀性的实验标准差为 s_1,则实际重复性标准差 s 按式(10-14)计算。

6. 测量重复性的独立性

在重复性条件下所得到的测量列的不确定度,通常比用其他评定方法所得到的不确定度更为客观,并具有统计学的严格性,但要求有充分的重复次数。此外,这一测量程序中的重复观测值应相互独立。例如:千分尺的调零是测量程序的一部分,进行千分尺重复性测量时,调零应成为重复性的一部分,所以每次测量都应重新调零。

10.5.3　测量仪器重复性的评定

在重复性条件下,有的情况是被评定测量仪器对给定的约定真值或稳定的被测量进行连续多次的测量或比较,有的情况则是由提供约定真值的测量仪器对被评定的测量仪器进行连续多次的测量。测量仪器的重复性用实验标准差来表示或评定。实验标准差用贝塞尔公式计算:

$$s = \sqrt{\frac{\sum\limits_{i=1}^{n} (x_i - \bar{x})^2}{n-1}} \qquad (10-13)$$

式中:s——实验标准差,在此即测量仪器的重复性;

　　　x_i——第 i 次观测值,$i = 1, 2, \cdots, n$;

　　　$\bar{x}$——n 次观测值的算术平均值;

　　　n——测量次数。

注:用贝塞尔公式计算得到的实验标准差 s 是有不确定度的,其相对标准不确定度可表示为

$$\frac{u(s)}{s} = \frac{1}{\sqrt{2(n-1)}} \qquad (10-14)$$

式中:$u(s)$——实验标准差 s 的标准不确定度。

测量次数越多,实验标准差的不确定度越小,实验标准差越可靠。例如:测量次数为 9,由式(10-14)计算得到的实验标准差的相对标准不确定度为 25%,若 $s = 0.10$ mm,则 $u(s) = 0.025$ mm。

重复性观测中的变动性是由于多次测量时的条件不可能绝对相同,多种因素的起伏变化或微小差异综合在一起共同影响,而致使每个测得值的误差以不可预定的方式变化。例如,天平的变动性、测微仪的示值变化等。因此,就单个随机误差估计值而言,它没有确定的规律;但重复性测量是在重复性条件下进行的,就整体而言,重复性服从一定的统计规律。由于测量只能进行有限次,所以重复性可以用统计方法估计其界限,确定其估计值。

10.6　测量仪器的准确度评定

10.6.1　以最大允许误差评定准确度等级

依据有关技术规范对测量仪器进行评定,当测量仪器示值误差不超出某一档次的最大允许误差的要求,其他相关特性也符合规定要求时,可判为测量仪器符合该准确度级别(即合格)。使用这种评定方法评定测量仪器时,可直接用其示值,而不依据示值误差评定结果对测

量结果进行修正。

以最大允许误差评定准确度的测量仪器,使用时不需要修正,计量仪器直接使用其示值,量具则使用其标称值或名义值。这样做必然是方便了使用,但相对于修正使用,测量仪器引起的不确定度有所增大,所以采用这种方式评定准确度一般应用于工作测量仪器。

电工测量指示仪表中的电流表和电压表按仪表的引用误差将准确度等级分为 0.05,0.1,0.2,0.3,0.5,1.0,1.5,2.0,2.5,3.0,5.0 十一级,具体地说,就是该测量仪器满量程的引用误差,如 1.0 级电工测量指示仪表,其测量范围上限的引用误差为±0.1%FS。

百分表准确度等级分为 0,1,2 级,通过示值最大允许误差(峰-峰值)确定。

对于准确度代号为 B 级的称重传感器,当载荷 m 处于 $0 \leqslant m \leqslant 5\,000$ v 时(v 为传感器的检定分度值),则其最大允许误差为±0.35 v。

有的测量仪器没有准确度等级指标,则测量仪器示值接近于真值的能力就是用测量仪器允许的示值误差来表述,因为测量仪器的示值误差就是指在特定条件下测量仪器示值与对应输入量的真值之差。如长度用半径样板,是以名义半径尺寸下允许的工作尺寸偏差值来确定其准确度的。

准确度级别的主要划分依据是测量仪器的最大允许示值误差,当然有时还要考虑其他计量特性指标的要求。在按计量器具的准确度划分其级别时,所用到的特性有:

(1)基本误差,测量仪器在标准工作条件下所具有的误差,也称固有误差。

(2)附加误差,测量仪器在非标准的特定条件下所增加的误差。它是由影响量的变化引起的,表现为计量器具示值的变动性、量具复现量的变动性、测量变换器计量学特性的变动性。

(3)随时间的稳定性。

(4)滞后,由于施加激励值的方向(上行程和下行程)不同,测量仪器对同一激励值给出不同响应值的特性。

(5)其他影响计量器具误差的特性。它们随计量器具结构的不同而不同。

例如,量块要求中心长度的偏移误差、测量面的平面度及平行度、工作面的研合性以及中心长度的稳定性;又如,衡器要求四角误差、水平放置误差、鉴别力和灵敏度。

10.6.2 最大允许误差的表达形式

(1)当测量仪器的最大允许误差不随示值的大小而变化时,其以绝对值形式表示为

$$\Delta = \pm a \tag{10-15}$$

式中:a——以被测量的单位表示的一个常数值。

测量范围为 0~50 ℃,分度值为 0.1 ℃的精密玻璃水银温度计的最大允许误差为±0.2 ℃。

(2)当测量仪器的最大允许误差与示值大小呈线性变化关系时,其以绝对值形式表示为

$$\Delta = \pm(a + bx) \tag{10-16}$$

式中:a——以被测量的单位表示的一个常数值,大于或等于零;

b——无量纲的正比例系数;

c——被测量的值。

例如,标准钢卷尺的最大允许误差为±$(0.04\ \text{mm}+4\times10^{-5}\times L)$,其中 L 为被检长度。

(3)当测量仪器的最大允许误差采用引用误差时,其形式表示为

$$\gamma = \pm \left| \frac{\Delta}{x_N} \right| \times 100\% \tag{10-17}$$

式中：Δ——与引用值单位相同的最大绝对误差；

    x_N——引用值。

例如，0.25 级和 0.4 级弹簧管式精密压力表的最大允许误差分别为测量上限 $\pm 0.25\%$ 和 $\pm 0.4\%$。

（4）当测量仪器的最大允许误差取相对形式，且不随被测量的大小而改变时，其以相对值的形式表示为

$$\delta = \pm \left| \frac{\Delta}{x} \right| \times 100\% \qquad (10-18)$$

例如，1 级材料试验机在测量范围内（量程 20%～100%）的最大允许误差为 $\pm 1.0\%$。

（5）当测量仪器的最大允许误差随被测量的大小而变化时，其以相对值的形式表示为

$$\delta = \pm \left[c + d \left(\frac{x_m}{x} - 1 \right) \right] \% \qquad (10-19)$$

式中：x_m——测量范围的上限或测量传感器输入值变化的范围；

    x——被测量的值；

    c, d——无量纲的正数。

例如，直流数字电压表的最大允许误差为

$$\delta = \pm \left(a\% + b\% \cdot \frac{x_m}{x} \right) \qquad (10-20)$$

式中：a——与读数值有关的相对误差分量；

    b——与测量范围的上限有关的相对误差分量；

    x_m——测量范围的上限；

    x——读数值。

（6）当以上方式均不适用时，允许使用其他形式。

10.6.3 最大允许误差的系列

当测量仪器的最大允许误差用引用误差或相对误差表示时，采用的数值系列应从下面选取：

$$1 \times 10^n, \quad 1.5 \times 10^n, \quad 1.6 \times 10^n, \quad 2 \times 10^n, \quad 2.5 \times 10^n,$$
$$3 \times 10^n, \quad 4 \times 10^n, \quad 5 \times 10^n, \quad 6 \times 10^n$$

其中，指数 n 为 1，0，-1，-2 等整数。对于相同的 n，测量仪器级别的数目不能超出 5。上面数值中，禁止在同一系列中同时选用 1.5×10^n 和 1.6×10^n 级。3×10^n 这个数值只有在技术上证明必要且合理时才用，一般不用这个数值。

10.6.4 准确度等级的表示符号

（1）按绝对最大允许误差表示的测量仪器，其级别用大写拉丁字母、罗马数字或阿拉伯数字表示。必要时还可以用字母附以阿拉伯数字表示。例如，砝码分为 E1 级、E2 级、F1 级、F2 级、M1 级、M2 级、M11 级、M22 级。

（2）按引用最大允许误差或相对最大允许误差表示的测量仪器，其级别用阿拉伯数字表示，而且常用百分数表示而略去百分号。例如，弹簧式精密压力表分为 0.05 级、0.1 级、0.16 级、0.25 级、0.4 级和 0.6 级等。

（3）最大允许误差按式（10-19）表示的测量仪器，其中，c 应大于 d，而且 c 与 d 之值，其系列应符合规定的要求。准确度级别可用 c/d 表达，例如 0.02/0.01。注意，这里的斜线"/"并非除的含义。

以最大允许误差评定准确度等级的测量仪器，实际上准确度等级只是一种表达形式，这些等级的划分仍是以最大允许误差、引用误差等一系列有数值内涵的量来表达。测量仪器最大允许误差的表达形式是依据 OIML/R34《测量仪器的准确度等级》规定的。

10.6.5 测量仪器示值误差符合性评定的基本要求

对测量仪器特性进行符合性评定时，若评定示值误差的不确定度满足下面的要求，则可不考虑示值误差评定的测量不确定度的影响。

评定示值误差的不确定度 U_{95} 与被评定测量仪器的最大允许误差的绝对值 MPEV 之比应小于或等于 1：3，即

$$U_{95} \leqslant \frac{1}{3} \cdot \text{MPEV} \qquad (10-21)$$

被评定测量仪器的示值误差 Δ 在其最大允许误差限内时，可判为合格，即 $|\Delta| \leqslant \text{MPEV}$ 为合格；被评定测量仪器的示值误差超出其最大允许误差时，可判为不合格，即 $|\Delta| > \text{MPEV}$ 为不合格。

（1）对于型式评价和仲裁鉴定，必要时 U_{95} 与 MPEV 之比也可取小于或等于 1：5；

（2）在一定情况下，评定示值误差的不确定度 U_{95} 可用包含因子 $k=2$ 的扩展不确定度 U 代替。

例如，用一台多功能校准源标准装置，对数字电压表测量范围 0～20 V 内的 10 V 电压值进行检定，测量结果是被检数字电压表的示值误差为 +0.000 7 V，需评定被检数字电压表的 10 V 点的示值误差是否合格。

经分析可知，包括多功能标准源提供的直流电压以及被检数字电压表重复性等因素引入的不确定度分量在内，示值误差的扩展不确定度为 $U_{95}=0.25$ mV。

根据要求，被检数字电压表的最大允许误差为 $\pm$(0.003 5%×读数+0.002 5%×测量范围上下限之差)，所以在 0～20 V 测量范围内，10 V 点示值的最大允许误差为 $\pm$0.000 85 V，满足 $U_{95} \leqslant \frac{1}{3} \cdot \text{MPEV}$ 的要求，且被检数字电压表的示值误差的绝对值小于最大允许误差，所以被检数字电压表判为合格。

首先要说明的是，这里所提的不确定度是评定示值误差的不确定度 U_{95}，不是测量标准的不确定度，这有别于传统的概念；评定示值误差的不确定度 U_{95} 也不是校准测量能力，当然两者在一定条件下是相同的。

在判断符合性时，如何处理评定方法和过程引入的不确定度形成的判定风险，有不同的标准。JJF 1094—2002 给出的基本要求，即评定示值误差的不确定度 U_{95}，与被评定测量仪器的最大允许误差的绝对值 MPEV 之比应小于或等于 1：3，把判断符合性时忽略不确定度的影响对误判的风险限制在一定程度以内。

10.6.6 依据计量检定规程的符合性判定

1. 正常状态时,示值误差评定的测量不确定度可忽略

依据计量检定规程对测量仪器进行评定,由于规程对评定方法、计量标准、环境条件等已作出规定,并满足检定系统量值传递的要求,所以当被评定测量仪器处于正常状态时,对示值误差评定的测量不确定度将处于一个合理的范围内,故当规程要求的各个检定点的示值误差不超出某一级别的最大允许误差的要求时,测量仪器的示值误差就判为符合该准确度级别的要求,而不需要考虑对示值误差评定的测量不确定度的影响。

例如,依据规程检定 1 级材料试验机,其最大允许误差为 $\pm 1.0\%$,某一检定点的示值误差为 -0.9%,可以直接判定该点的示值误差合格,而不必考虑示值误差评定的不确定度 $U_{95} = 0.3\%$ 的影响。

2. 测量不确定度与允许误差的关系

在确定测量仪器是否符合某一级的检定工作中,检定结果的不确定度从理论上来说是越小越好。因为不确定度的存在,总有可能导致误判,即把本来应属于某一级的计量器具判成不合格,或把本来应判为不合某一级的计量器具判成合格。这种误判的可能性随着测量不确定度的增加而增大。事实上,测量不确定度恒存在,只有大小不同而已。至于测量不确定度应取多大,占该级允许误差的多少分之一,这些在国家计量检定系统以及检定规程中均已作明确规定。测量不确定度的大小与计量器具的测量原理、结构,量值的传递链均有关系,并不存在一个统一的规定。一般认为,与允许误差接近于 1:3 的关系是合适的。

对于型式评价和仲裁鉴定,为了减少待定区导致的可能误判,必要时 U_{95} 与 MPEV 之比取小于或等于 1:5。

当没有计算评定示值误差的不确定度的有效自由度 v 时,在估算自由度 v_{eff} 比较大的情况下,可取包含因子 $k=2$ 的扩展不确定度 U 代替 U_{95}。从关于 t 分布临界值的表中可以看出,当有效自由度 v_{eff} 为 11 时,$k=2$ 的扩展不确定度 U 代替 U_{95},约相差 10%;当 v_{eff} 大于 20 时,两者相差不超过 5%,已是相当接近了。

3. 两种误差极限

对于经检定示值误差合格的测量仪器,在可能的条件下,使用时必须考虑评定测量仪器示值误差的不确定度。不过,处于待定区的测量仪器,试图按概率定义的可能误差限来判定仪器是否合格,在实际工作中是难以实现的。所以,有两种误差极限定义,即

(1) 检定时的最大允许误差(MPEV),在检定的当时有效;

(2) 使用中的最大允许误差(MPES),在使用中有效,通常为 MPEV 的两倍。

可以看出,使用测量仪器时,有必要适当地把检定时的最大允许误差放大,或者考虑评定测量仪器示值误差的不确定度的影响,尤其是对于某些不能满足 $U_{95} \leqslant \frac{1}{3} \cdot$ MPEV 要求的测量仪器。

10.6.7 依据其他技术规范的符合性判定

依据计量检定规程以外的技术规范对测量仪器示值误差进行评定,并且需要对示值误差是否符合某一最大允许误差作出符合性判定时,必须采用合适的方法、计量标准和环境条件进

行评定。选取有效覆盖被评定测量仪器测量范围的足够多的点,如果各个点均不超出最大允许误差的要求,则得出被评定测量仪器在整个测量范围符合要求。同时,需考虑对示值误差评定的测量不确定度的影响。如示值误差的测量不确定度不符合 $U_{95} \leqslant \dfrac{1}{3} \cdot \text{MPEV}$ 的要求,就必须考虑以下判据。

1. 合格判据

被评定测量仪器的示值误差 Δ 的绝对值小于或等于其最大允许误差的绝对值 MPEV 与示值误差的扩展不确定度 U_{95} 之差时可判为合格,即

$$|\Delta| \leqslant \text{MPEV} - U_{95} \qquad (10-22)$$

为合格。

例如,用高频电压标准装置检定一台最大允许误差为 $\pm 2.0\%$ 的高频电压表,测量的结果是得到被检高频电压表在 1 V 时的示值误差为 -0.008 V,需评定该电压表 1 V 点的示值误差是否合格。

经分析,示值误差评定的扩展不确定度为 $U_{95} = 0.9\%$,由于最大允许误差为 $\pm 2\%$,不满足 $U_{95} \leqslant \dfrac{1}{3} \cdot \text{MPEV}$ 的要求,故符合性评定中应考虑测量不确定度的影响。由于被检高频电压表的示值误差绝对值(0.008 V)小于最大允许误差绝对值($2\% \times 1 \text{ V} = 0.020$ V)与测量不确定度($0.9\% \times 1 \text{ V} = 0.09$ V)之差(0.011 V),因此,该被检高频电压表在 1 V 点的示值误差可判为合格。

2. 不合格判据

当被评定测量仪器的示值误差的绝对值大于或等于其最大允许误差的绝对值 MPEV 与示值误差的扩展不确定度 U 之和时,可判为不合格,即

$$|\Delta| \geqslant \text{MPEV} + U_{95} \qquad (10-23)$$

为不合格。

例如,用高频电压标准装置检定一台最大允许误差为 $\pm 2.0\%$ 的高频电压表,示值误差为 0.030 V,需评定该检定点示值误差是否合格。被检高频电压表的示值误差的绝对值(0.030 V)大于最大允许误差($2\% \times 1 \text{ V} = 0.020$ V)与测量不确定度($0.9\% \times 1 \text{ V} = 0.009$ V)之和(0.029 V),则该被检高频电压表在 1 V 点的示值误差判为不合格。

3. 待定区

当被评定测量仪器的示值误差既不符合合格判据又不符合不合格判据时,可判为待定区。这时不能下合格或不合格的结论,即

$$\text{MPEV} - U_{95} < |\Delta| < \text{MPEV} + U_{95} \qquad (10-24)$$

为待定区。

在上例用高频电压标准装置检定一台最大允许误差为 $\pm 2.0\%$ 的高频电压表,示值误差为 -0.018 V,需评定该电压表在 1 V 点的示值误差是否合格。

由于不满足 1∶3 的要求,该被检高频电压表的示值误差的绝对值(0.018 V)大于最大允许误差($2\% \times 1 \text{ V} = 0.02$ V)与测量不确定度($0.9\% \times 1 \text{ V} = 0.009$ V)之差(0.011 V),又小于两者之和(0.029 V),因此,该检定点的示值误差无法判定为合格还是不合格。

当测量仪器示值误差的评定处在不能作出符合性判定时,可以通过采用准确度更高的测

量标准、改善环境条件、增加测量次数和改变测量方法等措施,来降低测量不确定度评定的不确定度 U_{95},使其满足与最大允许误差绝对值 MPEV 之比小于或等于 1:3 的要求,然后对测量仪器的示值误差重新进行评定。

出现既不符合 1:3 关系又不依据计量检定规程进行评定,但还需要依据最大允许误差对示值误差进行符合性判定时,规定必须选取有效覆盖被评定测量仪器测量范围的足够多的点,如果各个点均不超出最大允许误差扣除 U_{95} 的要求,那么才能得出被评定测量仪器整个测量范围符合要求的结论。这样,就出现了除合格判据、不合格判据以外的待定区。

JJF 1094—2002 给出了出现待定区时的解决方法。

对有些只具有不对称或单侧允许误差限的被评定测量仪器,仍可按照上述原则对其进行符合性评定。

某些仪器示值允许误差是不对称的,如对汽车车速表的检定,要求车速试验台的速度指示值为 40 km/h 时,车辆车速表的指示值在 30~48 km/h 范围内为合格;或车辆车速表的指示值在 40 km/h 时,车速试验台的速度指示值在 33.3~42.1 km/h 范围内为合格。对某些量规,其允许偏差的要求是单侧的。

出现这种情况时,以 MPEV$_+$ 代表允许误差的上限,代替上面对称允许误差的 +MPEV;以 MPEV$_-$ 代表允许误差的下限,代替上面对称允许误差的 −MPEV。符合性评定原则和其他有关的问题与上面的分析相同。

10.6.8　以实际值的测量不确定度评定的准确度等级

(1) 依据计量检定规程对测量仪器进行检定,得出测量仪器的实际值。根据测量仪器实际值的扩展不确定度,满足某一档次的要求,以及其他相关的特性符合规定的要求,测量仪器判为该准确度等别合格。这表明测量仪器的实际值的扩展不确定度不超出某个给定的极限。这种评定方法评定的测量仪器在使用时,必须加上修正值,或使用校准曲线的给出值。

由于规程对评定方法、计量标准、环境条件等已作出规定,并满足检定系统量值传递的要求,符合某一等别的测量仪器,其实际值的扩展不确定度不超出该等扩展不确定度的极限值。

(2) 对已经纳入以等划分的测量仪器,当评定方法、计量标准和环境条件与规程不一致时,必须对测量仪器实际值进行评定,并计算测量仪器的实际值的测量不确定度,其结果应小于或等于该准确度等别不确定度极限的要求。对于由校准曲线得出的其他测量点,必须计算校准曲线的不确定度,后者大于或等于前者。

含有误差的测量结果加上修正值后,就可能补偿或减少误差的影响。由于系统误差不能完全获知,因此这种补偿并不完全。修正值等于负的系统误差,也就是说,加上某个修正值就像扣掉某个系统误差,其效果是一样的,只是人们考虑问题的出发点不同而已,即

真值＝测量结果＋修正值＝测量结果−误差

在量值溯源和量值传递中,常常采用这种加修正值的直观的方法。用高一个等级的计量标准来校准或检定测量仪器,其主要内容之一就是要获得准确的修正值。例如:用频率为 f_s 的标准振荡器作为信号源,测得某台送检的频率计的示值为 f,则示值误差 Δ 为 $f-f_s$。所以,在今后使用这台频率计时应扣掉该误差,即加上修正值 $(-\Delta)$,可得 $f+(-\Delta)$,这样就与 f_s 一致了。换言之,系统误差可以用适当的修正值来估计并予以补偿。但应强调指出:这种补偿是不完全的,也即修正值本身就含有不确定度。当测量结果以代数和的方式与修正值相加后,其系统误差之模会比修正前的要小,但不可能为零,也即修正值只能对系统误差进行有

限程度的补偿。

为补偿系统误差而与未修正测量结果相乘的数字因子,称为修正因子。含有系统误差的测量结果,乘以修正因子后就可以补偿或减少误差的影响。例如,由于等臂天平的不等臂误差、不等臂天平的臂比误差、线性标尺分度时的倍数误差以及测量电桥臂的不对称误差所带来的测量结果中的系统误差,均可以通过乘以一个修正因子得以补偿。但是,由于系统误差并不能完全获知,因而这种补偿是不完全的,也即修正因子本身仍含有不确定度。通过修正因子或修正值已进行修正的测量结果,即使具有较大的不确定度,但可能仍然十分接近被测量的真值。因此,不应把测量不确定度与已修正测量结果的误差相混淆。

国际上,测量仪器准确度基本上只以级别划分,没有等别,OIML 文件中唯一出现以测量不确定度评定准确度等级的国际建议,是苏联起草的量块。

是不是欧洲各国、美国、日本这些国家就没有以等使用的测量仪器呢?回答是否定的。在国外,工业计量中大量采用校准,并且很多情况下没有给出符合性判定,只给出测量结果不确定度,在被校准的测量仪器使用时,要修正使用,即使用其实际值,这对应于我们的以等使用。在 GUM 中,多次提到经校准(calibrated)的仪器就是这种情况,GUM 中相应的经"检定"(verified)合格对应我们的级。顺便说明,在这里 GUM 关于"检定"的概念并不是测量仪器是否符合法制要求的定义(即 OIML 或 JJF 1094—2002 的定义),而是 ISO/IEC 导则 25 的定义,即"检定是通过检查并提供证据来确认规定的要求已达到满足"。但国外一般没有规定统一的校准方法,因而没有统一的测量结果不确定度,所以难以划分出一系列的准确度等别。

我们知道,同一台仪器,假设评定示值误差的不确定度 U_{95} 是仪器最大允许误差绝对值的 $1/3$,则可以看出以等使用时的不确定度比以级使用时要小得多。也就是说,以等使用一般可以减少准确度在量值传递过程的损失。所以,虽然以等使用的仪器要比以级使用的麻烦一些,但保留等的规定是符合我国体制和经济发展情况的。

以等别评定的测量仪器,其修正使用有两种形式:一种是根据评定结果直接修正;另一种是由评定结果拟合修正曲线。

10.6.9　测量仪器多个准确度等级的评定

当被评定测量仪器包含两个或两个以上测量范围,并对应不同的准确度等级时,应分别评定各个测量范围的准确度等级。

对于多参数测量仪器,可以测量不同类的量,应分别评定各个测量参数的准确度等级。

有的测量仪器是多范围的,如长度测量的电感比较仪,不同的测量范围有不同的示值最大允许误差;再如数字温度计,由于中低温和高温采用的校准设备不同,测量结果不确定度也不同,故其在不同量程的准确度可能也不同。这时,应分别评定各个测量范围的准确度等级。另外,现代仪器正向多功能发展,如电学的多功能校准源,有交流、直流、低频、高频、电流、电压、电阻、功率、电感、电容等非常多的参数,对于各个参数,仪器的准确度当然是不尽相同的,同样地,对各个测量参数的准确度等级应分别进行评定。

思考与练习题

10 - 1　从仪器设计与仪器应用角度分析仪器参数特性的内容。

10 - 2　分析分辨率、灵敏度、鉴别阈与死区之间的相互关系。

10－3　试分析总结测量仪器准确度等级评定流程。

10－4　仪器示值误差的评定有哪些方法？详细总结各个方法的评定流程。

10－5　仪器重复性评定主要有哪些参数指标？

10－6　写出测量仪器示值误差符合性评定的基本要求及其符合性判据。

10－7　测量仪器的示值误差是指测量仪器的示值与什么值之差？

10－8　测量仪器示值误差的评定方法有哪些？各有什么特点？

10－9　什么是分部法？通常在什么情况下采用分部法？

10－10　测量仪器的重复性如何评定？重复性条件是什么？

10－11　写出下面成组名词术语的概念并分清其差异：示值范围和测量范围；灵敏度和鉴别阈；视差、估读误差和读数误差；准确度级别和准确度等别。

10－12　请回答测量仪器的准确度和测量的准确度的异同。

10－13　零位测量法与直接比较测量法相比，测量的优点是什么？

10－14　请推导说明为什么微差测量法可以提高测量精度。

10－15　举例说明什么是微差测量法，这种方法适用于哪些领域，有何优点。

10－16　举例说明什么是直接比较测量法，什么是替代测量法，二者有何异同。

10－17　以电子测量中的电桥法为例简述零位测量法的原理及优点。

第 11 章　仪器精度的估算

11.1　影响仪器精度的主要因素

在设计和研制精密仪器时,必须对仪器进行精度设计与精度分析,为此有必要研究影响仪器精度的因素。仪器的设计和研制过程包括确定工作原理,进行总体方案设计、结构设计,选择各参数,绘制工作图纸,编制技术文件,投料,加工,装配,鉴定和使用。影响仪器精度的因素也来源于这一过程。仪器的工作原理、工艺误差、外部干扰特性和运动特性这四大因素决定了仪器的精度。

11.1.1　仪器原理误差

设计原理的近似、物理建型不完善、数学模型的简化以及数据处理的舍入等因素都会产生原理误差。一般地,不同的仪器原理代表不同的测量范围、不同的测量精度、不同的应用背景,仪器原理的改进也常与技术突破、精度提高联系在一起。仪器的发明与创新同仪器的原理密切相关,原理误差在仪器总误差中占有相当的比重。设计好仪器原理结构,是仪器精度设计最重要的内容。

原理误差 Δy 可由下式给出,即

$$\Delta y = f(x) - f(x_0) \tag{11-1}$$

式中:$f(x)$——近似机构运动方程式;

$\quad f(x_0)$——理想机构运动方程式。

【例 11-1】　在精密测量仪器中,理论误差多数表现在非线性刻度的线性化所带来的误差。当仪器采用如图 11-1 所示的正弦机构时,从杠杆与量杆的运动形式看,把直线运动转换为转动,其传动规律为

$$S = a\sin\theta \tag{11-2}$$

式中:S——量杆的直线位移;

$\quad a$——杠杆的臂长;

$\quad \theta$——杠杆的角位移。

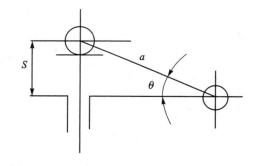

图 11-1　正弦机构

当仪器采用正弦机构时,如果设计采用均匀刻度,那么由于不能满足线性传动的要求,将产生理论误差,即杠杆接触点的弧位移 $a\theta$ 与量杆直线位移 $a\sin\theta$ 之差 ΔS 为

$$\Delta S = a\theta - a\sin\theta \tag{11-3}$$

采用近似理论的原则是:原理误差和仪器的各原始误差应当具有相同的数量级。当原理误差远远大于仪器的原始误差时,一般不可采用这种近似方案。

11.1.2　工艺误差

工艺误差指生产过程各环节所产生仪器零部件的误差,包括加工误差、调整误差、材料或器件参数特性的误差。有时生产过程的检测误差也会影响到仪器的精度。

显然,关键件的加工误差会直接影响到仪器的精度,加工误差来源于工艺方法、工艺设备以及加工中的检验和调整等,应从误差来源出发控制加工精度。加工误差的控制要求由设计过程提出。

在一定加工精度的前提下,仪器的装配、调整精度是仪器精度的决定性因素。对装配、调整精度的要求也在设计中通过误差分析的方法规定。

例如,在丝杠系统中采用双螺母结构装配时合理调隙,可以减少空回引起的误差;在齿轮系统中采用装配调相,可以提高齿轮传动精度。

又如,光学系统中镜组同心性的装调对控制像差有重要意义;光学镜头轴向位置的调整对其光路特性产生影响,造成计量特性的改变;分光镜、反射镜等各光学件的相互位置的调整都会产生误差。

再如,机光电综合系统放大比的调整、特性曲线的调整以及信号传递处理及输出的调整等产生的误差属综合性误差。

在机械结构中,工艺误差常由仪器零部件公差、材料性能、装调误差来表征;在电子系统中,工艺误差一般由电子元器件的参数特性、电子工艺、芯片软件特性等参数构成;在光学系统中,工艺误差将光学元件的公差、材料的折射率误差、表面质量、滤膜加工误差、检测误差等内容构成。

工艺误差控制是仪器精度设计最主要的优化内容,也是精度设计中占比最大的工作内容。仪器系统的精度估算与零部件精度的分配都要从工艺误差开始。

11.1.3　外部干扰特性

由仪器使用环境产生的外部干扰是仪器精度设计必须面对的因素,仪器的环境适用性是仪器性能的重要指标。所谓外部环境干扰,就是指在气候环境、机械环境、电磁环境、化学环境和光学环境等工作条件下,仪器与环境之间进行不可避免的相互作用、能量交换时,对仪器产生性能或功能方面的影响。其中,气候环境包括温度、湿度、沙尘、风雨、气压和辐射等;机械环境包括重力、惯性力、冲击、碰撞、振动、摇摆和跌落等;电磁环境包括工频电场、工频磁场、无线电干扰、可听噪声和地球磁场等;化学环境主要考虑盐雾、霉菌和气体腐蚀等;光学环境主要考虑环境光、介质空间、透过率和反射率等因素。

1. 仪器工作台移动,重心位置变化产生的变形对仪器精度的影响

工作台沿导轨移动,重心位置随着改变,使仪器产生变形,如图 11 - 2 所示。假定沿导轨方向有两个支承点,由 3 个构件 AB、BC、CD 组成框架结构。均匀分布的载荷 ω 作用于水平构件 BC 的全长上,并且近似地看成是有集中载荷 W 存在的状态。ω 和 W 沿箭头方向作用于 A、D 两个支承上。在 ω 和 W 的作用下使仪器工作台产生如图 11-2(b)和(c)所示的变形,这种变形将严重影响仪器的测量精度。为了消除和减小这种变形的影响,需要在设计仪器底座结构时考虑这一问题。

2. 仪器工作台变形对仪器精度的影响

这是一个经常被科学技术工作者忽视的重要因素。如图 11 - 3 所示的木制工作台,按图

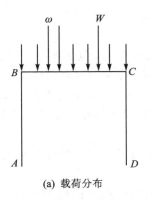

(a) 载荷分布

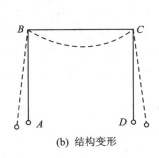

(b) 结构变形

图 11-2　重心位置改变引起仪器变形的示意图

示的位置放置仪器,若把仪器放置在跨越木桌桌腿中间 1 的位置,由于仪器本身的自重使桌腿产生变形,从而使仪器支承点产生如图 11-2(b)所示的变形。我们分别在如图 11-3 所示的 1 和 2 两个位置上安装仪器,并进行测量,然后与工作台没有变形的标准情况进行比较,发现将产生 ±0.5 μm 的测量误差。对于精密测量仪器,工作台变形对仪器测量精度的影响也是不可忽略的重要因素。

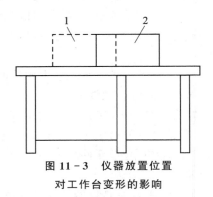

图 11-3　仪器放置位置对工作台变形的影响

3. 环境温度变化对仪器精度的影响

测量温度变化会导致测量误差的出现。如果在测量室内没有采取专门的措施来稳定温度,则在测量室内的不同位置,温度是变化的。对产品和仪器的温度测量表明:在产品和仪器的不同部位,表面温度和内部温度差 2~3 ℃。在测量室中,应保持 20 ℃的恒温。按测量精度要求的不同,标准温度的偏差不得超过 ±2 ℃。室内必须考虑设置能保持恒温的温度调节装置。

在测量时,考虑到温度对测量结果的影响,所得到的测量结果必须换算为标准温度下的结果。在精密测量时,如检定块规,必须规定偏离标准温度的公差和在一定的时间内温度的允许变化范围。在测量过程中,物体内部没有热源,偏离标准温度产生的长度误差 Δ 可由下式给出,即

$$\Delta = L(a_1 \Delta t_1 - a_2 \Delta t_2) \tag{11-4}$$

式中:a_1,a_2——测量仪器和被测物体的线膨胀系数;

Δt_1,Δt_2——测量仪器和被测物体对标准温度 20 ℃的偏差。

按标准规定,基本影响量的标准值:周围介质温度为 20 ℃;大气压力为 101 324.727 Pa;周围空气相对湿度为 58%;自由落体加速度为 9.8 m/s²。

测量温度变化对测量结果的影响是由于环境温度变化,使测量系统各部分的温度分布发生改变,产生了局部变形,这自然要影响测量系统精度。假设被测零件与测量仪器的测量台由相同的材料制成,并且热容量也相同,即使环境温度变化,两者之间也没有热的时间滞后,此时对测量精度影响不大。关于环境温度对仪器测量精度的影响,我们可以通过下述实验进一步说明。

工具显微镜是通过安装在工作台上的玻璃制的标准尺(线膨胀系数为 $9.5 \times 10^{-6}/℃$)来

进行测量的。现在,用一个同样的玻璃制被测标准尺放在工作台上进行测量,研究温度变化所产生的热的时间滞后(热容量不同)对仪器测量精度的影响。

图 11-4 所示为室温变化所引起的热的时间滞后与测量误差的关系。最初 6 h,以每小时 0.8 ℃ 的速度使室温上升。室温达到 26 ℃ 以后在这个温度下保温 1 h。然后,以每小时 0.8 ℃ 的速度使室温连续下降 3 h,之后在这个温度下保温,进行 11 h 的实验。被测标准尺放在工作台上,直接暴露在室温大气中。当室温开始上升、保温、下降时,被测标准尺不立即随着室温的变化而变化,产生热的时间滞后为 20～30 min;安装在工具显微镜上的标准尺,当室温发生变化时,产生热的滞后时间平均为 2 h。在温度上升速度相同时,被测标准尺与工具显微镜上安装的标准尺之间的温度差约为 1.5 ℃。这个由于热的滞后效应产生的温差所引起的测量误差 $\Delta = 150 \times 1.5 \times 9.5 \times 10^{-6}$ mm $= 2$ μm。150 mm 为被测标准尺长度。

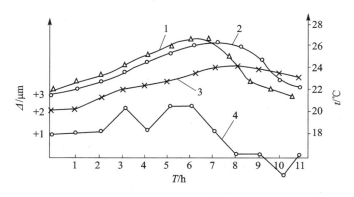

1—室内平均温度曲线;2—被测标准尺平均温度曲线;
3—标准尺平均温度曲线;4—误差数值曲线

图 11-4　室温变化引起热的时间滞后与测量误差的关系

室温下降后,由于上述热的时间滞后,从室温开始下降大约 2 h 后才出现被测标准尺比工具显微镜上的标准尺温度低的情况。当两者温度几乎相同时,测量误差为零。图 11-4 清楚地描绘出在各个时刻被测标准尺与工具显微镜上的标准尺的读数误差。

综上所述,当室温以每小时 0.8 ℃ 的速度变化时,从室温开始变化起,至少要过 2 h 再使用工具显微镜,此时由温度变化引起的测量误差可以消除。

4. 噪声、振动与灰尘干扰对仪器精度的影响

噪声的影响能降低 1.0%～2.5% 的劳动效率。但并不是各种频率的噪声都有相同的影响,一般高频噪声影响较大。在测量室中,噪声级不得超过 40～45 dB。

振动会引起人的特殊颤动感觉。人能感觉到的振动频率范围为 1～10 000 Hz,最高灵敏度频率为 200～250 Hz。

在长度、光度、加速度和力等的计量室中,当仪器底座振动频率不大于 200 Hz 时,振幅不应超过 0.001～0.25 μm。

环境振动的影响主要来自两方面:一方面是大自然和地壳内部变化因素产生的,一般振幅较小,大约 0.1 μm;另一方面也是对精密仪器影响较大的振动来源,是人的走动、汽车行驶和机器运转等因素产生的,一般振幅达到 1～5 μm,频率为 5～30 Hz。环境振动的影响是处处存在的。环境振动超过一定值,就会大大降低精密仪器测量结果的精度。为了减小环境振动的影响,需进行减振系统设计,把精密测量仪器安装在减振台上。

高精度的测量必须考虑环境灰尘的影响,清洁度的控制对精密仪器是非常重要的。超净室标准规定:1级清洁度,每立方英尺直径不大于 $0.1\ \mu\mathrm{m}$ 的尘粒应少于 100 个。

11.1.4　运动特性

精密测试仪器运动装置的精度,除取决于运动机构结构设计和工艺特性以外,还取决于运动机构之间由于相对运动产生的变形、运动速度及惯性。

1. 运动装置变形对测量误差的影响

精密仪器运动装置安装在基座上,运动机构运动范围与支承点的选取不当会影响仪器精度。通常,仪器采用三点支承,运动装置的重心保持在三支承点连成的三角形内。这种设计使得运动装置不会产生直接变形,消除了由于仪器支承不合理对仪器精度产生的影响。在这种情况下,影响仪器精度的因素是仪器运动装置的自重及由于运动引起的重量移动造成的变形。

如图 11-5 所示,工具显微镜十字运动工作台标准尺与工作台表面高度差为 H。当工作台移动后,由于自重及工作台重量移动产生的变形,使工作台倾斜的角度为 θ,引起 $H\tan\theta$ 的测量误差。因与固定支承点的相对位置不同,θ 值在仪器底座导轨的全长上是变化的。对于滚动接触方式的工作台,滚动体始终以工作台移动距离的 1/2 移动着。滚动体应安装在工作台两端相近的位置上,最好钢球以支承点为中心,向两侧各移动钢球间距离的 1/4。

2. 运动惯性和支承点位置对动态测量响应特性的影响

在连续接触式动态测量中,测量头的质量及支承点的位置会影响动态测量的响应特性。

以振动台测量头为例,研究测量头及杠杆质量、杠杆支承点位置等对动态测量响应特性的影响。测量头安装在简单杠杆的顶端,如图 11-6 所示。设杠杆的长度为 L,质量为 M,杠杆顶端安装质量为 m 的测量头,到旋转轴的距离为 xL。测量头在垂直方向上做 $y = a\sin\omega t$ ($y_{\max}\ll xL$)的正弦运动,振动台给予向上的作用力为 F。在测量中杠杆旋转微小角度 θ,不考虑旋转轴摩擦的影响,则

$$I\ddot{\theta} = -Mg\left(x-\frac{1}{2}\right)L - mgxL + FxL \qquad (11-5)$$

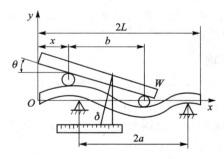

图 11-5　工作台移动产生的变形

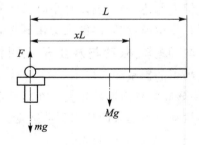

图 11-6　振动台测量头的示意图

式中:

$$\theta = \frac{y}{xL} = \frac{a}{xL}\sin\omega t$$

$$I = x^2 L^2 m + \frac{M}{12}L^2 + M\left(x-\frac{1}{2}\right)^2 L^2 \qquad (11-6)$$

为了使测量头跟踪振动台,必须有 $F\geqslant0$。按此条件,可得

$$\omega = K_1 \sqrt{\frac{g}{a}} \tag{11-7}$$

式中：

$$K_1 = \sqrt{\frac{Cx\left(x - \frac{1}{2}\right) + x^2}{C\left(x^2 - x + \frac{1}{3}\right) + x^2}}$$

而

$$C = \frac{M}{m}$$

并且

$$0 \leqslant F \leqslant 2(M + m)g - \frac{1}{x}Mg$$

于是可求得

$$0 \leqslant F \leqslant K_2 mg$$

$$K_2 = \frac{2C\left(x - \frac{1}{2}\right) + x}{x} \tag{11-8}$$

设跟踪频率为 f，把 $\omega = 2\pi f$ 代入式（11-7）中，得

$$f \leqslant K_1 \frac{1}{2\pi} \sqrt{\frac{g}{a}} \tag{11-9}$$

式（11-9）表明，测量机构的跟踪频率是杠杆支承点位置 x 和杠杆质量之比 C 的函数。设静态测定力为 F_s，则

$$F_s = (m + M)g - \frac{1}{2x}Mg$$

则有

$$0 \leqslant F \leqslant 2F_s \tag{11-10}$$

上式表明，测量头在跟踪状态下，动态测量力的最大值为静态测量力的 2 倍。下面将进一步研究表面粗糙度测量装置测量头质量、支承点位置对动态响应特性的影响。

图 11-7 所示为光学杠杆式低倍率放大机构。表面反射镜固定在金属框上，刀口有两个支承座。刀口与支承座接触位置在反射面的同一平面上。位移量传递点到刀口座的距离为 xL，并且全部质量 M 的重心在位移量传递点和刀口支承座之间。根据上述分析方法，可求出动态测量力 F 和跟踪频率 f，即

$$0 \leqslant F \leqslant \left(\frac{1}{2} - \frac{1}{x}\right)Mg \tag{11-11}$$

$$f \leqslant \frac{1}{2\pi} \sqrt{\frac{g}{a}} \sqrt{\frac{x\left(x - \frac{1}{2}\right)}{x^2 - x + \frac{5}{12}}} \tag{11-12}$$

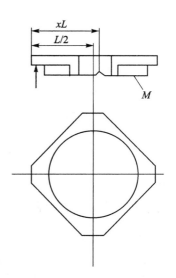

**图 11-7　光学杠杆式
低倍率放大机构**

设 $x=2/3, a=60\ \mu m$，反射镜质量为 $2\ g$，金属框质量为 $8\ g$，则 $Mg=10g$。于是可求得 F 最大为 $5g$，f 最大为 $50\ Hz$。这种机构由于金属框架质量大，惯性大，频率响应特性较差，最大响应频率只有 $50\ Hz$，所以不适合测量表面粗糙度等级较高的超精加工表面。要想测量高精度表面，在测量速度一定的情况下，必须改进测量机构的频率响应特性。

图 11-8 所示为高倍率放大机构。为了减小机构质量，去掉了金属框架，支承刀口的接触点直接放在反射镜背面。由于反射镜有厚度 t，使光点产生偏移 δ，即

$$\delta = 2\sin(\alpha + \theta)(1 - \cos\theta)t \qquad (11-13)$$

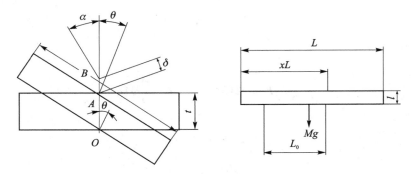

图 11-8　高倍率放大机构

设 $\alpha = 22°, \theta = 3°$，则

$$\delta = 0.001t$$

当取 $t = 0.3\ mm$ 时

$$\delta = 0.000\ 3\ mm$$

其中，δ 即为该机构原理误差。该机构测量力 F 和最大响应频率 f 分别为

$$0 \leqslant F \leqslant 2Mg\frac{L}{L_0}\left(x - \frac{1}{2}\right) \qquad (11-14)$$

$$f \leqslant \frac{1}{2\pi}\sqrt{\frac{g}{a}}\sqrt{\frac{\left(x - \frac{1}{2}\right)L_0}{\left(x^2 - x + \frac{5}{16}\right)L}} \qquad (11-15)$$

设 $L = 20\ mm, Mg = 0.4g, x = 0.6, L_0/L = 0.15 (L_0 = 3\ mm)$，则可得最大动态测量力 $F_{max} = 0.52g$，最大响应频率 $f_{max} = 460\ Hz$。

11.2　仪器静态精度分析

11.2.1　仪器的静态精度特性

仪器的静态特性是指测量仪器输出和输入量值之间的关系，该关系可以用一个不含时的代数方程或方程组进行描述。按测量仪器各构件对仪器静态特性的影响程度，测量仪器可由测量机构、放大机构和辅助机构三部分组成。测量机构包括被测工件、标准件、传感器等部分。测量机构对仪器的精度特性影响最大。测量机构的精度特性由输出误差或输出变化误差来描述。在直接测量方法中，若仪器的示值等于被测量，则仪器的工作精度特性由输出误差（机构

位置误差)来表征。例如,卡尺、千分尺、伏特计等应用直接法工作的仪器或测量工具,用示值误差来描述仪器的精度特性。这些误差是用读数指示相对于刻度线的位置误差来表示的。在比较法测量中,仪器的工作误差由输出变化误差(机构位移误差)决定。例如,测微计、光学计和流量计等,其精度特性是指实际仪器和理论仪器的示值变化之差。指示放大机构是把测量机构所接收到的信息放大到足以供观察的程度,并显示出测量结果,也直接影响仪器的精度特性。研究仪器精度特性可以采用数学模型来描述仪器的静态特性,即

$$y = f(x, q_1, q_2, \cdots, q_n) \tag{11-16}$$

式中:y——指示件参数;

　　x——被测件参数;

　　$q_1, q_2, \cdots, q_n$——影响仪器精度特性的各构件参数。

测量机构、指示放大机构的构件原始误差影响仪器的精度特性,但各构件原始误差对仪器精度特性的影响程度是不同的。机构的原始误差是运动副元件在机构环节中的尺寸偏差、位置偏差和表面几何形状偏差。影响仪器精度特性的原始误差称为有效原始误差,它是一种综合误差,即反映环节所有误差的总效应的误差。

在零件加工过程中,有一系列的原因破坏工艺过程,它以一种连续变化的误差形式出现。工艺误差造成零件的尺寸、形状和位置偏差,在零件使用过程中表现为函数变化的有效误差形式。其中,原始误差是函数有效误差的一部分。

11.2.2　仪器静态精度的计算方法

1. 微分法

对于能直接给出测量运动方程的仪器,用微分法能很方便地求出仪器示值误差。

若仪器的测量方程为

$$f(y, x, q_1, q_2, \cdots, q_n) = 0 \tag{11-17}$$

式中:y——仪器示值参数;

　　x——被测量参数;

　　$q_1, q_2, \cdots, q_n$——各构件参数。

对式(11-17)微分可得

$$\mathrm{d}f = \frac{\partial f}{\partial y}\mathrm{d}y + \frac{\partial f}{\partial q_1}\mathrm{d}q_1 + \frac{\partial f}{\partial q_2}\mathrm{d}q_2 + \cdots + \frac{\partial f}{\partial q_n}\mathrm{d}q_n = 0$$

$$\mathrm{d}f = \frac{\dfrac{\partial f}{\partial q_1}\mathrm{d}q_1 + \dfrac{\partial f}{\partial q_2}\mathrm{d}q_2 + \cdots + \dfrac{\partial f}{\partial q_n}\mathrm{d}q_n}{-\dfrac{\partial f}{\partial y}} \tag{11-18}$$

以有限增量代替无穷小量,可得

$$\Delta y = \frac{\dfrac{\partial f}{\partial q_1}\Delta q_1 + \dfrac{\partial f}{\partial q_2}\Delta q_2 + \cdots + \dfrac{\partial f}{\partial q_n}\Delta q_n}{-\dfrac{\partial f}{\partial y}} \tag{11-19}$$

如果仪器运动方程能以显函数形式给出,则式(11-17)可写成如下形式:

$$y = f(y, x, q_1, q_2, \cdots, q_n) \tag{11-20}$$

对式(11-20)微分,可得

$$dy = \frac{\partial f}{\partial q_1}dq_1 + \frac{\partial f}{\partial q_2}dq_2 + \cdots + \frac{\partial f}{\partial q_n}dq_n \qquad (11-21)$$

以有限增量代替无穷小量,可得

$$\Delta y = \frac{\partial f}{\partial q_1}\Delta q_1 + \frac{\partial f}{\partial q_2}\Delta q_2 + \cdots + \frac{\partial f}{\partial q_n}\Delta q_n \qquad (11-22)$$

求仪器误差对仪器测量方程进行全微分的解法就是微分法。由误差独立作用原理建立的基本公式(11-22)实际上就是微分法求仪器误差的数学基础。因此,只要能够正确地写出仪器测量方程,就可利用微分法求解仪器误差。

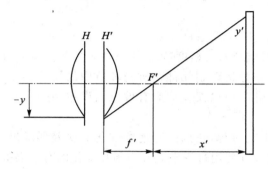

图 11-9 投影仪的物象关系

【例 11-2】 设投影仪的物镜后焦点 F' 与影屏间像距的误差为 $\Delta x'$,而物镜透镜焦距误差为 $\Delta f'$,试求仪器测量误差。

由图 11-9 所示的物象关系得

$$\frac{y'}{y} = \frac{-x'}{f'}$$

即

$$y = -\frac{y'}{x'}f'$$

引用全微分公式(11-22),得出测量误差关系式:

$$\Delta y = -y'\left(\frac{\Delta f'}{x'} - \frac{\Delta x'}{x'^2}f'\right) = \frac{y}{f'}\Delta f' - \frac{y}{x'}\Delta x' = y\left(\frac{\Delta f'}{f'} - \frac{\Delta x'}{x'}\right)$$

如果 $x'=1\,000$ mm,被测物高 $y=20$ mm,只存在像距误差 $\Delta x'=0.1$ mm,则由它引起的测量误差为

$$\Delta y_{x'} = -\frac{-20}{1\,000} \times 0.1 \text{ mm} = 0.002 \text{ mm}$$

若只存在焦距误差 $\Delta f'=0.005f'$,则

$$\Delta y_{f'} = -20 \times 0.005 \text{ mm} = -0.1 \text{ mm}$$

当像距与焦距同时存在误差时,它们共同影响结果所产生的测量误差为

$$\Delta y = (-0.1 + 0.002) \text{ mm} = -0.098 \text{ mm}$$

这说明焦距的误差影响大。可以通过改变像距误差来补偿焦距误差的影响,使总的误差达到预定的精度要求。

【例 11-3】 水银温度计参数设计。如图 11-10 所示,设水银温度计毛细管的直径为 d,0 ℃时的水银体积为 V_0,t ℃时水银柱相对 0 ℃时的高度变化为 h_t,水银的体膨胀系数为 β_t,则有

$$\beta_t V_0 t = \frac{1}{4}\pi d^2 h_t$$

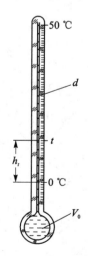

图 11-10 水银温度计
工作原理

得测量方程式

$$t = \frac{\pi d^2 h_t}{4\beta_t V_0}$$

误差式为

$$\Delta t = \frac{\pi d h_t}{2\beta_t V_0}\Delta d + \frac{\pi d^2}{4\beta_t V_0}\Delta h_t - \frac{\pi d^2 h_t}{4\beta_t^2 V_0}\Delta \beta_t - \frac{\pi d^2 h_t}{4\beta_t V_0^2}\Delta V_0$$

现确定其结构参数 d、V_0 及特性参数——分辨力和测量范围。

设刻度值为 1 ℃，即分辨力为 0.5 ℃，按人眼的视觉分辨能力，确定刻度间距 $h_{t1} = 0.8 \text{ mm}(t = 1 ℃)$，则有

$$\frac{V_0}{d^2} = \frac{0.2\pi}{\beta_t}$$

代入误差式，得

$$\Delta t = \frac{h_t}{0.4d}\Delta d + \frac{1}{0.8}\Delta h_t - \frac{h_t}{0.8\beta_t}\Delta \beta_t - \frac{h_t}{0.8V_0}\Delta V_0$$

由

$$h_t = \frac{4\beta_t V_0 t}{\pi d^2}$$

进一步得

$$\Delta t = \frac{2t}{d}\Delta d + \frac{t}{h_t}\Delta h_t - \frac{t}{\beta_t}\Delta \beta_t - \frac{t}{V_0}\Delta V_0$$

为充分估计误差影响，设计时最大误差如下式估计：

$$\Delta t = \sqrt{\left(\frac{2t}{d}\Delta d\right)^2 + \left(\frac{t}{h_t}\Delta h_t\right)^2 + \left(\frac{t}{\beta_t}\Delta \beta_t\right)^2 + \left(\frac{t}{V_0}\Delta V_0\right)^2}$$

由于其测量范围为 $-20\sim 50$ ℃，得

$$\Delta t = \sqrt{\left(\frac{100}{d}\Delta d\right)^2 + (40\Delta h_t)^2 + \left(\frac{50}{\beta_t}\Delta \beta_t\right)^2 + \left(\frac{50}{V_0}\Delta V_0\right)^2}$$

用微分法求局部误差的一般步骤如下：

（1）求出相应的仪器方程式，式中应包括已知原始误差参数，研究该方程式是否可以微分；

（2）根据误差的独立作用原理，对相应的参数求偏微分；

（3）用原始误差 Δu_i 代替微分 du_i，以求得局部误差 Δy_i。

由上可见，在已知仪器方程式时，应用微分法求仪器的误差是异常简便的，比较快，也不易出错。

微分法的缺点：

（1）具有一定的局限性。对于不少原始误差参数不易建立与输出的精确数学模型，尤其对于复杂仪器或机构的精度计算，往往难以列出其方程式。

（2）有些参数不可微分。例如，齿轮精度对机构精度的影响，因为齿轮精度实际上表现为周期误差，并无累积特性。对齿轮误差不能通过对齿轮传动方程式微分求得局部误差，因为这对齿数的微分没有意义。

（3）微分法没有解决在仪器方程式中未能反映的参数误差问题，如光学仪器中的测杆间隙误差、配合间隙和度盘偏心等对仪器精度的影响。

2. 几何法

所谓几何法，就是根据机构的原理图，依次运用几何作图的方法，将误差表示在图上，再根据图上的几何关系列出计算公式。

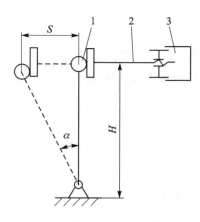

1—小球；2—丝杆；3—鼓轮

图 11 - 11　倾斜机构的原理误差

几何法的具体步骤如下：

（1）作出机构某一瞬时的示意图；

（2）在图上放大地画出误差；

（3）运用几何关系求出误差的表达式。

在这种方法中，原始误差的影响用建立几何关系的方法求出。

【**例 11 - 4**】　以工具显微镜中立柱倾斜机构的原理误差为例，说明如何用几何法分析机构的误差。为了便于分析，设立柱不动而丝杆移动距离 S，使小球绕轴中心转动（见图 11 - 11）。

从原理上看，此系一正弦机构，丝杆位移量为

$$S = H \sin \alpha$$

式中：H——钢球中心与转轴中心的距离；

α——立柱倾角。

由机构运动方程式可知，丝杆的位移与倾角成正弦关系，这样鼓轮上分划值的刻划应是不等间距的。但实际上，常按线性关系 $S' = H\alpha$ 分度，以便于等间距刻划，此时产生的原理性误差为

$$\Delta S = S - S' = H \sin \alpha - H\alpha = H\left(\alpha - \frac{\alpha^3}{3!} + \frac{\alpha^5}{5!} + \cdots\right) - H\alpha = -\frac{1}{6}H\alpha^3$$

从上述例子看出，几何法直观、醒目、不易算错，同时可以不预先给出传动方程式，适用于简单机构。

3. 瞬时臂法

上面讨论了机构准确度的两种计算方法，即微分法和几何法。下面给出的瞬时臂法则多用于旋转机构，求解累积误差。

在旋转机构中，为了确定机构的位置误差，可以采用瞬时臂法。首先介绍作用线、运动线、作用臂及瞬时作用臂的概念。在图 11 - 12 中，主动件 A 以 O 为中心转动，从动件 B 沿 K—K 方向运动。主动件 A 与从动件 B 接触表面的法线 π—π 称为作用线；从动件 B 的实际运动方向线 K—

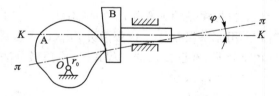

图 11 - 12　旋转机构示意图

K 称为运动线（见图 11 - 12 中运动线与作用线不重合），由旋转中心到作用线的垂直距离 r_0 称为作用臂，对于如图 11 - 12 所示的机构，任何瞬时的作用线和作用臂都在变化。

当 A 转动一无穷小角 $\mathrm{d}\varphi$ 时，在作用线 π—π 方向上 B 移动的距离为

$$\mathrm{d}F = r\mathrm{d}\varphi$$

在转角的范围内总移动量为

$$F = \int_0^\phi r\mathrm{d}\varphi$$

作用臂 r 可分解为常量 r_0 和变量 Δr_0。如果 Δr_0 只是由作用臂误差而产生的作用臂的变化量，则可求得由作用臂误差所引起的作用线上度量的传动位置误差，即

$$\Delta F = F - r_0\phi = \int_0^\phi \Delta r_0 \,\mathrm{d}\varphi \tag{11-23}$$

当作用线 $\pi—\pi$ 和运动线 $K—K$ 的夹角为 ψ 时，从动件在运动线上的传动位置误差为

$$\Delta S = \frac{\Delta F}{\cos\psi} = \frac{1}{\cos\psi}\int_0^\phi \delta r_0 \,\mathrm{d}\varphi \tag{11-24}$$

必须指出，式(11-23)和式(11-24)均为机构中一对构件的传动位置误差。如果机构由若干构件组成，根据误差传递定律，则机构总传动误差为各对构件的传动位置误差除以相应传动比的代数和，即

$$\Delta F_\Sigma = \sum_{n=1}^m \frac{\Delta F_n}{i_{n-1}} \tag{11-25}$$

考虑到作用线与运动线之间的夹角 φ，在运动线方向的总传动误差为

$$\Delta S_\Sigma = \frac{1}{\cos\varphi}\sum_{n=1}^m \frac{\Delta F_n}{i_{n-1}} \tag{11-26}$$

【例 10-5】　图 11-13 所示为传动机构，设小轮 1、2、3 具有相同的尺寸误差 ΔD 和相等的偏心 e，试求从动件 9 的位置误差。

(1) 小轮 1 的尺寸误差 ΔD 所引起的构件 4 的位移误差为

$$\Delta f_{D1} = \int_{\phi_2}^{\phi_1} \Delta r_0 \,\mathrm{d}\phi = \frac{\Delta D}{2}(\phi_2 - \phi_1)$$

当小轮转过 2.5π 时，$\Delta D = 10\ \mu m$，则

$$\Delta f_{D1} = 40\ \mu m$$

(2) 小轮 1 的偏心 e 对构件 4 所引起的位移误差为

$$\Delta F_{e1} = \int_{\varphi_1}^{\varphi_2} e\sin\varphi \,\mathrm{d}\varphi = e(\cos\varphi_1 - \cos\varphi_2)$$

当 $\varphi = \dfrac{\pi}{2}$ 时具有最大值，即

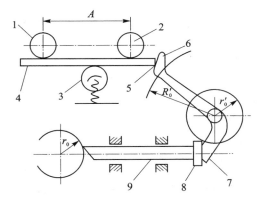

1,2,3—小轮；4—构件；5—接触点；
6—齿轮；7—构件；8—连接杆；9—从动件
图 11-13　传动机构示意图

$$\Delta F_{e1} = 100\ \mu m$$

(3) 空转小轮 2 的偏心产生的作用线歪斜，空转轮偏心误差 e 使作用线产生的倾斜角为

$$\tan\theta \approx \theta = \frac{e\sin\varphi}{A}$$

由此倾斜角引起的沿运动线的位移误差为

$$\Delta F_{e2} = \int_{\varphi_1}^{\varphi_2} r_0 \,\mathrm{d}\varphi(1 - \cos\theta) = r_0(\varphi_2 - \varphi_1)(1 - \cos\theta) \approx r_0(\varphi_2 - \varphi_1)\frac{\theta^2}{2}$$

如果 $e = 100\ \mu m$，$A = 200\ mm$，从 φ_1 到 φ_2 移动的弧长为 $50\ mm$，$r_0 = \dfrac{50}{2\pi}$，则

$$\Delta F_{e2} = 6.25 \times 10^{-6}\ \mu m$$

可见，ΔF_{e2} 只有 ΔF_{e1} 的 1/16 000。这说明同样的偏心误差由于在机构中的作用不同，将引起不同的位移误差。

(4) 小轮 1 的误差传递。

小轮 1 的误差引起构件 4 的位移误差，并传到接触点 5 上，其位置误差为

$$\Delta F_4 = \Delta F_1 = \Delta F_{e1} + \Delta F_{D1}$$

这些误差同齿轮 6 的误差叠加形成啮合副综合作用误差。齿轮 6 的传动位置误差由两部分组成,即局部误差 ΔF_R 和偏心误差 e_R 产生的位移误差。设齿轮 6 为渐开线齿形,对点 O 的转角为 β,则偏心误差 e_R 产生的位移误差为

$$\Delta F_{e_R} = \int_{\beta_1}^{\beta_2} e_R \sin \beta \mathrm{d}\beta = e_R (\cos \beta_1 - \cos \beta_2)$$

又因

$$r_0 \varphi = R'_0 \beta$$

$$\beta = \frac{r_0}{R'_0} \varphi$$

代入上式得

$$\Delta F_{e_R} = e_R \left(\cos \frac{r_0}{R'_0} \varphi_1 - \cos \frac{r_0}{R'_0} \varphi_2 \right)$$

当 $r_0 = \dfrac{50}{2\pi}$ mm, $R'_0 = \dfrac{300}{2\pi}$ mm, $e_R = 100 \ \mu$m, φ 从 0 到 2π 时,则得

$$\Delta F_{e_R} = 100 \left(1 - \cos \frac{\frac{50}{2\pi}}{\frac{300}{2\pi}} \right) \mu\mathrm{m} = 50 \ \mu\mathrm{m}$$

如果渐开线齿形局部误差 $\Delta F_R = 20 \ \mu$m,则可得

$$\Delta F_6 = \Delta F_R + \Delta F_{e_R} = 70 \ \mu\mathrm{m}$$

（5）转换到构件 7 上的误差。

所有的误差转换到构件 7 上,需除以相应的传动比 $i = \dfrac{R'_0}{r_0}$,并把凸轮本身的误差值叠加,在从动件 9 上得到的位移误差为

$$\Delta F_\Sigma = \frac{\Delta F_6}{i_{67}} + \Delta F_7$$

如果 $r'_0 = \dfrac{150}{2\pi}$,当 $\Delta F_7 = 30 \ \mu$m 时,则

$$\Delta F_\Sigma = \left(\frac{210}{\frac{300}{2\pi} \cdot \frac{2\pi}{150}} + 30 \right) \mu\mathrm{m} = 135 \ \mu\mathrm{m}$$

4. 转换机构法

机构从动件的位置误差是主动件位置、各构件的尺寸误差和形状误差的函数。函数的关系式完全取决于机构的结构、各典型构件的形式及构件的原始误差。对于理想机构,从动件的广义坐标 φ_0 由下列函数式给出:

$$\varphi_0 = \varphi_0(q_s), \quad s = 1, 2, \cdots, n \tag{11-27}$$

式中:q_s——理想机构中各构件互相独立的参数,这些参数可确定主动件位置、构件的尺寸。

在实际的机构中,各参数 q_s 是有误差的,可用 $q_s + \Delta q_s$ 表示实际机构的各参数,其中 Δq_s 表示机构各构件的原始误差。因此,实际机构从动件广义坐标的函数式可写成

$$\varphi = \varphi(q_s + \Delta q_s), \quad s = 1, 2, \cdots, n \tag{11-28}$$

为了简化问题,把式(11-28)按 Δq_s 的方次展开为泰勒级数:

$$\varphi(q_s + \Delta q_s) = \varphi'(q_s)_0 + \sum_{s=1}^{n} \left(\frac{\partial \varphi}{\partial q_s}\right)_0 \Delta q_s + \frac{1}{2!} \sum_{s=1}^{n} \frac{\partial^2 \varphi}{\partial q_s^2} \Delta q_s^2 + \cdots \qquad (11-29)$$

式中: $\varphi'(q_s)$——当采用近似方案时,所有的 $\Delta q_s = 0$ 时的 φ。

下角标"0"——偏导数附有"0"表示它的数值需要在理想值 q_{s_0} 的情况下取得。

当实际机构设计完全符合机构的正确方案时,式(11-29)中的第一项由式(11-27)确定。机构从动件的位置误差为

$$\Delta \varphi = \varphi - \varphi_0 = (\varphi_0' - \varphi_0) + \sum_{s=1}^{n} \left(\frac{\partial \varphi}{\partial q_s}\right)_0 \Delta q_s \qquad (11-30)$$

式中: $\varphi_0' - \varphi_0$——机构理论误差。

如上所述,当实际设计方案完全符合机构的理论方案时,$(\varphi_0' - \varphi_0) = 0$,则式(11-30)变为

$$\Delta \varphi = \sum_{s=1}^{n} \left(\frac{\partial \varphi}{\partial q_s}\right)_0 \Delta q_s \qquad (11-31)$$

式(11-31)给出了机构位置误差与原始误差的关系。如果机构中各原始误差 Δq_s 已知,则只要求出 $\left(\dfrac{\partial \varphi}{\partial q_s}\right)_0$,就可以计算出机构位置误差。其中,$\left(\dfrac{\partial \varphi}{\partial q_s}\right)_0$ 为各构件的误差传动比。如前所述,对于能给出机构运动方程的某些机构,可以用微分法求出传动比 $\left(\dfrac{\partial \varphi}{\partial q_s}\right)_0$;对于不能给出机构运动方程的某些机构,可以用"转换机构法"来求传动比 $\left(\dfrac{\partial \varphi}{\partial q_s}\right)_0$。

设某机构从动件位置的函数式为

$$\varphi = \varphi(q_s), \quad s = 1, 2, \cdots, n$$

如果该机构中仅有一个参数 q_s 为变数(有误差),其余参数为定值(理想构件),则机构从动件的位置坐标为

$$\varphi = \varphi(q_{10}, q_{20}, \cdots, q_s, \cdots, q_{n0})$$

将上式对 t 微分则得到从动件的速度:

$$\frac{\mathrm{d}\varphi}{\mathrm{d}t} = \left(\frac{\partial \varphi}{\partial q_s}\right) \cdot \frac{\mathrm{d}q_s}{\mathrm{d}t}$$

若上式中的传动比是在 $q_s = q_{s_0}$ 的理想情况下取得的,则上式可用下式表示:

$$\frac{\mathrm{d}\varphi}{\mathrm{d}t} = \left(\frac{\partial \varphi}{\partial q_s}\right)_0 \cdot \frac{\mathrm{d}q_{s_0}}{\mathrm{d}t}$$

可得

$$\left(\frac{\partial \varphi}{\partial q_s}\right)_0 = \frac{\dfrac{\mathrm{d}\varphi}{\mathrm{d}t}}{\dfrac{\mathrm{d}q_{s_0}}{\mathrm{d}t}} = \frac{\dot{\varphi}}{\dot{q}_{s_0}} \qquad (11-32)$$

式(11-31)表明偏导数 $\left(\dfrac{\partial \varphi}{\partial q_s}\right)$ 为仅有 Δq_s 一个原始误差作用时,转换机构的从动件的速度与产生原始误差的构件速度之比。故由某一个原始误差所引起的从动件机构位置误差等于上述传动比与此构件原始误差的乘积,即

$$\Delta\varphi_s = \left(\frac{\partial\varphi}{\partial q_s}\right)_0 \cdot \Delta q_s \qquad (11-33)$$

由式(11-32)已给出

$$\left(\frac{\partial\varphi}{\partial q_s}\right)_0 = \frac{\dot\varphi}{\dot q_{s_0}}$$

上式可变为

$$\left(\frac{\partial\varphi}{\partial q_s}\right)_0 = \frac{\dot\varphi\Delta t}{\dot q_s\Delta t} = \frac{\Delta\varphi_s}{\Delta q_s} \qquad (11-34)$$

因此,为了求机构某一构件原始误差的传动比,可将各构件均看成为理想构件,仅将产生该原始误差的构件以一组元件代替后作为主动件,然后求出此主动件与从动件的速比关系,此速比即为误差传动比。这种转换后的机构称为"转换机构"。

由式(11-34)可知,若作转换机构的速度图,在该图上以一定比例尺画出原始误差 Δq_s 以代替主动件的速度,则速度图上得出的从动件速度即为在同一比例尺下的从动件的位置误差,因而速度图即变为小位移图。

由于误差在小位移图中可以用很大的比例尺画出,因此,所求得的机构位置误差有足够精度。

如图 11-14 所示,现在以图 11-14(a)所示的曲柄连杆机构为例,用"转换机构法"求该机构的位置误差。首先求由连杆 3 长度误差引起的机构位置误差。转换曲柄连杆机构将曲柄 2 固定,将连杆 3 作为变量,得到如图 11-14(b)所示的正切机构。滑块在正切机构 AB 上可以背着或向着铰链点 A 移动。选取一定的比例尺作正切机构的小位移图,如图 11-15(a)所示。在图 11-15(a)所示的转换机构中,B 点的速度(绝对速度)为该点牵连速度 v_B 和相对速度 v_{BA} 的向量和,即

$$v = v_B + v_{BA}$$

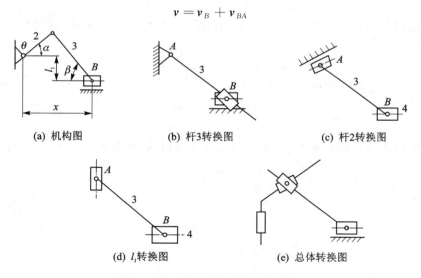

(a) 机构图   (b) 杆3转换图   (c) 杆2转换图

(d) l_1转换图   (e) 总体转换图

图 11-14 曲柄滑块转换机构分析

其中,v 的大小未知,但方向已知,即滑块的运动方向;v_{BA} 的方向为沿连杆 AB 的方向,其大小与连杆 3 的长度误差 Δq_3 相适应;牵连速度 v_B 的大小未知但方向已知,即垂直于连杆 3。这样可以作出速度图。在该图上,以某一比例尺画出 Δq_3 以代替速度 v_{BA}。如图 11-15(b)所

示,作直线Ⅰ-Ⅰ平行于 AB,并以给定比例尺在直线上截取线段 ab' 表示连杆 3 的长度误差 Δq_3。如果连杆实际长度大于名义长度,则该线段向右下方截取。自 b' 点引直线Ⅱ-Ⅱ垂直于 AB,Ⅱ-Ⅱ即为牵连速度 v_B 的方向;再自 a 点引直线Ⅲ-Ⅲ平行于滑块运动方向,此方向即为绝对速度 v 的方向。线段 ab 就是以同一比例尺由 Δq_3 所引起的机构位置误差 Δx_3。

同样可以确定由曲柄 2 长度误差产生的曲柄连杆机构的位置误差。将曲柄固定在给定位置,且将其长度作为变量,得到如图 11-15(b) 所示的转换机构。图 11-15(c) 所示为此转换机构的小位移图。直线Ⅳ-Ⅳ平行于曲柄 OA 的轴线,线段 Pa 代表曲柄长度误差 Δq_2。如果曲柄的实际长度大于曲柄的名义长度,则线段应在右上方截取。直线Ⅱ-Ⅱ垂直于 AB,直线Ⅲ-Ⅲ平行于滑块的运动方向,则线段 Pb 表示由曲柄的长度误差引起的机构位置误差 Δx_2。

用同样的方法可以求出滑块导路偏置误差所产生的机构位置误差,其转换机构如图 11-15(c) 所示。由转换机构给出如图 11-15(c) 所示的小位移图。线段 bb' 表示由滑块导路偏置误差所产生的机构位置误差 Δx_1。

图 11-15(d) 所示为曲柄连杆机构的转换机构图,滑块沿固定导路移动,现在给出该曲柄连杆机构的小位移图。作直线Ⅴ-Ⅴ并在该直线上截取线段 Pa' 使之等于偏置误差 Δq_1。过 a' 点引平行于曲柄的直线Ⅳ-Ⅳ,截取线段 aa' 表示曲柄长度误差 Δq_2,过 a 点引直线Ⅰ-Ⅰ平行于连杆方向,并截取线段 ab' 使之等于连杆误差 Δq_3。过 b' 点作垂直于连杆轴线的直线Ⅱ-Ⅱ,并过 P 点引平行于移动副轴线的直线Ⅲ-Ⅲ,两直线相交于 b 点,则封闭线段 Pb 为在该比例尺下求得的曲柄连杆机构的位置误差 Δx。

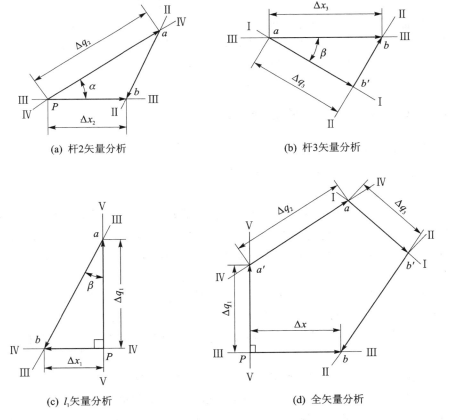

(a) 杆2矢量分析　　　　　　　　　　(b) 杆3矢量分析

(c) l_1 矢量分析　　　　　　　　　　(d) 全矢量分析

图 11-15　曲柄连杆机构转换后的速度图

同样也可以从图 11 - 15 中的小位移图中，用图解分析的方法计算出机构位置误差。例如，图 11 - 15(b)所示为连杆长度误差 Δq_3 所产生的位置误差的小位移图，这是一个直角三角形，解得

$$\Delta x_3 = \frac{\Delta q_3}{\cos \beta}$$

由图 11 - 15(a)可得

$$\Delta x_2 = \frac{\cos(\beta + \alpha)}{\cos \beta} \Delta q_2$$

由图 11 - 15(c)可得

$$\Delta x_1 = -(\tan \beta)\Delta q_1$$

上式中 Δx_1 表示位置误差的线段 bP 指向左，表示误差减小了，取为负值。

由上述 3 个原始误差独立作用引起的机构位置误差表明了机构的系统误差，取代数和

$$\Delta x = \Delta x_1 + \Delta x_2 + \Delta x_3 = \frac{1}{\cos \beta}\left[\Delta q_3 + \cos(\alpha + \beta)\Delta q_2 - (\sin \beta)\Delta q_1\right]$$

11.3　仪器动态精度分析及估算

在仪器静态特性分析中曾指出，被测参数不随时间变化，仪器零部件对仪器总精度的影响由零部件的原始误差及其误差传递系数决定，此时，误差传递系数为恒量。

在动态测量中，被测参数是随时间不断改变的变化量。如果被测量的变化能使输出量做相应的变化，这种测试仪器就是理想的，测量误差不受被测量变化的影响。但在动态测量中，仪器传递系数总是受到惯性、弹性、阻尼等因素的影响，并且被测量变化的速度、加速度都会给测量仪器带来动态测量误差。

11.3.1　仪器动态精度的基本概念

1. 动态测量类型

动态测量，按被测量的送进方式，可分为连续变化和间断变化两类。

1) 被测量连续变化

这方面的例子很多。如在磨床上自动加工汽车曲轴，轴颈的尺寸是连续变化的，通过电容传感器把被加工轴颈尺寸信息传给微处理机来控制磨床自动加工；又如，采用激光扫描装置自动检测钢板厚度的连续生产过程也是被测量连续变化的类型。

2) 被测量间断变化

滚珠轴承或滚针轴承尺寸自动分选装置，被测量是间断变化的，属于离散型。

动态测量，按传感器接收被测量信号的形式，又可分为接触式测量和非接触式测量。

（1）接触式测量。采用电感传感器测量时，被测件与传感器的测量头直接接触，属于接触式测量方法。

（2）非接触式测量。激光扫描装置、磁栅、光栅等属于非接触式测量。

根据动态测量的不同类型，采用不同的精度指标来评定测量仪器的动态精度特性。

对于接触式测量，给出临界频率特性、零件送进临界速度、极限动态误差来评定仪器的动态精度特性；对于非接触式测量，给出精度幅频特性、精度过渡函数来评定测量仪器的动态精

2. 动态测量系统的数学模型

对比仪器静态测量系统的数学模型：

$$y = f(x, q_1, q_2, \cdots, q_n) \tag{11-35}$$

$$\mathrm{d}y = \frac{\partial f}{\partial q_1}\mathrm{d}q_1 + \frac{\partial f}{\partial q_2}\mathrm{d}q_2 + \cdots + \frac{\partial f}{\partial q_n}\mathrm{d}q_n \tag{11-36}$$

式中：$\dfrac{\partial f}{\partial q_n}$——误差传递系数，为一恒量。

在动态测量中，传递系数受惯性、弹性和阻尼的影响，同时受被测量变化的速度和加速度的影响。

大多数测量系统都可以假定为集中参数，有限自由度、输出量 y 与输入量 x 之间具有近似的线性关系。在测量系统工作点附近的适当范围内，测量系统的数学模型可以近似为一个常系数线性微分方程：

$$a_n \frac{\mathrm{d}^n y}{\mathrm{d}t^n} + a_{n-1}\frac{\mathrm{d}^{n-1}y}{\mathrm{d}t^{n-1}} + \cdots + a_0 y = b_m \frac{\mathrm{d}^m x}{\mathrm{d}t^m} + b_{m-1}\frac{\mathrm{d}^{m-1}x}{\mathrm{d}t^{m-1}} + \cdots + b_0 x \tag{11-37}$$

式中：y——输出量；

　　　x——输入量；

　　　$a_0, a_1, \cdots a_n; b_0, b_1, \cdots b_n$——有关常量（系统参数）。

11.3.2 传递函数与频响特性分析

1. 拉普拉斯变换定义

在动态测量中，输入信号是随时间变化的。输入信号类型不同，输入与输出信号之间关系的描述方法也不同。被测信号和测量结果都是时间或空间的函数，所以测量系统的动态精度特性表明某一瞬时输出信号与输入信号的真值之差。输入与输出量之间的变化关系可以通过 $\Phi(S)$ 传递函数在 S 域上分析，即

$$Y(S) = \Phi(S)X(S) \tag{11-38}$$

式中：$Y(S)$——系统的输出传递函数；

　　　$X(S)$——系统的输入传递函数；

　　　$\Phi(S)$——系统的传递函数。

传递函数可定义为系统输出的拉普拉斯变换与系统输入的拉普拉斯变换之比。一个确定性的时间函数 $f(t)$ 的拉普拉斯变换 $F(S)$ 可表示为

$$F(S) = \mathscr{L}[f(t)] \tag{11-39}$$

这里采用单边拉普拉斯变换，其定义为

$$F(S) = \int_{0-}^{\infty} f(t)\,\mathrm{e}^{-st}\,\mathrm{d}t \tag{11-40}$$

式中：$S = \sigma + \mathrm{j}\omega$ 为复变量。

一般 σ 为正，当 σ 足够大时，$\mathrm{e}^{-\sigma t}$ 项就能使任意时间函数 $f(t)$ 的无限积分收敛，故通常称 $\mathrm{e}^{-\sigma t}$ 为收敛因子。通过这种处理，可以使许多本来由于发散性而不可积的时间函数改造成为可积函数。

拉普拉斯反变换的定义为

$$f(t) = \frac{1}{2\pi j} \int_{\sigma-j\infty}^{\sigma+j\infty} F(S) e^{st} \, dS \tag{11-41}$$

拉普拉斯变换引入的目的是为了简化某些数学运算,解线性微分方程,在 S 域上分析得到系统动态响应的各项参数。

2. 线性系统的传递函数

在测试系统的设计中,常用数学模型(一组微分方程)来描述测试系统的工作,或者用方框图来反映系统中各环节之间的关系。整个测试系统的动态特性可通过各独立环节的传递函数来描述。如上所述,所谓传递函数,是测试系统(或各独立环节)输出的拉普拉斯变换与输入的拉普拉斯变换之比,即两个 S 多项式之比,一般情况下为复数形式。

已知测试系统的方程式为

$$a_n y^{(n)}(t) + a_{n-1} y^{(n-1)}(t) + \cdots + a_0 y(t) = b_m x^{(m)}(t) + b_{m-1} x^{(m-1)}(t) + \cdots + b_0 x(t)$$

上式经拉普拉斯变换变为

$$(a_n S^n + a_{n-1} S^{n-1} + \cdots + a_1 S + a_0) Y(S) = (b_m S^m + b_{m-1} S^{m-1} + \cdots + b_1 S + b_0) X(S) \tag{11-42}$$

$$\Phi(S) = \frac{Y(S)}{X(S)} = \frac{b_m S^m + b_{m-1} S^{m-1} + \cdots + b_1 S + b_0}{a_n S^n + a_{n-1} S^{n-1} + \cdots + a_1 S + a_0} \tag{11-43}$$

由式(11-43)可知,传递函数 $\Phi(S)$ 与系统结构参数 a_i,b_i 有关,它建立了输出与输入系统,是描述系统信息传递特性的函数。$\Phi(S)$ 只与系统本身的结构参数有关,而与外部作用无关。

3. 传递函数的分级与组合

1)串联环节组成的测量系统传递函数

图 11-16 所示为串联环节组成的测量系统方框图。各组成环节的传递函数分别为

$$\Phi_1(S) = \frac{X_2(S)}{X_1(S)}$$

$$\Phi_2(S) = \frac{X_3(S)}{X_2(S)}$$

$$\Phi_3(S) = \frac{X_4(S)}{X_3(S)}$$

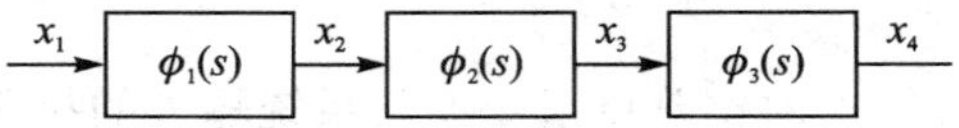

$$x_1 \rightarrow \boxed{\phi_1(s)} \xrightarrow{x_2} \boxed{\phi_2(s)} \xrightarrow{x_3} \boxed{\phi_3(s)} \xrightarrow{x_4}$$

图 11-16 串联环节组成的测量系统方框图

串联系统总的传递函数为最后输出量的拉普拉斯变换 $X_4(S)$ 与最初输入量的拉普拉斯变换 $X_1(S)$ 之比,即

$$\Phi(S) = \frac{X_4(S)}{X_1(S)} = \Phi_1(S) \Phi_2(S) \Phi_3(S) \tag{11-44}$$

或者说,由串联环节组成的测量系统总传递函数为各组成环节传递函数之积。

2)由并联环节组成的测试系统的传递函数

图 11-17 所示为并联环节组成的测试系统方框图。各环节的输入量分别为 Y_1,Z_1,W_1;各环节的输出量分别为 Y_2,Z_2,W_2;总输入与总输出量分别为 X_1,X_2,则

$$\begin{cases} X_1 = Y_1 = Z_1 = W_1 \\ X_2 = Y_2 + Z_2 + W_2 \end{cases} \qquad (10-45)$$

可以认为输入时,每个子系统输入的信号是一致的,被测信号的特性与系统特性(比如测量方位)无关,各环节的传递函数为

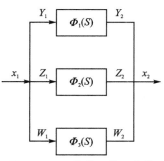

图 11-17　并联环节组成的
测量系统方框图

$$\Phi_1(S) = \frac{Y_2(S)}{Y_1(S)}$$

$$\Phi_2(S) = \frac{Z_2(S)}{Z_1(S)}$$

$$\Phi_3(S) = \frac{W_2(S)}{W_1(S)}$$

总传递函数为

$$\Phi(S) = \frac{X_2(S)}{X_1(S)} = \frac{Y_2(S) + Z_2(S) + W_2(S)}{X_1(S)}$$

$$= \Phi_1(S) + \Phi_2(S) + \Phi_3(S) \qquad (11-46)$$

由式(11-46)可知,由并联环节组成的测试系统,其总传递函数为各环节传递函数之和。

3) 线性系统传递函数

一阶线性系统方程式为

$$ay'(t) + y(t) = Kx(t) \qquad (11-47)$$

在线性系统中,K 为常数,它表示系统的灵敏度。在动态分析中,K 只改变过渡曲线的幅度比例,不影响系统的动态特性。式(11-47)经拉普拉斯变换为

$$aSY(S) + Y(S) = KX(S)$$

则传递函数为

$$\Phi(S) = \frac{K}{aS + 1} \qquad (11-48)$$

对于二阶线性系统,运动方程为

$$a_2 y''(t) + a_1 y'(t) + a_0 y(t) = b_0 x(t) \qquad (11-49)$$

即

$$y''(t) + \frac{a_1}{a_2} y'(t) + \frac{a_0}{a_2} y(t) = \frac{b_0}{a_2} x(t)$$

或

$$y''(t) + 2\xi_n \omega_n y'(t) + \omega_n^2 y(t) = \tilde{\omega}_n^2 K x(t) \qquad (11-50)$$

式中:K——系统静态灵敏度,$K = \dfrac{b_0}{a_0}$;

　　　ω_n——系统无阻尼固有角频率,$\omega_n = \sqrt{\dfrac{a_0}{a_2}}$;

　　　ξ_n——系统阻尼比,即系统阻尼系数,$\xi_n = \dfrac{a_1}{2\sqrt{a_0 a_2}}$。

经拉普拉斯变换后得

$$S^2 Y(S) + 2\xi_n \omega_n S Y(S) + \omega_n^2 Y(S) = K \omega_n^2 X(S) \qquad (11-51)$$

传递函数为

$$\Phi(S) = \frac{K\omega_n^2}{S^2 + 2\xi_n\omega_n S + \omega_n^2} \tag{11-52}$$

4. 频率响应函数

频率响应特性用以确定尺寸连续变化的非接触测量系统的动态精度。它描述了幅度误差（及相角）与输入信号（被测量变化速度）之间的关系。

线性系统在周期性输入信号 $x(t) = x_0 \sin \omega t$ 的作用下，根据线性系统的频率保持特性，其输出可由下式给出，即

$$y(t) = y_0 \sin(\omega t - \varphi) \tag{11-53}$$

式中：y_0——输出幅值；

φ——输出与输入之间的相位角。

输入信号幅值与输出信号的幅值之比以及相位角 φ 随输入信号频率而变化的特性称为频率特性。所以，频率特性表示系统对各频率的输入信号的动态响应。将输入和输出信号及其各阶导数代入式（11-37），得

$$Y_0[a_n(j\omega)^n + a_{n-1}(j\omega)^{n-1} + \cdots + a_0] e^{j(\omega t - \varphi)} = X_0[b_m(j\omega)^m + b_{m-1}(j\omega)^{m-1} + \cdots + b_0] e^{j\omega t}$$

即

$$\Phi(j\omega) = \frac{b_m(j\omega)^m + b_{m-1}(j\omega)^{m-1} + \cdots + b_0}{a_n(j\omega)^n + a_{n-1}(j\omega)^{n-1} + \cdots + a_0} = \frac{Y_0}{X_0} e^{-j\varphi} \tag{11-54}$$

式（11-54）表明，系统输出信号与输入信号的幅值比以及相位依赖于系统的结构参数 a_n，b_m 及输入频率 ω_0，此时称 $\Phi(j\omega)$ 为测量系统频率响应函数，记为 $H(j\omega)$。实际上，频率响应函数 $H(j\omega)$ 是系统的传递函数 $\Phi(S)$ 在 $S = j\omega$ 时的一种特殊情况，知道系统频率响应函数，可求出系统正弦输入的响应，即

$$y(t) = |H(j\omega)| x_0 e^{j(\omega t - \varphi)} \tag{11-55}$$

从而可求得由频率特性所造成的动态误差，即

$$\Delta A(\omega) = y(t) - x(t) \tag{11-56}$$

在测量系统中，原则上系统频响函数的模 $|H(j\omega)| = 1$，$\varphi = 0$，但 $H(j\omega)$ 是 ω 的函数，当测量系统需要估计由某一圆频率 ω 输入下，输出与输入的同步误差特性时，可用到式（11-56）。

11.3.3 仪器的动态精度指标

测量仪器的动态精度是指在任何瞬时，测量系统输出量与输入量的真值之差。下面讨论测量系统的准确度与精密度。

1. 动态测量的准确度

动态测量的准确度是指测量系统输出结果对输入的符合程度。测量系统的准确度由动态偏移误差表示，它表明测量系统有规律地或在一定工作条件下有固定大小和符号的系统误差。测量系统在任何瞬时的动态偏移误差可用下式给出，即

$$a(t) = y(t) - x(t) \tag{11-57}$$

式中：$y(t)$——输出量的函数形式；

$x(t)$——输入量的函数形式。

当输入量以某种线性函数形式给出时，可应用传递函数求得输出量 $y(t)$ 的函数式，即

$$y(t) = \mathcal{L}^{-1}[\Phi(S)X(S)] \tag{11-58}$$

这样可求出测量系统的准确度,即

$$a(t) = \mathscr{L}^{-1}[\Phi(S)X(S)] - x(t) \tag{11-59}$$

注意:式(11-59)与式(11-57)有本质的区别,式(11-59)与式(11-56)的内容是相符的,反映了系统频率特性所造成的动态误差,式(11-59)相当于式(11-56)中 $\Delta A(\omega)$ 所有频率上叠加的结果;而且式(11-59)仅仅计算了输入频谱与系统频率特性两者产生的动态误差,而未处理系统状态空间参数(如 a_n,b_m)误差导致的动态测量误差。对于单频信号或窄频段信号,由式(11-59)计算产生的误差是有必要作为系统误差进行校正的。

下面给出信号的傅里叶变换误差分析,当输入量为 $x(t)$ 时,可用频率响应函数给出输出量 $y(t)$ 的函数形式,即

$$y(t) = \frac{1}{2\pi}\int_{-\infty}^{\infty}\Phi(j\omega)G_x(j\omega)e^{j\omega t}d\omega$$

式中:$G_x(j\omega)$——输入量的谱密度函数。

这时,测量系统的准确度为

$$a(t) = \frac{1}{2\pi}\int_{-\infty}^{\infty}\Phi(j\omega)G_x(j\omega)e^{j\omega t}d\omega - x(t) \tag{11-60}$$

当测量系统的动态特性解析式不能给出时,可用实验测试的方法得到输出函数 $y(t)$ 的样本集合。在特定的动态测量条件下,通过多次测量,把 $y(t)$ 的均值 $M[y(t)]$ 与被测量 $x(t)$ 之差作为测量系统的准确度,即

$$a(t) = M[y(t)] - x(t) \tag{11-61}$$

2. 测量系统的精密度

精密度表示在特定的动态测量条件下,对同一输入量进行多次重复测量,其输出测量结果的符合程度,可由动态测量系统的重复性误差表述。测量系统重复测量时,对其平均量的分散程度反映了系统的随机误差。对于各态历经平稳随机过程,可用一组测量结果的样本来描述测量系统的重复性误差,动态输出的标准差为

$$\sigma(t_k) = \sqrt{\frac{1}{N-1}\sum_{i=1}^{N}\{y_i(t_k) - M[y(t_k)]\}^2} \tag{11-62}$$

式中:t_k——测量序列中的第 k 个取样点;

　　　$y_i(t_k)$——测量结果的样本观测值;

　　　$M[y(t_k)]$——测量结果的样本观测值的平均值。

动态重复测量的精密度 $\Delta y(t_k)$ 取标准差的 3 倍:

$$\Delta y(t_k) = 3\sigma(t_k) \tag{11-63}$$

动态偏移误差和动态重复性误差在时域表征动态测量仪器的瞬态响应精度,分别代表了动态仪器响应的准确程度和精密程度。

3. 精度过渡函数

精度过渡函数反映了一个被测值突然加入测量系统后动态误差随时间变化的规律。其一般表达式为

$$\Delta S(t) = S_0[S_1(t) - S_{1cm}] \tag{11-64}$$

式中:S_0——被测量实际值;

　　　$S_1(t)$——测量系统或元件的过渡函数;

S_{1cm}——单位被测量的静态示值。

其定义与阶跃响应有关。

精度过渡函数与传递函数之间的关系为

$$\Delta S(t) = \mathcal{L}^{-1} \Delta S(p) = \mathcal{L}^{-1} \{ [\Phi(S) - 1] S_{1cm} \} \qquad (11-65)$$

由式(11-38)给出 $\Phi(S) = \dfrac{Y(S)}{X(S)}$。

这种指标是用来解决测量精度与测量效率之间的问题的。对于自动线上用以测量固定尺寸误差的非接触测量系统,因为自动线具有严格的生产节拍,所以要用精度过渡函数 $\Delta S(t)$ 来解决问题。

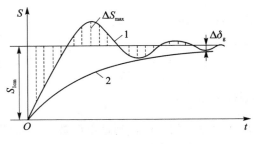

图 11-18 精度过渡函数

如图 11-18 所示的精度过渡函数图,对于曲线 2 来讲,假设允许误差为 $\Delta \delta_g$,则在稳定时间 t_1 内零件不得从自动测量位上转走。

假如测量系统运动方程为衰减振荡型,则从精度过渡函数引出一个附加特性,即突加被测值的最大动态测量误差 ΔS_{max} 如图 11-18 中的曲线 1 所示。此特性对触点经常通电的界限传感器是非常重要的,在有些补调装置及自动检测仪中也会遇到。

在 ΔS_{max} 超过允许误差 $\Delta \delta_g$ 时,必须改变系统参数,使衰减振荡的最高峰值处在公差范围内。

思考与练习题

11-1 写出常见的测量系统的数学模型。

11-2 说明测量系统的准确度和精密度的定义,再根据各自的定义给出相应的计算模型。

11-3 总结计算系统的动态准确度时,系统输出的获取方式有哪些?

11-4 什么是原理误差?什么是原始误差?

11-5 说明分析仪器误差的微分法、几何法、瞬时臂法和转换机构法各适用在什么情况下?为什么?

11-6 有一光学系统,其放大倍数公式为:$M = \dfrac{y'}{y} = -\dfrac{x'}{y'}$。已知像面的轴向位置误差 $\Delta x' = 0.1$ mm,物高 $y = 20$ mm,像高为 y',像面到像方焦点间距 $x' = 1\,000$ mm,求因此引起的仪器误差 Δy。

11-7 已知二阶测量系统 $y''(t) + 2y'(t) + 2y(t) = Kx(t)$。

(1) 当 $x(t) = 2\sin \omega t$ 时,求 $\Delta A(\omega)$;

(2) 当进一步要求 $|H(j\omega)| = 1$ 时,求出 K。

第 12 章　精密机械系统的精度

精密机械系统是精密仪器的重要组成部分,其精度直接影响精密仪器的精度。精密机械系统按功能包括支撑机构、导向机构、传动机构等,本章主要以轴系支撑机构、导轨副导向机构、螺旋副和齿轮传动机构为例,对它们的精度进行分析。

12.1　轴系精度

12.1.1　轴系精度的基本概念

轴系用于确定和支撑机构中的回转零件,使安装在轴上的回转零件按照规定的方向旋转。精密仪器或精密机械中的轴系,在旋转过程中都要求具有较高的回转精度。实际上,由于轴系的制造误差、配合间隙、润滑、摩擦、磨损、温度变化及弹塑性变形等因素的影响,主轴的回转轴线在空间的位置不可能始终保持不变,可以用主轴回转轴线位置的变动量来描述轴系的精度。

为了评定主轴回转精度,必须给出主轴平均轴线和主轴轴心的概念。理想回转轴线是人们假定的一条没有回转误差的回转轴线。在实际轴系中,常用主轴平均轴线代替。所谓主轴平均轴线,就是在回转主轴的实际回转轴线变动范围中处于平均位置的那条回转轴线。它相对于轴系中非转动件的位置是固定的。在大多数情况下,它应当同轴系中非转动件配合面的几何轴线相重合。

在轴系中,主轴实际回转轴线在旋转过程中,一方面绕自己的实际回转轴线旋转,另一方面,该实际回转轴线相对于主轴平均轴线作轴向、径向和倾角运动。因此,可以用主轴实际回转轴线的位置变动量来评定轴系回转精度,即主轴的轴向窜动误差 ΔS、主轴的径向晃动误差 ΔC 和主轴角运动误差 $\Delta \gamma$,如图 12-1 所示。

为了科学地评价主轴回转精度,确定主轴实际回转轴线,还需要给出"主轴轴心"的概念,如图 12-2 所示。所谓主轴轴心,就是主轴截面上这样的一点,当以该点作为坐标原点时,表示主轴某一截面轮廓曲线的傅里叶级数:

$$R = R_0 + a_1 \cos(\varphi + \Delta\varphi_1) + a_2 \cos(2\varphi + \Delta\varphi_2) + \cdots + a_n \cos(n\varphi + \Delta\varphi_n)$$

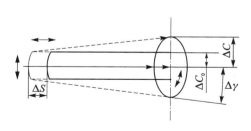

图 12-1　主轴平均轴线示意图

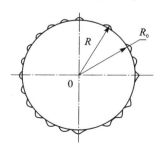

图 12-2　主轴轴心示意图

可变为

$$R = R_0 + a_2\cos(2\varphi + \Delta\varphi_2) + \cdots + a_n\cos(n\varphi + \Delta\varphi_n) \tag{12-1}$$

式中：R_0——基圆半径；

$a_1, a_2, \cdots, a_n$——各阶傅里叶系数；

$\varphi_1, \varphi_2, \cdots, \varphi_n$——相位角；

$\Delta\varphi_1, \Delta\varphi_2, \cdots, \Delta\varphi_n$——相位差。

式(12-1)为一阶傅里叶系数等于零的情形。

当以过主轴轴心的回转轴线作为主轴实际回转轴线来研究主轴回转精度时，就能得到主轴回转精度的完整概念。因为主轴转动时，轴颈截面上所有的点都在作复杂运动，只有主轴轴心这一点的运动不包含与圆柱自身转动的同周期的成分，故主轴轴心能真实地反映出主轴回转误差的实际情况。

12.1.2　主轴回转误差

1. 主轴轴向窜动误差

主轴轴向窜动误差是主轴回转误差的轴向分量，以主轴回转轴线的纯轴向窜动量 ΔS 表示。它是沿主轴转轴平均轴线方向来度量的，反映了轴系的轴向回转精度。主轴的轴向窜动误差越小，表明轴系的轴向回转精度越高。

2. 主轴径向晃动误差

主轴径向晃动误差又叫置中误差或定中心误差，它是主轴回转误差的径向分量。在主轴旋转的任一轴向位置上，主轴实际回转轴线的纯径向移动与主轴轴线角度摆动所引起的主轴轴心径向偏移的总和，就是主轴在该位置上的径向晃动误差，即

$$\Delta C = \Delta C_0 + l_i\Delta\gamma \tag{12-2}$$

式中：l_i——主轴该位置的截面到位于摆动角顶点处的主轴端面的距离。

径向晃动误差在垂直于主轴回转轴线的截面上测量。它反映了主轴旋转过程中，主轴轴心径向变动量的大小。主轴轴心的径向变动量越小，说明轴系的径向回转精度越高，即轴系的置中精度越高。主轴径向晃动误差可以用来评定轴系的置中精度。经过长期的实践，人们发现，在精密仪器或精密机械中，主轴径向晃动误差可分为单周径向晃动误差、双周径向晃动误差和随机径向晃动误差。

1）单周径向晃动误差

轴系中主轴回转轴线所作的晃动周期为 360° 的径向晃动称为单周径向晃动，即主轴每旋转一周，这种晃动误差就重复出现一次。对应于主轴旋转一周中的某一位置，这种径向晃动误差只有一个数值、一种符号。

单周径向晃动误差产生的原因，在于主轴轴径的几何形状误差、零件的位置误差、挠度、主轴轴颈与轴承的不同心度以及轴系中摩擦力的周期变化等因素。

为了提高轴系回转精度，首先，应减小主轴单周径向晃动误差，通过研磨零件的配合表面来减小形状误差，是提高轴系回转精度的有效方法；其次，还可以调整轴系间隙，使轴系配合间隙内润滑油的分布均匀，摩擦力变化尽可能小。

2）双周径向晃动误差

轴系中主轴旋转轴线所作的晃动周期为 720° 的径向晃动称为双周径向晃动，即主轴每旋

转两周,这种径向晃动误差就重复出现一次。对应于主轴旋转中的某一位置,这种误差可以有两个数值、两种符号。

　　双周径向晃动误差常见于圆锥形轴系,也出现在圆柱形轴系中。产生双周径向晃动误差的轴系,主轴一方面绕自己的几何轴线进行"自转",另一方面它的几何轴线又沿着一个直径极小的圆(直径 0.1～0.2 μm)进行"公转"。"公转"的角速度等于"自转"角速度的一半。当主轴自转两周时,主轴的几何轴线只沿着那个直径极小的圆"公转"一周。

　　关于双周径向晃动产生的原因,苏联学者 H.Ⅱ.彼得罗夫认为,当主轴转动时,轴系里的润滑油聚集成了某种状态,贴近轴承内表面的油层;其速度与轴承上 B 点的速度相等,在整个"油团"内,油层速度的分布如图 12-3 所示,油层中心 C 点的速度等于 A 点速度的一半,所以当主轴旋转一周时,"油团"只移动了半周,主轴轴心偏移了一个油膜厚度;当主轴转动两周时,油团又回到原来的位置,主轴轴心也回到原来的位置。

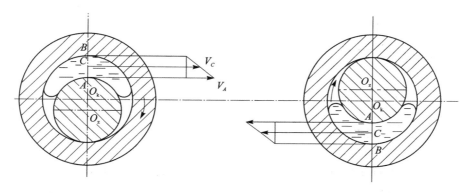

图 12-3　油层速度分布曲线

　　另一种假说认为,轴系配合间隙内除了有润滑油外,还有一些微小的尘粒。这些灰尘颗粒与润滑油形成的油团贴附在轴承的内表面上,并以主轴回转角速度一半的速度在轴承内移动,因此产生轴系的双周径向晃动误差。

　　双周径向晃动误差具有如下特点:

　　(1)滞后现象。存在双周径向晃动误差的轴系,当主轴反向旋转时,油团停滞不动,不能立刻随着主轴反向转动,产生如图 12-4 所示的晃动误差滞后现象。

　　(2)随主轴位置的升高而变化。实验表明,在圆锥形轴系中,当主轴位置升高时,双周径向晃动误差也随之增大,如图 12-5 所示。

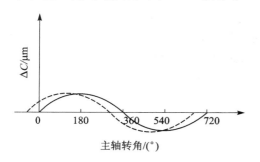

图 12-4　主轴反向旋转晃动误差滞后曲线

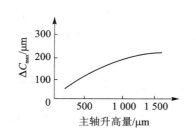

图 12-5　主轴位置升高与双周径向晃动误差的关系

（3）呈双曲线分布。在同一轴系不同高度上测量主轴的双周径向晃动误差时发现，虽然所测得的各位置双周径向晃动误差的轨迹都接近圆形，周期接近720°，但这些双周径向晃动误差的直径不同，晃动的相位也不一致。图 12-6 所示为 KH500 型圆刻度机轴系简图。在主轴上装一测棒，分别在Ⅰ—Ⅰ截面和Ⅱ—Ⅱ截面测量主轴的径向晃动误差轨迹，两者对比发现，Ⅰ—Ⅰ截面中心的双周径向晃动误差比Ⅱ—Ⅱ截面中心的双周径向晃动误差大 1/3，同时相位超前 40°。

产生这种现象的原因是，由于轴系上下两轴承内润滑油团的大小和位置不同，使主轴回转轴线在空间的运动轨迹呈单叶旋转双曲面形式，如图 12-7 所示。

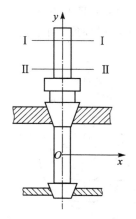

图 12-6　KH500 型圆刻度机
轴系简图

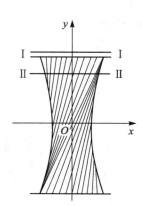

图 12-7　主轴回转轴线的单叶旋转
双曲面运动轨迹

3）随机径向晃动误差

随机径向晃动误差是指主轴轴心运动轨迹随机变化，在同一位置上每次测得的误差都不相同，没有固定的数值。引起主轴随机径向晃动误差的因素比较复杂，轴系工作温度的变化、振动和冲击、润滑油物理性质的变化、摩擦与磨损、灰尘以及负载的不稳定而产生的挠度变化等都可能产生主轴随机径向晃动误差。

3．主轴角运动误差

主轴实际回转轴线对转轴平均轴线的角度摆动量 $\Delta\gamma$，即回转轴线空间方向的变化范围称为主轴角运动误差，有时也称为轴系的定向误差。

在大多数仪器中，常把轴系中主轴的理想回转轴线方向规定在铅垂方向或水平方向，因此角运动误差表明了主轴实际回转轴线对给定方向的偏离程度，即轴系的定向精度。同主轴的径向晃动误差一样，主轴角运动误差也包含单周角运动误差、双周角运动误差和随机角运动误差。

12.1.3　影响轴系精度的因素

1．轴系零件形状特征的影响

在仪器和精密机械的零件制造公差中，因为轴系零件的尺寸、形状及位置误差直接影响轴系的精度，因此对轴系零件的精度要求高，按一级精度要求给出严格的公差。

1）轴系零件尺寸误差

轴系回转精度与轴系配合间隙密切相关。例如,在圆柱形轴系中,当不考虑润滑油和轴系零件形状误差的影响时,由轴系配合间隙 Δd 所引起的主轴径向晃动误差为

$$\Delta C = \frac{\Delta d}{2} = \frac{d_k - d_z}{2} \qquad (12-3)$$

主轴角运动误差为

$$\Delta \gamma = \frac{\Delta d}{L} \rho \qquad (12-4)$$

式中：d_k,d_z——轴套孔和主轴轴颈的直径;

$\qquad L$——主轴轴径与轴套孔上、下两配合部位的距离;

$\qquad \rho$——将弧度化为秒的换算系数,$\rho = 206\ 262''/\mathrm{rad}$。

式(12-3)和式(12-4)表明,主轴的径向晃动误差和角运动误差与轴系配合间隙成正比。因此,对主轴轴颈和轴套孔的尺寸精度要求很严格,在制造时常采用研配的方法。有时为了减小主轴的角运动误差而增加轴系的长度。

2）轴系零件形状特性

如同零件尺寸误差一样,轴系零件的形状误差也直接影响轴系的回转精度和使用寿命。如图 12-8 所示,当主轴轴颈(或轴套孔)具有圆度误差时,在主轴径向受力不大的情况下,主轴轴心径向晃动误差的最大值可近似为

$$\Delta C_{\max} = \frac{\Delta R_k - \Delta R_z}{2}$$

式中：ΔR_k,ΔR_z——轴套孔和主轴轴颈的圆度误差。

圆度误差对主轴轴心径向晃动轨迹的影响与主轴的受力状态有关。当主轴受方向不变的径向力作用时,主轴轴心的径向晃动轨迹主要由轴颈的圆度误差决定;当主轴受到一个随转动方向而改变的径向力作用时,主轴轴心的径向晃动轨迹主要受轴套孔的圆度误差控制。

在圆柱轴系中,圆柱度误差对轴系精度的影响比圆度误差的影响更突出。它不但影响轴系的置中精度,而且也是决定轴系定向精度的重要因素之一。此外,它还与轴系的振动、噪声及寿命等密切相关。

3）轴系零件的位置误差

轴系零件垂直度误差和同轴度误差同样影响轴系精度。在圆柱形零件中,平面与轴线的垂直度误差对圆柱形轴系、半运动式圆柱形轴系和平面轴系的定向精度和置中精度都有影响。

同轴度误差是指被测轴线与基准轴线的最大距离。无论是在水平轴系还是在竖轴系中,同轴度误差都会使主轴回转轴线偏离正确位置,因而影响轴系置中精度和定向精度。

如图 12-9 所示,当轴系中主轴轴颈和轴承孔均有同轴度误差时,主轴沿 y 方向的径向晃动误差可用下式给出：

$$\Delta C_y = \Delta f_k + \Delta f_z \sin(\varphi - 90°) \qquad (12-5)$$

式中：Δf_k——两轴承孔的同轴度误差;

$\qquad \Delta f_z$——主轴轴颈同轴度误差;

$\qquad \varphi$——主轴转角。

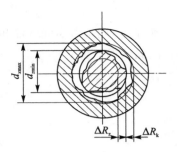

图 12 - 8　主轴轴颈圆度误差对
回转精度的影响

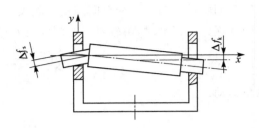

图 12 - 9　主轴同轴度误差对
回转精度的影响

主轴沿 y 方向的最大晃动误差为

$$\Delta C_{y\max} = \Delta f_k + \Delta f_z$$

主轴的角运动误差为

$$\Delta \gamma = \frac{\Delta f_k + \Delta f_z \sin(\varphi - 90°)}{L_x} \rho \tag{12 - 6}$$

式中：L_x——水平轴系两轴间跨距。

角运动误差最大值为

$$\Delta \gamma_{\max} = \frac{\Delta f_k + \Delta f_z}{L_x} \rho$$

2. 运动特性的影响

主轴转动必然产生摩擦。轴系在长期工作中伴随摩擦作用将造成磨损。摩擦、磨损是轴系中主轴运动的结果,它不仅影响轴系旋转的平稳性和使用寿命,而且直接影响轴系的回转精度。

轴系中的摩擦阻力与主轴回转速度有关。图 12 - 10 给出了摩擦阻力与主轴回转速度的关系曲线。当主轴回转速度增大时,轴系开始从干摩擦变为湿摩擦。苏联学者 H. П. 彼得罗夫给出了湿摩擦力的表达式,即

$$F = \frac{\mu v S}{h + \dfrac{\mu}{f_z} + \dfrac{\mu}{f_k}} \tag{12 - 7}$$

式中：μ——与润滑油粘度有关的系数;

　　　v——主轴相对于轴套的滑动速度;

　　　S——滑动表面的面积;

　　　h——润滑油层厚度;

　　　f_z, f_k——包围主轴轴颈和轴套滑动表面的润滑油的摩擦系数。

轴系在长期使用后磨损,使轴系置中精度下降。图 12 - 11 给出了主轴径向晃动误差 ΔC 与工作时间 t 的关系曲线。图中曲线表明:在最初 10 个月里,轴系置中精度降低得不多;当轴系工作 500 个周期(相当于 10.5 个月)以后,精度开始急剧下降;当轴系工作 660 个周期后,主轴径向晃动误差开始超出允许范围(± 5 μm)。

3. 外部干扰特性的影响

精密仪器或精密机械中的轴系,对温度变化比其他机构更为敏感。温度变化经常使轴系

转动发滞,破坏轴系旋转的匀滑性。温度变化将引起轴系配合间隙的改变、润滑油粘度的变化、轴系零件的变形以及应力的产生等。

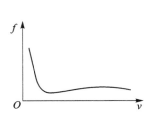

图 12 - 10　轴系中摩擦阻力与主轴
回转速度的关系

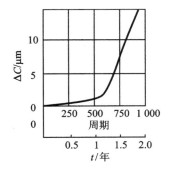

图 12 - 11　主轴径向晃动误差 ΔC 与
工作时间 t 的关系

设在温度 t_1 和 t_2 时,轴系相应的间隙为 Δd_1 和 Δd_2,则

$$\Delta d_1 = d_k - d_z$$

$$
\begin{aligned}
\Delta d_2 &= d_k[1 + a_k(t_2 - t_1)] - d_z[1 + a_z(t_2 - t_1)] \\
&= (d_k - d_z) + (d_k a_k + d_z a_z)(t_2 - t_1) \\
&= \Delta d_1 + (d_k a_k - d_z a_z)\Delta t
\end{aligned}
$$

（12 - 8）

式中:d_k,d_z——轴套孔和主轴轴颈的直径;

　　　a_k,a_z——轴套和主轴材料的线膨胀系数。

由于 d_k 和 d_z 近似等于公称尺寸 d,故用 d 代替 d_k 和 d_z 后,上式可写为

$$\Delta d_2 = \Delta d_1 + d(a_k - a_z)\Delta t = \Delta d_1 + d\Delta a \Delta t$$

（12 - 9）

温度对轴系配合间隙的影响可达到很大数值。例如,在水准仪的轴系中,轴选用钢材（$a_z = 12 \times 10^{-6}$）,轴套选用黄铜（$a_k = 18 \times 10^{-6}$）。假设在温度为 20 ℃ 时,$\Delta d_1 = 0.003$ mm,$d = 15$ mm,那么在温度为 +40 ℃ 和 -40 ℃ 环境下工作时,轴系的配合间隙分别为

$$t_2 = 40 \text{ ℃ 时},\quad \Delta d_2 = 0.004\ 8 \text{ mm}$$

$$t_2 = -40 \text{ ℃ 时},\quad \Delta d_2 = -0.002\ 4 \text{ mm}$$

计算结果表明:在低温时,轴系将产生过盈;温度从 -40 ℃ 变为 +40 ℃ 时,轴系间隙变化量达 7.2 μm。

上例计算说明,温度对轴系精度影响很大,只有适当选择轴系零件材料,才能减小温度变化的影响。为此,我们希望选用相同膨胀系数的材料来制造轴和轴套,但用同样材料制成的零件,配合表面间的相对运动将产生很大的摩擦与磨损。当压力很大时,甚至会将配合表面破坏,所以在设计时必须充分考虑这一情况。

温度变化除了影响轴系的径向尺寸外,还将引起轴向尺寸的改变。若主轴的伸长量与轴套伸长量不等,则有可能造成主轴的挤压变形,从而影响轴系的回转精度。

另外,轴系在外力和内应力的作用下,都会产生相应的变形,降低轴系的回转精度。

12.1.4　轴系精度分析

1. 半运动式圆柱形轴系精度分析

半运动式圆柱形轴系依靠钢球和轴套的圆锥面实现自动定心,又借助轴系下部圆柱面配

合来精确定向。由图 12-12 所示的半运动式圆柱形轴系结构可知,主轴的角晃动中心位于 S 点,主轴的摆动半径为 $L_c+(d_z+d_0)/2$。影响主轴回转精度的主要因素是轴系的配合间隙和钢球的直径误差。

1) 配合间隙

若不考虑轴系上半部其他误差,则由轴系配合间隙 Δd 所引起的角运动误差为

$$\Delta \gamma = \frac{\Delta d}{2\left(L_c + \dfrac{d_z + d_0}{2}\right)}\rho \qquad (12-10)$$

式中:d_z——主轴直径;

$\quad\quad d_0$——钢球直径;

$\quad\quad L_c$——主轴下端面至钢球球心的距离。

主轴某一横截面上轴心的径向晃动误差 ΔC_i 为

$$\Delta C_i = \Delta \gamma L_i \qquad (12-11)$$

式中:L_i——主轴该截面的轴心至 S 点的距离。

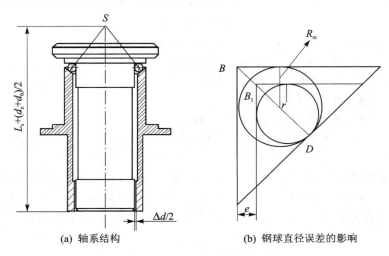

(a) 轴系结构 (b) 钢球直径误差的影响

图 12-12 半运动式圆柱形轴系结构

2) 钢球直径误差

钢球直径误差 Δd_0 影响半运动式圆柱形轴系的置中精度和定向精度。

由于钢球直径误差使主轴沿径向平移,如图 12-12(b) 所示,从而造成主轴径向晃动误差为

$$\Delta C_0 = BB_1 \cos 45° = (BD - B_1 D)\cos 45°$$

$$= \left[\left(R_m + \frac{R_m}{\cos 45°}\right) - \left(r + \frac{r}{\cos 45°}\right)\right]\cos 45°$$

$$= (R_m - r)(1 + \cos 45°)$$

$$= 1.71(R_m - r) \approx 0.86\Delta d_0 \qquad (12-12)$$

式中:R_m——钢球的最大半径;

$\quad\quad r$——钢球的最小半径;

$\quad\quad \Delta d_0$——钢球直径误差,$\Delta d_0 = 2(R_m - r)$。

如果 $0.86\Delta d_0 > \dfrac{\Delta d}{2}$，则钢球的直径误差除了引起主轴的平移外，还会使主轴倾斜，破坏了轴系的自动定心作用，由此产生的主轴角运动误差为

$$\Delta \gamma = \frac{0.86\Delta d_0 - \dfrac{\Delta d}{2}}{L_c + \dfrac{d_z + d_0}{2}}\rho \qquad (12-13)$$

除上述误差影响主轴回旋精度外，轴套锥面对下部内孔的同轴度误差、轴套内孔的几何形状误差、主轴钢球滚道平面对下端轴颈圆柱面的垂直度误差等，都影响主轴的回旋精度。例如，同轴度误差 ΔE 引起轴系下部配合间隙单方向增大，由此产生的角运动误差增量为

$$\Delta \gamma' = \frac{\Delta E}{L_c + \dfrac{d_z + d_0}{2}}\rho \qquad (12-14)$$

实践表明，对于 $0.2''$ 光电经纬仪的半运动式圆柱形轴系，上述的几何形状误差和位置误差均须控制在 $1\ \mu m$ 以内，钢球直径误差 $\Delta d_0 < 1\ \mu m$，钢球的圆度误差不大于 $0.5\ \mu m$。若 $d_z = 30\ mm$，$L_c = 90\ mm$，$\Delta d = 2\ \mu m$，则主轴角运动误差不大于 $\pm 1''$。

2．平面轴系精度分析

图 12-13 所示的平面轴系中，与钢球接触的主轴上盖承导平面对轴线有垂直度误差 ΔZ。在轴系配合间隙较小时，它会使主轴转动发滞，甚至卡住；在配合间隙较大时，它会导致主轴的角运动误差增大。由 ΔZ 引起的角运动误差为

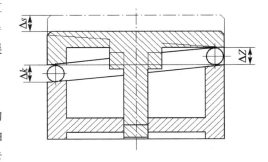

图 12-13　平面轴系

$$\Delta \nu_{max} = \frac{\Delta Z}{D}\rho \qquad (12-15)$$

式中：D——钢球的滚道直径；

　　ρ——弧度与秒的转换系数。

12.2　导轨副的导向精度

导轨副作为支撑和引导机构中的运动部件，其功能是在一定的负载下完成高精度的直线运动，即用以实现给定运动轨迹的导向机构。

12.2.1　导向精度的概念

直线运动导轨副的精度常称为导向精度，它是评价导轨副质量优劣的一项重要技术指标。所谓导向精度，是指直线运动导轨副中运动件沿给定方向做直线运动的准确程度。运动件的实际运动轨迹对给定的直线运功轨迹的偏差越小，导轨副的导向精度越高。由于导轨副中不存在主动件和从动件的关系，因此，一般用运动件的位置误差来表示它的导向精度。该位置误差又称为导向误差。

导向误差就是直线运动导轨副运动件的实际位置与理想几何位置的偏差。既然导轨副中运动件的理想状态应是沿给定方向做直线运动的,那么运动件的实际运动轨迹对给定方向的偏离,或运动轨迹的非直线性就构成了导向误差。

　　以车床为例,导轨的导向精度不仅要求导轨与主轴平行,而且要求导轨的直线度满足精度要求。当加工一个圆柱面时,如果导轨与主轴平行度存在误差,则圆柱就会变成锥体;如果导轨的直线度存在误差,则加工后的圆柱母线就是一条曲线。

12.2.2　导轨副精度及提高导向精度的措施

　　在滑动导轨副中,当滑轨质量较大或以低速滑行时,就会出现间断性的停止和启动现象,即爬行。滑轨在每一次循环开始时,都会产生多次爬行现象。当滑轨速度增高时,这种现象就会消失。存在爬行的主要原因是导向面之间静、动摩擦系数的变化较大及传动系统刚度不足。

　　因为滚动导轨副和直线轴承与滑动导轨副相比,摩擦系数小,滚动导轨副中很少出现爬行现象,且滚动导轨使用寿命长,因而在现代精密机械和精密仪器中,滚动导轨副和圆柱形滚动直线导轨副已经逐渐取代滑动导轨副。

1. 滚动导轨副的精度

　　滚动导轨副是在滑块与导轨之间放入适当的钢球,使滑块与导轨之间的滑动摩擦变为滚动摩擦。当导轨与滑块做相对运动时,钢球就沿着导轨上的经过淬硬和精密磨削加工而成的 4 条滚道滚动。在滑块端部,钢球又通过反向器进入反向孔后再进入滚道,钢球就这样周而复始地进行滚动运动,如图 12 - 14 所示。

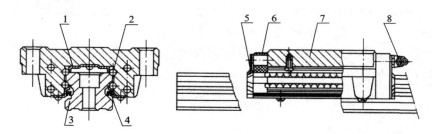

1—保持架;2—钢球;3—导轨;4—侧密封垫;5—密封端盖;6—反向器;7—滑块;8—油杯

图 12 - 14　滚动导轨副

　　由于是滚动摩擦,因而滚动导轨副具有下列优点:

　　(1)动、静摩擦力很小,随动性极好,即驱动信号与机械动作滞后的时间间隔极短,有益于提高数控系统的响应速度和灵敏度。

　　(2)驱动功率大大下降,只相当于普通机械的 1/10。

　　(3)与 V 形十字交叉滚子导轨相比,摩擦阻力为它的 1/40。

　　(4)适应高速直线运动,其瞬时速度比滑动导轨提高约 10 倍。

　　(5)能实现高定位精度和重复定位精度。

　　滚动导轨副分为 4 个精度等级,即 2、3、4、5 级。2 级精度最高,依次递减。表 12 - 1 所列为某制造厂生产的滚动导轨副部分检验项目和精度等级。

　　在选择使用导轨副时,可以根据表 12 - 1 选择导轨副的精度等级。

表 12 - 1　滚动导轨副的部分检验项目和精度等级

检验项目	导轨长度	精度等级/μm			
		2	3	4	5
(1) 滑块顶面中心对导轨基准底面的平行度； (2) 与导轨基准侧面同侧的滑块侧面对导轨基准侧面的平行度	≤500	4	8	14	20
	>500~1 000	6	10	17	25
	>1 000~1 500	8	13	20	30
	>1 500~2 000	9	15	22	32
	>2 000~2 500	11	17	24	34
	>2 500~3 000	12	18	26	36
	>3 000~3 500	13	20	28	38
	>3 500~4 000	15	22	30	40

2. 圆柱形滚动直线导轨副的精度

随着仪器小型化的需要，近几年又出现了另一种类型的直线滚动导轨副，称为圆柱形滚动直线导轨副，也有叫作直线轴承的，如图 12 - 15 所示。

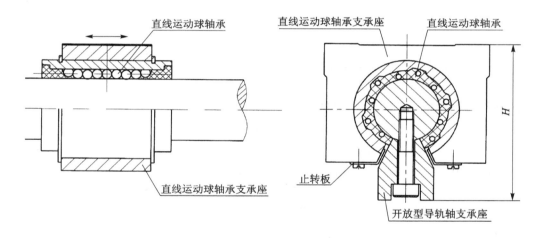

图 12 - 15　圆柱形滚动直线导轨副

圆柱形滚动直线导轨副由导轨轴、直线运动球轴承和直线运动球轴承支承座组成。按结构形式分为封闭式和开放式两类，其中，封闭式又分为可调隙和不可调隙两种，开放式均可调隙。

圆柱形滚动直线导轨副的精度等级按直线运动球轴承的制造精度分为精密级 J 及普通级 P 和 P_1 三个等级，具体如表 12 - 2 所列。在进行具体选择时，根据实际情况可以考虑选择可调隙类型，以保证导向精度。

表 12 - 2　圆柱形滚动直线导轨副的部分精度等级

检验项目	精度等级/(μm·m⁻¹)		
	J	P	P_1
直线运动导轨轴轴心线对导轨轴支承座面的平行度	10	15	20
直线运动球轴承支承座侧面对导轨轴的平行度	15	20	30

12.3 螺旋机构与传动精度

螺旋传动机构的主要功能是通过螺杆(或丝杠)和螺母的相对运动,实现旋转运动与直线运动之间的相互转换、调整并传递运动的。在螺旋副传动中,传动螺纹和精密定位用螺纹主要是精密滚珠丝杠和微调螺杆。精密滚珠丝杠主要用于螺距较大的由电机驱动的场合,而微调螺杆主要用于仪器上微调使用的场合。

12.3.1 螺纹参数误差及其对旋合性的影响

1. 螺纹参数误差

影响螺纹副传动精度及其旋合性的参数误差主要有螺距误差 ΔP、螺纹廓形半角误差 $\Delta \alpha / 2$、中径误差 f_b。在螺旋副传动中,螺距的局部误差和螺距累积误差是影响螺旋副传动精度的主要因素。螺距的累积误差取决于螺旋副的旋合长度,其是在给定长度范围内,任意两牙间的距离对公称尺寸偏差的最大代数和。对于高精度螺旋副,螺距只是螺杆工作面上的一个个别点。螺距误差不能连续地、全面地反映螺杆螺旋面上的全部误差,因此给出另一个重要参数误差,即螺旋线误差。螺旋线误差的含义是,螺杆旋转一个螺距周期,在同一半径的圆柱截面内,加工形成的螺旋线轨迹与理论螺旋线轨迹之差。但是,由于缺乏测量仪器和测量方法,因此目前这一误差指标尚未列入公差标准中。在通过螺纹轴线的平面内,相邻两牙侧之间的夹角为牙型角 α,牙侧与螺纹轴线垂线之间的夹角为牙型半角。牙型半角误差使螺旋副旋合时的间隙减小,影响螺纹的可旋合性。

2. 螺距误差对螺旋副旋合性的影响

两相配合的螺纹沿螺纹轴线方向相互旋合部分的长度称为螺纹的旋合长度。螺纹的旋合长度影响螺纹配合。一般情况下,螺纹的旋合长度越长,螺距的累积误差就越大。如果螺纹的实际尺寸不变,那么螺母将随着旋合长度的增大而逐渐发生干涉,以致不能旋合。

GB 197—2023 将旋合长度分为 3 组,即短旋合长度 S、中等旋合长度 N、长旋合长度 L。在旋合长度范围内的螺距累积误差影响螺旋副的旋合性。先考虑螺杆和螺母之一具有理想螺距的情况。现在假定螺母为理想螺纹,螺杆有螺距误差,并且螺距误差为正值,如图 12-16 所示。

假设在螺母 n 个牙的长度上,螺距的最大累积误差为 $\sum \Delta P$。 在这种情况下,螺杆和螺母将产生干涉而无法旋合。

在实际生产中,螺距误差总是不可避免的。为了使具有螺距误差的螺杆可以旋入理想的螺母中,在制造螺杆时把外螺纹的中径减小 $f_{\Delta P}$。图 12-17 给出了实际中径减小后的螺杆与理想螺母旋合的情况。我们把 $f_{\Delta P}$ 称为螺距误差的中径补偿值。

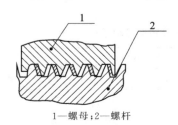

1—螺母;2—螺杆

图 12-16 理想螺母与有误差螺杆配合图

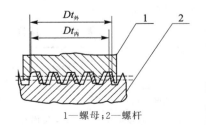

1—螺母;2—螺杆

图 12-17 实际中径减小后螺旋副旋合图

从图 12-17 中可以计算出螺距误差与中径补偿值的关系：

$$\cot\frac{\alpha}{2}=\frac{\dfrac{f_{\Delta P}}{2}}{\dfrac{\Delta P}{2}}=\frac{f_{\Delta P}}{\Delta P}$$

$$f_{\Delta P}=\Delta P \cdot \cot\frac{\alpha}{2}$$

式中：$f_{\Delta P}$——中径补偿值；

ΔP——旋合长度内任意两牙之间的最大螺距误差。

图 12-18 给出了螺杆和螺母在旋合过程中可能出现的两种情况。当螺杆和螺母的螺距误差不同时，对计算中径补偿值 $f_{\Delta P}$ 有影响的是，在旋合长度范围内的螺距累积误差之差的最大值 $\Delta(nt)$，如图 12-18(a)所示；当螺杆和螺母的螺距误差符号不同时，对计算中径补偿值 $f_{\Delta P}$ 有影响的是，在旋合长度范围内的螺距累积误差之和 $\Delta(nt)$，如图 12-18(b)所示。

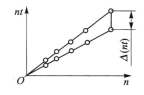　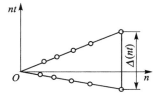

(a) 螺杆和螺母的螺距误差同为正值　　　　(b) 螺杆和螺母的螺距误差符号不同

图 12-18　螺杆和螺母旋合两种形式

3. 牙型半角误差对螺旋副旋合性的影响

与讨论螺距误差一样，为了简化问题，考虑互相旋合的螺杆和螺母的螺纹之一具有理想的牙型情况。现在假设螺母的螺纹是理想的，而螺杆的螺纹具有牙型半角误差 $\Delta\frac{\alpha}{2}$，如图 12-19 所示。图中实线表示螺母的理想牙型，点画线表示牙型半角误差为 $\Delta\frac{\alpha}{2}$ 的螺杆螺纹。由于螺杆具有牙型半角误差，在旋合时将产生干涉，使螺母和螺杆不能旋合。为了使螺杆能旋入螺母，就必须使螺杆的实际中径减小一个数值 $f_{\Delta\alpha}$，这时螺杆的螺纹将处于图 12-19 中点画线的牙型位置，这样螺杆和螺母才能旋合。把 $f_{\Delta\alpha}$ 称为牙型半角误差中径补偿值。

图 12-20 绘出了没有牙型半角误差的理想螺母与有牙型半角误差的螺杆啮合情况。由于螺杆给出了牙型半角误差中径补偿值，所以才能使螺杆和螺母旋合。在图 12-20 中的 $\triangle DEF$，按正弦定理得

$$\frac{EF}{\sin\Delta\frac{\alpha}{2}}=\frac{ED}{\sin\left[180°-\left(\frac{\alpha}{2}+\Delta\frac{\alpha}{2}\right)\right]}$$

由于 $\Delta\frac{\alpha}{2}$ 很小，所以可近似得到

$$\sin\Delta\frac{\alpha}{2}=\Delta\frac{\alpha}{2}$$

$$\sin\left[180°-\left(\frac{\alpha}{2}+\Delta\frac{\alpha}{2}\right)\right]=\sin\frac{\alpha}{2}$$

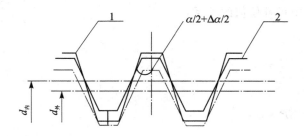

1—理想螺母；2—实际螺杆

图 12 - 19　有牙型半角误差的螺旋副旋合

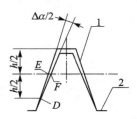

1—理想螺母牙型；2—实际螺杆牙型

图 12 - 20　有牙型半角误差的螺杆啮合

因此上式可化简为

$$\frac{EF}{\Delta\frac{\alpha}{2}} = \frac{ED}{\sin\frac{\alpha}{2}}$$

由图 12 - 20 可知，

$$EF = \frac{f_{\Delta\alpha}}{2}$$

$$ED = \frac{\frac{h}{2}}{\cos\frac{\alpha}{2}}$$

代入上式得

$$\frac{f_{\Delta\alpha}}{2\Delta\frac{\alpha}{2}} = \frac{h}{2\sin\frac{\alpha}{2}\cos\frac{\alpha}{2}}$$

$$f_{\Delta\alpha} = \frac{2h\Delta\frac{\alpha}{2}}{\sin\alpha} \tag{12-16}$$

式（12 - 16）中，当 $\Delta\frac{\alpha}{2}$ 以 rad 为单位计算时，h 以 mm 为单位给出。

12.3.2　螺旋副传动精度

螺旋副的传动精度包括螺母的位置误差与空回。本小节先介绍螺母的位置误差，空回将在 12.3.3 小节介绍。

1. 螺旋副螺母位置误差

对于理想螺旋副，当螺杆转动时，螺母随着螺杆的转动作线性移动，如图 12 - 21 中的曲线 1 所示。但是，由于螺杆和螺母存在制造误差，因此，螺旋副在传动中螺母不能沿理想曲线 1 运动。螺旋副中螺母的实际运动曲线如图 12 - 21 中的曲线 2 所示。所谓螺母位置误差，就是在螺旋副传动中，螺母的实际运动曲线 2 与理想运动曲线 1 之差。例如，图 12 - 21 中横坐标 a_1 位置的螺母位置误差为

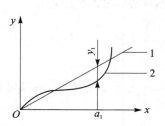

图 12 - 21　螺旋副传动曲线

$$y_{a_1} = y_1$$

通常螺旋副的螺母位置误差是以螺母实际运动曲线与理想运动曲线的最大误差来表示的,即

$$y_{\max}(x) = y_{\max}$$

对于理想螺旋副,螺杆转动时,螺母的位移可由下式给出:

$$y_0 = \frac{\varphi}{2\pi} nP \tag{12-17}$$

式中:y_0——理想位移;

　　　P——标准螺距;

　　　φ——螺杆角位移;

　　　n——螺纹头数。

对于单头螺纹,式(12-17)可用下式给出:

$$y_0 = \frac{\varphi}{2\pi} P \tag{12-18}$$

其中 $\frac{\varphi}{2\pi}$ 表示螺杆所转的圈数。当螺杆转 k 圈时,有

$$y_0 = \sum_{i=1}^{k} P_i$$

在螺旋副传动中,螺母的位置误差主要取决于在旋合范围内的螺杆螺距累积误差,即

$$\Delta y = \sum_{i=1}^{k} \Delta P_i \tag{12-19}$$

当螺杆的实际螺距小于理论螺距时,在螺母移动范围内的螺距累积误差为负值,负号表示螺母的实际位置滞后于理论位置;当螺杆的实际螺距大于理论螺距时,在螺母移动范围内的螺距累积误差为正值,正号表示螺母的实际位置超前于理论位置。

2. 中径误差、螺距误差与牙型半角误差对螺母位置误差的影响

为了保证螺母和螺杆能旋合,螺纹公差规定了螺母中径的下偏差为零,螺杆中径上偏差为零,误差以中径补偿值 f_d 给出。这就给螺旋副提供了补偿螺距误差、牙型半角误差所必要的间隙。

1) 中径误差

如图 12-22 所示,$d_{外}$、$d_{中}$、$d_{内}$ 分别表示外螺纹中径、螺纹中径和内螺纹中径;A 和 C 为内螺纹牙侧线分别与 $d_{内}$ 和 $d_{外}$ 的交点,B 为过 A 点做螺纹中径线的垂线与 $d_{外}$ 的交点;$f_{内}$、$f_{外}$ 分别表示内外螺纹的中径误差,则螺旋副的径向间隙为 $f_{内} - f_{外}$。中径误差所引起的轴向间隙为

$$j_f = \tan \frac{\alpha}{2} (f_{内} - f_{外})$$

2) 螺距误差

在螺母旋合长度范围内的螺距累积误差使螺旋副的间隙减小,如图 12-23 所示。图中表明,不论螺距累积误差是正值还是负值,都使螺旋副的间隙减小。因此,间隙的减小量取绝对值,并按下式计算:

$$j_P = -\left| \sum \Delta P_{内} - \sum \Delta P_{外} \right|$$

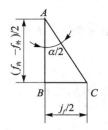

图 12－22　中径误差引起轴向间隙示意图

式中：$\sum \Delta P_内 - \sum \Delta P_外$ ——在螺母旋合长度范围内的螺距累积误差。

3）牙型半角误差

如图 12－24 所示，牙型半角误差影响螺母和螺杆的旋合，同样使螺旋副的间隙减小。由式（12－16）给出牙型半角误差的中径补偿值 $f_{\Delta\alpha}$，即

$$f_{\Delta\alpha} = \frac{2h\Delta\dfrac{\alpha}{2}}{\sin\alpha}$$

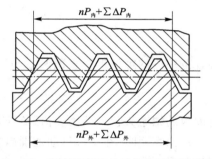

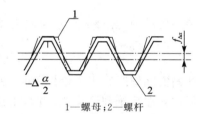

1—螺母；2—螺杆

图 12－23　螺距累积误差对螺旋副间隙的影响　　**图 12－24　牙型半角误差对螺旋副旋合性的影响**

使螺旋副的轴向间隙减小量为

$$j'_\alpha = \tan\frac{\alpha}{2} f_{\Delta\alpha} = \frac{h\Delta\dfrac{\alpha}{2}}{\left(\cos\dfrac{\alpha}{2}\right)^2}$$

考虑到内外螺纹左右牙型半角误差的影响，不论是正牙型半角误差还是负牙型半角误差都会使间隙减小，因此取绝对值，即

$$j'_\alpha = -\frac{h}{\left(\cos\dfrac{\alpha}{2}\right)^2}\left(\left|\Delta\frac{\alpha_内}{2} - \Delta\frac{\alpha_外}{2}\right| + \left|\Delta\frac{\alpha'_内}{2} - \Delta\frac{\alpha'_外}{2}\right|\right)$$

式中：$\Delta\dfrac{\alpha_内}{2}, \Delta\dfrac{\alpha_外}{2}, \Delta\dfrac{\alpha'_内}{2}, \Delta\dfrac{\alpha'_外}{2}$ ——螺纹左右牙型半角误差。

螺旋副的轴向间隙由下式给出：

$$j = \tan\frac{\alpha}{2}(f_内 - f_外) - \left|\sum \Delta P'_内 - \sum P'_外\right| -$$

$$\frac{h}{\left(\cos\dfrac{\alpha}{2}\right)^2}\left(\left|\Delta\frac{\alpha_内}{2} - \Delta\frac{\alpha_外}{2}\right| + \left|\Delta\frac{\alpha'_内}{2} - \Delta\frac{\alpha'_外}{2}\right|\right) \tag{12-20}$$

在螺旋副传动中,反向传动时,间隙造成螺母位置滞后,因此正反向传动的螺旋副螺母的位置误差为

$$\Delta y'_1 = \sum_{i=1}^{k} \Delta P_i - \left[\tan \frac{\alpha}{2} (f_{内} - f_{外}) - \left| \sum \Delta P'_{内} - \sum \Delta P'_{外} \right| - \right.$$

$$\left. \frac{h}{\left(\cos \dfrac{\alpha}{2}\right)^2} \left(\left| \Delta \frac{\alpha_{内}}{2} - \Delta \frac{\alpha_{外}}{2} \right| + \left| \Delta \frac{\alpha'_{内}}{2} - \Delta \frac{\alpha'_{外}}{2} \right| \right) \right] \qquad (12-21)$$

式(12-21)中,如果 $\displaystyle\sum_{i=1}^{k} \Delta P_i$ 为负值,则表示螺母为

"滞后"位置误差,且间隙又使螺母滞后位置误差进一步增加,如图 12-25 中的 a_1 位置;如果 $\displaystyle\sum_{i=1}^{k} \Delta P_i$ 为正值,则表示螺母为"超前"位置误差,此时间隙拖延螺母的"超前",使螺母位置误差得到改善,如图 12-25 中的 a_2 位置。

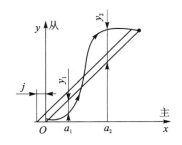

图 12-25　螺旋副螺母位置误差曲线

12.3.3　螺旋副的空回

螺旋副的空回是指当螺杆转动时,螺母停滞不动。造成空回的原因是螺杆和螺母之间的轴向间隙。图 12-26 所示为空回误差曲线。螺旋副的空回由下式给出:

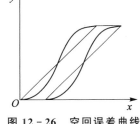

图 12-26　空回误差曲线

$$\Delta y_{空} = \tan \frac{\alpha}{2} (f_{内} - f_{外}) - \left[\left| \sum \Delta P'_{内} - \sum \Delta P'_{外} \right| + \right.$$

$$\left. \frac{h}{\left(\cos \dfrac{\alpha}{2}\right)^2} \left(\left| \Delta \frac{\alpha_{内}}{2} - \Delta \frac{\alpha_{外}}{2} \right| + \left| \Delta \frac{\alpha'_{内}}{2} - \Delta \frac{\alpha'_{外}}{2} \right| \right) \right]$$

$$(12-22)$$

12.3.4　螺旋副传动精度计算实例

常用的计算方法有最大误差法和统计计算法,但统计计算法的计算较麻烦,在此不作讨论,下面只讨论最大误差法。

设螺旋副为单头梯形螺纹,$d_2 = 15$ mm,$P = 2$ mm,$\alpha = 30°$,$h = 1$ mm,螺母移动长度为 120 mm。

螺旋副的原始误差为:$f_{外} = -0.200$ mm,$f_{内} = -0.180$ mm,$\Delta P'_{内} = -0.002$ mm(螺母累积误差),$\Delta P'_{外} = -0.004$ mm(在螺母旋合长度范围内螺杆的最小累积误差),$\Delta P_{max} = 0.01$ mm(在螺母移动范围内螺杆的最大累积误差),$\Delta \dfrac{\alpha_{外}}{2} = 10'\,(0.002\ 9)^*$,$\Delta \dfrac{\alpha'_{外}}{2} = 12'\,(0.003\ 5)^*$,$\Delta \dfrac{\alpha_{内}}{2} = 6'\,(0.001\ 7)^*$,$\Delta \dfrac{\alpha'_{内}}{2} = 4'\,(0.001\ 2)^*$。

---

　*：括号内的数值为该角度值转化成的弧度值。

由式（12－21）可求出螺旋副螺母最大的位置误差为

$$\Delta y_{\max}=\sum_{i=1}^{k}\Delta P_i-\left[\tan\frac{\alpha}{2}(f_内-f_外)-\left|\sum\Delta P'_内-\sum\Delta P'_外\right|-\right.$$

$$\left.\frac{h}{\left(\cos\frac{\alpha}{2}\right)^2}\left(\left|\Delta\frac{\alpha_内}{2}-\Delta\frac{\alpha_外}{2}\right|+\left|\Delta\frac{\alpha'_内}{2}-\Delta\frac{\alpha'_外}{2}\right|\right)\right]$$

$$=0.12\text{ mm}-\left[\tan\frac{30°}{2}(0.180+0.200)-|0.200-0.004|-\right.$$

$$\left.\frac{1}{\left(\cos\frac{30°}{2}\right)^2}(|0.0029-0.0017|+|0.0035-0.0012|)\right]\text{ mm}$$

$$=0.012\text{ mm}-(0.102-0.006-0.0036)\text{ mm}$$

$$\approx-0.081\text{ mm}$$

由式（12－22）可求得螺旋副的空回为

$$\Delta y_空=\tan\frac{\alpha}{2}(f_内-f_外)-\left[\left|\sum\Delta P'_内-\sum\Delta P'_外\right|+\right.$$

$$\left.\frac{h}{\left(\cos\frac{\alpha}{2}\right)^2}\left(\left|\Delta\frac{\alpha_内}{2}-\Delta\frac{\alpha_外}{2}\right|+\left|\Delta\frac{\alpha'_内}{2}-\Delta\frac{\alpha'_外}{2}\right|\right)\right]$$

$$=(0.102-0.006-0.0036)\text{ mm}\approx0.093\text{ mm}$$

12.3.5 滚珠螺旋副精度

1. 滚珠螺旋副结构及特点

滚珠螺旋副作为一种精密传动元件，现在已被广泛应用于精密机械及各种精密仪器中。滚珠螺旋副由丝杠、螺母和滚珠等组成。滚珠螺旋副传动是在丝杠与螺母旋合螺旋槽之间放置一定数量的滚珠作为中间传动体，当丝杠或螺母转动时，滚珠在螺旋槽中反复循环运动，从而把滑动接触变为滚动接触，如图12－27所示。

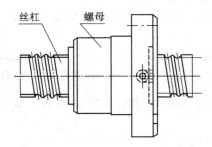

图 12－27 滚珠螺旋副

滚珠螺旋副传动与滑动螺旋副传动相比具有以下特点：

1）传动效率高

滑动螺旋副传动时，丝杠与螺母之间的滑动摩擦系数一般为 $0.06 \sim 0.15$，摩擦阻力大，传动效率低于 40%；滚珠螺旋副传动时，摩擦系数一般为 $0.0025 \sim 0.0035$，摩擦阻力小，传动效率高达 90% 以上。在伺服控制系统中，采用滚珠螺旋副传动，大大提高了传动效率，由于启动力矩小，启动后的颤动和滞后时间大大减小。

2）具有传动可逆性

滚珠螺旋副传动与滑动螺旋副传动相比，其显著特点是，它既可把回转运动变为直线运动，又可把直线运动变为回转运动，即具有传动可逆性，但不如滑动螺旋副那样具有自锁能力。

3）具有良好的同步性

由于滚珠螺旋副传动的摩擦阻力小，静摩擦力矩接近动摩擦力矩，因此，启动时无颤动，低速下运转无爬行。这不仅缩短了启动时间，消除了在滑动螺旋副传动中的爬行现象，而且大大提高了传动的灵敏度和准确度，具有运行平稳的特点。例如，用几套同样的滚珠螺旋副传动机构同时驱动几个相同的部件时，启动的同时性、运动中的速度和位移等都具有很好的同步性。

4）传动精度高

高精度滚珠螺旋副具有较高的进给精度和轴向定位精度，导程累积误差可达到每 $300\ \text{mm}$ 为 $5\ \mu\text{m}$。当采用预紧螺母时，能完全消除轴向间隙。在具有反馈系统的滚珠螺旋副传动中，通过补偿伺服系统，能获得较高的重复定位精度。由于滚珠螺旋副传动的摩擦阻力小，所以工作时本身几乎没有温度变化，丝杠尺寸稳定。这就是其具有很高定位精度和重复定位精度的重要原因。

2．滚珠螺旋副传动精度

滚珠螺旋副传动精度包括螺母的位置误差与空回。它表示在滚珠螺旋副传动中螺母的实际位移量与理想位移量之差。影响滚珠螺旋副传动精度的主要因素有螺旋副的制造误差及在不均匀载荷作用下引起的动态变形。

滚珠螺旋副的制造误差是指丝杠的螺距误差、导程误差和牙型圆弧半径误差。导程误差包括 $300\ \text{mm}$ 导程误差和全长导程误差，是影响螺母位置误差的主要因素。滚珠螺旋副传动系统在不均匀载荷作用下的动态变形量与滚珠螺旋副的接触刚度、丝杠与螺母的拉伸压缩刚度以及支承和螺母座的刚度密切相关。圆弧半径误差及在载荷作用下的动态变形量，将引起滚珠与丝杠沟槽圆弧接触角改变，从而影响滚珠螺副旋传动的精度。对于单圆弧形滚珠丝杠，滚珠与沟槽的接触角 α 由下式给出：

$$\cos \alpha = \frac{r_{\text{B}} + r_{\text{r}} + 0.5(d_{\text{r}} + d_{\text{B}})}{r_{\text{B}} + r_{\text{r}} + 2r}$$

式中：d_{r}——螺母螺纹外径；

$\quad\quad d_{\text{B}}$——丝杠螺纹底径；

$\quad\quad r_{\text{B}}, r_{\text{r}}$——丝杠和螺母滚道半径。

在滚珠螺旋副传动中，在各种参数误差及过盈载荷的影响下，滚珠接触角 α 由下式给出：

$$\tan \alpha = \frac{2(r_2 - r_1)\sin \alpha + \delta + \Delta P_{\text{B}} + \Delta P_{\text{r}}}{2(r_2 - r_1)\cos \alpha + \Delta R'_{\text{B}} + \Delta R'_{\text{r}} - \Delta r'_{\text{B}} - \Delta r'_{\text{r}}}$$

式中：δ——轴向载荷作用下螺距牙型的轴向位移；

$\quad\quad \Delta P_{\text{B}}, \Delta P_{\text{r}}$——丝杠和螺母的螺距误差；

$\quad\quad \Delta R'_{\text{B}}, \Delta R'_{\text{r}}, \Delta r'_{\text{B}}, \Delta r'_{\text{r}}$——丝杠和螺母的螺纹半径误差和牙型误差。

滚珠螺旋副传动系统的动态变形量包括丝杠变形、丝杠与螺母接触变形、螺母和螺母座的变形等。变形量的大小影响滚珠螺旋副传动系统的精度。变形量由滚珠螺旋副传动系统的刚度决定(在载荷一定的情况下)。设滚珠螺旋副传动系统的轴向载荷为 P,弹性系数为 K,则弹性变形量为

$$\delta = \frac{P}{K} \qquad (12-23)$$

式中:δ——在一定载荷作用下的弹性变形量(mm);

$\qquad P$——轴向载荷(N);

$\qquad K$——弹性系数(N/mm)。

滚珠螺旋副传动系统的刚度越高,弹性变形量越小,系统的精度越高。

3. 滚珠螺旋副传动精度计算

1)滚珠螺旋副丝杠螺距误差等对传动精度的影响

滚珠螺旋副丝杠螺距误差、牙型圆弧半径误差和滚珠直径误差影响滚珠螺旋副的传动和定位精度。在我国的专业标准中,滚珠丝杠副按零件精度指标分为 C、J、B、P、T 各级,有时也称为 5,6,7,8,9 级。除 T(9)级未给出公差以外,其余各级公差如表 12-3 所列。C 级精密滚珠丝杠螺距最大允许误差为 ±4 μm,在工作部分长度内螺距累积误差为 6 μm。

表 12-3　滚珠丝杠副零件精度指标

μm

项　目			精度等级			
			P	B	J	C
螺距最大允许误差			±12	±8	±6	±4
在工作部分长度内螺距累积误差			18	12	9	6
螺纹滚道圆弧轮廓公差	滚珠直径/mm	≤3.175	±12	±10	±8	±6
		3.969~5.953	±25	±20	±15	±10
		6.350~9.525	±30	±25	±20	±15
		12.7~22.226	±35	±30	±25	±20

在滚珠螺旋副传动中,螺母的理想位移 y'_0 为

$$y'_0 = \frac{nP_0}{2\pi}\theta$$

式中:n——滚珠丝杠头数;

$\qquad P_0$——公称螺距;

$\qquad \theta$——滚珠丝杠角位移。

对于单头滚珠丝杠,螺母的理想位移 y'_0 为

$$y'_0 = \frac{P_0}{2\pi}\theta$$

由于滚珠丝杠存在制造误差,所以实际螺距为

$$P_i = P_0 + \Delta P_i$$

式中:ΔP_i——螺距误差。

在滚珠螺旋副传动中,螺母的实际位移为

$$y' = \frac{P_0 + \Delta P_i}{2\pi}\theta$$

由滚珠丝杠制造误差引起的螺母位置误差为

$$\Delta y' = y' - y_0 = \frac{\Delta P_i}{2\pi}\theta \qquad (12-24)$$

式中：$\dfrac{\theta}{2\pi}$——滚珠丝杠转的圈数。

螺母的位移误差可用在螺母移动范围内的动态螺距误差来评定，即等于螺距累积误差：

$$\Delta y' = \sum \Delta P_i \qquad (12-25)$$

2）弹性变形量对传动精度的影响

滚珠螺旋副传动系统的刚度影响系统的传动精度，一般用弹性系数 K 表示刚度。在一定根据式(12-23)可计算弹性变形量 δ。

滚珠螺旋副传动系统的动态变形量包括 δ_1、δ_2 和 δ_3。

（1）丝杠轴向变形量 δ_1。在轴向载荷作用下，丝杠在轴线方向上就被拉伸或压缩。变形量的大小与支承方式和螺母工作位置有关。由于丝杠的支承方式不同，轴向变形量有不同的计算方法。

① 当一端固定、一端自由时，δ_1 为

$$\delta_1 = \frac{Fl}{\dfrac{\pi d_1^2}{4}} E \qquad (12-26)$$

式中：δ_1——丝杠轴向变形量；

　　　F——丝杠轴向载荷；

　　　d_1——丝杠螺纹底径；

　　　l——丝杠支承与螺母间的距离；

　　　E——材料的纵向弹性模量。

② 两端固定时，δ_1 为

$$\delta_1 = \frac{F}{E\,\dfrac{\pi d_1^2}{4}}\,\frac{lh}{4L} \qquad (12-27)$$

式中：L——支承间的距离；

　　　l, h——螺母至两端支承距离。

（2）滚珠螺母变形量 δ_2。滚珠螺母变形量包括由滚珠与滚道面的弹性接触变形引起的轴向位移量，以及由螺母的固定螺栓所产生的轴向变形量，即

$$\delta_2 = \frac{4F}{\pi d_1^2}\,\frac{L_1}{E} + \frac{5.574\ 7\times 10^{-4}}{\sin\alpha}\sqrt[3]{\frac{F^2}{Z^2(\sin^2\alpha)d_b}} \qquad (12-28)$$

式中：F——单个螺栓所承受的轴向力；

　　　L_1——螺栓伸出长度；

　　　E——螺栓的纵向弹性模量；

　　　α——接触角；

　　　d_b——滚动体直径；

Z——工作滚珠总数。

（3）支承轴承的轴向变形量 δ_3。支承轴承的变形量占整个传动系统总变形量的 50% 以上，因此，在设计中采用的滚动体数目比普通轴承多。接触角达 60° 的大刚度滚珠螺旋副专用滚动轴承，其轴向变形量为

$$\delta_3 = \frac{4.512\,7 \times 10^{-4}}{\sin \alpha} \sqrt{\frac{F_p^2}{Z^2 (\sin^2 \alpha) d_b}} \tag{12-29}$$

式中：F_p——预紧轴向力；

$\quad d_b$——滚动体直径。

滚珠螺旋副传动系统总的动态变形量 δ 为

$$\delta = \delta_1 + \delta_2 + \delta_3$$

在滚珠螺旋副传动中，由滚珠螺旋副制造误差和弹性变形量引起的螺母位置误差由下式给出：

$$\Delta y = \Delta y' + \delta$$
$$= \sum \Delta P_i + \frac{Flh}{E \pi d^2 L} + \frac{4FL_1}{\pi d_1^2 E} + \frac{5.574\,7 \times 10^{-4}}{\sin \alpha} \sqrt[3]{\frac{F^2}{Z^2 (\sin^2 \alpha) d_b}} +$$
$$\frac{4.512\,7 \times 10^{-4}}{\sin \alpha} \sqrt{\frac{F_p^2}{Z^2 (\sin^2 \alpha) d_b}} \tag{12-30}$$

12.3.6 提高螺旋副传动精度的措施

1. 滑动螺旋副

1）采用双螺母

如果将螺母切成几部分，并使这几部分螺母在轴向彼此压在一起，则可以消除螺旋副的空回。如图 12-28（a）所示，双螺母螺旋副可通过两螺母的连接螺丝来调节间隙的大小，从而消除螺旋副的空回。图 12-28（b）所示为双螺母的另一种结构形式。a 处螺距与螺杆 2 的螺距不同，往外拧动螺母 1 可实现轴向移动，消除轴向间隙，然后用螺母 3 锁紧。

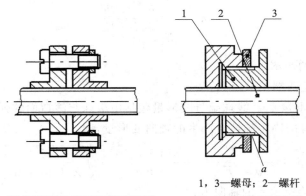

1，3—螺母；2—螺杆

(a) 通过两螺母的连接螺丝调节间隙 　　　 (b) 拧动螺母1消除间隙

图 12-28　双螺母结构

2）采用机动式螺旋副

机动式螺旋副中的螺母由两个半边螺母组成，用弹性力使两个半边螺母与螺杆配合，如

图 12-29 所示。每个半螺母上仅在一定的角度有螺纹,其他部分都是不接触的。两个半螺母的螺纹中心相距 180°。

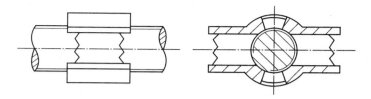

图 12-29   机动式螺旋副

这是一种无间隙的螺旋副。采用这种结构主要是为了消除螺旋副的空回。另外,这种结构对周期性误差也可以起到消减作用。

设螺杆上的螺距误差是周期性误差,则

$$\sum \Delta P = \sum_{k=1}^{n} A_k \cos(k\theta + \varphi_k)$$

整个螺母中心的位置误差为

$$\Delta y_0 = \frac{1}{2} \left\{ \sum_{k=1}^{n} A_k \cos(k\theta + \varphi_k) + \sum_{k=1}^{n} A_k \cos[k(\theta + \pi) + \varphi_k] \right\}$$

将上式写成

$$\Delta y_0 = \frac{1}{2} \left\{ \left[\sum_{k=1,3,\cdots}^{n-1} A_k \cos(k\theta + \varphi_k) + \sum_{k=1,3,\cdots}^{n-1} A_k \cos(k\theta + k\pi + \varphi_k) \right] + \left[\sum_{k=2,4,\cdots}^{n} A_k \cos(k\theta + \varphi_k) + \sum_{k=2,4,\cdots}^{n} A_k \cos(k\theta + k\pi + \varphi_k) \right] \right\}$$

上式中前一项为零,则

$$\Delta y_0 = \sum_{k=2,4,\cdots}^{n} A_k \cos(k\theta + \varphi_k) \qquad (12-31)$$

即螺杆螺距的周期性误差中,凡周期性误差的基波为奇数的部分都可以消除。

3) 采用弹性螺旋副

一般来说,弹性螺旋副指螺旋副中的螺母是弹性的,螺旋副的配合是过盈的螺旋副,如图 12-30 所示。它在受负荷不大而对运动精度要求高的机构中使用。弹性螺旋副具有以下优点:

① 能消减螺杆及螺母的局部误差对螺旋副传动精度的影响;

② 能消减螺杆的周期性误差对传动精度的影响。

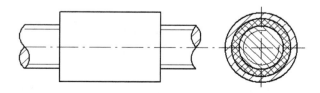

图 12-30   弹性螺旋副

对于局部误差,设弹性螺母的有效中径为 D,螺距为 P,螺母长度为 l,螺母螺纹单位长度的刚度系数为 k_0,则螺母螺纹的总刚度 K 为

$$K = \frac{1}{P}\pi D k_0$$

在配合长度内的螺杆螺纹上，设单位长度的螺距误差为 ΔP_1。由此螺距误差产生的弹性力 f 为

$$f = \Delta P_1 k_0$$

弹性力使螺母产生位移而达到力的平衡，其位移量为 Δl，补偿了螺距误差，即

$$\Delta l = \frac{f}{K} = \frac{k_0}{K}\Delta P_1 = \frac{1}{\pi D \dfrac{l}{P}}\Delta P_1$$

显然，Δl 远远小于 ΔP_1。

对于周期性误差，设螺杆有周期性误差 $\alpha_1 \cos\theta$，相应于幅值 α_1 的弹性力为 f'_1；螺母有周期性误差为 $\alpha_2 \cos\theta$，相应于幅值 α_2 的弹性力为 f'_2。螺母上的螺纹为 $n+\Delta n$ 圈。当螺母的零相位与螺杆的相位配合时，使螺母产生位置误差的弹性力 f 为

$$f = \int_{\varphi}^{2(n+\Delta n)\pi+\varphi} f'_1 \cos\varphi \mathrm{d}\varphi + \int_{0}^{2(n+\Delta n)\pi+\omega} f'_2 \cos\varphi \mathrm{d}\varphi$$
$$= f'_1 \sin(\varphi + 2\Delta n)\pi - f'_1 \sin\varphi - f'_2 \sin(2\Delta n\pi) \tag{12-32}$$

当 $\Delta n = 0$ 时，$f = 0$。也就是说，当螺母取整数圈时，可以消除螺旋副传动的周期性误差。

2. 滚珠螺旋副

滚珠螺旋副传动，除了要求一定的单向传动精度外，还应严格控制轴向间隙。例如，在伺服跟踪系统中，丝杠反向回转时，轴向间隙将产生跟踪误差，即空回误差。所谓空回误差，就是当丝杠反向转动时，由于在轴向载荷作用下，滚珠与丝杠滚道接触点的弹塑性变形，以及丝杠和螺母之间的轴向间隙，使螺母不能"立刻"反向移动而产生的"滞后位置误差"。这种"滞后位置误差"也称为空回。为了减小滚珠螺旋副传动的空回，经常采用双螺母齿差式、双螺母螺纹式和双螺母垫片式等方法消除轴向间隙的结构。

1）双螺母齿差式

双螺母齿差式是以改变相位来达到螺母轴向预紧，消除轴向间隙，减小轴向接触变形量的目的。双螺母齿差式结构如图 12-31 所示，螺母 1,3 凸缘上的外齿轮模数相同，齿轮相差一个齿（即 $Z_2 - Z_1 = 1$）。调整间隙时，两螺母同方向转过相同的齿数，由于齿轮差，两螺母在圆周上相互错动了一定相位。例如，两螺母同时转过两个齿，则两螺母在轴向的位移量之差 ΔS 为

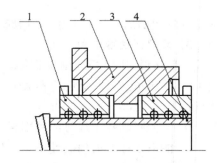

1,3—螺母；2—螺母座；4—套筒
图 12-31　双螺母齿差式结构

$$\Delta S = \left(\frac{2}{Z_1} - \frac{2}{Z_2}\right)L = \frac{2(Z_2 - Z_1)}{Z_1 Z_2}L = \frac{2}{Z_1 Z_2}L$$
$$\tag{12-33}$$

式中：L——导程。

双螺母齿差式的调隙特点是：调整精度高、预紧准确可靠、调整方便。

2）双螺母螺纹式

如图 12-32 所示，调隙的螺母 1 外端带有凸缘，螺母 2 一端伸出套筒 4 并与两个锁紧圆螺母连接，平键 5 限制两个滚珠螺母的相对转动。当拧紧圆螺母时，即可达到调整轴向间隙的

目的。双螺母螺纹式调整与双螺母齿差式不同,前者是改变相位,而后者只是改变位移。双螺母螺纹式调隙结构简单,调整方便,但预紧力很难控制,准确性和可靠性较差,且易松动,适用于刚度要求不高、需要随时调节预紧力大小的系统。

3) 双螺母垫片式

双螺母垫片式调隙结构有多种形式,如图 12 - 33 所示。这种结构也是通过改变位移达到预紧调隙的目的。调整时,通过改变垫片的厚度,使滚珠螺母产生轴向位移。

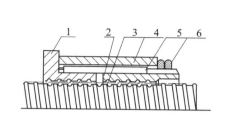

1,2—螺母;3—丝杠;4—套筒;5—平键;6—圆螺母

图 12 - 32　双螺母螺纹式结构

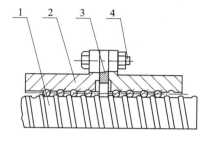

1—丝杠;2—螺母;3—垫块;4—螺栓

图 12 - 33　双螺母垫片式结构

双螺母垫片式结构简单、装卸方便、工作可靠、刚性好,适用于高刚度重载荷传动定位系统。

12.4　齿轮机构的传动精度

齿轮机构是通过两个轮齿相互啮合进行运动和动力传递的机构,它是精密仪器中广泛使用的传动部件。传动误差是评定齿轮机构传动精度的动态性能指标之一。所谓传动误差,是指在齿轮机构工作状态下,输入轴单向回转时,瞬时实际速比对理想速比的偏差,即输出轴的实际转角与理想转角之差。

12.4.1　齿轮机构传动误差的主要来源

齿轮机构传动误差主要来源于齿轮误差和装置误差。

1. 齿轮误差

齿轮误差由齿轮的几何偏心、运动偏心及齿轮的基节偏差和齿形误差产生。

几何偏心使齿轮轮齿沿齿轮分度不均匀分布,使齿轮产生长周期的齿轮轮齿位置误差。

图 12 - 34 所示为具有几何偏心 e_r 的齿轮。O'_1 为齿轮加工时的旋转中心,齿形沿 O'_1 的分度圆(图中虚线所示)是均匀分布的;O_1 为齿轮使用中心。实际齿形对 O_1 的分度圆分布是不均匀的,相当于齿形从 O_1 的分度圆产生了位移。几何偏心造成的齿轮轮齿切向误差 O'_1D 为

$$O'_1D = e_r \sin \theta$$

几何偏心引起的齿轮轮齿切向误差,在齿轮传动过程中影响齿轮传递的准确性。

几何偏心引起的径向误差 O_1D 为

$$O_1D = e_r \cos \theta$$

齿轮运动偏心是由于齿轮加工过程中,工作台旋转不均匀使齿轮轮齿沿分度圆分布不均匀,在齿轮传递运动时,影响传递运动的准确性。

在齿轮传动过程中,齿轮轮齿沿啮合线接触并传递运动,因此,可以用齿轮轮齿在啮合线上的

变化量来度量齿轮误差对传动精度的影响。齿轮切向综合误差 $\Delta F'_i$ 反映了齿轮几何偏心和运动偏心引起的长周期齿轮机构传动误差;齿间切向综合误差 $\Delta f'_i$ 是齿形误差和基节偏差的综合作用结果,它反映了传动误差的短周期部分。图 12-35 所示为 $\Delta F'_i$ 和 $\Delta f'_i$ 随转角 θ 的变化曲线。

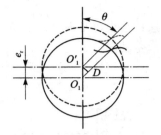

图 12-34 齿轮几何偏心示意图

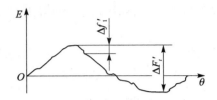

图 12-35 齿轮机构传动误差 E 随转角 θ 的变化曲线

齿轮误差引起的齿轮机构传动误差 E 用下式给出:

$$E = \frac{1}{2}(F'_i - f'_i)\sin\theta + \frac{1}{2}f'_i\sin\theta \qquad (12-34)$$

式中:F'_i——齿轮切向综合误差 $\Delta F'_i$ 所给公差,$i=1,2,\cdots,n$,其中 n 为齿轮的齿数;

$\quad f'_i$——齿间切向综合误差 $\Delta f'_i$ 所给公差,$i=1,2,\cdots,n$,其中 n 为齿轮的齿数。

式(12-34)中每个独立的径向变量 $(F'_i - f'_i)/2$ 和 $f'_i/2$ 都是随机变量,具有瑞利分布形式,如图 12-36 所示。第二个独立变量,即相位角 θ,在区间 $[0,2\pi]$ 上的概率分布为均匀分布,如图 12-37 所示。

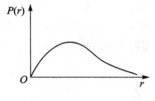

图 12-36 瑞利分布

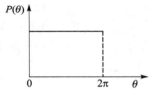

图 12-37 均匀分布

对于满足瑞利分布的随机变量 $(F'_i - f'_i)/2$ 及 $f'_i/2$,其均值 μ_R 和方差 σ_R 可用下式计算:

$$\begin{cases} \mu_R = \sqrt{\dfrac{\pi}{2}}\,\sigma_T \\[2mm] \sigma_R = \sqrt{\dfrac{4}{\pi}-1}\,\mu_R \end{cases} \qquad (12-35)$$

式中:σ_T——正态分布的标准偏差。

由式(12-35)可求得随机变量 $(F'_i - f'_i)/2$ 和 $f'_i/2$ 的均值和方差分别为

$$M\left(\frac{F'_i - f'_i}{2}\right) = \sqrt{\frac{\pi}{2}}\,\sigma_T$$

$$D\left(\frac{F'_i - f'_i}{2}\right) = \left(\frac{4}{\pi}-1\right)M^2\left(\frac{F'_i - f'_i}{2}\right)$$

当取置信概率为 99.7% 时,

$$\sigma_T = \frac{F'_i - f'_i}{6}$$

代入上式得

$$\begin{cases} M\left(\dfrac{F'_i-f'_i}{2}\right)=\dfrac{\sqrt{2\pi}}{12}(F'_i-f'_i) \\[3mm] D\left(\dfrac{F'_i-f'_i}{2}\right)=\dfrac{1}{18}\left(1-\dfrac{\pi}{4}\right)(F'_i-f'_i) \end{cases} \tag{12-36}$$

利用同样的方法可求得随机变量矢径 $f'_i/2$ 的均值和方差分别为

$$\begin{cases} M(f'_i/2)=\dfrac{\sqrt{2\pi}}{12}f'_i \\[3mm] D(f'_i/2)=\dfrac{1}{18}\left(1-\dfrac{\pi}{4}\right)f'_i \end{cases} \tag{12-37}$$

现在,再来求 $\sin\theta$ 的均值和方差:

$$\begin{cases} M(\sin\theta)=\displaystyle\int_0^{2\pi}P(\theta)\sin\theta\,\mathrm{d}\theta=\int_0^{2\pi}\dfrac{1}{2\pi}\sin\theta\,\mathrm{d}\theta=0 \\[3mm] D(\sin\theta)=\displaystyle\int_0^{2\pi}P(\theta)\sin^2\theta\,\mathrm{d}\theta=\int_0^{2\pi}\dfrac{1}{2\pi}\sin^2\theta\,\mathrm{d}\theta=\dfrac{1}{2} \end{cases} \tag{12-38}$$

由式(12-38)可得到由齿轮误差引起的齿轮机构传动误差的均值和方差,分别为

$$\begin{cases} M(E)=M\left(\dfrac{F'_i-f'_i}{2}\sin\theta\right)+M\left(\dfrac{f'_i}{2}\sin n\theta\right)=0 \\[3mm] D(E)=D\left(\dfrac{F'_i-f'_i}{2}\right)D(\sin\theta)+D\left(\dfrac{F'_i-f'_i}{2}\right)M^2(\sin n\theta)+ \\[3mm] \qquad D(\sin\theta)M^2\left(\dfrac{F'_i-f'_i}{2}\right)+D\left(\dfrac{f'_i}{2}\right)D(\sin n\theta)+ \\[3mm] \qquad D\left(\dfrac{f'_i}{2}\right)M^2(\sin n\theta)+D(\sin n\theta)M^2\left(\dfrac{f'_i}{2}\right) \\[3mm] \qquad =\dfrac{1}{36}\left[(F'_i-f'_i)^2+f'_i\right] \end{cases} \tag{12-39}$$

2. 装置误差

装置误差是产生齿轮机构传动误差的另一因素。装置误差就是装置跳动误差,来源于齿轮实际旋转中心对理论旋转中心的偏差,相当于使齿轮产生几何偏心。产生装置跳动误差的原因有以下几个:

1) 齿轮孔与轴之间的间隙

由于齿轮孔和轴配合间隙的存在,齿轮不论以什么方式固定在轴上,都会引起齿轮偏心。这是装配误差产生的由齿轮几何偏心引起的传动误差。

齿轮孔与轴的配合间隙取决于它们的公差。齿轮精度越高,公差要求就越严格。表 12-4 给出了按齿轮不同精度等级选择齿轮孔和轴的配合精度。

表 12-4　齿轮孔和轴的配合精度

齿轮精度等级	1,2,3,4	5	6	7,8	9,10	11,12
孔尺寸公差	IT4	IT5	IT6	IT7	IT8	
轴尺寸公差	IT4	IT5		IT6	IT7	IT8

2）齿轮安装处轴颈跳动

齿轮安装处轴颈跳动，相当于使齿轮产生几何偏心，从而引起齿轮机构传动误差。

3）滚珠轴承动环偏心

对于外环固定的轴承，齿轮轴安装在内环中，轴承内环与齿轮一起转动。内环偏心相当于使齿轮产生几何偏心，造成齿轮机构传动误差。表 12-5 给出了滚珠轴承跳动量的数值。

表 12-5 滚珠轴承跳动量

公称直径 d/mm	径向摆差		滚道侧摆	
	D	C	D	C
≤30	5	3	13	8
30~40	5	3	13	8
40~50	6	4	18	10
50~65	7	5	18	10
65~80	8	6	20	12
80~100	10	—	20	—
100~120	12	—	23	—
120~140	15	—	27	—

由装置的跳动误差引起的长周期传动误差可由下式给出：

$$T_Z = \sum_{i=1}^{k} e_i \sin \theta \qquad (12-40)$$

式中：T_Z——装置跳动误差产生的长周期传动误差；

e_i——装置的各跳动量。

上述误差分别由两个独立的随机变量构成。其中每个独立的径向变量 e_i 都具有瑞利分布形式；每个矢量都具有均匀分布的第二个独立变量，即相位角 θ，θ 在区间 $[0,2\pi]$ 上的概率分布为均匀分布。装置跳动误差引起的传动误差的均值和方差分别为

$$\begin{cases} M(T_Z) = 0 \\ D(T_Z) = \dfrac{1}{9} \sum_{i=1}^{k} e_i^2 \end{cases} \qquad (12-41)$$

12.4.2　齿轮机构的空回

空回是评定齿轮机构传动精度的另一个动态性能指标。空回可定义为，齿轮机构在工作状态下，输入轴反向回转时，输出轴产生的滞后量。

在精密齿轮传动装置中，主动齿轮反转时，空回造成从动齿轮滞后，主动齿轮减速时，空回产生撞击现象；在读数系统中，空回造成读数误差；在伺服系统中，空回引起不正确的回答和追逐，导致控制失调。由此可见，空回对齿轮机构的精度影响较大。

1. 空回产生的原因

1）齿轮误差的影响

齿轮进刀误差 ΔE_r 引起齿轮机构常值空回。进刀误差使齿轮齿厚减薄，产生一个不随时间改变的常值空回量。

几何偏心是使齿轮机构产生大周期可变空回的因素。由于齿轮几何偏心使齿轮理论中心与实际旋转中心不重合,这样造成齿轮齿厚随齿轮转角的变化按正弦规律变化,所以几何偏心引起的齿厚变化可用径向综合误差来评定。

由齿轮误差产生的空回均值和方差分别为

$$\begin{cases} M(J_1) = (\tan \alpha)(-E_{rs} - E_{ri}) \\ D(J_1) = \dfrac{1}{36}(\tan^2 \alpha)(E_r^2 + F_i'^2) \end{cases} \qquad (12-42)$$

式中:J_1——由齿轮误差产生的空回;

　　E_{rs}, E_{ri}, E_r——进刀误差的上偏差、下偏差和公差;

　　F_i'——齿轮切向综合误差给出的公差。

2) 装置误差的影响

(1) 中心距偏差 Δf_a。在齿宽的中间平面内,实际中心距与公称中心距之差称为中心距偏差。在齿轮机构中,为了避免由于中心距偏差、齿轮误差、热效应等因素引起中心距变化而产生干涉现象,希望使中心距增大,超过理想中心距。

(2) 装置的径向间隙。在齿轮传动装置中,由于配合件存在间隙,使齿轮能作径向和切向移动,造成相啮合齿轮之间的侧隙,引起齿轮机构空回。

装置径向间隙由下述原因产生:

① 滚珠轴承的径向游隙;

② 轴和轴承孔的配合。

轴和轴承孔的配合是径向间隙的另一来源。这是由轴颈公差、轴承孔公差等累积而造成的径向间隙。

(3) 轴心线不平行对侧隙的影响。由于箱体上两个轴承孔的不同心,引起了齿轮轴的安装误差,使齿轮之间的轴心线不平行。

(4) 装置的可变侧隙。可变侧隙的特点是侧隙随转角 θ 变化。可变侧隙是由齿轮轴线与旋转轴线的偏心引起的,因此,它既能使啮合时的侧隙增大,又能使侧隙减小。

装置误差引起可变侧隙的原因如下:

① 齿轮孔与轴的配合间隙。配合间隙的大小取决于孔和轴的精度及配合类型。

② 齿轮安装处的轴径跳动。齿轮安装处轴颈与轴承安装轴颈间的径向跳动将产生可变侧隙。

③ 滚珠轴承动环偏心。与固定的外环偏心一样,内环偏心也会引起轴和齿轮旋转时的径向跳动,从而产生可变侧隙,造成齿轮机构的空回。

2. 消减齿轮机构空回的方法

1) 调整中心距法

用调整中心距的方法可以减少空回。图 12-38 所示为可调中心距的齿轮机构。图 12-38(a)所示为偏心轴承装置,中心距的改变借助于偏心轴套,调整后可用压板压紧;图 12-38(b)所示为浮动轴承装置,在箱体孔和轴套之间留有间隙,调好中心距后用压板压紧。

在减速齿轮传动链的末级,使用调节中心距法最有效,因为末级啮合对空回影响最大。

2) 弹簧加载齿轮调整法

弹簧加载齿轮既能消除常值空回,又能消减可变空回,其分为下述 5 种:

(1) 弹簧加载剪式齿轮。弹簧加载剪式齿轮又称为双片齿轮。这是一种可靠而又经常采用的方法。图 12-39 所示为弹簧加载剪式齿轮的几种类型。这种齿轮由两个叠在一起的齿

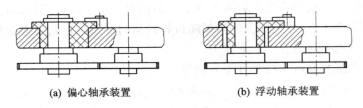

(a) 偏心轴承装置　　　　　　　(b) 浮动轴承装置

图 12-38　可调中心距的齿轮机构

轮组成。其中一个作为传动齿轮，以其轮毂固定在传动轴上；另一个齿轮受弹簧作用，能绕传动齿轮自由偏转。当活动齿轮被移动与配对齿轮整齿面齿轮啮合时，弹簧迫使两片齿轮相连移动，这样可以填满配对齿槽，达到自动调节所需齿厚的目的。

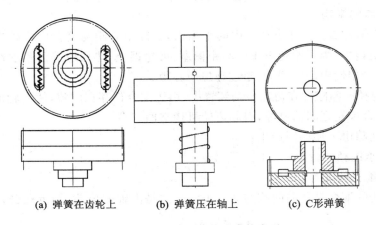

(a) 弹簧在齿轮上　　　(b) 弹簧压在轴上　　　(c) C形弹簧

图 12-39　弹簧加载剪式齿轮类型

弹簧加载剪式齿轮有以下优点：

① 对产生常值空回和可变空回的原始误差，如轴孔的配合间隙、轴承跳动等可以放宽要求；

② 可连续消除全部空回；

③ 能自动修正空回。

（2）可变弹簧负载齿轮。这种齿轮可变弹簧负载，使弹簧加载得到调整，改善了负载能力。可变弹簧负载齿轮是由于两片齿数不同的齿轮产生相对运动而引起弹簧负载的变化。负载变化曲线如图 12-40(a)所示。选择适当的负载就可以使变化的弹簧力和变化的负载相匹配。齿轮在需要时才用弹簧加载，这样可以提高齿轮使用寿命。

当双向驱动时，离开中心位置的负载是逐渐增加的，在驱动的一个方向，能使一个弹簧有负载，而另一个弹簧保持无负载。在通过中心位置反向驱动时，原先有负载的弹簧，其负载趋于零；而原先无负载的弹簧，其负载会越来越大。图 12-40(b)给出了这种双向驱动时可变弹簧负载变化曲线。可变弹簧负载齿轮不仅能消减空回，而且还能吸收能量，起到制动器和阻尼器的作用。

（3）辅助齿轮传动链。图 12-41 所示为克萨斯大学 2.768 6 m(109 英寸)天文望远镜的齿轮传动机构控制系统示意图。这是一个用辅助传动链预加载荷来消除空回的齿轮传动系统。该齿轮传动系统由电动机轴出发，分别由两路传递到望远镜齿轮。每一路都有一个电机轴上的小齿轮与中间轴上的一个齿轮相啮合。消除侧隙的方法是由两路齿轮传动系统预先加载，彼此互相受力而实现的。当加扭矩于电机轴上时，会使一路中的扭矩增大，而另一路中的

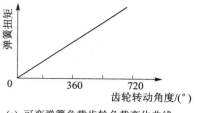

(a) 可变弹簧负载齿轮负载变化曲线

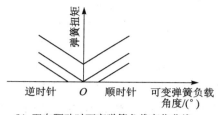

(b) 双向驱动时可变弹簧负载变化曲线

图 12-40　可变弹簧负载齿轮负载变化曲线与双向驱动时可变弹簧负载变化曲线

扭矩减小。这样将把两路扭矩之差的一净扭矩传递到望远镜齿轮上。

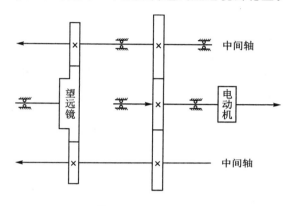

注：1 in=0.025 4m。

图 12-41　克萨斯大学 2.768 6 m(109 in)天文望远镜的齿轮传动机构控制系统示意图

（4）可调齿厚齿轮。这种方法特别适合于大负载的齿轮传动链。如果采用只差两个齿的双片齿轮,其两片都与一个普通小齿轮配合,那么,当两者互相叠合时,就会显示出齿与齿的相对相位移动。这样,齿轮将在每个 $360°/\Delta N$ 时同相,并且在这些点的中间位置上完全不重合。任何一对互相叠合的齿轮的"有效厚度"为

$$t_i = t_s + \delta \tag{12-43}$$

$$\delta = \frac{2n_i\Delta Nt_s}{N} \tag{12-44}$$

式中：t_i——相叠合齿轮的"有效厚度"；

　　　t_s——单片齿轮的厚度；

　　　δ——由于不重合而产生的附加厚度；

　　　N——基片齿轮的齿数；

　　　ΔN——基片齿轮与相叠合的齿轮齿数之差；

　　　n_i——以最近的同相齿对为基准,对所求的某一齿的序数。

"有效齿厚"是逐渐变化的。在理想的齿厚位置处,用一个辅助的小齿轮,在相隔 $180°$ 处与大齿轮啮合,并使其绕大齿轮中心滚动进入无空回位置,这样可使齿轮保持在理想位置上。

（5）辅助力矩马达。消除齿轮机构空回的另一种方法是使用不断获得能量的小型辅助力矩马达。它可以在一端不断给啮合齿轮加载,从而消除空回。这种方法只限于速比大的齿轮减速机构。图 12-42 所示为辅助力矩马达传动机构示意图。辅助力矩马达只能消除最后几级啮合齿轮的空回,而这最后几级啮合齿轮是齿轮机构空回的最大来源。

以上介绍了 5 种控制空回的方法。必须注意每种方法的特点：弹簧加载齿轮,特别是弹簧加载剪式齿轮应用广泛,适用于小扭矩传动机构;可调中心距齿轮适用于中等负载的传动机构;可调齿厚齿轮特别适用于大负载的传动机构。

3. 消减齿轮机构传动误差的方法

传动误差的控制方法与空回的控制方法不同,控制空回的方法很少用来控制传动误差,而控制传动误差的方法只能消减一部分传动误差。以下几种方法可供采用：

1）装配时的误差调相

装配时通过调节各偏心误差的相位,使偏心误差得到最大抵消,可以减小传动误差。在齿轮机构装调过程中采用试凑法来实现。

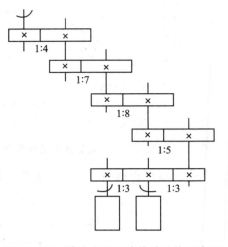

图 12－42　辅助力矩马达传动机构示意图

2）多相位的齿轮叠层

这是将误差本身进行平均的方法。它是将齿轮制成若干可分叠层,用分布均匀的紧配销钉固定在一起。在齿轮形成后,旋转各叠层使误差分布均匀。

3）整体齿轮

齿轮和轴做成一体,可以消除由齿轮孔和轴的间隙引起的偏心,从而减小齿轮传动误差。

思考与练习题

12－1　什么是主轴的轴向窜动误差?

12－2　主轴的径向晃动误差是什么?又分成哪几类?

12－3　什么是主轴角运动误差?

12－4　影响轴系精度的因素有哪些?

12－5　说明导向精度的概念。

12－6　提高导向精度的措施有什么?滚动导轨副的优点是什么?

12－7　分析说明 KH500 型圆刻度机的轴系误差有什么特征?

12－8　只考虑形位误差时,平面轴系的误差因素有哪些?用代数和的方式进行误差综合时是否存在不妥?

12－9　查阅资料并举例说明蒙特卡洛分析的应用。

12－10　影响螺纹副传动精度和旋合性的参数误差有哪些?

12－11　什么是螺距累积误差?什么是螺母位置误差?

12－12　中径误差、螺距误差、牙型半角误差对螺母位置误差有什么影响?

12－13　提高滑动螺旋副传动精度的措施有哪些?提高滚珠螺旋副传动精度的措施有哪些?

12－14　螺旋副传动精度的计算方法有哪几种?

12－15　什么是齿轮机构传动误差?

12－16　消减齿轮机构空回的方法有哪些?

12－17　试总结轴系、螺旋副、齿轮副误差的作用机理,分析各机构的主要误差分量。

第 13 章 光学系统及其元件精度分析

光学系统由各种光学元件组成,主要误差有制造误差和装配误差。

光学元件制造公差是由光学设计者根据像差理论给定的,属于"光学设计"课程的内容。本书仅从光学元件误差对其他光学特性(放大倍率、视度、视差等)的影响这一角度进行讨论。由于有些光学元件(例如棱镜)只按像差给定制造公差有时满足不了某些光学特性指标(如光轴偏转、像倾斜)的要求,因此书中进行了较为全面的分析。此外,还论述了透镜偏心公差的给定方法。

在光学仪器的生产过程中,要通过调整各光学元件间的位置关系来补偿各误差源对某些光学特性的影响,以达到产品的技术性能要求。这种补偿起着很重要的作用。它不遵循一般的精度分配规律,因此,本章主要分析光学元件误差和光学特性间的关系以及调整的可能性,以便为合理选择总体方案、设计仪器结构及编排装校工艺提供理论依据。

13.1 光学仪器的对准精度

光学仪器中所说的"对准"包括横向对准和纵向对准。横向对准有时称为瞄准,纵向对准习惯上叫调焦。两种对准之间虽然有内在联系,但性质还是有差别的,而且误差计算方法也不同。

13.1.1 横向对准误差

在垂直于观察方向的同一平面上,使两标记线重合,如图 13-1(a)所示;或令两线端点相接,即游标对准原理,如图 13-1(b)所示;或使一条不太细的线与两条平行细线或狭缝对中,如图 13-1(c)和(d)所示;或使交叉线与一对平行线或狭缝对中,如图 13-1(e)所示。这些都称为横向对准,统称为对准。

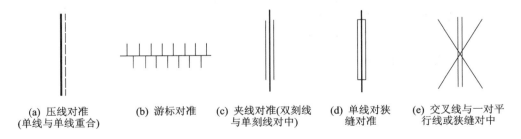

(a) 压线对准　　　(b) 游标对准　　(c) 夹线对准(双刻线　(d) 单线对狭　(e) 交叉线与一对平
(单线与单线重合)　　　　　　　　与单刻线对中)　　缝对准　　　行线或狭缝对中

图 13-1　横向对准方式

由于观察者主观条件的限制,存在横向对准误差,简称对准误差,以符号 ε' 表示。ε' 的数值与所采用的对准方法有关,如表 13-1 所列。

表 13 - 1 采用不同对准方法的 ε' 值

对准方式	示意图	人眼对准误差 ε'
压线对准（单线与单线重合）		$1'\sim 2'$
游标对准		$10''$
夹线对准（双刻线 与单刻线对中）		$6''$
单线对狭缝对准		$6''$
单线对交叉线对准		$6''$

人眼通过望远镜或显微镜观察时，像方的主观对准误差 ε' 值仍是表 13 - 1 所列数值；但在物方，由于仪器的放大作用而使对准精度提高。

设望远镜的视放大率为 Γ，则望远镜的瞄准误差用下式计算：

$$\varepsilon = \pm\frac{\varepsilon'}{\Gamma} \tag{13-1}$$

设显微镜的视放大率为 Γ，则显微镜的对准误差 Δy 用下式计算：

$$\Delta y = \pm\frac{0.073\varepsilon'}{\Gamma} \tag{13-2}$$

13.1.2 纵向调焦误差

在瞄准过程中，所取的实际平面不可能与真正像面正好重合。这个位置误差反映到物方所对应的数值称为纵向调焦误差，简称调焦误差。

调焦方法有 2 种：清晰度法和消视差法。

1. 清晰度法调焦误差

望远镜调焦极限误差 Δ 为

$$\Delta = \pm\frac{1}{2}\left(\frac{0.58\alpha_y}{\Gamma D} + \frac{16\lambda}{KD^2}\right) \tag{13-3}$$

望远镜调焦中误差 σ 为

$$\sigma = \pm\frac{1}{2\sqrt{3}}\left(\frac{0.58\alpha_y}{\Gamma D} + \frac{16\lambda}{KD^2}\right) \tag{13-4}$$

显微镜调焦极限误差 Δ 为

$$\Delta = \pm\frac{1}{2}\left[\frac{73n\alpha_y}{\Gamma\cdot NA} + \frac{4n\lambda}{K(NA)^2}\right] \tag{13-5}$$

显微镜调焦中误差 σ 为

$$\sigma = \pm \frac{1}{2\sqrt{3}} \left[\frac{73 n \alpha_y}{\Gamma \cdot NA} + \frac{4n\lambda}{K(NA)^2} \right] \qquad (13-6)$$

式中：α_y——眼睛分辨率($''$)。

　　　　Γ——视放大率。

　　　　D——望远镜入瞳直径(mm)。

　　　　K——与物理景深有关的常数。根据理论计算，$K=4$；根据不同试验者的试验结果，应取 $K=6$ 或 $K=8$。

　　　　λ——光波波长(μm)。

　　　　n——物方介质折射率。

　　　　NA——显微镜物镜数值孔径。

2. 消视差法调焦误差

望远镜调焦极限误差 Δ 为

$$\Delta = \pm \frac{1}{2} \left(\frac{1.16\varepsilon'}{\Gamma D} + \frac{16\lambda}{KD^2} \right) \qquad (13-7)$$

望远镜调焦中误差 σ 为

$$\sigma = \pm \frac{1}{2\sqrt{3}} \left(\frac{1.16\varepsilon'}{\Gamma D} + \frac{16\lambda}{KD^2} \right) \qquad (13-8)$$

显微镜调焦极限误差 Δ 为

$$\Delta = \pm \frac{1}{2} \left[\frac{146 n \varepsilon'}{\Gamma \cdot NA} + \frac{4n\lambda}{K(NA)^2} \right] \qquad (13-9)$$

显微镜调焦中误差 σ 为

$$\sigma = \pm \frac{1}{2\sqrt{3}} \left[\frac{146 n \varepsilon'}{\Gamma \cdot NA} + \frac{4n\lambda}{K(NA)^2} \right] \qquad (13-10)$$

13.1.3　提高对准精度的几种方法

提高对准精度的方法包括：

（1）采用光电对准。利用光电对准能消除眼睛的主观误差，提高对准精度并使对准自动化，减轻劳动强度并提高工效等。

（2）利用人眼对称度的灵敏度。根据人眼能鉴别 2% 左右的相对亮度差这一特性，可以采用等亮度定焦法（双星点法）来提高调焦精度。

（3）利用眼睛的体视灵敏度。人眼的极限分辨率不过 $1'$，而双眼的体视锐度为 $10''$，所以把单目仪器改为双目仪器，也是提高调焦精度的途径之一。

（4）将纵向调焦变为横向对准。充分利用游标对准的灵敏度，提高调焦精度。

13.2　透镜误差分析

13.2.1　透镜的等效节点与等效节平面

图 13-2 所示为一透镜的成像示意图，为了使透镜绕某一点微量转动时，在物体不动的条

件下保持像点不动,将一对共轭点 A 和 A' 用虚线连接起来,此虚线和光轴的交点为 J_0。这时透镜绕 J_0 点微量转动,像点不动,称 J_0 为透镜的等效节点,称过 J_0 点所做的光轴的垂面为等效节平面。

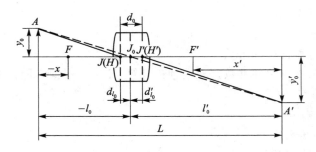

图 13 - 2　透镜成像示意图

等效节点 J_0 到前节点 J 的距离为 $-d_{l_0}$,至后节点 J' 的距离为 d'_{l_0}。由图 13 - 2 可知:

$$\begin{cases} d'_{l_0} = \beta d_{l_0} \\ -d_{l_0} + d'_{l_0} = d_0 \end{cases} \tag{13 - 11}$$

式中:β——垂轴放大率;

　　d_0——透镜前后节点距离。

由式(13 - 11)得

$$\begin{cases} d_{l_0} = \dfrac{1}{\beta - 1} d_0 \\ d'_{l_0} = \dfrac{\beta}{\beta - 1} d_0 \end{cases} \tag{13 - 12}$$

其中,d_{l_0} 和 d'_{l_0} 均以 J_0 为基点;点 J 和点 J' 位于沿光线方向为正,反之为负。

当物在无穷远时,对 d'_{l_0} 取极限,有

$$\lim_{x \to \infty} d'_{l_0} = \lim_{x \to \infty} \frac{\beta d_0}{\beta - 1} = \lim \frac{f'/x}{(f'/x) - 1} d_0 = 0$$

可见,物在无穷远时,等效节点 J_0 和后节点 J' 重合。

等效节点能够反映透镜的动态光学特性,利用它分析透镜误差是十分有效和方便的。

应指出,对于透镜系统,也存在等效节点。

13.2.2　透镜的位置误差

当无位置误差时,透镜的等效节点 J_0 位于理想位置上,等效节平面垂直系统光轴。位置误差造成等效节点位移,并使等效节平面不垂直系统光轴,导致共轴性的破坏,物、像共轭关系发生变化,像质受到影响。

下面讨论位置误差与放大倍率和像点位置的关系。

1. 等效节点 i 沿光轴方向移动 Δx_0(沿光线方向为正)

1)对垂轴放大率的影响

由应用光学知:

$$\beta = \frac{f'}{x}$$

对上式作微分近似得

$$\Delta\beta = -\frac{f'}{x^2}\Delta x = -\frac{\beta^2}{f'}\Delta x$$

因为

$$\Delta x_0 = -\Delta x$$

所以等效节点移动引起的垂轴放大倍率差为

$$\Delta\beta = \frac{\beta^2}{f'}\Delta x_0 \qquad\qquad (13-13)$$

2）对像点位置的影响

由图 13-2 可知：

$$L = -l_0 + l_0' = (\beta - 1)l_0$$

经微分法近似得

$$\Delta L = (\beta - 1)\Delta l_0 + l_0\Delta\beta$$

将 $\Delta l_0 = -\Delta x_0$，$\Delta\beta = \dfrac{\beta^2}{f'}\Delta x_0$ 代入上式得

$$\Delta L = -(\beta - 1)\Delta x_0 + l_0\frac{\beta^2}{f'}\Delta x_0$$

因为 $|d_{l_0}| << |f'|$，所以

$$l_0 \approx x - f'$$

将 l_0 值代入后得

$$\Delta L = (1 - \beta^2)\Delta x_0 \qquad\qquad (13-14)$$

当物体和前焦点重合时，$x = 0$，$\beta = \infty$，不能用式(13-14)，而只能应用牛顿公式计算，即

$$\Delta L = \frac{f'^2}{\Delta x_0} \qquad\qquad (13-14)'$$

【例 13-1】　一测量显微镜，其数据如表 13-2 所列。求物镜允许的沿轴安装误差。

表 13-2　例 13-1 数据

物　　镜					目　　镜				测微器
$f'_{物}$/mm	$\beta_物$	NA	线视场/mm	工作距离/mm	共轭距离/mm	$f'_目$/mm	$\Gamma_目$		格值/mm
20.08	$8^\times$	0.2	2.2	8.66	193.76	25	$10^\times$		0.01

解：仪器的读数系统格值一般是与其精度匹配的。假设仪器的测量精度为 ±0.01 mm，则由物镜安装误差所产生的测量误差是不允许超过这个数值的。若物镜沿光轴有 Δx_0 的安装误差，则引起的物镜放大倍率差由式(13-13)得

$$\Delta\beta = \frac{\beta_物^2}{f'_物}\Delta x_0 = \frac{8^2}{20.08}\Delta x_0 = 3.2\Delta x_0$$

由此产生的测量误差为

$$y_0\Delta\beta_物 = 3.2y_0\Delta x_0$$

式中：y_0——被测件长度。

若测量显微镜行程对应标尺为 1 mm，由 $\Delta\beta_物$ 导致的标尺和测量显微镜的不匹配差称为测量显微镜行差。上式中取 $y_0 = 1$ mm，得行差为

$$\Delta s = 3.2\Delta x_0$$

令行差允许误差为 0.005 mm，则

$$\Delta x_0 \leqslant \frac{0.005}{3.2} \text{ mm} = 0.001\ 6 \text{ mm}$$

可见，测量显微镜的物镜沿轴安装精度的要求是很高的。一般情况下，可根据测量行差的方法来调整物镜的位置，以保证精度的要求。

【例 13 - 2】 一生物显微镜，其参数如表 13 - 3 所列。问欲在更换物镜和目镜时不调焦，结构上应如何保证？

表 13 - 3 某生物显微镜参数

序　号	物　镜		目　镜	
	$f'_物$/mm	$\beta_物$/倍	$f'_目$/mm	$\Gamma_目$/倍
1	20.08	8	25.00	10
2	4.150	—	16.67	15
3	—	40	12.50	20

解：更换目镜或物镜时，若像的位移导致的目方视度差 ΔSD 不大于 1 m^{-1}，则这个像可认为是足够清晰的，而无需重新调焦。

(1)更换目镜。由式(13 - 14)′知：

$$\Delta L' = \frac{f'^2_目}{\Delta x_0}$$

所以

$$\Delta \text{SD} = \frac{1}{\Delta L'} = \frac{\Delta x_0}{f'^2_目}$$

$$\Delta x_0 = f'^2_目 \cdot \Delta \text{SD}$$

已知 $\Delta \text{SD} \leqslant 1 \text{ m}^{-1}$，所以

$$\Delta x_0 \leqslant f'^2_目 \cdot \frac{1}{1\ 000}$$

将 $f'_目 = 25.00$ mm，16.67 mm，12.50 mm 分别代入上式，得

$$\begin{cases} \Delta x_1 \leqslant 0.6 \text{ mm} \\ \Delta x_2 \leqslant 0.3 \text{ mm} \\ \Delta x_3 \leqslant 0.2 \text{ mm} \end{cases}$$

所以，更换目镜时，只要保证目镜沿光轴位移不超过上述数值，就可不用重新调焦。

(2) 更换物镜。由式(13 - 14)得像在分划面处的位移为

$$\Delta L = (1 - \beta_物^2)\Delta x_0$$

经目镜后像方位移为

$$\Delta L' = -\frac{F'^2_目}{\Delta L} = \frac{F'^2_目}{(\beta_物^2 - 1)\Delta x_0}$$

$$\Delta x_0 = \frac{f'^2_目}{(\beta_物^2 - 1)\Delta L'} = \frac{f'^2_目}{(\beta_物^2 - 1) \cdot 1\ 000} \Delta \text{SD}$$

同样取 $\Delta \text{SD} \leqslant 1 \text{ m}^{-1}$，则

$$\Delta x_0 \leqslant \frac{f'^2_目}{1\ 000 \cdot (\beta_物^2 - 1)}$$

将 $\beta_{物}=8$ 倍、40 倍分别代入上式,得

$$\begin{cases} \Delta x_1 \leqslant 0.1 \ \mathrm{mm} \\ \Delta x_2 \leqslant 0.000\ 4 \ \mathrm{mm} \end{cases}$$

结构上保证 Δx_2 的高精度是困难的,所以换成物镜 2 时必须重新调焦。

2. 等效节点垂直光轴移动 Δy_0(取向上移动为正)

1)对垂轴放大率的影响

等效节点垂直光轴移动 Δy_0,对垂轴放大率无影响,β 不变。

2)对像点位置的影响

由图 13 - 3 知:

$$-y' + \Delta y' = \beta(y - y_0) + \Delta y_0 \tag{13-15}$$

所以

$$\Delta y' = (1 - \beta)\Delta y_0$$

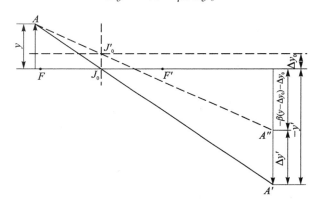

图 13 - 3 等效节点垂直光轴移动对像点位置的影响

可见,像点沿垂直光轴方向移动。

【**例 13 - 3**】 一内调焦望远镜,有关参数如表 13 - 4 所列。求调焦镜垂轴移动 $\Delta y = 0.01$ mm 导致的瞄准误差角。

表 13 - 4 某内调焦望远镜参数

总焦距/mm	物镜焦距/mm	目镜焦距/mm	调焦镜焦距/mm	物在无限远时调焦镜放大倍率
$f_0'=225$	$f_{物}'=130$	$f_{目}'=180$	$f_{像}'=-70$	$\beta=1.7^{\times}$

解:由式(13 - 15)求得

$$\Delta y' = (1 - \beta)\Delta y_0 = (1 - 1.7) \times 0.01 \ \mathrm{mm} = -0.007 \ \mathrm{mm}$$

由此导致的瞄准误差角:

$$e = \frac{\Delta y_0'}{f_0'} = \frac{-0.007 \ \mathrm{mm}}{225 \ \mathrm{mm}} = -0.000\ 03 \ \mathrm{rad} = -6'$$

这是调焦在无穷远时的瞄准误差角,同理也可计算任意调焦位置的瞄准误差角。

由上面的计算结果可以看出,调焦镜的垂轴窜动对瞄准精度的影响是比较大的,所以经纬仪上所用的内调焦望远镜的调焦镜筒和主镜筒是研配的,且在使用时尽量瞄准同一距离物体。瞄好目标后不要随意拉动调焦镜,免得镜筒配合间隙导致调焦镜垂轴窜动。

综上所述,不管透镜是移动的还是转动的,只要知道等效节点的位移量,就可求出像点的位移量。

13.2.3 透镜的制造误差

1. 焦距误差

1) 影响焦距误差的因素

(1) 曲率半径误差 Δr。单透镜的焦距公式为

$$\frac{1}{f'} = (n-1)\left(\frac{1}{r_1} - \frac{1}{r_2}\right) + \frac{(n-1)^2}{nr_1r_2}d \qquad (13-16)$$

对式(13-16)中的 r_1 和 r_2 作偏微分近似得

$$\frac{\Delta f'}{f'} = f'\left[(n-1)\left(\frac{\Delta r_1}{r_1^2} - \frac{\Delta r_2}{r_2^2}\right) + \frac{(n-1)^2}{nr_1r_2}\left(\frac{\Delta r_1}{r_2} + \frac{\Delta r_2}{r_1}\right)d\right]$$

因为 $d \ll r_1 r_2$,所以

$$\frac{\Delta f'}{f'} \approx f'(n-1)\left(\frac{\Delta r_1}{r_1^2} - \frac{\Delta r_2}{r_2^2}\right) \qquad (13-17)$$

(2) 折射率误差 Δn。对式(13-16)中的 n 作微分近似得

$$\frac{\Delta f'}{f'} \approx f'\left(\frac{1}{r_1} - \frac{1}{r_2}\right)\Delta n \qquad (13-18)$$

(3) 中心厚度误差 Δd。对式(13-16)中的 d 作微分近似得

$$\frac{\Delta f'}{f'} = f'\frac{(n-1)^2}{nr_1r_2}\Delta d \qquad (13-19)$$

2) 焦距公差

一般焦距相对误差为 1%。这是因为在成批生产中,由于曲率半径误差、玻璃材料折射率误差及中心厚度误差等诸因素的影响,不可能保证每个透镜的焦距均为同一数值,而只能保证彼此的差异在焦距的 1% 以内。这对一般光学系统来说是可以保证光学性能要求的,故一般是按此值来给定焦距公差。但也有个别情况,即要求透镜的焦距相对误差为千分之一甚至万分之几,这时可以通过对每个透镜进行精密测量来选择合乎要求的那些透镜。但应指出,当要求焦距相对误差为万分之几时,从像差来看,已不能适应这一要求,仅球差一项就会远远超过焦距的万分之几。故此时的焦距系指透镜后主点至无限远物的成像面的距离。比如,航测相机上称之为暗箱焦距,它是照相物镜后主点至底片定位面的距离,而并非通常所说的焦距。

3) 焦距误差对放大倍率的影响

透镜的垂轴放大率为

$$\beta = \frac{f'}{x}$$

对上式中的 f' 作微分近似得

$$\Delta \beta = \frac{1}{x}\Delta f' \qquad (13-20)$$

望远镜视放大率为

$$\Gamma = \frac{f'_物}{f'_目}$$

两边取对数,得

$$\lg \Gamma = \lg f'_{物} - \lg f'_{目}$$

对上式中的 $f'_{物}$ 作微分近似得

$$\frac{\Delta \Gamma}{\Gamma} = \frac{\Delta f'_{物}}{f'_{物}} \tag{13-21}$$

【例 13 - 4】　体视测距机两镜筒放大倍率差为 $\dfrac{\Delta \Gamma}{\Gamma} \leqslant 0.3\%$，问两物镜焦距差应控制在什么范围？

解：由式(13-21)得

$$\frac{\Delta f'_{物}}{f'_{物}} = \frac{\Delta \Gamma}{\Gamma} \leqslant 0.3\%$$

即两物镜焦距差不应超过焦距的 0.3%，故体视测距机的左右物镜要选配。

4）焦距误差对像点位置的影响

设物体距物镜前主点距离为 l，像距后主点距离为 l'。由几何光学知：

$$l' = \beta l = \frac{f'}{x}(x - f')$$

对上式中的 f' 作微分近似得

$$\Delta l' = \left(1 - \frac{2f'}{x}\right) \Delta f' \tag{13-22}$$

由式(13-22)可计算在物距一定的条件下，焦距变化引起的像点沿光轴方向的位移。

5）焦距误差对瞄准镜、测量相机精度的影响

瞄准镜和测量相机目标在无穷远，像在物镜焦面上，设像高为 y'，视场为 ω，则

$$\tan \omega = \frac{y'}{f'}$$

即

$$\omega = \cot \frac{y'}{f'}$$

对上式中的 f' 作微分近似得

$$\Delta \omega = \frac{-y'}{1 - \left(\dfrac{y'}{f'}\right)^2} \times \frac{\Delta f'}{f'^2} = -\sin \omega \cos \omega \times \frac{\Delta f'}{f'} \tag{13-23}$$

当视场较小时，$\tan \omega \approx \omega$，则

$$\omega \approx \frac{y'}{f'}$$

$$\Delta \omega = -\frac{y'}{f'} \times \frac{\Delta f'}{f'} \tag{13-23'}$$

由式(13-23)及式(13-23)′即可计算焦距误差引起的瞄准误差角。

【例 13 - 5】　一弹道相机，相机物镜焦距为 $f'_{物} = 380$ mm。若保证测角误差在全视场（$\omega = 12°30'$）小于 $5''$，求焦距允许误差。

解：由式(13-23)得

$$\frac{\Delta f'_{物}}{f'_{物}} \leqslant \frac{\Delta \omega}{\sin \omega \cos \omega} = \frac{5 \times 5 \times 10^{-6}}{\sin(12°30')\cos(12°30')} \approx 0.013\%$$

即

$$\Delta f' \leqslant f'_{物} \times 0.013\% = 380 \text{ mm} \times 0.013\% \approx 0.05 \text{ mm}$$

可见,焦距的精度要求是很高的。这里所说的焦距是暗箱焦距。

2. 透镜偏心差

国家标准 GB 1224—76《几何光学常用术语　符号》对透镜偏心差是这样定义的:透镜偏心差是透镜的外圆中心轴和光轴的偏离程度。此定义包含两层意思:一层意思是光轴相对外圆中心轴平移,即透镜等效节点垂轴移动;另一层意思是光轴相对外圆中心轴倾斜一角度。图 13-4 所示为 3 种透镜偏心差情况。实际上,图 13-4(a)和(b)所示为特殊情况,图 13-4(c)所示为普遍存在的情况,即透镜光轴相对圆中心轴既有平移又有倾斜。

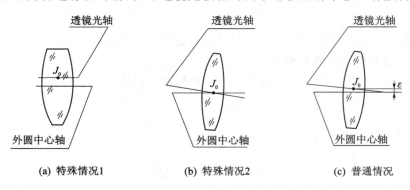

(a) 特殊情况1　　　　(b) 特殊情况2　　　　(c) 普通情况

图 13-4　3 种透镜偏心差

透镜的外圆是同镜筒配合的,它是透镜垂轴方向的定位面,用于保证透镜在光学系统中位置的正确性。透镜位置正确与否的一条重要标志是透镜光轴是否与系统光轴重合。透镜偏心差反映的恰是透镜光轴与定位面的位置偏差。因此,本节讨论透镜位置误差的公式同样可以用来分析透镜偏心差。

从像点位移的角度看,透镜偏心差的危害并不大,因为只有等效节点垂轴位移才导致像点垂轴位移。无论是光轴的倾斜还是平移产生的像点垂轴位移,同棱镜误差产生的像点垂轴位移相比都小得多,完全可以在装校中调整过来,甚至不用调整。但是,透镜偏心差破坏了光学系统的共轴性,对像质的危害是比较大的,因此,透镜偏心差的公差是根据像质给定的。

究其实质,透镜偏心差产生的原因是,构成透镜的折射面曲率中心偏离理想位置。理想状态下,各球心应位于同一直线(光轴)上,且此直线和透镜外圆中心轴重合。根据小误差独立作用原理,不妨假设某一折射面球心偏离了理想位置,而其余折射面无偏差,分析此折射面球心偏差产生的附加波差。

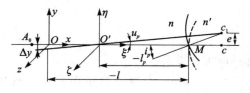

图 13-5　折射面球心偏离光轴

图 13-5 所示为一折射面球心偏离光轴的情况。图中虚线为理想位置,折射面球心 c 位于系统光轴上。有了偏差后,球面变为实线位置,其球心为 c_1,它偏离了光轴。

分别取入瞳坐标 $\xi\eta\zeta$ 和物坐标 xyz,透镜的波像差公式为

$$2W = \frac{1}{4} S_{\mathrm{I}} (\eta^2 + \zeta^2) + S_{\mathrm{I}}(y\eta + z\zeta)(\eta^2 + \zeta^2) + S_{\mathrm{II}}(y\eta + z\zeta)^2 +$$

$$\frac{1}{2}(S_{\text{III}} + S_{\text{IV}})(y^2 + z^2)(\eta^2 + \zeta^2) + S_{\text{V}}(y^2 + z^2)(y\eta + z\zeta) \qquad (13-24)$$

式中：$S_{\text{I}}, S_{\text{II}}, S_{\text{III}}, S_{\text{IV}}, S_{\text{V}}$——像差系数。

　　设折射面在子午面内倾斜，讨论光轴上物点 A_0 的波差变化。此时 A_0 点对倾斜的折射面而言变为轴外点，为此对式(13-24)中的 y 作微分近似得

$$2\Delta W = S_{\text{I}}(\eta^2 + \zeta^2)\eta\Delta y + (S_{\text{II}} + S_{\text{IV}})y\Delta y + S_{\text{V}}[(y^2 + z^2)\eta\Delta y + 2(y\eta + z\zeta)y\Delta y]$$

因为 $y = 0, z = 0$，故上式变为

$$2\Delta W = S_{\text{I}}(\eta^2 + \zeta^2)\eta\Delta y$$

　　讨论子午光线的波差，则 $\zeta = 0$，故

$$2\Delta W = S_{\text{I}}\eta^3\Delta y \qquad (13-25)$$

取最大孔径光束，则

$$\eta = 1$$

而

$$\Delta y = \frac{\Delta Y}{y_0}$$

　　对我们讨论的情况来说，

$$\Delta Y = (-l + l_p)u_p$$
$$y_0 = (-l + l_p)u_p$$

所以

$$\Delta y = 1$$

式(13-25)变为

$$2\Delta W = S_{\text{I}} = luni_p(i' - u)(i - i')$$

已知

$$i_p = \frac{e}{r}$$

所以

$$e = \frac{2\Delta W \cdot r}{lun(i' - u)(i - i')} \qquad (13-26)$$

　　透镜的波色差公式为

$$W'_{\text{CF}} = \frac{1}{2}C_{\text{I}}(\eta^2 + \zeta^2) + C_{\text{II}}(y\eta + z\zeta) \qquad (13-27)$$

式中：$C_{\text{I}}, C_{\text{II}}$——色差系数。

　　同样，对式(13-27)中的 y 作微分，并取子午面全孔径光束，近似得 A_0 点产生的附加波色差为

$$W'_{\text{CF}} = C_{\text{II}} = C_{\text{I}} = luni_p\left(\frac{\delta n'}{n'} - \frac{\delta n}{n}\right)$$

$$\delta n' = n'_F - n'_C, \quad \delta n = n_F - n_C$$

$$e = \frac{\Delta W'_{\text{CF}} \cdot r}{lun\left(\dfrac{\delta n'}{n'} - \dfrac{\delta n}{n}\right)} \qquad (13-28)$$

　　根据允许的波差，即可按式(13-26)及式(13-28)计算各折射面允许的球心偏差，从而也

就控制了透镜偏心差。

【例 13 - 6】 一双胶合望远物镜，其参数如表 13 - 5 所列，如何给定偏心公差？

表 13 - 5　双胶合望远物镜参数

r	d	n_D	$n_F - n_C$	牌　号
62.09	—	1	0	
−43.85	5	1.516 3	806×10^{-5}	K9
	2	1.672 5	$2\ 087 \times 10^{-5}$	ZF2
−124.45	—	1	0	
$l_1 = \infty$，　$u_1 = 0$，　$h_1 = 12.5$				

解：由光路计算表格查得近轴光线数据，如表 13 - 6 所列。

表 13 - 6　例 13 - 6 近轴光线数据

mm

计算项目	1	2	3
l	—	177.349	332.325
$-r$	—	−43.85	−124.45
$l-r$	—	221.199	457.775
$\times u$	$h_1 = 12.5$		
$+r$	62.09	—	—
i	0.201 321	−0.345 795	−0.133 360
$\times n/n'$	1/1.516 3	1.516 3/1.672 5	1.672 5
i'	0.132 771	−0.313 500	−0.223 045
$\times r$	—	—	
$+u' = u + i - i'$	0.068 550	0.036 255	0.125 940
$l' - r$	120.259	379.175	—
$+r$	—	—	
l'	182.349	335.325	95.956
lu	12.5	12.157 2	12.084 7
$+u'$	—	—	
l'	182.349	335.325	95.956
$-d$	5	2	
l	177.349	332.325	—

由瑞利极限知，波差小于 $\lambda/4$ 时，人眼觉察不出实际像点和理想像点的差别。取由透镜偏心差产生的附加波差 $\Delta W \leqslant \lambda/8$，并将其按等概率分配到 3 个折射面上，则每个面允许的偏心为

$$e = \frac{\lambda r}{4\sqrt{3}\, lun\,(i' - u)(i - i')}$$

取波长 $\lambda = 0.55\ \mu m$，分别将各折射面的有关数据代入上式，得

$$e_1 = 0.043，\quad e_2 = 0.015，\quad e_3 = 0.032$$

同样取 $\Delta W'_{CF} \leqslant \lambda/8$，则

$$e \leqslant \frac{\lambda r}{8\sqrt{3}\, lun\left(\dfrac{\delta n'}{n'} - \dfrac{\delta n}{n}\right)}$$

取波长 $\lambda = 0.55\ \mu m$，分别将各折射面的有关数据代入上式，得

$$e_1 = 0.037, \quad e_2 = 0.032, \quad e_3 = 0.020$$

根据波像差和波色差计算结果，最后取各折射面偏心公差为

$$\begin{cases} e_1 \leqslant 0.04\ mm \\ e_2 \leqslant 0.02\ mm \\ e_3 \leqslant 0.02\ mm \end{cases} \text{和} \quad \begin{cases} 0.029 \\ 0.026\ 8 \\ 0.081\ 8 \end{cases}$$

【例 13－7】　一照相物镜，其结构参数如表 13－7 所列，如何给定偏心公差？

表 13－7　某照相物镜的结构参数

mm

r	d	n_D	$n_F - n_C$	牌　号
130.32	14	1.692 0	$1\ 269 \times 10^{-5}$	LaK$_2$
－152.41	5.5	1.612 3	$1\ 389 \times 10^{-5}$	TF$_2$
1 644.4	—	—	—	—
光栏	15.5	—	—	—
－171.79	9.0	—	—	—
118.03	5.5	1.612 3	$1\ 389 \times 10^{-5}$	TF$_3$
－935.40	35.3	—	—	—
121.62	5.5	1.612 3	$1\ 389 \times 10^{-5}$	TF$_3$
－144.88	15.5	1.692 0	$1\ 269 \times 10^{-5}$	LaK$_2$

$$f' = 379.473, \quad D/f' = 1/5.6, \quad 2\omega = 25°, \quad h_1 = 34$$

解：由光路计算表格查得近轴光线数据，如表 13－8 所列。

表 13－8　近轴光线数据

mm

计算项目	1	2	3	4	5	6	7	8
l	—	304.644	259.814	146.931	491.866	－558.931	－665.244	－792.350
$-r$	—	－152.41	1644.4	－171.79	118.03	－935.41	121.62	－144.88
$l-r$	—	457.054	－1 384.586	318.721	373.836	376.469	－786.864	－827.470
$\times \mu$	$h = 32$							
$\div r$	130.32	—	—	—	—	—	—	—
i	0.260 896 3	－0.319 983 7	－0.103 161 8	－0.344 502 0	0.173 742 0	0.020 738 1	0.282 419 6	－0.173 329
$\times n/n'$	—							
i'	0.154 194 0	－0.335 801 3	－0.166 327 8	－0.213 671 1	0.280 124 3	0.012 862 4	0.269 116 5	－0.293 279 3
$\times r$	—							
$\div u' = u + i - i'$	0.106 702 3	0.122 519 9	0.185 685 9	0.054 855 0	－0.051 527 3	－0.043 651 6	－0.030 348 5	0.089 597 9

计算项目	1	2	3	4	5	6	7	8
$l'-r$	188.324	417.724	−1 472.969	669.156	−641.661	275.626	−1 078.47	474.233
$+r$	—	—	—	118.03	−935.40	121.62	−144.88	
l'	318.644	265.314	171.431	497.366	−523.631	−659.744	−956.850	329.353
$\div u'$	—	—	—	—	—	—	—	—
lu								
$\div u'$	—	—	—	—	—	—	—	—
l'	318.644	265.314	171.431	497.366	−523.631	−659.744	−956.850	329.353
$-d$	14	5.5	24.5	5.5	35.3	5.5	15.5	—
l	304.644	259.814	146.931	491.866	−558.931	−665.244	−972.350	

取波长 $\lambda = 0.55~\mu m$，透镜偏心差产生的附加波差 $\Delta W < \lambda/8$，将其按等概率分配给各折射面，则

$$e = \frac{\lambda r}{4\sqrt{3}\, lun(i'-u)(i-i')}$$

分别将各折射面的有关数据代入上式，得

$$e_1 = 0.011, \quad e_2 = 0.019, \quad e_3 = 0.1376, \quad e_4 = 0.006$$
$$e_5 = 0.009, \quad e_6 = 3.1135, \quad e_7 = 0.030, \quad e_8 = 0.006$$

同样取透镜偏心差产生的附加波差 $\Delta W'_{CF} < \lambda/8$，将其按等概率分配给各折射面，则

$$e = \frac{\lambda r}{8\sqrt{3}\, lun\left(\dfrac{\delta n'}{n'} - \dfrac{\delta n}{n}\right)}$$

分别将各折射面的有关数据代入上式，得

$$e_1 = 0.422, \quad e_2 = 0.060, \quad e_3 = 0.090, \quad e_4 = 0.011$$
$$e_5 = 0.008, \quad e_6 = 0.090, \quad e_7 = 0.057, \quad e_8 = 0.011$$

根据波像差和波色差的计算结果，最后给定偏心公差如下：

$$e_1 \leqslant 0.01, \quad e_2 \leqslant 0.02, \quad e_3 \leqslant 0.09, \quad e_4 \leqslant 0.006$$
$$e_5 \leqslant 0.008, \quad e_6 \leqslant 0.09, \quad e_7 \leqslant 0.03, \quad e_8 \leqslant 0.006$$

13.3 平行玻璃板及分划板误差分析

13.3.1 平行玻璃板

1. 平行玻璃板的位置误差

当平行玻璃板位于平行光路中时，它的转动使所有光线同时平移，不影响像的位置，对像质影响也不大，故对位置的要求不严。

如图 13-6 所示，当平行玻璃板位于会聚光路中时，它的转动会导致像点位移，其垂轴位移量为

$$E = \left(1 - \frac{\cos\alpha}{\sqrt{n^2 - \sin^2\alpha}}\right)d\sin\alpha \tag{13-29}$$

式中：E——像点垂轴位移；

　　　d——平行玻璃板厚度；

　　　α——平行玻璃板转角；

　　　n——平行玻璃板折射率。

微量转角时，E 可按下式计算，即

$$E = \frac{n-1}{n}d \cdot \Delta\alpha \qquad (13-29)'$$

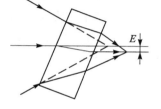

图 13-6　平行玻璃板位于会聚光路中

式中：$\Delta\alpha$——平行玻璃板微量转角。

平行玻璃板用于会聚光路的主要目的是作为目镜测微器的测微元件。应注意的问题是，它转动时像平面发生倾斜，产生色差和像散，故转角不宜过大，否则像质明显变坏。

2. 平行玻璃板的制造误差

1）平行差 θ

（1）对成像位置的影响。平行玻璃板的制造误差主要是两表面的平行差。有了平行差后，变为一块光楔，光线通过它时方向改变，偏转角为

$$\delta' = (n-1)\theta \qquad (13-30)$$

式中：θ——平行玻璃板的平行差。

光线的偏转将导致像点位移。一般来讲，装校时通过调整可把像点位移控制在公差范围内，所以平行玻璃板的平行差从像点位移的角度看危害并不大，也很少根据像点位移要求给定 θ 的公差。但应注意的一点是，滤光片的平行差。由于滤光片是在某种环境下加上去使用的，而仪器在装校时是在没有滤光片的条件下校正的，因此，罩上滤光片后，滤光片的平行差将导致零位改变。这对一些瞄准来说尤为重要，它直接影响瞄准精度。此时应充分考虑 θ 对瞄准精度的影响，给定其公差。

【例 13-8】　一测量仪器，其测角精度为 $10''$。问所用滤光片的平行差应控制在什么范围？

解：罩上滤光片后，由其平行差产生的测角误差显然应小于 $10''$。如取 $3''$，且取 $n=1.5$，则由式（13-30）得

$$\theta = \frac{\delta'}{n-1} = \frac{3''}{0.5} = 6''$$

即滤光片的平行差 θ 应控制在 $6''$ 以内。

（2）对成像质量的影响。平行玻璃板平行差 θ 对像质的主要影响是产生倍率色差（色散），其公式是

$$\delta'_{CF} = (n_F - n_C)\theta \qquad (13-31)$$

倍率色差对像质的危害是比较大的，一般来说是根据它来给定 θ 的公差。设仪器允许的色差值为 δ'_{CF}（一般取 $\delta'_{CF} \leqslant 0.5'$），则每个零件允许的色差值为

$$\delta'_{CF} = \frac{\delta'_{CF总}}{\sqrt{K}} \qquad (13-31)'$$

式中：K——系统中产生色散零件总数，其中，

$$K = 透镜数 + 反射棱镜数 + 平行玻璃板数$$

除此以外，由于平行差 θ 使光轴偏转，从而导致像面倾斜，故有人称之为像面偏。它使实际成像面和理想像面不重合，造成像的模糊，特别是对视场边缘的影响比较严重。如有些仪器

对视场边缘的标记像质要求较高,则应在给定 θ 公差时考虑这个因素。设位于理想像面上分划板上的标记距中心为 h,则由像面偏造成的它与所对应的像点在目方有一视度差(无像面偏时,像点应和分划板上的标记重合)。若取像面偏导致的目方视度差允许误差为 0.1 视度,则近似有下列关系式:

$$0.000\,3\delta'h=0.1\cdot\frac{f'^{\,2}_{\mathrm{M}}}{1\,000}$$

即

$$\delta'=0.33\times\frac{f'^{\,2}_{\mathrm{M}}}{h} \tag{13-31''}$$

式中:δ'——平行玻璃板平行差 θ 产生的光轴偏转角,即像面偏,单位为(′)。

绝大多数情况下,θ 的公差都是按色散给定的,只有极个别情况要考虑光轴偏转这一因素,这一点将在 13.4 节较为全面地讨论。

表 13-9 列出了平行玻璃板位于不同位置时 θ 与 δ'_{CF} 和 δ' 的关系式。

表 13-9　平行玻璃板位于不同位置时 θ 与 δ'_{CF} 和 δ' 的关系式

平行玻璃板位置	角度关系式	
	按色散考虑	按光轴考虑
物镜前	$\theta=\dfrac{\delta'_{\mathrm{CF}}}{\Gamma(n_{\mathrm{F}}-n_{\mathrm{C}})}$	$\theta=\dfrac{\delta'}{\Gamma(n-1)}$
物镜与分划板间	$\theta=\dfrac{\delta'_{\mathrm{CF}}}{l(n_{\mathrm{F}}-n_{\mathrm{C}})}$	$\theta=\dfrac{\delta'f'_{\mathrm{M}}}{l(n-1)}$
目镜后	$\theta=\dfrac{\delta'_{\mathrm{CF}}}{(n_{\mathrm{F}}-n_{\mathrm{C}})}$	$\theta=\dfrac{\delta'}{n-1}$

注：① l 值取近似中间值,即平行玻璃板中点至分划面距离;
　　② Γ 为系统视放大倍率。

根据系统分配给平行玻璃板的 δ'_{CF} 和 δ',可按表 13-9 计算 θ 的公差。

表 13-10 列出了有关平行玻璃板平行差 θ 公差的经验数据,供参考。

表 13-10　平行玻璃板平行差 θ 公差的经验数据

滤光片保护玻璃	高精度	$3°\sim1'$
	一般精度	$1'\sim10'$
分划板		$10'\sim15'$
表面镀膜的反射镜		$10'\sim15'$
背面镀膜的反射镜		$2''\sim30''$

2) 平行玻璃板的最小焦距

理想状态下,平行玻璃板两表面为严格的平面;实际上,由于制造误差的存在,两表面均有一定的曲率。实际的平行玻璃板相当于一块透镜,具有一定的焦距,将其放入系统后,必然引起系统焦距的变化。这个变化对一般仪器的影响不大,但是航测相机的滤光片最小焦距值一定要予以限制。因为航测相机的焦距(暗箱焦距)是测量比例尺,误差要求很严,一般相对误差为万分之几,是通过精密方法测量出来的,滤光片罩上后,若产生的焦距变化超过焦距的公差,则保证不了测量精度的要求。

由图 13-7 知:

$$f' = \frac{f'_{\min} f'_0}{-\Delta}$$

式中：f'_0——相机物镜焦距；

　　　$f'_{\min}$——滤光片焦距；

　　　f'——加上滤光片后的组合焦距。

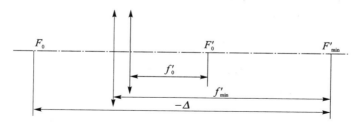

图 13-7　平行玻璃板的最小焦距

$$\Delta \approx -(f'_{\min} + f'_0)$$

所以

$$f' = \frac{f'_{\min} f'_0}{f'_{\min} + f'_0}$$

焦距变化量为

$$\Delta f'_0 = f' - f'_0 = \left(\frac{f'_{\min}}{f'_{\min} + f'_0} - 1 \right) f'_0 \approx \frac{-f'^2_0}{f'_{\min}}$$

$$\frac{\Delta f'_0}{f'_0} = -\frac{f'_0}{f'_{\min}} \tag{13-32}$$

由所要求的 $\dfrac{\Delta f'_0}{f'_0}$ 即可按式（13-32）计算出滤光片允许的最小焦距 $f'_{\min}$。一般航测相机要求 $f'_{\min} \geqslant (5\,000 \sim 10\,000)$ m。

【例 13-9】　一测量相机，物镜焦距 $f'_0 = 380$ mm，焦距误差 $\Delta f'$ 要求小于 0.03 mm，求物镜前滤光片允许的最小焦距。

解：由式（13-32）得滤光允许的最小物方焦距为

$$f'_{\min} = \frac{f'^2_0}{\Delta f'_0}$$

取 $\Delta f' \leqslant 0.03$ mm，代入上式得

$$f'_{\min} \geqslant \frac{(380 \text{ mm})^2}{0.03 \text{ mm}} \approx 5\,000 \text{ m}$$

可见，滤光片的最小焦距不应小于 5\,000 m。

13.3.2　分划板

分划板虽然也是平行玻璃板，但是它与其他用途的平行玻璃板不同。由于它非常靠近成像面，所以平行差 θ 对像质及像点位移的影响很小，它的公差比较宽。从制造误差来看，主要是刻线面的刻度误差。分划板的刻线面相当于一个标尺，它应与成像面重合，否则将产生视差，影响观察和瞄准，所以对分划板的位置误差要求比较严格。

1．分化板的位置误差

1）分划板沿光轴的位移

（1）对视度的影响。

目视仪器的视度，系指由光学仪器射出的光束会聚或发散的程度。如果系统射出的光束是一束平行光，则视度为零；若为一束会聚光，则视度为正；若为一束发散光，则视度为负。

光学仪器的视度 SD 用下式确定：

$$SD = \frac{1}{L}（屈光度） \tag{13-33}$$

式中：L——像点（由系统射出的会聚或发散光锥的顶点）到系统出瞳或眼点的距离，m。

如果 L 以 mm 为单位，则

$$SD = \frac{1\ 000}{L}\ m^{-1} \tag{13-33'}$$

一般目视仪器的视度公差如表 13-11 所列。

表 13-11　一般目视仪器的视度公差

系统类型	视度公差	
	零视度	其余视度
目镜视度可调	±0.25	系统出瞳直径≥3 mm 时，±0.5
		系统出瞳直径＜3 mm 时，±1
目镜视度固定	−0.5～−1	

分划板的视度系指由分划板发出的光束经目镜出射后的会聚或发散程度。因光学仪器要进行视差的校正，故式（13-33）和式（13-33）′及表 13-11 同样适用于分划板视度。

（2）对视差的影响。

目视仪器中，若分化板的分划面不位于物镜像面上，距像面有一定距离 b，则通过目镜观察时，将会产生下述现象：人眼在出瞳平面内垂轴移动时，看到视场中物像与分划刻线相互错动，影响对物像的瞄准。此外，当间距 b 较大时，人眼不能同时看清物像和分划面，影响对物体的观测。这种现象就是视差。

下面分别就望远系统和显微系统加以讨论。

① 望远系统。视差量常用的表示方式有以下两种：

a. 用无穷远物像和系统分划板中心分划在像方的视度差 ΔSD_{max}（单位：m^{-1}）表示：

$$\Delta SD = -\frac{1\ 000b}{f'^2_目} \tag{13-34}$$

式中：b——分划板位移量，mm。

b. 用作瞄准和测量的系统，如图 13-8 所示，一般用视差引起的瞄准误差角 ε 表示，即

$$\varepsilon = \frac{D'b}{f'_物 f'_目} \times 3\ 438 \tag{13-35}$$

式中：ε——视场中心的物方极限瞄准误差角，或叫全视差角，单位为（′）；

D'——望远系统出瞳直径。

ε 与 ΔSD 的换算关系式为

$$\Delta SD = -\frac{0.29\Gamma\varepsilon}{D'} \tag{13-36}$$

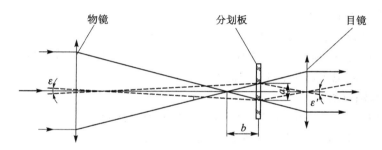

图 13 - 8　一般视差引起的瞄准误差角 ε

$$\varepsilon = -\frac{3.44D' \cdot \Delta SD}{\Gamma} \qquad (13-36)'$$

由于望远系统像差的存在,视场各部分的视差是不相同的。考虑到设计及使用上的需要,一般所说的视差均指视场中心的视差。

对于瞄准和测量系统,本身的视差将引起瞄准误差。实际产生的瞄准误差角比全视差角 ε 要小些。

一般望远系统给定的全视差角公差如表 13 - 12 所列。

表 13 - 12　一般望远系统给定的全视差角公差

系统特点	全视差角公差 $\varepsilon_{max}/(')$	系统举例
高精度和大倍率系统	< 1	—
一般瞄准系统	2	精度为 0～0.1 的瞄准镜
一般观察系统	3	$8^{\times}$ 双目望远镜
一般准直系统	4～8	—

用像方视度差表示的视差公差 ΔSD 如表 13 - 13 所列。

表 13 - 13　用像方视度差表示的视差公差 ΔSD

系统出瞳直径 D'/mm	1.00～2	2.01～3	3.01～4	4.01～5	5 以上
允许的视差公差 $\Delta SD/m^{-1}$	0.7	0.5	0.4	0.3	0.25

表 13 - 13 中视差公差值 ΔSD 是假设系统出瞳小于观察者眼瞳,由人眼景深所确定的。也就是说,系统视差如不超过表中规定的数值,则人眼调焦于分划面与物像之间能同时看清二者。

虽然用全视差角公差 ε_{max} 和视差公差 ΔSD 都可以表示系统的视差公差,但其出发点不同,因而可能一个公差规定宽些,另一个严一些。满足了 ε_{max} 的要求,不一定满足 ΔSD 的要求,因此在技术条件中一般只规定一种。

用视差公差很容易算出分划板允许的沿轴位移量 b。

② 显微系统。显微系统与望远系统的不同点是物体在有限距离,故式(13 - 35)不适用,而应采用视差引起的物方横向瞄准误差来表示,即

$$\Delta y = \frac{D' \cdot b}{\beta_{物} \cdot f'_{目}} \qquad (3-37)$$

式中:Δy ——物方横向瞄准误差,mm;

D'——出瞳直径;

$\beta_{物}$——显微系统物镜放大倍率。

对于测量显微镜,根据允许的横向瞄准误差,由式(13-37)计算分划板允许的沿轴位移量比较合适。观察显微镜仍可按表13-13计算。

2) 分划板垂轴位移

分划板垂轴位移使分划中心偏离光轴,系统瞄准轴(视轴)与光轴不重合,一般可通过调整使之在允许误差范围内。但对于瞄准精度要求很高的系统,分划板垂轴位移引起的瞄准误差不可忽视。在图13-9中,AB为分划面,$H'S$为光轴,S为光轴和分划面交点,H'为透镜后主点,$H'S\perp AB$。AB的中心点为O,它亦为分划中心,理想状态下O应与S重合。图中$AO=BO=y'_0$,$SO=\Delta y'_0$。$\Delta y'_0$即为分划中心O的离轴量,由此导致同样长的刻线AO和BO所对应的角度ω'_1和ω'_2不等($\omega'_1>\omega'_2$)。

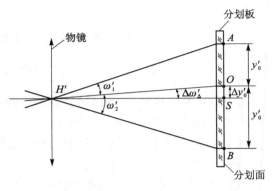

图13-9 分划板垂轴位移

无误差时O与S重合,y'_0所对应的角度为ω'_0,则

$$\tan \omega'_0 = \frac{y'_0}{f'}$$

即

$$\omega'_0 = \cot \frac{y'_0}{f'}$$

对上式中的y'_0作微分近似得

$$\Delta\omega'_0 = \frac{\cos^2\omega'_0}{f'}\Delta y'_0$$

此式表示$\angle AH'S$及$\angle BH'S$与ω'_0之差,而我们要求的是ω'_1及ω'_2与ω'_0之差,为此应把$\Delta\omega'_\Delta$考虑进去。由图13-9知:

$$\Delta\omega'_1 = \omega'_1 - \omega'_0 = \angle AH'S - \omega'_0 - \Delta\omega'_\Delta = \frac{\cos^2\omega'_0}{f'}\Delta y'_0 - \frac{\Delta y'_0}{f'} = -\sin^2\omega'_0\frac{\Delta y'_0}{f'}$$

$$\Delta\omega'_2 = \omega'_2 - \omega'_0 = \angle BH'S - \omega'_0 + \Delta\omega'_\Delta = \frac{\cos^2\omega'_0}{f'}\Delta y'_0 + \frac{\Delta y'_0}{f'} = \sin^2\omega'_0\frac{\Delta y'_0}{f'}$$

最后可综合为下式:

$$\Delta\omega' = \pm\sin^2\omega'_0\frac{\Delta y'_0}{f'} \tag{13-38}$$

其中"±"号说明视场两边不对称,一边测得角偏小,一边测得角偏大。

3) 分划板绕光轴旋转(分划板倾斜)

分划板绕光轴旋转导致分划倾斜,因分划倾斜和像倾斜及相对像倾斜经常一同使用,所以将其概念一并介绍如下:

(1) 分划倾斜。光学系统处于使用状态下,分划板的垂直刻线通过目镜所成的像相对于铅垂线的倾斜。

（2）像倾斜。物方铅垂线通过光学系统所成的像相对铅垂线的倾斜。

（3）相对像倾斜。光学系统处于使用状态时，物方铅垂线的像对于分划垂直刻线像的相对倾斜。

这 3 种倾斜的允许误差如表 13 - 14 所列。

表 13 - 14　分划倾斜、像倾斜及相对像倾斜允许误差

名　　称	系统特点	允许误差
分划倾斜	定向基准不明确的手持仪器	1°30′
	定向基准明确的仪器	30′
像倾斜	各种望远镜	60′
	双目仪器两镜筒的相对倾斜	30′
相对像倾斜	一般测量瞄准仪器	45′
	要求较高的测量瞄准仪器	20′～30′

4）分划面偏

当分划板偏倾一小角度，使刻划面不垂直光轴时，分划面不与像面重合，其效果和像面偏是一样的。从像的模糊程度来看，可按式(13 - 31)′及式(13 - 32)计算。

对高精度系统，由此产生的瞄准或测量误差同样不可忽视。图 13 - 10 中，虚线 $A'B'$ 为分划面转动后位置。由图 13 - 10 知：

$$\omega = \cot \frac{y'_0}{L'}$$

当无分划面偏时，$L' = f'$。分划面偏斜 $\Delta\alpha$ 角后，y'_0 在垂直光轴平面投影变化为二阶小量，可以忽略。故对上式中的 L' 作微分近似得

$$\Delta\omega' = \pm \sin^2\omega' \cdot \Delta\alpha \qquad (13 - 39)$$

其中"±"号意义与式(13 - 38)相同。

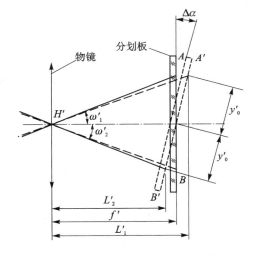

图 13 - 10　分划面偏产生的瞄准或测量误差

【例 13 - 10】 某弹道相机有关数据如表 13 - 15 所列。求：

（1）底片定位面坐标标记连线交点和光轴偏离量允差。

（2）底片定位面和光轴不垂直度允差。

表 13 - 15　某弹道相机有关数据

物镜焦距/mm	视　　场	底片尺寸/mm²	畸变/mm	焦距误差/mm
$f' = 380$	25°×18°	180×130	$\Delta H' \leqslant 0.02$	$\Delta f' \leqslant 0.05$

解：显然这两项误差导致的测角误差均不超过畸变和焦距误差引起的测角误差。

畸变引起的测角误差为

$$\Delta\omega'_H = \frac{\cos^2\omega}{f'}\Delta H'$$

焦距误差引起的测角误差为(见式(13 - 23))

$$\Delta\omega'_{f'} = -\sin\omega'\cos\omega'\frac{\Delta f'}{f'}$$

取全视场,$\omega' = 12°30'$,则

$$\Delta\omega'_H = \pm 10''$$
$$\Delta\omega'_{f'} = \pm 5''$$

因此,底片坐标原点偏离光轴和底片不垂直光轴导致的测角误差均不应超过 $5''$,令 $\Delta\omega = 3''$。

首先计算底片坐标原点偏离光轴量允差,由式(13 - 38)得

$$\Delta y'_0 = \pm\frac{f'}{\sin^2\omega'}\cdot\Delta\overline{\omega'} = \pm\frac{380\text{ mm}}{\sin^2(12°30')}\times 3\times 5\times 10^{-6} = \pm 0.05\text{ mm}$$

然后计算底片定位面与光轴不垂直度允差,由式(13 - 39)得

$$\Delta\alpha = \pm\frac{1}{\sin^2\omega'}\cdot\Delta\omega = \pm\frac{1}{\sin^2(12°30')}\times 3'' = \pm 63'' \approx \pm 1'$$

2. 分划板的制造误差

分划板的制造误差主要是分划面的刻划误差,它直接影响瞄准和测量精度。设计者根据仪器精度要求,提出刻划公差。制造者靠刻划机的精度保证刻划公差。有些高精度的分划板,应在恒温恒湿的条件下刻划。

分划板的平行差可参照表 13 - 10 给定。

13.4 反射棱镜误差分析

反射棱镜是光学仪器中的一种重要光学元件,起着正像、折转光轴、缩小仪器尺寸等作用。由于形状复杂,加工起来比较困难,加之其误差对像点位置影响较大,并能产生诸多如双像、像倾斜等特殊问题,尤其在装配中产生的问题最多,所以反射棱镜的误差分析就显得更加重要了。

13.4.1 反射棱镜的作用矩阵

透镜本身是一个旋转体,其光轴为旋转轴,物、像关系是轴对称的,分析计算时在一个平面内研究物点和像点的关系即可。平行玻璃板可视为透镜的特殊情况(光焦度为零)。反射棱镜则由于反射面的作用,光轴变成折线,有时光轴甚至在空间折转,所以必须有空间概念,以研究物体和像体的共轭关系。为此,在物空间取一右手直角坐标系 $Oxyz$ 作为物坐标系,像空间与之共轭的直角坐标系 $O'x'y'z'$ 为像坐标系,物、像坐标系反映了物、像共轭关系。当反射次数为奇数时,$O'x'y'z'$ 为左手直角坐标系,物体顺时针转,像则逆时针转,称为"镜像";当反射次数为偶数时,$O'x'y'z'$ 为右手直角坐标系,物体顺时针转,像亦顺时针转,故称"相似像"。反射棱镜光焦度为零,放大倍率 $|\alpha| = |\beta| = |\gamma| = 1$,这一点与平行玻璃板类似。就棱镜而言,研究的重点不是像的大小,而是像的空间方位。

将物坐标系 $Oxyz$ 的 x 轴取在棱镜入射光轴方向,yz 平面表示物平面;将像坐标系 $O'x'y'z'$ 的 x' 轴取在棱镜出射光轴方向,$y'z'$ 平面表示像平面。yz 平面和 $y'z'$ 平面虽非物、像的真正

共轭位置,但看起来直观、明了,当只研究物、像的方向共轭关系时,完全可以这样处理。因为此时物向量和像向量均为自由向量,物、像坐标系亦可自由移动,这并不影响对问题的分析。

令物坐标系 $Oxyz$ 的基底为 $\boldsymbol{i}, \boldsymbol{j}, \boldsymbol{k}$,像坐标系 $O'x'y'z'$ 的基底为 $\boldsymbol{i}', \boldsymbol{j}', \boldsymbol{k}'$,两坐标系基底间的关系为

$$(\boldsymbol{i}' \quad \boldsymbol{j}' \quad \boldsymbol{k}') = (\boldsymbol{i} \quad \boldsymbol{j} \quad \boldsymbol{k})\boldsymbol{R}$$

式中 : $\boldsymbol{R}$——物、像坐标系基底转换矩阵。

设物空间有一向量 $\boldsymbol{A}$,其在物坐标系上投影为 A_x, A_y, A_z,则像空间必有一向量 $\boldsymbol{A}'$ 与之共轭,其在像坐标系 $O'x'y'z'$ 上投影为 $A'_{x'}, A'_{y'}, A'_{z'}$。根据物、像共轭关系有

$$\begin{bmatrix} A'_{x'} \\ A'_{y'} \\ A'_{z'} \end{bmatrix} = \begin{bmatrix} A_x \\ A_y \\ A_z \end{bmatrix} \tag{13-40}$$

物向量 $\boldsymbol{A}$ 可用下式表示为

$$\boldsymbol{A} = (\boldsymbol{i} \quad \boldsymbol{j} \quad \boldsymbol{k}) \begin{bmatrix} A_x \\ A_y \\ A_z \end{bmatrix} = (\boldsymbol{i}' \quad \boldsymbol{j}' \quad \boldsymbol{k}') \begin{bmatrix} A_{x'} \\ A_{y'} \\ A_{z'} \end{bmatrix} = (\boldsymbol{i} \quad \boldsymbol{j} \quad \boldsymbol{k})\boldsymbol{R} \begin{bmatrix} A_{x'} \\ A_{y'} \\ A_{z'} \end{bmatrix}$$

由上式得

$$\begin{bmatrix} A_x \\ A_y \\ A_z \end{bmatrix} = \boldsymbol{R} \begin{bmatrix} A_{x'} \\ A_{y'} \\ A_{z'} \end{bmatrix}$$

所以

$$\begin{bmatrix} A'_{x'} \\ A'_{y'} \\ A'_{z'} \end{bmatrix} = \boldsymbol{R} \begin{bmatrix} A_{x'} \\ A_{y'} \\ A_{z'} \end{bmatrix} \tag{13-41}$$

或

$$\boldsymbol{A}' = \boldsymbol{R}\boldsymbol{A} \tag{13-41'}$$

式中: $\boldsymbol{A}'$ 和 $\boldsymbol{A}$ 均在像坐标系 $O'x'y'z'$ 内标定。只要知道物向量 $\boldsymbol{A}$ 在像坐标系 $O'x'y'z'$ 三个轴上的投影 $A_{x'}, A_{y'}, A_{z'}$,便可按式(13-41)求出像向量在像坐标系 $O'x'y'z'$ 三个轴上的投影 $A'_{x'}, A'_{y'}, A'_{z'}$,从而得到像向量 $\boldsymbol{A}'$。矩阵 $\boldsymbol{R}$ 又称为反射棱镜的作用矩阵,它反映了物、像的共轭关系。

如图 13-11 所示的反射棱镜,图 13-11(a)所示的等腰棱镜 DⅠ-90°的作用矩阵为

$$\boldsymbol{R} = \begin{bmatrix} 0 & -1 & 0 \\ -1 & 0 & 0 \\ 0 & 0 & 1 \end{bmatrix}$$

图 13-11(b)所示的屋脊棱镜 DⅡ$_J$-60°的作用矩阵为

$$\boldsymbol{R} = \begin{bmatrix} \dfrac{1}{2} & -\dfrac{\sqrt{3}}{2} & 0 \\ \dfrac{\sqrt{3}}{2} & \dfrac{1}{2} & 0 \\ 0 & 0 & -1 \end{bmatrix}$$

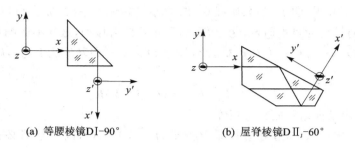

(a) 等腰棱镜DⅠ-90°   (b) 屋脊棱镜DⅡ_J-60°

图 13 - 11　反射棱镜

表 13 - 16 和表 13 - 17 所列为各类棱镜的作用矩阵 R 的通用形式,表中 t 表示反射次数, β 为光轴折转角(空间棱镜为光轴第二折转角)。在图面上,若入射光轴逆时针转,则出射光轴为正;若入射光轴顺时针转,则出射光轴为负。

表 13 - 16　平面棱镜的作用矩阵 R(包括 FP - 0°棱镜)

棱镜类型	非屋脊棱镜	屋脊棱镜
t 为奇数时的作用矩阵	$R = \begin{bmatrix} \cos\beta & \sin\beta & 0 \\ \sin\beta & -\cos\beta & 0 \\ 0 & 0 & -1 \end{bmatrix}$	$R = \begin{bmatrix} \cos\beta & -\sin\beta & 0 \\ \sin\beta & \cos\beta & 0 \\ 0 & 0 & -1 \end{bmatrix}$
t 为偶数时的作用矩阵	$R = \begin{bmatrix} \cos\beta & -\sin\beta & 0 \\ \sin\beta & \cos\beta & 0 \\ 0 & 0 & 1 \end{bmatrix}$	$R = \begin{bmatrix} \cos\beta & \sin\beta & 0 \\ \sin\beta & -\cos\beta & 0 \\ 0 & 0 & -1 \end{bmatrix}$

表 13 - 17　空间棱镜作用矩阵 R

棱镜类型	KⅡ - 90° - β 型棱镜	KⅡ_J - 90° - β 型棱镜
作用矩阵	$R = \begin{bmatrix} 0 & 1 & 0 \\ \cos\beta & 0 & \sin\beta \\ \sin\beta & 0 & -\cos\beta \end{bmatrix}$	$R = \begin{bmatrix} 0 & -1 & 0 \\ \cos\beta & 0 & \sin\beta \\ \sin\beta & 0 & -\cos\beta \end{bmatrix}$

13.4.2　反射棱镜的特征方向和极值轴向

前面已经讲到反射棱镜和透镜的不同点,正因为棱镜的光轴是折线,所以它不存在等效节点;但是也有一个与等效节点类似的几何元素,它不是一个点,而是一条线,称之为特征方向。在介绍特征方向之前,先介绍反射棱镜的光轴截面。

反射棱镜光轴截面是指反射棱镜光轴所决定的平面。

复杂的棱镜往往相当于两个或两个以上简单棱镜的组合,其光轴不一定在一个平面内,这样的棱镜没有统一的光轴截面,因此,还有以下定义:

(1)入射光轴截面——由棱镜光轴上最初入射的两根折线所决定的平面。

出射光轴截面——由棱镜光轴上最后出射的两根折线所决定的平面。

(2)反射棱镜存在一个轴向,在物向量固定的条件下,反射棱镜绕此轴向转动时,像向量不发生偏转,称此轴向为特征方向,用 T 表示。

比如一平面反射镜,只要物体不动,不管它绕镜面法线转多大角度,反射光线的方向也不会发生改变。更广泛点说,像坐标系不会发生偏转,平面反射镜的法线就是它的特征方向。

除特征方向外,棱镜绕空间其他轴向旋转均导致像向量的偏转,称之为像偏转。其转角用 μ' 表示,当微量转动时,可用微量转角向量 $\pmb{\mu}'$ 表示。$\pmb{\mu}'$ 可分解 $\pmb{\mu}'_{x'}$、$\pmb{\mu}'_{y'}$、$\pmb{\mu}'_{z'}$,它们的大小分别是 $u'_{x'}$、$u'_{y'}$、$u'_{z'}$。$u'_{x'}$ 是像向量绕出射光轴 x' 的旋转角,即大家所熟知的像倾斜;$u'_{y'}$ 和 $u'_{z'}$ 分别是像向量绕 y' 轴和 z' 轴的旋转角,称为光轴偏转,因为它们会使像面偏斜,也有人称它为像面偏。$u'_{x'}$、$u'_{y'}$ 和 $u'_{z'}$ 有时又分别称为 x' 轴、y' 轴和 z' 轴像偏转,符号规定均以右旋为正。

所谓像偏转极值轴向,即产生 x' 轴、y' 轴和 z' 轴像偏转最大的方向,分别用 $\pmb{\mu}$、$\pmb{\nu}$ 和 $\pmb{\omega}$ 表示,它们均用单位向量表示。绕其转动产生的像偏值称为偏转极值,分别用 $u'_{x'\max}$、$u'_{y'\max}$ 和 $u'_{z'\max}$ 表示。

特征方向、极值轴向和像偏转极值揭示了反射棱镜的动态特性。这些定义和概念是我国光学工作者首次提出来的,在分析计算反射棱镜误差时,使用这些定义和概念可使问题大为简化。下面讨论它们的计算和推导方法。

在棱镜上取一直角坐标系 $O'_0x'_0y'_0z'_0$,使之与像坐标系 $O'x'y'z'$ 同向。棱镜转动后,坐标系 $O'_0x'_0y'_0z'_0$ 随之转动,不再与像坐标系 $O'x'y'z'$ 方向一致,两坐标系基底变换关系为

$$(\pmb{i}'_0 \quad \pmb{j}'_0 \quad \pmb{k}'_0) = (\pmb{i}' \quad \pmb{j}' \quad \pmb{k}')\pmb{S}$$
$$(\pmb{i}' \quad \pmb{j}' \quad \pmb{k}') = (\pmb{i}'_0 \quad \pmb{j}'_0 \quad \pmb{k}'_0)\pmb{S}^{-1}$$

设有一任意向量 $\pmb{B}$,在像坐标系 $O'x'y'z'$ 内标定为 $B_{x'}$、$B_{y'}$、$B_{z'}$,在转动后的直角坐标系(简称"动坐标系")$O'_0x'_0y'_0z'_0$ 内标定为 B'_{x0}、B'_{y0}、B'_{z0},则

$$(\pmb{i}'_0 \quad \pmb{j}'_0 \quad \pmb{k}'_0)\begin{bmatrix} B'_{x0} \\ B'_{y0} \\ B'_{z0} \end{bmatrix} = (\pmb{i}' \quad \pmb{j}' \quad \pmb{k}')\begin{bmatrix} B_{x'} \\ B_{y'} \\ B_{z'} \end{bmatrix} = (\pmb{i}'_0 \quad \pmb{j}'_0 \quad \pmb{k}'_0)\pmb{S}^{-1}\begin{bmatrix} B'_x \\ B'_y \\ B'_z \end{bmatrix}$$

所以

$$\begin{bmatrix} B'_{x0} \\ B'_{y0} \\ B'_{z0} \end{bmatrix} = \pmb{S}^{-1}\begin{bmatrix} B'_x \\ B'_y \\ B'_z \end{bmatrix}$$

即

$$\pmb{B}_0 = \pmb{S}^{-1}\pmb{B}, \quad \pmb{B} = \pmb{S}\pmb{B}_0$$

它表示同一向量 $\pmb{B}$,若在像坐标系 $O'x'y'z'$(定坐标系)内标定为 $\pmb{B}$,在动坐标系 $O'_0x'_0y'_0z'_0$ 内标定为 $\pmb{B}_0$,则有上述关系式。

设物、像向量在像坐标系 $O'x'y'z'$ 内分别标定为 $\pmb{A}$ 和 $\pmb{A}'$,在动坐标系 $O'_0x'_0y'_0z'_0$ 内分别标定为 $\pmb{A}_0$ 和 $\pmb{A}'_0$,则

$$\pmb{A}_0 = \pmb{S}^{-1}\pmb{A}$$
$$\pmb{A}'_0 = \pmb{S}^{-1}\pmb{A}'$$

$\pmb{A}_0$ 和 $\pmb{A}'_0$ 在动坐标系 $O'_0x'_0y'_0z'_0$ 内仍保持共轭关系:

$$\pmb{A}'_0 = \pmb{R}\pmb{A}_0$$

由上面 3 个公式得

$$\pmb{A}' = \pmb{S}\pmb{R}\pmb{S}^{-1}\pmb{A} \tag{13-42}$$

式(13-42)为棱镜转动后的物、像共轭关系,式中 $\pmb{A}$ 和 $\pmb{A}'$ 均在像坐标系 $O'x'y'z'$ 内标定。矩阵 $\pmb{S}$ 为旋转阵,可由向量旋转公式

$$A' = A\cos\alpha + (1 - \cos\alpha)P(A \cdot P) - \sin\alpha(A \times P) \qquad (13-43)$$

求得。

微量转动时,式(13-43)中的 α 可用 $\Delta\alpha$ 代替,忽略二阶以上小量,则

$$\cos\Delta\alpha \approx 1, \quad \sin\Delta\alpha \approx \Delta\alpha$$

代入式(13-43),得

$$A' = A + \Delta\alpha P \times A \qquad (13-43)'$$

令 ΔA 表示微量转动引起的向量变化,则

$$\Delta A = A' - A$$

即

$$\Delta A = \Delta\alpha P \times A \qquad (13-44)$$

其中,$\Delta\alpha$ 和 P 可以结合起来当作一个向量对待,并且此新向量叫作微量转角向量,方向沿向量 P。当转角绕 P 右旋时,$\Delta\alpha$ 为正,$\Delta\alpha P$ 与 P 同向;反之,为反向。它的大小表示微量转角的数值。

下面讨论微量转动时坐标转换矩阵 S 的求法。由于像坐标系 $O'x'y'z'$ 随反射次数而定,奇数为左手坐标系,偶数为右手坐标系,所以 S 也不同。首先讨论反射次数为奇数的棱镜,此时像坐标系 $O'x'y'z'$ 为左手坐标系,故

$$i' \times j' = k', \quad j' \times k' = i', \quad k' \times i' = j'$$

式(13-43)'中 A 分别取为 i'、j'、k',它们绕 P 轴转 $\Delta\alpha$ 角后变为 i'_0、j'_0、k'_0,则

$$i'_0 = i' - \Delta\alpha P_{z'} + \Delta\alpha P_{y'}k'$$

$$j'_0 = \Delta\alpha P_{z'}i' + j' - \Delta\alpha P_{x'}k'$$

$$k'_0 = -\Delta\alpha P_{y'}i' + \Delta\alpha P_{x'}j' + k'$$

即

$$(i'_0 \quad j'_0 \quad k'_0) = (i' \quad j' \quad k')\begin{bmatrix} 1 & \Delta\alpha P_{z'} & -\Delta\alpha P_{y'} \\ -\Delta\alpha P_{z'} & 1 & \Delta\alpha P_{x'} \\ \Delta\alpha P_{y'} & -\Delta\alpha P_{x'} & 1 \end{bmatrix}$$

所以

$$S = \begin{bmatrix} 1 & \Delta\alpha P_{z'} & -\Delta\alpha P_{y'} \\ -\Delta\alpha P_{z'} & 1 & \Delta\alpha P_{x'} \\ \Delta\alpha P_{y'} & -\Delta\alpha P_{x'} & 1 \end{bmatrix}$$

令

$$S_\Delta = \begin{bmatrix} 1 & \Delta\alpha P_{z'} & -\Delta\alpha P_{y'} \\ -\Delta\alpha P_{z'} & 1 & \Delta\alpha P_{x'} \\ \Delta\alpha P_{y'} & -\Delta\alpha P_{x'} & 1 \end{bmatrix} \qquad (13-45)$$

则

$$S = E + S_\Delta$$

$$S^{-1} = E - S_\Delta$$

式中:E——单位矩阵。

将上式代入式(13-42),得

$$A' = (S_\Delta R - RS_\Delta - S_\Delta RS_\Delta + R)A$$

由于微量转动时,S_Δ 内各元素均为小量,$S_\Delta RS_\Delta$ 为二阶小量,可忽略,故用 $\Delta A'$ 表示棱镜

转动后像向量的变化。将上式和式(13-41)′比较,得

$$\Delta \boldsymbol{A}' = (\boldsymbol{S}_\Delta \boldsymbol{R} - \boldsymbol{R}\boldsymbol{S}_\Delta)\boldsymbol{A} \tag{13-46}$$

式中:$\boldsymbol{S}_\Delta$——反对称矩阵,它等于一个向量,即

$$\boldsymbol{S}_\Delta \boldsymbol{A} = \Delta\alpha \boldsymbol{P} \times \boldsymbol{A}$$

$$\boldsymbol{S}_\Delta \boldsymbol{R}\boldsymbol{A} = \boldsymbol{S}_\Delta \boldsymbol{A}'' = \Delta\alpha \boldsymbol{P} \times \boldsymbol{A}$$

式(13-46)变为

$$\Delta \boldsymbol{A}' = \Delta\alpha \boldsymbol{P} \times \boldsymbol{A}' - \boldsymbol{R}(\Delta\alpha \boldsymbol{P} \times \boldsymbol{A}) \tag{13-47}$$

式中:

$$\Delta\alpha \boldsymbol{P} \times \boldsymbol{A} = \Delta\alpha (\boldsymbol{i}' \quad \boldsymbol{j}' \quad \boldsymbol{k}') \begin{bmatrix} P_{x'} \\ P_{y'} \\ P_{z'} \end{bmatrix} \times (\boldsymbol{i}' \quad \boldsymbol{j}' \quad \boldsymbol{k}') \begin{bmatrix} A_{x'} \\ A_{y'} \\ A_{z'} \end{bmatrix}$$

$$= \Delta\alpha (\boldsymbol{i}' \quad \boldsymbol{j}' \quad \boldsymbol{k}') \boldsymbol{R}^{-1} \begin{bmatrix} P'_{x'} \\ P'_{y'} \\ P'_{z'} \end{bmatrix} \times (\boldsymbol{i}' \quad \boldsymbol{j}' \quad \boldsymbol{k}') \boldsymbol{R}^{-1} \begin{bmatrix} A'_{x'} \\ A'_{y'} \\ A'_{z'} \end{bmatrix}$$

$$= \Delta\alpha (\boldsymbol{i} \quad \boldsymbol{j} \quad \boldsymbol{k}) \begin{bmatrix} P'_{x'} \\ P'_{y'} \\ P'_{z'} \end{bmatrix} \times (\boldsymbol{i} \quad \boldsymbol{j} \quad \boldsymbol{k}) \begin{bmatrix} A'_{x'} \\ A'_{y'} \\ A'_{z'} \end{bmatrix}$$

$$= \Delta\alpha (\boldsymbol{i} \quad \boldsymbol{j} \quad \boldsymbol{k}) \begin{bmatrix} P'_{y'}A'_{x'} - P'_{x'}A'_{y'} \\ P'_{z'}A'_{x'} - P'_{x'}A'_{z'} \\ P'_{x'}A'_{y'} - P'_{y'}A'_{x'} \end{bmatrix}$$

$$= \Delta\alpha (\boldsymbol{i}' \quad \boldsymbol{j}' \quad \boldsymbol{k}') \boldsymbol{R}^{-1} \begin{bmatrix} P'_{y'}A'_{z'} - P'_{z'}A'_{y'} \\ P'_{z'}A'_{x'} - P'_{x'}A'_{z'} \\ P'_{x'}A'_{y'} - P'_{y'}A'_{x'} \end{bmatrix}$$

因为像坐标系 $O'x'y'z'$ 为左手坐标系,所以

$$\Delta\alpha' \boldsymbol{P} \times \boldsymbol{A}' = -\Delta\alpha (\boldsymbol{i}' \quad \boldsymbol{j}' \quad \boldsymbol{k}') \begin{bmatrix} P'_{y'}A'_{x'} - P'_{x'}A'_{y'} \\ P'_{z'}A'_{x'} - P'_{x'}A'_{z'} \\ P'_{x'}A'_{y'} - P'_{y'}A'_{x'} \end{bmatrix}$$

由此得

$$\Delta\alpha \boldsymbol{P} \times \boldsymbol{A} = -\boldsymbol{R}^{-1}(\Delta\alpha \boldsymbol{P}' \times \boldsymbol{A}')$$

代入式(13-47)得

$$\Delta \boldsymbol{A}' = \Delta\alpha \boldsymbol{P} \times \boldsymbol{A}' + \Delta\alpha \boldsymbol{P}' \times \boldsymbol{A}'$$

$\Delta \boldsymbol{A}'$ 可用微量转角向量 $\boldsymbol{\mu}'$ 和 $\boldsymbol{A}'$ 的向量积表示,即

$$\Delta \boldsymbol{A}' = \boldsymbol{\mu}' \times \boldsymbol{A}'$$

从而

$$\boldsymbol{\mu}' \times \boldsymbol{A}' = (\Delta\alpha \boldsymbol{P} + \Delta\alpha \boldsymbol{P}') \times \boldsymbol{A}'$$

即

$$\boldsymbol{\mu}' = \Delta\alpha \boldsymbol{P} + \Delta\alpha \boldsymbol{P}' \tag{13-48}$$

或

$$\boldsymbol{\mu}' = (\boldsymbol{E} + \boldsymbol{R})\Delta\alpha \boldsymbol{P} \tag{13-49}$$

式中：E——单位矩阵。

当反射次数为偶数时，像坐标系 $O'x'y'z'$ 为右手坐标系，导出的结果符号相反，即

$$S_\Delta = \begin{bmatrix} 0 & -\Delta\alpha P_{z'} & \Delta\alpha P_{y'} \\ \Delta\alpha P_{z'} & 0 & -\Delta\alpha P_{x'} \\ -\Delta\alpha P_{y'} & \Delta\alpha P_{x'} & 0 \end{bmatrix} \qquad (13-45)'$$

$$\boldsymbol{\mu}' = \Delta\alpha\boldsymbol{P} - \Delta\alpha\boldsymbol{P}' \qquad (13-48)'$$

或

$$\boldsymbol{\mu}' = (\boldsymbol{E} - \boldsymbol{R})\Delta\alpha\boldsymbol{P} \qquad (13-49)'$$

写成具有通用意义的公式：

$$S_\Delta = (-1)^{i-1} \begin{bmatrix} 0 & -\Delta\alpha P_{z'} & \Delta\alpha P_{y'} \\ \Delta\alpha P_{z'} & 0 & -\Delta\alpha P_{x'} \\ -\Delta\alpha P_{y'} & \Delta\alpha P_{x'} & 0 \end{bmatrix} \qquad (13-50)$$

$$\boldsymbol{\mu}' = \Delta\alpha\boldsymbol{P} + (-1)^{t-1}\Delta\alpha\boldsymbol{P}' \qquad (13-51)$$

或

$$\boldsymbol{\mu}' = [\boldsymbol{E} + (-1)^{t-1}\boldsymbol{R}]\Delta\alpha\boldsymbol{P} \qquad (13-52)$$

式中：t——反射次数。

式(13-51)即为"棱镜转动定理"在微量转动时的数学表达式。上面的推导过程实际上是此定理在微量转动条件下的证明。该定理完全可以用数学方法证明（无论是有限转动还是微量转动），因不属于本教材内容，故不予论述。

利用式(13-52)可以导出棱镜的特征方向、极值轴向和像偏转极值。下面以较为复杂的 $\mathrm{K\,II_J}$ $-90°$ $-\beta$ 型棱镜（注：β 表示出射光与入射光的夹角）为例说明它们的求解方法：

由表 13-17 可得此类棱镜的作用矩阵为

$$\boldsymbol{R} = \begin{bmatrix} 0 & -1 & 0 \\ \cos\beta & 0 & \sin\beta \\ \sin\beta & 0 & -\cos\beta \end{bmatrix}$$

代入式(13-52)得

$$\begin{bmatrix} \mu'_{x'} \\ \mu'_{y'} \\ \mu'_{z'} \end{bmatrix} = \begin{bmatrix} 0 & -1 & 0 \\ \cos\beta & 0 & \sin\beta \\ \sin\beta & 0 & -\cos\beta \end{bmatrix} \Delta\alpha \begin{bmatrix} P_{x'} \\ P_{y'} \\ P_{z'} \end{bmatrix}$$

$$= \begin{bmatrix} P_{x'} & -P_{y'} & 0 \\ (\cos\beta)P_{x'} & P_{y'} & (\sin\beta)P_{z'} \\ (\sin\beta)P_{x'} & 0 & (1-\cos\beta)P_{z'} \end{bmatrix} \Delta\alpha$$

若为特征方向，则 $\mu'_{x'}$、$\mu'_{y'}$ 和 $\mu'_{z'}$ 同时等于零，即

$$\mu'_{x'} = (P_{x'} - P_{y'})\Delta\alpha = 0$$

$$\mu'_{y'} = [(\cos\beta)P_{x'} + P_{y'} + (\sin\beta)P_{z'}]\Delta\alpha = 0$$

$$\mu'_{z'} = [(\sin\beta)P_{x'} + (1-\cos\beta)P_{z'}]\Delta\alpha = 0$$

解此方程式，将 $P_{x'}$、$P_{y'}$、$P_{z'}$ 分别用 $T_{x'}$、$T_{y'}$、$T_{z'}$ 代替，又因 $\boldsymbol{T}$ 为单位向量，得

$$T = \pm \frac{\sin\frac{\beta}{2}}{\sqrt{1 + \sin^2\frac{\beta}{2}}} i' \pm \frac{\sin\frac{\beta}{2}}{\sqrt{1 + \sin^2\frac{\beta}{2}}} j' \pm \frac{\cos\frac{\beta}{2}}{\sqrt{1 + \sin^2\frac{\beta}{2}}} k'$$

下面以求解 v 轴和 $\mu'_{y'_{max}}$ 为例说明极值轴向和像偏转极值的解法。

上面已导出 y' 轴像偏转为

$$\mu'_{y'} = [(\cos\beta)P_{x'} + P_{y'} + (\sin\beta)P_{z'}]\Delta\alpha$$

求其梯度：

$$\nabla\boldsymbol{\mu}'_{y'} = \frac{\partial\mu'_{y'}}{\partial P'_{x'}}i' + \frac{\partial\mu'_{y'}}{\partial P'_{y'}}j' + \frac{\partial\mu'_{y'}}{\partial P'_{z'}}k'$$

$$= [(\cos\beta)i' + j' + (\sin\beta)k']\Delta\alpha$$

$$|\nabla\mu'_{y'}| = \sqrt{2}\,\Delta\alpha$$

式中：∇——哈密顿算符。

由梯度定义知：它的方向为取得最大值的方向,其模等于最大值。显然,梯度所指示的方向就是 y' 轴像偏转极值轴向 v 轴的方向。v 取单位向量,则

$$v = \frac{\sqrt{2}}{2}(\cos\beta)i' + \frac{\sqrt{2}}{2}j' + \frac{\sqrt{2}}{2}(\sin\beta)k'$$

梯度的模即为 y' 轴像偏转极值：

$$\mu'_{y'_{max}} = \sqrt{2}\,\Delta\alpha$$

同理,可求得 $\boldsymbol{\mu}$ 轴、$\boldsymbol{\omega}$ 轴和 $\mu'_{x'_{max}}$、$\mu'_{z'_{max}}$。

其他棱镜的特征方向、极值轴向和像偏转极值求解方法相同,这里就不一一举例了。表 13-18～表 13-21 列出了各类棱镜的特征方向、极值轴向和像偏转极值。

表 13-18　平面非屋脊棱镜(包括 FP-0°)的特征方向、极值轴向和像偏转极值

轴	t 为奇数,成"镜像"		t 为偶数,成"相似像"	
	位　置	像偏转极值	位　置	像偏转极值
T	入射光轴反向后与出射光线夹角的平分线	0	垂直光轴截面	0
μ	入射光轴与出射光轴夹角的平分线,与 x' 轴成锐角	$\mu'_{x'_{max}} = 2\Delta\alpha\cos\frac{\beta}{2}$	入射光线反向后与出射光线夹角的平分线,与 x' 轴成锐角	$\mu'_{x'_{max}} = 2\Delta\alpha\sin\frac{\beta}{2}$
v	入射光轴与出射光轴夹角的平分线,与 y' 轴成锐角	$\mu'_{y'_{max}} = 2\Delta\alpha\cos\frac{\beta}{2}$	入射光轴与出射光轴夹角的平分线,与 y' 轴成锐角	$\mu'_{y'_{max}} = 2\Delta\alpha\sin\frac{\beta}{2}$
ω	垂直光轴截面,与 z' 轴同向	$\mu'_{x'_{max}} = 2\Delta\alpha$	—	—
注	出射光轴与入射光轴方向相反时($\beta = 180°$),棱镜绕空间任意轴旋转均不产生像倾斜($\mu'_{x'} = 0$)		出射光轴与入射光轴方向相同时($\beta = 0°$),棱镜绕空间任意轴旋转均不产生像偏转($\mu'_{x'} = \mu'_{y'} = \mu'_{z'} = 0$)	

轴	t 为奇数,成"镜像"		t 为偶数,成"相似像"	
	位　　置	像偏转极值	位　　置	像偏转极值
例	DⅠ－60°		DⅡ－180°	

表 13 - 19　平面屋脊棱镜的特征方向、极值轴向和像偏转极值

轴	t 为奇数,成"镜像"		t 为偶数,成"相似像"	
	位　　置	像偏转极值	位　　置	像偏转极值
T	垂直光轴截面	0	入射光轴与出射光轴夹角的平分线	—
μ	入射光轴与出射光轴夹角的平分线,与 x' 轴成锐角	$\mu'_{x'\max} = 2\Delta\alpha\cos\dfrac{\beta}{2}$	入射光轴反向后与出射光轴夹角的平分线,与 x' 轴成锐角	$\mu'_{x'\max} = 2\Delta\alpha\sin\dfrac{\beta}{2}$
ν	入射光轴反向后与出射光轴夹角的平分线,与 y' 轴成锐角	$\mu'_{y'\max} = 2\Delta\alpha\cos\dfrac{\beta}{2}$	入射光轴反向后与出射光线夹角的平分线,与 y' 轴成锐角	$\mu'_{y'\max} = 2\Delta\alpha\cos\dfrac{\beta}{2}$
ω	—	—	垂直光轴截面,与 z' 轴同向	$\mu'_{z'\max} = 2\Delta\alpha$
注	出射光轴与入射光轴方向相反时($\beta = 180°$),棱镜绕空间任意轴旋转均不产生像偏转 ($\mu'_{x'} = \mu'_{y'} = \mu'_{z'} = 0$)		出射光轴与入射光轴方向相同时($\beta = 0°$),棱镜绕空间任意轴旋转均不产生像倾斜($\mu'_{z'} = 0$)	
例	BⅡ$_J$－45°		DⅠ$_J$－90°	

表 13-20　**K Ⅱ - 90°- β 型棱镜的特征方向、极值轴向和像偏转极值**

轴	位　置	像偏转极值
T	$-\dfrac{\cos\frac{\beta}{2}}{\sqrt{1+\cos^2\frac{\beta}{2}}}i' - \dfrac{\cos\frac{\beta}{2}}{\sqrt{1+\cos^2\frac{\beta}{2}}}j' - \dfrac{\sin\frac{\beta}{2}}{\sqrt{1+\cos^2\frac{\beta}{2}}}k'$	0
μ	$(\cos 45°)i' - (\cos 45°)j'$	$\mu'_{x'_{max}} = \sqrt{2}\,\Delta\alpha$
v	$-(\cos 45°\cos\beta)i' + (\cos 45°)j' - (\cos 45°\sin\beta)k'$	$\mu'_{y'_{max}} = \sqrt{2}\,\Delta\alpha$
ω	$-\left(\sin\dfrac{\beta}{2}\right)i' + \left(\cos\dfrac{\beta}{2}\right)k'$	$\mu'_{z'_{max}} = 2\Delta\alpha\cos\dfrac{\beta}{2}$

注

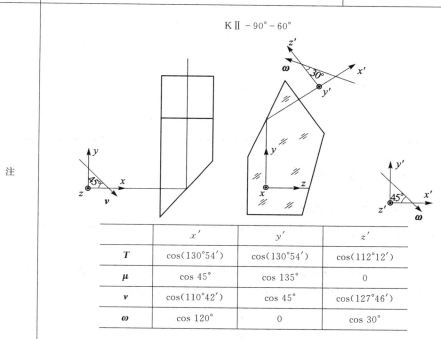

K Ⅱ - 90° - 60°

	x'	y'	z'
T	$\cos(130°54')$	$\cos(130°54')$	$\cos(112°12')$
μ	$\cos 45°$	$\cos 135°$	0
v	$\cos(110°42')$	$\cos 45°$	$\cos(127°46')$
ω	$\cos 120°$	0	$\cos 30°$

表 13-21　**K Ⅱ ⌡ - 90°- β 型棱镜的特征方向、极值轴向和像偏转极值**

轴	位　置	像偏转极值
T	$\dfrac{\sin\frac{\beta}{2}}{\sqrt{1+\sin^2\frac{\beta}{2}}}i' + \dfrac{\sin\frac{\beta}{2}}{\sqrt{1+\sin^2\frac{\beta}{2}}}j' - \dfrac{\cos\frac{\beta}{2}}{\sqrt{1+\sin^2\frac{\beta}{2}}}k'$	0
μ	$(\cos 45°)i' - (\cos 45°)j'$	$\mu'_{x'_{max}} = \sqrt{2}\,\Delta\alpha$
v	$(\cos 45°\cos\beta)i' + (\cos 45°)j' - (\cos 45°\sin\beta)k'$	$\mu'_{y'_{max}} = \sqrt{2}\,\Delta\alpha$
ω	$\left(\cos\dfrac{\beta}{2}\right)i' + \left(\sin\dfrac{\beta}{2}\right)k'$	$\mu'_{z'_{max}} = 2\Delta\alpha\sin\dfrac{\beta}{2}$

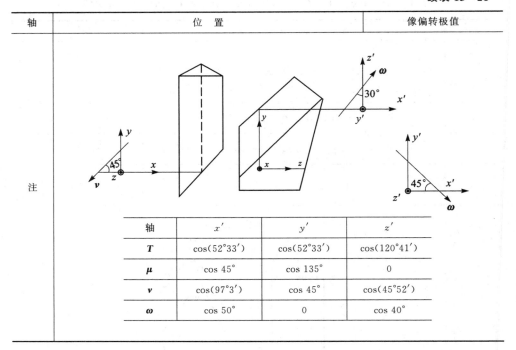

轴	x'	y'	z'
T	$\cos(52°33')$	$\cos(52°33')$	$\cos(120°41')$
μ	$\cos 45°$	$\cos 135°$	0
v	$\cos(97°3')$	$\cos 45°$	$\cos(45°52')$
ω	$\cos 50°$	0	$\cos 40°$

13.4.3 反射棱镜的位置误差

1. 反射棱镜位于平行光路中

只要知道了反射棱镜的作用矩阵 $\boldsymbol{R}$ 和转轴 $\boldsymbol{P}$,由式(13-51)和式(13-52)便可直接求得像偏转 $\boldsymbol{\mu}'$。

此外,还可充分利用极值轴向和像偏转极值来求棱镜绕空间任意轴 $\boldsymbol{P}$ 微量转动时的像偏转,只要将像偏转极值乘以此轴和极值轴向夹角的余弦即可,即

$$\begin{cases} \boldsymbol{\mu}'_{x'} = \boldsymbol{\mu}'_{x'\mathrm{max}} \cdot \cos\varphi \\ \boldsymbol{\mu}'_{y'} = \boldsymbol{\mu}'_{y'\mathrm{max}} \cdot \cos\psi \\ \boldsymbol{\mu}'_{z'} = \boldsymbol{\mu}'_{z'\mathrm{max}} \cdot \cos\omega \end{cases} \tag{13-53}$$

式中:φ,ψ,ω——空间任意轴与极值轴向 $\boldsymbol{\mu}$、$\boldsymbol{v}$、$\boldsymbol{\omega}$ 间的夹角。

2. 反射棱镜位于会聚光路中

上面讨论平行光路时,物、像向量为自由向量,物、像坐标可随意移动。所谓物、像共轭关系,只是方向共轭,无需考虑位置共轭,只计算像偏转即可。但棱镜位于会聚光路中时,问题要复杂得多,物、像向量为定量,物、像坐标可随意移动。除研究物、像的方向共轭关系外,还必须考虑位置共轭。

以下两条是会聚光路汇总物、像向量的标定原则:

(1)由式(13-41)可见,要反映物、像方向共轭关系,物、像向量均应以其在同一坐标基地 i'、j'、k' 的 3 个轴向投影表示。

(2)为反映位置共轭关系,物、像向量必须取为定位向量,物向量应以物坐标系 $Oxyz$ 原点为始点(或端点),像向量应以像坐标系 $O'x'y'z'$ 原点为始点(或端点)。

1) 反射棱镜平移

取直角坐标系 $O_0x_0y_0z_0$ 及 $O'_0x'_0y'_0z'_0$，使它们开始分别与物坐标系 $Oxyz$ 及像坐标系 $O'x'y'x'$ 重合，但它们随棱镜一起运动（称之为动坐标系）。物、像向量在动坐标系内分别标定为 $\boldsymbol{A}_0$ 和 $\boldsymbol{A}'_0$。设棱镜移动量为 $\Delta\boldsymbol{H}$，则

$$\boldsymbol{A}_0 = \boldsymbol{A} - \Delta\boldsymbol{H}$$

$$\boldsymbol{A}'_0 = \boldsymbol{R}\boldsymbol{A}_0$$

$$\boldsymbol{A}' = \boldsymbol{A}'_0 + \Delta\boldsymbol{H}$$

由上面 3 个公式得

$$\boldsymbol{A}' = \boldsymbol{R}\boldsymbol{A} - \boldsymbol{R}\Delta\boldsymbol{H} + \Delta\boldsymbol{H}$$

棱镜移动前像向量应按式(13-41)′计算，即 $\boldsymbol{A}' = \boldsymbol{R}\boldsymbol{A}_0$。用 $\Delta\boldsymbol{A}'$ 表示因棱镜平移导致的像向量变化，则

$$\Delta\boldsymbol{A}' = (\boldsymbol{E} - \boldsymbol{R})\Delta\boldsymbol{H} \tag{13-54}$$

其中，棱镜位移向量 $\Delta\boldsymbol{H}$ 也应用其在像坐标系的 3 个轴向投影表示。

2) 反射棱镜转动

利用式(13-47)可计算会聚光路中棱镜微量转动产生的像点位移。式中 $\boldsymbol{P}$ 为单位向量，且为滑动向量；而 $\boldsymbol{A}$ 和 $\boldsymbol{A}'$ 不一定是单位向量，但为定位向量。

式(13-47)可改写为

$$\Delta\boldsymbol{A}' = \boldsymbol{R}(\boldsymbol{A} \times \Delta\alpha\boldsymbol{P}) - \boldsymbol{A}' \times \Delta\alpha\boldsymbol{P}$$

即

$$\Delta\boldsymbol{A}' = (\boldsymbol{R}\boldsymbol{Q} - \boldsymbol{Q}')\Delta\alpha\boldsymbol{P} \tag{13-55}$$

式中：

$$\boldsymbol{Q} = (-1)^t \begin{bmatrix} 0 & -A'_z & A'_y \\ A'_z & 0 & -A'_x \\ -A'_y & A'_x & 0 \end{bmatrix} \tag{13-56}$$

$$\boldsymbol{Q}' = (-1)^t \begin{bmatrix} 0 & -A'_z & A'_y \\ A'_z & 0 & -A'_x \\ -A'_y & A'_x & 0 \end{bmatrix} \tag{13-57}$$

只要知道转轴 $\boldsymbol{P}$ 及 $\boldsymbol{P}$ 上任意点向物点和像点引出的向量 $\boldsymbol{A}$ 和 $\boldsymbol{A}'$，即可按式(13-55)算出像点位移 $\Delta\boldsymbol{A}'$。由于 $\Delta\boldsymbol{A}'$ 表示像点位移在像坐标系 $O'x'y'z'$ 三个轴向的增量，故可以转轴 $\boldsymbol{P}$ 上任意点 O 为原点作一与像坐标系 $Ox'y'z'$ 同向的直角坐标系 $O'x'y'z'$。向量 $\boldsymbol{A}$ 和 $\boldsymbol{A}'$ 在此坐标系内标定，这不影响计算结果，如图 13-12 所示。

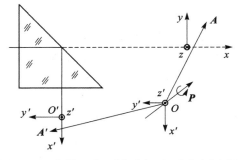

图 13-12　向量 $\boldsymbol{A}$ 和 $\boldsymbol{A}'$ 在坐标系 $O'x'y'z'$ 内标定

通过上面的分析计算可以看出,棱镜误差常用向量表示,故误差传递系数为矩阵而不是数。

13.4.4 反射棱镜的制造误差

反射棱镜的制造误差包括尺寸误差和角度误差。

1. 反射棱镜的尺寸误差

反射棱镜的尺寸误差会使展成的平行玻璃板厚度改变。若棱镜位于会聚光路中,由此将产生像点沿轴的位移,其位移量为

$$\Delta L = \frac{n-1}{n}\Delta d \qquad\qquad (13-58)$$

式中:Δd——展成的平行玻璃板厚度误差。

该尺寸误差与透镜、分划板沿轴位移及透镜焦距误差、棱镜位置误差等原因导致的像点沿轴位移是一样的,最后的结果都是使实际像点和理想像点不重合,造成像的模糊和视差。

展成的平行玻璃板厚度 d 与棱镜的通光口径 D 有关。实际生产中,d 控制与棱镜通光口径 D 有关的尺寸,所以应保证 Δd 在允许误差范围内;反之,若知道棱镜通光口径 D 的误差,则可根据棱镜的通光口径 D 和展成的平行玻璃板厚度 d 的关系算出 Δd,最后按式(13-58)计算像点沿轴的位移。

2. 反射棱镜的角度误差

反射棱镜的角度误差包括光轴截面内角度误差、棱差和屋脊角误差。

1) 光轴截面内角度误差、棱差与光学不平行度的关系

光轴截面内角度误差是指光轴截面与棱镜相邻反射面交线形成的夹角与理想角度之差。

棱差是指在垂直光轴截面方向,由反射棱镜的棱的位置误差引起的出射光线与出射法线的偏差。

光学不平行度是指将棱镜展开成平行玻璃板后,这一平行玻璃板的平行差。对于光轴垂直入射面入射的棱镜,光学不平行度也就是光轴出射前对出射面法线的偏差。

棱镜的光学不平行度用字母 θ 表示。它由两个互相垂直的分量构成:光轴截面内的分量称为第一光学不平行度,用 θ_{I} 表示;垂直于光轴截面的分量称为第二光学不平行度,用 θ_{II} 表示。θ_{I} 是由光轴截面内角度误差引起的,θ_{II} 是由棱差引起的,它们是两个互相垂直的分量,分析其中一个时,可假设另一个为零。

有两种分析计算光学不平行度的方法:一是将棱镜展开成为平行玻璃板,求其平行差;二是在光线垂直入射面入射的条件下,追迹光线,求其出射前和出射面法线间的夹角。

(1)第一光学不平行度 θ_{I} 与光轴截面内角度误差的关系。分析 θ_{I} 与光轴截面内角度误差的关系时,设无棱差,$\theta_{\text{II}}=0$。

将棱镜展开成平行玻璃板,把光轴截面画在纸面上,图面上的直线就是棱镜各工作面及"像"与光轴截面的交线,从而可把两平面的平行差问题归结为两直线的平行差问题。用任意中间线段将展开图前、后两直线连接起来,通过简单的几何关系很容易求出 θ_{I} 与光轴截面内角度误差的关系式。

图 13-13(a)所示为直角棱镜 DⅠ-90°,它的 θ_{I} 为

$$\theta_{\text{I}} = \Delta C - \Delta B = \Delta 45°$$

式中:$\Delta 45°$——两 45°角之差,即 $\Delta 45° = \Delta C - \Delta B$。

图 13 - 13(b)所示为列曼屋脊棱镜 DⅢ$_J$ - 0°,它的 θ_I 为

$$\theta_I = \Delta A - \Delta D - 2\Delta C = \Delta 60° - \Delta 120° + 2\Delta 30°$$

其中,θ_I 表达式中各角度误差为代数量。

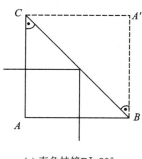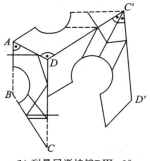

(a) 直角棱镜DI-90°　　　　　(b) 列曼屋脊棱镜DⅢ$_J$-0°

图 13 - 13　反射棱镜角度误差

(2) 第二光学不平行度 θ_{Π} 与棱差的关系。棱差分为 A 棱差和 C 棱差,具体如下:

A 棱差即棱镜中(不限定工作面数)工作面和基准棱间夹角,也就是工作面法线偏离光轴截面的角度,用 γ_A 表示。

C 棱差是指屋脊棱镜的屋脊棱在通过屋脊棱的标准位置并垂直于屋脊角平分面的平面内相对标准位置的偏转角,也就是屋脊棱偏离光轴截面的角度,用 γ_C 表示。

基准棱的选定原则:以入射面和出射面交棱为基准棱,若入射面与出射面平行或重合,则入射面与第一个反射面的交棱为基准棱。图 13 - 13 中基准棱用圆点标志。

对于有制造误差的棱镜,应把垂直于基准棱且包含入射光轴的平面理解为棱镜的光轴截面。

分析 θ_{Π} 与棱差的关系时,假设无光轴截面内的角度误差 $\theta_I = 0$。

令光线垂直于入射面入射(因基准棱为入射面和另一工作面的交棱,故光轴亦垂直于基准棱),然后追迹光线至出射前,求其与出射面法线间的夹角。

A 棱差使反射面法线偏离光轴截面,C 棱差使屋脊棱偏离光轴截面,从而使光线偏离光轴截面。

应指出,表 13 - 18~表 13 - 21 不仅适用于反射棱镜系统,而且适用于平面镜系统。由表 13 - 18 很容易找到单个反射面的极值轴向,由表 13 - 19 很容易找到屋脊面的极值轴向。A 棱差恰使反射面绕其 ν 轴旋转,C 棱差恰使屋脊棱绕两屋脊面构成的双面镜的 ν 轴旋转。由表中像偏转极值公式得

$$\delta_A = 2\gamma_A \cos \alpha_0 \tag{13 - 59}$$

$$\delta_C = 2\gamma_C \cos \beta_0 \tag{13 - 60}$$

式中:δ_A——A 棱差产生的光轴偏离角;

δ_C——C 棱差产生的光轴偏离角;

α_0——反射面光轴入射角;

β_0——入射到屋脊面的光轴和屋脊棱的夹角。

利用式(13 - 59)和式(13 - 60)可逐面追迹光轴,求出 θ_{Π} 与棱差的关系。

例如图 13 - 13(b)所示的列曼屋脊棱镜 DⅢ$_J$ - 0°,光线垂直于入射面入射,AD 面法线在

光轴截面内，光线经其反射不会离开光轴截面。又经 CD 面反射，由于 A 棱差存在，使得 CD 面法线偏离光轴截面，所以光线经其反射后偏离光轴截面，则有

$$\delta_A = 2\gamma_A \cos 60° = \gamma_A$$

如无 C 棱差，则光轴经屋脊面后偏离方向变号（上偏变为下偏，下偏变为上偏）；若又有了 C 棱差，则使光线又增加一偏离量，即

$$\delta_C = 2\gamma_C \cos 60° = \gamma_C$$

又知出射面 CD 法线偏离光轴截面 γ_A 角，因光线和法线相对，故

$$\theta_{\text{II}} = -\gamma_A + \gamma_C + \gamma_A = \gamma_C$$

上面分别用两种不同的方法分析了 θ_{I} 与光轴截面内角度误差及 θ_{II} 与棱差的关系。实际上，两种方法可通用。

2）光轴截面内角度误差、棱差与像倾转的关系

（1）光轴截面内角度误差与像倾斜的关系。无论是反射面，还是屋脊面，光轴截面内角度误差均使它们绕其 ω 轴旋转，故不产生像倾斜。

（2）棱差与像倾斜的关系。反射面及屋脊面的 μ 轴和 ν 轴重合，棱差使它们分别绕其 μ 轴旋转，由表 13-18 和表 13-19 中像偏转极值公式得

$$\mu_{x'_A} = 2\gamma_A \sin \alpha_0 \tag{13-61}$$

$$\mu_{x'_C} = 2\gamma_C \sin \beta_0 \tag{13-62}$$

式中：$\mu_{x'_A}$——A 棱差产生的像倾斜；

　　　$\mu_{x'_C}$——C 棱差产生的像倾斜。

利用式（13-61）和式（13-62）可逐面追迹光轴，从而求得棱差产生的像倾斜。

例如图 13-13(b)所示的列曼屋脊棱镜 $D\text{III}_J-0°$：

$$\mu'_{x'} = \mu_{x'_A} + \mu'_{x'_C} = 2\gamma_A \sin 60° + 2\gamma_C \sin 60° = \sqrt{3}(\gamma_A + \gamma_C)$$

3）光轴截面内角度误差、棱差与光轴偏转的关系

光轴偏转表示光轴经棱镜折转后与正确出射方向的偏差角。它亦可分解为两互相垂直的分量：一是在光轴截面内的折转，称之为光轴偏折，用 δ'_{I} 表示；二是垂直光轴截面的偏转，称之为光轴偏离，用 δ'_{II} 表示。显然，δ'_{I} 与光轴截面内角度误差有关，δ'_{II} 与棱差有关。设 $x'y'$ 平面与光轴截面重合，则

$$\delta'_{\text{I}} = \mu'_{z'}$$

$$\delta'_{\text{II}} = \mu'_{y'}$$

在推导光轴截面内角度误差、棱差与光学不平行度 θ 的关系时，已追迹光轴至出射前，所以只要求出光线经出射面折射后的方向，即可得出光轴偏转。因此，计算制造误差产生的光轴偏转必须考虑出射面法线偏差的影响。

（1）光轴截面内角度误差与光轴偏折 δ'_{I} 的关系：

$$\delta'_{\text{I}} = \mu'_{z'} = n\theta_{\text{I}} + \Delta\omega_{\text{I}} \tag{13-63}$$

式中：$\Delta\omega_{\text{I}}$——出射面法线在光轴截面内的偏差角。

注：有少数棱镜使用时光轴不垂直入射面入射，如道威棱镜 $D\text{I}-0°$、四棱镜 $D\text{II}-90°$ 等。此类棱镜光轴偏折为

$$\delta'_{\text{I}} = \mu'_{z'} = \frac{\sqrt{n^2 - \sin^2 i_0}}{\cos i_0}\theta_{\text{I}} + \Delta\overline{\omega}_{\text{I}}$$

式中：i_0——光轴在入射面的折射角。

（2）棱差与光轴偏离 δ'_{II} 的关系：

$$\delta'_{II} = \mu'_{y'} = n\theta_{II} + \Delta\omega_{II}$$

式中：$\Delta\omega_{II}$——出射面法线在垂直光轴截面方向的偏差角。

4）屋脊角误差与双像差的关系

屋脊角误差指两屋脊面夹角的误差，用 δ 表示。屋脊角误差会使一束平行光经屋脊面发射后变成互相间夹一定角度的两束平行光，因而在成像面形成双像。这种由屋脊角误差产生的双像夹角值称为双像差，用字母 S 表示。双像差 S 与屋脊角误差 δ 的关系为

$$S = 4n\delta\cos\alpha_0 \qquad\qquad (13-64)$$

式中：α_0——屋脊棱镜垂直面与入射至屋脊面光轴间的夹角。

3．反射棱镜角度公差的给定

反射棱镜可以展成平行玻璃板，它具有平行玻璃板的某些特性，如角度误差产生的色散也为 $\delta'_{CF} = (n_F - n_C)\theta$；但绝不能将反射棱镜完全视为平行玻璃板，两者是有差别的。如角度误差产生的光轴偏转计算公式就与平行玻璃板的不一样，同时它还有诸如像倾斜、双像差等特殊问题，这一点必须充分注意。

1）光轴截面内角度误差、棱差及光学不平行度公差的给定

（1）一般来讲，制造误差产生的像偏转可以在装校时用位置误差产生的像偏转补偿，这时只按色散给定公差即可。由于色散只与光学不平行度有关，等于图纸上只给出 θ 的公差，但为了不使棱镜形状变化太大，对出、入射面夹角按自由公差予以限制。

棱镜允许的色散用式（13-31）计算。

（2）由表 13-18 和表 13-19 知，棱镜 D$_{II}$-180°、屋脊棱镜 D$_{II_J}$-45°的特点是绕空间任意轴旋转均不产生像偏转；棱镜 D$_{III_J}$-90°和 D$_{I}$-0°的特点是绕空间任意轴旋转均不产生像倾斜。如果系统中只有一块这类棱镜，这时是无法用位置误差产生的像倾斜去补偿制造误差产生的像倾斜的，因此，必须根据色散及像倾斜两方面要求来给定公差。

一般系统允许的像倾斜可参阅表 13-14。只要棱镜及平面反射镜产生像倾斜，那么每个零件允许的像倾斜为

$$\mu'_{x'} = \frac{\mu'_{x'总}}{\sqrt{G}} \qquad\qquad (13-65)$$

式中：G——系统中棱镜和平面镜总数。

（3）有极个别情况，系统光轴偏转要求很严，且无调整环节，此时应根据色散、像倾斜及光轴偏转三方面要求给定公差。设系统允许的光轴偏转为 $\delta'_总$，且令 $\delta'_{I总} = \delta'_{II总}$，则

$$\delta'_{I总} = \delta'_{II总} = \frac{\delta'_总}{\sqrt{2}}$$

$$\begin{cases} \delta'_{I} = \dfrac{\delta'_{I总}}{\sqrt{K}} \\[3mm] \delta'_{II} = \dfrac{\delta'_{II总}}{\sqrt{K}} \end{cases} \qquad\qquad (13-66)$$

式中：δ'_{I}——每个零件允许的光轴偏折对系统光轴偏折的贡献；

δ'_{II}——每个零件允许的光轴偏离对系统光轴偏离的贡献；

K——误差分布系数。

棱镜在系统中的位置不同，由它制造误差产生的色散及像偏转（像倾斜和光轴偏转）贡献就不同，表 13 - 22 列出了几种不同的关系式。

表 13 - 22　制造误差产生的色散与像偏转

棱镜位置 ＼ 考虑条件 关系式	按棱色散考虑	按像偏转考虑	
		光轴偏转	像倾斜
物镜前	$\theta = \dfrac{\delta_{\mathrm{CF}}}{\Gamma(n_F - n_C)}$	$n\theta_{\mathrm{I}} + \Delta\omega_{\mathrm{I}} = \dfrac{\delta'_{\mathrm{I}}}{\Gamma}$ $n\theta_{\mathrm{II}} + \Delta\omega_{\mathrm{II}} = \dfrac{\delta'_{\mathrm{II}}}{\Gamma}$	$\mu'_{x'} = F(\gamma_{\mathrm{A}} \cdot \gamma_{\mathrm{C}})$
物镜分划板间	$\theta = \dfrac{\delta'_{\mathrm{CF}} \cdot f'_{目}}{l(n_F - n_C)}$	$n\theta_{\mathrm{I}} + \Delta\omega_{\mathrm{I}} = \dfrac{\delta'_{\mathrm{I}} \cdot f'_{目}}{l}$ $n\theta_{\mathrm{II}} + \Delta\omega_{\mathrm{II}} = \dfrac{\delta'_{\mathrm{II}} \cdot f'_{目}}{l}$	$\mu'_{x'} = F(\gamma_{\mathrm{A}} \cdot \gamma_{\mathrm{C}})$
目镜后	$\theta = \dfrac{\delta_{\mathrm{CF}}}{(n_F - n_C)}$	$n\theta_{\mathrm{I}} + \Delta\omega_{\mathrm{I}} = \delta'_{\mathrm{I}}$ $n\theta_{\mathrm{II}} + \Delta\omega_{\mathrm{II}} = \delta'_{\mathrm{II}}$	$\mu'_{x'} = F(\gamma_{\mathrm{A}} \cdot \gamma_{\mathrm{C}})$

注：① $\mu'_{x'} = F(\gamma_{\mathrm{A}} \cdot \gamma_{\mathrm{C}})$，表示像倾斜是棱差的函数，每个棱镜的具体关系式可按本节介绍的方案求得；
　　② l 为棱镜光轴长度中点到分划面的距离。

2）屋脊角公差的给定

屋脊角误差产生的双像差允许值一般按目方双像差间夹角 $S' \leqslant 20''$ 计算。

棱镜位于物镜前：

$$S = \frac{S'}{\Gamma} \tag{13 - 67}$$

棱镜位于物镜与分划板间：

$$S = \frac{S' f'_{目}}{\dfrac{L'_{\mathrm{J}}}{n} + L'_{\mathrm{F}}} \tag{13 - 68}$$

式中：L'_{F}——棱镜出射面至分划面的距离；

　　　L'_{J}——棱镜展开成平行玻璃板后，光轴与屋脊棱交点至平行玻璃板出射面的距离。

最后，按公式

$$S = 4n\delta\cos\alpha_0$$

给定屋脊角公差。

13.4.5　应用举例

本小节将讨论 63 式 $8^{\times}$ 炮队镜棱镜角度公差的给定及装校方案。炮队镜光路如图 13 - 14 所示。

1. 靴形屋脊棱镜 $\mathrm{FX_J}$ - 90°角度公差的给定

1）光学不平行度及出、入射面角度公差的给定

本产品允许用位置误差产生的像偏转补偿制造误差产生的像偏转，可只按色散给定公差。

系统中可能产生色散的零件有保护玻璃、物镜、目镜和靴形屋脊棱镜，$K = 4$。设系统允许的像方色散为 $0.5'$，由式 (13 - 31)′ 得靴形屋脊棱镜 $\mathrm{FX_J}$ - 90°允许的色散为

$$\delta'_{CF} = \frac{\delta'_{CF总}}{\sqrt{K}} = \frac{0.5'}{\sqrt{4}} = 0.25'$$

此棱镜位于物镜与分划板间,由表 13 - 22 查得

$$\theta = \frac{\delta'_{CF} f'_目}{l(n_F - n_C)}$$

已知

$$f'_目 = 20.2 \text{ mm}, \quad l = 78.58 \text{ mm}$$
$$n_F - n_C = 806 \times 10^{-5}$$

代入上式得

$$\theta = 8'$$

令 $\theta_I = \theta_{II}$,则

$$\theta_I = \theta_{II} = \frac{\theta}{\sqrt{2}} = 5'6''$$

由上面计算可知,光学不平行度公差可给
定为

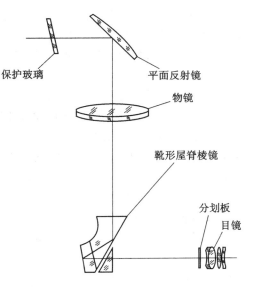

图 13 - 14　炮队镜光路

$$\theta_I = \pm 5'$$
$$\theta_{II} = \pm 5'$$

由于此棱镜为复合棱镜,当两棱镜组合时,其空气隙有棱角,也会产生色散。为此,可通过
控制棱镜的出射面和入射面的垂直度及有关角度保证空气隙的平行度,从而对组合后的出射
面和入射面垂直度允许误差提出 $\pm 3'$ 的技术要求。

2) 屋脊角公差的给定

取系统目方允许的双像差 $S' \leqslant 20''$,由式(13 - 68)得

$$S = \frac{S' f'_目}{\dfrac{L'_J}{n} + L'_F}$$

将 $L_J = 19 \text{ mm}, n = 1.516\,3, L'_F = 45.8 \text{ mm}$ 代入上式得

$$S = 7''$$

再由式(13 - 64)得

$$\delta = \frac{S}{4n\cos\alpha_0} = \frac{7''}{4 \times 1.516\,3 \times \cos 15°} = 1''$$

可见,允许的屋脊角误差是很难实现的,工艺上保证比较困难,在对瞄准精度影响不大的
前提下可适当放宽些。

2. 装校方案的讨论

这里讨论光轴(严格来讲,应是视轴或瞄准轴,考虑习惯上如此称呼,故仍称光轴,但应注
意并非应用光学中所定义的光轴)及像倾斜的调校。

调校中对光轴偏转及像倾斜最敏感的元件是平面镜和棱镜。本产品的平面镜位于平行光
路中,棱镜位于会聚光路中。就像倾斜而言,无论是平行光路,还是会聚光路,计算公式都是一
样的,但光轴偏转计算两者却有很大差异。当平面镜或棱镜位于平行光路中时,系统的光轴偏
转只与它们产生的光轴偏转有关;当平面镜或棱镜位于会聚光路中时,系统的光轴偏转应根据
像点在分划面的位移计算,而像点位移除与零件的旋转有关外,尚与零件的移动有关,即计算

起来比较麻烦。因此,本产品最好是用平面镜校光轴,用棱镜校像倾斜。下面就现行的装校方案进行分析,并讨论改进的方法。

目前炮队镜装校时是通过调整平面镜初校光轴,然后用棱镜校像倾斜,最后再用平面镜精校光轴。

平面镜位于平行光路中,分析起来比较简单,这里只研究棱镜在调校过程中的一些问题。

图 13-15 所示为棱镜的光轴截面,装校时靠调整螺钉Ⅰ、Ⅱ来校正像倾斜。调整螺钉Ⅰ时,棱镜绕螺钉Ⅱ、Ⅲ连线 P_1 转动;调整螺钉Ⅱ时,棱镜绕螺钉Ⅲ、Ⅰ连线 P_2 转动。P_1 和 P_2 共面,在光轴截面上方 8.3 mm 处,图中 P_1' 和 P_2' 为 P_1 和 P_2 在光轴截面上的投影,P_1' 与出射光轴的夹角为 $64°36'$,P_2' 与出射光轴夹角的为 $45°$。

调整棱镜校像倾斜的同时会产生像点位移。在图 13-15 中,根据表 13-19 画出了棱镜的 3 个极值轴向 μ、ν 和 T。下面分别计算绕 P_1 轴和 P_2 轴旋转产生的像倾斜和像点位移。

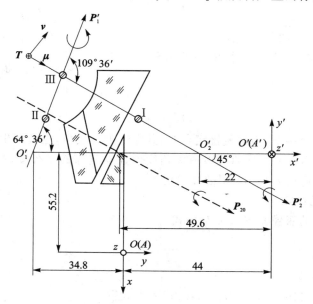

图 13-15　棱镜的光轴截面

1）绕 P_1 轴旋转 $\Delta\alpha$ 角

（1）像倾斜计算。由图 13-15 知 $\varphi_1 = 109°36'$,代入式(13-53)得

$$\mu'_{x'} = \mu'_{x'\,\text{max}} \cos\alpha = 2\Delta\alpha \cos 45° \cos(109°36') = -0.474\Delta\alpha$$

此结果说明棱镜按图示方向（绕 P_1 轴右旋）转一微小角度 $\Delta\alpha$,像绕出射光轴左旋 $0.474\Delta\alpha$ 角。

（2）像点位移计算。求轴上像点（它也是像坐标的原点）位移即可,用 A' 表示,与之共轭的物点用 A 表示。

设 P_1 轴与出射光轴 x' 上方的平行轴交于 O_1 点,以 O_1 点为原点作一直角坐标系 $O_1 xyz$,与像坐标系 $O_1' x'y'z'$ 同向,由 O_1 点分别向 A 点和 A' 点引连线 $\overline{O_1A}$ 和 $\overline{O_1A'}$,则

$$A = \overline{O_1A'}, \quad A' = \overline{O_1A'}$$

图 13-15 中,因 O_1 点在图面上方,所以只画出 O_1 点在图面上的投影 O_1'。显然,A 和 A' 在 $O_1 x'y'z'$ 坐标系内的标定分别为

$$A = (i' \quad j' \quad k')\begin{bmatrix} A_{x'} \\ A_{y'} \\ A_{z'} \end{bmatrix} = (i' \quad j' \quad k')\begin{bmatrix} 34.8 \\ -55.2 \\ 8.3 \end{bmatrix} = 34.8i' - 55.2j' + 8.3k'$$

$$A' = (i' \quad j' \quad k')\begin{bmatrix} A'_{x'} \\ A'_{y'} \\ A'_{z'} \end{bmatrix} = (i' \quad j' \quad k')\begin{bmatrix} 78.8 \\ 0 \\ 8.3 \end{bmatrix} = 78.8i' + 8.3k'$$

由式(13-55)知：

$$\Delta A = (RQ - Q')\Delta\alpha P'$$

由表 13-16 知：

$$R = \begin{bmatrix} 0 & -1 & 0 \\ 1 & 0 & 0 \\ 0 & 0 & -1 \end{bmatrix}$$

由式(13-56)及式(13-57)知：

$$Q = \begin{bmatrix} 0 & 8.3 & 55.2 \\ -8.3 & 0 & 34.8 \\ -55.2 & -34.8 & 0 \end{bmatrix}$$

$$Q' = \begin{bmatrix} 0 & 8.3 & 0 \\ -8.3 & 0 & 78.8 \\ 0 & -78.8 & 0 \end{bmatrix}$$

由图 13-15 知：

$$P_1 = (i' \quad j' \quad k')\begin{bmatrix} P_{1x'} \\ P_{1y'} \\ P_{1z'} \end{bmatrix} = (i' \quad j' \quad k')\begin{bmatrix} \cos(64°36') \\ \sin(64°36') \\ 0 \end{bmatrix} = [\cos(64°36')]i' + [\sin(64°36')]j'$$

将以上数据代入式(13-55)，得

$$\begin{bmatrix} \Delta A'_{x'} \\ \Delta A'_{y'} \\ \Delta A'_{z'} \end{bmatrix} = \begin{bmatrix} -3.9\Delta\alpha \\ -11.1\Delta\alpha \\ 126.3\Delta\alpha \end{bmatrix}$$

2) 绕 P_2 轴转 $\Delta\alpha$ 角

(1) 像倾斜的计算。P_2 轴恰为最大像倾斜方向(μ 轴)，由表 13-19 直接查得

$$\mu'_{x'} = \mu'_{x'_{max}} = 2\Delta\alpha\cos 45° = \sqrt{2}\Delta\alpha$$

(2) 像点位移计算。仍求轴上像点 A 的位移，此时

$$Q = \begin{bmatrix} 0 & 8.3 & 55.2 \\ -8.3 & 0 & -22 \\ -55.2 & 22 & 0 \end{bmatrix}$$

$$Q' = \begin{bmatrix} 0 & 8.3 & 0 \\ -8.3 & 0 & 22 \\ 0 & -22 & 0 \end{bmatrix}$$

$$P_2 = \frac{\sqrt{2}}{2}i' - \frac{\sqrt{2}}{2}j'$$

代入式(13-55)得

$$\begin{bmatrix} \Delta A'_{x'} \\ \Delta A'_{y'} \\ \Delta A'_{z'} \end{bmatrix} = \begin{bmatrix} 11.7\Delta\alpha \\ 0 \\ 39.0\Delta\alpha \end{bmatrix}$$

3) 讨　论

通过上面的分析计算可以得出以下3点：

(1) P_1 轴和 P_2 轴校正像倾斜的同时均产生像点位移，所以校完像倾斜后必须精校光轴。

(2) 用 P_2 轴校像倾斜敏感，因为它是最大像倾斜方向；而且由计算结果知，产生的像点垂轴位移也比较小，但产生的像点沿轴位移比较大，会导致像的模糊和视差。

(3) 找到一个调整轴，用它校像倾斜时不产生像点位移，这样的结论是可以的。仔细分析计算过程发现，用 P_2 轴校像倾斜产生像点沿轴位移的原因是此轴不在光轴截面内。若将其移至截面内，则像点沿轴位移 $\Delta A'_{z'}=0$；同时，若使 $A_x+A'_{z'}=-A_y=55.2$ mm，像点沿轴位移也可等于零（$\Delta A'_{z'}=0$）。所以，将 P_2 轴平移至光轴截面内，且与 x' 轴交于 -49.6 mm 处（如图13-15中虚线所示 P_{20} 轴），即可达到校像倾斜不产生像点位移的目的。如果结构上允许，最好将调整轴旋在这个位置上，好处是校完像倾斜后不用再精校光轴了。

思考与练习题

13-1 光学仪器中的对准包括横向对准和纵向对准，其各代表什么意义？

13-2 提高光学仪器对准精度有哪几种方法？

13-3 什么是透镜的等效节点和等效节平面？透镜的位置误差对瞄准精度有何影响？

13-4 焦距误差对瞄准镜、测量相机精度有何影响？焦距误差对放大倍率有何影响？

13-5 分划板的制造误差主要是分划面的刻划误差，它如何影响瞄准和测量精度？

13-6 什么是透镜偏心差？对像质有何影响？

13-7 对望远系统如何给定它的全视差角公差？

13-8 何谓反射棱镜的特征方向和极值轴向？用什么表示？

13-9 什么是反射棱镜的特征方向、作用矩阵 R 和转轴 P？

13-10 如何利用极值轴向和像偏转极值？求棱镜绕空间任意轴 P 微量转动时的像偏转？

13-11 反射棱镜角度误差包括光轴截面内的哪些误差？棱镜光轴截面内角度误差、棱差与像偏转有何关系？

13-12 在不考虑像差的情况下，试分析总结透镜的位置误差与制造误差对透镜成像的影响。

13-13 当同时存在位置误差和制造误差时，试分析这些误差对透镜的垂轴放大率有什么影响。

13-14 平行玻璃板位于汇聚光路中时，描述其转动与像点位移之间的关系，当采用微量转角时的近似公式进行计算时，其造成的原理误差是多大？

第 14 章　仪器电子系统精度分析

14.1　概　述

现代光学仪器,无论是光学计量仪器、物理光学仪器,还是测绘仪器、天文仪器,均采用光电技术、电子技术、自动化技术和计算机等组成智能系统。这样不仅提高了仪器的精度和自动化程度,而且出现了光机电综合的新型光学设备,使传统的光学仪器包含了高科技成分。可以说,电子技术是现代光学仪器不可缺少的重要组成部分。

根据功能的不同,光学仪器中的电子技术应用系统可分为电子测量系统和电子控制系统两种。其中,电子测量系统的作用是对光学量(如光照度、光通量、光谱等)和其他物理量(如角位移、线位移等)进行测量,由电子学系统对信号进行处理,最后将测量结果显示或记录下来。有些复杂的测量系统要用计算机进行数据处理,可将测量结果打印成表格或绘制成曲线,也可将结果存储起来或传输到其他设备上。

为保证光学仪器高效率工作,需要对某些光学、机械部件或单元进行自动调节,这将由电子控制系统来完成。如自动定位、自动跟踪、自动调光和自动调焦等都属于自动控制系统。此外,还有一些具有辅助功能的电子系统,如自动指示、自动变换量程、自动保护和报警等,这些可以称为辅助电子控制系统。

在许多光学仪器中,电子测量与电子控制并不能截然分开,例如平衡式测量系统内部就包括一个闭环系统。又如在采用计算机的光学仪器中,计算机同时对测量数据与控制数据进行处理,此时测量系统与控制系统是合二为一的。

光学仪器中的电子测量与电子控制涉及的技术很多,本章无法详述其原理和精度分析方法,这些内容可在许多电子线路和控制理论的教科书中找到。本章的目的在于使光学仪器设计者了解影响电子测量与电子控制系统精度的因素,了解电子系统与光学机械系统之间的相互关系,以及精度分析的基本方法。

14.2　仪器电子测量系统的精度原理

14.2.1　电子测量系统的组成及其精度特点

根据组成方式的不同,可以将光学仪器中的电子测量系统分为开环式测量、平衡式测量和比例式测量 3 种类型。它们的工作原理以及精度是不一样的。

1. 开环式测量系统

图 14-1 所示为开环式测量系统结构框图。光源发出的连续光经过斩光器调制成脉冲光束照射在被测元件上,然后由测量元件(光电探测器)接收,再经过电子学放大或进行其他处

理,最后用数字仪表指示或记录测量结果。

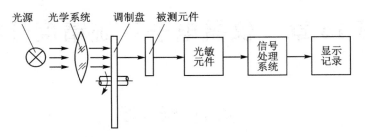

图 14-1 开环式测量系统结构框图

由图 14-1 及上述论述可见,开环式测量系统并不将测量结果反馈到测量元件上,所以开环测量比较直观简单,是一种最常见的测量方式。由于这种系统中每一环节,如光源、光学系统、光敏元件、信号处理系统都会带来测量误差,所以对于测量指标要求高的模拟电路系统,都不采用这种测量方式,而是采用平衡式测量。但是,当使用脉冲数字电路处理信号时,由于电路引进的误差很小,所以采用开环式测量较为普遍。

2. 平衡式测量系统

在开环式测量系统中,往往要利用测量元件(如光电探测器)的光度特性。该特性并不稳定,会给测量带来很大误差。除此以外,系统其他部分发生的变化也会造成同样后果。为了避免开环式测量的缺点,可以用平衡式测量系统,如图 14-2 所示。这种系统是采用同一光源和电路同时测量被测元件和参考元件,用测量元件(光电探测器)测量它们彼此间的差值。图中,光源发出的光由棱镜分成两束,即被测光束与参考光束,经调制盘斩成脉冲光束之后,两束光分别通过被测元件和参考元件(图中参考元件为光楔),又轮流照射到光电探测器上。如果两个通道的光通量不等,则光电探测器将输出电信号,经放大后推动伺服系统工作,并调整光楔的位置,直至两个通道的光通量相等为止。由于光楔的特性是精确测定的已知量,所以在系统平衡时根据光楔的位置即可得知被测元件的特性。由此可见,由于光源、光电探测器及信号调理等都是相同的,其变化对被测元件及参考元件的影响也相同,因此对测量结果的影响不大。平衡式测量系统的误差主要取决于控制系统的调整精度及参考元件的定标精度。前面已经论

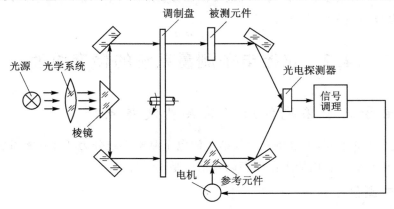

图 14-2 平衡式测量系统原理框图

述,参考元件可以准确标定,所以测量误差主要取决于控制系统的调整精度。若信号调理电路的放大器的倍数较高,则调整精度及测量精度也很高,这是该系统的优点。它的缺点是结构复杂,而且闭环控制系统还有稳定性问题,调整比较麻烦,成本也较高。

3. 比例式测量系统

图 14−3 所示为比例式测量系统原理框图。它与平衡式测量系统的差别在于,参考光束通过一个固定不变的参考元件,后面利用一个与调制盘同步的电子开关,用时间同步的方法取出被测信号与参考信号,再输入到各自的滤波系统,最后根据两个信号的比例显示测量结果。

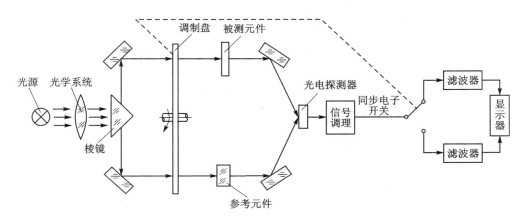

图 14−3   比例式测量系统原理框图

在比例式测量系统中,除了滤波系统外,光电探测器和信号调理电路等都是相同的,所以它可以消除开环系统中存在的许多误差。当然与平衡式测量系统相比,由于比例式测量系统的两个通道比例系数不是 1,因而各种误差因素的影响是不一样的,所以其测量精度一般低于平衡式测量系统。但此系统结构简单,既没有反馈控制系统,也没有传动机构,所以也就不存在控制系统的稳定性问题,因此,在简化设计和降低成本方面都具有较大的意义。

应当说明的是,如果被测元件与参考元件之间的比例系数近似为 1,则该比例式测量系统也可变成一个简化的平衡式测量系统,只是参考元件需要调整,后面光电探测器检测的是被测元件与参考元件之间的偏差,最后显示测量结果。显然,这种系统兼有平衡式和比例式测量系统的优点,精度高且结构简单。因此,凡是将被测元件与参考元件进行比较测试的情况,都可采用这种简化的平衡式和比例式混合测量系统,如图 14−4 所示。

14.2.2   测量元件的精度

在光学仪器的电子系统中应用多种测量元件——传感器,它们将各种光学量或机械量变成电信号。它们的精度是决定测量系统精度的关键。常用的传感器有下面几种:

(1) 角度测量元件,包括电位计、同步机、光电轴角编码器和圆感应同步器。

(2) 线位移测量元件,包括电位计、差动变压器、激光干涉条纹计数装置、光栅莫尔条纹计数装置和直线感应同步器。

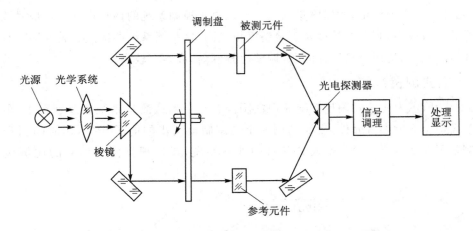

图 14-4 平衡式和比例式混合测量系统原理框图

（3）角速度测量元件，包括直流测速机、交流测速机和数字测速计。

（4）光电探测器，包括光电倍增管、光电二极管、光电三极管、光电池、光纤传感器、光电耦合器件（CCD）和光电位置传感器（PSD）。

在上述各元件中，光电探测器又是最重要的测量元件。它不仅在某些仪器中起最重要的测量作用，也可以作为光电信号接收器件，与其他元件共同完成测量任务。比如编码器中的光敏管就是如此。光电探测器可分为两类：一类是光电发射器件，其阴极发射的光电子在真空或气体中运动，如光电倍增管；另一类为固体器件，它是受激电荷靠电子或空穴在固体内运动，如光电二极管、光电三极管、CCD 和 PSD 等。

实际应用中，光电探测器的选择受到被测对象特性及测量精度的限制，即在对探测光谱范围、灵敏度、光源或寿命等因素有不同要求时，需采用某一特定器件更为适合。例如 PIN 型光电二极管响应时间短，光电接收面积大，常用在光度计及光电检测系统中。光电倍增管灵敏度高，线性好，经常用于弱光信号探测仪器（如天文测量仪器、激光测距仪器和光谱仪器）中。CCD 器件由于具有图像存储特性，而用于图像检测、表面疵病分析和图形处理等仪器中。由于固体光电探测器具有结构坚固、体积小、寿命长等特点，所以在测量系统中应用较广。但一般固体光电探测器受温度影响较大，线性度也较差。随着半导体技术，特别是集成电路设计与加工技术的发展，这一问题已得到了很好的解决。所以，它们已被广泛用于光电探测系统中，作为光电探测器实现各种情况下的光信号与电信号的转换。

光电探测器用做测量元件时，其误差因素很多，不同种类元件的特性也不相同。在分析精度时应注意入射光通量、光波长、灵敏度、暗电流、噪声电流、光谱响应及响应时间等参数的误差。

除光电探测器以外，其他测量单元往往比较复杂。现代光电仪器一般均包括光学、精密机械及电子学等几个部分，误差分析过程也相当复杂。本章将分析控制系统的一个传感器误差——电视跟踪器误差，它与测量系统传感器误差分析是一致的。表 14-1 列出了光学仪器中常用测量元件的精度及其应用特点，可供设计时参考。

表 14 - 1　光学仪器中常用测量元件的精度及其应用特点

类　别	名　称		测量范围	精　度	线　性	优　点	缺　点
线位移传感器	电阻式电位器（电子尺）		1～1 000 mm	±0.05%	±0.05%	结构简单,性能稳定,使用方便	分辨率不高,局部易损坏,分辨率与尺寸有关
	差动变压器		±0.002 5～±25 mm	±0.1%	±0.15%	分辨率较高	易受干扰,屏蔽要求高
	动电容		0.05～10 mm	±0.000 5%	—	—	介电常数变化会引起误差
	激光干涉装置		—	0.001 mm（长 1 000 mm）	—	—	—
	直线感应同步器		0～9 999.99 mm	0.000 2 mm	—	制造成本低,安装使用方便,工作条件要求低	信号处理方式较复杂,测量精度受到测量方法的限制
	直线光栅尺		1～3 000 mm	±0.002～±0.01 mm	—	容易得到位移方向及速度	—
	激光位置传感器	PSD 型	0.5～200 mm	0.001 mm	<±0.2%	非接触测量,速度快,精度高	—
		CCD 型	2～750 mm	0.000 5 mm	<±0.1%		
角位移传感器	电位器		360°	±0.1%	±0.1%	结构简单,性能稳定,使用方便	局部易损坏,有电感,分辨率与尺寸有关
	同步机		360°	±5′	±0.5%	转速高,可达100 r/min	精度低
	倾角传感器		±5°～±60°	最高达 0.01°	—	体积小,灵敏度高,线性好,寿命长,稳定性和抗冲击性高	—
	圆感应同步器		0～359.999°	0.000 5°（1.8″）	—	制造成本低,安装使用方便,对工作环境条件要求不高	信号处理方式较复杂,测量精度受到测量方法的限制
	光电编码器	增量式	循环	0.01°	—	体积小,精度高,工作可靠,接口数字化	—
		绝对式	0～360°	±60″（14 位）			
角速度传感器	直流测速机		5 000 r/min	0.1%	0.07%（3 600 r/min以下）	输出极性与旋转方向有关	换向片噪声大,脉动大
	交流测速机		5 000 r/min	0.5%	0.05%（3 600 r/min以下）	输出电压、频率正比于转速,便于数字化	—
	数字测速计		0～1 000 000 r/min	一般为±1%	—	—	—
	陀螺仪		±300°/s	12.5(1±10%)	0.1%	可靠性高,功耗低,易于使用,尺寸小,成本低	—

类　别	名　称		测量范围	精　度	线　性	优　点	缺　点
光辐射传感器	光电倍增管		$2\times10^{-15}\sim$ 2×10^{-4} lm	$\pm5\%$	$\pm3\%$	灵敏度非常高,增益大,响应时间小于10 ns	—
	光敏三极管		$5\sim2\,500$ lx	$\pm5\%$	非线性严重	尺寸小,寿命长	受温度影响大
	光电池		$400\sim$ $1\,100$ nm	750 nm	—	面积大,寿命长,输出信号强	非线性大
	图像传感器	CCD	峰值波长 550	1×1 μm	11 100 万像素	噪声低,分辨率高	工作电压高,外部时钟生成器和驱动复杂
		CMOS	—	$1.75\times$ 1.75 μm	线性好	集成性好,功率低,图像捕捉灵活且动态范围大	噪声大,灵敏度低

14.2.3　信号处理电路的误差

1. 模拟信号处理电路的误差

许多传感器,如光电二极管、光电三极管、光电倍增管、电位计、PSD 等输出的都是连续直流或交流电压(或电流,即模拟信号),之后需直接进行放大或进行模拟运算。这种信号的处理方法称为模拟信号处理,如图 14 - 5 所示。

模拟信号是以电压或电流的大小来表示的,所以任何影响信号大小的因素都会造成误差,例如放大器的不灵敏区,放大器的线性度及增益的稳定性,放大器的漂移、干扰及噪声,基准元件或基准电压的稳定度等。

当测量信号变化较快,或者说测量频谱较宽时,还应考虑放大器频带对动态测量的影响。一般来讲,如果放大器频带超出信号频谱 10 倍以上,这种影响就可以忽略。

如果要用运算放大器或其他运算装置作某些模拟运算,还应考虑运算误差。此外,指示和记录环节误差也需考虑。

模拟信号处理电路的误差较大,如果用于开环式测量系统,则精度很低,即使放大器有负反馈,一般精度也只能达到 1%;如果用于平衡式测量系统,则可达到 0.1% 左右。

2. 数字信号处理电路的误差

某些测量元件如光栅、轴角编码器等输出的是脉冲或二进制数码,后面用数字电路处理,如图 14 - 6 所示。

图 14 - 5　模拟信号处理流程　　　　　图 14 - 6　数字信号处理流程

这种处理电路的最主要优点是精度高。这不仅是由于传感器本身精度高,例如光电轴角编码器的码盘可以刻划到 22 位以上,分辨率在 0.309″ 以内,远远超出模拟测角元件的精度,还由于脉冲数字电路引进的误差小,甚至可以不引进误差。在脉冲数字电路中,是用脉冲的有无而不是用脉冲的幅度来表示信息的。干扰或噪声虽然可以改变信号的幅度,却不影响信息的内容,况且数字电路都有一定的门限电平,信号之间有严格的时间同步关系,所以低于门限电平的干扰,或者不满足同步关系的干扰,对系统是毫无影响的。

在脉冲数字电路中,主要误差是运算误差和信号延迟误差,如下:

运算误差是由数字电路或计算机运算造成的,其原因不仅与运算方法、字长及速度有关,而且与某些原始数据的精度有关。原始数据包括计算公式中的常数项和初始条件等。

信号延迟误差是由于中央处理器(CPU)指令发出后,各级处理电路都有一定延迟所造成的。如光电探测器的响应时间、触发器的翻转时间、A/D 或 D/A 器件的转换时间等,都会使输出信号落后于指令信号,在动态测量时就会造成信号延迟误差。

在设计时只要根据信号延迟误差和运算误差的要求,选择适当的元件、电路或计算机,就可以将这两项误差限制在允许范围内,甚至可以忽略。

由于脉冲电路精度高,可以与计算机相结合直接进行数据存储与传输,所以应用十分广泛。

3. 模拟数字信号处理电路的误差

为了提高模拟测量系统的精度,可以将其输出转换为数字量,然后用数字电路或计算机处理,这便是模拟数字信号处理电路,如图 14 - 7 所示。

图 14 - 7　模拟数字信号处理流程

这种系统与数字电路的差别仅在于测量元件的性质不同,前者是模拟式,后者是数字式,因而前者增加了一级模拟/数字转换器。模拟数字信号处理电路的主要误差是量化误差、信号延迟误差和运算误差,即比数字信号处理电路多了一个量化误差。

量化误差是由于在脉冲数字系统中,用脉冲或数码表示连续变化的物理量,因此介于两个脉冲或两个数码之间的值只能用与它相接近的脉冲或数码来表示,这样便产生了误差。显然,量化误差具有随机性,其最大值为量化单位 q(即一个脉冲或一个数码所表示的值),其均方值为

$$\overline{\varepsilon}^2 = q^2/12$$

由于量化误差是由模拟/数字转换器造成的,故它取决于模拟/数字转换器的位数。目前,电压转换为数字的精度为 $10^{-4} \sim 10^{-5}$,最高可达 10^{-6}。由于这种系统精度高,具有数字系统的优点,所以应用广泛。

这里应说明一点,量化误差是测量原理性误差,可认为是测量元件本身造成的,也可认为是由测量元件与信号处理电路共同产生的,但在精度分析时只能计算一次,因为量化过程只有一次。

14.2.4　电子测量系统误差的计算方法

不同系统以及不同电路的误差源不一样,计算方法也各有不同,但基本原则和步骤是一致的。一般应注意以下几点:

(1)仔细分析电子测量系统的工作原理,判断其是开环式测量系统、平衡式测量系统,还是比例式测量系统。

（2）对于开环式测量系统，要分析各个环节的误差因素；对于平衡式测量系统，主要分析内部伺服系统误差及参考元件误差；对于比例式测量系统，主要误差是参考元件及测量元件（光电探测器等）的误差。本教材重点研究开环式测量系统的误差。

（3）对误差源进行准确计算和估算，有时可通过实验测量来进行。

（4）将各误差值统一折算到测量元件的输出端，进行误差综合。一般来讲，对于系统误差应取代数和，对于随机误差应按概率法综合；但有些未定系统误差的出现概率也是随机的，所以也须按概率法综合。

本章将介绍电子控制系统误差的计算实例，其中传感器误差的分析方法与电子测量系统的误差分析方法是一致的。其他章也有些例子涉及了电子测量系统的误差分析，本章不再举例。

14.2.5 提高电子测量系统精度的主要措施

1. 正确选择测量系统方案

由于不同系统、不同电路的精度是不一样的，在设计时应根据精度要求选择方案。概括地讲，采用脉冲数字电路，无论是对于开环式测量系统、平衡式测量系统，还是比例式测量系统，精度都比较高，最大误差约为1位数码。采用模拟电路的系统精度较低，其中，模拟开环式测量系统的精度在1%左右（即误差最大值与被测值之比为1%），模拟平衡式测量系统的精度为0.1%～0.5%，比例式测量系统的精度介于两者之间。采用模拟数字变换电路之后，其精度略低于数字电路，原因是模拟测量元件的精度低于数字测量元件的精度。

2. 减小漂移的措施

在模拟电路中，经常要放大直流信号，此时克服放大器漂移及前级噪声隔离是提高精度的一项重要措施。除了选用漂移小、噪声低的器件，如运算放大器以外，最常见的方法是将直流信号调制成交流信号进行交流放大，最后用同步解调器恢复成直流信号，如图14-8所示。

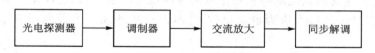

图14-8 直流信号调制放大流程

由于交流放大器没有漂移，所以大部分弱信号直流放大器都采用这种调制—放大—解调方案。常用的调制器是场效应晶体管、机电式斩波器等。在光学仪器中，则是用调制盘式斩波器。它将连续光束斩成脉冲光束，从而使光电探测器输出交流信号。同步解调除了加有输入信号 U_I 外，还加一同步信号 U_R，则输出为

$$U_O = KU_I\cos\phi$$

式中：ϕ——U_I 与 U_O 之间的相位差。

当 $\phi = 180°$ 时，$U_O = -KU_I$。同步信号可利用一个辅助光源和辅助光电探测器得到，这个辅助光源也同时被斩光器调制，因此辅助光电探测器输出的信号与输入信号是同步的。设计时可使 ϕ 等于0°或180°。光敏元件后的调理电路是把不同相位、不同幅度的交流信号恢复成对应极性和幅度的直流信号。图14-9所示为调制盘式斩光器和放大器原理框图。

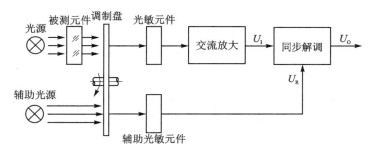

图 14-9　调制盘式斩光器和放大器原理框图

14.2.6　减小干扰与噪声的措施

电子线路噪声主要是由电阻及半导体器件产生的热噪声以及半导体器件的电流噪声组成

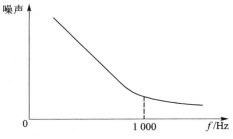

图 14-10　电流噪声频率分布曲线

的。热噪声的频谱无限宽且均匀分布,所以系统频带越宽,热噪声越大。电流噪声频率主要分布在 1 000 Hz 以下,且频率越低越严重,所以又称 $1/f$ 噪声,如图 14-10 所示。若放大器在 1 000 Hz 频带以上工作,则这种噪声的影响可以忽略。

电子线路的干扰一方面是外部设备电磁场、电火花等的干扰,另一方面是内部各级电路之间的电磁场干扰,以及通过地线、电源等互相耦合造成的干扰。为了降低噪声与干扰,首先应正确设计电路,尤其是弱信号放大器的前级,应当选用低噪声器件,信号线需妥善屏蔽,电源要滤波,地线以及屏蔽罩的接地都要慎重处理。适当压缩频带,使放大器对频率有一定的选择性,也可以降低噪声与干扰。例如选用带通滤波器,如图 14-11(a)所示,可以大大衰减频带以外的干扰和噪声;选用低通滤波器,如图 14-11(b)所示,可以降低高频干扰和噪声;选用带阻滤波器,如图 14-11(c)所示,可以阻止该频率附近的干扰通过。

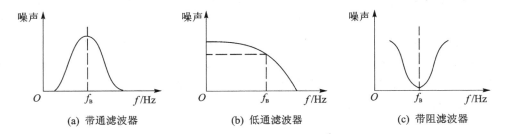

图 14-11　噪声分布与滤波器的选择关系

14.3　仪器控制系统的精度分析

14.3.1　光学仪器控制系统的组成与分类

不同的光学仪器应用的控制系统是不一样的,即使同一台仪器也可能有几个不同的控制系统,但控制系统的基本原理是相同的,都是基于闭环反馈控制的自动调节系统。本小节将介绍电影经纬仪的两个控制系统——电视跟踪系统及摄影机同步控制系统,以此来说明控制系统的组成及误差的分析方法。

1. 电视跟踪系统

电影经纬仪是一种对飞行目标进行跟踪和拍摄,以便测量目标轨迹的仪器。为确保不丢失目标,电影经纬仪要采用多种跟踪方式,如电视跟踪、红外跟踪和激光跟踪等,其中,电视跟踪系统的工作原理如图 14 – 12 所示。

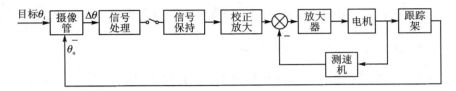

图 14 – 12　电视跟踪系统的工作原理

坐标为 θ_i 的跟踪目标在电视摄像管靶面上形成图像,当电子束扫描到该点时就会输出一个目标信号,如图 14 – 13 所示。信号处理电路根据目标信号出现的时刻就可以测量出它相对靶面中心的脱靶量,即跟踪误差。误差信号是每扫描一帧输出一次,并利用保持电路将此值保持一帧,然后再经校正和放大装置推动电机,使仪器向减小误差方向移动。这样,当目标飞行时,仪器也随之运动,所以电视跟踪系统也是一种位置随动系统。

下面介绍控制系统的一些基本概念以及系统内各元件的功能。

在跟踪系统中,目标位置 θ_i 为输入量,而仪器位置 θ_o 为系统输出量或被调整量,跟踪架为调整对象。由于摄像管靶面中心代表输出量 θ_o,因此利用摄像管可将输出量返回到输入端,并与输入量相减,这个过程称为反馈。大部分控制系统都是反馈控制系统(或称闭环控制系统)。电视跟踪器(包括摄像管及其信号处理电路)能

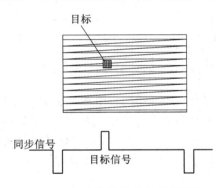

图 14 – 13　电视摄像管靶成像原理

将系统输入量与输出量相比较,检测出差值。这种元件称为误差检测元件或比较元件,它决定了随动系统的运动方向及运动量大小,例如在红外跟踪系统中使用的带有调制盘的红外探测器,以及在激光跟踪系统中使用的四象限光电倍增管等。许多控制系统用测量元件测试输出量以便反馈,这种测量元件称为检测反馈元件。例如在数字随动系统中,用编码器测量跟踪架位置并反馈到数字比较器与输入信号相比较,编码器在这里就是检测反馈元件。

能将电信号放大的电子元件称为放大器。校正装置是一种用于改变系统频率特性,从而使系统稳定工作的部件,它多半是由运算放大器、电阻和电容网络组成。在数字控制系统中也可用计算机程序实现。

电机能使调整对象(跟踪器)产生运动,称为执行元件。

一般反馈控制系统是由调整对象、误差检测元件、放大器、校正装置、执行元件及检测反馈元件组成的,如图 14 – 14 所示。反馈点的输出量为直接输出量,经过变换(一般是齿轮等传动机构)后的输出量称为间接输出量。

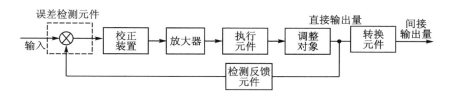

图 14－14　反馈控制系统组成框图

电视跟踪系统是一个位置量闭环控制系统,内部还包括一个用测速机反馈的闭环回路,称为速度回路。它不仅可以改善调速精度及机械特性刚度(即转速与输出力矩关系曲线的斜率),而且可以提高系统的响应速度,改善系统的稳定性。

2. 摄影机同步控制系统

电影经纬仪为了准确测量目标轨迹与时间的关系,必须使摄影机的动作与指令脉冲(或称控制脉冲)严格同步,它是用摄影机同步控制系统实现的。摄影机同步控制系统如图 14－15 所示。

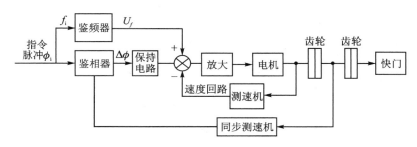

图 14－15　摄影机同步控制系统

控制系统能控制摄影机快门旋转频率 f_0 与指令脉冲频率 f_i 相同,而且能使快门开口角中心与指令脉冲对准。

系统的同步过程可以分为频率锁定与相位锁定两步。摄影机指令脉冲的频率一般为 10 Hz、20 Hz 和 40 Hz 等几种。指令脉冲同时送到鉴频器与鉴相器中,鉴频器根据脉冲频率 f_i 输出对应的基准电压 U_f,并加到速度回路的放大器上,放大后推动电机,使快门旋转频率 f_0 与 f_i 一致,这个过程称为频率锁定。为了实现相位锁定,这里采用了一个交流永磁测速发电机(即同步测速发电机)来测量快门的位置。这种发电机每转一周产生一个正弦波,安装时将它的相位零点与快门开口角中心对准,如图 14－16 所示。这样它输出的正弦电压可以代表快门的中心位置,它是一个检测反馈元件。鉴相器用于检测指令脉冲与快门开口角中心位置的偏差 $\Delta\phi$,实际上就是测量指令脉冲与交流永磁测速发电机输出的正弦波之间的相位差。鉴相器可以用电子开关实现。它输出的电压 $U_{\Delta\phi}$ 即代表 $\Delta\phi$ 值。$U_{\Delta\phi}$ 经保持电路也加到速度回路上。如果指令脉冲在前,则 $U_{\Delta\phi}$ 将使快门旋转速度加快;反之,将使快门旋转速度降低,其结果

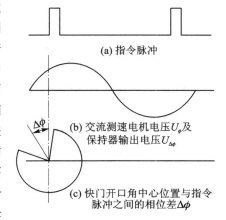

图 14－16　相位零点与快门同步关系

使快门中心与指令脉冲相一致,这个过程称为相位锁定。实际上在整个同步过程中,并不能将频率锁定与相位锁定截然分开,二者是相互影响、相互牵制的,但频率锁定是相位锁定的前提,所以同步控制系统是一种锁相调速系统。

3．控制系统的分类

控制系统可按多种方式分类,最常见的是按输入信号的变化规律分类。如果输入量固定不变,则为恒值控制系统;如果输入量变化规律是预先确定的,则为程序控制系统;如果输入量不断变化并且不能预先确定,则是随动系统。例如:调光系统用以保持像面照度不变,其输入量是预置的标准照度值对应的电压,天空背景变化是一种扰动,调光系统就是克服这种扰动以维持像面照度不变,所以它是一个恒值控制系统;摄影机频率变化过程是预先确定的,所以摄影机同步控制系统是程序控制系统;电视跟踪系统是随动系统。

此外,还经常根据被调整量的性质,将控制系统分为位置控制系统、速度控制系统以及各种物理量控制系统,其中最常用的是位置控制系统,如跟踪系统、工作平台定位系统及记录仪伺服系统等。这种系统之所以重要,不仅是因为使用多,而且是因为它们的分析方法可用于各种控制系统,例如调光系统的"照度"、摄影控制系统的"相位"等都可看作"位置",这样,这些系统都可按位置控制系统进行分析计算。

表 14－2 列出了几种光学仪器控制系统的组成及性质。

表 14－2   几种光学仪器控制系统的组成及性质

系统名称	系统性质	输入量	输出量	误差检测元件	检测反馈元件	执行元件	调整对象
电视跟踪系统	位置随动系统	目标角度	仪器角度	电视跟踪器	跟踪轴	电机	跟踪架
摄影机同步控制系统	程序控制系统	指令脉冲的相位角	快门位置	鉴相器	交流永磁测速机	电机	快门
调光系统	照度恒值控制系统	标准照度背景变化为扰动	像面照度	光敏电阻电桥	变密度盘	电机	变密度盘
自动调焦系统	焦距位置随动系统	距离信号	光楔位置	差分放大器或交流斩波器	电位计	电机	光楔
比长仪平台驱动系统	开环数字控制系统	指令脉冲	平台位置	—	—	步进电机	平台
激光跟踪仪	闭环数字控制系统	目标像	跟踪器位置	编码器	跟踪轴	步进电机	跟踪器

14.3.2   控制系统的精度和误差

控制系统的精度指的是输出量与输入量或被控制量与控制量之间的偏差,它可用最大误差,也可用标准差来表示。由于控制系统主要有两种工作状态,即稳态和动态,所以精度也分为稳态精度和动态精度。

稳态精度又称为静态精度,是指系统处于平衡状态时的误差。如输入信号静止时、等速运动时、等加速运动时等系统稳定时的误差均属于稳态精度。一般所说的控制系统精度都是指稳态精度。动态精度是在输入信号随时间变化时系统所呈现的误差,一般是将系统在阶跃过程时的最大超调量作为最大的动态误差。由于这项指标主要反映系统的稳定性,所以在一般系统中几乎不用动态精度这个概念,而在光电跟踪系统中经常使用这个词,它是指目标在一定条件下运动时跟踪系统的误差。在设计阶段还是采用几种运动,如匀速、匀加速或正弦运动,此时可用稳态精度近似代替动态精度。

光学仪器控制系统是由光电器件、精密机械以及电子线路等多种元部件组成,因此产生的误差因素比较复杂,既有内部因素,又有外部因素(如干扰、目标运动等)。分析闭环控制系统的误差不同于分析开环测量系统,由于反馈的作用,使得闭环内各环节的误差并不直接反映出系统的误差。比如传动机构的齿隙造成的误差并不等于齿隙值,它可能大于也可能小于齿隙,具体数值要根据系统特性计算。下面介绍控制系统主要误差的计算方法及原则。

1. 检测元件的误差

闭环控制系统是根据误差检测元件输出的误差电压来动作的,所以对于检测元件(包括误差检测元件及检测反馈元件)自身的误差,闭环系统是无法克服的,它们将直接传播为系统的误差。

造成检测元件误差的因素很多:一是它们的精度有限,如分辨率、线性度等;二是由安装调整造成的误差;三是由信号处理造成的误差。

2. 动态滞后误差

对于随动系统,由于输入信号不断变化,而系统的动态响应能力又是有限的,这样,输出将滞后于输入。这种由于目标运动而造成的误差称为动态滞后误差,这项误差与目标运动参数及系统特性有关。当目标(即输入信号)以速度 $\dot{\theta}_1(t)$ 和加速度 $\ddot{\theta}_1(t)$ 以及冲击加速度 $\dddot{\theta}_1(t)$ …… 运动时,随动系统的动态滞后误差可写成:

$$\Delta\theta_0(t) = \frac{\dot{\theta}_1(t)}{K_1} + \frac{\ddot{\theta}_1(t)}{K_2} + \frac{\dddot{\theta}_1(t)}{K_3} + \cdots \tag{14-1}$$

即动态滞后误差包括速度滞后误差:

$$\Delta\theta_1(t) = \frac{\dot{\theta}_1(t)}{K_1} \tag{14-2}$$

加速度滞后误差:

$$\Delta\theta_2(t) = \frac{\ddot{\theta}_1(t)}{K_2} \tag{14-3}$$

和冲击加速度滞后误差:

$$\Delta\theta_3(t) = \frac{\dddot{\theta}_1(t)}{K_3} \tag{14-4}$$

这里应当指出,速度滞后误差并不是随动系统与目标之间的速度偏差,而是表示当目标以角速度 $\dot{\theta}_1(t)$ 运动时,系统将滞后于目标一个角度 $\Delta\theta_1(t)$。加速度滞后误差以及更高阶误差意义也与此类似,都表示滞后目标的角度。$K_1, K_2, K_3, \cdots$ 的单位分别为 $1/s, 1/s^2, 1/s^3, \cdots$,分别表示动态速度误差常数、动态加速度误差常数和动态冲击加速度常数。它们可以根据系统开环传递函数求得,表 14-3 集中列出了常用系统动态误差常数计算公式。由于时间常数小的环节对误差常数影响较小,所以计算时可以忽略。只要传递函数大体与表格中的形式一样就可以应用。求出 K_1, K_2, K_3 等值以后,就可以利用式(14-1)~式(14-4)计算了。

表 14 - 3 常见控制系统动态误差常数计算公式

误差常数 开环传递函数 $G(s)$	K_1/s^{-1}	K_2/s^{-2}	K_3/s^{-3}
$\dfrac{K(T_2S+1)}{S(T_1S+1)(T_3S+1)}$	K	$\dfrac{K^2}{K(T_1+T_3-T_2)-1}$	$\dfrac{K^3}{K^2(T_2^2-T_1T_2-T_2T_3+T_1T_3)-2K(T_1+T_3-T_2)+1}$
$\dfrac{K(T_2S+1)}{S(T_1S+1)(T_3S+1)^2}$	K	$\dfrac{K^2}{K(T_1+2T_3-T_2)-1}$	$\dfrac{K^3}{K^2(T_2^2-T_1T_2-2T_2T_3+2T_1T_3+T_3^2)-2K(T_1+2T_3-T_2)+1}$
$\dfrac{K(T_2S+1)^2}{S(T_1S+1)^2(T_3S+1)}$	K	$\dfrac{K^2}{K(2T_1-2T_2+T_3)-1}$	$\dfrac{K^3}{K^2(2T_2^2+T_1^2-4T_1T_2-2T_2T_3+2T_1T_3)-2K(2T_1-2T_2+T_3)+1}$
$\dfrac{K(T_2S+1)^2}{S(T_1S+1)(T_3S+1)^2}$	K	$\dfrac{K^2}{2K(T_1+T_3-T_2)-1}$	$\dfrac{K^3}{K^2(3T_2^2+T_1^2+T_3^2+4T_1T_3-4T_1T_2-4T_2T_3)-4K(T_1-T_2+T_3)+1}$
$\dfrac{K(T_2S+1)}{S^2(T_3S+1)}$	∞	K	$\dfrac{K}{2T_3-T_2}$
$\dfrac{K(T_2S+1)^2}{S^2(T_1S+1)(T_3S+1)}$	∞	K	$\dfrac{K}{T_1-2T_2+T_3}$
$\dfrac{K(T_2S+1)}{S^2(T_1S+1)(T_3S+1)^2}$	∞	K	$\dfrac{K}{T_1-2T_2+2T_3}$

应用式(14-1)时,一般只取 2～3 项即可。如果未给出目标运动轨迹,而只是给出目标最大速度 $\dot{\theta}_{\max}$、最大加速度 $\ddot{\theta}_{\max}$,则可用下式求出速度和加速度滞后误差最大值:

$$\Delta\theta_{1\max} = \frac{\dot{\theta}_{\max}}{K_1} \qquad (14-5)$$

$$\Delta\theta_{2\max} = \frac{\ddot{\theta}_{\max}}{K_2} \qquad (14-6)$$

由于最大速度 $\dot{\theta}_{\max}$ 与最大加速度 $\ddot{\theta}_{\max}$ 不会同时出现,所以最大动态滞后误差按下式计算较为合理:

$$\Delta\theta_{\max} = \sqrt{\Delta\theta_{1\max}^2 + \Delta\theta_{2\max}^2} \qquad (14-7)$$

3．力矩误差

控制系统的负载力矩和外界干扰力矩都会使系统产生力矩误差。恒定力矩产生固定的力矩误差,变化的力矩产生变化的力矩误差。研究后一种情况比较复杂,需要分析力矩变化的频谱以及系统的频率特性。对一般光学仪器而言,其控制所受到的力矩大都是固定的,或者变化不大,或者变化缓慢,此时均可按固定干扰力矩计算。大部分随动系统都是 I 型系统,即含有一个积分环节。若电机机械特性的刚度(即转速-力矩特性曲线的斜率)为 $\beta(\mathrm{rad}/(\mathrm{s \cdot N \cdot m}))$,速度回路开环增益为 K_{so},位置回路开环增益为 $K_v(1/s)$,电机轴所受到的恒定干扰力矩为 $T_1(\mathrm{N \cdot m})$,则此力矩产生的稳态力矩误差为

$$\Delta\theta = \frac{\beta T_1}{K_v(1+K_{so})} \qquad (14-8)$$

稳态力矩误差分析框图如图 14-17 所示。

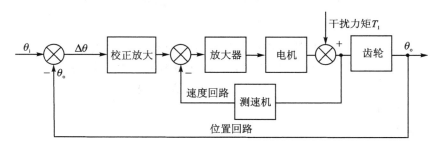

图 14-17　稳态力矩误差分析框图

摩擦力矩在任何仪器中都存在,其数值变化较大,即静摩擦力矩较大,而动摩擦力矩又比较小,所以在启动瞬间,静摩擦力矩 T_2 会产生较大的暂态误差。有些系统需要计算这项误差,可按下面的经验公式估算:

$$\Delta\theta \approx \frac{T_2}{J\omega_c\omega_s} \qquad (14-9)$$

式中: T_2——静摩擦力矩,N·m;

　　　J——仪器转动惯量,N·m·s²;

　　　ω_c、ω_s——位置回路和速度回路开环频率特性的剪切频率,rad/s² 或 1/s。

4．元器件非线性造成的误差

控制系统内元器件的非线性会给系统带来误差,如检测元件的不灵敏区直接表现为系统

的静态误差,它们还将影响系统在零点附近的稳定性。机械传动的齿隙也是常见的非线性因素,它既影响系统的精度又影响系统的稳定性。严格计算非线性因素带来的误差比较复杂,这里就不介绍了。

5. 随机干扰误差

随机干扰误差可来源于系统内部,如电路和机械噪声,也可来源于系统外部,如电磁干扰、目标闪烁以及背景亮度变化等。随机干扰误差的均方值与系统频带成正比,与干扰的频谱密度成正比,所以系统频带越宽,随机干扰误差越大。

14.3.3 控制系统参数与精度之间的关系

前面已经介绍了控制系统的主要误差,下面再定性地分析系统参数与其精度之间的关系。

1. 系统开环增益

系统开环增益越高,稳态精度也越高,但一般情况下会使系统稳定性变差,过渡过程超调量加大,动态误差加大。

2. 系统内积分环节

闭环系统内积分环节数目加多,稳态精度有可能提高,但系统频带变窄,响应变慢,而且容易变得不稳定。

3. 负载转动惯量

负载转动惯量加大,也将使系统频带变窄,过渡过程超调量加大,振荡次数加多。

4. 摩擦力矩

摩擦力矩加大会使系统精度降低,但可能使系统阻尼加大,稳定性改善。

5. 系统线性范围

系统线性范围由系统内线性段最小的元件或环节决定。线性范围越宽,系统的动态性能越好,尤其是光电跟踪系统。加宽线性范围就可加大捕获目标的范围,但这要受到许多限制。一般来讲,系统的线性范围应比允许的最大误差大几倍,而越靠近前级的元件,尤其是误差检测元件,其线性范围应越大。

6. 系统频带

系统频带越宽,系统响应越快,系统动态误差如动态滞后误差和动态力矩误差越小,但频带越宽越会使随机干扰误差加大。减小系统误差与减小随机误差彼此是矛盾的,设计时可作折中处理,也可采用变带宽技术,即在随机误差较大时可压缩频带,反之在系统动态误差较大时可加宽频带。

提高系统频带要受到结构谐振频率 f_0 的限制。一般来讲,f_0 应大于系统闭环带宽 f_B 的 5~10 倍,即

$$f_0 \geqslant (5 \sim 10)f_B \qquad (14-10)$$

除此以外,系统频带还要受到电机加速能力以及采样频率的限制。电机驱动负载的加速度越大,采样频率越高,则系统可能达到的频带越宽。

14.4　控制系统误差计算实例

14.4.1　控制系统误差计算步骤

控制系统误差计算步骤与测量系统的基本相同,大致为

(1) 列出各种误差源(系统误差及随机误差);

(2) 对主要误差进行计算或估值,有时可通过实验测得;

(3) 对次要误差进行估算或者根据经验取值,有时可将几个误差合并考虑,对于次要的因素予以舍去;

(4) 进行误差综合,方法同测量系统。

下面以电视跟踪系统及摄影机同步控制系统为例说明误差的计算方法。

14.4.2　电视跟踪系统的误差计算

1. 电视跟踪系统的特性

图 14-18 所示为电视跟踪系统框图。电视跟踪器视场为 26′,目标运动最大角速度 $\dot{\theta}_{\max}=10°/s$,最大角加速度 $\ddot{\theta}=2°/s^2$,电机启动时摩擦力矩 $T_B=5\,N\cdot m$,运动时仪器受到的各种负载及干扰力矩总合 $T_A=10\,N\cdot m$。执行电机为直流力矩电机,直接驱动负载,机械特性刚度 $\beta=3\,600\,''/(s\cdot N\cdot m)$,电视帧频为 20 帧/s,每帧为 500 行。

图 14-18　电视跟踪系统框图

该系统由电视跟踪器、校正放大器及速度回路组成。电视跟踪器包括摄像机及其信号处理电路,它可以将目标在 X 与 Y 两个方向的脱靶量变换成电压;在系统中它是一个误差检测元件,其数学模型如图 14-19 所示。它包括一个增益 K,不灵敏区 $\Delta\theta_o$ 的环节 $G_1(s)$,一个表示惯性和滞后的环节 $G_2(s)=\dfrac{e^{-\tau s}}{T_1s+1}$,一个采样保持环节 $G_3(s)=\dfrac{1-e^{-T_0s}}{s}$。其中 T_0 为采样周期,即 $0.02\,s$,τ 和 T_1 分别为跟踪器的滞后时间和时间常数。

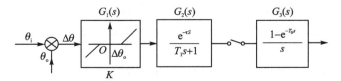

图 14-19　电视跟踪系统数学模型

按图 14-19 所示的模型分析虽然比较准确,但比较复杂。考虑到电视帧频较低,系统带宽较窄,为简化分析过程,这里不考虑 $G_2(s)$ 与 $G_3(s)$ 的影响。电视跟踪器除了进行比较以外,只用一个比例环节和一个不灵敏区来表示。整个电视跟踪系统也简化为一个连续系统,如

图 14 - 20 所示。由于不灵敏区就是跟踪器的静态精度,后面将单独计算,所以反映在系统传递函数中的只有增益 K 一项,$K = 3\ 437$ V/rad。

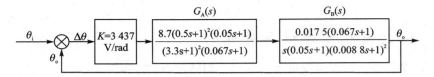

图 14 - 20 电视跟踪系统简化模型

校正放大器的传递函数为

$$G_A(s) = \frac{8.7(0.5s + 1)^2(0.05s + 1)}{(3.3s + 1)^2(0.067s + 1)} \tag{14-11}$$

速度回路的闭环传递函数为

$$G_B(s) = \frac{0.017\ 5(0.067s + 1)}{s(0.008\ 8s + 1)^2(0.05s + 1)} \tag{14-12}$$

位置回路的开环增益为

$$K_{so} = 1\ 500$$

整个系统的开环传递函数为

$$G_0(s) = KG_A(s)G_B(s) = \frac{522(0.5s + 1)^2}{s(3.3s + 1)^2(0.008\ 8s + 1)^2} \tag{14-13}$$

系统开环频率特性如图 14 - 21 所示。

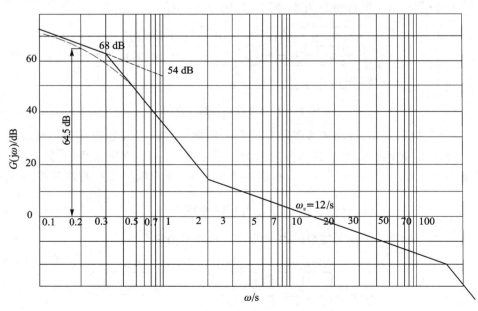

图 14 - 21 电视跟踪系统开环频率特性曲线

2. 误差计算

由于此系统采用力矩电机直接驱动负载,无齿轮传动链,因而没有齿隙造成的误差。故主要误差源是电视跟踪器误差(即传感器误差)、动态滞后误差、力矩误差以及噪声和干扰造成的随机误差。

1）电视跟踪器误差

电视跟踪器在静态条件下的主要误差是扫描非线性及畸变误差、信号提取误差、计数误差、摄像管中心安装误差、中心漂移及分辨率误差等,在动态条件下则增加图像拖尾误差。扫描非线性及畸变误差 $\Delta\theta_1$ 是由摄像管及扫描电路的非线性造成的,一般为视场的 $0.5\% \sim 5\%$,并且越接近视场中心此值越小;反之,越靠近视场边缘非线性越严重。此值的选取应根据电路性能以及目标散布范围而定。在电视测量系统中,此值取视场边缘值合理。在电视跟踪系统中,由于目标在视场中心附近,而且对误差检测元件的要求是零点的准确性,所以此项误差 $\Delta\theta_1$ 选取较小。这里取最大误差为视场的 0.5%,即

$$\Delta\theta_1 = 26' \times 0.5\% = 0.13'$$

虽然 $\Delta\theta_1$ 是系统误差,但由于目标在靶面上下不断变化,所以它被认为是一个均匀分布的随机误差,其标准差为

$$\sigma_1 = \frac{\Delta\theta_1}{\sqrt{3}} = 4.5''$$

信号提取误差 $\Delta\theta_2$ 是由于信号强度及放大器灵敏度等发生变化造成的。取其最大值为 1 行,即

$$\Delta\theta_2 = \frac{26'}{500} = 3.1''$$

此误差为正态分布的随机误差,其标准差为

$$\sigma_2 = \frac{\Delta\theta_2}{3} \approx 1''$$

计数误差是在用计数方法测量目标在摄像管靶面位置时造成的。它是量化误差,这里取其最大值为一位数码,即 1 行,其值为

$$\Delta\theta_3 = 3.1''$$

量化误差的标准差值为

$$\sigma_3 = \frac{\Delta\theta_3}{\sqrt{12}} \approx 0.9''$$

摄像管中心安装误差最大值取:

$$\Delta\theta_4 = 1''$$

一般认为此值基本上不变,即其标准差为

$$\sigma_4 \approx 1''$$

摄像管中心漂移是由于电路不稳定造成的,这里取最大值为 1 行,即

$$\Delta\theta_5 = 3.1''$$

按正态分布计算,则其标准差为

$$\sigma_5 = \frac{\Delta\theta_5}{3} \approx 1''$$

分辨率误差是由扫描行数及摄像管电子束直径有限造成的。注意,该项误差与计数误差是不同的,后者是计数电路造成的,当然这两项误差可以合并在一起考虑。这里取分辨率误差最大值为 1 行,即

$$\Delta\theta_6 = 3.1''$$

其标准差为

$$\sigma_6 = \frac{\Delta\theta_6}{\sqrt{12}} \approx 0.9''$$

在上述各项静态误差中，只有摄像管中心安装误差为系统误差，其余均须按随机误差考虑。电视跟踪器静态误差最大值为

$$\Delta\theta_{s1} = \sqrt{\Delta\theta_1^2 + \Delta\theta_2^2 + \Delta\theta_3^2 + \Delta\theta_4^2 + \Delta\theta_5^2 + \Delta\theta_6^2} \approx 10''$$

其标准差为

$$\sigma_{s1} = \sqrt{\sigma_1^2 + \sigma_2^2 + \sigma_3^2 + \sigma_4^2 + \sigma_5^2 + \sigma_6^2} \approx 5''$$

图 14-22　拖尾图像示意图

动态条件下还要增加一项图像拖尾误差。因为摄像管有一定的惰性，即当目标出现在靶面上时不会立即消失，尤其后一过程比较严重。由于图像要残留，致使目标运动时图像就要拖尾，如图 14-22 所示，提取目标位置信息时就会产生误差。这项误差不仅与电子元件的特性有关，而且与目标运动速度、方向、信号处理方式及目标发光强度等都有关。这里假设此项误差最大为 2 行，即

$$\Delta\theta_7 = 6.2''$$

按正态分布考虑，其标准差为

$$\sigma_7 = \frac{\Delta\theta_7}{3} \approx 2.1''$$

因此，电视跟踪器最大动态误差为

$$\Delta\theta_{s2} = \sqrt{\Delta\theta_{s1}^2 + \Delta\theta_7^2} \approx 11.9$$

其标准差为

$$\sigma_{s2} = \sqrt{\sigma_{s1}^2 + \sigma_7^2} \approx 5.4''$$

2）动态滞后误差

系统开环传递函数近似为

$$G_0(s) = \frac{522(0.5s + 1)^2}{s(3.3s + 1)^2(0.0088s + 1)^2}$$

由表 14-3 可得，对于传递函数为

$$G(s) = \frac{K(T_2 s + 1)^2}{s(T_1 s + 1)^2(T_3 s + 1)^2}$$

的系统，其动态速度误差常数为

$$K_1 = K_v = 522 \text{ s}^{-1}$$

动态加速度误差常数为

$$K_2 = \frac{K_1^2}{K_1(2T_1 - 2T_2 + 2T_3) - 1}$$

将 $T_1 = 3.3$ s，$T_2 = 0.5$ s，$T_3 = 0.0088$ s 代入上式，得

$$K_2 = 93 \text{ s}^{-2}$$

速度滞后误差的最大值为

$$\Delta\theta_8 = \frac{\dot{\theta}_{\max}}{K_1} = 69''$$

加速度滞后误差的最大值为

$$\Delta\theta_9 = \frac{\ddot{\theta}_{\max}}{K_2} = 77.4''$$

这两项误差虽然是系统误差,但由于 $\dot{\theta}_{\max}$ 与 $\ddot{\theta}_{\max}$ 不会同时出现,即 $\Delta\theta_8$ 与 $\Delta\theta_9$ 不会同时出现,所以总的动态滞后误差的最大值为

$$\Delta\theta_D = \sqrt{\Delta\theta_8^2 + \Delta\theta_9^2} \approx 104''$$

动态滞后误差是正弦分布的,其标准差为

$$\sigma_D = \frac{\Delta\theta_D}{\sqrt{2}} \approx 74''$$

3) 力矩误差

根据式(14－8),恒定干扰力矩造成的稳态误差为

$$\Delta\theta_T = \frac{T_A\beta}{K_v(1+K_{so})}$$

将系统开环增益 $K_v = 522\ \mathrm{s}^{-1}$,速度回路开环增益 $K_{so} = 1\ 500$,稳态干扰力矩 $T_A = 10\ \mathrm{N \cdot m}$,以及 $\beta = 3\ 600''/(\mathrm{s \cdot N \cdot m})$ 代入上式,得

$$\Delta\theta_T \approx 0.05''$$

此值很小,完全可以忽略。

静摩擦力矩在电机启动时会造成暂态误差,在跟踪系统中应当考虑,根据式(14－9)得此误差最大值约为

$$\Delta\theta_{T0} = \frac{T_B}{J\omega_c\omega_s}$$

将仪器转动惯量 $J = 60\ \mathrm{N \cdot m \cdot s}^2$,位置回路开环频率特性剪切频率 $\omega_s = 12\ \mathrm{s}^{-1}$,速度回路开环频率特性剪切频率 $\omega_c = 60\ \mathrm{s}^{-1}$,以及静摩擦力矩 $T_B = 5\ \mathrm{N \cdot m}$ 代入上式,得

$$\Delta\theta_{T0} \approx 28.7''$$

由于此项误差仅在电机启动时出现,仪器连续运动时此项误差可以忽略,所以标准差近似为零。

4) 随机干扰误差

电视跟踪系统随机干扰误差主要是由目标闪烁、背景变化以及其他干扰目标等造成的。要想仔细计算该值,需根据实验数据进行统计分析,这里只粗略估计。目标静止时干扰很小,可以忽略随机干扰误差;动态时,取最大随机干扰误差与传感器的动态精度相当,即

$$\Delta\theta_I \approx 10''$$

其标准差为

$$\sigma_I = \frac{\Delta\theta_I}{3} \approx 3.3''$$

5) 跟踪误差的合成

此系统有一个积分环节,为 I 型系统。在对静止目标瞄准时,可以忽略力矩误差及随机干扰误差,这样此系统静态瞄准误差就是电视跟踪器的静态误差,即最大误差为 $10''$,标准差为 $5''$。

动态跟踪误差由电视跟踪器的动态误差、动态滞后误差、静摩擦力矩的启动误差以及随机

干扰误差共同决定,最大值为

$$\Delta\theta_{\max} = \sqrt{\Delta\theta_{s2}^2 + \Delta\theta_D^2 + \Delta\theta_{T0}^2 + \Delta\theta_1^2} \approx 106''$$

其标准差为

$$\sigma = \sqrt{\sigma_{s2}^2 + \sigma_D^2 + \sigma_{T0}^2 + \sigma_1^2} \approx 74''$$

式中:$\sigma_{T0} = 0$。

14.4.3　摄影机同步控制系统的误差计算

1. 系统特性

图 14 - 23 所示为摄影机同步控制系统方框图。该系统摄影频率为 $f = 20$ 帧/s。

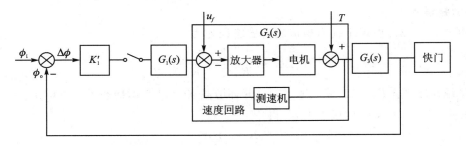

图 14 - 23　摄影机同步控制系统方框图

图 14 - 23 中的符号意义及数值如下:

ϕ_i——指令脉冲相位;

ϕ_o——快门中心的相位;

K_1'——鉴相器灵敏度,$K_1' = 4.6$ V/rad;

$G_1(s)$——采样保持器的传递函数,$G_1(s) = \dfrac{1-e^{-Ts}}{s}$,其中 $T = \dfrac{1}{f} = 0.05$ s;

$G_2(s)$——速度回路闭环传递函数,$G_2(s) = \dfrac{4.4}{0.005s+1}$,速度回路开环增益为 $K_{so} = 60$ (图中未标示);

$G_3(s)$——电机轴角速度到快门相位之间的积分变换,$G_3(s) = \dfrac{1}{s}$。

2. 快门同步误差

由 14.3 节介绍的摄影机同步控制系统原理可知,当鉴相器给系统加入一个对应摄影频率的基压后,可使快门旋转频率与指令脉冲频率一致,消除了速度滞后误差。系统的主要误差是负载干扰力矩引起的力矩误差,其次是基压波动、同步测速机(相位检测元件)的相位零点精度、鉴相器的不灵敏区以及齿隙等造成的误差。

1) 力矩误差

摄影机中的负载力矩有 4 种,即恒定负载力矩、高频负载力矩、缓慢变化负载力矩及偶然变化负载力矩。

恒定负载力矩指的是拖动额定片量时负载力矩的平均值。由于基压是在此条件下调整的,所以这种力矩并不引起相位误差。

高频负载力矩是由抓片机构高速运动带来的。由于这种力矩动作快,时间短,控制系统频带又比较窄,所以它造成的误差很小,也可以忽略。

缓慢变化负载力矩 T_1 是拍摄过程中由供片的摩擦力矩、暗盒阻力矩以及其他一些负载力矩组成的,它们都是缓慢变化的。此力矩值可用实验测得。若折算到电机轴上,$T_1 = 0.3$ N·cm,电机机械特性刚度为 $\beta = 6.08$ rad/(s·N·m),速度回路开环增益为 $K_{so} = 60$,位置回路开环增益 $K_v = 20$ s^{-1},则 T_1 引起的力矩误差的最大值为

$$\Delta\phi_1 = \frac{T_1\beta}{K_v(1 + K_{so})} = 0.84°$$

偶然变化负载力矩 T 是指由润滑不均匀、片道不清洁、机械摩擦力矩变化等原因造成的。这种力矩作用时间比缓慢变化的负载力矩短,但比高频干扰力矩长得多。虽然电机与机械部分对它有一定的衰减,但此种干扰力矩的频谱都在系统频带之内,影响还是比较大的。为简化起见,这里用最大偶然变化力矩 T_2 估算它引起的最大误差 $\Delta\phi_2$。虽然这样计算偏于保守,但比较好把握,而且简单。设 T_2 折算到电机轴上时为 0.5 N·cm,则

$$\Delta\phi_2 = \frac{T_2\beta}{K_v(1 + K_{so})} = 1.4°$$

2）其他误差

其他误差包括基压波动、同步测速机的相应零点误差、鉴相器不灵敏区和齿隙误差。

由于电源电压波动以及电路元件性能变化会使基准电压 U_f 发生变化,从而造成基压波动。设变化值 $\Delta U_f = 0.1\% U_f$,它引起的快门频率 f(系统摄影频率 $f = 20$ 帧/s,对应电机轴转角 $360°$·s)的变化 Δf 也为 f 值的 0.1%,折合相位误差为

$$\Delta\phi_3 = \frac{\Delta f}{K_v} = \frac{20\text{ 帧 /s} \times 360°\text{·s} \times 0.001}{20} = 0.36°$$

相位检测元件即同步测速机的相位零点误差 $\Delta\phi_4$ 取 $1°$。

鉴相器不灵敏区是由三极管开关残余电压造成的,这里取最大值 $\Delta\phi_5$ 为 $0.25°$。

图 14-23 中没有画出齿轮传动链。实际上,在相位回路内以及回路外都有齿轮,它不仅会造成动态误差,而且会影响系统的稳定性。这里仅根据经验,取齿隙误差约为 $\Delta\phi_6 = 0.5°$,不作详细分析了。

3）系统同步精度

虽然力矩误差 $\Delta\phi_1$ 与 $\Delta\phi_2$ 是系统误差,但二者却不相关;其余误差均为随机误差。所以摄影机同步控制系统的最大误差(即同步精度)为

$$\Delta\phi = \sqrt{\Delta\phi_1^2 + \Delta\phi_2^2 + \Delta\phi_3^2 + \Delta\phi_4^2 + \Delta\phi_5^2 + \Delta\phi_6^2} = 2.03°$$

在摄影过程中,如果同步精度超差,则测量数据就会失效,所以对摄影控制系统只计算最大误差,并不计算标准差。

14.5　计算机误差及串行通信误差分析

14.5.1　计算机误差

应用计算机是提高光学仪器精度和自动化程度的重要措施。计算机不仅可以用于测量系统,也可以用于控制系统,其实质都是数据处理。本小节将概括介绍计算机在光学仪器这两方面中的应用。

1. 计算机的组成

一般计算机都由 5 部分组成：运算器、控制器、存储器、输入设备和输出设备,如图 14-24 所示。

运算器不仅可以对数据进行加、减、乘、除等算术运算,还可以作比较、判断和移位等逻辑运算。控制器可以控制计算机各部分操作,发出进行运算所需的全部指令。运算器和控制器可总称为"运控器"或"中央处理器"(CPU)。一般所说的微处理器就是指一个单片大规模集成电路中央处理器。

存储器用于存储信息,即存储程序和数据。它分为内存储器和外存储器两种,磁心和半导体存储器是最常见的内存储器;磁盘、磁鼓和磁带机是常用的外存储器。

输入设备向运算器提供数据,它包括相应的设备及其接口电路。在光学仪器专用计算机中,有两种输入数据方式,即输入设备输入和传感器输入。常用的输入设备有键盘、鼠标、语音和其他输入设备等,也可以用开关输入二进制码。各种传感器都须使用专用的转换接口电路,将其输出转换成二进制码传入计算机中,如图 14-25 所示。根据传感器输出信号的形式,可以将传感器及其接口电路分为 3 种:第 1 种是数字编码式传感器,如绝对式光电编码器,其输出为二进制数码,可直接与计算机相连接;第 2 种是脉冲计数式传感器,如光栅盘等,它们输出的是脉冲串,须经计数器和译码器等才能与计算机相连接;第 3 种是模拟式传感器,如光电管、光敏电阻、电位计等,其输出是连续的电压或电流,要经过放大器及模/数转换器(A/D)才能送到计算机中。如果一台计算机有多种传感器,则须经转换开关轮流采样后再输入,这可以由计算机控制来实现。

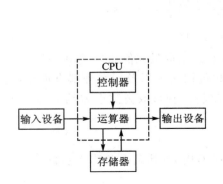

图 14-24　计算机组成框图

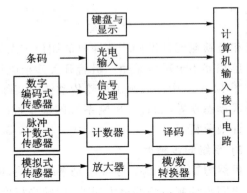

图 14-25　计算机输入/输出接口框图

输出设备包括输出接口电路、转换电路及有关的外部设备。如果计算机是用于测量系统,则输出设备多是各种显示记录设备,如发光二极管(LED)、液晶显示器(LCD)、阴极射线管(CRT)、打印机和绘图仪等;如果是用于控制系统,则计算机输出往往要接到数/模转换器(D/A),并转换成电压后控制随动系统。在一些复杂的计算机系统中还配有数据传输设备,将数据传送到远处其他设备上处理。

具备上述 5 个部分的计算机可以称为计算机系统。有一些光学仪器配备了较完整的计算机系统,但大部分仪器只是用数字电路或微处理器组成的专用计算机或简单的计算电路,因而并不一定具备完整的 5 个部分,而且各部分之间的界限也不明显。

2. 计算机的精度

计算机的精度由下列几项误差决定。

1）数学模型误差

无论计算机是处理信息还是控制仪器，都需要建立一定的数学模型。因为它是对实际物理现象的模拟，因此总是存在一定的误差，如后面讲到的激光测长仪中折射率的计算公式和光谱分析仪的误差校正公式等都存在一定的误差。

2）固有误差

输入的原始数据不精确带来的误差称为固有误差。

3）计算方法误差

运算器只能作算术运算和逻辑运算，而其他一些运算，如三角函数、对数、微分、积分等，都是用近似计算代替的。这些由于近似方法带来的误差称为计算方法误差或近似误差。当然由于计算机速度有限，而不得不采用简单计算，也会带来此类误差。这在实时控制或实时处理系统中非常明显。

4）舍入误差

由于计算机或接口设备字长有限，使得输入数据、输出数据或者运算都要四舍五入，这种误差称为舍入误差。

5）故障性误差

故障性误差是由计算机主机或外围设备出现故障造成的误差。

6）传感器及转换电路（D/A，A/D）误差

请参见 14.2 节中的介绍。

在上述 6 项误差中，1）、2）、6）项可认为不属于计算机主机的误差。故障性误差可以通过经常性检查和维修加以排除，而且这种误差一旦出现也比较容易识别出来。计算方法误差和舍入误差都与计算机字长有关，可以说字长是计算机精度的关键，当然速度也是关键。在设计或选用专用计算机的字长时，必须满足测量精度要求，而且要与传感器的精度相匹配。14.2 节已对各种传感器的精度做了介绍，概括地讲，一般位置测量精度较高。如角度可达 20 位以上，光谱仪器测量精度为 $0.1\% \sim 2\%$，光学量测量精度为 $0.2\% \sim 2\%$，电学量测量精度为 $0.01\% \sim 3\%$。可以根据上述数据以及前面分析的误差源，确定转换电路和计算机字长。表 14-4 列出了二进制位数及十进制数带来的量化误差。由表可见，当字长为 8 位时，最低位误差为 0.4%；当字长为 16 位时，最低误差为 $0.001\ 5\%$。

表 14-4　二进制位数及十进制数与 1 位误差

二进制位数	十进制数	1 位误差/%	二进制位数	十进制数	1 位误差/%
1	2	50	10	1 024	0.098
2	4	25	11	2 048	0.049
3	8	12.5	12	4 096	0.024
4	16	6.25	13	8 192	0.012
5	32	3.125	14	16 384	0.006
6	64	1.562	15	32 768	0.003
7	128	0.781	16	65 536	0.001 5
8	256	0.390	17	131 072	0.000 76
9	512	0.195	18	262 144	0.000 38

14.5.2 串行通信误差

51 单片机的串行接口是一个全双工的通信接口,能够同时进行发送和接收,但只有当发送和接收双方都对数据波特率的误差有一定限定要求时,才能保证通信成功。因此,研究串行通信中波特率设置的误差具有重要的意义。本小节在介绍该系列单片机串行通信中波特率设置特点的基础上,着重分析其误差的来源,最后用一个实例加以说明。

1. 波特率设置的特点

51 单片机的串行接口有 4 种不同的工作方式,可以通过编程来选择。串行接口不同的工作方式具有不同的波特率设置特点。设 f_b 表示波特率,f_{osc} 表示晶振频率,SMOD 表示特殊寄存器 PCON 的波特率选择位,SM0 和 SM1 表示串行口控制寄存器 SCON 的工作方式选择位,f_f 表示定时器 T1 的溢出率,则串行口在不同的工作方式下的波特率如下:

(1) 当 SM0＝0 和 SM1＝0 时,串行口为工作方式 0,波特率取决于系统晶振频率,即

$$f_b = \frac{f_{osc}}{12} \tag{14-14}$$

(2) 当 SM0＝1 和 SM1＝0 时,串行口为工作方式 2,波特率取决于波特率选择位和系统晶振频率,即

$$f_b = \frac{2^{SMOD} \times f_{osc}}{64} \tag{14-15}$$

(3) 当 SM0＝0 和 SM1＝1 时,串行口为工作方式 1,波特率取决于波特率选择位和定时器 T1 的溢出率;当 SM0＝1 和 SM1＝1 时,串行口为工作方式 3,波特率也取决于波特率选择位和定时器 T1 的溢出率。故方式 1 和方式 3 的波特率都可表示为

$$f_b = \frac{2^{SMOD}}{32} \times f_f \tag{14-16}$$

定时器 T1 的溢出率 f_f 与定时器操作模式有关,但在串行通信中定时器 T1 通常选择模式 2(TMOD.5＝1,TMOD.4＝0),故这里只讨论在该模式下溢出率的计算。另外,为了避免定时器 T1 因溢出而产生不必要的中断,应将定时器中断关闭。定时器溢出率计算的基本原理是利用定时器 T1 作为 16 位重载定时器,其中低 8 位 TL1 用作计数,高 8 位 TH1 用作自动重载预置值。设 N 为 TH1 的预置值,则

$$f_f = \frac{f_{osc}}{12 \times (2^8 - N)} \tag{14-17}$$

将式(14-17)代入式(14-16)得方式 1 和方式 3 下的波特率为

$$f_b = \frac{2^{SMOD} \times f_{osc}}{32 \times 12 \times (2^8 - N)} \tag{14-18}$$

在实际应用中,往往是给定通信波特率,然后设定预置值 N。由式(14-18)得

$$N = 2^8 - \frac{2^{SMOD} \times f_{osc}}{32 \times 12 \times f_b} \tag{14-19}$$

由此可见,在方式 1 和方式 3 下,可根据给定的波特率和系统晶振频率,在不同波特率选择位的情况下,灵活设计预置值 N。

综上所述,串行接口在不同的工作方式下,决定波特率的参数皆不同。由于各参数对波特率误差影响的程度不同,在通信中,为了避免太多误码或数据丢失,必须深入研究各工作方式

下的误差来源。只有在弄清误差来源的前提下,有的放矢地设置波特率,方可保证通信中误差小于规定值。

2. 波特率设置的误差分析

由串行口波特率设置特点可知,在工作方式 0 中,波特率 f_b 为系统晶振频率 f_{osc} 的一元函数。由一元函数微分在近似计算中的应用可得式(14-14)中 f_b 的绝对误差和相对误差分别为

$$| f_b | = | \mathrm{d}f_b | = \frac{| \Delta f_{osc} |}{12} \tag{14-20}$$

$$\frac{| \Delta f_b |}{f_b} \approx \frac{| \Delta f_{osc} |}{f_{osc}} \tag{14-21}$$

在工作方式 2 中,波特率 f_b 为系统晶振频率 f_{osc} 的一元函数。由一元函数微分在近似计算中的应用可得式(14-15)中 f_b 的绝对误差为

$$| \Delta f | = | \mathrm{d}f_b | = \frac{2^{SMOD} \times | \Delta f_{osc} |}{64} \tag{14-22}$$

相对误差与式(14-21)相同。

从串行口波特率设置的特点可知,工作方式 1 和工作方式 3 的波特率 f_b 为晶振频率 f_{osc} 和定时器高 8 位 TH 预置值 N 的二元函数。由二元函数微分在近似计算中的应用可得式(14-18)中 f_b 的绝对误差和相对误差分别为

$$| f_b | = | \mathrm{d}f_b | = \left| \frac{2^{SMOD}}{32 \times 12 \times (2^8 - N)} \right| \times | \Delta f_{osc} | + \left| \frac{- 2^{SMOD} \times \Delta f_{osc}}{32 \times 12 \times (2^8 - N)^2} \right| \times | \Delta N |$$

$$= \frac{2^{SMOD}}{32 \times 12 \times (2^8 - N)} \times | \Delta f_{osc} | + \frac{2^{SMOD} \times \Delta f_{osc}}{32 \times 12 \times (2^8 - N)^2} \times | \Delta N |$$

$$\tag{14-23}$$

$$\frac{| \Delta f_b |}{f_b} \approx \frac{| \Delta f_{osc} |}{f_{osc}} + \frac{| \Delta N |}{2^8 - N} \tag{14-24}$$

由以上的误差推导可知,工作方式 0 和工作方式 2 的波特率误差与系统晶振频率误差有关;而工作方式 1 和工作方式 3 的波特率误差除了与系统晶振频率误差有关外,还与定时器 TH1 的预置值 N 的误差有关。系统晶振频率一般在出厂前要经过严格的检测,其频率准确性比较高,误差可以忽略不计,故工作方式 0 和工作方式 2 的误差可以忽略。由于系统晶振频率误差可以忽略,由式(14-24)还可得

$$\frac{| \Delta f_b |}{f_b} = \frac{| \Delta N |}{2^8 - N} \tag{14-25}$$

由式(14-25)可知,工作方式 1 和工作方式 3 的波特率设置的主要误差来源于定时器高 8 位 TH1 的预置值 N。N 的误差越小,波特率设置的误差就越小。

由式(14-19)可知,定时器高 8 位 TH1 的预置值 N 的精确值一般为实数。但 N 只能取整数,在确定波特率和系统晶振频率的条件下,N 的值就由特殊寄存器 PCON 的波特率选择位 SMOD 决定。SMOD 的值可选 0 和 1,由于对 SMOD 值的不同选择,所得 N 值就不同,所以对波特率的误差影响也就不同。在实际应用中,对串行通信波特率的精度有一定的要求,不能超过一定范围。串行通信中发送和接收双方的允许误差与帧的位数有关:发送帧的位数越多,波特率的精度要求就越高。当串行口工作在方式 1 时,发送帧的位数为 10,波特率误差的

允许范围为小于5.0%;当工作在方式3时,发送帧的位数为11,波特率误差的允许范围为4.5%。由于串行口工作在方式1和方式3下波特率的设置比较灵活,故在51单片机的串行通信中通常采用这两种方式,但在设置波特率时应注意是否在误差允许范围内。

14.6 感应同步器的误差

感应同步器数显装置由检测元件、电气测量线路和显示器3部分组成。通常检测元件为感应同步器,而电气测量线路和显示器组成一体,称为数显表。这样,感应同步器数显装置(以下简称数显装置)的误差,就是由感应同步器的误差、细分误差和数显表的误差3部分组成,下面分别叙述并加以分析。

14.6.1 感应同步器的误差分析

造成感应同步器误差的因素是多方面的,有器件制造误差、安装误差、工件环境变化引起的测量误差、电磁作用引起的误差。其中,电磁作用的因素是指空间高次谐波的影响,绕组分布电容产生的附加电势,绕组自感的存在,绕组端部连线的单匝耦合,各种引线的影响,等等。以上种种误差,最终都反映在感应同步器的基本误差中。基本误差的表现形式可分为零位误差和细分误差两类。

1. 零位误差

所谓零位误差,是指实际零位值与理论零位值的偏差,记为 $\Delta\alpha$。它以某一选定的零位位置为起始点,用积累误差表示。

零位误差主要是由定尺导片偏差和非有效电势引起的,同时也与安装因素有很大关系。

1) 定尺导片偏差导致的零位误差

由于工艺制造上的因素,定尺导片偏离理想位置,每根导片中心线偏离理想位置用 X_{Di} ($i = 0,1,2,3,\cdots$)表示,滑尺绕组对应的磁场中心偏离理想位置用 X_{Hj} ($j = 0,1,2,3,\cdots$)表示。根据感应同步器的工作原理,当某一定尺导片中心与所有中心线重合,即偏移 $X = 0$ 时,输出电势 $E = 0$;当存在偏差量 $X(X = X_{Hj} - X_{Di})$ 时,理论上推导,零位电势为

$$E_0 \propto \sum_{j=0}^{4} X_{Hj} - \sum_{i=0}^{3} X_{D(3i+1)} \tag{14-26}$$

当滑尺移过一个准确的半个周期时,输出电势为

$$E_1 \propto \sum_{j=0}^{4} X_{Hj} - \sum_{i=0}^{3} X_{D(3i+2)} \tag{14-27}$$

这时,这一点的零位误差 $E_1 - E_0$ 为

$$E_1 - E_0 = \Delta E \propto \sum_{i=0}^{3} X_{D(3i+1)} - \sum_{i=0}^{3} X_{D(3i+2)} \tag{14-28}$$

因此,零位误差取决于定尺导片的偏差 X_D。

2) 非有效电势导致的零位误差

如果在感应同步器的输出端或仪表的输入端存在具有相同频率和相同相位的非有效电势,也会导致零位误差。非有效电势通常有3种来源,即干扰、端部耦合和容性电流压降。

(1) 干扰。干扰来自于三种耦合。其一,电容耦合。干扰源经分布电容加在仪表输入端,若采用隔离变压器,妥善屏蔽并合理接地,就可以消除这种干扰。其二,电感耦合。输出引线

和励磁线各自未经绞合且两者相距较近,引入互感电势。解决办法是采用绞合线或采取磁屏蔽。其三,共阻抗耦合。由于接地点不合理,在地线上流经干扰电流,引入干扰电流压降。解决办法是合理接地且接地可靠。

(2)端部耦合。两定尺连接为一尺时,两定尺之间的接缝处和定尺引线处都存在"开口"区,每当滑尺进入"开口"区就出现未被抵消的端部电势,从而导致零位误差。因此,必须将定、滑尺耦合时端部之间的距离拉开,以削弱"开口"区的影响。

(3)容性电流压降。定、滑尺之间存在不可忽略的分布电容。当输入、输出绕组有公共接地时,电源电压便直接加在分布电容的两端。所以,容性电流在输出绕组中引起的电阻压降导致了零位的漂移。消除的办法是采用隔离变压器,使励磁电压不直接加在分布电容的两端。

3）安装误差导致的零位误差

安装误差主要是指定尺倾斜,滑尺倾斜,定、滑尺之间不同气隙大小,以及滑尺压线位置(对"开口"区而言)对测量带来的误差。

(1)定尺倾斜造成的误差。在一块定尺 150 mm 测量范围内,当定尺不倾斜时,误差为零;当定尺倾斜 α 角度时,误差为 $\Delta X_a = 150(1-\cos\alpha)$ mm。因而倾斜角度 α 越大,误差就越大。

(2)滑尺倾斜造成的误差。当定尺不倾斜,滑尺倾斜时,不会造成误差。当定尺倾斜 α 角度,滑尺倾斜 β 角度时,其误差为 $\Delta X_\beta = 150\left[\dfrac{\cos(\alpha-\beta)}{\cos\alpha}-1\right]$ mm,且规定滑尺左倾是正误差,右倾是负误差。

(3)定、滑尺之间气隙大小对零位误差的影响。一般情况下,气隙较小,误差较大;而气隙较大,对零位误差的影响不大。但是气隙也不能太大,气隙太大,会使感应电势减小,影响数显表的正常工作。一般的要求在 0.25 mm±0.05 mm 的范围内。

(4)滑尺压线位置对零位误差的影响。所谓滑尺压线位置,是指滑尺覆盖定尺的程度(位置)。在过覆盖的情况下,当滑尺进入定尺开口区时,将引起零位误差的奇偶波动,从而引起误差增大。正确的覆盖办法是使滑尺绕组导片的端部中心线正对着定尺引出线的中心线。

2．细分误差

影响细分误差的主要内在因素是正余弦绕组空间位置的不正交、正余弦绕组阻抗的不对称以及空间高次谐波和对称零位误差的影响。

1）正余弦绕组在空间位置不正交引起的误差

标准式直线感应同步器滑尺的正余弦绕组,是以空间间隔相差 $(3/4)T$ 周期而实现空间位置正交的。由于制造工艺的原因,两相可能存在一个正交偏差 $\Delta\theta_{机}$。所谓正交偏差,是指正余弦绕组的空间间隔不是 $\dfrac{3}{4}T$,而是 $\dfrac{3}{4}T+\Delta\alpha$。这里,$\dfrac{2\pi\Delta\alpha}{T}$ 称为正交偏差。这时,细分误差 ΔX 相对应的偏差角 $\Delta\theta = -\dfrac{\Delta\theta_{机}}{2}(1-\cos 2\theta_{机})$。可见,当两相绕组存在正交偏差 $\Delta\theta_{机}$ 时,由此引起的细分误差与 $\Delta\theta_{机}$ 成正比。

2）正余弦绕组阻抗不对称所引起的细分误差

由于制造时滑尺两相绕组阻抗不对称,励磁时两相回路电流不相等,致使它们感应电势幅值的最大电势不相等而引起细分误差。因而在实际使用中,可通过在两相励磁中串联不同阻抗的电阻来补偿由于制造误差而产生的细分误差。

3) 空间高次谐波的影响

感应同步器的输出电势具有丰富的空间高次谐波感应电势,设三次谐波感应电势幅值为基波电势的 η_3 倍,则谐波电势引起的误差角 $\Delta\theta = -\eta_3 \sin 4\theta_{电}$。可见,误差角 $\Delta\theta$ 与三次谐波感应电势的幅值 η_3 成正比。

4) 对称零位误差对细分误差的影响

如果一个周期内相邻两点存在零位误差,那么这些零位误差对细分误差就产生一定的影响。但是,由于感应同步器的平均补偿作用,使得相邻两点的零位误差不大,从而对细分误差的影响很小,而且不是主要的,因此,可以认为细分误差与定尺关系不大。

14.6.2 数显表的误差分析

感应同步器数显表装置是由感应同步器和数显表共同组成的闭环测量系统,因此测量精度高,一般不会因数显表问题而引出误差。而在实际应用中,会出现数显表读数不准确的现象,即数显表显示的数据与实际移动的距离不相符,这主要是由增益调整引起的。

如果数显表的放大增益太高,则会出现"超调"现象,最直观的现象是数显表小数点后面3位、2位或最后1位出现"叠字",或出现"乱码"等现象。这种情况下,数显表显示的数据与实际位移相差很大,会出现数显表的数字时而进位、时而不进位的现象,甚至出现数显表"死机"——不进位、数字无变化的现象。这时,必须减小放大增益。如果数显表的放大增益太低,那么移动滑尺时,数显表的显示数字无任何变化,甚至指零针也不摆动。此时必须把放大增益调大。数显表的显示数据与实际移动的距离相差不大,也属于放大增益稍低问题,稍微调大一些增益即可。

数显表的另一种误差是指仪器零位漂移。测试所用的仪器(数显表),由于温度等原因会引起零位漂移。当仪器指示为零读数时,此时的"零"不是真正的零,而是引入了零位漂移,这个零位漂移就是非有效电势的同相分量。由于已经引起奇偶波动,从而引起了测量误差,所以解决的办法是改善测试时的恒温条件。

以上综合分析了数显装置的误差,但没有考虑人为因素引起的误差。人为因素引起的误差主要指瞄准误差(看微米表时,不是正中瞄准)和计算误差(计算实际移动距离时,只考虑显示的数字而忽略了微米表的指数等)。因此,在实际应用时,应尽量避免人为因素造成的误差。同时,严格按照数显装置应用规定进行安装、操作和读数,并遵照上面讲述的误差避免方法,这样就可以使数显装置更加精确,从而保证所生产产品的质量。

14.7 光子计数式光电倍增管四象限跟踪系统与弱光像增强 CCD 跟踪系统的比较

在光学精密跟踪控制系统中,二维高速倾斜镜通常用于校正大气湍流带来的整体波前倾斜和望远镜跟踪误差。一般而言,这类跟踪系统通常是由跟踪探测器、倾斜镜和跟踪控制处理机等组成。常见的有两套跟踪控制系统,用于波前整体倾斜信号的提取与校正:一种是光子计数式光电倍增管四象限跟踪系统,另一种是弱光像增强 CCD(ICCD)跟踪系统。为了正确评价这两种跟踪系统的优劣,有必要对其探测精度、噪声水平、控制特性等性能进行分析和比较。本节在介绍光子计数式光电倍增管四象限跟踪系统和弱光像增强 CCD 跟踪系统的基本原理基础上,对这两种跟踪系统的测量噪声误差、系统控制特性和系统闭环噪声进行分析,并重点根据实验结果分析和比较了这两种跟踪系统的性能。

14.7.1　两种跟踪系统的基本原理

1. 光子计数式光电倍增管四象限跟踪系统

光子计数式光电倍增管四象限跟踪系统的基本工作原理如图 14 - 26 所示。它主要由光子计数式光电倍增管四象限跟踪探测器、倾斜镜、跟踪控制处理机等组成。由望远镜进来的平行光经过前面的引导光学系统和倾斜镜后，通过跟踪物镜将其会聚到两个相互正交的分光三棱镜上，从而得到四束光，达到四象限分光的目的。当入射光方向变化时，会引起光点在分光棱镜处产生位置移动，从而使四束光的光能重新分配。这四束光被分别耦合到四个光电倍增管中，由光电探测器接收，从而测出四束光的光能量，进而由跟踪控制处理机测量出入射光的波前整体倾斜。

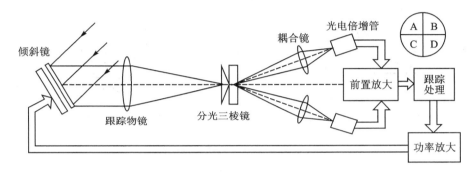

图 14 - 26　光子计数式光电倍增管四象限跟踪系统的基本工作原理

如果四个象限由光电倍增管所测得的光电子数分别为 N_A、N_B、N_C 和 N_D（见图 14 - 26），则 x 和 y 方向的波前斜率可分别由以下两式算得

$$G_x = K_q \frac{(N_B + N_C) - (N_A + N_D)}{N_A + N_B + N_C + N_D} \tag{14-29}$$

$$G_y = K_q \frac{(N_A + N_B) - (N_C + N_D)}{N_A + N_B + N_C + N_D} \tag{14-30}$$

式中：K_q——探测比例系数。

光子计数式光电倍增管四象限跟踪探测器的探测比例系数 K_q 与光斑形状和大小直接相关。当入射光斑的光强呈高斯分布时，在线性响应区间，探测比例系数 K_q 与光斑的高斯宽度 σ_A 成正比：

$$K_q = \sqrt{\frac{\pi}{2}} \sigma_A \tag{14-31}$$

相对于普通的四象限跟踪探测器而言，光子计数式光电倍增管四象限跟踪探测器有如下特点：

（1）由于采用了高灵敏度的光电倍增管作为光能探测器，整个跟踪探测器对弱目标的探测能力较一般四象限跟踪探测器大大提高，并可以工作在光子计数水平。

（2）由于采用光学分光的办法，所以可得到很高的位置探测分辨率。当探测器的分光元件位于跟踪物镜的热点附近时，目标像点位置的很小变化就可以引起较大的输出信号响应。

（3）跟踪探测器的采样速率可根据需要随时调整，对目标有较强的适应能力。当目标较亮时，为防止探测器饱和，可以提高采样速率，同时也可以得到较高的控制带宽；当目标较暗，信噪比较低时，可以降低采样速率，虽然可能导致较低的控制带宽，但可以得到较高的探测信噪比。

2. 弱光像增强CCD跟踪系统

弱光像增强CCD跟踪系统的基本工作原理如图14-27所示。它主要由弱光像增强CCD跟踪探测器、倾斜镜和跟踪控制处理器等组成。从望远镜来的平行光经过引导光路和倾斜镜后，由跟踪物镜会聚，在其焦点位置处放置像增强器，把热点处的微弱光点像增强，然后通过耦合物镜把像增强器荧光屏上增强了的光点耦合到CCD靶面上。跟踪控制处理器采集到CCD上的光点像，通过一定的算法计算出光点重心的坐标，然后与事先已经标定好的零点坐标比较，就可得到波前 x、y 两个方向的波前整体斜率。

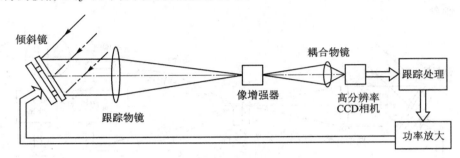

图14-27　弱光像增强CCD跟踪系统的基本工作原理

设光斑成像在CCD上时，第 i 行第 j 列的像素灰度值为 I_{ij}，则光斑的重心坐标可由下式计算：

$$X_c = \frac{\sum_i \sum_j i I_{ij}}{\sum_i \sum_j I_{ij}}, \quad Y_c = \frac{\sum_i \sum_j j I_{ij}}{\sum_i \sum_j I_{ij}} \tag{14-32}$$

与光子计数式光电倍增管四象限跟踪探测器相比，弱光像增强CCD跟踪探测器有调整容易、使用方便的优点；但它的采样率相对固定，当它对弱目标工作、信噪比较差时，不易通过降低采样率来提高信噪比。

14.7.2　探测器的噪声误差

1. 光子计数式光电倍增管四象限跟踪探测器的噪声误差

对于光子计数式光电倍增管四象限跟踪探测器，其主要噪声源为光子起伏散粒噪声。在只考虑光子起伏散粒噪声（服从泊松分布）且光斑均匀地分布在4个光电倍增管探测器上的情况下，有

$$N_A = N_B = N_C = N_D = \frac{N}{4} \tag{14-33}$$

$$\sigma_{N_A} = \sigma_{N_B} = \sigma_{N_C} = \sigma_{N_D} = \frac{\sqrt{N}}{2} \tag{14-34}$$

式中：N——光子计数式光电倍增管四象限跟踪探测器所探测到的总光电子数。

此时光子计数式光电倍增管四象限跟踪探测器所探测的波前斜率噪声方差为

$$\sigma_{G_x}^2 = \sigma_{G_y}^2 = \frac{K_q^2}{N} = \frac{\pi \sigma_A^2}{2N} \qquad (14-35)$$

可见,光子计数式光电倍增管四象限跟踪探测器的探测精度与入射光强和光斑大小直接相关。入射光越强,光斑高斯宽度越窄,探测精度越高。

理想情况下,圆形均匀光斑的衍射成像的光强分布,归化为高斯函数时的等效高斯宽度为

$$\sigma_{dl} = 0.431 \lambda F_D \qquad (14-36)$$

式中:λ——光波波长;

　　F_D——探测系统 f 数(光阑指数)。

当考虑大气湍流的影响时,像斑尺寸将加大。如果大气湍流相干长度为 r,跟踪物镜有效通光口径为 d,则此时像斑的等效高斯宽度为

$$\sigma_A = 0.431 \lambda F_D \left\{ 1 + \left(\frac{d}{r_0} \right)^2 \left[1 - 0.37 \left(\frac{r_0}{d} \right)^{\frac{1}{3}} \right] \right\}^{\frac{1}{2}} \qquad (14-37)$$

2. 弱光像增强 CCD 跟踪系统的噪声误差

对于弱光像增强 CCD 跟踪系统,其噪声源主要包括以下几个部分:光子起伏散粒噪声、像增强器增益起伏噪声和 CCD 读出噪声等。一些研究人员已经对此探测器的噪声进行过分析,根据其分析结果,弱光像增强 CCD 跟踪系统的质心探测精度可表示为

$$\sigma_{x_c}^2 = (1 + K_{ch}) \frac{\sigma_{dl}^2}{V_p} + \frac{\sigma_r^2}{V_p^2} LM \left(\frac{L^2 - 1}{12} + x_c^2 \right) \qquad (14-38)$$

式中:V_P——光信号光电子数;

　　LM——探测窗口内 x 和 y 方向的单元数;

　　K_{ch}——由像增强器增益起伏引起的噪声方差;

　　σ_{dl}——光斑衍射成像时的等效高斯宽度;

　　σ_r^2——CCD 每个像元的噪声方差;

　　x_c^2——光斑质心坐标的平均值。

在弱光像增强 CCD 跟踪系统中,为了提高探测精度,降低 CCD 读出噪声,通常采用合理选取 CCD 采样域值的方法。当增加 CCD 采样阈值时,一方面因 CCD 读出噪声明显降低而提高系统的探测精度,另一方面又因信号光电子数随之减小而降低系统探测精度。因此在一定条件下,存在一最佳 CCD 采样阈值,此时系统探测精度最高。

必须指出,式(14-35)是光子计数式光电倍增管四象限跟踪探测器在光子噪声受限条件下导出的,而式(14-38)是弱光像增强 CCD 跟踪探测器在非光子噪声受限条件下(既考虑了光子噪声,又考虑了像增强器和 CCD 读出噪声)导出的。

14.7.3　控制特性

从控制系统的角度来看,光子计数式光电倍增管四象限跟踪系统和弱光像增强 CCD 跟踪系统,均是一个以光学波前整体倾斜误差为控制对象的实时闭环反馈控制系统。要想比较有效地校正大气湍流和望远镜跟踪抖动所引起的倾斜扰动,就要求系统带宽比较宽;而对于以 CCD 为光学波前误差探测器件的跟踪系统而言,其时间延迟比较长,一般在 $2T \sim 3T$ 之间(T 为系统采样周期),系统控制带宽严重受限。此外任何探测系统都不可避免地会引入探测噪声,为了减小系统引入噪声,系统带宽不能太宽。

光子计数式光电倍增管四象限跟踪系统和弱光像增强 CCD 跟踪系统的原理框图和控制框图分别如图 14-28 和图 14-29 所示。

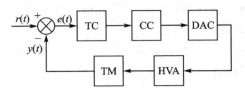

图 14-28　光子计数式光电倍增管
四象跟踪系统的原理框图

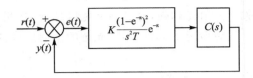

图 14-29　弱光像增强 CCD 跟踪
系统的控制框图

在图 14-28 和图 14-29 中，$r(t)$ 为扰动信号，$e(t)$ 为误差信号，$y(t)$ 为反馈信号，$C(s)$ 为系统所加控制器的传递函数。由光子计数式光电倍增管四象限探测器和弱光像增强 CCD 跟踪探测器所探测到的光电信号，经波前倾斜计算(TC)、控制运算(CC)和数/模转换(DAC)后，再由高压放大器(HVA)放大输出到波前校正器(TM)各个驱动器上，从而实现闭环控制。一般而言，倾斜跟踪控制系统可用一个一次采样滞后过程来描述，其控制传递函数为

$$G(s) = K \frac{[1 - \exp(-sT)]^2}{s^2 T} \exp(s\tau) \tag{14-39}$$

式中：s——拉普拉斯变换因子；

K——系统中对象总增益系数。

对于光子计数式光电倍增管四象限跟踪系统，式中 τ 仅为波前处理运算时间延迟；对于弱光像增强 CCD 跟踪系统，τ 为 CCD 读出和波前处理运算总时延。一般而言，光子计数式光电倍增管四象限跟踪系统的等效时延为 $\tau_d \approx 1T$；弱光像增强 CCD 跟踪系统等效时延 τ_d 为 $2T \sim 3T$。显然，弱光像增强 CCD 跟踪系统比光子计数式光电倍增管四象限跟踪系统的时间延迟要大得多。在相同的系统采样频率情况下，加入控制算法后，由于时间延迟限制，弱光像增强 CCD 跟踪系统所能实现的误差校正和带宽，要比光子计数式光电倍增管四象限跟踪系统窄得多。

14.7.4　闭环噪声

在倾斜跟踪系统中，系统噪声是从波前探测器引入的。相对于系统闭环带宽而言，系统探测噪声可以认为是高斯白噪声。对于实际有时间延迟的倾斜跟踪系统，其波前探测和波前校正不是同时进行的。这时系统的闭环传递函数一般可表示为

$$H_c(\mathrm{j}f) = \frac{\exp(-\mathrm{j}2\pi f\tau)}{1 + \dfrac{\mathrm{j}f}{f_{3\mathrm{dB}}}} \exp(s\tau) \tag{14-40}$$

假设系统噪声功率谱为 F_{fn}，系统采样频率为 f_s，则系统闭环噪声方差为

$$\sigma_{\mathrm{cn}}^2 = \int_0^{f_\mathrm{n}/2} F_{\mathrm{fn}} |H_c(\mathrm{j}f)|^2 \mathrm{d}f = F_{\mathrm{fn}} \int_0^{f_\mathrm{n}/2} \left| \frac{\exp(-\mathrm{j}2\pi f\tau)}{1 + \mathrm{j}f/f_{3\mathrm{dB}}} \right| \mathrm{d}f$$

$$= F_{\mathrm{fn}} f_{3\mathrm{dB}} \arctan\left(\frac{f_\mathrm{n}}{2f_{3\mathrm{dB}}} \right) \tag{14-41}$$

思考与练习题

14-1　电子测量系统分为哪几类？画出原理框图并说明其工作原理。

14-2　提高电子测量系统精度的主要措施有哪些？

14-3　控制系统的稳态精度是什么？动态精度是什么？

14-4　计算机的精度主要由哪几项误差决定？

14-5　说明光子计数式光电倍增管四象限跟踪系统的基本原理。

14-6　图 14-30 所示为调制盘式斩光器和放大器原理，说明系统的工作原理。

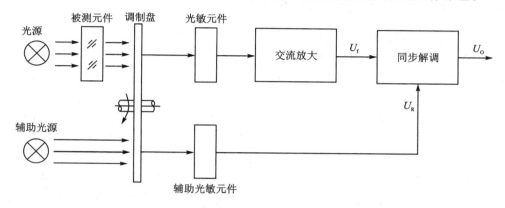

图 14-30　调制盘式斩光器和放大器原理

14-7　光电仪器中的电子测量系统分为开环式测量、平衡式测量和比例式测量三种类型。它们的工作原理以及精度有何不同？

14-8　模拟信号处理电路和数字信号处理电路各有哪些误差？

14-9　电子测量系统减少干扰与噪声的措施有哪些？

14-10　试分析 51 单片机不同的串口工作模式与波特率误差之间的关系。

14-11　试对感应同步器的误差来源进行分析，并说明感应同步器的零位误差和数显表的零位漂移是否是同一个误差？为什么？

14-12　弱光像增强 CCD 跟踪系统的噪声源有哪些？其探测精度与 CCD 读出噪声之间的关系是怎样的？其带宽与光子计数式光电倍增管四象限跟踪系统的相比有什么特点？

第 15 章　仪器总体精度设计

15.1　仪器总体精度设计概述

15.1.1　仪器总体精度设计的目的

精度是精密测量仪器的最重要的技术指标之一。对测量仪器进行总体精度设计,是保证精密测量仪器质量的重要且必不可少的工作。

在总体精度设计过程中,要充分分析误差来源、误差性质、误差传递规律,研究误差传递过程中的系统误差和随机误差的相互转化、误差的相消和累积,以及用微机进行误差补偿的方法,寻求减小和消除误差的途径。因此,必须掌握关于系统误差和随机误差的全面知识。

在仪器精度设计时,并不是以所有误差越小越好为准则。当然,对应该要求高精度的零部件,若没有应有的精度要求,则会使仪器精度下降;对不必要求高精度的零部件,却规定了过高的精度要求,则会使产品的成本提高。完全消除误差是不可能的,但误差越小,成本越高,甚至由于误差太小使制造和测量成为不可能。测量仪器精度指标的选择、仪器功能与精度的关系、仪器静态和动态的精度特性,对于仪器总体精度设计是十分重要的。

1. 仪器总体精度分析的两个任务

(1) 根据仪器总精度和可靠性要求,对仪器零部件进行误差分配、可靠性设计及可靠性预测,确定各主要零部件的制造技术要求和仪器在装配调整中的技术要求,实现这一任务是十分困难的。因为根据仪器的用途和精度,必须确定仪器总体结构方案、大量参数标称值及允许偏差。

(2) 根据现有的技术水平和工艺条件,考虑到先进技术的应用,用微机进行误差补偿等方法来提高仪器精度,再进行误差合成,以确定仪器总精度。根据这种计算就能够对仪器精度提出完整的合理要求,并在此基础上进行检验,即验收试验。

2. 完成总体精度设计可以解决的几个问题

(1) 设计新产品时(在产品制造出来以前),预估该产品可能达到的精度和可靠性,避免设计的盲目性,防止造成不应有的浪费。

(2) 在设计新产品时,通过总体精度设计,在几种可能实现的设计方案中,以精度的观点进行比较,给出最佳设计方案。

(3) 在产品改进设计中,通过对产品进行总体精度分析,找出影响产品精度和可靠性的主要因素,提出改进措施,以便提高产品质量。

(4) 在科学实验和精密测量中,根据实验目的和精度要求,通过合理的精度设计,可以确定实验方案和测量方法所能达到的精度、实验装置和测量仪器应具有的精度,以及最有利的实验条件。

(5) 在进行产品鉴定时,通过总体精度分析,可以合理地制定鉴定大纲,并由实际测量得到产品总精度。

15.1.2 仪器精度设计的步骤

随着科学技术的发展,在 CAD/CAM/CAPP 日益普及的今天,计算机辅助精度设计、并行设计、虚拟现实以及动态精度设计等新的方法和技术被不断采用和推广。采用现代化的设计手段使得仪器精度设计进入到一个崭新的领域。

具体的设计步骤可大致归纳如下:

1. 明确设计任务和技术要求

仪器精度设计的任务包括仪器的改型精度设计、扩大仪器使用范围的附件精度设计以及新仪器的精度设计。

仪器精度设计对象的技术要求是设计的原始依据,这一点必须首先明确。除此以外,还要清楚设计对象的质量、材料、工艺和批量,以及机器或仪器的使用范围、生产率要求、通用化程度和使用条件等。

2. 调查研究

在明确设计任务和技术要求的基础上,必须作深入的调查研究,主要做到深入掌握现实情况和大量占有技术资料两方面。务使在主要方面无一遗漏,做到对情况了如指掌。具体来说,要调查清楚以下几个问题:

(1) 设计对象有什么特点,应用在什么场合。

(2) 目前在使用中的同类仪器有哪些,各有什么特点,包括原理、精度、使用范围、结构特点、使用性能等。特别是以整体来看,要明确这类仪器"改善性能"的趋势,以及它们在设计上会成为问题的地方。

(3) 征询需求方对现有仪器改进的意见和要求,以及对新产品设计的需求和希望。

(4) 了解承担仪器制造工厂的生产条件、工艺方法,以及生产设备的先进程度、自动化程度和制造精度等。

(5) 查阅资料,充分掌握国内外有关设计问题的实践经验和基础研究两方面的发展动态和趋势。

3. 总体精度设计

在明确设计任务和深入调查之后,可进行总体精度设计。总体精度设计包括:

(1) 系统精度设计,它包括设计原理、设计原则的依据,以及总体精度方案的确定等。

(2) 主要参数精度的确定。

(3) 各部件精度的要求。

(4) 总体精度设计中其他问题的考虑。总体精度设计是仪器设计的关键一步,在分析时,要画出示意草图,画出关键部件的结构草图,进行初步的精度试算和精度分配。

4. 具体结构精度设计计算

结构精度设计计算包括机、光、电各个部分的精度设计和计算。在设计零部件精度过程中,总体精度设计中原有考虑不周的地方,以及原有考虑错误的地方,在零部件精度设计中,要注意多数精度的相互配合,在进行参数和精度更改时要考虑相互协调统一。

具体结构精度设计计算包括以下内容:

(1) 部件精度设计计算。

(2) 零件精度设计计算。

5．仪器总体精度分析的步骤

精度分析与计算的步骤大体如下：

（1）通过设计起始数据分析，将仪器使用精度要求转换成设计精度指标。

（2）根据仪器用途，明确其工作原理，以建立测量方程式，确定仪器最少组成环节，并由此构成测量回路原理框图。

（3）找出测量回路各环节的误差来源。

（4）部分误差分析与求解。

（5）误差分配，部分误差允许值的确定。

（6）仪器构造参数计算和有关零部件公差的确定以及误差补偿和调整。

（7）拟定与仪器精度有关的制造与验收技术条件，提出检验方法与要求。

15.1.3 总体精度分析方法

仪器精度设计的目的在于保证给定仪器的精度。通过对影响仪器精度因素的分析，找出影响仪器精度的主要因素，包括仪器本身因素、环境因素以及测量人员的因素。通过制定各零部件的公差要求、技术条件，使仪器达到所要求的精度指标。

在进行总体精度设计分析时，可遵循下述分析方法：

1．理论分析法

在设计新产品时，首先要查阅国内外有关该产品的资料，结合我国的具体技术条件，制定最佳设计方案，最大限度地满足生产实际对该产品提出的精度、可靠性、效率、寿命、操作方式等功能方面的要求。

1）经济性要求

设计新产品时，不应盲目地追求复杂高级的方案。如果采用某种最简单的方法就能满足所提出的功能要求，则此方案就是最经济的设计方案。因为方案简单，构成产品的零部件就少，这既符合最短传动链原则，提高了产品的精度和可靠性，又降低了产品的成本。

2）确定仪器精度指标

在设计仪器时，要根据不同仪器及不同使用条件，选择仪器相应的静态和动态精度指标。仪器精度需根据生产实际中被测对象的性质和精度要求来确定。若仪器作为尺寸传递，则其传递的精度等级就决定了仪器需达到的精度；若仪器在机械制造业中用于测量零件某参数，则零件的公差精度等级就决定了仪器精度；对于特殊条件下使用的仪器，要根据使用仪器的环境和仪器的应用范围等因素，综合考虑仪器的精度。

在制定或选择仪器精度指标时，还应考虑仪器的使用方式。如果以单次测量的数据作为测量结果，则应以极限误差作为仪器的总误差，这时仪器分划值与仪器总误差值接近；若仪器以多次测量的平均值作为测量结果，则应以标准差作为仪器精度指标。

3）全面分析误差来源

在对新设计的仪器进行误差分析时，需全面分析误差来源，找出所有原始误差，即找出对仪器总误差有影响的所谓有效误差。根据误差产生的原因，原始误差可分为工艺误差、动态误差、温度误差和随时间变化的误差。

工艺误差是由测量仪器零部件的制造和装配不准确造成的。机械式仪表的所有工艺误差包括尺寸误差、形状误差、位置误差以及表面粗糙度和波度。

动态误差是由仪器中起作用的惯性力所产生的。属于这一类误差的有：与测量仪器零件的刚性不足有关的变形（包括接触和弹性变形）、摩擦力、动态效应的影响（如冲击—振动过程、振荡、不平衡性）。

温度误差是由仪器工作的温度条件发生变化所产生的。属于这类误差的有：实际起作用的物理参数和影响系数随温度条件变化，由此产生的附加误差。

随时间变化的误差与仪器元件的参数随时间的变化有关。属于这类误差的有：弹性减小、零件磨损和由此产生的运动副零件尺寸变化、电子仪器的发射损耗、电阻或电容的变化。其中大部分原因与老化有关，另外一些则与磨损有关。

设计测量仪器时，应考虑到"保险准确度"，以保证仪器在规定的使用期满后还可以继续工作。例如，在制造厂验收一批仪器时，规定保险准确度为极限误差的 40%～50%，即验收标准同规定标准比，要严格为 1.6～2.0 倍。

2. 实验统计法

实验统计法是对所要设计的产品进行所谓的模型实验，或对已研制的产品进行精度测试，即对精度特性进行多次测量，并对所测得的数据运用数理统计方法进行分析处理，从而得到关于产品误差的详细资料，以便从中找出规律性。

15.2　仪器设计的基本原则

精度是精密加工设备、精密测量仪器和其他精密装置的重要技术指标之一。精度设计就是根据仪器的精度要求来确定仪器的主要参数，对仪器精度进行科学的定性分析和定量分析。总体精度设计并不是以所有误差越小越好为原则，完全消除误差是不可能的。因此，仪器精度设计的根本目的在于，用最经济、简便的手段达到产品的使用要求。本节将讨论在仪器精度设计时，减小仪器误差所必须遵循的原则。

15.2.1　阿贝原则

为了使测量仪器设计所产生的误差对测量精度影响最小，德国蔡氏厂创始人阿贝于 1890 年提出了关于计量仪器设计的一个重要原则，称为阿贝原则。在精密计量仪器设计中，阿贝原则得到了广泛应用。

所谓阿贝原则，即被测尺寸与标准尺寸必须在测量方向的同一直线上。或者说，被测量轴线只有在基准轴线的延长线上，才能得到精确的测量结果。这是为了消除基准轴线与被测量轴线倾斜而产生的一阶误差。

如图 15-1 所示的千分尺，被测量与读数刻度尺在同一测量线上，即基准轴线与被测量轴线在同一轴线上，符合阿贝原理。当测量千分螺杆在移动过程中产生倾角 θ 时，在相同的示值条件下，实际测量值 l 与理想测量值 L 的误差 Δ_1 为

$$\Delta_1 = L - l = L(1 - \cos\theta) = 2L\sin^2\frac{\theta}{2} \approx \frac{L}{2}\theta^2 \qquad (15-1)$$

式中：Δ_1——二阶误差，可以忽略不计。

如图 15-2 所示的卡尺，被测量与刻度尺不在同一测量线上，即基准轴与被测量轴线不重合，不符合阿贝原理。当卡尺测量面有一倾角 θ 时，被测尺寸 L 与读数值 l 所产生的一阶误差 Δ_2 为

$$\Delta_2 = L - l = S\tan\theta \approx S\theta \qquad (15-2)$$

式中：S——卡尺与工件的距离。

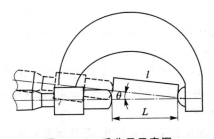

图 15-1　千分尺示意图

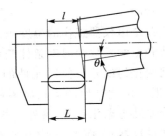

图 15-2　卡尺示意图

　　阿贝原则既是仪器设计的原则，又是仪器使用时应遵循的原则，即在测量时，应尽量使被测工件安放在标准件的延长线上或最靠近的地方。

　　采用阿贝原则能消除一阶误差，提高仪器设计或测量的精度；但有时却增大了仪器结构，在仪器设计时必须给予充分考虑。

15.2.2　最小变形原则

　　仪器的零部件变形是产生仪器误差的一个不可忽视的重要因素，特别是对于精密测量仪器更为重要。因此，在仪器设计时应尽量保证零部件变形量最小。

1. 艾里点与贝塞尔点

　　在仪器设计或使用时，支承点的位置是否合理直接影响仪器的精度。艾里点和贝塞尔点就是要求不同部位误差最小时，所选用的最优支承点。G·艾里（G. Airy）和贝塞尔（Bessel）利用材料力学原理分析计算了艾里点和贝塞尔点的位置。

　　艾里点是指校对量杆和量块一类的端面量具时，其支承点的位置选择应以保证两端面平行度变化为最小。当断面相同时，艾里点间的距离 a_1 如图 15-3 所示，并给出下列公式，即

$$a_1 = \frac{1}{\sqrt{3}}L \approx 0.577\,3L \qquad (15-3)$$

　　一般情况下，支承点的数目 n 与位置之间的关系可由下式给出，即

$$a_1 = \frac{1}{\sqrt{n^2-1}}L$$

式中：n——支承点的数目。

　　贝塞尔点是对于在中性面刻有刻度尺的量具，水平支承时全长变化最小的支撑点。如图 15-4 所示，当断面相同时，贝塞尔点间的距离 a_2 为

$$a_2 \approx 0.559\,4L \qquad (15-4)$$

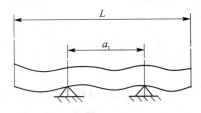

图 15-3　艾里点

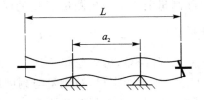

图 15-4　贝塞尔点

2. 赫兹公式

在接触测量时,测量力使测头和工件之间产生挤压变形,引起测量误差,影响仪器的测量精度。

赫兹公式表明,在弹性限度内,接触测量表面在压力作用下,两面间弹性变形量 δ 的计算公式为

$$\delta = 0.9\sigma \sqrt[3]{\frac{9}{512}(\theta_{\mathrm{I}} + \theta_{\mathrm{II}})^2 \left(\sum \rho\right) p} \tag{15-5}$$

式中:σ——许用应力;

　　p——两接触物体的正压力;

　　$\sum \rho$——I、II 两物体接触面的主曲率 $\rho_{\mathrm{I}1}$、$\rho_{\mathrm{I}2}$、$\rho_{\mathrm{II}1}$ 和 $\rho_{\mathrm{II}2}$ 之和(角标 1、2 表示接触面中互相垂直方向上所形成的最大和最小曲率);

　　θ_{I},θ_{II}——两物体的弹性系数,其值按下式计算:

$$\theta = \frac{4(1-\gamma^2)^2}{E}$$

其中:E——弹性模量;

　　γ——泊松比。

在实践中,对于钢制件,不同接触面的 δ 值一般采用下述近似公式分别进行计算。

1) 球面与球面接触

接触面的变形量 δ 为

$$\delta = 1.912\,3 \sqrt[3]{p^2\left(\frac{1}{d} + \frac{1}{D}\right)} \tag{15-6}$$

式中:d,D——接触的两球直径。

2) 球面与平面接触

两接触面的变形量 δ 为

$$\delta = 0.45 \sqrt[3]{\frac{p^2}{D}} \tag{15-7}$$

式中:D——球面直径。

3) 球面与圆柱面接触

两接触面的变形量 δ 为

$$\delta = 2.1 \sqrt[3]{p} \frac{\sqrt[4]{\left(\frac{1}{D} + \frac{1}{d_1}\right)\frac{1}{D}}}{\sqrt[6]{\frac{2}{d_1} + \frac{1}{D}}} \tag{15-8}$$

式中:D——球面直径;

　　d_1——圆柱直径。

4) 圆柱面与圆柱面接触

两圆柱面互相垂直接触时的变形量 δ 为

$$\delta = \frac{2.1 \sqrt[3]{p^2}}{\sqrt[3]{d_1 d_2 (d_1 + d_2)^2}} \tag{15-9}$$

式中：d_1,d_2——两圆柱直径。

5）平面与圆柱面接触

平面与圆柱面接触长度为 L 时的变形量 δ 为

$$\delta = \frac{0.461\ 5}{L}\sqrt[3]{\frac{1}{D}} \qquad (15-10)$$

式中：D——圆柱面直径。

15.2.3 基准面统一原则

基准面（或基准线）选择不当，会给仪器设计和测量带来附加误差。在仪器设计时，应使零件的设计基准面、工艺基准面及测量基准面统一起来。符合了这一原则，就能够较经济地提高仪器精度和测量精度，避免产生因基准不统一所带来的附加误差。

如图 15-5 所示，零件尺寸 d_1 和 d_2 的设计基准面及工艺基准面均为中心线 $O-O'$，用顶尖进行零件尺寸测量时，符合基准面统一原则，能精确地测量 d_1、d_2 的圆度加工误差。如果以 d_1 和 d_2 的外圆为测量基准，在 V 形块上进行测量，则 d_1 的形状误差也反映到 d_2 的测量结果中，从而产生了附加的测量误差。

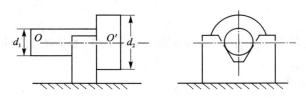

图 15-5　测量中基准面统一原则

基准面统一原则在仪器的设计中也具有重要意义。以图 15-6 所示的齿轮周节检查仪为例来说明基准面统一原则在仪器设计中的重要性。图 15-6(a)所示为支承杆 1、2 与轴心线连接，以轴心线为定位基准，符合基准面统一原则；图 15-6(b)中以齿根圆为测量基准面和图 15-6(c)中以齿顶圆为测量基准面，都不符合基准面统一原则，因而会产生较大的附加误差。

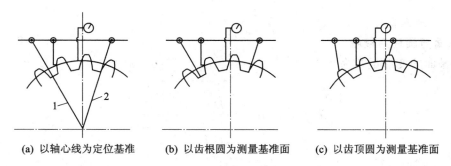

(a) 以轴心线为定位基准　　　　(b) 以齿根圆为测量基准面　　　　(c) 以齿顶圆为测量基准面

图 15-6　齿轮周节检查仪示意图

综上所述，基准面统一原则对于仪器设计、制造和测量都是十分重要的。设计工作者在标注零件尺寸时，选择零件的设计基准应考虑到与工艺基准和测量基准相一致。

15.2.4　精度储备

众所周知,在设计仪器或机构时,对零件强度的计算通常都要引入"安全系数"。因为计算方法往往不够精确,原始数据会有误差,零件在工作时也可能有超负荷等。引入安全系数后,就使仪器零件增加了强度储备,这样可以增加仪器工作的可靠性和寿命。但是,在许多情况下,整机(特别是精密机械与仪器)及其零、部件工作能力的丧失,往往不是由于损坏,而是由于其工作部分精度降低了。因此,为了长期保持仪器良好的工作性能,延长其使用寿命,提高其使用价值,就需要建立"精度储备"的概念。

精度储备可用精度储备系数 K_T 表示:

$$K_T = \frac{T_F}{T_K} \tag{15-11}$$

式中：T_F——功能公差(functional tolerance),即由使用要求确定,在使用期限内,某个性能参数的最大允许变动量;

T_k——制造公差。

显然,K_T 应大于 1。国外一些公司多取 $K_T = 2$。按精度储备系数的含义,即由使用要求确定的公差 T_F 不能全部用作制造公差,还必须保留一部分作为"使用公差"。制造公差用于补偿加工、测量、装配等种种制造中的误差。使用公差则用于补偿磨损、变形等各种使用中的误差。这样,有利于在使用中较长期地保持机器、仪器及零部件的工作性能。

精度储备可用于整台仪器的使用性能指标。例如光学测微仪,在一定条件下允许的测量误差为 $0.6~\mu\mathrm{m}$,若新的光学测微仪的测量误差实际为 $0.4~\mu\mathrm{m}$,则其精度储备系数 $K_T = 1.5$。

精度储备可用于孔、轴结合。特别是用于间隙配合的运动副,此时的精度储备主要为磨损储备。T_F 为由使用要求确定的间隙配合公差,可称为功能配合公差;T_k 则为孔与轴的制造公差之和。若不考虑装配误差等,则 $T_k = T_H + T_s$(T_H 为孔的公差,T_s 为轴的公差),即规定的配合公差。

以 T_{fF} 表示间隙配合功能配合公差,以 X_{maxF} 与 X_{minF} 表示功能最大间隙与功能最小间隙,则此时精度储备系数为

$$T_{fF} = |X_{maxF} - X_{minF}| \tag{15-12}$$

$$K_T = \frac{X_{maxF} - X_{minF}}{T_H + T_s} \tag{15-13}$$

在按标准选择配合时,往往不能得到那样的标准配合,即其最小间隙 X_{min} 正好等于计算得到的功能最小间隙 X_{minF},而通常是取 $X_{min} > X_{minF}$。这样,有一部分功能配合公差(其值为 $X_{min} - X_{minF}$)就不能利用。这时,精度储备系数为

$$K_T = \frac{X_{maxF} - X_{min}}{T_H + T_s} \tag{15-14}$$

有时,为了扩大磨损储备,考虑到 X_{min} 出现的概率很小,也允许 $X_{min} < X_{minF}$,因此考虑概率的最小间隙 X_{minP} 应大于或接近功能最小间隙 X_{minF}。X_{minP} 可称为考虑概率的最小间隙,并由下式确定:

$$X_{minP} = X_{av} - 0.5\sqrt{T_H^2 + T_s^2} \tag{15-15}$$

式中：X_{av}——平均间隙。

当磨损速度一定时,若间隙接近 X_{minF},则其寿命将最长;若间隙接近 X_{maxF},则其寿命将最

短。以平均间隙 X_{av} 代表所选配合，则可以

$$\tau = \frac{X_{maxF} - X_{av}}{X_{maxF} - X_{minF}} = \frac{X_{maxF} - X_{av}}{T_{fF}} \tag{15-16}$$

表示该配合使用的相对寿命，故称 τ 为寿命系数，其值在 0 到 1 之间。

原则上讲，对仪器和长期使用的零部件都应建立精度储备，并且应按每一个功能参数，包括几何参数及其他物理参数等，去建立精度储备。对于那些对仪器使用性能影响特别大，且在工作过程中容易发生变化的参数，尤应充分考虑建立精度储备。

精度储备系数 K_T 的大小取决于使用情况，例如，对初始精度允许的降低，预定的使用期限，功能参数和使用指标的变化特性，以及其他因素。归根结底，精度储备系数的选取应使产品的实用价值与制造成本的综合经济效果最好。

15.2.5　测量链最短原则

在满足仪器使用性能的条件下，测量链最短原则是指一台仪器测量环节的构件数应最少。

所谓测量链，是指从被测尺寸到仪器最终显示的传动链，包括测量、放大和指示部分直接传递被测尺寸变化的环节，因此，测量链的精度直接影响仪器的精度。为了提高仪器精度，降低仪器成本，在仪器设计时应尽可能使传动链最短，并减少零部件数目。

测量链各环节的误差对仪器精度的影响是不同的。误差传递系数大的环节对仪器精度的影响占主导地位，即当各环节制造误差相同时，最靠近被测尺寸的环节的误差对仪器精度的影响最大。因此，必须首先提高该环节的精度，才能有效地提高仪器的精度。

15.2.6　匹配性原则

在对整机进行精度分析的基础上，根据仪器或机构中各环节对仪器精度影响程度的不同以及现实情况，分别对各环节提出不同的精度要求和恰当的精度分配，做到恰到好处，这就是精度匹配原则。例如，一般仪器中，运动链中各环节要求精度高，应当设法使这些环节保持足够的精度。对于其他链中的各环节，则根据不同的要求分配要恰当，要互相照顾和适应，特别要注意各部分之间相互牵连、相互要求上的衔接问题。

15.2.7　最优化原则

仪器精度是由许多零部件精度构成的集合体。例如探求并确定先进工艺、优质材料等，这是一种创造性、探索性的劳动。

由于各组成零部件间精度的最佳协调是有条件的，故可通过实现此条件来主动重复获得精度间的最佳协调。例如，主动推广先进工艺，生产优质产品等。

按最优化原则，充分利用创造性劳动成果免除重复探索性劳动的损失，反复应用成功的经验，可获得巨大的经济效果。

由于计算机的广泛使用，特别是微型机的普及和推广，对仪器精度设计正在产生极为深远的影响。计算机能够处理大量的数据，提高计算的精度和运算速度，准确地分析结果，合理地进行仪器最优化精度设计。

15.2.8　互换性原则

互换性是指某一产品（包括零件、部件、构件）与另一产品在尺寸、功能上能够彼此互相替

换的性能。由此可见,要使产品能够满足互换性的要求,不仅要使产品的几何参数(包括尺寸、宏观几何形状、微观几何形状)充分近似,而且要使产品的机械性能、理化性能以及其他功能参数充分近似。

为什么要使产品的几何参数充分近似,而不能完全一样呢? 因为产品在制造过程中,加工设备、工具等或多或少都存在误差,要使同种产品的几何参数、功能参数完全相同是不可能的,它们之间或多或少地存在着误差。在此情况下,要使同种产品具有互换性,只能使其几何参数、功能参数充分近似,这就必须将其变动量限制在某一范围内,即规定一定的公差。

15.2.9　经济性原则

经济性原则是一切设计工作都要遵守的一条基本而重要的原则,仪器精度设计也不例外。在保证仪器的功能、可靠性要求和提高寿命的前提下,通过合理分配零部件的加工和装配精度,合理选择材料和元器件,采用最佳的加工工艺和装配工艺,使仪器成本最低,这就是经济性原则。经济性可以从下面几方面来考虑:

(1)工艺性。工艺性包括加工工艺及装配工艺,若公艺性较好,则易于组织生产,节省工时,节省能源,降低管理费用。

(2)合理的精度要求。不必要地提高零部件的加工及装配精度,往往会使加工费用成倍增加。

(3)合理选材。材料费用不应占仪器整个费用的太大分量。元器件成本太高,往往会使所生产的仪器无法推广应用或滞销。

(4)合理的调整环节。通过设计合理的调整环节,往往可以降低对零部件的精度要求,达到降低仪器成本的目的。

(5)延长寿命。寿命延长一倍,相当于一台仪器当两台用,价格便降低了一半。

15.3　仪器精度计算

测量仪器精度计算的目的是确定仪器是否能完成赋予它的功能。利用仪器精度的计算结果,探索仪器可能使用的范围和制订仪器验收的技术条件。如果计算结果表明仪器精度不能满足规定要求,则通过计算来判别那些影响最大的误差。为了提高仪器精度,首先必须减小那些影响最大的误差。对个别影响大的误差,如果减小它有困难或在经济上不合理,则可在结构上考虑用补偿调节机构。调节机构的位置、调节的范围与灵敏度均根据对计算结果的分析来确定。在仪器精度分析计算时,必须考虑理论误差、工艺误差、动态误差、温度误差和随时间变化的误差等的影响。所有这些误差随着输入量的变化或机构的主动环节的运动而改变,也就是说,这些误差是该环节的位置函数。所以,在分析计算测量仪器误差时,必须找出输出函数误差的变化规律,同时考虑输入函数和基本误差变化函数。

15.3.1　最大误差法

1. 计算公式

如果分析计算一台给定仪器的精度,仪器零部件原始误差的变化规律是已知的,则可采用最大误差法进行误差综合。

由仪器零部件原始误差引起的仪器误差由下式给出,即

$$\Delta\varphi_s = \left(\frac{\partial\varphi}{\partial q_s}\right)_0 \Delta q_s \qquad (15-17)$$

式中：Δq_s——仪器零部件的原始误差。

如果 Δq_s 以极限误差形式给出，采用最大误差法进行误差综合，则仪器总误差为

$$\Delta\varphi_\Sigma = \sum_{s=1}^{n} \left(\frac{\partial\varphi}{\partial q_n}\right)_0 \Delta q_s \qquad (15-18)$$

分析计算在设计或制造中的一批测量仪器的精度时，各零部件原始误差的量值或变化是未知的。合格零部件的所有尺寸偏差均在规定公差范围内。在公差范围内出现的值可能是任意的，所以在分析计算一批测量仪器的精度时，这些误差为随机变量或随机函数，不能采用最大误差法进行误差合成。因为在仪器的一般装配条件下，很难遇到具有最大极限偏差的零部件的组合，每台仪器中的零部件偏差处在公差范围内的不同部分。为了计算仪器各环节误差随机性的影响，必须根据概率论与数理统计的方法合成所有偏差。采用这种方法计算的不仅是偏差值，还包括其出现的概率。应用概率论数理统计的方法计算仪器精度，与采用最大误差法相比更符合客观实际。

按零部件制造和装配公差或其他原因引起的误差公差来分析计算一批测量仪器的精度时，必须给出与公差相关的下述 4 个误差特征：

（1）设公差所限制的随机误差的极限偏差上、下限分别为 x_B 和 x_H，如图 15-7 所示。以长方形阴影部分表示 x_B 和 x_H 的公差范围。零部件参数误差在公差范围内的分布用分布曲线给出。图中纵坐标表示概率密度，横坐标表示零部件参数误差。

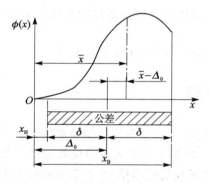

图 15-7　零部件参数误差分布图

决定公差范围的平均值 Δ_0 表示零部件误差与公差相关的第一特征，即

$$\Delta_0 = \frac{x_H + x_B}{2} \qquad (15-19)$$

求 Δ_0 时，极限偏差取自身的符号。例如，设参数 L 的偏差为 $+15$ 和 -10，则公差范围平均值 $\Delta_0 = 0.5[15+(-10)] = 2.5$。

（2）公差范围之半 δ 是公差的第二特征。它等于极限偏差的差值的一半，即

$$\delta = \frac{x_B - x_H}{2} \qquad (15-20)$$

其中，δ 值始终为正值。例如，偏差分别为 -5 和 -15，则公差范围之半 $\delta = 0.5[-5-(-15)] = 5$。

（3）公差分布的第三特征是相对不对称系数 α。此特征与公差范围内的偏差分布律有关，α 等于偏差群中心偏离公差范围平均值的偏移量与公差范围之半 δ 的比值，即

$$\alpha = \frac{\bar{x} - \Delta_0}{\delta} \qquad (15-21)$$

式中：$\bar{x}$——偏差的平均值。

相对不对称系数可以用来评定群中心偏离公差范围平均值的偏离量，α 仅与公差范围内的偏差分布曲线有关。若偏差分布曲线为对称分布，则 $\alpha=0$；若随机变量平均值 $\bar{x}$ 大于公差范围平均值 Δ_0，则 $\alpha>0$；若 $\bar{x}<\Delta_0$，则 $\alpha<0$。各种不对称分布曲线的系数 α 如表 15-1 所列。

表 15-1　不对称分布曲线的系数 α

分布律特征以及符合该分布律的可能情形	分布曲线示意图	α	λ
正态分布律： (1) 大量的不同独立因素引起的偏差； (2) 不存在主导因素； (3) 生产量具与公差相适应； (4) 过程调整时群中心与公差范围相一致。 自动加工机床、扩孔、拉丝、六角车床、铣床加工为正态分布		0	0.33
单方面超过公差范围一个极限的正态分布律：遵守正态分布律条件(1)和(2)，不遵守条件(3)，群中心按预定方向偏移，按抽样通过法工作时，出现此情况。 车床加工、磨削、部分六角车床、铣床加工为此分布律		0.25 0.31 0.40 0.47	0.39 0.39 0.40 0.40
本征正值分布律：原有的各项因素给出具有正偏差和负偏差的正态分布，合成的误差则可能仅为正差，工艺分散范围与公差范围实际相符。 轮廓误差不平行度一维分散时(沿直线)和偏心二维分散时属此类分布		0.16～0.46 0.78	0.40～0.42 0.38
主要因素随时间均匀变化(刀具磨损、刀具过热)和公差限制严格情况下的等概率分布		0	0.58

如果公差范围和相对不对称系数 α 为已知，即公差范围内的偏差分布律已知，则可列出公差极限内偏差平均值的表达式：

$$\bar{x} = \Delta_0 + \alpha\delta \qquad (15-22)$$

(4) 相对均方偏差 λ 是公差的第四特征。它等于均方偏差 σ 与公差范围之半 δ 的比值，即

$$\lambda = \frac{\sigma}{\delta} \tag{15-23}$$

若 $\delta = 3\sigma$，则 $\lambda = \frac{1}{3}$；若 $\delta = 2.5\sigma$，则 $\lambda = \frac{1}{2.5}$。各种分布曲线的 λ 值如表 15-1 所列。

此外，原始误差的性质也影响误差的合成。若原始误差为非向量误差，如零件的尺寸偏差，则它的影响系数为常量；若原始误差为向量误差，如偏心、歪斜、端面跳动、轴线不平度等，则它的影响系数是随机变量。向量误差是机构主动环节坐标 φ 和误差随机方向角 α 的函数，即

$$j_s = \sin(\varphi + \alpha) \tag{15-24}$$

若 α 在 $[0, 2\pi]$ 范围上可取任意值，且服从均匀分布，则影响系数的均值为

$$M(j_s) = \frac{1}{2\pi} \int_0^{2\pi} \sin(\varphi + \alpha)\, d\alpha = 0 \tag{15-25}$$

影响系数的方差为

$$\begin{aligned}
D(j_s) &= \frac{1}{2\pi} \int_0^{2\pi} \sin^2(\varphi + \alpha)\, d\alpha \\
&= \frac{1}{2\pi} \int_0^{2\pi} \frac{1 - \cos(2\varphi + 2\alpha)}{2}\, d\alpha \\
&= \frac{1}{4\pi} \int_0^{2\pi} \cos(2\varphi + 2\alpha)\, d\alpha = \frac{1}{2}
\end{aligned} \tag{15-26}$$

机构任意两位置 φ_1 与 φ_2 上的值 j 间的相关函数为

$$\begin{aligned}
r(\varphi_1, \varphi_2) &= \frac{1}{\sqrt{D(j_{s1})D(j_{s2})}} \frac{1}{2\pi} \int_0^{2\pi} (j_{s1} - \bar{j}_{s1})(j_{s2} - \bar{j}_{s2})\, d\alpha \\
&= \frac{1}{2\pi} \int_0^{2\pi} \sin(\varphi_1 + \alpha) \sin(\varphi_2 + \alpha)\, d\alpha \\
&= \frac{1}{2\pi} \int_0^{2\pi} \left[\cos(\varphi_2 - \varphi_1) - \cos\left(\frac{\varphi_1 + \varphi_2}{2} + \alpha \right) \right] d\alpha \\
&= \cos(\varphi_2 - \varphi_1)
\end{aligned} \tag{15-27}$$

利用概率论与数理统计的方法，以随机误差（以公差表示的零件偏差）分析计算一批测量仪器的精度时，将给出仪器误差的统计特征。仪器实际极限偏差为

$$\Delta y = (\varphi' - \varphi_0) + \left[\sum_n \left(j_n \bar{x}_n + \sum_s j_s \bar{x}_s \right) \right] \pm \delta S \tag{15-28}$$

$$\bar{x}_n = \Delta_{0n} + \alpha_n \delta_n$$

$$\bar{x}_s = \Delta_{0s} + \alpha_s \delta_s$$

$$\delta_s = K \sqrt{\sum_n j_n^2 \lambda_n^2 \delta_n^2 + \sum_s \left[\lambda_{js}^2 \delta_{js}^2 (\lambda_s^2 \delta_s^2 + \bar{x}_s^2 + \lambda_s^2 \delta_s^2 j_s^2) \right]} \tag{15-29}$$

式中：$\varphi' - \varphi_0$——机构理论误差；

$\bar{x}_n$——无向量误差均值；

$\bar{x}_s$——向量误差均值；

$j_s, \lambda_{js}, \delta_{js}$——无向量误差影响系数、相对均方偏差、无向量误差公差之半；

j_n, λ_n, δ_n——向量误差影响系数、相对均方偏差和随机影响系数变化之半；

λ_s, δ_s——相对均方偏差、向量误差公差之半。

2. 精度计算实例

【例 15-1】　为了说明采用这种方法的实际效果,下面引用计算三角测量经纬仪 TT2″/6″ 度盘读数显微镜的读数精度的实例,如图 15-8 所示。显微镜放大率 $\Gamma=50$ 倍,物镜放大率 $\beta=4$ 倍,度盘半径 $r=110$ mm,显微镜最小读数 $\tau=2″$,读数方式是螺旋测微,用平分丝工作。试求显微镜的读数精度。

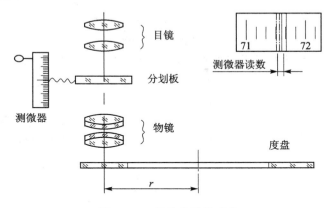

图 15-8　经纬仪读数系统

解:

(1) 列出仪器测量方程式:

$$u=x(直接读数)$$

(2) 进行误差分析,按照误差的正确分析方法进行分析。产生读数误差的原因有:

① 仪器误差:主要是螺距误差 Δ_s 和测微鼓刻划及偏心误差 δ_e 等;

② 人为误差:主要是测微鼓读数误差 δ_r 和平分丝对准误差 Δ_a 等;

③ 外界误差:值很小,可略去。假定测量方法误差亦可略去不计。

(3) 确定误差值。TT2″/6″度盘读数显微镜的误差分量主要由以下 4 项组成:

① 螺距误差 Δ_s:主要由测微螺旋的螺距加工误差造成。据目前的工艺水平,螺距加工误差可达到 1 μm,此误差被 $\beta=4$ 的物镜缩小为原来的 $\dfrac{1}{4}$ 后,在度盘上的大小为

$$\Delta_s=\frac{1}{\beta}=\frac{1}{4}\ \mu m=0.25\ \mu m$$

则

$$\delta_s=\frac{\Delta_s\rho}{r}=\frac{0.25\ \mu m\times 2\times 10^5}{110\times 10^3\ \mu m}=0.45″ \tag{15-30}$$

② 测微鼓读数误差 δ_r:一般认为读数误差是仪器读数的 $\dfrac{1}{10}$,即

$$\delta_r=\frac{\tau}{10}=0.2″ \tag{15-31}$$

③ 测微鼓刻划及偏心误差 δ_e:认为其最大误差不应超过测微读数误差,即

$$\delta_e\approx\delta_r=0.2″$$

④ 度盘刻线的对准误差 δ_a:根据在明视距离内肉眼的瞄准误差计算,即

$$\Delta_a=\frac{P_\gamma″\times 250\times 10^3}{\Gamma\rho}\ \mu m \tag{15-32}$$

式中：P''_γ——人眼瞄准的分辨率。用平分丝对准,当照明(人工照明)充分时,$P''_\gamma = 5''$。

$\qquad$ Γ——显微镜总放大率,其值为 50 倍。

$\qquad$ ρ——常数,取值 $2'' \times 10^5 /\text{rad}$。

所以,

$$\Delta_\alpha = \frac{5'' \times 250 \times 10^3}{50 \times 2'' \times 10^5} \ \mu\text{m} = 0.125 \ \mu\text{m}$$

$$\delta_\alpha = \frac{\Delta_\alpha \rho}{r} = \frac{0.125 \ \mu\text{m} \times 2'' \times 10^5}{110 \times 10^3 \ \mu\text{m}} = 0.227''$$

（4）求总误差。度盘读数显微镜所产生的总误差可看成是各个独立误差的总和,按最大误差法,即

$$\delta_{\text{lim}} = \delta_x = \delta_s + \delta_r + \delta_e + \delta_\alpha$$
$$= 0.45'' + 0.2'' + 0.2'' + 0.227'' = 1.077'' \qquad (15-33)$$

取 $\delta_{\text{lim}} = 1''$,考虑到 TT2″/6″度盘读数显微镜一般读两次,即读数近似取测微读数的两次平均值,因此

$$\delta'_{\text{lim}} = \frac{\pm \delta_{\text{lim}}}{\sqrt{2}} = \frac{\pm 1''}{\sqrt{2}} = \pm 0.7'' \qquad (15-34)$$

经过实践鉴定,TT2″/6″度盘读数显微镜读数系统的最大读数误差为

$$\delta''_{\text{lim}} = \pm 0.5''$$

这就说明计算结果误差偏大,即精度偏低。

3. 应用特点

从概念上看,这种方法没有考虑误差的随机性,把所有误差都看成系统误差。也就是说,在所有情况下,仪器总误差绝对不会超过此值,如图 15-9 中的 Δ_{lim} 所示。因此,这是一种保守的计算方法,在理论上是成立的,即必须认为误差全部为系统误差,而且不考虑误差本身的正负号。实际上,仪器中总是存在许多随机误差。但是,当随机误差与系统误差相比,数值较小,系统误差占主要成分时,采用最大误差法的计算结果还是能反映实际情况的。

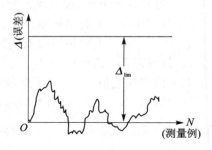

图 15-9 最大误差法计算误差曲线

15.3.2 概率计算法

1. 计算公式

当系统误差经过修正,其误差影响较小时,可把各部分误差作为随机误差来处理。采用第 6 章的随机误差合成式(6-8)来求总误差。若系统中有 N 个随机误差,用标准偏差表示的计算公式为

$$\sigma = \sqrt{\sum_{i=1}^{N} (a_i \sigma_i)^2 + 2 \sum_{1 \leqslant i < j}^{N} \rho_{ij} a_i a_j \sigma_i \sigma_j} \qquad (15-35)$$

用极限误差表示的计算公式为

$$\delta = \pm k \sqrt{\sum_{i=1}^{N} (a_i \sigma_i)^2 + 2 \sum_{1 \leqslant i < j}^{N} \rho_{ij} \frac{\delta_i}{k_i} \frac{\delta_j}{k_j}} \qquad (15-36)$$

或

$$\delta = \pm \sqrt{\sum_{i=1}^{N} \delta_i^2 \lambda_i^2 + 2 \sum_{1 \leqslant i < j \leqslant N} \rho_{ij} \delta_i \delta_j \lambda_i \lambda_j} \qquad (15-37)$$

2. 精度计算实例

【例 15-2】　仍以计算三角测量经纬仪 TT2″/6″度盘读数显微镜的读数精度为例。

解：例 15-1 已求得：$\delta_s = 0.45″$，$\delta_r = 0.2″$，$\delta_e = 0.2″$，$\delta_a = 0.227″$，取极限误差作为精度指标，再从误差的性质考虑其分布曲线，取各误差的置信系数，则

$k_s = 3$，即认为螺距误差 Δ_s 为正态分布；

$k_r = \sqrt{3}$，即测微鼓读数误差 δ_r 为均匀分布；

$k_e = \sqrt{2}$，即测微鼓刻划及偏心误差 δ_e 为反正弦分布；

$k_a = \sqrt{3}$，即假定平分丝对准误差 Δ_a 为均匀分布。

因此，各误差环节的相对散布系数为

$$\lambda_s = \frac{3}{3} = 1, \quad \lambda_\gamma = \sqrt{3}$$

$$\lambda_e = \frac{3}{\sqrt{2}} = 2.12, \quad \lambda_a = \sqrt{3}$$

按概率计算法，此读数显微镜的合成总极限误差应为

$$\Delta_{\lim} = \pm \sqrt{\delta_s^2 \lambda_s^2 + \delta_r^2 \lambda_r^2 + \delta_e^2 \lambda_e^2 + \delta_a^2 \lambda_a^2}$$
$$= \pm \sqrt{(0.45″)^2 \times 1^2 + (0.2″)^2 \times 1.73^2 + (0.2″)^2 \times 2.12^2 + (0.227″)^2 \times 1.73^2}$$
$$= \pm 0.8″$$

考虑到 TT2″/6″度盘读数显微镜的工作方法，其是读两次然后取平均值，因此，最后能达到的读数精度为

$$\Delta_{\lim} = \pm \frac{0.8″}{\sqrt{2}} = \pm 0.57″$$

这与实际鉴定的精度 $\pm 0.5″$ 很接近。

3. 应用特点

这种计算方法的特点是考虑了误差的随机性，承认大误差决定仪器精度这个基本事实。因此，在多数情况下比较符合实际情况，适合于仪器中随机误差的数量远比系统误差的数量更多、随机误差的数值比系统误差的数值更大的情况，如图 15-10 所示，这就是一般低精度仪器与中精度仪器的情况。因此，概率计算法一般适用于低、中精度仪器的精度计算。

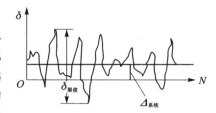

图 15-10　概率法计算误差曲线

15.3.3　综合计算法

当系统误差与随机误差大小相差不多、数值相近时，必须分别加以处理，采取综合计算法。

1. 误差合成的基本公式

如果仪器误差中有 N 个单项随机误差、s 个单项未定系统误差、r 个单项已定系统误差，

则仪器测量综合误差极限值可根据式(6-24)扩展求得,即

$$\Delta_{\lim} = \sum_{i=1}^{r} \Delta_i \pm \left[\sum_{i=1}^{s} |e_i| + k \sqrt{\sum_{i=1}^{N} \left(\frac{\delta_i}{k_i}\right)^2 + 2\sum_{1 \leqslant i < j \leqslant N} \rho_{ij} \left(\frac{\delta_i}{k_i}\right)\left(\frac{\delta_j}{k_j}\right)} \right] \quad (15-38)$$

这是按最大误差法计算综合误差的公式。

对于一次测量的光学仪器(如大部分军用光学仪器),式(15-38)具有普遍意义;而对于通过增加测量次数来减小随机误差影响的光学仪器,则应当注意该式中所含未定系统误差的特性,即系统误差在多次重复测量中不具有抵偿性。

在实际应用中,常常根据误差出现的具体情况作适当处理。假如仪器存在以下3种误差:

(1) 按一定规律变化,但不能用测量方法消除的系统误差,以 Δ_i 表示,如横轴轴颈不圆度产生的误差。

(2) 通过一定测量方法可以消除或降低其影响,但不能完全等于零的残余系统误差,以 u_j 表示,如度盘偏心差、温度改正误差等。未定系统误差具有随机性,但是不能用增加测量次数来减少。

(3) 随机误差以 σ_m 表示,如读数误差、瞄准误差等,则综合误差按下列计算公式合成:

$$\Delta_{\lim} = \sum_{i=1}^{r} a_i \Delta_i \pm k \sqrt{\frac{\sum\limits_{m=1}^{N} a_m^2 \sigma_m^2}{n} + \sum_{j=1}^{s} a_j^2 u_j^2} \quad (15-39)$$

式中:k——仪器综合误差的置信系数(当误差分量多于4~6个时,取 $k=3$);

σ_m——仪器及测量中存在的随机误差的标准差;

a_i, a_j, a_m——误差传递系数;

n——测量次数;

u_j——未定系统误差的标准差;

Δ_i——系统误差。

式(15-39)实际上是从式(6-26)变换而来的,这里考虑了测量方程中误差传递系数的影响。下面作进一步分析。

(1) 系统误差不存在概率,即

$$\Delta_{\lim} = \delta_{随机} + \Delta_{系统} \quad (15-40)$$

(2) 未定系统误差具有随机性,但又不同于随机误差,因为它不能通过测量次数的增加而减小。因此,单次测量误差为

$$\sigma_{随机} = \sqrt{\sum_{m=1}^{N} \sigma_m^2 + \sum_{j=1}^{s} u_j^2} \quad (15-41)$$

再考虑测量次数 n,则有

$$\delta_{随机} = \pm k\sigma_{随机} = \pm k \sqrt{\frac{\sum\limits_{m=1}^{N} \sigma_m^2}{n} + \sum_{j=1}^{s} u_j^2} \quad (15-42)$$

对已定系统误差有

$$\Delta_{系统} = \sum_{i=1}^{r} \Delta_i$$

将式(15-41)和式(15-42)代入式(15-40),则得仪器测量总误差为

$$\Delta_{\lim} = \delta_{随机} + \Delta_{系统} = \pm k \sqrt{\frac{\sum\limits_{m=1}^{N} a_m^2 \sigma_m^2}{n} + \sum\limits_{j=1}^{s} a_j^2 u_j^2 + \sum\limits_{i=1}^{r} a_i \Delta_i} \qquad (15-43)$$

在一般情况下,即考虑测量方程式,推得

$$\Delta_{\lim} = \pm k \sqrt{\frac{\sum\limits_{m=1}^{N} a_m^2 \sigma_m^2}{n} + \sum\limits_{j=1}^{s} a_j^2 u_j^2 + \sum\limits_{i=1}^{r} a_i \Delta_i}$$

2. 实例

【例 15-3】 光学比长仪做精密刻尺检定时的精度计算。已知光学比长仪上的基准尺,如图 15-11 所示,其格值精度 $\Delta_\tau = \pm 1\ \mu m$,温度改正标准误差 $\sigma = 0.1\ \mu m$,光学比长仪对准显微镜放大率 $\Gamma = 50$ 倍,读数系统最小读数 $\tau = 1\ \mu m$,导向系统的误差为 $\pm 0.5\ \mu m$,规定的测定次数 $n = 5$,求光学比长仪的测量误差。

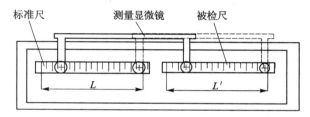

图 15-11 光学比长仪示意图

解:

(1)工作原理:采用直接比较,其测量方程为

$$u = L$$

(2)误差分析。

一次测定误差有以下几种:

① 系统误差:基准尺格值误差 $\Delta_\tau = \pm 1\ \mu m$。

② 未定系统误差:包括温度改正差 $u_t = 0.1\ \mu m$ 和导向误差 $u_{导}$。

③ 随机误差:对准误差 $\sigma_{对}$ 和读数误差 $\sigma_{读}$。

可确定部分误差值有以下几种:

① 对准误差,其极限误差值为

$$\delta_{对} = \pm \frac{P_\gamma'' 250 \times 10^3}{\Gamma \rho}\ \mu m = \pm \frac{10'' \times 250 \times 10^3}{50 \times 2'' \times 10^5}\ \mu m = \pm 0.25\ \mu m$$

其标准差值为

$$\sigma_{对} = \frac{\delta_{对}}{k_{对}} = \frac{0.25}{\sqrt{3}}\ \mu m = 0.14\ \mu m$$

式中:$k_{对}$——对准极限误差的置信因子。

② 读数误差,其极限误差值为

$$\delta_{读} = \pm \frac{\tau}{10} = \pm \frac{1\ \mu m}{10} = \pm 0.1\ \mu m$$

其标准差值为

$$\sigma_{读} = \frac{\delta_{读}}{k_{读}} = \frac{0.1\ \mu m}{\sqrt{3}} = 0.06\ \mu m$$

式中：$k_{读}$——读数极限误差的置信因子。

③ 导向误差，其极限误差值为

$$\delta_{导} = \pm 0.5\ \mu m$$

其标准差值为

$$u_{导} = \frac{\delta_{导}}{k_{导}} = \frac{0.5}{3}\ \mu m = 0.17\ \mu m$$

式中：$k_{导}$——导向极限误差的置信因子。

（3）按 3 种计算法求总误差。

① 按综合计算法计算的总误差为

$$\Delta_{\lim} = \pm 3 \sqrt{\frac{\sigma_{对}^2 + \sigma_{读}^2}{N} + \sigma_{导}^2 + \sigma_t^2} + \Delta_r$$

$$= \pm \left(3\sqrt{\frac{0.14^2 + 0.06^2}{5} + 0.17^2 + 0.1^2} + 1\right)\mu m = (1 \pm 1.43)\ \mu m$$

② 按最大误差法计算的总误差为

$$\Delta_{\lim} = \Delta_{对} + \Delta_{读} + \Delta_{导} + \Delta_{温度} + \Delta_r$$

$$= \delta_{对} + \delta_{读} + \delta_{导} + \delta_t + \Delta_r$$

$$= (0.25 + 0.1 + 0.5 + 3 \times 0.1 + 1)\ \mu m = 2.15\ \mu m$$

③ 按概率计算法计算的总误差为

$$\Delta_{\lim} = \pm 3\sigma_{总} = \pm 3 \sqrt{\frac{\sigma_{对}^2 + u_{导}^2 + \sigma_{读}^2 + u_t^2 + \left(\dfrac{\Delta_r}{3}\right)^2}{n}}$$

$$= \pm 3 \sqrt{\frac{0.14^2 + 0.06^2 + 0.17^2 + 0.1^2 + 0.33^2}{5}}\ \mu m$$

$$= \pm 3 \times 0.185\ \mu m = \pm 0.555\ \mu m$$

（4）3 种计算法求得的总误差值与实际检定结果比较。

通过实际检定，光学比长仪的精度为 $\pm 1.5\ \mu m$，这说明综合计算符合实际，而最大误差法计算的结果精度偏低，概率计算法的计算结果精度偏高。其原因显然是概率计算法没有考虑系统误差是不能由多次测量来减小的。

3. 应用特点

综合计算法主要适合于 $\Delta_{系统}$ 占有较大比重而不能忽略时，用来计算仪器精度的，即在 $\Delta_{系统} + \delta_{随机} = 3\sigma_{随机}$ 的情况下计算仪器精度。显然，这种方法适合于高精度仪器的精度计算。

15.4　仪器精度分配

仪器精度设计的任务在于：一方面根据产品的精度要求进行合理的误差分配，以确定各主要零部件的技术要求和产品装配调整中的要求；另一方面根据现有的技术水平和工艺条件，考虑到先进技术的应用,按零部件的有效误差再进行误差的综合,以确定产品的总精度。

15.4.1　误差分配方法

从数学特征上看,仪器总误差是仪器的总系统误差与总随机误差之和。由于它们的性质不同,其分配方法也相异。

1. 总系统误差分配

系统误差数目较少但对仪器精度影响较大。其分配是在完成仪器的原理与方案设计之后进行的。总系统误差分配过程是:先算出原理性的系统误差,再依据误差分析的结果找出产生系统误差的可能的环节(即系统性源误差),根据一般经济工艺水平给出这些环节具体的系统误差值,算出仪器局部的系统误差,最后合成为总系统误差。

如果合成的总系统误差大于或接近仪器允许的总误差,则说明所确定的总系统误差值不合理,要重新考虑采取技术措施减小系统误差,或推翻原设计方案,重新设计。

如果合成的总系统误差大于 1/2 或小于仪器允许的总误差,则一般可以先减小有关环节的误差值,然后再考虑采用一些误差补偿措施。

如果合成的总系统误差小于或接近仪器允许的总误差的 1/3,则初步认为所分配的总系统误差值是合理的,这时只需确定随机误差,再进行综合平衡。

2. 总随机误差分配

总随机误差的分配包括随机误差和未定系统误差的分配,而随机误差和未定系统误差的分配是同时进行的,它们的特点是数量多,一般用平方和法进行综合。在仪器允许的总误差中扣除总已定系统误差 Δ_k,剩下的就是允许的随机误差和未定系统误差之和 Δ_Σ,即

$$\Delta_\Sigma = \Delta_s - \Delta_k \tag{15-44}$$

式中:Δ_s——允许的仪器总误差;

Δ_k——总已定系统误差。

通常依据等精度原则与加权作用原则来分配总随机误差。

1) 按等精度原则分配

等精度原则认为,仪器各环节和各零部件的源误差对仪器总精度的影响是同等的,即每个源误差所产生的局部误差是相等的。

由仪器静态特性可以得到:

$$y = f(x, q_1, q_2, \cdots, q_s)$$

假设测量仪器的极限误差为 δy,各构件随机误差的极限误差为 $\delta q_1, \delta q_2, \cdots, \delta q_n$。按误差传递定律得

$$\Delta_\Sigma^2 = (\delta y)^2 = \left(\frac{\partial f}{\partial q_1}\right)^2 (\delta q_1)^2 + \left(\frac{\partial f}{\partial q_2}\right)^2 (\delta q_2)^2 + \cdots + \left(\frac{\partial f}{\partial q_n}\right)^2 (\delta q_n)^2 \tag{15-45}$$

在满足仪器精度要求的前提下,按下列等精度原则,确定各构件的极限误差,即

$$\left(\frac{\partial f}{\partial q_1}\right)^2 (\delta q_1)^2 = \left(\frac{\partial f}{\partial q_2}\right)^2 (\delta q_2)^2 = \cdots = \left(\frac{\partial f}{\partial q_n}\right)^2 (\delta q_n)^2 = \cdots = \frac{(\delta y)^2}{n}$$

式中:

$$
\begin{cases}
\delta q_1 = \dfrac{\delta y}{\sqrt{n}} \dfrac{1}{\dfrac{\partial f}{\partial q_1}} \\[3mm]
\delta q_2 = \dfrac{\delta y}{\sqrt{n}} \dfrac{1}{\dfrac{\partial f}{\partial q_2}} \\[2mm]
\quad\vdots \\[2mm]
\delta q_n = \dfrac{\delta y}{\sqrt{n}} \dfrac{1}{\dfrac{\partial f}{\partial q_n}}
\end{cases} \tag{15-46}
$$

按等精度原则所确定的各构件极限误差只是初步的误差分配,须根据误差对仪器精度的影响大小、加工难易程度、成本、技术状况等实际情况,对各构件的误差进行适当的调整。

为了评定按等精度原则初步确定的各构件的公差极限是否合理,以 3 个公差极限作为评定的尺度,即经济公差极限、生产公差极限和技术公差极限。其中,经济公差极限是成本最低、效率高、成批生产就能达到的加工精度,加工后一般不必专门进行调整就能装配的公差极限;生产公差极限是在通用设备上采用特殊的工艺装配,适当地降低生产效率能达到的加工精度,在装配时适当进行校正的公差极限;技术公差极限是在特殊加工设备或实验室条件下,装配时要严格地检验和装校才能达到的精度极限。

下面以上述 3 个公差极限为基础来调整初步确定的各构件极限误差。首先把所确定的各构件的极限误差与上述 3 个公差极限进行比较,如果各构件的极限误差大部分在经济公差极限范围内,少数处在生产公差极限范围内,则按等精度原则初步确定的各构件极限误差基本上是合理可行的;如果所确定的零部件极限误差一部分低于经济公差极限,同时又有一部分在技术公差极限范围或超出此范围,则必须进行调整,把低于经济公差极限的零部件提高到经济公差极限范围内,然后根据这些零部件相应的误差传递系数,求出它们的局部误差 $\left(\dfrac{\partial f}{\partial q_s}\right)\delta q_s$,再从测量仪器总的极限误差中减去上述这些零部件的局部误差,即

$$
(\delta y)' = \delta y - \sum_{s=1}^{m} \left(\frac{\partial f}{\partial q_s}\right)\delta q_s \tag{15-47}
$$

接着再根据等精度原则,对 $(\delta y)'$ 进行误差分配。如此反复计算,使得大部分零部件在经济公差极限范围内,小部分处于生产公差极限范围内,个别零部件在技术公差极限范围内,这时误差的分配才能合理地满足仪器精度要求。

2) 按加权作用原则分配

加权作用原则认为在仪器的误差分配过程中,不仅要考虑仪器中各个环节的误差对仪器总精度影响程度的不同,还应考虑仪器不同环节误差控制的难易程度。这种难易程度涉及许多内容,例如以不同的原理(机械、电子、光学)实现相同大小公差的难易程度的不同;机械零件中同样的公差大小,但公称尺寸的不同、零件的形状材料的不同、加工方法的不同,加工的难易程度也不同。误差控制的难易程度还直接关系到成本。所以,在误差分配过程中,对难以实现或成本高的环节应给予较大的误差,反之则给予较小的误差是合理的。通常,由一综合权 A_i 来表征某一环节误差控制的难易程度。权 A_i 越大,表明此误差控制越困难,应允许该环节有较大的误差。按加权作用原则分配各环节误差 δ_i 的公式为

$$\delta_i = \frac{A_i \Delta_\Sigma}{\sqrt{\sum_{i=1}^{m} A_i^2}} \qquad\qquad (15-48)$$

显然,按加权作用原则分配仪器各个环节误差有较大的灵活性,综合考虑了误差对仪器精度的影响程度以及误差控制的难易程度。但是,当赋予各个环节综合权 A_i 的具体数值时,需要一定的实际经验。

3. 误差调整

按等精度原则分配仪器误差并没有考虑仪器各个组成环节的结构与制造工艺的实际情况,更没有考虑技术经济指标的要求,从而造成有的环节误差的允许值偏松,有的偏紧,不经济。所以,应对按等作用原则分配结果进行结构、工艺与经济性分析,从实际出发进行误差调整。

通常,在调研制造行业实际工艺水平和使用技术水平的基础上制定出三方面的公差评定标准,即以经济公差、生产公差和技术公差作为衡量误差分配合理性的标准。

经济公差指在通用设备上,采用最经济的加工方法所能达到的加工精度。

生产公差指在通用设备上,采用特殊工艺装备,不考虑效率因素进行加工所能达到的加工精度。

技术公差指在特殊设备上,在良好的实验室条件下,进行加工和检测时所能达到的加工精度。

误差调整时,第 1 步是评价已制定出的各环节误差的允许值,看各允许误差值在 3 个公差极限上的分布情况,以确定调整对象。一般是调整系统误差项目、误差影响系数较大的误差项目和较容易调整的误差项目。第 2 步是把低于经济公差极限的误差项目(不论是未定系统误差还是随机误差)都提高到经济公差极限上,将其对仪器精度的影响从允许的仪器总误差 Δ_Σ 中扣除,得到新的允许误差值。第 3 步将新的允许误差值按等作用原理再分配到其余环节中,得出其余环节新的允许误差值。经过反复多次的调整,使得多数环节的误差都在经济公差极限范围内,少数对仪器精度影响大的环节的误差允许值提升到生产公差极限范围内。对于个别超出技术公差极限范围的误差环节实行误差补偿,使其误差的允许值扩大到经济公差水平。

当大多数环节误差在经济公差极限范围内,少数在生产公差极限范围内,极个别在技术公差极限范围内,而且系统总误差值小于总随机误差值,补偿措施少而经济效益显著时,即认为公差调整成功。

值得注意的是,并非每个精度设计都能取得令人满意的结果,有些仪器由于精度要求过高,在现行的仪器原理下无法实现成功的精度分配,此时应考虑增加误差补偿和精度调整环节。如果还不满足精度要求,则只有推翻原有总体设计方案。所以,精度设计应与总体结构设计同步进行。

15.4.2　球径仪误差分配与调整实例

球径仪是利用测弦的矢高,间接测量球面(一般为光学镜头)曲率半径的光学仪器,其光路原理如图 15-12 所示。被测工件放在测环 14 的 3 粒钢珠上,测头确定它的矢高顶点。光学系统将测头下面毫米刻度尺 5 的刻划线成像于目镜 9 的视场中,旋转测微手轮 8 进行读数。

仪器光路原理简介如下:仪器光学系统由采光镜 1、滤光片(兼保护玻璃)2、45°反光棱镜 3 和聚光镜 4 组成毫米刻度尺 5 的照明系统。毫米刻度尺 5 装在测轴的内部,刻度值为 1 mm

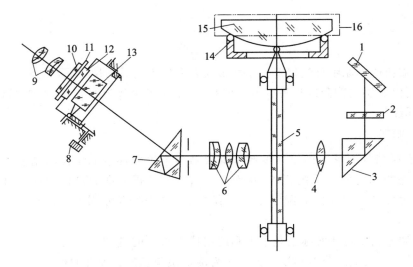

1—采光镜；2—滤光片；3—45°反光棱镜；4—聚光镜；5—毫米刻度尺；6—物镜；

7—棱镜；8—测微手轮；9—目镜；10—视场分划板；11—0.1 mm 刻尺；

12—0.001 mm 尺盘；13—平板测微器；14—测环；15—被测工件；16—平晶

图 15－12　球径仪光路原理

的刻划面与矢高测量线重合。测轴随着装在测环 14 上的被测工件 15 的曲率半径不同而处于不同高度。物镜 6 将毫米刻度尺 5 的毫米刻线放大 5 倍，经棱镜 7 折光上翘 45°后，成像在 0.1 mm 刻尺 11 和 0.001 mm 尺盘 12 的刻划面之间。平板测微器 13 由测微手轮 8 通过一对伞齿轮、端面凸轮和杠杆机构使之摆动，摆动使毫米刻度尺 5 通过物镜 6 所成的像在目镜视场中移动，毫米刻度尺 5 的像在目镜视场中的移动距离与平板测微器 13 摆动角度呈确定的比例关系。0.1 mm 刻尺 11 将毫米刻度尺 5 的像细分 10 倍，0.001 mm 尺盘 12 通过平板测微器 13 将毫米刻度尺 5 的像的 1/10 位移再细分百倍，这样，目镜读数系统实现对毫米刻度尺 5 的 1 000 倍细分，小于 0.001 mm 的读数可估读。

根据对该光学仪器分析的结果，参照国内外同类仪器的技术指标，并考虑到本仪器可用作立式测长仪，确定矢高测量的允许总误差为 $\Delta h_允 = 1\ \mu m$。

根据对仪器所有源误差的分析和制造工艺的具体情况，对以下 11 项误差分量进行分配：Δ_1 为平板测微器原理误差，Δ_2 为温度误差，Δ_3 为毫米刻度尺误差，Δ_4 为 0.1 mm 刻度尺误差，Δ_5 为 0.001 mm 尺盘误差，Δ_6 为测轴与测环不垂直度误差，Δ_7 为读数显微镜放大率误差，Δ_8 为对准误差，Δ_9 为估读误差，Δ_{10} 为测轴偏心误差，Δ_{11} 为凸轮局部误差。

通过分析与计算先确定 Δ_1 和 Δ_2 这两个系统误差的大小。根据仪器结构初步设计所规定的尺寸和参数，估计 Δ_1 不大于 0.19 μm；而引起温度误差的主要原因是工件与刻度尺的材料不同及温度不等。刻度尺材料是火石玻璃，被测工件一般为冕牌玻璃，它们的线胀系数之差为 $2 \times 10^{-6}/℃$，该仪器的使用要求规定，环境温度变化应控制在 2 ℃ 范围之内，矢高最大测量范围为 30 mm，则最大温度误差为 $\Delta_2 = 0.12\ \mu m$，从而得综合后的总系统误差为 $\Delta h_系 = (0.19 + 0.12)\ \mu m = 0.31\ \mu m$，这大约是允许总误差的 1/3。扣除总系统误差后，得随机总误差允许值为 $\Delta h_{允随} = 0.69\ \mu m$。

随机误差的分配过程及结果如表 15－2 所列。根据制造该仪器工厂的技术工艺水平，定出各个零部件 3 个等级的公差数值并列于第 2 栏。通过对仪器结构的分析，找出各源误差对仪器精度的影响关系,局部误差表达式列于第 3 栏。按等作用原则进行误差分配,得到的各个误差分量的误差允许值列于第 4 栏。将误差分配结果(第 4 栏所列)与各自的 3 个公差等级相比较,进行第 1 次评价,评价结果列于第 5 栏。表中"＊"号所处上、中、下 3 个位置分别表示所分配的误差值在公差极限范围内的上、中、下 3 种水平。从第 5 栏可以看出,有些误差分量大于经济公差,应当把这些误差加严提到经济公差等级上来,并将调整后的误差值列于第 6 栏。经过第 1 次调整后,这些被调整过的误差分量的值相对来说是比较合理的。

表 15 - 2　球径仪矢高部分的误差分配

1	误差分量		$\Delta_3/\mu m$	$\Delta_4/\mu m$	$\Delta_5/('')$	$\Delta_6/(')$	$\Delta_7/\mu m$	$\Delta_8/\mu m$	$\Delta_9/\mu m$	$\Delta_{10}/\mu m$	$\Delta_{11}/\mu m$
2	公差	经	3	1	10	5	10	1	0.5	100	30
		生	1	0.5	1	0.5	1	0.28	0.1	10	5
		技	0.3	0.2	0.1	0.1	0.28	0.1	0.05	5	1
3	误差关系式	公式	—	$\dfrac{\Delta_4}{\beta}$	$\dfrac{\Delta_5}{\theta}$	$\dfrac{h}{2}\Delta_6^2$	—	—	—	$\dfrac{1}{2R}\Delta_{10}^2$	$\dfrac{(n-1)d}{nr\beta}\Delta_{11}$
		结果	Δ_3	$\dfrac{\Delta_4}{5}$	$\dfrac{\Delta_5}{180}$	$1\,500\times\Delta_6$	Δ_7	$\sqrt{2}\,\Delta_8$	Δ_9	$\dfrac{1}{520\,000}\Delta_{10}^2$	$0.05\Delta_{11}$
4	Δ_{i1}		0.23	1.15	41.4	13.4	0.23	0.16	0.23	346	4.6
5	评Ⅰ		生＊	经＊	经＊	经＊	技＊	生＊	生＊	经＊	生＊
6	Δ'_{i1}		—	1	10	5	—	—	0.1	100	—
7	$\Delta h'_{i1}$		—	0.2	0.06	0.03	—	—	0.1	0.02	—
8	$\Delta h'_{允随}$		$\sqrt{\Delta h_{允随}^2-\Delta h_{i1}'^2}=\sqrt{0.69^2-0.055}\ \mu m=0.65\ \mu m$								
9	Δ_{i2}		0.34	—	—	—	0.34	0.24	—	—	6.9
10	评Ⅱ		技＊	—	—	—	技＊	生＊	—	—	生＊
11	Δ'_{i2}		0.3	—	—	—	0.28	0.28	—	—	5
12	$\Delta h'_{i2}$		0.3	—	—	—	0.28	0.4	—	—	0.25
13	$\Delta h_{随机}$		$\Delta h_{随机}=\sqrt{\sum\Delta h_{i1}'^2+\sum\Delta h_{i2}'^2}=\sqrt{0.055+0.391}=0.67$								

注:β——物镜放大倍率;

　　θ——1 格(1 μm)所占的角度(′);

　　h——矢高,$h=30$ mm;

　　R——被测半径,$R=260$ mm;

　　d——平板测微器厚度,$d=11$ mm;

　　n——平板折射率,$n=1.516\,3$;

　　r——杠杆臂长,$r=14.6$ mm。

根据第 8 栏得到剩下的随机误差,再按等作用原则分配到第一次没有进行调整的误差分量中,并与各自的公差等级进行比较和调整。经过第二次调整后再进行随机误差的综合,$\Delta h_{随机}$ 不超过允许的随机误差 0.69 μm,说明第二次被调整过的误差分量值也比较合理了。因此,两次公差调整保证了大部分误差在经济公差极限范围内,少部分误差在生产公差极限范围内,个别误差在技术公差极限范围内,认为该球径仪的公差调整成功了。

15.4.3 数字显示式立式光学计的精度分析

JDG - S1 型数字显示式立式光学计是一种精密测微仪,它的结构特点是,用数字显示取代传统立式光学计的目镜读数系统,如图 15 - 13 所示。运用标准器(如量块)比较法实现测量,适用于对五等量块、量棒、钢球及平行平面状精密量具和零件的外形尺寸作精密测量。其技术参数:被测件最大长度(测量范围)为 180 mm,示值范围为 ±0.1 mm,显示分辨力为 0.1 μm,测量力为(2±0.2)N,示值变动性为 ±0.1 μm。下面以此为例,介绍仪器误差分析与误差合成以及误差分配和调整的一般过程。

1. 数字显示式立式光学计的原理与结构

数字显示式立式光学计的原理如图 5 - 14 所示,由光源 1 发出的光经聚光镜 2 照亮位于准直物镜 7 焦面上的光栅 3,经胶合立方棱镜 6 被反射,并经过准直物镜 7 以平行光出射,投射至平面反射镜 8 上。由平面反射镜反射的光束又重新进入准直物镜和立方棱镜,由立方棱镜分光面透射,将光栅 3 刻线成像在位于准直物镜焦面的光栅 5 上,形成光闸莫尔条纹。当测杆 9 有微小位移时,光栅 3 刻线的像将沿光栅 5 表面移动,莫尔条纹光强产生周期性变化,光电元件 4 接收该光强变化,经过光电转换、前置放大、细分、辨相、可逆计数和数字显示等单元,最后在显示窗口上显示测量值。

图 15 - 13 数字显示式立式光学计

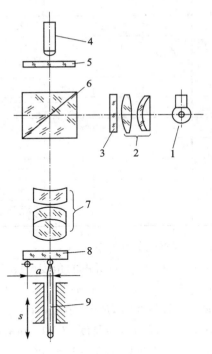

1—光源;2—聚光镜;3,5—光栅;4—光电元件;
6—立方棱镜;7—准直物镜;8—平面反射镜;9—测杆

图 15 - 14 数字显示式立式光学计原理图

显然,仪器采用两级放大,首先利用光学杠杆将测杆 9 的微小位移放大转换成光栅 3 刻线像在准直物镜焦平面上的位移;再通过光栅传感器将光栅刻线像的位移转换成数字显示值。仪器准直物镜焦距 $f = 100$ mm,反射镜摆动臂长 $a = 6.4$ mm,根据光学杠杆原理,光学放大

比 $k = 2f/a = 31.25$,即光栅刻线像的位移量是测杆位移量的 31.25 倍。已知光栅栅距 $d = 0.025$ mm,当光栅刻线像移动一个栅距时,光电信号变换一个周期,此时对应量杆位移 $s = d/k = 0.0008$ mm,电路上实现 8 倍细分,那么仪器分辨力达到 0.1 μm。

2. 数字显示式立式光学计误差分析

1) 仪器中的主要未定系统误差

(1) 光栅刻划累积误差 Δ_1 所引起的局部误差。

一般光栅刻划累积误差范围为 ± 1 μm,折算到测量端上的误差应再除以放大倍数($k = 31.25$),即

$$e_1 = \pm \frac{1}{31.25} \mu m \approx \pm 0.032 \ \mu m$$

(2) 原理误差。

由仪器原理可知,测杆位移 s 与光栅 3 刻线像的位移 y 的关系为

$$y = f \cdot \tan 2\varphi = 2f \frac{\tan \varphi}{1 - (\tan \varphi)^2}$$

式中:φ——在测杆位移 s 的作用下平面反射镜 8 的偏转角;

f——准直物镜焦距。

将 $\tan \varphi = s/a$ 代入上式,得方程 $(s/a)^2 + (2f/y)(s/a) - 1 = 0$,解该方程得

$$\frac{s}{a} = \frac{f}{y} \left[-1 + \sqrt{1 + \left(\frac{y}{f}\right)^2} \right]$$

考虑到 y/f 值很小,故可按级数展开,并近似取 $\sqrt{1 + (y/f)^2} \approx 1 + \left(\frac{y}{f}\right)^2 \Big/ 2 - \left(\frac{y}{f}\right)^4 \Big/ 8$,代入上式,有

$$s = a \left[\frac{y}{2f} - \left(\frac{y}{2f}\right)^3 \right] \tag{15-49}$$

可见,光栅刻线像的位移 y 与测杆位移之间的关系是非线性的,而测量过程是依据光栅 3 刻线像的位移量 y,以线性的光学放大比来估计测量结果 s_0 的,即

$$s_0 = a \frac{y}{2f} \tag{15-50}$$

故当标尺光栅刻线像的位移量为 y 时,测量端实际位移如式(15-49)所示,而仪器指示值如式(15-50)所示,于是,由实际仪器非线性光学特性与理论上的线性特性之间的矛盾将引起原理误差,为

$$\Delta = s_0 - s = a \left(\frac{y}{2f}\right)^3$$

应该强调的是,当仪器示值已经确定的情况下,用上式计算的原理误差属于已定系统误差;当仪器示值在示值范围内变动时,用上式计算的原理误差属于未定系统误差。若仪器的示值范围为 $s_{\max} = \pm 0.1$ mm,则最大显示时 $y_{\max} = ks_{\max} = 3.125$ mm,而且当 $f = 100$ mm,$a = 6.4$ mm 时,最大原理误差为

$$\Delta_{\max} = \pm 0.024 \ \mu m \tag{15-51}$$

实际上,在仪器结构中已经设计了综合调整环节以补偿仪器总误差,其补偿原理是通过调整反射镜摆动臂长 a 来实现的。见式(15-49),只要将杠杆短臂的长度 a 作适当调整,仪器实

际传动关系就会发生改变。

设将杠杆短臂长 a 调整为 a_1，由式(15-49)、式(15-50)知，仪器原理误差表达式为

$$\Delta = s_0 - s = a\frac{y}{2f} - a_1\left[\frac{y}{2f} - \left(\frac{y}{2f}\right)^3\right] = (a - a_1)\frac{y}{2f} + a_1\left(\frac{y}{2f}\right)^3$$

如图 15-15 所示，为了减小原理误差，可调反射镜摆动臂长 a 使原理误差在 $y = 0$ 及最大显示 $y = y_{max}$ 处都为"零"，而在 $y = \pm y_1$ 处原理误差最大，则有 $\Delta|_{y=0} = \Delta|_{y=y_{max}} = 0$，$\mathrm{d}\Delta/\mathrm{d}y|_{y=y_1} = 0$，得 $(a - a_1) = -3a_1(y_1/2f)^2$，$y_1 = y_{max}/\sqrt{3}$，代入上式，则有最大原理误差为

$$\Delta_{max} = (a - a_1)\frac{y_1}{2f} + a_1\left(\frac{y}{2f}\right)^3 = -2a_1\left(\frac{y}{2f}\right)^3 \approx -\frac{2}{3\sqrt{3}}a\left(\frac{y_{max}}{2f}\right)^3$$

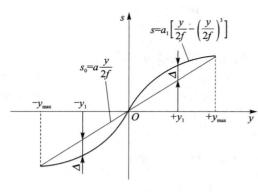

图 15-15 调整原理误差的方法

同样，将最大指示 $y_{max} = ks_{max} = 3.125$ mm，$f = 100$ mm，$a = 6.4$ mm 代入上式，得光学计残余的最大原理误差为

$$e_2 = \pm 0.01 \ \mu m \tag{15-52}$$

理论上，调整反射镜摆动臂长 a 可以消除原理（系统）误差中的累积部分，原理误差 e_2 作为综合调整后的残余系统误差，以未定系统误差来处理。如果作最佳调整，原理误差还可以进一步减小。

（3）物镜畸变所引起的局部误差。

物镜畸变是指物镜在其近轴区与远轴区的横向放大率不一致，由此造成的像差即称为物镜畸变，一般光学计物镜的相对畸变约为 0.0005，即 $\Delta = 0.0005y$，将 Δ 换算到测量端，得

$$e_3 = 0.0005 \times \frac{y}{k} = 0.0005s$$

由于此项误差是与被测量 s 成正比，属于累积误差，故在上述综合调整的过程中其大部已经消除。

（4）反射镜摆动臂长调整不准所引起的局部误差。

综合调整的过程是用两块量块，通过调整反射镜摆动臂长 a 反复校验仪器（-100 μm，0）或（0，+100 μm）两点示值来实现。根据"JJG 146—2003"，尺寸小于 10 mm 三等量块的检定误差为 $\pm 0.1 \ \mu m$，量块的检定误差对仪器精度的影响考虑为两次，即首先用 1 mm（或 1.1 mm）的量块调零，然后再用 1.1 mm（或 1 mm）的量块校验仪器的 +100（或 -100）μm 位置的示值误差。同时，考虑由于显示系统示值变动性 $\pm 0.1 \ \mu m$ 对读数精度的影响为两次，故反射镜摆动臂长调整不准所引起的局部误差为量块检定误差与读数误差的合成，即

$$e_4 = \pm\sqrt{0.1^2 + 0.1^2 + 0.1^2 + 0.1^2} \ \mu m = 0.2 \ \mu m$$

2) 仪器中的主要随机误差

（1）由测杆配合间隙引起的局部误差。

如图 15-16 所示，若测杆的配合间隙的最大值为 $\Delta_{max} = 0.002$ mm，配合长度约为 $l = 28$ mm，故测杆的倾侧角 β 的变动范围为

$$\beta = \pm\frac{\Delta_{max}}{l} = \pm\frac{0.002}{28}\mathrm{rad} = 7 \times 10^{-5} \ \mathrm{rad} \tag{15-53}$$

测杆的倾侧一方面会使测杆的垂直长度变化,但因其为二阶微量可忽略不计;另一方面测杆倾侧 β 角后会使反射镜摆动臂长 a 发生变化 Δa,由此引起的局部误差不可忽略。Δa 的计算公式如下:

$$\Delta a = l_1 \beta$$

式中：l_1——测杆与轴套的配合中心到测杆与平面反射镜接触点之间的距离,取值 $l_1 = 25$ mm,它由设计图样给出。

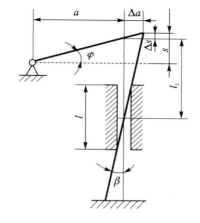

图 15 - 16　测杆配合间隙引起的误差

由仪器原理可知,$s = a \cdot \tan \varphi$,当 a 发生误差 Δa 时,由其所引起的局部误差为 $\Delta s_1 = \Delta a \cdot \tan \varphi$,得局部误差为

$$\Delta s_1 = s \frac{\Delta a}{a} \qquad (15-54)$$

将最大示值 $s_{\max} = \pm 0.1$ mm,$a = 6.4$ mm 代入上式,得测杆配合间隙引起的局部误差为

$$\Delta s_1 = s \frac{l_1 \beta}{a} = \pm 0.1 \times 10^3 \times \frac{25 \times 7 \times 10^{-5}}{6.4} \mu m = \pm 0.027 \ \mu m$$

（2）示值变动引起的局部误差。

数字式仪器示值变动通常为 ± 1 个显示分辨力,来源于电子细分量化误差和各类干扰的影响,考虑到显示分辨力为 0.1 μm,确定一个量值需要两次读数,故示值变动引起的局部误差为

$$\Delta s_2 = \pm \sqrt{0.1^2 + 0.1^2} \ \mu m = \pm 0.14 \ \mu m$$

（3）测量力变动引起的局部误差。

光学计的测量力为 (2 ± 0.2)N,由于是比较测量,故由测量力引起的压陷变形误差只需计算测量力变动对测量结果的影响。若测量是属于球形测量头测量平面被测件,且测量头与被测件的材料都是钢,则压陷量 δ 可按以下公式计算,即

$$\delta = 0.45 \times \sqrt[3]{\frac{P^2}{d}}$$

式中：P——测量力,N;

d——测量头直径,mm。

由于测量力的变动 ΔP 引起的压陷量变化即为测量力变动引起的误差 $\Delta \delta$,可由上式用微分法计算,即

$$\Delta \delta = 0.45 \times \frac{2}{3} \times \sqrt[3]{\frac{1}{Pd}} \Delta P \qquad (15-55)$$

以 $P = 2$ N,$d = 10$ mm 及 $\Delta P = \pm 0.2$ N 代入式(15-55),得测量力变动引起的局部误差为

$$\Delta s_3 = \Delta \delta = \pm 0.45 \times \frac{2}{3} \times \sqrt[3]{\frac{1}{2 \times 10}} \times 0.2 \ \mu m = \pm 0.02 \ \mu m$$

将上述各项未定系统误差与随机误差综合,得光学计最大误差（相当于包含因子为 3 时的扩展不确定度）为

$$\Delta_1 = \pm \sqrt{e_1^2 + e_2^2 + e_3^2 + e_4^2 + \Delta s_1^2 + \Delta s_2^2 + \Delta s_3^2}$$

$$= \pm \sqrt{0.032^2 + 0.01^2 + 0^2 + 0.2^2 + 0.027^2 + 0.14^2 + 0.02^2}\ \mu m = \pm 0.25\ \mu m$$

3）测量误差

用数字显示式立式光学计进行比较测量时的测量误差，除了上述仪器本身的误差外，尚有标准件误差和温度误差。

（1）标准件误差。

光学计为比较式测量仪器，故标准件量块的误差将影响测量结果。若选用的量块为四等，根据 JJG 146—2003，四等量块的检定误差为

$$\Delta L = \pm (0.21\ \mu m + 2.0 \times 10^{-3} L)$$

式中：L——量块的中心长度，以 mm 计算。

在使用光学计过程中，所选的量块一般不会超过 5 块，且只有一块尺寸大于 10 mm，其余 4 块因其尺寸小于 10 mm，故其检定误差可认为等于 $\pm 0.2\ \mu m$，所以得标准件尺寸误差 Δ_s（单位为 μm）为

$$\begin{aligned}\Delta_s &= \pm \sqrt{\Delta L_1^2 + \Delta L_2^2 + \Delta L_3^2 + \Delta L_4^2 + \Delta L_5^2} \\ &= \pm \sqrt{4 \times 0.2^2 + (0.2 + 2.0 \times 10^{-3} L^2)} \\ &= \pm \sqrt{0.2 + 0.08 \times \frac{L}{100} + 0.04 \times \left(\frac{L}{100}\right)^2}\end{aligned}$$

（2）温度误差。

温度误差 Δ_T（单位为 μm）可按下式计算

$$\Delta_T = \pm L \times 10^3 \times \sqrt{(\alpha - \alpha_0)^2 \Delta t^2 + \alpha_0^2 (t - t_0)^2}$$

一般可取：量块的线膨胀系数 α_0 为 $11.5 \times 10^{-6}/℃$；被测件对量块的线膨胀系数差（$\alpha - \alpha_0$）为 $\pm 0.3 \times 10^{-6}/℃$；根据光学计使用环境的要求，室温对标准温度 20 ℃ 的偏差 Δt 为 ± 3 ℃；被测件对量块的温度差（$t - t_0$）为 ± 0.5 ℃，故

$$\Delta_T = \pm L \times 10^3 \times \sqrt{(3^2 \times 0.3^2 + 11.5^2 \times 0.5^2) \times 10^{-12}} \approx \pm \frac{L}{200}$$

式中：L——被测长度，以 mm 计算。

上述仪器误差 Δ_1、标准件误差 Δ_s 与温度误差 Δ_T 均为极限误差，它们的方和根值即为数字显示式立式光学计的测量总误差（相当于包含因子为 3 时的扩展测量不确定度），即

$$\Delta_M = \pm \sqrt{\Delta_1^2 + \Delta_s^2 + \Delta_T^2} = \pm \sqrt{0.26 + 0.08\left(\frac{L}{100}\right) + 0.29\left(\frac{L}{100}\right)^2}$$

可以证明，在 $L = 10 \sim 180$ mm 的测量范围内，上式小于并接近于 $\pm \left(0.5 + 0.8 \times \dfrac{L}{100}\right) \mu m$，因此，测量总误差可用简单的一次式代替，即

$$\Delta_M \approx \pm \left(0.5 + 0.8 \times \frac{L}{100}\right) \mu m$$

式中：L——被测长度，以 mm 计算。

3. 数字显示式立式光学计的关键环节误差分配

在数字显示式立式光学计总体结构设计完成以后，必须依据允许的仪器精度指标 $\Delta_s = \pm 0.25\ \mu m$ 合理规划仪器各个组成环节的误差指标。

由于数字显示式立式光学计是精度很高的测微仪，仅仅通过控制加工和装配工艺来控制

仪器中各种尺寸和装配精度难以满足仪器高精度要求,可采用调整反射镜摆动臂支点到杆顶点之间的距离(即反射镜摆动臂长)a(见图 15-14)、结合端点调整或最优调整来综合控制仪器的总精度。这种方法的优点是,可以消除仪器中系统误差中的累积部分。这样可使反射镜摆动臂长 a 的制造和安装误差对仪器精度影响大为减小;仪器中也不存在已定系统误差的分配问题,因为经过综合调整,原理误差中的累积部分被消除,余下的误差被当作未定系统误差来处理。再者,物镜畸变所引起的局部误差也具有累积特性,通过综合调整,该误差也大部分被消除,这样 $\Delta_{\Sigma} = \Delta_1 = 0.25\ \mu m$。

仪器的未定系统误差源有 3 项,即残余的原理误差、光栅刻划累积误差和综合调整中使用的量块误差;而随机误差源也有 3 项,即测杆配合间隙、测量力变动和显示系统示值变动性。按等精度原则分配,允许每个源误差产生的局部误差在测量端度量为:$\delta = \dfrac{\Delta_1}{\sqrt{3+3}} = \pm 0.1\ \mu m$。

据此,上述 6 项单项误差的允许值如下:

1)原理误差允差 δ_1

根据仪器原理,由于采用端点原理误差为零的调整方法(见式(15-52)),最大原理误差仅有 $0.01\ \mu m$,而分配的允许原理误差为 $\pm 0.1\ \mu m$,所以有较大冗余。

2)光栅刻划累积允差 δ_2

由于允许该误差引起的仪器局部误差为 $\pm 0.1\ \mu m$(在测量端处度量),而光栅刻划累积误差在物镜焦平面上,所以误差影响系数为光学放大比 k,则

$$\delta_2 = k\delta = \pm 31.25 \times 0.1\ \mu m = \pm 3.125\ \mu m$$

一般用光刻工艺制作光栅。由于仪器的示值范围小(± 0.1 mm),光学放大倍数不高($k = 31.25$),所以光栅长度在 20 mm 之内已足够。根据光栅一般刻划工艺水平,在 20 mm 范围内达到 $\pm 1\ \mu m$ 的刻划精度不困难,因此可以取光栅刻划累积允差 $\delta'_2 = \pm 1\ \mu m$,有较大冗余。

3)综合调整中量块允差 δ_3

考虑到综合调整是用量块反复校验仪器示值($-100\ \mu m, 0$)或($0, +100\ \mu m$)两点来实现的,如果允许的量块误差为 δ_3,其对综合调整精度的影响为两次,则按等精度分配允许其引起仪器局部误差为 $\pm 0.1\ \mu m$,即

$$\delta_3 = \pm \frac{0.1}{\sqrt{2}}\ \mu m = \pm 0.07\ \mu m$$

根据 JJG 146—2003,三等且尺寸小于 10 mm 量块的检定误差为 $\pm 0.1\ \mu m$,二等尺寸小于 10 mm 量块的检定误差为 $\pm 0.05\ \mu m$。考虑仪器功能和使用环境,选择三等量块。那么,允许的量块误差 $\delta'_3 = \pm 0.1\ \mu m$,实际其所产生的局部误差为 $\pm 0.14\ \mu m$,超差为 $\pm 0.04\ \mu m$。

4)允许的测杆配合间隙 δ_4

如图 15-16 所示,测杆与轴套配合间隙引起测杆侧倾,从而引起反射镜摆动臂长 a 变化,并因此引起仪器局部误差,由式(15-53)和式(15-54)可得允许的测杆配合间隙为

$$\delta_4 = \Delta_{\max} = \delta \frac{al}{s_{\max} l_1} = 6.6\ \mu m$$

这里,$\delta = \pm 0.1\ \mu m$,$s_{\max} = \pm 0.1$ mm,$a = 6.4$ mm,$l = 28$ mm,$l_1 = 25$ mm。查公差手册,选用过渡配合 H4/h3,其轴公差 $d_{-0.0025}^{0}$、孔公差 $D_0^{+0.004}$,在生产公差范围内,易于获得。

5）测量力变动引起的压陷量允差 δ_5

测量力引起测量头与被测件的接触变形，由于是比较测量仪，影响测量精度的是测量力的变动，允许测量力变动引起的仪器局部误差为 $\delta = \pm 0.1\ \mu m$，由式（15-55）可知，测量力变动允差为

$$\Delta P = \delta \times 3.33 \times \sqrt[3]{Pd} = \pm 0.8\ \text{N}$$

这里，$P = 2\ \text{N}$；$d = 10\ \text{mm}$。考虑到光学计示值范围只有 $\pm 0.1\ \text{mm}$，若采用测力弹簧提供测量力，将测量力控制在 $\Delta P = \pm 0.2\ \text{N}$ 以内不困难，将此代入式（15-55），可得由测量力的变动引起的局部误差为 $\pm 0.02\ \mu m$，与分配的误差值 $\pm 0.1\ \mu m$ 相比仍有冗余 $\pm 0.08\ \mu m$。

6）示值变动允差 δ_6

若示值变动允许值为 δ_6，考虑到比较式仪器确定一个量值需要两次读数，则示值变动对测量精度的影响为两次。另外，在综合调整时示值变动对综合调整精度的影响也为两次，那么其引起的局部误差为 $2\delta_6$。由于分配的局部误差 $\delta = \pm 0.1\ \mu m$，故示值变动允许值为 $\delta_6 = \delta/2 = \pm 0.05\ \mu m$。

示值变动一般为 ± 1 显示分辨力。由于仪器的分辨力为 $0.1\ \mu m$，所以示值变动值 $\delta_6' = \pm 0.1\ \mu m$，与 δ_6 相比超差 1 倍。

由此可见，按等精度分配后，综合调整中的量块误差和示值变动的允差所引起的局部误差超出等精度分配的误差数值；原理误差允差、光栅刻划累积允差和测量力变动引起的压陷量允差有较大冗余。这样可将冗余误差调整给超差的环节，如可将原理误差允差 δ_1 和测量力变动引起的压陷量允差 δ_5 的冗余值调整给 δ_6，将光栅刻划累积允差 δ_2 的冗余值调整给 δ_3，再根据误差调整后的各个源误差的允许值再一次进行误差综合。显然，误差分配结果满足仪器精度指标 $\Delta_1 = \pm 0.25\ \mu m$ 的要求。

15.4.4　桅杆型光电探测系统总体精度分析

1. 桅杆型光电探测系统的基本结构及设计的精度要求

桅杆高架式光电探测系统是一种车载式光电探测系统，由光电探测系统和支撑结构桅杆组成。为了简化模型，在整体误差计算中，将桅杆平台的误差作为一个整体因素进行探讨。在分析中不考虑承载光电桅杆的载车的振动，将桅杆底部看成与地面成刚体状态。对光电探测系统的分析则需要根据光电探测系统的作用距离、探测目标类型、系统本身的参数水平及目标引导精度要求，充分考虑误差的种类、来源、性质与传递规律，同时根据光电系统的总精度要求和可靠性要求，对组成系统的各个零部件的误差进行合理的分配及分析预测，从而确定光电系统各零部件的制造与装调技术要求，使系统的精度满足要求，并在系统加工、装调与使用过程中进行合理的误差控制。

根据系统中误差的种类、来源及性质等的不同，将桅杆型光电探测系统分为 4 个部分：① 轴角编码器，采用光电式，这种测角系统由光学系统、精密机械系统和电子系统组成；② 瞄准系统，采用内调焦式红外系统；③ 转轴系统，采用两轴结构，分别为方位轴和俯仰轴；④ 平台系统，为光电系统提供安装与运行平台，包括组成桅杆的各段机械结构、调平系统。该光电探测系统包括的参数如下：

（1）方位轴角编码器：直径 120 mm，最小读数 $2''$。

（2）俯仰轴角编码器：直径 100 mm，最小读数 $2''$。

（3）瞄准系统：红外系统放大倍率 $\Gamma = 30$，最短视距 500 m。

（4）方位轴系统：轴内径 100 mm，外径 450 mm，轴承滚珠直径 5 mm，高度 150 mm，轴隙 $\Delta d = 0.003$ mm。

（5）俯仰轴系统：外径 15 mm，轴承滚珠直径 5 mm，轴隙 $\Delta d = 0.003$ mm。

（6）读数系统：采用红外 CCD，以液晶显示为主读数方式。

（7）安装平台系统：5 节 5 m 式升降式桅杆平台结构，4 组连接配合组件。

2. 系统的误差来源

桅杆型光电探测系统的主要误差是方位方向的扭转误差，该误差对以远距离探测为目的的光电探测系统跟踪精度的影响较大，因此在误差分析上将以方位方向的误差为研究重点，确定该桅杆型光电探测系统在方位方向的总体精度指标值为 25″。

首先对系统的误差来源进行探讨。设备的误差主要由人为误差、外界误差和设备误差 3 项组成。其中，人为误差是由于设备操作人员的熟练程度、疲劳程度、心理状态不一造成的，在不同的情况下读数误差的大小是不一样的。外界误差既包括温度气候、大气吸收折射等纯外部因素，又包括探测系统的支撑安装平台——桅杆的稳定性因素。参考同类型的光电设备室内外测量的平均值，同时充分考虑高架桅杆受风载振动的平均值后，取这项因素的误差标准差为光电系统安装误差值与桅杆作用到平台上的误差值之和，可表示为 $\sigma_o = \sigma_{in} + \sigma_m$。其中，$\sigma_o$ 为外界误差；σ_{in} 为安装误差，按经验可取为 5″；σ_m 为桅杆作用到平台上的误差，根据经验，光电探测系统的本身误差值一般为 $0.7″ \sim 2.8″$，取光电设备本身的分配许用误差值为 $\Delta \sigma_s = 2″$。光电设备本身的误差包括轴角编码器误差 σ_c、光电系统瞄准误差 σ_a、系统整体的轴系误差 σ_{ts} 及人眼判读误差 σ_e 等几项。下面将分别对各项误差值进行计算与分析。

根据光电系统的误差来源，可采用式（15-56）对光电系统的误差进行分配和综合：

$$\sigma_t^2 = \sigma_s^2 + \sigma_e^2 + \sigma_m^2 \tag{15-56}$$

式中：σ_t——总误差；

$\quad\quad\sigma_s$——光电设备本身的分配误差；

$\quad\quad\sigma_e$——人眼判读误差。

为简化模型，假设许用人眼判读误差为 $\Delta \sigma_e = 6.7″$，又知许用总体误差 $\Delta \sigma_t = 25″$，光电设备的许用误差为 $\Delta \sigma_s = 2″$，代入式（15-56），即可求得光电设备本身的误差值与桅杆带来的误差值，即

$$\Delta \sigma_s = 2″$$
$$\Delta \sigma_m = 24″ \tag{15-57}$$

从式（15-57）可以看出，分配给光电桅杆的误差为主要误差源。

3. 误差的计算与综合

1）光电探测系统本身的精度分析

光电探测系统的原始误差有 20 多项，为简化分析，只考虑其中 4 项主要误差，并且将光电探测系统的安装误差归到桅杆平台的误差中进行分析。此时可按等精度原则对光电设备本身的分项误差进行分析，有

$$\sigma_s = 2″ = \sqrt{\sum_{i=1}^{n} \sigma_i^2} = \sqrt{n\sigma_0^2} \tag{15-58}$$

式中：σ_i——各分项误差；

σ_0——各分项误差的平均值,通过该值可以反向推得光电探测系统各分项的原始误差允许值。

由于光电探测系统本身的误差因素非常复杂,各单项精度上的计算结果并不精确,并且按等精度原则进行误差分配后还需要进行误差调整,因此这里采用通过对系统各单向原始误差分别进行误差计算的方式得到局部误差,再进行误差综合以验证该设计方案是否符合精度要求。

(1)编码器误差 σ_c。

伺服系统中的光电编码器的最大误差可以取为 $1''$,此项误差服从均匀分布,其分布系数可以取为 $K=\sqrt{3}$,轴角编码器误差值为

$$\sigma_c = \pm 1.5''/\sqrt{3} \approx 0.6'' \tag{15-59}$$

(2)光电系统的总瞄准误差 σ_{at}。

光电系统的对准误差和瞄准误差的视差量分别为

$$\sigma_{ai} = \frac{p_r}{\sqrt{3}\Gamma} \tag{15-60}$$

$$\varepsilon = \frac{200D' \cdot \Delta SD}{\Gamma} \tag{15-61}$$

式中:$\sqrt{3}$——随机误差在服从均匀分布时的置信系数;

Γ——光电系统的放大倍数;

p_r——操作者的瞄准误差,其值与目标的亮度、外形及对比度有直接关系,在观测条件
一般时其值可以在 $15'' \sim 45''$ 之间取值,光电探测系统为己方环境,其值可以取为
$30''$,由此可得对准误差的值,即

$$\sigma_{ai} = \frac{p_r}{\sqrt{3}\Gamma} = \frac{30''}{30 \times \sqrt{3}} = 0.58'' \tag{15-62}$$

D'——出瞳直径,可以取为 2 mm;

ΔSD——目镜分划板与物像间的视度差,可以取为 $0.15''$。

式(15-61)中的全视差置信系数 $K=\sqrt{6}$,光电系统的放大倍数 $\Gamma=30$,则由视差产生的瞄准误差为

$$\sigma_{ae} = \frac{\varepsilon}{2K} = \frac{200 \times 2 \times 0.15''}{2 \times 30 \times \sqrt{6}} \approx 0.4'' \tag{15-63}$$

而总的瞄准误差为

$$\sigma_{at} = \frac{\sqrt{\sigma_{ai}^2 + \sigma_{ae}^2}}{\sqrt{3}} \approx 0.4'' \tag{15-64}$$

(3)轴系误差 σ_{ax}。

轴系误差包括方位轴误差和俯仰轴误差。由于间隙的存在,方位轴存在一定的角度晃动,该轴运行过程中偏离铅垂线的最大晃动角为

$$\Delta\gamma = \frac{\Delta d}{2\left(L_c + \frac{d_z + d_0}{2}\right)}\rho = \left[\frac{0.03 \times 2 \times 10^5}{2 \times \left(150 + \frac{100+5}{2}\right)}\right]'' = 14.8'' \tag{15-65}$$

在方位轴误差的计算中,假设目标的垂直角为 $\pm 6°$,又由于该误差可认为是服从均匀分

布,因此方位轴误差为

$$\sigma_{pa} = \frac{\Delta\gamma}{\sqrt{3}}\tan\alpha = \left(\frac{14.8}{\sqrt{3}} \times \tan 6°\right)'' = 0.88'' \qquad (15-66)$$

其中方位轴误差 σ_{pa} 为系统整体轴系误差 σ_{ts} 的一部分,由于本题目仅探讨系统的方位轴误差,因此未计算整体轴系误差 σ_{ts}。

虽然此处仅探讨系统的方位轴误差,但是俯仰轴误差也是轴系误差的一个重要部分,且该误差对方位轴误差也存在一定的影响。由于俯仰轴横跨在光电探测系统结构的左右轴承之间,所以该轴的误差主要是由于两轴承高度不一致、俯仰轴存在装配间隙以及轴颈的椭圆度存在误差等因素造成的。前两项误差可以采用正倒镜测量法及 V 形轴系结构消除,在俯仰轴的误差上仅需要对椭圆度误差进行重点考虑,当俯仰轴两端椭圆的长轴互成直角时,该轴处于最大的倾斜角,为

$$i_{max} = \frac{a-b}{L_x}\rho = \left(\frac{0.006}{150} \times 2 \times 10^5\right)'' = 8'' \qquad (15-67)$$

式中:$a-b$——椭圆度,可取值为 0.006 mm;

$\quad\quad L_x$——俯仰轴的跨度,其值为 150 mm。

俯仰轴误差可近似由测角误差代替,如下:

$$\Delta\varphi_i = i_{max}\tan\alpha = (8 \times \tan 6°)'' = 0.84''$$

测角误差服从均匀分布,如下:

$$\sigma_{ae} \approx \frac{\Delta\varphi_i}{\sqrt{3}} = \frac{0.84''}{\sqrt{3}} = 0.49'' \qquad (15-68)$$

轴系误差计算公式如下:

$$\sigma_{ax} = \sqrt{\sigma_{pa}^2 + \sigma_{ae}^2} = \sqrt{(0.88'')^2 + (0.49'')^2} = 1.01'' \qquad (15-69)$$

(4)读数误差 σ_r。

在进行角度读数及分析时采用数显方式,其误差最大值为其单个量化单位 0.1″,考虑此误差服从均匀误差,则读数误差为

$$\sigma_r = \frac{\Delta d}{\sqrt{3}} = 0.06'' \qquad (15-70)$$

对上述光电探测系统本身的分项误差值进行综合,得到设备的总体误差为

$$\sigma_s = \sqrt{\sigma_c^2 + \sigma_{at}^2 + \sigma_{ax}^2 + \sigma_r^2} = \sqrt{(0.6'')^2 + (0.4'')^2 + (1.01'')^2 + (0.06'')^2} = 1.24''$$

$$(15-71)$$

由式(15-71)可知,1.24″<2″,因此该合成误差小于分配的许用误差,表明光电探测系统本身的误差分配方案合理。

2)光电桅杆方位扭转精度分析

桅杆型光电探测系统的精度分配中桅杆本身的精度指标值为 24″,因此根据桅杆及其附件的参数所计算得到的误差值须小于 24″。由于我们探讨的是总体方位精度,当桅杆升起后与地面呈一定角度时,风载尤其是有扭转力的风载会在一定程度上造成桅杆的扭转,但这种扭转在中等风力条件下并不明显,且当桅杆处于与水平面垂直的稳定状态时,风载并不会造成桅杆的直接扭转,因此不考虑桅杆在俯仰方向的晃动。为了简化,假设桅杆工作时为 5 节全部展开状态,同时桅杆与水平面呈垂直状态。在计算中引入电子水平仪的灵敏度误差 σ_{se}、水平仪的

调整误差 σ_{oe}、桅杆整体的位移误差 σ_{me}、光电探测系统安装偏心误差 σ_{ge}、光电探测系统步进控制带来的冲击误差 σ_{ce}、桅杆自身在方位方向的扭转误差 σ_{te} 等几项。桅杆由 5 节机械结构嵌套而成,其周向扭转的最大间隙的合成为 $18''$(即在风载作用为极限状态时桅杆的最大总扭转误差)。电子水平仪采用高精度装置,其数值直接传递给动态调平系统维持平台的水平稳定,光电探测系统对桅杆造成的冲击误差由于没有相近的经验数据参考,暂时以其最大加速度时对系统造成的扭转峰值作用为准,其值初步计算为 $8.6''$,其他误差值以当前光电设备中普遍能够达到的精度标准的平均值为准,由式(15-72)可以求得桅杆的总体误差为

$$\sigma_m = \sqrt{\sigma_{se}^2 + \sigma_{oe}^2 + \sigma_{me}^2 + \sigma_{ge}^2 + \sigma_{ce}^2 + \sigma_{te}^2}$$
$$= \sqrt{(0.02'')^2 + (0.05'')^2 + (0.15'')^2 + (0.008'')^2 + (13.6'')^2 + (18'')^2} = 19.68''$$

$$(15-72)$$

由于 $19.68'' < \Delta\sigma_m = 24''$,所以该桅杆系统的总体误差值小于分配的许用误差值,桅杆系统的误差分配方案可行。

因此,桅杆型光电探测系统的总误差 $\sigma_{总}$ 由桅杆部分的总误差 σ_m 和光电探测系统的总误差 σ_s 综合得到,即

$$\sigma_{总} = \sqrt{\sigma_s^2 + \sigma_m^2} = \sqrt{(1.24'')^2 + (19.68'')^2} = 19.73'' < 25'' \qquad (15-73)$$

由于 $19.73'' < 25''$,可认为针对该桅杆型光电探测系统在方位方向的精度分配基本合理,满足该桅杆型光电探测系统在方位方向的总体精度指标值为 $25''$ 的要求。

15.5 提高仪器测量精度的措施

多数光电仪器或系统都是由光学、精密机械、电子学、计算机控制与处理等系统组成的。若提高仪器或系统的精度,则可分别从提高各构成系统的精度做起。具体的方法是,从各系统的机构原理、测量链、加工、装调、测试方法、误差修正等环节,采取一些有效措施,减小其原始误差或减小误差传递系数等,以达到提高仪器精度的目的。

15.5.1 设计时从原理和结构上消除误差

1. 计量仪器设计应符合阿贝原理

计量仪器设计时应符合阿贝原理,如阿贝比长仪和光学球径仪等都符合阿贝原理,而读数显微镜设计时不符合阿贝原理。所以,阿贝比长仪和光学球径仪的阿贝误差可忽略,而读数显微镜的阿贝误差就不能忽略。

2. 仪器设计应遵守等作用原理

在内基线测距机设计时遵守等作用原理,使被测光路与参考光路基本一致,可以减小或避免距离失调对测距精度的影响。

3. 光学系统设计中应采用远心光路、焦阑光路

在计量、检测系统中应尽量采用远心光路以消除测量误差。

远心光路分为物方远心光路、像方远心光路和两侧远心光路。物方远心光路是将孔径光阑放置在光学系统的像方焦平面上,即孔径光阑中心与光学系统的像方焦点重合。当被测物离焦时,其成的像偏离标尺,在标尺平面上得到的像是由弥散斑构成的投影像。由于入瞳在无

限远,主光线始终平行于光轴,其通过物镜后都交于出瞳中心,即孔径光阑中心,所以物体上同一点发出的主光线不随物体的位置移动而发生变化,通过刻度尺平面上的投影像两端的两个弥散斑中心的主光线位置也不会变化,即两个弥散斑中心距离始终不变,也即被测物体所成像的高度始终不变。因此,采用物方远心光路测量物体的大小时,可以消除物方由于调焦不准确带来的读数误差。像方远心光路是将孔径光阑放置在光学系统的物方焦平面上,即孔径光阑中心与光学系统的物方焦点重合,像方出射光束的主光线平行于光轴,出瞳位于物方无限远。人眼沿垂直刻度尺平面观测,人眼的对准平面与刻度尺面离焦时,虽然成像光斑变大,但是,由于成像光束的中心不变,因此可以消除像方调焦不准引入的测量误差。两侧远心光路则综合了物方远心和像方远心的双重作用,在机器视觉、精密测量、高精度检测等领域得到了广泛应用。

4. 应尽量缩短测量链

在考虑测量链时应尽量满足最短尺寸链原则,使测量环节越少越好,以减少误差来源。

5. 采用调整机构

在光电仪器中,对一些位置精度高的机构,往往采用调整机构和补偿机构来消除误差。例如,齿轮副间隙可通过中心距调整来减小或消除间隙;光学瞄准镜常用的分划板调整机构,经纬仪中调整两个轴系垂直度的偏心环机构,调整物镜光轴的双偏心机构,在光学设计中杠杆臂的调整机构等都是常见的调整或补偿机构。

6. 尽量减小误差传递系数

在设计中选择参数时,要从减小误差传递系数的角度考虑,这是提高仪器精度的有效途径。例如,在屏幕读数测量显微器中,提高投影物镜的放大倍数,不仅可提高瞄准精度,而且可减小螺距误差对测量结果的影响,因为螺距误差造成的误差传递系数与物镜的放大倍率成反比;又如在凸轮摆杆机构中,增大摆杆的长度,可减小凸轮矢径的误差传递系数,从而减小凸轮误差对测量的影响。

7. 减小间隙与空程引起的误差

仪器零件配合存在间隙,造成空程,从而影响精度。弹性变形在许多情况下将引起另一种空程——弹性空程,也会影响精度。设计时,应考虑以下几方面的因素:

(1) 采用间隙调整机构,把间隙调到最小;

(2) 提高构件刚度,以减少弹性空程;

(3) 改善摩擦条件,降低摩擦力,以减少由摩擦力造成的空程。

8. 减小振动引起的误差

振动可能使工件或刻度尺的像抖动或变模糊。若振动频率高,则会使刻线或工件轮廓像扩大,产生测量误差;若外界的振动频率与仪器的自振频率相近,则会发生共振。振动还会使零件松动。减小振动影响的办法有:

(1) 在高精度测量中,尽量不采用间歇运动机构,而采用连续扫描或匀速运动机构;

(2) 零部件的自振频率要避开外界振动频率;

(3) 采取各种防振措施,如防振墙、防振地基、防振垫等;

(4) 通过柔性环节使振动不传到仪器主体上。

9. 采用误差补偿设计

1）设计中采用对径读数消除偏心误差

度盘、圆光栅等测角标准器，通常采取在 180° 的对径位置同时读数然后取平均值的方法来消除偏心误差。如图 15 - 17 所示，O 点为度盘旋转中心，O' 点为度盘刻度中心，A 和 B 点为对径读数装置。不难看出，由偏心量 e 引起的 A、B 两点的读数误差都为 δ，即 A 点读数为 $0° - \delta$，而 B 点读数为 $180° + \delta$。取 A、B 两点读数的平均值即可消除偏心误差 δ。

详细证明（此处略）后可知，采用对径读数系统还可消除度盘或圆光栅的全部奇次误差。

2）设计合理的光路

设计干涉仪光路采用共路原则，使工作臂与参考臂尽量经过相同的路径（并排靠近），这样可以补偿由于床身变形和环境条件变化带来的误差。

3）利用光学元件补偿光束漂移误差

激光准直仪是以激光束作为直线基准的。由于激光器的热变形会引起出射光发生平移和角漂，这样就不可避免地会产生测量误差。如果将激光束通过如图 15 - 18 所示的棱镜组，将一束光分成全对称的两束光，并以对称线作为基线，则可以得到一条比较稳定的空间基线。如果激光束发生平移和角漂，则两路大小相等，方向相反，对称中心不变。

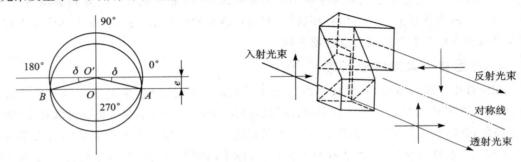

图 15 - 17　对径读数消除偏心误差　　　　图 15 - 18　激光准直仪补偿漂移的原理

15.5.2　从装配调整中消除误差

通过装配调整来提高光电仪器精度是一项行之有效的办法，具体做法如下：

1. 单件修切法

例如可采用以下几种方法：研配、修刮、修切某个端面来保证视度调节范围；修切分划镜的一个端面来保证分划面与物镜焦面重合；修切或研磨隔圈来保证透镜之间的间隔尺寸。

2. 分组选配

例如，精密轴系的间隙要求很高，选择适当尺寸的轴与孔相配合就能得到所要求的间隙。在并联双光路系统中，如双目望远镜中，要求左右两镜筒的放大率允差 $\leqslant 2\%$，可通过选配目镜、物镜的焦距来实现。同样，在内基线体视测距机中，两组物镜的焦距公差要求极严，可以通过精选、配对来满足要求。

15.5.3　对仪器的误差进行修正

1. 对已定系统误差采用列表修正或微机修正

在光电仪器中，为提高测量精度常常采用误差修正的办法。如温度变化范围大时，其误差为已定系统误差,只要精确测得温度,就可采用表格修正或由微机自动修正。

在光学仪器中,基准器的误差是仪器的主要误差。只要已知基准器的误差变化规律,就可采用修正的方法,或将误差函数输入微机进行自动修正,用表格曲线进行逐点修正。

2. 采用合理的测量方法

对于高精度仪器,如在经纬仪的测量中,利用正、倒镜测量法消除视差和度盘偏心差的影响,利用变换度盘位置的方法来减小度盘刻线误差的影响;采用多次瞄准以提高瞄准精度等都是提高仪器精度的有效方法。

15.5.4 采用误差补偿法提高仪器或系统的精度

误差补偿是提高仪器精度的一种有效手段,一般常采用下列3种补偿方式。

1. 误差值补偿法

这是一种直接减小误差源的办法,其补偿形式有:

(1)分级补偿:将补偿件的尺寸分成若干级,通过选用不同尺寸级的补偿件,得到阶梯式的减小,通过修磨补偿垫的尺寸来达到预期的精度要求。

(2)连续补偿:如导轨镶条用于连续调整间隙。

(3)自动补偿:如通过误差校正板来自动校正误差。

2. 误差传递系数补偿法

通常采用以下两种方式:

(1)选择最佳工作区:如偏心误差传递系数中有 $\sin\varphi$ 或 $\cos\varphi$(φ 为偏心相位角),当零件工作角度范围不大时,可选择在最大偏心区以外的区域工作,从而减小误差。

(2)改变误差传递系数:如图 15-19 所示,当螺距 p 的误差为 Δp 时,丝杠转 1 周,工作台位移误差为 $\Delta L = \Delta p(1-\cos\theta)$,改变 θ 角即可改变误差传递系数。

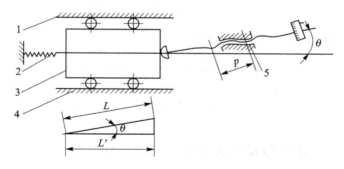

1—导轨;2—弹簧;3—滑块;4—滚珠;5—螺旋副

图 15-19 螺旋测微机构示意图

3. 综合补偿法

利用机械、光学、电气等技术手段去抵消某些误差,从而达到综合补偿的目的。

以动态准直仪为标准器来跟踪测量一些高精度、数字式计量仪器导轨的直线度误差,并把测得的误差值经电路处理后转换为相应的脉冲数,输入给计数器或计算机进行阿贝误差补偿,其电路框图如图 15-20 所示。

由干涉仪输出的线位移脉冲信号,一路直接送到计数器或计算机进行显示,另一路则经低

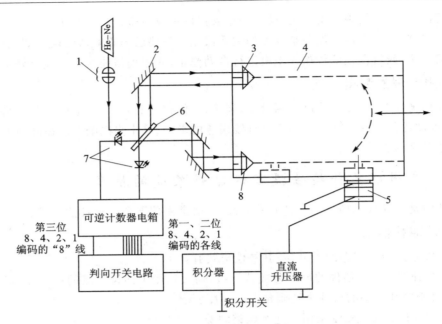

1—准直透镜组；2—全反射镜；3,8—角隅透镜；4—上工作台；5—压电陶瓷；6—分光移相镜；7—光电接收器

图 15 - 20　转角测量及校正原理

通滤波器送到门电路。门电路的开闭取决于 D/A 转换器的输出电压与由动态准直仪测得的和导轨直线度误差成比例的输出电压相比较的结果。如果两个电压平衡，比较电路无输出，则门电路均关闭而无加减脉冲输出；如果两个电压不平衡，经过比较电路，或把加法门打开，或把减法门打开，则有脉冲通过加法门或减法门输出，一路加到计数器或计算机进行误差补偿，另一路送到 128 位计数器，使 D/A 转换器的输出电压与自准直仪的输出电压达到重新平衡，又使门电路均关闭。在整个测量过程中，补偿是自动连续进行的。

15.5.5　采用误差自动校正原理

对于精度要求较高，而又无法通过巧妙的结构安排使误差得到补偿的场合，可以采取误差自动校正措施。近年来，误差自动校正还广泛地应用在微细工程的自动调焦技术上。例如，在大规模集成电路的制版、光刻、掩膜检查以及光盘技术中，都要求达到 $0.1\ \mu m$ 量级甚至更高的调焦精度。

1. 采用像散法离焦原理利用光电信号实现自动调焦

例如应用在光盘技术中的一种自动调焦方案，激光束经过半透半反射镜 P 折向物镜 L_1，聚焦于光盘表面后返回。通过 L_1、P 和 L_2 本应成像于 L_2 的后焦面上，然而由于在光路中插入了一块柱面镜，成像光点产生了像散。如图 15 - 21 所示，在 a、b、c 三个位置，像点的形状不同。如果按图 15 - 21 所示 a、b、c 处放置一个四象限光电接收器，并按照（1+3）—（2+4）的逻辑关系进行信号处理，不难理解，在 a、b、c 三个位置的输出信号是不同的。实际使用时，将光电接收器固定在 b 点位置，用它对应物面的正确位置，此时输出信号为零。

当光盘表面产生离焦误差时，根据离焦方向的不同，像点的形状将向 a 或 c 变化，利用光电输出信号便可实现自动调焦。

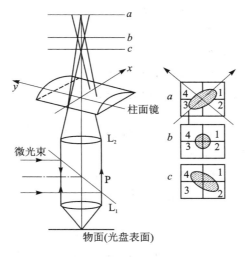

图 15 - 21　像散法离焦原理

2. 利用干涉原理和光电转换实现直线度误差的自动补偿

图 15 - 22 所示为激光两坐标测量仪纵向工作台运动直线度自动校正系统,一束激光由移相分光镜分成两路,分别射向安装在浮动工作台上的两个立体棱镜。由立体棱镜反射回来的光束,重新在移相分光镜处会合并发生干涉,由光电接收器检测干涉条纹信号。当纵向工作台在前进过程中无角运动时,光电接收器检测不到干涉条纹的变化;但是只要纵向工作台略有偏转,干涉仪两臂光程差便发生改变,光电接收器便可测出条纹的变化。经过光电转换及电信号的处理,可以驱动压电陶瓷使纵向工作台转回原来的方位,这就达到了自动校正的目的。

这一校正系统使纵向工作台运动的直线度,在静态时由 4 μm 减小到 0.5 μm。尽管没有达到零,但已极大地改善了运动精度。

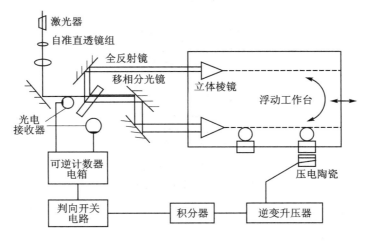

图 15 - 22　激光两坐标测量仪纵向工作台运动直线度自动校正系统

思考与练习题

15 - 1　仪器总体精度分析的两个任务是什么?

15 – 2 仪器总体精度设计可以解决哪些问题?

15 – 3 仪器精度设计有哪几个步骤?

15 – 4 仪器设计有哪些基本原则?

15 – 5 仪器精度计算有哪些方法?各有什么应用特点?

15 – 6 如何分配仪器的总系统误差与总随机误差?如何判断分配仪器的总系统误差是否合理?

15 – 7 什么是经济公差极限、生产公差极限和技术公差极限?

15 – 8 满足什么条件时认为公差调整成功?

15 – 9 仪器总体精度分析有哪些方法?各有什么特点?

15 – 10 结合精度储备的概念讨论球径仪误差分配与调整实例中最后的误差分配是否合理。

15 – 11 说明仪器总体精度分析的步骤。

15 – 12 进行接触测量时,测量力会使测量头和工件之间产生挤压变形,若测量头是球形的,被测面是平面,请写出测量时弹性变形量的计算公式。它必须服从的是仪器设计的哪个基本原则?

15 – 13 产生阿贝误差的本质原因是什么?试分析如图 15 – 23 所示的三坐标测量机在测量某一个工件时,各个平面内是否均能遵守阿贝原则?如果不能,哪个坐标方向上可以遵守?

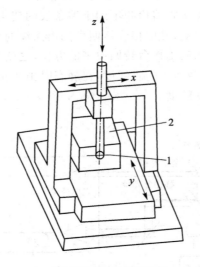

1—测头的触球;2—被测工件

图 15 – 23 三坐标测量机

第16章 典型仪器的精度分析

本章主要介绍光电经纬仪、光电坐标测量仪和万能工具显微镜3种典型仪器的精度分析。

16.1 光电经纬仪的精度分析

16.1.1 光电经纬仪的测角原理和基本结构

光电经纬仪是一种精密测角仪器，可用于测量水平角和垂直角。在大地测量、矿山测量和工程建设中，为了确定地面点的位置常常需要进行角度的精密测量。在天文测量中，为了确定星点的位置，亦采用所谓的天文经纬仪。此外，在实验室中进行仪器的装配校正和光学测量时，也常用高精度的光电经纬仪作为测角的基准仪器。

图16-1所示为光电经纬仪测量水平角的基本原理。A、B 和 C 是地面上的3个任意点，为了确定三点之间的水平夹角 φ，通过地面线 AB 和 AC 各做一竖直面，这两个竖直面与水平面 M 的交线为 ab 和 ac，则 ab 与 ac 的夹角 φ 即为水平角。要用光电经纬仪测出水平角 φ。

如图16-2所示，光电经纬仪的基本结构应由以下4大部分组成：

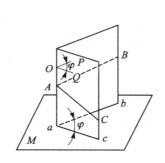

图16-1 光电经纬仪测量水平角的基本原理

1—脚螺栓；2—水平轴角编码器；3—水准器；
4—垂直轴角编码器；5—横轴；6—望远镜；7—竖轴

图16-2 光电经纬仪结构简图

1）轴角编码器

轴角编码器用于测量角度。图16-1中的 O 点即为编码器码盘中心，OP 与 OQ 所夹的角度即为 φ 角。光学经纬仪都是采用玻璃度盘，度盘刻有许多刻线，测角时可读出度和分的读数值。光电经纬仪采用轴角编码器测角。

作为光电读数系统之一的光电轴角编码器，采用光电方法将轴角信息转换成电压信息，再经电路处理为数字代码形式。光电轴角编码器与光学读数系统相比，前者能给出一串实时输出的数字代码代替人工读数，所以在近代光电经纬仪、电影经纬仪和雷达等设备中均广泛采用。

光电轴角编码器的工作原理如图16-3所示。图中，光源1经光学系统2出射平行光均匀照明码盘 3 进入狭缝 4,照到光电探测器 5 的光敏面上。当码盘绕竖轴旋转时,随着码盘与狭缝相对位移的变化而改变光通量的大小,形成一交变的光信号经光电探测器转换成电信号,经放大器 6 和逻辑处理 7 后,将竖轴 9 的角位移量用数码显示器 8 显示出来。因此,光电轴角编码器是一种由光学、精密机械和电子三部分组成的新型测角系统。

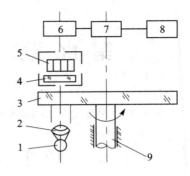

1—光源;2—光学系统;3—码盘;4—狭缝;
5—光电探测器;6—放大器;7—逻辑处理;
8—数码显示器;9—竖轴

图 16 - 3　光电轴角编码器的工作原理

2) 瞄准系统

瞄准系统即带有分划板的望远镜,它能绕水平轴转动,瞄准(照准)不同高度的目标 B 和 C(见图 16 - 1)。分划板上刻有十字丝和视距丝,分别用于照准目标和视距测量。由于目标有远近,所以采用内调焦望远镜。

3) 轴系统

轴系统有竖轴系和横轴系。其中,竖轴系使望远镜能在水平面内旋转,以照准不同方位的目标;横轴系使望远镜能在垂直面内绕横轴旋转,以瞄准不同高度的目标。

4) 安放系统

安放系统包括基座、三脚架和水准器等。基座和三脚架用来支承和粗略安放光电经纬仪于测站上,光学对中器则使竖轴系的轴线 O 点精确地安放于测点 A 的正上方,直线 OAa 应与竖轴的轴线相重合(参见图 16 - 1 和图 16 - 2)。脚螺栓和水准器用来调整竖轴使之垂直于水平面 M。另外,横轴也要用跨水准器调成水平。

除了以上的基本结构之外,光电经纬仪还有一些辅助装置,如横轴的减荷装置及各种微动机构和锁紧装置等。

光电经纬仪在测量时通常用测回法工作,参见图 16 - 1。若用望远镜照准目标 B 和 C 各一次测得水平角 φ,则称为半个测回;若用望远镜照准目标 B 和 C 各两次(一次正镜,另一次倒镜)而测得水平角 φ,则称为一个测回。为了提高测角精度,一般要重复测量几个测回,甚至十几个测回。

5) 读数系统

光电经纬仪的读数系统主要由信号处理电路和双面液晶数显表构成。读数系统根据轴角编码器输出的电压信息,经过信号处理电路处理为数字代码后再通过双面液晶数显表的液晶屏进行显示。

16.1.2　光电经纬仪不满足几何条件时所产生的误差

光电经纬仪测角时所产生的测角误差,按其性质可分为随机误差和系统误差两类。这里不研究随机误差,只研究由于光电经纬仪不满足几何条件时所产生的系统误差。光电经纬仪应满足的几何条件如下:

(1) 视准轴、横轴和竖轴三轴互相垂直。

(2) 视准轴线、横轴轴线和竖轴轴线相交于一点 O。

由于光电经纬仪在设计、制造和装配等方面的不完善,上述几何条件不能得到满足,因此必然影响光电经纬仪的测角精度。现分别讨论如下:

1. 视准差(照准差)

望远镜的视准轴与横轴的不垂直度称为视准差 C。当光电经纬仪存在视准差 C 时,会给水平角的测量带来误差 $\Delta\varphi_C$。

如图 16-4 所示,HH 为横轴,OP 为视准轴的正确位置,即 $OP \perp HH$,OM 为视准轴的实际位置,即 $\angle MOP = C$,α 为目标的高低角,则有

$$\Delta\varphi_C = \frac{BD}{OB}\rho$$

由于

$$OB = OP\cos\alpha, \quad MP = BD$$

所以

$$\Delta\varphi_C = \frac{MP}{OP\cos\alpha}\rho$$

又由于

$$C = \frac{MP}{OP}\rho$$

故

$$\Delta\varphi_C = \frac{C}{\cos\alpha} = C\sec\alpha \tag{16-1}$$

因为水平角是在两个方向上测得的,故测角误差应为

$$\Delta\varphi_C = C(\sec\alpha_2 - \sec\alpha_1) \tag{16-2}$$

式中:α_1——一个目标的高低角;

$\quad\quad \alpha_2$——另一个目标的高低角。

显然,当 $\alpha_2 = \alpha_1$ 时,$\Delta\varphi_C = 0$。因此,在进行高精度测量时(例如二等三角测量),应使 $\alpha_2 = \alpha_1 \approx 0$,即目标接近水平,以减小视准差的影响。

此外,当 $\alpha_1 \neq \alpha_2$ 时,可用正倒镜测量法来消除视准差的影响。如图 16-5 所示,当正镜和倒镜时,C 值符号相反,取两个读数的平均值即可消除 C 的影响。

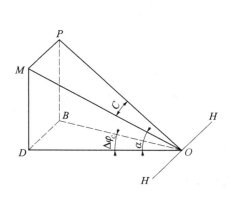

图 16-4　光电经纬仪视准图

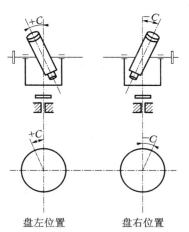

盘左位置　　盘右位置

图 16-5　光电经纬仪正倒镜测量法

2. 横轴倾斜误差

横轴与竖轴的不垂直度称为横轴倾斜误差,可用横轴与水平面之间的夹角 u 来表示。当 $u = 0$ 时,视准轴绕横轴旋转所产生的轨迹平面为一铅垂平面;当 $u \neq 0$ 时,为一个倾斜平面而产生测角误差 $\Delta\varphi_u$。根据与视准差相类似的推导方法可得

$$\Delta\varphi_u = u(\tan\alpha_2 - \tan\alpha_1) \tag{16-3}$$

显然,当 $\alpha_2 = \alpha_1$ 时,$\Delta\varphi_u = 0$;当 $\alpha_1 \neq \alpha_2$ 时,亦可用正倒镜的测量方法来消除 u 的影响。

3. 竖轴倾斜误差

竖轴偏离铅垂位置称为竖轴倾斜误差,以竖轴线和铅垂线之间的夹角 v 表示。竖轴倾斜引起横轴不水平,因此产生测角误差 $\Delta\varphi_v$,由球面三角可以求得

$$\Delta\varphi_v = v\tan\alpha \tag{16-4}$$

显然,只有当 $\alpha = 0$ 时,$\Delta\varphi_v = 0$;当 $\alpha \neq 0$ 时,不能用正倒镜的测量方法来消除 v 的影响。

4. 照准架的偏心差

照准架的转动中心与轴角编码器码盘(或度盘)中心不重合称为照准架的偏心差。若偏心量为 e_1,则引起的最大测角误差 $\Delta\varphi_{e_1}$ 为

$$\Delta\varphi_{e_1} = \frac{e_1}{r}\rho \tag{16-5}$$

式中:r——度盘的半径。

如前所述,采用双面读数可以消除偏心差的影响。

5. 光电经纬仪对测点的偏心

竖轴线与测点不重合称为光电经纬仪对测点的偏心。偏心值 e_2 与对中方法有关,当用重锤对中时,$e_2 = 2\text{ mm}$;而用光学对中器对中时,$e_2 = 0.5\text{ mm}$。

由图 16-6 可求得 $\Delta\varphi_{e_2}$ 如下:

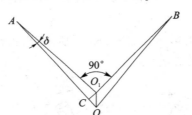

$OO_1 = e_2$,设所测水平角为 $90°$,$O_1A \approx O_1B = S$ 为观测距离。由图 16-6 中的几何关系,可得

$$\Delta\varphi_{e_2} \approx 2\delta$$

因为

$$\delta = \frac{O_1C}{O_1A} = \frac{e_2}{S}\sin 45°$$

图 16-6 光电经纬仪对测点的偏心

所以

$$\Delta\varphi_{e_2} = \frac{e_2}{S}\sqrt{2}\rho \tag{16-6}$$

上述 5 项误差从性质上看都属于系统误差,且视准差、横轴倾斜误差和照准架偏心差可以用一定的方法来消除其影响;但竖轴倾斜和光电经纬仪对测点的偏心所引起的测角误差在数值及符号上带有随机性,故可按随机误差处理。

16.1.3 光电经纬仪的总体精度分析

以二等三角测量 DJJ2-1 型光电经纬仪为例进行分析。

1. 设计仪器的精度要求和原始数据

根据该仪器的用途及设计任务书的要求,确定该仪器的测量精度为:在野外测量时(能在 $-25\sim+35$ ℃的气温条件下正常工作),一个测回水平方向的中误差为 $\sigma_{方}=\pm2''$。

根据仪器的精度要求和其他技术要求,先确定仪器的总体方案及各部件的基本参数,然后进行误差分析和综合,用逐渐逼近的方法反复修改各组成部分的参数和允许的误差量,直至仪器的总误差满足测量精度的要求为止。

现假定光电经纬仪各部分的原始数据(或称基本参数),经过反复计算和修改,已确定如下:

(1) 水平方向轴角编码器:增量式码盘,直径 71 mm,最小读数 $1''$。

(2) 瞄准系统:望远镜的放大率 $\Gamma=30^{\times}$,最短视距为 1.3 m,出瞳直径 $D'=1.16$ mm;望远镜采用单丝瞄准。

(3) 轴系:竖轴结构示意图如图 16 - 7 所示。内轴直径 $d_z=30$ mm,滚珠直径 $d_0=5$ mm,$L_C=96$ mm,轴系间隙 $\Delta d=0.002$ mm。

(4) 读数系统:读数方式为双面液晶数显表读数。

(5) 安放系统:该仪器采用光学对中器对中,放大率为 $3^{\times}$,视场角为 $5°$,调焦范围为 $0.5\sim\infty$,长水准器的格值为 $\tau=20''$,圆水准器的格值为 $\tau=8'$。

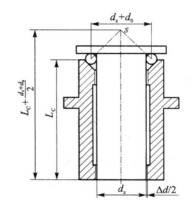

图 16 - 7　光电经纬仪竖轴结构示意图

2. 光电经纬仪的误差来源

光电经纬仪的测量误差由以下 3 方面组成:

(1) 人为误差(简称人差)$\sigma_人$。此误差是由观测者的操作熟练程度、工作疲劳程度、视力好坏和心理状态等因素产生的。对于二等三角测量《细则》而言,对观测者的技术水平和生理条件要求很高,故人差对测量精度的影响可以忽略不计。

(2) 外界条件引起的误差 $\sigma_外$。此误差是由温度、气候条件和大气折射等因素所引起的测量误差,可取 $\sigma_外=\pm0.35''$。此值可由同类型光电经纬仪作室内测量和野外测量相比较而得。

(3) 仪器误差 $\sigma_仪$。此误差是由光电经纬仪的五大组成部分的设计、加工和装校的不完善所引起的测量误差。它由下列误差组成:

① 轴角编码器误差 $\sigma_码$:由码盘刻划误差、码盘安装倾斜误差等原始误差所引起,此项误差 $\sigma_码=1''$。

② 瞄准误差 $\sigma_瞄$:由人眼的对准误差和光学系统的视差等原始误差所引起。

③ 轴系误差 $\sigma_轴$:由竖轴误差和横轴误差所引起。

④ 读数误差 $\sigma_读$:由电子元器件和量化误差等原始误差所引起。

⑤ 安放误差 $\sigma_安$:由竖轴安放倾斜、光电经纬仪对测点安放偏心以及基座位移误差等原始误差所引起。

3. 误差的计算和综合

由光电经纬仪的精度要求及误差来源可得仪器水平方向的测量误差为

$$\sigma_{方}^2=\sigma_{仪方}^2+\sigma_{外}^2+\sigma_{人}^2 \tag{16-7}$$

因为,$\sigma_方=2''$,$\sigma_外=0.35''$,$\sigma_人=0$,代入上式得

仪器固有误差:

$$\sigma^2_{仪方} \approx 3.88''$$

仪器误差:

$$\sigma_{仪} = 1.97''$$

这就是仪器精度的允许值,也是精度分析的依据。

由前所述,仪器的误差来源有三大方面,共有原始误差 20 多个(随机误差),故有

$$\sigma^2_{仪方} = \sqrt{\sum_{i=1}^{n} \sigma_i^2}$$

若根据等精度原则进行误差分配,则有

$$\sigma^2_{仪方} = \sqrt{n\sigma_0^2}$$

所以

$$\sigma_0 \leqslant \sqrt{\frac{\sigma^2_{仪方}}{n}} \leqslant \sqrt{\frac{3.88''}{n}} \qquad (16-8)$$

由 σ_0 值即可反推出各原始误差的允差和误差传动比,因为 σ_0 值为这些误差的乘积(部分误差)。n 值取决于原始误差的总数,通过误差来源的分析就可得到 n 值。

由于本仪器结构复杂,误差因素很多,按等精度原则分配误差不太方便,因此仍按 15.1 节所述的步骤进行总体精度分析。仪器的总体设计方案及基本参数应根据仪器的所有技术要求初步确定下来。下面对所有原始误差逐个进行部分误差的计算,然后再综合成仪器的总误差。

1)轴角编码器误差 $\sigma_{码}$($\sigma_{码} = \sigma_1$)

根据原二等三角测量《细则》规定,编码器最大误差不大于 1.5″,故取直接测量误差为

$$\Delta_{直} = 1.5''$$

此误差呈均匀分布,散布系数 $k = \sqrt{3}$,故有

$$\sigma_{码} = \frac{1.5''}{\sqrt{3}} = 0.88''$$

2)瞄准误差 $\sigma_{瞄}$

(1)人眼的对准误差 σ_2。由第 13 章可知,对准误差由下式决定:

$$\sigma_2 = \frac{p_r}{\sqrt{3}\,\Gamma} \qquad (16-9)$$

式中:$\sqrt{3}$——该随机误差服从均匀分布的置信系数;

Γ——望远镜的放大率;

p_r——人眼的瞄准误差(″)。

p_r 值与目标的形状、亮度和对比度有关,也与气流变化以及观察者眼睛的敏锐程度有关。当用双丝瞄准明亮的圆形目标时,可取 $p_r = 15'' \sim 30''$;若观测条件很坏,p_r 值可达 60″,甚至 120″。对于二等三角测量,对作业区域的地形地貌条件、气候条件、观测时间以及观测视线的高度和位置等都做了具体规定,故取 $p_r = 30''$。由此可得

$$\sigma_2 = \frac{p_r}{\sqrt{3}\,\Gamma} = \frac{30''}{30\sqrt{3}} = 0.58''$$

(2)由视差产生的瞄准误差 σ_3。由望远镜设计可知,该视差量由下式决定:

$$\varepsilon = \frac{D'\Delta \mathrm{SD}}{0.29\Gamma}(') \approx \frac{D'\Delta \mathrm{SD}}{0.3\Gamma} \times 60('') = 200 \times \frac{D'\Delta \mathrm{SD}}{\Gamma}('') \qquad (16-10)$$

式中：D'——出瞳直径，取 $D'=2$ mm；

　　　$\Delta \mathrm{SD}$——物体的像和目镜分划板之间的视度差，取 $\Delta \mathrm{SD}=0.1$ m^{-1}。

式（16-10）中的 ε 为全视差量，对于一次瞄准，最大瞄准误差为其一半。设该误差按等腰三角形分布，置信系数 $k=\sqrt{6}$，当 D' 和 $\Delta \mathrm{SD}$ 取相同量纲时，有

$$\sigma_3 = \frac{\varepsilon''}{2k} = 200 \times 1\,000 \times D'\frac{\Delta \mathrm{SD}}{2k\Gamma}('') = 200 \times 1\,000 \times \frac{2\ \mathrm{mm} \times 0.1\ \mathrm{m}^{-1}}{2 \times \sqrt{6} \times 30}('') = 0.27''$$

因此，总的瞄准误差（共瞄准 3 次）为

$$\sigma_{瞄} = \frac{\sqrt{\sigma_2^2 + \sigma_3^2}}{\sqrt{3}} = 0.64''$$

3）轴系误差 $\sigma_{轴}$

（1）竖轴误差 σ_4。竖轴采用半运动学式的结构，结构的尺寸参数 L_C、d_z 和 Δd 以及滚珠直径 d_0 等参见图 16-7。由于存在轴系间隙 Δd 而使竖轴产生角晃动，竖轴偏离铅垂线的最大晃动角为

$$\Delta r = \frac{\Delta d}{2\left(L_\mathrm{C} + \dfrac{d_z + d_0}{2}\right)}\rho = \frac{0.002\ \mathrm{mm}}{2\left(96 + \dfrac{30+5}{2}\right)\ \mathrm{mm}} \times 2'' \times 10^5 = 1.5''$$

该误差服从均匀分布，故

$$\sigma_{\Delta r} = \frac{\Delta r}{\sqrt{3}} = 0.87''$$

又由式（16-4）可得

$$\sigma_4 = \sigma_{\Delta r}\tan \alpha$$

设观测目标的垂直角为 $\pm 6°$，则有

$$\sigma_4 = 0.87\tan 6° = 0.09''$$

（2）横轴误差 σ_5。产生横轴倾斜的原因有左右轴承不等高、横轴的间隙和横轴轴颈的椭圆度等。当仪器装配好后，第一个误差因素是固定不变的系统误差，可用正倒镜测量法消除；第二个误差因素由于采用 V 形轴系结构，间隙消除了，所以只需考虑椭圆度的影响。当横轴两端椭圆的长轴互成 90°时，横轴产生的最大倾斜角为

$$i_{\max} = \frac{a-b}{L_\mathrm{x}}\rho \qquad (16-11)$$

式中：$a-b$——椭圆度；

　　　L_x——横轴跨度。

由设计给定 $a-b=0.000\,5$ mm，$L_\mathrm{x}=120$ mm，可得

$$i_{\max} = \frac{0.000\,5\ \mathrm{mm}}{120\ \mathrm{mm}} \times 2'' \times 10^5 = 0.83''$$

由式（16-4）可得

$$\Delta \varphi_i = i_{\max}\tan \alpha = 0.83''\tan 6° = 0.09''$$

该误差服从均匀分布，故得

$$\sigma_5 = \frac{\Delta \varphi_i}{\sqrt{3}} = 0.05''$$

所以轴系误差为

$$\sigma_{轴} = \sqrt{\sigma_4^2 + \sigma_5^2} = (\sqrt{0.09^2 + 0.05^2})'' = 0.1''$$

4) 读数误差 $\sigma_{读}$

数显系统的最大误差为一个量化单位。$\Delta_{读} = 1''$,此误差服从均匀分布,故得

$$\sigma_{读} = \Delta_{读} / \sqrt{3} = 0.58''$$

5) 安放误差 $\sigma_{安}$

先考虑竖轴安放倾斜误差 $\sigma_{竖安}$,光电经纬仪是用水准器来安平而使竖轴处于铅垂位置的,因此水准器的安平误差即为竖轴安放倾斜误差。水准器的安平误差由水准器的灵敏度(实际是灵敏阈)、水准器的调整误差、水准器的读数误差、基座位移误差和仪器安放偏心误差组成。

(1)水准器的灵敏度 σ_6。水准器的灵敏阈,即最大鉴别误差 Δ_6,一般为其格值 τ 的 $\dfrac{1}{10}$。此误差服从均匀分布,故有

$$\sigma_6 = \frac{\Delta_6}{\sqrt{3}} \tan\alpha = \frac{\tau}{10\sqrt{3}} \cdot \tan\alpha$$

因为 $\tau = 4''$,$\alpha = \pm 6°$,故有

$$\sigma_6 = \frac{4''}{10\sqrt{3}} \tan 6° = 0.024''$$

(2)水准器的调整误差 σ_7。设计水准器的调整机构时,应使其调整灵敏度与水准器的灵敏阈相适应。设该误差亦服从均匀分布,故有 $\sigma_7 = \sigma_6 = \pm 0.024''$。

(3)水准器的读数误差 σ_8。水准器的最大读数误差 Δ_8 一般为 0.15τ。τ 为水准器的格值。该误差服从均匀分布,故有

$$\sigma_8 = \frac{\Delta_8}{\sqrt{3}} \tan\alpha = \frac{0.15 \times 4''}{\sqrt{3}} \tan 6° = 0.036''$$

所以竖轴安放倾斜误差为

$$\sigma_{竖安} = \sqrt{\sigma_6^2 + \sigma_7^2 + \sigma_8^2} = \pm 0.05''$$

(4)基座位移误差 σ_9。这是产生安放误差的第 4 个误差因素,根据二等《三角测量细则》的要求,二等水准器最大基座位移误差 σ_9 应不大于 $0.3''$。该误差服从均匀分布,又因采用正倒镜两次观测,故有

$$\sigma_9 = \frac{\Delta_9}{\sqrt{2} \times \sqrt{3}} = \frac{0.3''}{\sqrt{2} \times \sqrt{3}} = 0.12''$$

(5)仪器安放偏心误差 σ_{10}。本仪器采用光学对中器对中,对中误差 $e \leqslant 0.5$ mm。该误差服从均匀分布,由式(16-6)可得

$$\sigma_{10} = \frac{e}{S\sqrt{3}} \sqrt{2} \cdot \rho$$

取 $S = 20$ km,代入上式得

$$\sigma_{10} = \frac{0.5\sqrt{2} \text{ mm}}{20 \times 1\,000 \times 1\,000 \text{ mm} \times \sqrt{3}} \times 2'' \times 10^5 = 0.004''$$

此误差很小,可以忽略不计,故安放误差为

$$\sigma_{安} = \sqrt{\sigma_{竖安}^2 + \sigma_9^2} = (\sqrt{0.05^2 + 0.12^2})'' = 0.13''$$

由上面部分误差的计算,可综合得到仪器的总误差。根据标准偏差合成法可得

$$\sigma = \sqrt{\sigma_{码}^2 + \sigma_{瞄}^2 + \sigma_{轴}^2 + \sigma_{读}^2 + \sigma_{安}^2}$$

$$= 1.24'' < \sigma_{仪方} = 1.97''$$

由此可知,本光电经纬仪五大部分的参数选择和各主要零部件的公差给定是合理的,满足了仪器的测量精度要求和使用要求。

16.2　光电坐标测量仪的精度分析

16.2.1　概　述

1. 仪器的用途

光电坐标测量仪(又称判读仪)主要用于精确测定感光胶片(硬片或软片)上所拍摄的空间飞行物(如飞机、导弹、人造卫星)的平面直角坐标值。

使用要求:对国产 35 mm 胶片进行半自动判读。判读精度:在 x、y 坐标测量的均方差小于 0.03 mm。测量结果用数字显示并打印记录。

2. 仪器的工作原理及组成

图 16-8 所示为投影式光电坐标测量仪的原理框图。

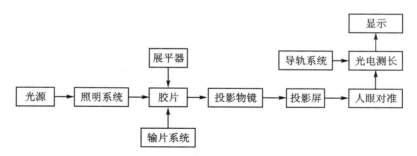

图 16-8　投影式光电坐标测量仪的原理框图

其工作原理为:胶片经照明后通过投影物镜将胶片的像成在投影屏上,用人眼对准胶片上的标记。投影屏放置在导轨系统(纵、横两向)上进行纵、横向移动,实现胶片上不同测点的测量,导轨的移动量(即投影屏的移动量)直接用光电轴角编码器进行测量。光电轴角编码器的轴与导轨系统之间由钢带连接。光电轴角编码器的输出量代表测量值直接输入微机。胶片由输片机构输送,由展平器展开。

由上述分析可知,光电坐标测量仪的基本组成有:显微定位系统、测量系统(或称光电读数系统)、导轨系统、照明系统(光源)、输片系统、微处理机等。显微定位系统包括目镜式、投影式及光电定位式等。仪器中的测量系统采用光电轴角编码器实现精密测长。光电轴角编码器一般均为整装式的,使用十分方便。

3. 仪器的光学系统及其参数

1) 光学系统

如图 16-9 所示,判读仪的光学系统由照明系统和投影系统两部分组成。投影系统由投影物镜和投影屏组成,其中,投影物镜有 $10^\times$ 和 $15^\times$ 两种倍率。照明系统由光源和光学系统组

成，并设有散热装置。

图 16-9 中，光源 1（氙灯或铟灯）放在照明光组 3 的焦面上，球面反射镜的球心与光源 1 重合，球面镜 2 将可见光部分的光能（0.48～0.6 μm）反射 80% 以上，使 0.7 μm 以上红外部分透射 70% 以上。这样做既使可见光部分的光能充分利用，又避免红外部分的热能使胶片 4（被测物）变形。通过照明光组 3 使光源以平行光束照明胶片 4，胶片经转向组合棱镜 5、玻璃平板 6 和 10× 投影物镜 7 或 15× 投影物镜 8 放大，再经反射镜 9 使胶片像投影在投影屏 10 上。其中，转向组合棱镜使光轴与水平面成 60° 角，是由仪器的总体结构安排决定的。玻璃平板 6 是用来调整胶片十字丝与屏幕的十字丝对准的。测量时屏幕十字丝中心做坐标原点，与胶片的十字丝中心重合。转动玻璃平板能使两者重合，而不必调整胶片（胶片由输片机构定位，不能随意移动），把这种状态作为测量系统的零点（因采用增量光栅尺没有绝对零位）。投影屏 10 在导轨系统（纵、横）中任意移动，十分灵活。

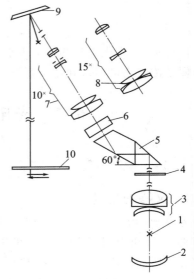

1—光源；2—球面镜；3—照明光组；
4—胶片（被测物）；5—转向组合棱镜；
6—玻璃平板；7—10× 投影物镜；
8—15× 投影物镜；9—反射镜；10—投影屏

图 16-9 判读仪的光学系统

2）光学系统的参数

（1）照明系统的参数。在投影式光电判读仪中，为了保证精密测量，要求投影屏上有足够且均匀的照明，投影屏上的照度应在 10～30 lx。本仪器的投影屏很大（在 10× 时为 350 mm），采用强光源才能满足上述要求。

本仪器采用 300 W 铟灯，光通量为 14 400 lm，为了提高使用寿命而减流使用，要求采用自然风冷（设有吹风机）。

为了精确测量，投影物镜采用远心光路，故照明系统需采用远心照明与之相匹配。另外，在设计照明系统时，为充分利用光能，须使照明系统的相对孔径（孔径角）与光源的辐射角相匹配。这是设计照明系统时必须遵循的能量匹配原则。为此，照明系统的相对孔径 $D/f = 1:1.3$（孔径角约为 42°）满足光能匹配条件。

（2）投影物镜的参数：

① 放大率 β。投影物镜宜采用远心光路以提高测量精度。放大率 $\beta = 10 \sim 15$ 倍。

② 数值孔径。投影系统中投影物镜不是用于分辨物体细节的，而是用于定位的。从这点出发，一般不需要很大的数值孔径。计算结果：10 倍物镜，相对孔径为 $D/f = 1:9$；15 倍物镜，相对孔径为 $D/f = 1:9.5$。在变倍时，屏幕上照度基本不变。

③ 工作距 l。本仪器要考虑转向组合棱镜和零点调整玻璃平板（见图 16-9）等光学零件的放置位置，并留出必要的间隙。取工作距 $l = 172.7$ mm（10 倍时的值），共轭距 $L = 1\ 900$ mm。

④ 投影物镜焦距 f。10 倍物镜，$f_1 = 157.03$ mm；15 倍物镜，$f_2 = 111.32$ mm。经光学设计精确计算结果，$f_1 = 159.275$ mm，$f_2 = 108.84$ mm。

⑤ 物方视场。对 35 mm 胶片进行判读，线视场为 12 mm×18 mm。

4. 仪器测量系统的方案选择和参数确定

根据测量范围,15 倍时投影屏尺寸为 270 mm;仪器的总精度为 0.03 mm;胶片的原始误差,即输片定位误差,在光电摄影经纬仪拍摄时就带入的,约 0.015 mm;考虑到测量时还有其他误差,如定位误差、导轨误差等,测量系统的误差应小于 0.01 mm;一般仪器的最小分辨率应为精度的 $1/10 \sim 1/3$,按目前的工艺水平取仪器的最小分辨率为 3 μm。

根据测量范围和测量精度,再考虑生产单位的现有技术设备和人力,特选择整装式 14 位增量式编码器做测量方案。

如图 16 – 10 所示,当屏幕在导轨滑座上移动时,带动钢带 1 移动(两者为刚性连接),使滚轮 2 绕轴 3 旋转,轴 3 与编码器的轴 4 通过联轴节 5 连接在一起。当滚轮 2 转动时,编码器的轴 4 同步转动,由编码器 6 输出脉冲信号表示屏幕的移动量的大小。在设计时,钢条与滚轮 2 之间作纯滚动,不应有滑动。

图 16 – 10 所示的联轴节 5,属于刚性联轴节,精度靠工艺保证。

组装编码器时要调整偏心,其结构如图 16 – 11 所示,用调整螺钉 1 和 2 进行调整。

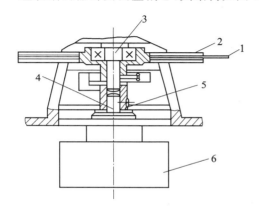

1—钢带;2—滚轮;3—轴;4—编码器的轴;
5—联轴节;6—编码器

图 16 – 10　光电坐标测量仪的部分结构图

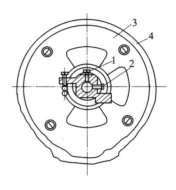

1,2—调整螺钉;3—滚轮;4—钢带

图 16 – 11　编码器调偏心机构

5. 其他机构选择

1) 导轨系统

光电坐标测量仪采用滚动轴承式导轨系统,如图 16 – 12 所示。该导轨系统移动灵活,轻便、操纵方便,符合运动学设计原则。

导轨系统的直线度误差传递到胶片测量上,其误差传递系数为 $\dfrac{1}{\beta}$,所以,与一般坐标测量仪(如工具显微镜)相比,光电坐标测量仪的导轨系统要求可低些。

2) 输片机构

光电坐标测量仪采用步进电机输片,输片的定位精度高,结构简单,是一种较好的输片方式,便于实现自动输片。输片机构由步进电机和齿轮传动机构组成,设计时可参考有关资料。

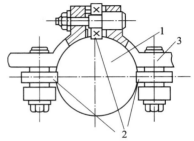

1—圆柱导轨;2—滚动轴承;3—滑座

图 16 – 12　导轨系统

具体指标为:输片速度,8 帧/s;片盒容量,180 m;胶片进给量,18.8 mm/帧;具备 0~9 999 帧任意帧选择功能;具有步进调零及正反转功能;输片定位精度,0.015 mm(标准差)。

16.2.2 精度分析

1. 影响光电坐标测量仪的误差因素

光电坐标测量仪的误差包括下列因素:投影式定位系统的定位误差,光电轴角编码器的分辨率误差,滚轮轴与编码器轴之间的偏心,零点对准误差,胶片拍摄的起始误差,投影物镜的畸变误差,导轨系统的非直线性误差,阿贝误差,钢带的温度变形,受力时的形变,滚轮的制造误差(如直径误差、形状误差等)等。要全面分析光电坐标测量仪的整体精度,需要对每个子系统和部件、主要零件逐个分析,掌握大量的资料才能进行。这里仅对仪器误差作初步分析与估算。

2. 光电坐标测量仪的测量误差估算

以胶片长度方向为 y 坐标,只分析 y 坐标的测量误差。

1) 投影式定位系统的目视定位误差 σ_1

胶片在投影屏上的对准由人眼进行调整,故目视定位误差与人眼的对准误差及对准方法有关。考虑人眼长时间观察的疲劳,取 $p_r = 120''$。当 $\beta = 10$ 倍时,其定位误差为

$$\delta = \frac{p_r \cdot 250}{\beta \cdot \rho} = \frac{120'' \times 250 \text{ mm}}{10 \times 2'' \times 10^5} = 0.015 \text{ mm}$$

此误差属于未定系统误差,服从正态分布,$k_1 = 3$,则

$$\sigma_1 = \frac{\delta}{k_1} = 0.005 \text{ mm}$$

2) 光电轴角编码器的分辨率 γ 引起的测量误差 σ_2

用 14 位增量式编码器做测长系统。14 位增量式编码器的分辨率 γ 为

$$\gamma = \frac{360°}{2^{14}} = 79.101\ 6''$$

设图 16-10 中的滚轮 2 的直径为 D,则对应的线量为

$$x' = \frac{\gamma \cdot D}{2 \cdot \rho} \tag{16-12}$$

因 x' 值为胶片经投影物镜放大后的量,因此在物空间所得测量值为

$$x = \frac{\gamma \cdot D}{2 \cdot \beta \cdot \rho} \tag{16-13}$$

其中 γ 所对应的 x 值即为测长系统的分辨率 τ,故

$$\tau = \frac{\gamma \cdot D}{2 \cdot \beta \cdot \rho} \tag{16-14}$$

由式(16-14)可知,根据仪器的最小分辨率 τ 可选择测量系统的参数 D、γ、β 的值。

若设 $D = 220$ mm,$\gamma = 29.106''$,$\beta = 15$ 倍,代入式(16-14),计算得

$$\tau = \frac{\gamma \cdot D}{2 \cdot \beta \cdot \rho} = \frac{29.106'' \times 220 \text{ mm}}{2 \times 15 \times 206\ 200''} = 2.8\ \mu\text{m}$$

测量系统的最小量化单位为 2.8 μm。

上述计算表明,在像面上测量,由于放大率 β 的作用,可采用低位编码器进行精度较高的

测量。这与光学屏幕式读数系统相类似。

由测长系统分辨率引起的测量误差 $\Delta\tau_{\max}=\tau=2.8~\mu m$，此误差为未定系统误差，按均匀分布，$k_2=\sqrt{3}$，故

$$\sigma_2=\frac{\Delta\tau_{\max}}{k_2}=\frac{2.8~\mu m}{\sqrt{3}}=1.6~\mu m$$

3）滚轮轴同编码器轴偏心引入的测量误差 σ_3

仪器滚轮轴同编码器轴通过刚性联轴节连接，采用编码器调偏心机构（见图 16-11），可使二轴偏心量 $e\leqslant 2~\mu m$。对 14 位码盘，码道直径 $R=16~mm$，引起的测量误差为

$$\Delta\alpha=\frac{e}{R}\rho=\frac{0.002~mm}{16~mm}\times 2''\times 10^5=25''$$

参照式(16-14)，以 $\Delta\alpha$ 代替 γ，可算得由 e 引起的测量误差 Δ_3 为

$$\Delta_3=\frac{\Delta\alpha\cdot D}{2\rho\cdot\beta}=\frac{25''\times 220~mm}{2\times 2''\times 10^5\times 15}=0.9~\mu m$$

此误差属于未定系统误差，$k_3=1$，故

$$\sigma_3=\frac{\Delta_3}{k_3}=0.9~\mu m$$

4）零点对准误差 Δ_4 引入的测量误差 σ_4

此误差影响与 σ_1 相同，即 $\sigma_4=\sigma_1=0.005~mm$。

5）胶片拍摄起始误差 Δ_5 引入的测量误差 σ_5

胶片在拍摄时，输片孔之间的公差造成输片定位误差，其均方差为 $0.005~mm$。按精度匹配原则，σ_5 同定位系统的定位精度 $\sigma_1=5~\mu m$ 相匹配，故

$$\sigma_5=0.005~mm$$

6）投影物镜的畸变误差 Δ_6 引入的测量误差 σ_6

物镜畸变误差反映了胶片经物镜放大的像，由物镜中心同边缘放大率不同引起像的形状变异。投影物镜的倍率误差 $\Delta\beta=0.3\%$，相对畸变 $q'=\dfrac{\beta'-\beta}{\beta}=\dfrac{\Delta\beta}{\beta}=0.0003$。又由于

$$q'=\frac{y'_z-y'}{y'}$$

且投影屏很大（在 10 倍时为 350 mm），像高为投影屏的一半，故

$$y'=\frac{350~mm}{2}=175~mm$$

所以

$$\Delta y'=y'_z-y'=q'\cdot y'=0.0003\times 175~mm=0.0525~mm$$

此误差经微机修正后，其影响为

$$\Delta_6=\frac{1}{10}\Delta y'=0.005~mm$$

误差分布系数 $k_6=\sqrt{3}$，故

$$\sigma_6=\frac{\Delta_6}{k_6}=0.0035~mm$$

7）导轨副的非直线性误差 Δ_7 引入的测量误差 σ_7

分析图 16-12 所示的导轨系统，由于该系统结构设计符合运动学设计原则，所以其导轨

系统的直线度误差主要取决于圆柱导轨的加工误差 Δd 和滚动轴承的安装误差 δ_2 及制造误差 δ_3。

（1）根据目前机械加工的工艺水平，圆柱导轨的圆柱度误差可控制在 $\Delta d \leqslant 0.01$ mm，导轨长度 $l = 360$ mm，电影胶片尺寸为 $L = 35$ mm，其导向误差引起的测量误差 δ_1 为

$$\delta_1 = \frac{\Delta d}{l} \times L = \frac{0.01}{360} \times 35 \times 10^5 = 0.008(\mu m)$$

（2）滚动轴承安装误差 $\delta_2 = 5\ \mu m$。

（3）轴承制造误差 Δ_3，对于 $d = 30$ mm 的深沟轴承径向游隙 $\Delta_{\min} = 30\ \mu m$，$\Delta_{\max} = 53\ \mu m$，取

$$\Delta_3 = \frac{\Delta_{\min} + \Delta_{\max}}{2} = 41.5\ \mu m$$

如取长度方向安装 4 对轴承，则径向游隙引起的测量误差为

$$\delta_3 = \frac{\Delta_3}{2} = 20.75\ \mu m$$

三者共同的影响为

$$\Delta_7 = \sqrt{\delta_1^2 + \delta_2^2 + \delta_3^2} = \sqrt{6^2 + 5^2 + 20.8^2}\ \mu m = 21\ \mu m$$

此误差为随机误差，按均匀分布，$k_7 = \sqrt{3}$，故

$$\sigma_7 = \frac{\Delta_7}{k_7} = \frac{22.2\ \mu m}{\sqrt{3}} = 13\ \mu m$$

8）阿贝误差 Δ_8 引入的测量误差 σ_8

仪器投影屏与钢带（见图 16－10）的距离为 $S = 200$ mm。导轨同钢带运动方向平行度误差为 α_7，即

$$\alpha_7 = \frac{\Delta_7}{l}\rho = \frac{22.2\ \mu m \times 2'' \times 10^5}{360 \times 1\ 000\ \mu m} = 13''$$

故

$$\Delta_8 = S \cdot \tan \alpha_7 = 200\ mm \times \tan 13'' = 0.012\ mm$$

此误差为随机误差，按均匀分布，$k_8 = \sqrt{3}$，故

$$\sigma_8 = \frac{\Delta_8}{k_8} = \frac{0.012\ mm}{\sqrt{3}} = 0.007\ mm$$

9）钢带的温度变形误差 Δ_9 引入的测量误差 σ_9

钢带的温度变形误差可根据仪器工作时的实际温度对标准温度 20 ℃ 的偏差输入，由计算机进行修正，故 Δ_9 的影响不计入测量误差。

10）滚轮制造误差（直径误差 ΔD、形状误差 ΔR）的影响 σ_{10}

根据目前精密机械加工工艺，对于 $D = 220$ mm，其形状误差可达到 $\Delta R \leqslant 0.002$ mm，故只需考虑滚轮直径加工误差的影响。由 $\Delta D = 0.005$ mm 引入的测量误差 Δ_{10} 为定值系统误差，有

$$\Delta_{10} = n\pi\Delta D = n \times 3.14 \times 0.005\ mm = n \times 0.016\ mm$$

滚轮加工后，可以精测其直径，以其实际直径尺寸计算导轨位移，故此误差对测量精度无影响。

11）投影物镜的倍率误差引入的测量误差

投影物镜放大率的误差要求比较严格，一般在 0.3％，对测量精度有影响。光电坐标测量仪采用微机对放大率误差进行修正。出厂前对产品的放大率进行标定，并将标定值输入微机，对胶片上逐点修正（取 10 mm 一个点），消除了放大率误差的影响。这就可以看出，采用微机可以对系统误差进行修正，提高仪器的测量精度，放宽了对物镜倍率的校正。

综合上述，前 8 项误差的影响，按式（6-21）合成光电坐标测量仪的总误差 σ_{max} 为

$$\sigma_{max} = \pm \sqrt{\sum_{i=1}^{8}\left(\frac{\partial f}{\partial u_i}\frac{\Delta_{max}S_i}{k_i}\right)^2 + \sum_{i=1}^{8}\left(\frac{\partial f}{\partial u_i}\sigma_i\right)^2}$$

$$= \left[\left(\frac{\partial f}{\partial u_1}\frac{\delta_1}{k_1}\right)^2 + \left(\frac{\partial f}{\partial u_2}\frac{\delta_2}{k_2}\right)^2 + \left(\frac{\partial f}{\partial u_3}\frac{\delta_3}{k_3}\right)^2 + \left(\frac{\partial f}{\partial u_4}\frac{\delta_4}{k_4}\right)^2 + \left(\frac{\partial f}{\partial u_5}\frac{\delta_5}{k_5}\right)^2 + \right.$$

$$\left.\left(\frac{\partial f}{\partial u_6}\frac{\delta_6}{k_6}\right)^2 + \left(\frac{\partial f}{\partial u_7}\frac{\delta_7}{k_7}\right)^2 + \left(\frac{\partial f}{\partial u_8}\frac{\delta_8}{k_8}\right)^2\right]^{\frac{1}{2}}$$

式中：误差传递系数为

$$\frac{\partial f}{\partial u_1} = \frac{\partial f}{\partial u_3} = \frac{\partial f}{\partial u_4} = \frac{\partial f}{\partial u_5} = \frac{\partial f}{\partial u_6} = \frac{1}{\beta}, \qquad \frac{\partial f}{\partial u_2} = \frac{\partial f}{\partial u_7} = \frac{\partial f}{\partial u_8} = 1$$

$$\sigma_y = \sigma_{max} = \left\{\frac{1}{\beta^2}\left[\left(\frac{\Delta_1}{K_1}\right)^2 + \left(\frac{\Delta_3}{K_3}\right)^2 + \left(\frac{\Delta_4}{K_4}\right)^2 + \left(\frac{\Delta_5}{K_5}\right)^2 + \left(\frac{\Delta_6}{K_6}\right)^2\right] + \sigma_2^2 + \sigma_7^2 + \sigma_8^2\right\}^{\frac{1}{2}}$$

$$= 0.019\ 4\ mm < 0.03\ mm$$

所以，满足 x、y 坐标测量的精度要求。

16.3　万能工具显微镜的精度分析

16.3.1　概　述

1．仪器的用途

仪器按具体测量工件形状和参数可归纳如下：

（1）对平面零件测量的仪器，包括对冲模和凹模及钻横样板、形状样板、压铸模、样板刀等各种被测件的孔距，边缘间的距离，孔的直径大小，外表面和内表面的形状以及位置等测量的仪器。

（2）对圆形零件测量的仪器，包括测量长度、检验形状（如光滑圆柱和椎体）的仪器；对切削刀具、螺纹各参数和形状偏差、径向和端面凸轮各项参数、曲线板及滚铣刀等测量的仪器。

（3）对分度角测量的仪器，包括对分度盘、分度滚轮、齿轮和分度板等测量的仪器。

（4）对曲面及其他特殊形状测量的仪器。

2．工作原理

万能工具显微镜属于绝对测量仪器。用其长度基准元件（即毫米玻璃刻尺）和角度基准元件（即光学度盘）作为测量标准，将被测工件的相应部分作与其比较，从而确定被测工件的各项参数。

仪器的主要工作原理是：由物方远心照明系统发出的光，照射放置于仪器工作台上的被测工件，而后通过中央显微镜物镜成像于目镜分划板上；接着分别移动仪器纵向或横向滑座，

并利用目镜分划板上各标记瞄准定位；最后借助纵横向读数显微镜确定被测工件的坐标位置，而达到测量目的。

被测工件置于平面工作台上，用纵横向滑座移动定位就构成了直角坐标测量。如果配上附件圆分度台，则可作极坐标测量。此外，仪器还可对第三坐标进行测量。

3. 仪器的总体布局及其特点

从总体布局来看，整个仪器安放在一个稳固的方形底座上，如图 16-13 所示。

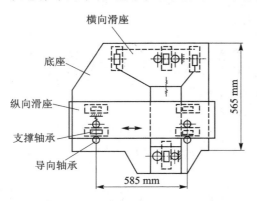

图 16-13　万能工具显微镜总体布局示意图

底座上装有纵向和横向直角导轨。纵向滑座就如一艘船放置在纵向导轨上，所以被俗称为"纵向船"；横向滑座则像一架"三轮车"。它们在各自的导轨上可以彼此独立地作互相垂直的纵、横向移动。

工作台或顶针筒放置在纵向滑座上，中央显微镜连同照明系统安装于横向滑座的立柱上，连成一体。这样便可实现对测量工件对的定位和移动要求。

横向标尺装在立柱转动中心的延长线上，对于测量支承在两顶尖间的圆柱直径、螺纹中径等，是符合阿贝原则的；对于在方工作台、分度台等台面上的测量，是不符合阿贝原则的。

在底座的左侧，并列固定着纵向、横向读数显微镜。当被测工件与中央显微镜有相对移动时，相应标尺也随之移动。这个位移量可以分别从这两个读数显微镜中读出。

为了获得高精度的导向并有利于装校，导轨系统采用一种偏心可调的滚轴承作为导向件和支承件，使纵向、横向滑座全程的不直线性限制在 5″ 以下。

4. 结构简介

万能工具显微镜主要有底座、纵向滑座、横向滑座、中央显微镜、纵/横向读数显微镜、立柱、偏摆手轮及顶针筒等组成，如图 16-14 所示。

底座 1 是本仪器基础部分，有许多加强筋的方形箱体安装在 3 个可调的支承螺钉上面。

纵、横向滑座通过精密的直角导轨和高精度滚珠轴承各自放置在底座 1 上，可以作相互垂直、行程为 200 mm 和 100 mm 的运动。

带有中央显微镜（包括照明系统）的横向滑座 4，像弓一样穿过纵向滑座，通过同样的导轨系统放置在底座 1 上，同样配有锁紧机构和微动手轮 14。这样各自成系统，互不干涉。图 16-14 中的 9 为刹车手轮，顺时针转动这个手轮便会拧紧制动杆达到锁紧滑座的目的。也只有在锁紧状态时，转动微动手轮 14 才能使滑座做微小的移动。

纵向滑座上面是一个圆形导槽。中间部分挖空，可以使照明光束从下面通过它照射被测工件。闭形导槽的两侧分别安置左、右顶针筒 15。这两个顶针筒都有轴杆并装有顶尖，用于安装有顶针孔的各种圆形被测件。仪器上两顶针顶尖的连线严格平行于纵向滑座的移动方向。

在纵向滑座 3 的左上角固定安装了一根 200 mm 的玻璃纵向标尺 5，滑座的纵向读数显微镜 6 固定在底座 1 上，直接用于读取纵向滑座 3 的位移值。

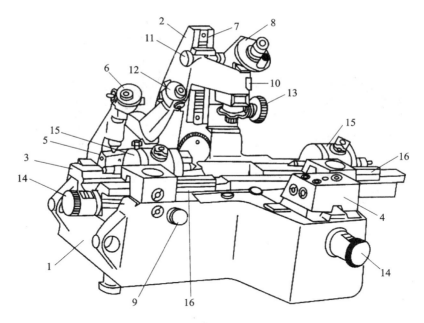

1—底座；2—立柱；3—纵向滑座；4—横向滑座；5—玻璃纵向标尺；6—纵向读数显微镜；
7—齿条；8—中央显微镜；9—刹车手轮；10—照明座；11—粗调焦手轮；12—横向读数显微镜；
13—偏摆手轮；14—微动手轮；15—顶针筒；16—直角导轨

图 16-14　万能工具显微镜外形图

横向滑座 4 和中央显微镜 8 通过偏摆立柱燕尾联结为一个整体，立柱的下端装有照明系统。通过立柱转轴作同步倾斜，转动偏摆手轮 13，推动立柱 2 可绕立柱转轴作左右 12° 的倾斜。

立柱燕尾上的中央显微镜 8，可以用粗调焦手轮 11 在燕尾上作较快的向下移动，以对被测工件进行粗调焦。如需要对工件进行细微调焦，则可旋转物镜座上的胶木调节环，它转动 1 圈仅作很微小的移动，所以影像调得很清晰。

如果要对第 3 坐标（即 z 向）进行测量，如对阶梯零件、凸轮等进行测量，则万能工具显微镜还配有测高装置，它可以安装在主机主柱燕尾上进行这项工作。

1）纵向滑座与导轨的结构

万能工具显微镜的纵、横向滑座 3 和 4 都通过直角导轨 16 和精密滚珠轴承放置于底座 1 上，这样对运动的直线性、扭摆和互相垂直提出了很高的要求。为提高仪器的承载能力，又把滑座导向和支承独立分开。详细结构可参照图 16-14。

纵向滑座 3 及其附件和被测工件靠图 16-15(a) 中的精密滚动轴承 1 和 7 共 4 个来支承。安装在纵向滑座上的两根直角导轨如图 16-15(b) 所示。

图 16-15(a) 中滚动轴承 1 是安装在弹性杠杆 12 上的，它的作用是使纵向滑座压向导向的滚动轴承 7，保证直角导轨的导向面始终与导向轴承接触。所以在仪器开箱安装以后，必须拧松纵向滑座轴承座上的两个螺钉 15，这样可使仪器纵向滑座运动自如，否则导向轴承脱离直角导轨，精度就不可能保证。

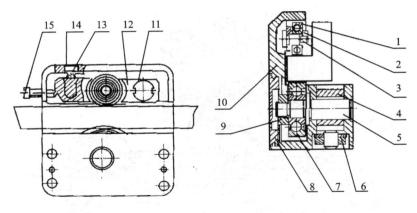

1,7—滚动轴承；2,6,9—拼帽；3,5,11—轴；4—轴杆；
8—盖；10—支架；12—弹性杠杆；13,15—螺钉；14—弹簧

(a) 直角导轨副俯视图

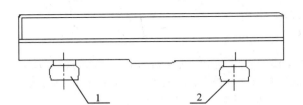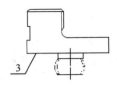

1,2—球面螺钉；3—直角导轨

(b) 直角导轨副侧视图

图 16－15　直角导轨副

2）立柱偏摆机构

立柱的燕尾上装有中央显微镜。在测量螺纹这类工件时，需要将中央显微镜的光轴倾斜一个螺旋升角，所以立柱结构上能绕横向滑座上的一个转轴左右倾斜 12°；同时仪器还要求转轴轴线与纵向滑座上两个顶针筒的顶尖连线严格相交，其结构如图 16－16 所示。转轴 1 装在横向滑座 2 上，同一个拼帽 3 锁紧。转轴 1 的两端轴颈与立柱 4 上的孔径研配，并有很小的间隙使它能灵活地相对转动。依靠立柱 4 上的盖 7、钢珠 6 和弹簧的作用使整个立柱实际上在绕钢珠和顶头平面接触的那一个点转动，这样就可以避免立柱转动时可能产生的径向及轴向窜动，保证仪器重复测量时定位精度能够达到规定要求。

螺钉 8 的作用是：当仪器需要装箱待运时，把螺钉 8 拧进去，使转轴 1 和盖 7 脱离接触，这样可以防止运输过程中碰坏精密转动轴。

立柱的倾斜以及偏摆角度读数是由偏摆机构完成的，如图 16－17 和图 16－18 所示。

偏摆座 6 和横向滑座固定为一体。借助拉紧螺钉 1 和拉簧 4，使螺杆 13 上的顶头 16 始终与固定在立柱上的偏心调节螺钉相接触。转动手轮 9，由于螺杆的移动即可推动立柱左右倾斜。受压簧 3 的作用，定位销 7 就会插入手轮 9 上的一个锥孔，这样就能保证立柱处于垂直状态时（即零位）的可靠性与正确性。

这个偏摆机构实际上是一个正弦机构。图 16－17 中刻度套筒 12 上的刻度和立柱倾斜角之间的关系（见图 16－18）为

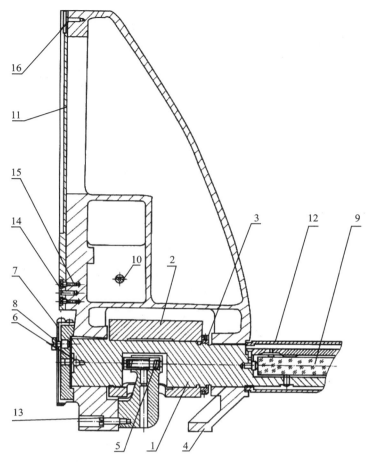

1—转轴;2—横向滑座;3—拼帽;4—立柱;5—弹簧;6—钢珠;7—盖;
8,13,15,16—螺钉;9—横向标尺;10—偏心螺钉;11—齿条;12—标尺外罩;14—销钉

图 16 - 16　立柱结构

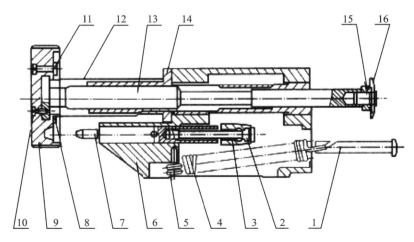

1—拉紧螺钉;2—导杆;3—压簧;4—拉簧;5,10,11,15—螺钉;6—偏摆座;
7—定位销;8—压圈;9—手轮;12—刻度套筒;13—螺杆;14—套筒;16—顶头

图 16 - 17　偏摆角读数装置

$$\alpha = \frac{H}{p} \times 360° \times \sin \theta$$

式中：α——刻度套筒上的转角刻划值；

    H——立柱上的偏心螺钉和顶头 16 接触点到立柱转轴中心之间的距离，H 的名义值为 108.5 mm；

    p——螺杆的导程，这里 $p = 6$ mm；

    θ——立柱倾斜角度，(°)。

刻度套筒上的刻划就是按照这个关系刻划的。

但是，由于 H 和 p 都存在机械零件的积累误差和制造误差，所以刻度套筒上的分划也存在一定误差。万能工具显微镜的部颁标准规定，立柱左右偏摆不正确度必须小于 5′。为了达到这个目标，结构上设置了一个调节环节。从上面的关系式可知：

$$\alpha = \frac{H}{p} \times \sin \theta \times 360° \tag{16-15}$$

p 对某一对螺旋副是一个固定值。α 也一样，对某个已刻划好的刻度套筒也是一个不变量，所以只有改变 H 的大小才能改变立柱的倾斜角度。考虑到偏摆机构的这一需要，把立柱上的螺钉 15 做成偏心，转动它就能改变它和螺杆顶头平面上的接触位置，即使 H 值有一定的变化，以满足立柱倾斜角度 5′ 正确度的要求。

3）螺旋测微目镜

万能工具显微镜采用螺旋测微目镜，其是根据阿基米德螺旋线形成原理设计而成的，如图 16-19 所示。

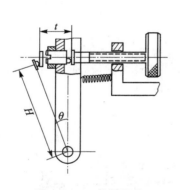

图 16-18 偏摆机构

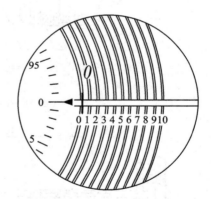

图 16-19 螺旋测微目镜视场

阿基米德螺旋线形成原理是：其一周升程等于刻度分划线的距离，同时，相应阿基米德螺旋线一周的均匀分布的秒分划线的全程等于分划线的格值，就能达到测微目的，即螺旋角 φ 与其径向的线位移量为正比关系。矢径表示为

$$\rho = \frac{a}{2\pi} \cdot \varphi + \rho_0 \tag{16-16}$$

式中：a——升程；

    φ——转角，(°)；

    ρ_0——起始矢径，mm。

当螺旋线转动一整圈（$\varphi = 2\pi$）时，径向位移一个螺距。

如图 16-20 所示,这种测微器有两块分划板:一块为固定分划板 2,在它上面有 11 个等间距的分划,每格为 0.1 mm;另一块是可绕钢珠旋转的旋动分划板 3,上面刻有螺距为 0.1 mm 的阿基米德双螺旋线,共有 11 圈。

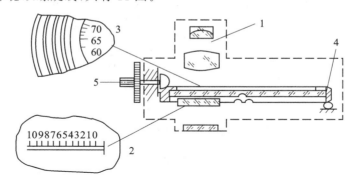

1—目镜;2—固定分划板;3—旋动分划板;4—齿盘;5—转动手轮

图 16-20　螺旋测微目镜结构示意图

旋动分划板 3 的中心是一个圆,圆周分划为 100 等分并刻有数字。旋动分划板 3 转动一圈相当于固定分划板 2 移动一个格值,这样就可将固定分划板上的 0.1 格值细分为 100 格,即可获得 1 μm 的读数。图 16-20 中的 4 和 5 为一对互相啮合的伞齿轮。转动手轮 5 可使旋动分划板 3 绕钢珠转动。为了读数方便,在底座的下面加了一层燕尾滑板,转动手轮 5 对面的一个调零手轮就可以使整个螺旋测微目镜移动,用于对准零位。

5. 仪器的光学系统

1) 中央显微镜光学系统

如图 16-21 所示,万能工具显微镜中央显微镜光学系统采用了远心成像和远心照明光学原理,以减少由于仪器装调时产生的偏差和不良照明可能使被测件造成的畸变等影响。另外,该光学系统对系统的像差和光学参数等也都有严格的要求。

万能工具显微镜的照明系统采用柯拉照明,也即远心平行光照明,以减少被测工件由于照明不良可能造成的畸变。光源(6 V、30 W)发出的光,经球面聚光镜 2 会聚在滤色片 3 上,再经可变光阑 4、反光镜 5 和透镜 6,成平行光出射(由于滤色片 3 位于透镜 6 的焦平面上,所以成平行光出射)。调节可变光阑就可以改变照明光束的孔径角,以适应不同直径被测件的要求。此外,万能工具显微镜的物镜可以更换,有 1 倍、3 倍及 5 倍三种,不同物镜的视场和孔径角也不相同,所以要求照明光束孔径要作相应改变。

为了大大减少使用时由于调位不好而产生的测量误差,中央显微镜的光学系统中也采用了远心光路的布局,即把一个孔径光阑 10 放置在物镜 9 的焦平面上。这样被照明的物体经物镜 9、孔径光阑 10 以及斯密特棱镜 11 成像在分划板 14 上。即使调焦时产生误差,但由于不改变主光线位置,分划板 14 上的影像位置也不发生变化。

万能工具显微镜光路中,为了使观察到的影像和实际被测工件方位一致和观察时的方便,在物镜和目镜之间加入一块斯密特棱镜 11 使光路倾斜 45°。

中央显微镜主要起瞄准作用,除此之外还能起轮廓显微镜作用。

测角目镜实际上也是一个读数显微镜,它采用光学游标测微形式。为了消除度盘端面跳动等可能产生的测量误差,光学系统也采用了远心光路。如图 16-21 所示,它是由小灯 1、球

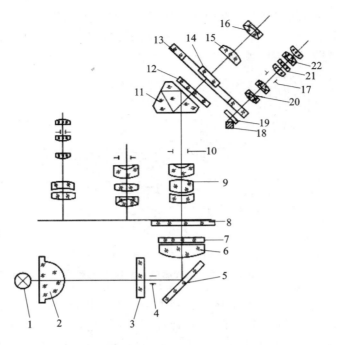

1—小灯；2—球面聚光镜；3—滤色片；4—可变光阑；5,18—反光镜；6—透镜；
7,19—保护玻璃；8—标尺；9—物镜；10—孔径光阑；11—斯密特棱镜；12—分划标记；
13—度盘；14,21—分划板；15,16,22—目镜组；17—光阑；20—物镜组

图 16 - 21　万能工具显微镜光学系统总图

面聚光镜 2、滤色片 3、可变光阑 4、反光镜 5、透镜 6 和保护玻璃 7 等组成。中央显微系统采用远心光路，是由物镜 9、孔径光阑 10、斯密特棱镜 11、分划标记 12、度盘 13、分划板 14、目镜组 15 和 16 组成。测角读数系统由光阑 17、反光镜 18、保护玻璃 19、物镜组 20、分划板 21 和目镜组 22 等组成。

　　测角度盘可转动 $360°$，分度值为分划板上刻有 60 个等距的分划，所以最小读数为 $1'$。

2）纵向读数显微镜光学系统

　　万能工具显微镜的纵、横向读数装置均用螺旋形阿基米德测微目镜。它的分度值为 $1\ \mu m$，可估读到 $0.1\ \mu m$。

　　纵向读数显微镜光学系统如图 16 - 22 所示。同样，为了消除对焦不好等可能产生的误差，也采用远心照明系统。这种系统也能在一定程度上减少由于标尺倾斜所带来的误差。

　　从灯泡 1 发出的照明光束经绿色的滤色片 2、聚光镜 3 和直角棱镜 5，通过保护玻璃 4 照射到毫米标尺 6 上。被照明的标尺刻线由 5 倍物镜 7 放大成像在分划板 9 上。11 为目镜，其放大倍数为 12 倍。为了方便观察，使光轴倾斜 $45°$，在光路中加入一个棱镜 8。

　　横向标尺和直角棱镜一同装在纵向标尺盒内，并固定在纵向滑座的左上角。横向标尺是主要长度基准，其精度要求很高。标尺上任意两条分划线之间的距离误差都必须小于 $1+\dfrac{L}{200}$（单位为 μm）。为了使应用时获得更高的测量精度，对每一根标尺都用再高一级的仪器进行逐条鉴定，列出标尺修正表，随仪器一同出厂。经过修正后，标尺的最大不正确度可控制在 $0.5\ \mu m$ 以下。

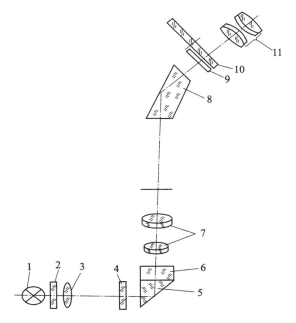

1—灯泡；2—滤色片；3—聚光镜；4——保护玻璃；5—直角棱镜；6—毫米标尺；

7—物镜；8—棱镜；9—分划板；10—保护玻璃；11—目镜

图 16-22　纵向读数显微镜光学系统

3）横向读数显微镜光学系统

　　横向读数显微镜光学系统和纵向的基本相同，只是为了结构上布局合理和方便操作，把纵、横向读数显微镜并列固定在底座同一方位上，所以结构上要求横向读数显微镜有较长的光路。为此，在物镜和目镜之间加入一个 1 倍物镜，光路如图 16-23 所示。

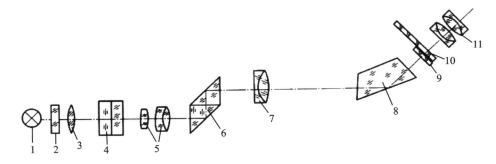

1—光源；2—滤色片；3—聚光镜；4——横向标尺；5—5 倍物镜；6,8—棱镜；

7—1 倍物镜；9—旋转分划板；10—固定分划板；11—目镜

图 16-23　横向读数显微镜光学系统

　　光源 1 为灯泡（6 V、2.1 W），光线经滤色片 2 和聚光镜 3 照射横向标尺 4，它长 100 mm，分划值 1 mm，刻划精度和纵向标尺相同，检定精度也与纵向的一样，为 0.5 μm 以内。被照明的标尺刻划线由 5 倍物镜 5、棱镜 6、1 倍物镜 7 及棱镜 8 成一放大像于旋转分划板 9 上，这样就可用螺旋测微目镜对分划板影像进行观察和测微。

16.3.2 精度分析

万能工具显微镜的工作对象和应用范围十分广泛。它的测量精度部分取决于不同的测量对象,但作为仪器存在的基本误差因素都相似。本小节以影像法在平面玻璃工作台上测量厚度不大的零件为例,简单分析各种误差的影响。

1. 中央显微镜的瞄准误差

用影像法测量工件时,都是用旋转分划板上的米字线去瞄准被测工件相应的轮廓影像。这种形式的对准,选取人眼的对准精度 $p_r = 20''$,则瞄准误差为

$$\sigma_1 = \frac{250 \text{ mm} \times p_r}{\Gamma\rho} = \frac{250 \text{ mm} \times 20''}{30 \times 2'' \times 10^5} = 0.83 \ \mu m$$

式中:250——人眼的明视距离,mm;

Γ——总放大倍数,30 倍;

ρ——弧度换算为角度的一个系数。

在用万能工具显微镜测量时,以 3 倍物镜与 10 倍目镜配用,所以通过中央显微镜以后,被测工件放大了 30 倍。在具体应用中,对工件测量时一般总要两端各瞄准一次,所以瞄准误差 σ_1 应为

$$\sigma_1 = \sqrt{2} \times 0.83 \ \mu m = 1.17 \ \mu m$$

2. 读数误差

万能工具显微镜的纵、横向读数显微镜都采用螺旋测微目镜进行读数,物镜放大倍数为 5,目镜采用对称型,放大倍数为 12,总放大倍数为 60。参照同时期同类仪器的技术指标,其读数标准差应小于 0.8 μm,所以读数误差 σ_2 应为

$$\sigma_2 = \pm 0.8 \ \mu m$$

3. 毫米标尺的分划误差

万能工具显微镜所采用的毫米标尺的制造精度为 $\pm \left(1 + \dfrac{L}{200}\right)$,其中 L 为标尺任意两刻划线之间的距离,单位为 mm。根据当前工艺水平规定,此项误差经鉴定修正后的分划误差 σ_3 不得大于 0.5 μm。此仪器用激光光波比长仪对标尺进行逐条刻线鉴定,修正后的标尺误差限制在 0.5 μm 之内,故

$$\sigma_3 = 0.5 \ \mu m$$

4. 滑板移动时不直度带来的测量误差

如前所述,横向标尺由于放置在立柱转轴中心延长线上,即和两个顶针筒上顶尖连线等高,符合阿贝原理;但是纵向标尺由于受结构限制,同时也考虑到使用上方便等原因,纵向标尺不符合阿贝原则。下面计算由于纵向滑座运动时不直线度在垂直平面内和水平平面内所产生的测量误差。

1) 在垂直平面内

由于高度方向不符合阿贝原则,纵向滑座移动不直线度引起的测量误差为

$$\sigma_V = S \cdot \tan \varphi \tag{16-17}$$

式中:σ_V——由纵向滑座在垂直面内的不直线度而引起的测量误差,mm;

S——工件表面高出标尺刻划面的高度,mm;

φ——纵向滑座移动过程中不直线度在垂直平面内的角度值,(°)。

按照当前工艺水平规定,纵向滑座在 200 mm 范围内移动时,在垂直平面内的不直线度最大不超过 5″,所以纵向滑座移动的不直线度大小与滑座移动距离有关。一般情况下,滑座在移动过程中的不直线度好像在一个曲率半径很大的圆弧上运动似的。

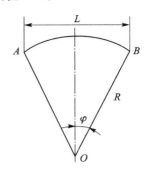

如图 16 - 24 所示,圆弧 $\overset{\frown}{AB}$ 代表纵向滑座移动时在垂直平面内的运动轨迹,弦 L 代表滑座移动的距离,φ 代表滑座移动过程中在垂直平面内的不直线度,R 代表滑座移动时的曲率半径,可得如下关系:

$$R \times \varphi = L$$

图 16 - 24　纵向滑座移动时的轨迹

纵向滑座全过程移动范围 $L_{\max} = 200$ mm,此范围内垂直面内不直线度最大不超过 5″,即

$$\varphi_{\max} = 5''$$

图 16 - 25 中,S 为标尺刻划面和被测工件表面距离,$S = H_1 + H_2$,其中,H_1 为万能工具显微镜玻璃工作台高出标尺刻划面的距离,$H_1 = 10$ mm;H_2 为被测工件高度(mm)。所以在纵向滑动移动过程中,垂直平面内不直线度对测量的影响为

$$\sigma_{\mathrm{V}} = S\varphi_1 = (H_1 + H_2)\varphi_1 = 20 \times 5 \times 2 \times 10^{-5} \times 10^3 = 2(\mu\mathrm{m})$$

其中,$H_2 = H_1 = 10$ mm;φ_1 为滑块移动过程中,垂直面内不直线度造成的角误差。

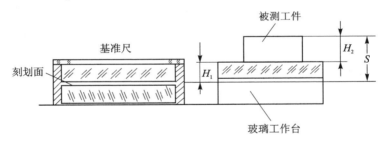

图 16 - 25　工件同基准尺刻划面的高度差 S

2) 在水平面内

纵向滑座移动过程中,在水平面内的不直线度对测量带来的误差与垂直面内一样。假设纵向滑座在水平面内移动过程中的不直线度误差为 $\theta = 5''$,$C = 50$ mm(见图 16 - 26),则由此引起的在水平面内的测量误差为

$$\sigma_{\mathrm{N}} = C\sin\theta = 50 \times 10^3 \times \sin\frac{5}{3\ 600} = 1(\mu\mathrm{m})$$

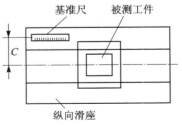

图 16 - 26　工件同基准尺的水平距离 C

5. 由玻璃工作台相对纵向滑座移动时的不平行性引起的测量误差 σ_5

按照当前工艺水平规定,玻璃工作台的不平行性在全程 200 mm 范围内不得超过 0.02 mm,换转成角度即

$$\tan\alpha=\frac{0.02\ \text{mm}}{200\ \text{mm}}$$

可得

$$\alpha\approx 0.000\ 15\ \text{rad}$$

即

$$\alpha=30''$$

这项影响可用图16-27说明，AB为被测工件实际长度，AC为由于工作台和滑座不平行而有一个α角后测量工件时所移动的距离。

图16-27　玻璃工件台同滑座的不平行性误差α

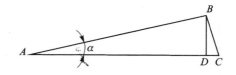

显然，DC会产生测量误差，即

$$\sigma_5=BC\cdot\sin\alpha$$

而

$$BC=AB\cdot\tan\alpha=L\cdot\tan\alpha$$

所以，

$$\sigma_5=\frac{L\sin^2\alpha}{\cos\alpha}$$

由于$\alpha=30''$很小，所以$\sigma_5\approx 0$。此项误差可略去不计。

6. 光阑大小和被测物大小不相符引起的测量误差

在测量光滑圆柱时，照明系统的光阑大小对测量精度的影响很大，所以使用中必须选用一个最佳照明光阑，使用时可依据工件直径大小查出照明光阑应该有多大。经验证明，如果选用最佳口径，则这项误差将很小。由于这里假设测平板形工件，所以误差σ_5更可略去不计。

一般使用中，对3倍物镜而言，最佳光阑数值为16 mm。当然，对测量圆柱工件例外。

7. 温度引起的测量误差σ_6

温度引起的测量误差σ_6可由下式计算：

$$\sigma_6=L\sqrt{(\alpha_p-\alpha_N)^2\Delta t_p^2+(t_p-t_N)^2\times\alpha_N^2}\tag{16-18}$$

式中：L——被测工件长度，mm；

α_p——被测工件的线膨胀系数，以钢为例，$\alpha_p=11.5\times10^{-6}$；

α_N——玻璃标尺的线膨胀系数，$\alpha_N=10.19\times10^{-6}$；

Δt_p——被测工件和标准室温20 ℃之差值，按验收要求规定，$\Delta t_p=\pm3$ ℃；

t_p-t_N——被测工件和玻璃标尺之间的温度差，验收技术条件规定：

$$t_p-t_N=\pm0.5\ ℃$$

所以

$$\begin{aligned}\sigma_6&=L\times\sqrt{[(11.5-10.19)\times10^{-6}]^2\times3^2+(10.19\times10^{-6})^2\times0.5^2}\\&=5.1\times10^{-6}\times L\\&=\pm\frac{L}{156}\ \mu\text{m}\end{aligned}$$

这项误差很小，可以不计入总误差。

最后，按式(15-35)(式中相关系数$\rho_{ij}=0$)求出仪器测量工件时可能产生的总误差：

$$\sigma_{总} = \sqrt{\sigma_1^2 + \sigma_2^2 + \sigma_3^2 + \sigma_N^2 + \sigma_V^2 + \sigma_5^2}$$
$$= \sqrt{1.17^2 + 0.8^2 + 0.5^2 + 2^2 + 1^2}$$
$$= 2.7(\mu m)$$
$$\sigma_{总} = 2.7 \ \mu m$$

思考与练习题

16-1 光电经纬仪的基本结构应由几部分组成？各有什么功能？

16-2 光电经纬仪不满足几何条件时会产生哪些误差？怎样分析光电经纬仪的精度？

16-3 影响光电坐标测量仪的误差因素有哪几个？怎样计算光电坐标测量仪的精度？

16-4 影响万能工具显微镜精度的误差因素有哪几个？怎样计算万能工具显微镜的精度？

16-5 万能工具显微镜属于哪类测量仪器？工作原理如何？

附表 1 常用误差分布一览表

1. 对称分布类：$\mu=0$；$\gamma_3=0$；$\tau=0$

（1）拖尾分布类：$x\in(-\infty,+\infty)$

分布名称	分布图	特征量
① 正态分布：多而小的独立误差之和 $$f(x)=\frac{1}{\sigma\sqrt{2\pi}}e^{-\frac{(x-4)^2}{2\sigma^2}}$$	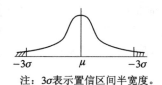 注：3σ表示置信区间半宽度。	$\sigma=\sqrt{E[(x-\mu)^2]}=a/\sqrt{9}$ $\gamma_4=0(E\{[(x-\mu)/\sigma]^4\}=3)$ $k=3(p=0.9973)$

（2）有界分布类：$x\in(-a,a)$

分布名称	分布图	特征量
② 均匀分布：舍入、截取、瞄准、量化、齿轮回程等误差 $$f(x)=\begin{cases}\dfrac{1}{2a}, & |\delta|<a\\ 0, & |\delta|>a\end{cases}$$	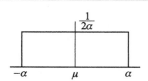	$\sigma=a/\sqrt{3}$ $\gamma_4=-1.2$ $k=\sqrt{3}=1.73$
③ 三角分布：两个等均匀分布合成 $$f(x)=\begin{cases}\dfrac{a+x}{a^2}, & x\in[-a,0]\\ \dfrac{a-x}{a^2}, & x\in[0,a]\end{cases}$$	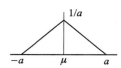	$\sigma=\dfrac{a}{\sqrt{6}}$ $\gamma_4=-0.6$ $k=\sqrt{6}=2.45$
④ 梯形分布：两个不等均匀分布的合成 $$f(x)=\begin{cases}\dfrac{a+x}{a^2-b^2}, & x\in[-a,-b]\\ \dfrac{1}{a+b}, & x\in[-b,b]\\ \dfrac{a-x}{a^2-b^2}, & x\in[b,a]\end{cases}$$	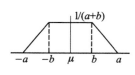	$\sigma=\sqrt{\dfrac{a^2+b^2}{6}}$ <table><tr><th>b/a</th><th>γ_4</th><th>k</th></tr><tr><td>1/4</td><td>−0.6</td><td>2.38</td></tr><tr><td>1.2</td><td>−1.0</td><td>2.18</td></tr><tr><td>3/4</td><td>−1.1</td><td>1.97</td></tr></table>
⑤ 椭圆分布：与正弦变化的分布相类似的一种统计分布 $$f(x)=\frac{2\sqrt{a^2-x^2}}{\pi a^2}$$	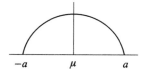	$\sigma=a/2$ $\gamma_4=-1$ $k=2$

分布名称	分布图	特征量
⑥ 反正弦分布:度盘偏心引起分度误差、温度随时间正弦变化的分布等 $f(x)=\dfrac{1}{\pi\sqrt{a^2-x^2}}$ $x=a\sin\theta,\quad\theta\sim U(-\pi,+\pi)$		$\sigma=a/\sqrt{2}$ $\gamma_4=-1.5$ $k=\sqrt{2}=1.41$
⑦ 对称截尾正态分布:检出品、废品因素等 $f(z)=\dfrac{1}{(1-q)\sqrt{2\pi}\sigma_0}e^{-z^2/2}$ $z=\dfrac{x-\mu}{\sigma},\quad z_a=\dfrac{a-\mu}{\sigma}$ $q=1-p=1-[\Phi(z_a)-\Phi(-z_a)]$ $\Phi(z)=\displaystyle\int_0^x\varphi(z)\mathrm{d}z$ $\Phi(z)$ 为 $N(0,1)$ 的分布密度		$\sigma=\sigma_0\sqrt{1-\dfrac{z_0\Phi(z_a)}{\Phi(z)}}$ <table><tr><td>$q/2$</td><td>γ_4</td><td>k</td></tr><tr><td>0.01</td><td>−0.50</td><td>2.50</td></tr><tr><td>0.03</td><td>−0.60</td><td>2.38</td></tr><tr><td>0.05</td><td>−0.90</td><td>2.08</td></tr><tr><td>0.10</td><td>−1.05</td><td>1.92</td></tr><tr><td>0.15</td><td>−1.10</td><td>1.86</td></tr></table>
⑧ t 分布:若干次正态测量均值 $f(x)=\dfrac{\Gamma\left(\dfrac{\nu+1}{2}\right)}{\Gamma\left(\dfrac{\nu}{2}\right)\sqrt{\nu\pi}}\left(1+\dfrac{x^2}{\nu}\right)^{-\frac{\nu+1}{2}}$		$\sigma=\dfrac{\nu}{\nu-2}$ $k=t_{\frac{a}{2}}(\nu)$
⑨ 阿贝误差分布:测量长度与基准长度不在同一直线上引起测长误差,其是 φ 的一阶小量 $f(x)=\dfrac{s}{2A}\dfrac{1}{(s^2+x^2)}$ $x=s\tan\varphi$ $\varphi\sim U[-A,A]$		$\mu=0$ $\sigma=\dfrac{s^2}{A}\tan A-s^2$ $\gamma_4=\dfrac{2A\tan^2 A}{(\tan A-A)^2}-3+\dfrac{2A}{\tan A-A}$

2. 非对称分布类:$\tau\neq 0$

(1) 拖尾分布类:x 或 $r\geqslant 0$

分布名称	分布图	特征量
⑩ 瑞利分布:偏心引起各种径向误差等 $f(r)=\dfrac{r}{\sigma_0^2}e^{-r^2/2\sigma_0^2}$ $r=\sqrt{x^2+y^2},\quad\sigma_0=\sqrt{\sigma_1^2+\sigma_2^2}$ $x\sim N(0,\sigma_1^2),\quad y\sim N(0,\sigma_2^2)$		$\mu=\sqrt{\dfrac{\pi}{2}}\sigma_0=\sqrt{\dfrac{\pi}{4-\pi}}\sigma$ $\sigma=\sqrt{2-\dfrac{\pi}{2}}\sigma_0=\sqrt{\dfrac{4}{\pi}-1}\mu$ $\gamma_3=0.631$ $\gamma_4=0.245$

分布名称	分布图	特征量
⑪ 非中心瑞利分布：中心要素形位误差等 $f(r)=\dfrac{r}{\sigma_0^2}e^{-(r^2+r_0^2)/2\sigma_0^2}I_0\left(\dfrac{r_0 r}{\sigma_0^2}\right)$ $r=\sqrt{(x-r_0)^2+y^2}\ (x,y\ 同⑩)$ $I_0(\cdot)$——贝塞尔函数	$r_0/\sigma_0=0$ 0.5 1.0 2.0 2.5 3.0 O	$\mu=\sqrt{\dfrac{\pi}{2}}\sigma_0 e^{-r_0^2/2\sigma_0^2}\times$ $\displaystyle\sum_{n=0}^{\infty}\dfrac{(2n+1)!!}{n!\,(2n)!!}\left(\dfrac{r_0^2}{2\sigma_0^2}\right)^n$ $\sigma=\sqrt{2\sigma_0^2+r_0^2-\mu^2}$ <table><tr><th>μ/σ</th><th>τ</th><th>k_1</th></tr><tr><td>1.91</td><td>−0.273</td><td>2.63</td></tr><tr><td>2.00</td><td>−0.229</td><td>2.59</td></tr><tr><td>2.14</td><td>−0.177</td><td>2.60</td></tr><tr><td>2.35</td><td>−0.111</td><td>2.65</td></tr><tr><td>2.48</td><td>−0.076</td><td>2.69</td></tr><tr><td>2.78</td><td>−0.011</td><td>2.81</td></tr></table>
⑫ 绝对正态（差模）分布：多数形位误差、差的绝对值等 $f(r)=\varphi\left(\dfrac{r-r_0}{\sigma_0}\right)+\varphi\left(\dfrac{r+r_0}{\sigma_0}\right)$ $\varphi(z)=N(0,1),\quad r=|x_1-x_2|$ $x_1\sim N(\mu_1,\sigma_1^2),\quad x_2\sim N(\mu_2,\sigma_2^2)$ $\mu_0=\mu_1-\mu_2,\quad \sigma_0^2=\sigma_1^2+\sigma_2^2$	$r_0/\sigma_0=0$ 1.0 1.5 2.0 2.5 O	$\mu=2\left[\mu_0\varphi\left(\dfrac{r_0}{\sigma_0}\right)+\sigma_0\varphi\left(\dfrac{r_0}{\sigma_0}\right)\right]$ $\sigma=\sqrt{\sigma_0^2+\mu_0^2-2\mu^2}$ <table><tr><th>μ_0/σ_0</th><th>μ/σ</th><th>γ_3</th><th>γ_4</th><th>τ</th><th>k_1</th></tr><tr><td>0.6</td><td>1.35</td><td>0.916</td><td>0.60</td><td>−0.45</td><td>2.45</td></tr><tr><td>0.8</td><td>1.39</td><td>0.820</td><td>0.33</td><td>−0.42</td><td>2.41</td></tr><tr><td>1.2</td><td>1.55</td><td>0.639</td><td>−0.03</td><td>−0.34</td><td>2.36</td></tr><tr><td>1.6</td><td>1.79</td><td>0.352</td><td>−0.31</td><td>−0.25</td><td>2.39</td></tr></table>
⑬ 指数分布：超高精度加工误差，检出的废品、光学抛光高光圈等 $f(x)=ce^{-cx},\quad c>0$	0　　4.6σ	$\mu=1/c$ $\gamma_3=2$ $\tau=-0.57$ $\sigma=\sqrt{1/c^2}$ $\gamma_4=6,\quad k_1=2.3$

（2）有界分布类：$x\in[a_1,a_2]$

分布名称	分布图	特征量
⑭ 直角形分布：高精度人工加工误差、单向对准误差等 $f(x)=\dfrac{x+a}{2a},\quad a=\dfrac{a_2-a_1}{2}$	a_1　$0\ \mu$　a_2	$\mu=5/2,\quad k=2.12$ $a=0.33$ $\sigma=\dfrac{\sqrt{2}}{3}a$

续附表 1

分布名称	分布图	特征量
⑮ 非对称截尾正态分布:加工轴径误差偏正、轴孔误差偏负、检出品、废品率等 $$f(z)=\frac{\varphi(z)}{(1-q)\sigma N}, \quad \varphi(z)=N(0,1)$$ $$z=\frac{x-\mu_N}{\sigma_N}, \quad X\sim N(\mu_N,\sigma_N^2)$$ $$q=1-p=1-[\varphi(z_2)-\varphi(z_1)]$$ $$z_1=\frac{a_1-\mu_N}{\sigma_N}, \quad z_2=\frac{a_2-\mu_N}{\sigma_N}$$		$$\mu=\mu_N+A\sigma_N, \quad A=\frac{\varphi(z_1)-\varphi(z_2)}{1-q}$$ $$\sigma=\sigma_N\sqrt{1-A^2-B}$$ $$B=\frac{z_2\varphi(z_2)-z_1\varphi(z_1)}{1-q}$$ 单侧截尾:$z_1=3$ 或 $z_2=3$ <table><tr><td>q</td><td>τ</td><td>k</td></tr><tr><td>0.05</td><td>0.25</td><td>2.56</td></tr><tr><td>0.10</td><td>0.31</td><td>2.54</td></tr><tr><td>0.25</td><td>0.40</td><td>2.50</td></tr><tr><td>0.50</td><td>0.47</td><td>2.48</td></tr></table>
⑯ 投影分布:安装偏离 φ 角引起的测长误差等是 φ 的二阶小量 $$f(x)=\frac{1}{A\sqrt{1-(1-x)^2}}$$ $a_1=0, \quad a_2=1-\cos A$ $x=1-\cos\varphi, \quad \varphi\sim U(0,A)$		$$\mu=\frac{1}{3}a_2$$ $$\sigma=\frac{3}{10}a_2\approx\frac{1}{2}A^2$$ $$\gamma_3=0.64$$ $$\gamma_4=-0.86$$
⑰ χ^2 分布:一种统计量分布 $$f_{\chi^2}(x)=\frac{1}{2^{\frac{n}{2}}\Gamma\left(\frac{n}{2}\right)}x^{\frac{n}{2}-1}e^{-\frac{1}{2}x}$$ $$\chi^2=x_1^2+x_2^2+\cdots+x_n^2$$ $$x_i\sim N(0,1)$$		$$\mu=\nu=n$$ $$\sigma=\sqrt{2\nu}$$ $$\gamma_3=2^{1.5}\nu^{-0.5}$$ $$\gamma_4=12\nu^{-1}$$
⑱ F 分布:一种统计分布 $$f_F(x)=\frac{\Gamma\left(\frac{\nu_1+\nu_2}{2}\right)}{\Gamma\left(\frac{\nu_1}{2}\right)\Gamma\left(\frac{\nu_2}{2}\right)}\times$$ $$\nu_1^{\frac{\nu_1}{2}}\times\nu_2^{\frac{\nu_2}{2}}\times x^{\frac{\nu_1}{2}-1}\times$$ $$(\nu_2+\nu_1x)^{\frac{\nu_2+\nu_1}{2}}$$		$$\mu=\frac{\nu_2}{\nu_2-2}\,(\nu_2>2)$$ $$\sigma=\sqrt{\frac{2\nu_2^2(\nu_1+\nu_2-2)}{\nu_1(\nu_2-2)^2(\nu_2-4)}}\,(\nu_2>4)$$ $$\gamma_3=\sqrt{\frac{8(\nu_2-4)(2\nu_1+\nu_2-2)^2}{\nu_1(\nu_2-6)^2(\nu_1+\nu_2-2)}}\,(\nu_2>6)$$ $$\gamma_4=\frac{3\left[\nu_2-4+\frac{1}{2}(\nu_2-6)\gamma_3^2\right]}{\nu_2-8}-3$$ $$(\nu_2>8)$$
⑲ β 分布:一种统计量分布 $$f(x)=B_{\alpha,\beta}(x)=\frac{1}{(b-a)B(\alpha,\beta)}\times$$ $$\left(\frac{x-a}{x-b}\right)^{\alpha-1}\left(1-\frac{x-a}{b-a}\right)^{\beta-1},$$ $a\leqslant x\leqslant b$		$$\mu=(bg+ah)/(g+h)$$ $$\sigma=\frac{(b-a)\sqrt{gh}}{(g+h)\sqrt{g+h+1}}$$ $$\gamma_3=\frac{(g-h)\sqrt{g+h+1}}{(g+2)\sqrt{gh}}$$ $$\gamma_4=$$ $$\frac{3(g+h)(g+h+1)(g+1)(2h-g)}{gh(g+h+2)(g+h+3)}+$$ $$g\frac{g(g-h)}{g+h}+3$$

附表 2   正态分布表

$$\Phi(k) = \frac{1}{\sqrt{2\pi}} \int_0^k \exp\left(-\frac{t^2}{2}\right) dt$$

k	$\Phi(k)$	k	$\Phi(k)$	k	$\Phi(k)$	k	$\Phi(k)$
0.00	0.000 0	0.40	0.155 4	0.80	0.288 1	1.20	0.384 9
0.05	0.019 9	0.45	0.173 6	0.85	0.302 3	1.25	0.394 4
0.10	0.039 8	0.50	0.191 5	0.90	0.315 9	1.30	0.403 2
0.15	0.059 6	0.55	0.208 8	0.95	0.328 9	1.35	0.411 5
0.20	0.079 3	0.60	0.225 7	1.00	0.341 3	1.40	0.419 2
0.25	0.098 7	0.65	0.242 2	1.05	0.353 1	1.45	0.426 5
0.30	0.117 9	0.70	0.258 0	1.10	0.364 3	1.50	0.433 2
0.35	0.136 8	0.75	0.273 4	1.15	0.374 0	1.55	0.439 4
1.60	0.445 2	1.95	0.474 4	2.60	0.495 3	3.60	0.499 841
1.65	0.450 5	2.00	0.477 2	2.70	0.496 5	3.80	0.499 928
1.70	0.455 4	2.10	0.482 1	2.80	0.497 4	4.00	0.499 968
1.75	0.459 9	2.20	0.486 1	2.90	0.498 1	4.50	0.499 997
1.80	0.464 1	2.30	0.489 3	3.00	0.498 65	5.00	0.499 999 97
1.85	0.467 8	2.40	0.491 8	3.20	0.499 31	—	—
1.90	0.471 3	2.50	0.493 8	3.40	0.499 66	—	—

附表 3 t 分布表

ν：自由度；α：显著水平（$\alpha = 1 - P$）

t 分布表

ν	α						
	0.2	0.1	0.05	0.02	0.01	0.002	0.001
1	3.078	6.314	12.706	31.821	63.657	318.309	636.619
2	1.886	2.920	4.303	6.965	9.925	22.327	31.599
3	1.638	2.353	3.182	4.541	5.841	10.215	12.924
4	1.533	2.132	2.776	3.747	4.604	7.173	8.610
5	1.476	2.015	2.571	3.365	4.032	5.893	6.869
6	1.440	1.943	2.447	3.143	3.707	5.208	5.959
7	1.415	1.895	2.365	2.998	3.499	4.785	5.408
8	1.397	1.860	2.306	2.896	3.355	4.501	5.041
9	1.383	1.833	2.262	2.821	3.250	4.297	4.781
10	1.372	1.812	2.228	2.764	3.169	4.144	4.587
11	1.363	1.796	2.201	2.718	3.106	4.025	4.437
12	1.356	1.782	2.179	2.681	3.055	3.930	4.318
13	1.350	1.771	2.160	2.650	3.012	3.852	4.221
14	1.345	1.761	2.145	2.624	2.977	3.787	4.140
15	1.341	1.753	2.131	2.602	2.947	3.733	4.073
16	1.337	1.746	2.120	2.583	2.921	3.686	4.015
17	1.333	1.740	2.110	2.567	2.898	3.646	3.965
18	1.330	1.734	2.101	2.552	2.878	3.610	3.922
19	1.328	1.729	2.093	2.539	2.861	3.579	3.883
20	1.325	1.725	2.086	2.528	2.845	3.552	3.850
21	1.323	1.721	2.080	2.518	2.831	3.527	3.819
22	1.321	1.717	2.074	2.508	2.819	3.505	3.792
23	1.319	1.714	2.069	2.500	2.807	3.485	3.768
24	1.318	1.711	2.064	2.492	2.797	3.467	3.745
25	1.316	1.708	2.060	2.485	2.787	3.450	3.725
26	1.315	1.706	2.056	2.479	2.779	3.435	3.707
27	1.314	1.703	2.052	2.473	2.771	3.421	3.690
28	1.313	1.701	2.048	2.467	2.763	3.408	3.674
29	1.311	1.699	2.045	2.462	2.756	3.396	3.659

t 分布表

ν	α						
	0.2	0.1	0.05	0.02	0.01	0.002	0.001
30	1.310	1.697	2.042	2.457	2.750	3.385	3.646
31	1.309	1.696	2.040	2.453	2.744	3.375	3.633
32	1.309	1.694	2.037	2.449	2.738	3.365	3.622
33	1.308	1.692	2.035	2.445	2.733	3.356	3.611
34	1.307	1.691	2.032	2.441	2.728	3.348	3.601
35	1.306	1.690	2.030	2.438	2.724	3.340	3.591
36	1.306	1.688	2.028	2.434	2.719	3.333	3.582
37	1.305	1.687	2.026	2.431	2.715	3.326	3.574
38	1.304	1.686	2.024	2.429	2.712	3.319	3.566
39	1.304	1.685	2.023	2.426	2.708	3.313	3.558
40	1.303	1.684	2.021	2.423	2.704	3.307	3.551
41	1.303	1.683	2.020	2.421	2.701	3.301	3.544
42	1.302	1.682	2.018	2.418	2.698	3.296	3.538
43	1.302	1.681	2.017	2.416	2.695	3.291	3.532
44	1.301	1.680	2.015	2.414	2.692	3.286	3.526
45	1.301	1.679	2.014	2.412	2.690	3.281	3.520
46	1.300	1.679	2.013	2.410	2.687	3.277	3.515
47	1.300	1.678	2.012	2.408	2.685	3.273	3.510
48	1.299	1.677	2.011	2.407	2.682	3.269	3.505
49	1.299	1.677	2.010	2.405	2.680	3.265	3.500
50	1.299	1.676	2.009	2.403	2.678	3.261	3.496
51	1.298	1.675	2.008	2.402	2.676	3.258	3.492
52	1.298	1.675	2.007	2.400	2.674	3.255	3.488
53	1.298	1.674	2.006	2.399	2.672	3.251	3.484
54	1.297	1.674	2.005	2.397	2.670	3.248	3.480
55	1.297	1.673	2.004	2.396	2.668	3.245	3.476
56	1.297	1.673	2.003	2.395	2.667	3.242	3.473
57	1.297	1.672	2.002	2.394	2.665	3.239	3.470
58	1.296	1.672	2.002	2.392	2.663	3.237	3.466
59	1.296	1.671	2.001	2.391	2.662	3.234	3.463
60	1.296	1.671	2.000	2.390	2.660	3.232	3.460
61	1.296	1.670	2.000	2.389	2.659	3.229	3.457
62	1.295	1.670	1.999	2.388	2.657	3.227	3.454
63	1.295	1.669	1.998	2.387	2.656	3.225	3.452
64	1.295	1.669	1.998	2.386	2.655	3.223	3.449
65	1.295	1.669	1.997	2.385	2.654	3.220	3.447
66	1.295	1.668	1.997	2.384	2.652	3.218	3.444

续附表 3

t 分布表

ν	α						
	0.2	0.1	0.05	0.02	0.01	0.002	0.001
67	1.294	1.668	1.996	2.383	2.651	3.216	3.442
68	1.294	1.668	1.995	2.382	2.650	3.214	3.439
69	1.294	1.667	1.995	2.382	2.649	3.213	3.437
70	1.294	1.667	1.994	2.381	2.648	3.211	3.435
71	1.294	1.667	1.994	2.380	2.647	3.209	3.433
72	1.293	1.666	1.993	2.379	2.646	3.207	3.431
73	1.293	1.666	1.993	2.379	2.645	3.206	3.429
74	1.293	1.666	1.993	2.378	2.644	3.204	3.427
75	1.293	1.665	1.992	2.377	2.643	3.202	3.425
76	1.293	1.665	1.992	2.376	2.642	3.201	3.423
77	1.293	1.665	1.991	2.376	2.641	3.199	3.421
78	1.292	1.665	1.991	2.375	2.640	3.198	3.420
79	1.292	1.664	1.990	2.374	2.640	3.197	3.418
80	1.292	1.664	1.990	2.374	2.639	3.195	3.416
81	1.292	1.664	1.990	2.373	2.638	3.194	3.415
82	1.292	1.664	1.989	2.373	2.637	3.193	3.413
83	1.292	1.663	1.989	2.372	2.636	3.191	3.412
84	1.292	1.663	1.989	2.372	2.636	3.190	3.410
85	1.292	1.663	1.988	2.371	2.635	3.189	3.409
86	1.291	1.663	1.988	2.370	2.634	3.188	3.407
87	1.291	1.663	1.988	2.370	2.634	3.187	3.406
88	1.291	1.662	1.987	2.369	2.633	3.185	3.405
89	1.291	1.662	1.987	2.369	2.632	3.184	3.403
90	1.291	1.662	1.987	2.368	2.632	3.183	3.402
91	1.291	1.662	1.986	2.368	2.631	3.182	3.401
92	1.291	1.662	1.986	2.368	2.630	3.181	3.399
93	1.291	1.661	1.986	2.367	2.630	3.180	3.398
94	1.291	1.661	1.986	2.367	2.629	3.179	3.397
95	1.291	1.661	1.985	2.366	2.629	3.178	3.396
96	1.290	1.661	1.985	2.366	2.628	3.177	3.395
97	1.290	1.661	1.985	2.365	2.627	3.176	3.394
98	1.290	1.661	1.984	2.365	2.627	3.175	3.393
99	1.290	1.660	1.984	2.365	2.626	3.175	3.392
100	1.290	1.660	1.984	2.364	2.626	3.174	3.390
120	1.289	1.658	1.980	2.358	2.617	3.160	3.373
∞	1.282	1.645	1.960	2.326	2.576	3.090	3.291

附表4 χ² 分布表

$$P(\chi^2 \geqslant \chi_\alpha^2) = \alpha \text{ 的} \chi^2 \text{ 值}$$

（ν：自由度；α：显著水平）

ν	α				ν	α			
	0.1	0.02	0.05	0.01		0.1	0.02	0.05	0.01
1	2.71	5.41	3.84	6.64	16	23.54	29.63	26.30	32.00
2	4.61	7.82	5.99	9.21	17	24.77	31.00	27.59	33.41
3	6.25	9.84	7.82	11.34	18	25.99	32.35	28.87	34.81
4	7.78	11.67	9.49	13.28	19	27.20	33.69	30.14	36.19
5	9.24	13.39	11.07	15.09	20	28.41	35.02	31.41	37.57
6	10.61	15.03	12.59	16.81	21	29.62	36.34	32.67	38.93
7	12.02	16.62	14.07	18.48	22	30.81	37.66	33.92	40.29
8	13.36	18.17	15.51	20.09	23	32.00	38.97	35.17	41.64
9	14.68	19.68	16.92	21.67	24	33.20	40.27	36.42	42.98
10	15.99	21.16	18.31	23.21	25	34.38	41.57	37.65	44.31
11	17.28	22.62	19.68	24.73	26	35.56	42.86	38.89	45.64
12	18.55	24.05	21.03	26.22	27	36.71	44.14	40.11	46.96
13	19.81	25.47	22.36	27.69	28	37.92	45.42	41.34	48.28
14	20.06	26.87	23.69	29.14	29	39.09	46.70	42.56	49.59
15	22.31	28.26	25.00	30.58	30	40.26	47.96	43.77	50.89

附表 5　F 分布表

$$P(F \geqslant F_\alpha) = \alpha \text{ 的 } F_\alpha \text{ 值}(1)$$
$$\alpha = 0.10$$

ν_2	ν_1									
	1	2	3	4	5	6	8	12	24	∞
1	39.86	49.50	53.59	55.83	57.24	58.20	59.44	60.70	62.00	63.33
2	8.53	9.00	9.16	9.24	9.29	9.33	9.37	9.41	9.45	9.49
3	5.54	5.46	5.39	5.34	5.31	5.28	5.25	5.22	5.18	5.13
4	4.54	4.32	4.19	4.11	4.05	4.01	3.95	3.90	3.83	3.76
5	4.06	3.78	3.62	3.52	3.45	3.40	3.34	3.27	3.19	3.10
6	3.78	3.46	3.29	3.18	3.11	3.05	2.98	2.90	2.82	2.72
7	3.59	3.26	3.07	2.96	2.88	2.83	2.75	2.67	2.58	2.47
8	3.46	3.11	2.92	2.81	2.73	2.67	2.59	2.50	2.40	2.29
9	3.36	3.01	2.81	2.69	2.61	2.55	2.47	2.38	2.28	2.16
10	3.28	2.92	2.73	2.61	2.52	2.46	2.38	2.28	2.18	2.06
11	3.23	2.86	2.66	2.54	2.45	2.39	2.30	2.21	2.10	1.97
12	3.18	2.81	2.61	2.48	2.39	2.33	2.24	2.15	2.04	1.90
13	3.14	2.76	2.56	2.43	2.35	2.28	2.20	2.10	1.98	1.85
14	3.10	2.73	2.52	2.39	2.31	2.24	2.15	2.05	1.94	1.80
15	3.07	2.70	2.49	2.36	2.27	2.21	2.12	2.02	1.90	1.76
16	3.05	2.67	2.46	2.33	2.24	2.18	2.09	1.99	1.87	1.72
17	3.03	2.64	2.44	2.31	2.22	2.15	2.06	1.96	1.84	1.69
18	3.01	2.62	2.42	2.29	2.20	2.13	2.04	1.93	1.81	1.66
19	2.99	2.61	2.40	2.27	2.18	2.11	2.02	1.91	1.79	1.63
20	2.97	2.59	2.38	2.25	2.16	2.09	2.00	1.89	1.77	1.61
21	2.96	2.57	2.36	2.23	2.14	2.08	1.98	1.88	1.75	1.59
22	2.95	2.56	2.35	2.22	2.13	2.06	1.97	1.86	1.73	1.57
23	2.94	2.55	2.34	2.21	2.11	2.05	1.95	1.84	1.72	1.55
24	2.93	2.54	2.33	2.19	2.10	2.04	1.94	1.83	1.70	1.53
25	2.92	2.53	2.32	2.18	2.09	2.02	1.93	1.82	1.69	1.52
26	2.91	2.52	2.31	2.17	2.08	2.01	1.92	1.81	1.68	1.50
27	2.90	2.51	2.30	2.17	2.07	2.00	1.91	1.80	1.67	1.49
28	2.89	2.50	2.29	2.16	2.06	2.00	1.90	1.79	1.66	1.48
29	2.89	2.50	2.28	2.15	2.06	1.99	1.89	1.78	1.65	1.47
30	2.88	2.49	2.28	2.14	2.05	1.98	1.88	1.77	1.64	1.46

ν_2	ν_1									
	1	2	3	4	5	6	8	12	24	∞
40	2.84	2.44	2.23	2.09	2.00	1.93	1.83	1.71	1.57	1.38
60	2.79	2.39	2.18	2.04	1.95	1.97	1.77	1.66	1.51	1.20
120	2.75	2.35	2.13	1.99	1.90	1.82	1.72	1.60	1.45	1.19
∞	2.71	2.30	2.08	1.94	1.85	1.77	1.67	1.55	1.38	1.00

$$P(F \geqslant F_\alpha) = \alpha \text{ 的 } F_\alpha \text{ 值}(2)$$

$$\alpha = 0.05$$

ν_2	ν_1									
	1	2	3	4	5	6	8	12	14	∞
1	161.4	199.5	215.7	224.6	230.2	234.0	238.9	243.9	249.0	254.3
2	18.51	19.00	19.16	19.25	19.30	19.33	19.37	19.41	19.45	19.50
3	10.13	9.55	9.28	9.12	9.01	8.94	8.84	8.74	8.64	8.53
4	7.71	6.94	6.59	9.39	6.26	6.16	6.04	5.91	5.77	5.63
5	6.61	5.79	5.41	5.19	5.05	4.95	4.82	4.68	4.53	4.36
6	5.99	5.14	4.76	4.53	4.39	4.28	4.15	4.00	3.84	3.67
7	5.59	4.74	4.35	4.12	3.97	3.87	3.73	3.57	3.41	3.23
8	5.32	4.46	4.07	3.84	3.69	3.58	3.44	3.28	3.12	2.93
9	5.12	4.26	3.86	3.63	3.48	3.37	3.23	3.07	2.90	2.71
10	4.96	4.10	3.71	3.48	3.33	3.22	3.07	2.91	2.74	2.54
11	4.84	3.98	3.59	3.36	3.20	3.09	2.95	2.79	2.61	2.40
12	4.75	3.88	3.49	3.26	3.11	3.00	2.85	2.69	2.50	2.30
13	4.67	3.80	3.41	3.18	3.02	2.92	2.77	2.60	2.42	2.21
14	4.60	3.74	3.34	3.11	2.96	2.85	2.70	2.53	2.35	2.13
15	4.54	3.68	3.29	3.06	2.90	2.79	2.64	2.48	2.29	2.07
16	4.49	3.63	3.24	3.01	2.85	2.74	2.59	2.42	2.24	2.01
17	4.45	3.59	3.20	2.96	2.81	2.70	2.55	2.38	2.19	1.96
18	4.41	3.55	3.16	2.93	2.77	2.66	2.51	2.34	2.15	1.92
19	4.38	3.52	3.13	2.90	2.74	2.63	2.48	2.31	2.11	1.88
20	4.35	3.49	3.10	2.87	2.71	2.60	2.45	2.28	2.08	1.84
21	4.32	3.47	3.07	2.84	2.68	2.57	2.42	2.25	2.05	1.81
22	4.30	3.44	3.05	2.82	2.66	2.55	2.40	2.23	2.03	1.78
23	4.28	3.42	3.03	2.80	2.64	2.53	2.38	2.20	2.00	1.76
24	4.26	3.40	3.01	2.78	2.62	2.51	2.36	2.18	1.98	1.73
25	4.24	3.38	2.99	2.76	2.60	2.49	2.34	2.16	1.96	1.71
26	4.22	3.37	2.98	2.74	2.59	2.47	2.32	2.15	1.95	1.69
27	4.21	3.35	2.96	2.73	2.57	2.46	2.30	2.13	1.93	1.67

ν_2	ν_1									
	1	2	3	4	5	6	8	12	14	∞
28	4.20	3.34	2.95	2.71	2.56	2.44	2.29	2.12	1.91	1.65
29	4.18	3.33	2.93	2.70	2.54	2.43	2.28	2.10	1.90	1.64
30	4.17	3.32	2.92	2.69	2.53	2.42	2.27	2.09	1.89	1.62
40	4.08	3.23	2.84	2.61	2.45	2.34	2.18	2.00	1.79	1.51
60	4.00	3.15	2.76	2.52	2.37	2.25	2.10	1.92	1.70	1.39
120	3.92	3.07	2.68	2.45	2.29	2.17	2.02	1.83	1.61	1.25
∞	3.84	2.99	2.60	2.37	2.21	2.10	1.94	1.75	1.52	1.00

$$P(F \geqslant F_\alpha) = \alpha \text{ 的 } F_\alpha \text{ 值}(3)$$
$$\alpha = 0.10$$

ν_2	ν_1									
	1	2	3	4	5	6	8	12	24	∞
1	4 052	4 999	5 403	5 625	5 764	5 859	5 982	6 106	6 234	6 366
2	98.50	99.00	99.17	99.25	99.30	99.33	99.37	99.42	99.46	99.50
3	34.12	30.82	29.46	28.71	28.24	27.91	27.49	27.05	26.60	26.12
4	21.20	18.00	16.69	15.98	15.52	15.21	14.80	14.37	13.93	13.46
5	16.26	13.27	12.06	11.39	10.97	10.67	10.29	9.89	9.47	9.02
6	13.74	10.92	9.78	9.15	8.75	8.47	8.10	7.72	7.31	6.88
7	12.25	9.55	8.45	7.85	7.46	7.19	6.84	6.47	6.07	5.65
8	11.26	8.65	7.59	7.01	6.63	6.37	6.03	5.67	5.28	4.86
9	10.56	8.02	6.99	6.42	6.06	5.80	5.47	5.11	4.73	4.31
10	10.04	7.56	6.55	5.99	5.64	5.39	5.06	4.71	4.33	3.91
11	9.65	7.20	6.22	5.67	5.32	5.07	4.74	4.40	4.02	3.60
12	9.33	6.93	5.95	5.41	5.06	4.82	4.50	4.16	3.78	3.36
13	9.07	6.70	5.74	5.20	4.86	4.62	4.30	3.96	3.59	3.16
14	8.86	6.51	5.56	5.03	4.69	4.46	4.14	3.80	3.43	3.00
15	8.68	6.36	5.42	4.89	4.56	4.32	4.00	3.67	3.29	2.87
16	8.58	6.23	5.29	4.77	4.44	4.20	3.89	3.55	3.18	2.75
17	8.40	6.11	5.18	4.67	4.34	4.10	3.79	3.45	3.08	2.65
18	8.28	6.01	5.09	4.58	4.25	4.01	3.71	3.37	3.00	2.57
19	8.18	5.93	5.01	4.50	4.17	3.94	3.63	3.30	2.92	2.49
20	8.10	5.85	4.94	4.43	4.10	3.87	3.56	3.23	2.86	2.42
21	8.02	5.78	4.87	4.37	4.04	3.81	3.51	3.17	2.80	2.36
22	7.94	5.72	4.82	4.31	3.99	3.76	3.45	3.12	2.75	2.31
23	7.88	5.66	4.76	4.26	3.94	3.71	3.41	3.07	2.70	2.26
24	7.82	5.61	4.72	4.22	3.90	3.67	3.36	3.03	2.66	2.21

ν_2	ν_1									
	1	2	3	4	5	6	8	12	24	∞
25	7.77	5.57	4.68	4.18	3.86	3.63	3.32	2.99	2.62	2.17
26	7.72	5.53	4.64	4.14	3.82	3.59	3.29	2.96	2.58	2.13
27	7.68	5.49	4.60	4.11	3.78	3.56	3.26	2.93	2.55	2.10
28	7.64	5.45	4.57	4.07	3.75	3.53	3.23	2.90	2.52	2.06
29	7.60	5.42	4.54	4.04	3.73	3.50	3.20	2.87	2.49	2.03
30	7.56	5.39	4.51	4.02	3.70	3.47	3.17	2.84	2.47	2.01
40	7.31	5.18	4.31	3.83	3.51	3.29	2.99	2.66	2.29	1.80
60	7.08	4.98	4.13	3.65	3.34	3.12	2.82	2.50	2.12	1.60
120	6.85	4.79	3.95	3.48	3.17	2.96	2.66	2.34	1.95	1.38
∞	6.64	4.60	3.78	3.32	3.02	2.80	2.51	2.18	1.79	1.00

附表 6 夏皮罗-威尔克 α_{in} 系数

i \ n	3	4	5	6	7	8	9	10	
1	0.707 1	0.687 2	0.664 6	0.643 1	0.623 3	0.605 2	0.588 8	0.573 9	
2		0.167 7	0.241 3	0.280 6	0.303 1	0.316 4	0.324 4	0.329 1	
3				0.087 5	0.140 1	0.174 3	0.197 6	0.214 1	
4						0.056 1	0.094 7	0.122 4	
5								0.039 9	
	11	12	13	14	15	16	17	18	19	20
1	0.560 1	10.547 5	0.535 9	0.525 1	0.515 0	0.505 6	0.496 8	0.488 6	0.480 8	0.473 4
2	0.331 5	0.332 5	0.332 5	0.331 8	0.330 6	0.329 0	0.327 3	0.325 3	0.323 2	0.321 1
3	0.226 0	0.234 7	0.241 2	0.246 0	0.249 5	0.252 1	0.254 0	0.255 3	0.256 1	0.256 5
4	0.112 9	0.158 6	0.170 7	0.180 2	0.187 8	0.193 9	0.198 8	0.202 7	0.205 9	0.208 5
5	0.069 5	0.092 2	0.109 9	0.124 0	0.135 3	0.144 7	0.152 4	0.158 7	0.164 1	0.168 6
6		0.030 3	0.053 9	0.072 7	0.088 0	0.100 5	0.110 9	0.119 7	0.127 1	0.133 4
7				0.024 0	0.043 3	0.059 3	0.072 5	0.083 7	0.093 2	0.101 3
8						0.019 6	0.035 9	0.049 6	0.061 2	0.071 1
9								0.016 3	0.030 3	0.042 2
10										0.014 0

附表 7 夏皮罗-威尔克 $W(n,\alpha)$ 值

α n	0.01	0.05	0.10	α n	0.01	0.05	0.10
				26	0.891	0.920	0.933
				27	0.894	0.923	0.935
3	0.753	0.767	0.789	28	0.896	0.924	0.936
4	0.687	0.748	0.792	29	0.898	0.926	0.937
5	0.686	0.762	0.806	30	0.900	0.927	0.939
6	0.713	0.788	0.826	31	0.902	0.929	0.940
7	0.730	0.803	0.838	32	0.904	0.930	0.941
8	0.749	0.818	0.851	33	0.906	0.931	0.942
9	0.764	0.829	0.859	34	0.908	0.933	0.943
10	0.784	0.842	0.869	35	0.910	0.934	0.944
11	0.792	0.850	0.876	36	0.912	0.935	0.945
12	0.805	0.859	0.883	37	0.914	0.936	0.946
13	0.814	0.866	0.889	38	0.916	0.938	0.947
14	0.825	0.874	0.895	39	0.917	0.939	0.948
15	0.835	0.881	0.901	40	0.919	0.940	0.949
16	0.844	0.887	0.906	41	0.920	0.941	0.950
17	0.851	0.892	0.910	42	0.922	0.942	0.951
18	0.858	0.897	0.914	43	0.923	0.943	0.951
19	0.863	0.901	0.917	44	0.924	0.944	0.952
20	0.868	0.905	0.920	45	0.926	0.945	0.953
21	0.873	0.908	0.923	46	0.927	0.945	0.953
22	0.878	0.911	0.926	47	0.928	0.946	0.954
23	0.881	0.914	0.928	48	0.929	0.947	0.954
24	0.884	0.916	0.930	49	0.929	0.947	0.955
25	0.888	0.918	0.931	50	0.930	0.947	0.955

附表 8 偏态统计量 p 分位数 Z_p 表

n	95%	99%	n	95%	99%
8	0.99	1.42	40	0.59	0.87
9	0.97	1.41	45	0.56	0.82
10	0.95	1.39	50	0.53	0.79
12	0.91	1.34	60	0.49	0.72
15	0.85	1.26	70	0.46	0.67
20	0.77	1.15	80	0.43	0.63
25	0.71	1.06	90	0.41	0.60
30	0.66	0.98	100	0.39	0.57
35	0.62	0.92			

附表 9   峰态统计量 p 分位数 Z_p 表

n	95%	99%	n	95%	99%
8	3.70	4.53	40	4.05	5.02
9	3.86	4.82	45	4.02	4.94
10	3.95	5.00	50	3.99	4.87
12	4.05	5.20	60	3.93	4.73
15	4.13	5.3	70	3.88	4.62
20	4.17	5.38	80	3.84	4.52
25	4.14	5.29	90	3.80	4.45
30	4.11	5.20	100	3.77	4.37
35	4.08	5.11	400	2.64	2.52

参考文献

[1] 费业泰. 误差理论与数据处理[M]. 北京：机械工业出版社，2015.

[2] 费业泰. 现代误差理论及其基本问题[J]. 宇航计测技术，1996，16：2-5.

[3] 沙定国. 实用误差理论与数据处理[M]. 北京：北京理工大学出版社，1993.

[4] 毛英泰. 误差理论与精度分析[M]. 北京：国防工业出版社，1982.

[5] 沙定国，刘智敏. 测量不确定度的表示方法[M]. 北京：中国科学技术出版社，1994.

[6] 叶德培. 测量不确定度[M]. 北京：国防工业出版社，1996.

[7] 刘智敏. 不确定度及其实践[M]. 北京：中国标准出版社，2000.

[8] 王中宇. 测量不确定度的非统计理论[M]. 北京：国防工业出版社，2000.

[9] 罗振元. JJF 1001—1998 通用计量术语及定义[S]. 北京：中国计量出版社，1999

[10] 李慎安. JJF 1059—1999 测量小确定度的评定与表示[S]. 北京：中国计量出版社，1999.

[11] 施昌彦. JJF 1094—2002 测量仪器特性评定[S]. 北京：中国计量出版社，2003.

[12] 邓媛芳. JJF 1033—2001 计量标准考核规范[S]. 北京：中国计量出版社，2001.

[13] 张彦仲. GJB 2715—1996 国防计量通用术语[S]. 中国计量出版社，1997.

[14] 沙定国. 误差分析与测量不确定度评定[M]. 北京：中国计量出版社，2003.

[15] 李庆祥，王东升，李玉和. 现代精密仪器设计[M]. 北京：清华大学出版社，2004.

[16] 浦照邦，王宝光. 测量仪器设计[M]. 北京：机械工业出版社，2001.

[17] 马宏，白素平. 光电仪器设计[M]. 北京：兵器工业出版社，2007.

[18] 张锐国. 三坐标测量机[M]. 天津：天津大学出版社，1999.

[19] 金麟孙. 仪器计量误差理论[M]. 上海：上海科学技术出版社，1983.

[20] 王大珩，胡柏顺. 迎接21世纪挑战，加速发展我国现代仪器事业[J]. 科技导报，2000(9)：3.

[21] 薛实福，李庆祥. 精密仪器设计[M]. 北京：清华大学出版社，1991.

[22] 柯勒 R. 机械、仪器和器械设计方法[M]. 北京：科学出版社，1982.

[23] 潘锋. 自动量仪动态精度[M]. 北京：机械工业出版社，1983.

[24] 王因明. 光学计量仪器设计[M]. 北京：机械工业出版社，1989.

[25] 殷纯永. 光电精密仪器设计[M]. 北京：机械工业出版社，1996.

[26] 陈林才，张鄂. 精密仪器设计[M]. 2版. 北京：机械工业出版社，1991.

[27] 周兆英. 微米纳米技术及微型机电系统[C]//微型机电系统研究文集. 北京：清华大学出版社，2000.

[28] 国家质量技术监督局计量司. 测量不确定度评定与表示指南[S]. 北京：中国计量出版社，2000.

[29] 国家质量技术监督局计量司. 通用计量术语及定义解释[M]. 北京：中国计量出版社，2001.

[30] 刘智敏. 不确定度及其实践[M]. 北京：中国标准出版社，2000.

[31] 李慎安. 测量不确定度表达10讲[M]. 北京：中国计量出版社，1999.

[32] Kellerbauek A Cern. 国际计量学通用术语[M]. 鲁绍曾，译，北京：中国计量技术出版社，1993.

[33] Kellerbauek A Cern. Guide to the Expression of Uncertainty in Measurement(GUM) [S]. Swiss Confederation Geneva：ISOLTRAP Analysis Workshop，1995.

[34] 中华人民共和国国家质量监督检验检疫总局. ISO 14253-1[S]. 产品几何量技术规范(GPS)工件的测量检验和测量设备. 第1部分：按规范检验一致性或不一致性的判定规则[M]. 北京：中国标准出版社，1998.

[35] 中华人民共和国国家质量监督检验检疫总局. ISO/TS 14253-2[S]. 产品几何量技术规范(GPS)工件的测量检验和测量设备. 第2部分：测量设备校准和产品检验中GPS测量的不确定度评定指南[M]. 北京：中国标准出版社，1999.

[36] 中华人民共和国国家质量监督检验检疫总局. ISO/TS 14253-3[S]. 产品几何量技术规范(GPS)工件的测量检验和测量设备. 第3部分：与测量不确定度声明达成一致的指南[M]. 北京：中国标准出版

社，2005.

[37] Li Qingxiang，Bai lifen，Xue shifu，et al. Auto Focus System for Microscope[J]. Optical Engineering，2002，41(6)：1289-1249.

[38] BIPM，IEC，IFCC，et al. Guide to the Expression Of Uncertainty in Measurement(GUM)[S]. Swiss Confederation Geneva：Publisher ISO，1995.

[39] Paros J M，Weisbord L. How to Design Flexure Hinges[J]. Machine Design，1965，37：151-155.

[40] Kenny T W，Kaiser W J. Micromachined Tunneling Displacement Transducers for Physical Sensors[J]. Vaccum Sciences Technology，1993，11(4)：797-801.

[41] Kubena R L，Atkinson G M. A New Miniaturized Surface Micromachined Tunneling Accelerometer[J]. IEEE Electron Device Letters，1996，17(6)：306-308.

[42] 波加列夫. 光学调整问题[M]. 李嘉梅，译. 北京：国防工业出版社，1977.

[43] 马宏，王金波. 误差理论与仪器精度[M]. 北京：兵器工业出版社，2007.

[44] 陈明华，施昌彦. 新版《通用计量术语及定义》系列讲座,中国计量，2014.

[45] 丁振良，袁峰. 仪器精度理论[M]. 哈尔滨：哈尔滨工业大学出版社,2015.

[46] 浦昭邦,刘庆纲. 测控仪器设计[M]. 3 版. 北京:机械工业出版社,2014.

[47] 周渭,于建国,刘海霞.测试与计量技术基础[M].西安:西安电子科技大学出版社,2004.

[48] 陈兆兵,王兵,陈宁,等.桅杆型光电探测系统总体精度分析[J].兵工学报 2013,34(4)：507-512.

[49] 德培,施昌彦,金华彰,等.JJF 1001—2011《通用计量术语及定义》,国家质量监督检验检疫总局,2012.3.1.

[50] BIPM-IEC-IFCC-ISO-IUPAP-IML. Guide to the Expression of Uncertainty in Measurement (GUM). ISO,1995.

[51] 林洪桦.动态测试数据处理[M].北京:北京理工大学出版社,1995.

[52] 李桂成,等.测量误差与数据处理原理[M].长春:吉林大学出版社,1991.

[53] 格拉诺夫斯基 B A.动态测量[M].傅烈堂,等译.北京:中国计量出版社,1989.

[54] 费业泰,刘小君.精密仪器随机误差分离与修正技术的研究[J].仪器仪表学报.1990(2)：171-178.

[55] 杨立钦,顾岚.时间序列分析与动态数据建模[M].北京:北京理工大学出版社,1988.

[56] 王江.现代计量测试技术[M].北京:中国计量出版社,1990.

[57] 林明邦,赵鸿林.机械量测量[M].北京:机械工业出版社,1992.

[58] 别里涅茨 B C.冲击加速度的测量[M].董显荃,等译.北京:新时代出版社,1982.

[59] 黄俊钦.随机信号处理[M].北京:北京航空航天大学出版社,1990.

[60] 费业泰,卢荣胜.动态测量误差修正原理与技术[M].北京:中国计量出版社,2001.

[61] 王树荣,李志清.环境试验[M].北京:人民邮电出版社,1988.

[62] 胡少杰.数字信号与处理理论、算法与实现[M].2 版.北京:清华大学出版社,2003.

[63] 倪育才.实用测量不确定度评定[M].北京:中国计量出版社,2007.

[64] 沙定国.误差分析与测量不确定度评定[M].北京:中国计量出版社,2003.